2008 2009 2010 2011 2012 2013 2014

国家规划重点图书

水工设计手册

（第2版）

述评纪事

主 编 刘伟平 晏志勇 汤鑫华
主 审 高安泽 王柏乐

中国水利水电出版社
www.waterpub.com.cn

内容提要

　　本书是《水工设计手册》（第 2 版）的重要组成部分。为了让读者对修编的组织策划、卷章调整、成书过程以及编审者的感悟、体会等有更深入的了解，《水工设计手册》（第 2 版）编委会特组织编写了本书。本书主要包括主编述评、主审专家述评、专家点评、编辑心得、纪事、结语和附录等内容。

　　本书可供水利水电工程规划、勘测、设计、施工、管理等专业的工程技术人员和科研人员，以及关心水工设计发展的社会人士阅读参考。

图书在版编目（ＣＩＰ）数据

水工设计手册. 述评纪事 / 刘伟平，晏志勇，汤鑫华主编. -- 2版. -- 北京：中国水利水电出版社，2014.12
　　ISBN 978-7-5170-2841-3

　　Ⅰ. ①水… Ⅱ. ①刘… ②晏… ③汤… Ⅲ. ①水利水电工程－工程设计－技术手册 Ⅳ. ①TV222-62

中国版本图书馆CIP数据核字(2014)第306702号

书　　名	**水工设计手册（第 2 版）述评纪事**	
作　　者	主编　刘伟平　晏志勇　汤鑫华　主审　高安泽　王柏乐	
出版发行	中国水利水电出版社	
	（北京市海淀区玉渊潭南路 1 号 D 座　100038）	
	网址：www.waterpub.com.cn	
	E-mail：sales@waterpub.com.cn	
	电话：(010) 68367658（发行部）	
经　　售	北京科水图书销售中心（零售）	
	电话：(010) 88383994、63202643、68545874	
	全国各地新华书店和相关出版物销售网点	
排　　版	中国水利水电出版社微机排版中心	
印　　刷	涿州市星河印刷有限公司	
规　　格	184mm×260mm　16 开本　29.5 印张　700 千字	
版　　次	2014 年 12 月第 1 版　2014 年 12 月第 1 次印刷	
印　　数	0001—2000 册	
定　　价	**120.00 元**	

2008　　2009　　2010　　2011　　2012　　2013　　2014

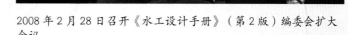

2008 年 2 月 28 日召开《水工设计手册》（第 2 版）编委会扩大会议

2009 年 9 月 6 日召开《水工设计手册》（第 2 版）第 10 卷统稿工作会

2011 年 9 月 18 日召开《水工设计手册》（第 2 版）编委会第二次会议暨首发仪式

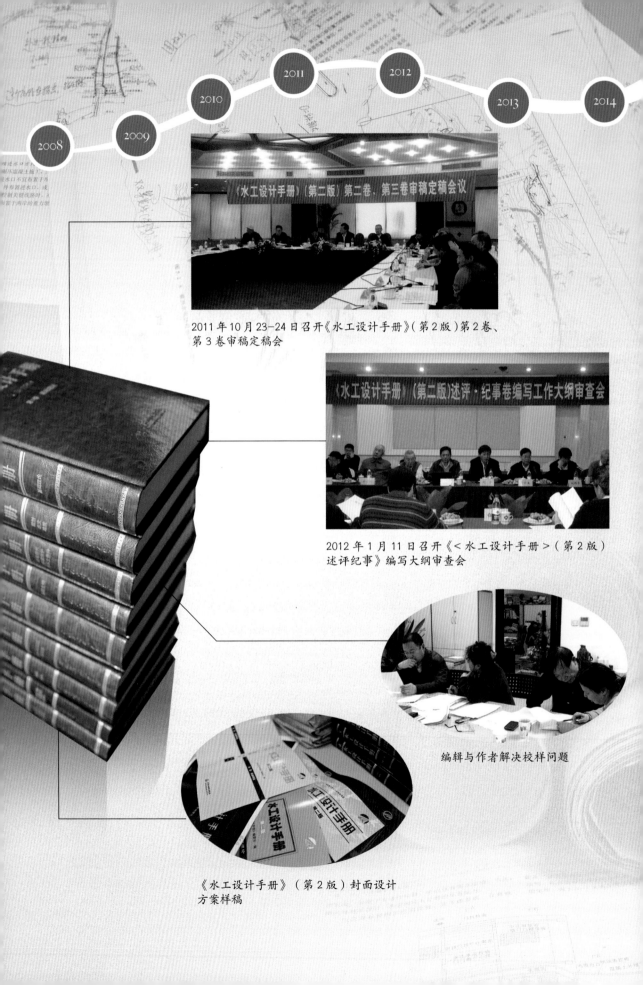

2008　2009　2010　2011　2012　2013　2014

《水工设计手册》(第二版)第二卷、第三卷审稿定稿会议

2011 年 10 月 23—24 日召开《水工设计手册》(第 2 版)第 2 卷、第 3 卷审稿定稿会

《水工设计手册》(第二版)述评·纪事卷编写工作大纲审查会

2012 年 1 月 11 日召开《＜水工设计手册＞(第 2 版)述评纪事》编写大纲审查会

编辑与作者解决校样问题

《水工设计手册》(第 2 版)封面设计方案样稿

《水工设计手册》（第2版）

编 委 会

主　　任　　陈　雷

副 主 任　　索丽生　胡四一　刘　宁　汪　洪　晏志勇
　　　　　　汤鑫华

委　　员　　（以姓氏笔画为序）

王仁坤　王国仪　王柏乐　王　斌　冯树荣

白俊光　刘　宁　刘志明　吕明治　朱尔明

汤鑫华　余锡平　张为民　张长宽　张宗亮

张俊华　杜雷功　杨文俊　汪　洪　苏加林

陆忠民　陈生水　陈　雷　周建平　宗志坚

范福平　郑守仁　胡四一　胡兆球　钮新强

晏志勇　高安泽　索丽生　贾金生　黄介生

游赞培　潘家铮

编 委 会 办 公 室

主　　任　　刘志明　周建平　王国仪

副 主 任　　何定恩　翁新雄　李仕胜　王志媛

成　　员　　任冬勤　张喜华　冷　辉　王照瑜

技 术 委 员 会

主　　任　潘家铮

副 主 任　胡四一　郑守仁　朱尔明

委　　员　（以姓氏笔画为序）

马洪琪　王文修　左东启　石瑞芳　刘克远

朱尔明　朱伯芳　吴中如　张超然　张楚汉

杨志雄　汪易森　陈明致　陈祖煜　陈德基

林可冀　林　昭　茆　智　郑守仁　胡四一

徐瑞春　徐麟祥　曹克明　曹楚生　富曾慈

曾肇京　董哲仁　蒋国澄　韩其为　雷志栋

潘家铮

组 织 单 位

水利部水利水电规划设计总院

水电水利规划设计总院

中国水利水电出版社

《水工设计手册》（第2版）

各卷卷目、主编单位、主编、主审人员

卷　目		主 编 单 位	主　编	主　审
第1卷	基础理论	水利部水利水电规划设计总院 河海大学	刘志明 王德信 汪德爔	张楚汉　陈祖煜 陈德基
第2卷	规划、水文、地质	水利部水利水电规划设计总院	梅锦山 侯传河 司富安	陈德基　富曾慈 曾肇京　韩其为 雷志栋
第3卷	征地移民、环境保护与水土保持	水利部水利水电规划设计总院	陈　伟 朱党生	朱尔明　董哲仁
第4卷	材料、结构	水电水利规划设计总院	白俊光 张宗亮	张楚汉　石瑞芳 王亦锥
第5卷	混凝土坝	水电水利规划设计总院	周建平 党林才	石瑞芳　朱伯芳 蒋效忠
第6卷	土石坝	水利部水利水电规划设计总院	关志诚	林　昭　曹克明 蒋国澄
第7卷	泄水与过坝建筑物	水利部水利水电规划设计总院	刘志明 温续余	郑守仁　徐麟祥 林可冀
第8卷	水电站建筑物	水电水利规划设计总院	王仁坤 张春生	曹楚生　李佛炎
第9卷	灌排、供水	水利部水利水电规划设计总院	董安建 李现社	茆　智　汪易森
第10卷	边坡工程与地质灾害防治	水电水利规划设计总院	冯树荣 彭土标	朱建业　万宗礼
第11卷	水工安全监测	水电水利规划设计总院	张秀丽 杨泽艳	吴中如　徐麟祥

《水工设计手册》
第 1 版组织和主编单位及有关人员

组织单位　　水利电力部水利水电规划设计院

主 持 人　　张昌龄　奚景岳　潘家铮

　　　　　　（工作人员有李浩钧、郑顺炜、沈义生）

主编单位　　华东水利学院

主 编 人　　左东启　顾兆勋　王文修

　　　　　　（工作人员有商学政、高渭文、刘曙光）

《水工设计手册》

第 1 版各卷（章）目、编写、审订人员

卷　目	章　目		编　写　人	审　订　人
第 1 卷 基础理论	第 1 章	数学	张敦穆	潘家铮
	第 2 章	工程力学	李咏偕　张宗尧 王润富	徐芝纶　谭天锡
	第 3 章	水力学	陈肇和	张昌龄
	第 4 章	土力学	王正宏	钱家欢
	第 5 章	岩石力学	陶振宇	葛修润
第 2 卷 地质　水文 建筑材料	第 6 章	工程地质	冯崇安　王惊谷	朱建业
	第 7 章	水文计算	陈家琦　朱元甡	叶永毅　刘一辛
	第 8 章	泥沙	严镜海　李昌华	范家骅
	第 9 章	水利计算	方子云　蒋光明	叶秉如　周之豪
	第 10 章	建筑材料	吴仲瑾	吕宏基
第 3 卷 结构计算	第 11 章	钢筋混凝土结构	徐积善　吴宗盛	周　氏
	第 12 章	砖石结构	周　氏	顾兆勋
	第 13 章	钢木结构	孙良伟　周定荪	俞良正　王国周 许政谐
	第 14 章	沉降计算	王正宏	蒋彭年
	第 15 章	渗流计算	毛昶熙　周保中	张蔚榛
	第 16 章	抗震设计	陈厚群　汪闻韶	刘恢先
第 4 卷 土石坝	第 17 章	主要设计标准和荷载计算	郑顺炜　沈义生	李浩钧
	第 18 章	土坝	顾淦臣	蒋彭年
	第 19 章	堆石坝	陈明致	柳长祚
	第 20 章	砌石坝	黎展眉	李津身　上官能

卷　目	章　目		编　写　人	审　订　人
第 5 卷 混凝土坝	第 21 章	重力坝	苗琴生	邹思远
	第 22 章	拱坝	吴凤池　周允明	潘家铮　裘允执
	第 23 章	支墩坝	朱允中	戴耀本
	第 24 章	温度应力与温度控制	朱伯芳	赵佩钰
第 6 卷 泄水与过 坝建筑物	第 25 章	水闸	张世儒　潘贤德 沈潜民　孙尔超 屠　本	方福均　孔庆义 胡文昆
	第 26 章	门、阀与启闭设备	夏念凌	傅南山　俞良正
	第 27 章	泄水建筑物	陈肇和　韩　立	陈椿庭
	第 28 章	消能与防冲	陈椿庭	顾兆勋
	第 29 章	过坝建筑物	宋维邦　刘党一 王俊生　陈文洪 张尚信　王亚平	王文修　呼延如琳 王麟璠　涂德威
	第 30 章	观测设备与观测设计	储海宁　朱思哲	经萱禄
第 7 卷 水电站 建筑物	第 31 章	深式进水口	林可冀　潘玉华 袁培义	陈道周
	第 32 章	隧洞	姚慰城	翁义孟
	第 33 章	调压设施	刘启钊　刘蕴琪 陆文祺	王世泽
	第 34 章	压力管道	刘启钊　赵震英 陈霞龄	潘家铮
	第 35 章	水电站厂房	顾鹏飞	赵人龙
	第 36 章	挡土墙	甘维义　干　城	李士功　杨松柏
第 8 卷 灌区建 筑物	第 37 章	灌溉	郑遵民　岳修恒	许志方　许永嘉
	第 38 章	引水枢纽	张景深　种秀贤 赵伸义	左东启
	第 39 章	渠道	龙九范	何家濂
	第 40 章	渠系建筑物	陈济群	何家濂
	第 41 章	排水	韩锦文　张法思	瞿兴业　胡家博
	第 42 章	排灌站	申怀珍　田家山	沈日迈　余春和

水利水电建设的宝典

——《水工设计手册》（第2版）序

　　《水工设计手册》（第2版）在广大水利工作者的热切期盼中问世了，这是我国水利水电建设领域中的一件大事，也是我国水利发展史上的一件喜事。3年多来，参与手册编审工作的专家、学者、工程技术人员和出版工作者，花费了大量心血，付出了艰辛努力。在此，我向他们表示衷心的感谢，致以崇高的敬意！

　　为政之要，其枢在水。兴水利、除水害，历来是治国安邦的大事。在我国悠久的治水历史中，积累了水利工程建设的丰富经验。特别是新中国成立后，揭开了我国水利水电事业发展的新篇章，建设了大量关系国计民生的水利水电工程，极大地促进了水工技术的发展。1983年，第1版《水工设计手册》应运而生，成为我国第一部大型综合性水工设计工具书，在指导水利水电工程设计、培养水工技术和管理人才、提高水利水电工程建设水平等方面发挥了十分重要的作用。

　　第1版《水工设计手册》面世28年来，我国水利水电事业发展迈上了一个新的台阶，取得了举世瞩目的伟大成就。一大批技术复杂、规模宏大的水利水电工程建成运行，新技术、新材料、新方法和新工艺广泛应用，水利水电建设信息化和现代化水平显著提升，我国水工设计技术、设计水平已跻身世界先进行列。特别是近年来，随着科学发展观的深入贯彻落实，我国治水思路正在发生着深刻变化，推动着水工设计需求、设计理念、设计理论、设计方法、设计手段和设计标准规范不断发展与完善。因此，迫切需要对《水工设计手册》进行修订完善。2008年2月水利部成立了《水工设计手册》（第2版）编委会，正式启动了修编工作。在编委会的组织领导下，水利水电规划设计总院、水电水利规划设计总院和中国水利水电出版社3家单位，联合邀请全国4家水利水电科学研究院、3所重点高等学校、15个资质优秀的水利水电勘测设计研究院（公司）等单位的数百位专家、学者和技术骨干参与，经过3年多的艰苦努力，《水工设计手册》（第2版）现已付梓。

《水工设计手册》(第2版)以科学发展观为统领，按照可持续发展治水思路要求，在继承前版成果中开拓创新，全面总结了现代水工设计的理论和实践经验，系统介绍了现代水工设计的新理念、新材料、新方法，有效协调了水利工程和水电工程设计标准，充分反映了当前国内外水工设计领域的重要科研成果。特别是增加了计算机技术在现代水工设计方法中应用等卷章，充实了在现代水工设计中必须关注的生态、环保、移民、安全监测等内容，使手册结构更趋合理，内容更加完整，更切合实际需要，充分体现了科学性、时代性、针对性和实用性。《水工设计手册》(第2版)的出版必将对进一步提升我国水利水电工程建设软实力，推动水工设计理念更新，全面提高水工设计质量和水平产生重大而深远的影响。

　　当前和今后一个时期，是加强水利重点薄弱环节建设、加快发展民生水利的关键时期，是深化水利改革、加强水利管理的攻坚时期，也是推进传统水利向现代水利、可持续发展水利转变的重要时期。2011年中央1号文件《关于加快水利改革发展的决定》和不久前召开的中央水利工作会议，进一步明确了新形势下水利的战略地位，以及水利改革发展的指导思想、目标任务、基本原则、工作重点和政策举措。《国家可再生能源中长期发展规划》、《中国应对气候变化国家方案》对水电开发建设也提出了具体要求。水利水电事业发展面临着重要的战略机遇，迎来了新的春天。

　　《水工设计手册》(第2版)集中体现了近30年来我国水利水电工程设计与建设的优秀成果，必将成为广大水利水电工作者的良师益友，成为水利水电建设的盛世宝典。广大水利水电工作者，要紧紧抓住战略机遇，深入贯彻落实科学发展观，坚持走中国特色水利现代化道路，积极践行可持续发展治水思路，充分利用好这本工具书，不断汲取学识和真知，不断提高设计能力和水平，以高度负责的精神、科学严谨的态度、扎实细致的作风，奋力拼搏，开拓进取，为推动我国水利水电事业发展新跨越、加快社会主义现代化建设作出新的更大贡献。

　　是为序。

水利部部长　陈雷

2011 年 8 月 8 日

序

经过 500 多位专家学者历时 3 年多的艰苦努力，《水工设计手册》（第 2 版）即将问世。这是一件期待已久和值得庆贺的事。借此机会，我谨向参与《水工设计手册》修编的专家学者，向支持修编工作的领导同志们表示敬意。

30 年前，为了提高设计水平，促进水利水电事业的发展，在许多专家、教授和工程技术人员的共同努力下，一部反映当时我国水利水电建设经验和科研成果的《水工设计手册》应运而生。《水工设计手册》深受广大水利水电工程技术工作者的欢迎，成为他们不可或缺的工具书和一位无言的导师，在指导设计、提高建设水平和保证安全等方面发挥了重要作用。

30 年来，我国水利水电工程设计和建设成绩卓著，工程规模之大、建设速度之快、技术创新之多居世界前列。当然，在建设中我们面临一系列问题，其难度之大世界罕见。通过长期的艰苦努力，我们成功地建成了一大批世界规模的水利水电工程，如长江三峡水利枢纽、黄河小浪底水利枢纽、二滩、水布垭、龙滩等大型水电站，以及正在建设的锦屏一级、小湾和溪洛渡等具有 300 米级高拱坝的巨型水电站和南水北调东中线大型调水工程，解决了无数关键技术难题，积累了大量成功的设计经验。这些关系国计民生和具有世界影响力的大型水利水电工程在国民经济和社会发展中发挥了巨大的防洪、发电、灌溉、除涝、供水、航运、渔业、改善生态环境等综合作用。《水工设计手册》（第 2 版）正是对我国改革开放 30 多年来水利水电工程建设经验和创新成果的总结与提炼。特别是在当前全国贯彻落实中央水利工作会议精神、掀起新一轮水利水电工程建设高潮之际，出版发行《水工设计手册》（第 2 版）意义尤其重大。

在陈雷部长的高度重视和索丽生、刘宁同志的具体领导下，各主编单位和编写的同志以第 1 版《水工设计手册》为基础，全面搜集资料，做了大量归纳总结和精选提炼工作，剔除陈旧内容，补充新的知识。《水工设计手册》（第2版）体现了科学性、实用性、一致性和延续性，强调落实科学发展观和人与自然和谐的设计理念，浓墨重彩地突出了生态环境保护和征地移民的要求，彰显了与时俱进精神和可持续发展的理念。手册质量总体良好，技术水平高，是一部权威的、综合性和实用性强的一流设计手册，一部里程碑式的出版物。相信它将为21世纪的中国书写治水强国、兴水富民的不朽篇章，为描绘辉煌灿烂的画卷作出贡献。

我认为《水工设计手册》（第2版）另一明显的特色在于：它除了提供各种先进适用的理论、方法、公式、图表和经验之外，还突出了工程技术人员的设计任务、关键和难点，指出设计因素中哪些是确定性的，哪些是不确定的，从而使工程技术人员能够更好地掌握全局，有所抉择，不至于陷入公式和数据中去不能自拔；它还指出了设计技术发展的趋势与方向，有利于启发工程技术人员的思考和创新精神，这对工程技术创新是很有益处的。

工程是技术的体现和延续，它推动着人类文明的发展。从古至今，不同时期留下的不朽经典工程，就是那段璀璨文明的历史见证。2000多年前的都江堰和现代的三峡水利枢纽就是代表。在人类文明的发展过程中，从工程建设中积累的经验、技术和智慧被一代一代地传承下来。但是，我们必须在继承中发展，在发展中创新，在创新中跨越，才能大大地提高现代水利水电工程建设的技术水平。现在的年轻工程师们一如他们的先辈，正在不断克服各种困难，探索新的技术高度，创造前人无法想象的奇迹，为水利水电工程的经济效益、社会效益和环境效益的协调统一，为造福人类、推动人类文明的发展锲而不舍地奉献着自己的聪明才智。《水工设计手册》（第2版）的出版正值我国水利水电建设事业新高潮到来之际，我衷心希望广大水利水电工程技术人员精心规划，精心设计，精心管理，以一流设计促一流工程，为我国的经济社会可持续发展作出划时代的贡献。

中国科学院院士
中国工程院院士　潘家铮

2011年8月18日

前　言

经过 26 家单位、包括 13 位院士在内的 500 多位专家学者和数十位编辑出版人员长达 6 年多时间的辛勤努力，《水工设计手册》（第 2 版）（以下简称《手册》）全书 11 卷终于全部出版了。

《手册》是水工设计的技术宝典、水利水电的知识宝库。《手册》的出版，对于提高我国水工设计水平，推进水利水电建设，提升水利水电行业的软实力，必将产生重大而深远的影响。

《手册》修编的过程，既是经验总结的过程，也是理论研讨的过程，更是知识升华的过程。水工设计方面趋于成熟的经验、理论和知识，大部分已编入《手册》中。但限于各种条件，特别是《手册》作为工具书的功能定位，使得有些经验、理论和知识并未能直接体现在《手册》中，但它们也是在《手册》编写过程中形成的宝贵财富。

为了让读者更好地理解和使用《手册》，也为了让《手册》使用人员能够分享那些未能编入《手册》的经验、理论和知识，同时，也为记录《手册》修编过程和总结修编工作，经编委会研究决定，特别编写了《〈水工设计手册〉（第 2 版）述评纪事》一书。本书主要内容包括主编述评、主审专家述评、专家点评、编辑心得、纪事、结语和附录等。

主编述评包括全书主编述评和卷主编述评。全书主编述评主要对全书修编的策划、组织和技术特点进行总结；卷主编述评主要包括与第 1 版《手册》相比内容的增减、修编意图、内容取舍、技术发展方向、与其他卷章关联的内容及处理、使用中应注意的有关问题，以及编写过程中的感想等。

主审专家述评是从审稿专家角度对《手册》的编写进行述评，内容包括章节安排的合理性、内容的全面性、选材的代表性、技术的先进性和意见建议等。

专家点评是从读者和使用者的角度进行述评，主要针对《手册》相应章节和内容，点评某卷、某章或某项技术成果。在对技术的先进性、内容的适用性、案例的代表性等方面进行述评的同时，还提出了存在的不足和改进的建议等。

编辑心得主要记录了各卷责任编辑对著作权的处理情况，文字、图表、公式的编辑原则与过程，插图的布局、线条、色彩要求，以及编辑校对等方面的心得和感想。

纪事的主要内容包括领导讲话、《手册》修编工作大纲和大事记。领导讲话包括相关领导在启动会、首发式和出版座谈会等重要会议上对《手册》修编工作具有重要指导意义的讲话；《手册》修编工作大纲为编委会审定稿；大事记包括《手册》修编过程中的重大活动和重要事件。

结语主要简述了修编历程、寄语和鸣谢。

附录中收录了《手册》编委会的重要文件和工程技术人员常用的国内已建大坝、水库、水电站等工程基本参数。

希望广大读者通过阅读本书，在对《手册》的修编有全面了解的同时，深入体会到主编、主审和专家的阐幽发微，进而起到内容导读和更好地运用《手册》的作用。

编　者

2014 年 12 月

目　录

纪事

结语

附录

主编述评

承前启后书华章　团结协作谱新篇

索丽生

经过水利部水利水电规划设计总院、水电水利规划设计总院、中国水利水电出版社及全国几十家设计单位、科研院所、高等院校的 500 多位专家学者和工程技术人员长时间的辛勤工作和艰苦努力，《水工设计手册》（第 2 版）全套 11 卷终于出版了。

第 1 版《水工设计手册》自 20 世纪 80 年代问世以来，深受广大水利水电工作者的欢迎，尤其对从事水利水电工程设计的技术人员来说，是一套非常重要和特别实用的案头工具书，在我国水利水电建设中起到了不可替代和难以估量的作用。

回首《手册》面世以来水利水电建设跨越的 30 年辉煌历程，我们深知，鉴于水利水电建设的新形势和新要求，以及水工设计的观念、理论、方法、手段上的快速发展，第 1 版《水工设计手册》已经不能适应现代水利水电建设发展的需要，迫切需要予以更新和完善。

（一）

修编出版《水工设计手册》（第 2 版）是一项组织策划复杂、技术含量颇高、参与作者众多、工作历时较长的系统工程。

1999 年 3 月，中国水利水电出版社致函第 1 版《水工设计手册》主编单位河海大学（原华东水利学院），表达了修编《水工设计手册》的愿望。河海大学随即组织校内外专家征求意见，经多次讨论后提出了《水工设计手册》修编工作意见和编写工作大纲，组织了工作班子，并确定《手册》第 2 版主编由左东启（第 1 版主编）和笔者担任。修编工作正式启动时，鉴于左东启先生的健康原因，经专家推荐和水利部同意，全书主编改由笔者和水利部时任总工程师、现任副部长的刘宁同志担任。

2002 年 7 月，中国水利水电出版社向水利部提出了《关于组织编纂〈水工设计手册〉（第 2 版）的请示》。水利部给予了高度重视，但因工作机制及资金不落实等原因，编纂工作实际未能启动。

2003 年 9 月，中国水利水电出版社向全国各水利水电设计院广泛征求了对编写工作大纲的意见。

经过多年的酝酿、协商，2004 年 8 月，水利部水利水电规划设计总院、水电水利规划设计总院和中国水利水电出版社作为发起单位，在北京召开了三方有关人员会议，讨论修编《水工设计手册》事宜。会议就新形势下的修编经费、组织形式和工作机制等达成一致意见，即三方共同投资组织、共担风险、共同拥有著作权，共同组织修编工作。

2006 年 6 月，水利部水利水电规划设计总院、水电水利规划设计总院和中国水利水电出版社有关人员再次召开会议，研究推动《水工设计手册》修编工作，并成立了筹备工作组。在此之后，修编工作积极开展，经反复讨论和修改，筹备工作组草拟了《〈水工设计手册〉修编工作大纲》，并得到有关领导的大力支持。水利部水利水电规划设计总院和水电水利规划设计总院分别于 2006 年 8 月、2006 年 12 月和 2007 年 9 月联合向有关单位下发了《关于修编〈水工设计手册〉的函》（水总科〔2006〕478 号）、《关于〈水工设计手册〉修编工作有关事宜的函》（水总科〔2006〕801 号）和《关于召开〈水工设计手册〉修编工作第一次编委会会议的预通知》（水总科〔2007〕554 号），就修编《水工设计手册》有关事宜进行部署，并广泛征求意见，得到了有关设计单位、科研院所的大力支持。经过充分酝酿和讨论，并经受邀担任全书主编的笔者两次主持审查，三家发起单位正式提出了《〈水工设计手册〉修编工作大纲》。

2008 年 2 月 28 日，《水工设计手册》（第 2 版）编委会扩大会议在北京召开，标志着修编工作全面启动。水利部部长陈雷亲自到会并作重要讲话，要求各有关方面通力合作，共同努力，把《水工设计手册》修编工作抓紧、抓实、抓好，使《水工设计手册》（第 2 版）"真正成为广大水利工作者的良师益友，水利水电工程建设的盛世宝典，传承水文明的时代精品"。

在《水工设计手册》修编的启动过程中，有太多的同志付出了鲜为人知的辛苦和劳动。早在 1996 年前后，时任长江水利委员会枢纽设计处副处长兼三峡设计室主任的刘宁便乘三峡工程项目审查出差北京之机，亲自驾车同中国水利水电出版社的时任副总编辑王国仪到清华大学等单位商议修编事宜，征求相关意见。中国水利水电出版社对《手册》的修编更是锲而不舍，在汤鑫华社长等领导的支持下，从 1998 年开始，时任总编辑王国仪多次带领相关编辑到全国各大设计院召开座谈会，广泛征求工程技术人员对《手册》修编的意见，得到众多《手册》使用者的支持和赞同。原主编单位河海大学曾先后四次修改编写大纲，时任校长姜弘道亲自主持会议，与相关人员讨论《手册》的修编事宜。水利部水利水电规划设计总院副院长刘志明、水电水利规划设计总院时任总工程师周建平更是在《手册》的启动过程中起到了关键的推动作用。所有这些坚持不懈的执着和努力，都为今日之成功奠定了坚实基础。

（二）

修编出版《水工设计手册》（第 2 版）旨在适应时代和行业发展需求，更好地推广和应用过去 30 年来水利水电工程设计中的新观念、新理论、新方法、新技术、新材料，以利提高设计水平和工程质量。修编工作成功与否取决于新版《手册》能否准确定位、保证质量。为此，工作伊始，我们就修编工作的指导思想、遵循原则、质量控制、职责划分、工作流程等作了明确规定，并在工作过程中反复强调、不断完善。

本次《水工设计手册》修编的指导思想是：认真总结第 1 版《手册》出版以来国内外水利水电工程建设的成功经验，广泛汇集水工设计的新技术和新方法，系统介绍现代水工设计的理论和方法，全面体现水工设计的最新水平，突出科学性、实用性，以满足新形势下水工专业设计人员的需要。

为保证《水工设计手册》（第 2 版）科学实用、新颖规范、承前启后，我们拟定了以下四条应遵循的修编原则。一是科学性：要系统、科学地总结国内外水工设计的新观念、新理论、新方法、新技术、新材料，体现我国当前水利水电工程设计和科学研究的水平。二是实用性：即全面总结水利水电工程设计经验，充分发挥各参编单位技术优势，努力适应现代水利水电工程设计的新需求，确保《手册》在新的历史条件下具有很强的实用价值。三是一致性：要与水利、水电工程设计标准一致。鉴于水利与水电标准体系的差异，要充分协调沟通，避免相互矛盾，必要时需并行编写。要妥善处理科学研究成果与设计技术标准的关系，力求概念新、方法实。四是延续性：以第 1 版《水工设计手册》框架为基础，修编、补充有关章节内容，保持水利水电工程设计工作的延续性。

在严格质量控制方面，我们尽量做到防微杜渐、层层把关。在与参编单位和撰稿人研讨交流中，我们多次指出：新版《手册》一定要准确定位、反映特色，它是水工设计人员的案头工具书，不能写成学术专著或教科书；要确保重点突出、技术实用，不求系统完整、理论严谨，以充分体现现代学科理论与水工设计的完美融合。在修编过程中，参编单位高度重视、全力支持；撰稿人科学严谨，求真务实，精益求精，一丝不苟。在内容选择上，力求围绕应用问题，诠释技术现状，不究发展历程，淡化推演细节，选准参考文献，保护知识产权。在内容编写上，做到科学严谨、准确无误、体例规范、语言精练，图文并茂、篇幅适度。

审稿是贯穿修编全过程的一项重要工作。编委会向各章、卷及全书主编印发了详细的审稿要求，明确了各章、卷及全书主编各自审稿的重点要求，以及审稿重点，即主要审查行文是否切合题意，有无"跨疆越界"；知识覆盖是否全面，有无重大遗漏；概念是否准确清楚，叙述有无歧义；事实资料是否精确，有无可靠根据；名词是否规范，数据是否权威和前后一致；图、表、公式是否正确，是否具有权威性和指导性，是否能够代表当今设计的最高水平和发展方向；著作权问题在此环节也作为重点之一予以特别审查，避免产生纠纷；对技术专利保护和技术泄密问题也给予了特别关注；出版社还重点完成了体例方面的审查。

此外，我们对编辑、印刷、出版工作也提出了严格要求：编辑上做到逻辑通顺，体例统一，图（表）文对应；印刷上做到设计精美，用料精良，出版进度上，要体现进度服从质量的原则，成熟一卷，出版一卷。

机构健全、职责分明是修编工作顺利推进和质量控制的重要保障。全书成立了编委会、技术委员会、编委会办公室。编委会主任由水利部部长陈雷担任，成员包括水利部有关领导，水利部水利水电规划设计总院、水电水利规划设计总院及中国水利水电出版社有关领导，全书正、副主编，技术委员会正、副主任和参编单位的负责人。技术委员会由各领域经验丰富的资深专家组成。编委会下设办公室。

编委会的职责为聘任全书主编、技术委员会和各卷的主编，审定并通过修编工作大纲，决定重大编写问题，批准《手册》（第 2 版）的出版。

各级主编职责分明。全书主编在编委会的领导下主持《手册》的修编工作，负责全书的总体设计，负责组织书稿的统稿和审定工作，并管理书稿的撰编质量，控制书稿的编审进度。卷主编确定章主编，并报编委会颁发聘书；提出卷的编写大纲，组织对各章的重大技术问题进行讨论和协调，负责组织本卷的撰写、初审、复审和定稿工作，保证书稿质量和编审进度，并接受全书主编的领导和技术指导。章主编确定本章的参编人员，并报卷主编确认；负责组织本章的编写、修改、定稿工作，接受卷主编的直接领导和技术指导。在编委会和全书主编的统一领导和部署下，以"卷"为相对独立的运作单位进行编写，是本次修编工作的特点之一。

技术委员会参与书稿的审查和重大技术问题的咨询；每卷确定若干位委员进行技术跟踪。

编委会办公室负责《手册》修编过程中的组织协调和日常事务工作。

参加修编的单位指定修编工作联系人，负责《手册》修编过程中的事务性工作。

各卷书稿经编委会和技术委员会审查定稿后，由中国水利水电出版社负责编辑、出版和发行。

严格规范的工作流程是修编工作质量控制的另一保障措施。我们制定的关于修编工作大纲及书稿的编写、审定的工作流程为大纲和书稿的质量控制起到了保驾护航的作用。工作流程规定：编委会办公室组织编写《〈水工设计手册〉修编工作大纲》，提交编委会审定；根据审定的《修编工作大纲》，各章主编制订章编写大纲，提交卷主编审定并汇总成卷编写大纲，再提交全书主编审定并汇总成全书修编大纲，报编委会备案；至此，各章主编即可按审定的编写大纲主持书稿的编写，经卷主编主持审稿后，提交全书主编审定，报编委会批准出版。

修编工作启动时，我们将质量控制目标确定为：修编后的《水工设计手册》（第2版）要达到编委会主任陈雷部长所要求的"内容完整实用、资料翔实准确、体例规范合理、表达简明扼要、使用方便快捷，经得起实践和历史的检验"，真正成为"广大水利工作者的良师益友，水利水电建设的盛世宝典，传承水文明的时代精品"。回首看来，令人欣慰的是：我们基本实现了预期的质量目标。

（三）

《水工设计手册》的修编工作从策划到启动历时12年，从启动到11卷全部出版历时6年，其中第一批两卷于2011年8月正式出版，最后一卷于2014年9月正式出版。

第1版《水工设计手册》共8卷42章。修编后的《水工设计手册》（第2版）共11卷65章。与第1版相比，第2版增加了第3卷《征地移民、环境保护与水土保持》、第10卷《边坡工程与地质灾害防治》和第11卷《水工安全监测》等3卷。主要增加的内容包括流域规划、征地移民、环境保护、水土保持、水工结构可靠度、碾压混凝土坝、沥青混凝土防渗体土石坝、河道整治与堤防工程、抽水蓄能电站、潮汐电站、过鱼建筑物、边坡工程、地质灾害防治、水工安全监测、计算机应用技术等。为适应水利水电建设和经济社会发展的需要，第2卷中还增加了节能减排、消防、劳动安全与工业卫生、水利水电工程运行管理等有关专项设计报告的编制要求。

在编委会的组织和领导下，修编工作由水利部水利水电规划设计总院、水电水利规划设计总院和中国水利水电出版社3家单位牵头，联合邀请全国16家水利水电勘测设计研究院（公司）、4家水利水电科学研究院和3所重点高校包括13位院士在内的500多位专家、学者和技术骨干参与这一浩大工程，充分体现了部门之间、科研单位之间、学科专业之间的团结协作。在全书的组织、策划、撰稿和审稿过程中，在完成繁重的生产、科研和教学任务的同时，大家殚精竭虑、字斟句酌，克服困难、不吝付出；中国水利水电出版社配备了专业及文字功底扎实、编辑经验丰富的编辑人员，在体例格式、语法修辞、图表公式、专业术语、标点符号、量和单位等方方面面精编细作、反复求证、敢于质疑、严格把关，同作者们一道克服了时间紧、任务重、质量要求高等诸多困难，圆满地完成了这项数百专业人士参与的重大出版任务。此时此刻，我向为《水工设计手册》（第2版）的成功出版付出过辛勤劳动、做出了无私奉献的所有专家学者、修编校审和编辑出版人员表示衷心的感谢。

　　《水工设计手册》（第2版）的出版是总结建设经验的需要，是提升设计水平的需要，是创新工程建设的需要，是满足读者渴求的需要。希望并相信在我国水利水电建设的关键时期以及今后的水利水电建设中，新版《手册》必将发挥重要的技术指导作用。当然，技术一直发展，创新永无止境。《手册》各卷陆续出版以来，水工设计的新理论、新技术不断涌现，新规范、新标准相继颁布。愿意并期望新版《手册》还能持续汲取营养，不断丰富完善。

我看这版《水工设计手册》

刘 宁

　　《水工设计手册》（第2版）印制简明、内容厚实。11卷65章，约14457千字（不含本卷，下同），水利水电、水电水利两个规划设计总院和中国水利水电出版社共同承担，数百位专家学者、编辑人员，历时6年，集思广益，博采众长，悉心修编。它是工具书，更是案头典。当您翻开这套《手册》，您就步入了水工设计的宝库！

　　"水工"是指水利水电工程。"设计"则是，设之于未有，计之于未成。"水工设计"，顾名思义，就是水利水电工程的规划、研究、论证、计算和试验的整个过程！

　　我们都有体会，随着时代进步，工程作为科学技术极大发展的主要载体和实际体现，不断改变着人类的生产和生活方式，不断推进社会形态与结构的演进。工程重要性得以凸显的原因是工程建设必然要聚集社会大量投入，对社会供给与需求产生多方面的明显作用。工程的实现也必然具有巨大的社会、经济、环境及文化效益。现代社会，工程遍布每个角落，涉及各个领域，是利益共同体的凝聚，对社会产生着或即将产生全方位的影响。

　　事实上，人类通过工程正在改变着世界，水利水电工程亦是如此！水利水电工程，既有与自然的环境、生态的密切相关性，也有与社会的产业、经济的高度关联性，同时，其建设过程就是将科学技术集成、转换为现实生产力的关键手段和方式！因此，我们说，水利水电工程是人水相连的纽带、人水相通的桥梁，也是人类认识自然并作用于自然的载体。

　　从本体论的角度看，水利水电工程的建设，不同于自然物的存在，但它必须遵守自然物内在的必然规律，这就要求工程的设计、施工必须要按照科学技术的原理来进行！为此，这版《水工设计手册》的修编是紧密围绕下述目标和规则展开的：

　　（1）广大水利水电工作者的良师益友，水利水电建设的盛世宝典，传承水文明的时代精品——在《水工设计手册》（第2版）编委会扩大会议上的讲话，陈雷，编委会主任。

　　（2）权威性、综合性和实用性强的一流设计手册，一部里程碑式的出版物——见《水工设计手册》（第2版）序，潘家铮，技术委员会主任。

　　（3）满足工程需要，创新设计理念，更新设计手段，总结建设经验，为设计提供方便，要具有科学性、实用性、一致性、延续性——见《水工设计手册》（第2版）"第2版前言"。

　　（4）修编的要求和原则详见本书纪事部分中的《〈水工设计手册〉修编工作大纲》，以及索丽生主编撰写的述评。

　　《水工设计手册》（第2版）是在第1版的基础上修编的。第1版发行直至第2版修编付梓以来，我国水利水电科学技术创新发展，工程建设取得了重大成就，成功建设了一大批具有防洪、发电、航运、灌溉、调水等综合利用效益的水利水电工程。第一次全国水利普查数据显示，截至 2011 年底，我国已修建各类水库 98002 座，水库数量为世界第一。我国应用现代新技术、新方法修建了三峡水利枢纽，南水北调工程，二滩和溪洛渡、小湾、锦屏一级高拱坝，小浪底水库，水布垭和糯扎渡水电站，龙滩和日照碾压混凝土坝等巨型工程和诸多百米级乃至 300 米级的大坝。这些规模宏大、技术复杂的工程，是水利水电工程极具代表性的杰作，在设计理论、技术、材料和方法等方面都有了很大提高和很多突破，为我国乃至世界水利水电工程建设探索并积累了成熟而先进的经验。对水工设计而言，这意味着：第一，原有一些技术和方法实际已经落后，需要主动予以淘汰；第二，许多新理论、新技术、新材料和新方法不断涌现，业已成熟，需要在工程中使用，比如以计算机为代表的信息技术的发展，给水工设计的方法和手段带来了许多革命性的变化；第三，生态文明建设的要求，使得水工设计必须在理念和方案上有更遵循自然规律的考虑和抉择。

设计是工程的灵魂！基于新的科技进步和丰富的工程实践，第 2 版《手册》修编时坚持了可持续利用的观念，注重了人与自然的和谐相处，倡导了技术和人文的"融会贯通"，强调了"恰到好处"的优化设计风格！无论从设计理念、设计技术方面，还是从协调性、综合性、实用性把握方面，第 2 版《手册》均可达到了修编要求，可以满足读者预期，为设计提供支持。

可以说，就当今兴水惠民的民生水利发展以及水利水电工程建设取得的成效而言，《水工设计手册》（第 2 版）努力做到了："内容完整实用，资料翔实准确，体例规范合理，表达简明扼要，使用方便快捷，经得起实践和历史的检验"。

1. 从修编需要及特点看

（1）策划准备充分。对《水工设计手册》进行修编从 1996 年最初提议、策划到 2008 年正式启动，历时 12 年，许多领导、专家学者、工程技术人员给予了积极支持和响应，并多次探讨修编经费来源、组织方式以及工作机制等实质性问题，实际研究了修编工作可能遇到的困难，为修编工作的破冰启动、顺利开展进行了有益的铺垫和尝试。

（2）修编基础扎实。《水工设计手册》（第 2 版）是在我国已修建了 15 万多座水库、淤地坝（根据第一次全国水利普查数据，共有水库 98002 座，淤地坝 58446 座）的基础上，在 3 亿多千瓦电站装机（根据中电联统计年报，2013 年底全国水电装机容量为 28151 万千瓦）已投运中，在更多的、数不胜数的水闸、堤防、灌渠以及引、调、提等水工程成功建设运行的基础上修编的。这不仅是编撰，更是实证，也是科考；在一定意义上，既是归纳，也是创新，还是推广，是工程的描绘，是设计的指引。

（3）顺应时代需要。我国水利水电工程设计技术经过长期的探索积累，已然走在世界前列，实践中并行存在的部分规范标准和设计准则，需要在工程建设中更好地加以契合统一，以适应"渐行渐近、一波又盛一波"的水利水电工程建设需要；同时，针对我国基层单位水利水电设计人员不足、技术力量薄弱的情况，也迫切需要修编出版这版"方便可查、引导兼具实操"的工具书，以简便设计步骤，支持设计意图，提升设计效率，保障设计质量。《水工设计手册》（第 2 版）修编正是以这样的需要为目标任务的。

（4）高位推动、组织有力。水利部陈雷部长担任全书编委会主任，为《手册》修编确立了方向，设定了目标，并在过程中给予了重要指导和大力支持。这不仅是对《手册》修编出版工作的关心，更是对水利水电工程建设的高度重视。由 37 位编委组成的编委会认真遴选聘任了全书2位主编和4位副主编及22位卷主编和89位章主编，审定了《手册》修编工作大纲，提出了明确要求和编撰原则。中国工程院原副院长、两院院士潘家铮担任技术委员会主任，每逢审稿他必定参加，一丝不苟、拍板定夺，为《手册》修编提出了诸多建设性意见。由31位专家组成的技术委员会，释疑解惑，严谨求实，全过程承担了《手册》技术咨询和技术审查的指导、把关工作。

（5）机制得当、内容丰富。水利水电与水电水利两个规划设计总院和中国水利水电出版社3家单位共同出资、共同合作、共同组织《手册》修编工作，一开始便构建了适宜得当的工作机制。三家单位明确分工、相互配合，发挥了积极牵头作用，有效地、出色地完成了组织编撰、咨询、审查和编辑出版等相关工作。全书修编过程中，全国共有26家单位，包括13位院士在内的500多位专家、学者和专业编辑直接参与了修编工作，他们将此视为一种责任、一种展示、一种寄托，全身心投入到工作中。

《手册》修编采用"11＋1"模式，即《手册》11卷加《述评纪事》卷。相比于第1版《水工设计手册》8卷42章600余万字，修编完成后的《水工设计手册》（第2版）增加到11卷65章1400余万字，不仅字数增加到第1版的2.33倍以上，而且内容更加丰富、涵盖面更广。增加《述评纪事》卷是《手册》修编的一个创新。其出发点是叙述、评价《手册》修编主要内容，纪事、说明《手册》修编过程中的要义谨见，从专家的视角正观、侧观、仰观或反观《手册》的实用性、科学性，为读者和工程技术人员更好地理解、把握和使用好《手册》提供引言和导向。

（6）注重知识产权保护。《手册》修编过程中，十分重视知识产权保护问题。一是注意处理与第1版《手册》之间的著作权问题。为了表达对第1版《手册》著作权人的尊重，在《水工设计手册》（第2版）各卷的文前部分，列出了"《水工设计手册》第1版组织和主编单位及有关人员"名单，列出了"《水工设计手册》第1版各卷（章）目、编写、审订人员"名单，并转载了《水工设计手册》第1版前言。对个别内容变化不大的章节，采取了由第1版著作权人署名在先、第2版修编人署名在后的处理方式。二是注意处理基本理论、公式、设备等著作权、专利权归属问题。《手册》修编中大量涉及作者著作权和产品所有权，对这些内容，在参考文献中予以一一列出，对重要的图、表、公式还在当页给出了页下注，以求尽尊其意，不妄留侵权之疏忽。

2. 从修编内容和要求看

第1版《水工设计手册》共8卷42章，主要内容包括基础理论，地质、水文、建筑材料，结构计算，土石坝，混凝土坝，泄水与过坝建筑物，水电站建筑物，灌区建筑物等。修编后的《水工设计手册》（第2版）分为11卷65章（不含本卷），主要增加了以下三方面内容：一是总结和提炼了30年来水利水电工程设计中技术创新、方法和理论创新所取得的成果和经验；二是补充了新时期水利水电工程设计所关注的征地移民、环境保护和水土保持，边坡工程与地质灾害防治以及水工安全监测等内容；三是增加了促进设计水平、设计效率提高的计算机技术。主要新增内容包括流域规划、征地移民、环境保护、水土保持、水工结构可靠度、碾压混凝土坝、沥青混凝土防渗土石坝、河道整治与堤防工程、抽水蓄能电站、潮汐电站、过鱼建筑物、边坡工程与地质灾害防治、水工安全监测、计算机应用技术等篇章。其技术要求如下：

（1）系统、客观、真实地总结国内外水工设计的新观念、新理论、新方法、新技术、新工艺，体现我国当前水利水电工程设计科学研究的水平——具有时代的科学性。

（2）全面分析总结水利水电工程设计经验，发挥各设计单位技术优势，适应水利水电工程设计新的需要。可供水工设计人员"查询"，作为工具书使用——具有简明的实用性。

（3）兼顾我国水利与水电设计现实并存的标准体系差异，在修编过程中尽其可能协调一致，或者并行表述、加以说明，避免相互矛盾等问题——具有契合的一致性。

（4）以第1版《水工设计手册》框架为基础，修订、补充有关篇章内容，同时较大幅度增加涉及工程设计环境、条件、规划等卷帧，承继了水工设计技术的主体脉络——具有发展的延续性。

3. 从设计进步上看

（1）理念上。随着我国经济社会的发展和科技水平的提高，除了关注水工结构自身设计外，还要求水工设计人员在设计过程中，注意节能、节地、节水和生态环境保护、征地移民的要求，体现以人为本、人水和谐和资源节约的理念。为此，新增了水利规划、征地移民、环境保护、水土保持、建筑设计和节水灌溉技术等内容。

（2）方法上。新增了工程结构可靠度理论、最优化方法和人工神经网络的数学方法、用于水利水电工程设计的结构优化设计方法；对水力学、土力学、岩石力学部分作了补充和完善，增加了水动力学、土体的本构模型、岩体结构面统计理论与方法和岩体稳定性分析方法；在工程设计方面，新增了水土资源供需平衡分析方法、引水枢纽弯道环流理论、地质灾害防治、节水灌溉技术等。

（3）材料上。新增了自密实混凝土、胶结颗粒料（胶凝砂砾石混凝土和堆石混凝土）、沥青混凝土、补偿收缩混凝土、模袋混凝土和土工合成材料等，发展和完善了碾压混凝土、高抗冲磨混凝土、纤维混凝土、防水与防腐蚀材料、灌浆材料、止水材料等。

（4）结构上。新增胶结颗粒料筑坝技术（包括胶凝砂砾石坝、堆石混凝土坝）、抽水蓄能、潮汐电站、气垫式调压室、变顶高尾水洞、堰塞湖处置、预应力钢筒混凝土管道（PCCP）、波纹管伸缩节等；发展和完善了碾压混凝土坝、混凝土面板堆石坝、碾压式土石坝、高混凝土拱坝、大坝加高、船闸、升船机、泄洪消能（水垫塘消能、宽尾墩挑流联合消能、有压泄水隧洞洞内孔板消能、旋流式内消能等）、鱼道、抗震结构、边坡处理、坝体防渗墙结构、坝基深厚覆盖层处理、地下洞室、大型倒虹吸和渡槽结构、大型钢闸门和压力钢管等。

（5）手段上。增加了计算机技术和计算软件的介绍，对水力学试验、材料试验、结构试验、抗震试验等方面的技术和要求相应地作了介绍。新增了全球定位系统（GPS）、地理信息系统（GIS）、遥感系统（RS）、隧洞地震超前预报测量系统（TSP）、掘进机（TBM）、监测自动化系统等内容。

4. 从各卷协调上看

由于卷数多、内容广、相关紧，所以各卷的统筹协调、标准统一至关重要，既要各成卷章，又要衔接成册；既不能特立独行，也不能相互倾轧。在这里，我仅举修编、核校过程中几个细微之处的把握以证之。

（1）有关水工设计软件内容的编写，第1卷着重介绍通用软件的功能与适用范围，其他卷根据需要选列专用软件并编写具体应用案例。

（2）岩体力学取值方法及经验值、岩体稳定分析方法的基本原理，在第1卷第5章有关岩体力学参数取值和岩体稳定性分析方法中侧重介绍。

在第5卷《混凝土坝》、第8卷《水电站建筑物》、第10卷《边坡工程与地质灾害防治》等涉及地基和边坡稳定分析时，岩体力学取值方面着重介绍实际工程中的一些做法和需要注意的问题。为了使用方便，适当重复，但不再叙述其基本原理，直接引述基于有关理论形成的计算分析方法或软件，如刚体极限平衡法分析、数值分析法等。

经协调，原在第1卷第5章5.7节中介绍的软弱夹层的成因、分类、结构构造、黏土矿物成分、化学成分等内容，纳入第2卷第3章工程地质与水文地质部分。

（3）协调统一了第2卷第2章中的橡胶坝分类与第7卷中水闸的相关内容。

（4）第3卷中，"2.4.6 环境地质影响预测与评价"主要介绍利用工程地质成果对影响成因进行分析，评价环境地质问题对工程安全、生活环境和生态造成的影响；而在第10卷中，第5章"地质灾害防治"主要介绍地质灾害的概念、分类及防治等内容。

（5）第3卷中，"2.6.4.2 分层取水设施设计"侧重提出分层取水技术要求，建筑物结构设计在第8卷中介绍。

（6）第3卷中，"2.8.2 过鱼设施设计"主要提出满足鱼类习性的工程设计要求；相关工程设计和措施，则在第7卷《泄水与过坝建筑物》之"3.1 过鱼建筑物"中介绍。

（7）第3卷中，"2.9.1 土壤次生盐渍化防治"侧重于各类防治措施的引述；而在第9卷的相关章节中，侧重介绍土壤盐渍化的评价及其对农作物的影响。

（8）河道水力计算的基本方程和计算方法主要在第1卷第3章中介绍；各类型河道水力计算的条件和要求则在第6卷"5.1.3 河道水力计算"中给出。

（9）有关泥沙计算和河床演变分析的具体方法在第2卷的相关章节介绍；而潮汐河口的泥沙来源、运动特性和河床演变分析的基本要求，则主要在第6卷"5.3.3 潮汐河口泥沙运动及河床演变分析"中介绍。

（10）关于渗流计算的原理和方法，见第1卷"4.4 土的渗流计算"；而闸基渗透变形破坏判别方法和渗流计算分析要求，则主要在第7卷"5.5.1 闸基渗流分析"中介绍。

（11）对第2卷第5章"水利计算"相关内容与第9卷第1章"1.3 需水量分析"以及第2卷"1.4 水资源供需平衡分析与配置"中地表取水工程水利计算、"1.5 防洪规划"中承泄区设计水位和库容计算、"1.6 治涝规划"中渠道设计流量和排涝设计流量计算等内容，进行了多处衔接协调处理。

（12）由于安全监测已经单独编成第11卷，原则上其他各卷中不再介绍安全监测内容。个别情况下，也只是结合建筑物的特点简要给出安全监测的要求，或结合工程实例解释安全监测的设计方法、仪器的布置和埋设要求。

综上所述，《水工设计手册》（第2版）的立意仍是：工程技术人员的参考书，工程设计人员的工具书。也许修编完成后的《手册》，相对于"浩瀚典籍"来说是"毫毛"技艺，但是对工程建设来说，不可谓不是"顶上"功夫！毋庸置疑，这版《手册》修编"砌筑"在厚重坚实的工程建设经验基础之上，提炼、归纳的设计思路、设计方法、设计技术，旨在为工程技术人员在未来工程建设设计中提供参照、借鉴、使用，必然具有局限性、时效性和不适应性，也隐含着不当使用的风险性。鉴于此，《手册》的使用人员，特别是工程设计人员，务必要以遵循自然规律为前提，以人类所及的智慧为指引，恪尽职守、精益求精，方能设计好每一个水工程。这是无论何时都永远摆在设计技术前面的准则。

《水工设计手册》（第2版）力图帮助工程技术人员提供、解决工程设计中的一些理念、方法、条件、手段、案例和问题，极尽所能地把已有的、成熟的、经过实际检验的设计技术呈献给读者，全力推广先进的、创新的、行之有效的设计方案并保护其知识产权，但毕竟不是设计的本身和全部，并伴有与生俱来的、可以看得到的局限性——就是在《手册》的出版过程中，仍有规程规范调整、颁布，如可靠度设计、耐久性设计、安全监测设计等。也有一些实际工程设计特例、特大型工程的专门设计方法未纳入。随着时间的推移，新的设计思想、理念、方法和技术（比如3D设计方法）必然会不断提出、产生、成熟、发展，并会超越《手册》介绍的设计内容，甚至就是现在，或许也已存在着不协调和过时之处。因此，还请《手册》的使用者，在参考的同时，紧密结合工程实际要求和自身设计能力，为营造优质工程、一流工程和精品工程，宜材适构，格物致知，践行工程技术人员的诺言！

工程无不打上时代的烙印。党中央、国务院从对水安全的总体要求出发，确定了"节水优先，空间均衡，系统治理，两手发力"的治水方略，这无疑是当今水利水电工程建设的政策指南。我们要在实际工作中，遵循这一方略和指南，按照"确有需要、生态安全、可以持续"的原则，努力完成好包括设计在内的水利水电工程建设各项任务。

马克思说过，工程是"人的本质力量的对象化"。金字塔、长城、大运河、都江堰以及基因排序、两弹一星、嫦娥探月、蛟龙探海和火星探秘，这些标志性工程，既是当时技术水平的体现，也必然内涵着一定的社会意识形态和政治经济特征。人类发展至今，工程成败的案例难以计数，好的工程和不好的工程同时存在于社会中。对于那些"不好"的工程，尽管其"不好"并非工程师之"不好"，毕竟政治家、企业家而非工程师才是重大工程决策的主体；但对于那些"失败"的工程，却是工程师不可推卸的责任。也就是说，工程决策和目标一旦确定，如何系好"纽带"，建好"桥梁"，便是工程技术人员的良心所在！

2008年2月，作为水利部总工程师，我受命于陈雷部长和《水工设计手册》（第2版）编委会，与索丽生副部长等一起共同主编这版《水工设计手册》，期间有很多收获和心得。在这项艰巨任务即将完成之际，我要向第1版《水工设计手册》的编撰人员致以特别的谢忱！我相信，每一位水利水电工程技术人员，都会一以贯之地承继第1版《手册》良好的设计理念、设计风格和设计方法。我还要向为《水工设计手册》（第2版）修编作出贡献的专家学者、编撰人员、校审人员和编辑出版人员表达诚挚的谢意！你们执着的灯下身影、坚守的设计原则、过硬的编辑功底，令我心生感念、心存感动。与此同时，我也要向《手册》的编委会、技术委员会和组织单位致以由衷的敬意！编撰和编辑过程中，标准的契合兼顾、人员的调配安排、文图的斟酌订正，都得到了关心支持、全力保障，激励我们慎终如始地将这版饱蘸辛苦、充满睿智的《手册》呈献给读者。如果说，这版《手册》就是以往水利水电工程建设的印记和未来水利水电工程建设的瞩望，那么这版《手册》封面烫金的六个大字——水工设计手册，就是大家曾经为之努力的金质述评！

故，谨记以敬，工程不朽，设计进步，《手册》更新。

第1卷 《基础理论》编写说明

刘志明　王如云　陈国荣　李玉柱　刘小生　邬爱清　许卓明

本卷是水利水电工程勘测设计的基础理论部分，保持了第1版《手册》的基本框架，内容增加了"计算机应用技术"一章。本卷包括工程数学、工程力学、水力学、土力学、岩石力学和计算机应用技术等6章。

1　第1章　工程数学

1.1　与第1版相比内容的增减

本章1.1～1.8节，参考了第1版《手册》的编写顺序和内容，但各节具体内容均有所增加、调整和完善。与第1版相比，其主要变化如下：删除了第1版"第8节　数学表"；第1版第7节分成了本章的"1.6　概率论"和"1.7　数理统计"两节，并增加了"马尔可夫链"、"假设检验"、"方差分析"、"回归分析"、"正交试验设计"、"抽样检验方法"、"主成分分析"和"可靠性分析"等内容；"1.8　数值分析"中在第1版第5节的基础上增加了"刚性微分方程及其数值解法"等内容；还增加了"1.9　有限分析法"、"1.10　有限体积法"、"1.11　有限元基本方法"、"1.12　最优化方法"和"1.13　人工神经网络"5节内容。

1.2　内容编排的考虑

（1）删除第1版中"第8节　数学表"。由于目前计算器已普及，数学表中的数值可以容易得到，因此删除了该节。

（2）"1.6　概率论"和"1.7　数理统计"两节，增加了"马尔可夫链"、"假设检验"、"方差分析"、"回归分析"、"正交试验设计"、"抽样检验方法"、"主成分分析"和"可靠性分析"等内容。水工设计中存在着各种各样的不确定性、随机性，如水工结构所受外界环境、荷载及结构材料本身的不确定性，常会借助"马尔可夫链"等方法对具有一定的随机性的劣化进程进行分析和预测；水利工程质量检测中，对混凝土强度、水泥标号、砂子细度模数、土方工程中土的干密度等项目测值进行评定时，通常借助"方差分析"、"回归分析"、"正交试验设计"、"抽样检验方法"等对数据进行分析；大坝风险综合评价是一个复杂的系统，涉及众多评价因子，且各因子可借助"主成分分析"获得主要评价因子；由于水工结构的条件、工程复杂性，通常需借助可靠性分析理论和方法，对水工建筑物进行可靠性分析。基于以上考虑，增加了这些内容。

（3）"1.8　数值分析"一节，在第1版第5节的基础上增加了"刚性微分方程及其数值解法"等内容。水工结构设计中的某些问题可通过建立常微分方程或方程组数学模型进行研究，因此也就存在刚性微分方程组问题。增加刚性微分方程及其数值解法，目的是使设计人员了解，在遇到某些问题很难得到符合实际情况的解时，也许是遇到了刚性问题，不妨采用适合刚性问题的数值解法进行求解。

（4）增加"1.9 有限分析法"、"1.10 有限体积法"、"1.11 有限元基本方法"3 节。水工结构设计中，涉及水动力学、渗流力学、弹性力学、结构力学中建立的微分方程模型求解问题，鉴于模型的复杂性，常需借助数值计算方法求得数值解。数值解法中的有限差分法和有限分析法一般是基于结构网格的，具有算法设计较简单灵活、编程相对容易等特点。其不足之处是：当复杂边界时，网格很难贴合边界，虽然可采取贴体坐标系技术，但一般只适应不太复杂的边界情形，且原先可能较简捷的控制方程变得复杂化。"有限体积法"和"有限元法"一般是基于无结构网格的，具有很好的边界适应性，但由于网格的无结构特性，使得程序编制复杂化。相对于其他 3 种方法，有限元法具有一个先天优势，即对于能量内积而言，近似解是真解在有限子空间上的投影，但其求解过程，通常会归于一个大型线性代数方程组的求解，不仅计算量大，而且会面对方程组的病态问题。在方程的离散过程中"有限分析法"采用局域上的解析解建立计算格式，在控制方程非线性程度较低时，计算精度较高。"有限体积法"由于是对方程组在控制体上积分后的方程进行离散，因此离散方程只涉及控制体及其邻域单元上的计算变量，具有计算量小且对边界具有很好适应性等特点。采用不同形式的数值通量和不同的物理量重构方法，可以得到各种各样的有限体积法，例如，数值通量采用 Roe 的 Riemann 解算子逼近形式，物理量重构采用 MUSCL 方法，就得到 Roe 型 MUSCL 方法的有限体积法，同样也可以得到 Roe 型分片常数逼近的有限体积法，这些方法可以较好模拟含间断波的流场。增加这些内容，可帮助设计人员根据自己面对的问题，选取合适的数值计算方案。

（5）增加"1.12 最优化方法"。水工设计中会遇到很多的优化问题，如水工结构功能优化设计中设防荷载参数的选择、边坡稳定性分析中最小安全系数的求解等问题，最终都归结于最优化问题，因此增加本节是必要的。

（6）增加"1.13 人工神经网络"。人工神经网络以大脑的生理研究成果为基础，目的在于模拟大脑的某些机理与机制，实现某个方面的功能。鉴于目前人工神经网络模型已应用于水工结构的劣化评价、水工结构优化、水工建筑结构地震损坏诊断、混凝土抗裂性能指标预测等方面，增加本节可满足水工设计的发展需求。

1.3 技术发展方向

目前，一般线性问题的求解已有较为成熟的方法和技巧，然而对非线性问题，特别像水动力学中出现的水跃、滑坡涌浪、涌潮等含间断面现象的模拟问题是数值模拟方法发展不得不面对的问题，也是提高水工设计水平、满足实际需求不得不面对的问题。"1.10 有限体积法"介绍的有关内容只是数值模拟间断波现象的初步成果，更进一步的高精度、高分辨方法或三维问题的模拟方法正在不断发展中。

1.4 与其他卷章关联的内容及处理

本章作为《手册》所用数学知识公共平台，在编写过程中所遵循的原则是：在介绍其他章节共用的基本数学公式、方法、算法等时，尽量不涉及与水工设计背景相结合部分的数学模型和求解方法，以避免与其他部分重叠。如有限元部分，本章只涉及有限元基本方法，而有限元与渗流力学、土力学等具体专业方向结合应用部分，放在其他相关章节进行介绍。

1.5　使用中应注意的有关问题

限于篇幅，在介绍有关偏微分方程数值方法时，有时仅对某一类方程进行了介绍，读者若发现无相应的内容时，可查阅相关参考文献。

1.6　编写过程中的感想

《手册》的编写虽然不同于撰写学术论文，要求有学术创新点，但必须要考虑到从事实际水工设计人员的需求，如知识完备性、易查检性、公式与图表的正确性、计算方法的实用有效性以及理论和知识的先进性。为了落实这些编写原则，通过自检及评审专家的建议，我们进行了3次大的目录增减和前后次序调整，有些公式经过了多部相关手册的核对，甚至从头推导进行比对，以尽量保证所列公式的正确性；有的公式和方法思想经过慎重考虑，采用了与其他手册不同但却更利于理解的形式予以表达。经过前后4年半的努力，我们终于在审稿专家的指导帮助下，在各位编辑的辛苦工作下，在卷主编的鼓励指导帮助下，在各自工作单位的领导和同志们的支持下完成了《手册》（第2版）第1卷第1章"工程数学"部分的编写工作，在此谨向大家表示诚挚的感谢！由于我们的水平有限，可能所编内容还存在错误和不足之处，欢迎《手册》的使用人员，把发现的问题及时与出版社或我们联系，以便今后改进。

2　第2章　工程力学

2.1　与第1版相比内容的增减

第1版《手册》工程力学部分包括的内容有：直杆变形的基本形式、杆件结构的位移计算、杆件结构的内力分析、影响线、杆件结构的弹性稳定、杆件结构的动力计算、平面问题、空间问题、薄板的计算、基础梁的计算和有限单元法。本次修编基本保持了第1版的框架结构，修编后的内容由原来的11节扩充为12节，主要包括以下6个方面：①加强了基本概念、基本理论的介绍；②删除了原第3节中的"迭代法"，增加了"矩阵位移法"；③原"第6节　杆件结构的动力计算"改为"2.6　结构动力计算与结构振动控制"，并增加了结构抗震与振动控制的内容；④删除了原第7节中的"差分法"；⑤在2.11节中，增加了薄板问题的有限单元法以及温度场与温度应力的有限单元法等内容；⑥新增了"2.12　结构优化设计"。

2.2　内容编排的考虑

作为《基础理论》的一部分，本章主要介绍与工程力学有关基本概念、基本理论和基本计算方法。与第1版相比，本次修编加强了基本概念、基本理论的介绍。除介绍经典的力学分析基本方法以外，也适当增加和拓展了一些新方法，如结构优化设计、结构振动控制等。以外，还增加了我国水利水电建设中经常涉及的内容，如温度场与温度应力的有限单元法等内容。第1版中的"迭代法"由结构分析的基本方法演变而来且计算工作量巨大，已被结构分析的计算机方法所替代，故删除了原第3节中的"迭代法"，增加了"矩阵位移法"。

2.3　技术发展方向

工程力学旨在解决工程中的力学问题。20世纪末面向工程的计算方法发展很快，尤其是计算机的快速发展和有限单元法的应用，使得重大工程中的力学问题得到有效解决，数值模拟计算已成为工程设计、施工管理必不可少的手段。因此，《手册》修编中增加和加强了数值分析方法部分，包括矩阵位移法和有限单元法。考虑到面向基层水利工程设计人员，基本的力学概念仍需熟悉，是基本功，因此我们仍保留了构件或简单结构的受力分析和大量的图表。此外，材料非线性问题在工程中经常遇到，也越来越受到重视，此次修编没有涉及，建议下次修订增加这部分内容。

2.4　与其他卷章关联的内容及处理

本章 2.1～2.10 节相对独立，"2.11　有限单元法"和"2.12　结构优化设计"与其他章节有所交叉。对于有限单元法，我们侧重于介绍基本理论、实现方法以及在实际应用中需要注意的问题；对于结构优化设计，侧重于介绍工程问题如何建立优化模型，理论基础的内容留给数学部分，避免重复。

2.5　使用中应注意的有关问题

本章中的一些图表、资料引自国内一些专著，其中有些是精确的计算结果，有些是在一定条件下简化的近似计算结果。对于复杂结构，简化后应用本章中的一些图表、数据可以得到计算结果；必要时，应使用计算机分析方法对复杂结构作更为详尽的分析。

2.6　编写过程中的感想

"工程力学"作为《基础理论》的一部分，其主要的理论和方法是经典的。第 1 版《手册》中工程力学部分包含了大量图表、数据，对这部分内容的修编在一段时间内曾经困扰了修订者。一方面，这些图表、数据有些是精确的计算结果，有些是在一定条件下简化的近似计算结果，它们主要是为手工作结构计算服务的；另外一方面，随着计算机技术的发展，结构分析的方法发生了革命性的飞跃，结构分析的计算机软件也越来越成熟，使用计算机进行结构分析时则不需要使用这些图表、数据。为此我们到上海院、华东院作调研，听取了工程设计人员的意见。他们认为这些图表、数据在工程设计人员对结构受力特性作定性分析时是有重要作用的。综合多方面意见，最终在修编时保留了绝大多数图表、数据。

3　第 3 章　水力学

3.1　与第 1 版相比内容的增减

本章以第 1 版《手册》框架为基础，对内容和结构进行了修改、补充和调整，主要包括以下 4 个方面：①加强了基本概念、基本理论的介绍，增加了"3.3　水动力学"一节，将"流动阻力与水头损失"单列为第 3.4 节；②适当介绍了一些国内外最新的科研成果，如"高速水流脉动压强"、"水流诱发建筑物振动"等内容；③随着科学技术和我国水利水电建设的发展，新增"3.7　有压管道中的非恒定流"、"3.13　渗流"、"3.14　高速水流"、"3.15　计算水力学基础"和"3.16　水力模型试验基本原理"等内容；④将明槽部分内容做了适当归并，即原第 5～10 节和第 13～16 节中的相关内容调整合并为"3.8　明槽恒定均匀流"、"3.9　明槽恒定非均匀渐变流"、"3.10　明槽恒定急变流"和"3.11　明槽非恒定流"4 节。

3.2 内容编排的考虑

本章仍然保留了 16 节的设置。"水力学"作为《基础理论》的一部分，其主要介绍水力学有关基本概念、基本理论和基本计算方法，具体水工建筑物（如泄水建筑物、水工隧洞、水闸、渠系建筑物等）的水力计算和设计在第 7、8、9 卷中有专门章节介绍。

本次修编加强了基本概念、基本理论的介绍，如"水动力学"的理论基础、"流动阻力与水头损失"等内容。除介绍成熟实用的水力计算基本方法外，也适当介绍了一些国内外最新科研成果，如"高速水流脉动压力"、"水流诱发建筑物的振动"等。还增加了我国水利水电建设中水力学经常涉及的内容，如"渗流"、"高速水流"、"计算水力学基础"和"水力模型试验基本原理"等内容。第 1 版中明槽内容过多，占了一半篇幅，本次修编做了适当归并，即合并为"明槽恒定均匀流"、"明槽恒定非均匀渐变流"、"明槽恒定急变流"和"明槽非恒定流"4 节。

3.3 技术发展方向

随着计算机和计算技术的飞速发展，计算流体力学在各学科得到了越来越广泛的应用，也已大量应用于水利水电工程的各项计算中。但本次修编由于篇幅所限，只介绍了计算水力学基础，包括计算水力学中所用到的基本方程、离散方法和紊流数学模型，建议下次修订时可适当增加一些在水利学科和工程中的具体运用的介绍，如一维非恒定流计算（包括有压管道非恒定流和明渠非恒定流）、不可压缩非黏性流体流动、不可压缩黏性流体流动、对流扩散、浅水环流等内容。由于第 1 卷是基础理论部分，也可以把这些内容放在各水工建筑物相关的卷章中去。

3.4 与其他卷章关联的内容及处理

本章主要介绍水力学有关基本概念、基本理论和基本计算方法，具体水工建筑物（如泄水建筑物、水工隧洞、水闸、渠系建筑物等）的水力计算和设计在其他卷中专门章节介绍。如泄水建筑物的水力计算在第 7 卷第 1 章中介绍，水闸的水力计算在第 7 卷第 5 章中介绍，水工隧洞及调压室的水力计算在第 8 卷中介绍，渠道及渠系建筑物的水力计算在第 9 卷中介绍等。

渗流中流网的绘制及应用（包括闸坝地基流网、土坝流网等内容）放在本卷第 4 章土力学中；水流诱发结构振动的内容在本章编写，第 7 卷泄水建筑物中不再编写，但闸门的流激振动问题放在第 7 卷闸门部分。

3.5 使用中应注意的有关问题

本章中的一些图表、资料是引自国内现行规范，如《水工隧洞设计规范》（DL/T 5195—2004）、《溢洪道设计规范》（SL 253—2000）等。使用中应注意规范是否有新的修订，本章中引用的图表、资料是否有变化。

3.6 修编过程中的感想

本章有清华大学、河海大学、中国水利水电科学研究院和南京水利水电科学研究院共 4 个参编单位。参加修编工作的同志中，其中包括长江学者清华大学余锡平教授、全国名师河海大学赵振兴教授、南京水利水电科学研究院副院长李云教授级高工和水工水力学所总工严根华教授级高工、清华大学水力学所所长张永良教授、中国水利水电科学研究院水力学所陈文学总工和王晓松副总工等，主编清华大学李玉柱、主审哈尔滨工业大学刘鹤年及大连理工大学崔莉均为已退休的老教授，总体来说参编人员素质较高。由于部分参编人员系在职，有的还担任一定的领导职务，工作较忙，在修编过程中克服了许多困难。此外，本章参编人员主要来自我国几家著名的大学和科研机构，修编内容反映了几家单位的先进经验，但由于参编人员较多，编写风格不一，统稿工作量较大，建议再修订时参编人员可相对再集中些。

4 第 4 章 土力学

4.1 与第 1 版相比内容的增减

本章在第 1 版《手册》基础上进行了适当调整、修改和补充，修编后由原来的 6 节调整为 14 节。其中，"4.1 土的基本性质"、"4.5 土中应力"、"4.6 土的压缩性"、"4.7 土的强度"、"4.11 地基承载力"和"4.12 桩基础的承载力"等 6 节内容基于第 1 版第 1 卷中第 4 章"土力学"中的相关内容编写；"4.3 土的渗流及渗透稳定性"、"4.4 土的渗流计算"和"4.10 地基沉降计算"等 3 节内容基于第 1 版第 3 卷《结构计算》中第 14 章"沉降计算"和第 15 章"渗流计算"的相关内容编写；"4.2 土的压实性"、"4.8 土的本构模型"、"4.9 土体应力变形有限元分析"、"4.13 特殊土"和"4.14 土的动力特性"等 5 节为新增内容。

4.2 内容编排的考虑

第 1 版《手册》基本覆盖了一般高等学校水利水电工程建筑专业的土力学教材中的经典内容，其中第 1 版第 1 卷《基础理论》第 4 章"土力学"由"土的物理性质"、"土中应力计算"、"土的压缩性"、"土的抗剪强度"、"地基承载力"和"桩基础的承载力"等 6 节组成；第 1 版第 3 卷中第 14 章"沉降计算"包括了"概述"、"天然地基的沉降量计算"、"天然地基的沉降过程计算"、"湿陷性黄土地基的沉降量计算"、"预压地基"和"沙井地基的沉降量计算"、"土坝的沉降量计算"及"桩基础的沉降量计算"等 8 节，除了一般沉降计算方法等土力学经典内容外，还包含了一些具体类型地基、基础和结构沉降计算的内容；第 1 版第 3 卷中第 15 章"渗流计算"包括"概述"、"沿简单地下轮廓线渗流的解析解"、"复杂地下轮廓线的渗流近似解"、"土坝和岸堤中的渗流计算"、"减压井和排渗沟的渗流计算"、"侧岸绕渗"、"有限元法的渗流计算"、"流网图绘法及其应用"和"土的渗透变形"等 9 节，除了一般土力学经典内容外，主要篇幅是有关具体地基和结构的渗流计算的内容；第 1 版第 7 卷中第 36 章"挡土墙"包括"总论"、"土压力的计算"、"几种常用的挡土墙及挡土墙的细部构造"等 4 节，除了一般土力学经典内容外，主要篇幅为不同具体类型挡土墙土压力计算和结构构造内容。

根据《〈手册〉修编工作大纲》关于《手册》总体布局，取消了专门介绍结构计算的第 1 版第 3 卷，需要将其中相应结构计算的内容合并到第 2 版《手册》第 1 卷《基础理论》中，据此，基于第 1 版第 3 卷《结构计算》的第 15 章"渗流计算"修编为"4.3 土的渗流及渗透稳定性"；基于第 1 版第 3 卷中第 14 章"沉降计算"修编为"4.10 地基沉降计算"。本章修编主要介绍基本概念、基本理论及基本方法等，而对原有的一些具体地基、基础及结构的解析解和近似计算方法及计算过程等内容，由于计算机数值计算技术的发展及应用，目前大都已很少使用，或者在本《手册》有关章节的相应具体结构中作了专门介绍，本章仅作少量介绍。由于在第 2 版《手册》第 10 卷中安排了土质边坡和挡土墙的专门章节，因此经典土力学中土坡稳定性计算和挡土墙土压力计算内容，本章没再介绍。

根据国内外土力学学科发展、土石坝设计新方法发展需要、国家法定计量单位要求及我国有关规范修编情况，除了对上述有关章节内容进行修编和补充外，还增加了"土的压实性"、"土的本构模型"、"土体应力变形有限元分析"、"特殊土"和"土的动力特性"等 5 节。

4.3 技术发展方向

土是长期地质历史作用的产物，以其散碎性、多相性和变异性等显著特点区别于其他工程材料。经典土力学和岩土工程以有效应力原理、库伦-摩尔强度定理及达西定律三大理论为核心，作为一门实用力学和技术科学，主要以经济性和安全性为目标，解决工程建设中的强度、变形和渗流等控制和安全问题。土力学随科学技术进步和工程建设而发展，并指导工程建设，不断提高工程设计和建设水平。近年和将来，土力学和岩土工程学科发展及方向主要有 6 个方面：①以有限单元法为代表的计算机数值计算技术在土力学和岩土工程中的应用，促进了土的力学特性和本构关系研究，可极大地提高土力学学科解决岩土工程问题的能力，目前土的本构关系研究和模型参数的可靠确定已经成为解决各类大型、复杂岩土工程问题的瓶颈，土的本构关系研究和土的力学特性测试技术发展是土力学和岩土工程学科发展的方向；②以高土石坝为代表的各类大型土工建筑物工程建设规模越来越大，工程场地工程地质和水文地质越来越复杂，影响地基和处理深度越来越大，不断对土力学和岩土工程学科发展提出新的挑战，需要发展各种现场原位试验和测试技术；③我国许多建设工程，特别是许多大型水利水电高土石坝工程的建设场地位于地震高烈度区，工程抗震安全往往成为工程建设的控制工况，需要大力开展土动力学及抗震防灾技术研究；④用于地基处理和土体加固及防渗等的以固化剂及土工合成材料为代表的新材料和实用新技术不断开发和应用；⑤非饱和土及各类特殊土的工程力学特性研究和测试技术；⑥以城市生活垃圾和工业废（弃）料等填埋、储放处理工程为代表的环境岩土工程及监测技术。

4.4 与其他卷章关联的内容及处理

本章主要介绍土力学的基本概念、基本理论、基本试验方法和基本计算方法。对于涉及具体建筑物（如碾压式土石坝、面板堆石坝、挡土墙和土质边坡等）的土工计算理论和设计方法，以及水闸闸基渗流计算等内容，在《手册》的其他有关卷章中专门介绍。

4.5 使用中应注意的有关问题

土的工程分类、渗透变形判别、地基承载力、地基沉降计算、桩基础承载力及一些特殊土的判别等章节，包括了少量有关现行规范的方法、参数和图表，应该注意规范的修订，及时采用相应的有效规范版本。

4.6 编写过程中的感想

首先，相较其他学科，土力学内容比较庞杂，系统性比较差，不同问题的解决，需采用不同的假定和不同的理论及计算方法，其内容取舍和深度把握曾经是让人颇感为难和困惑的问题，在不同修编阶段的审查会上，审稿专家提出了很好的修改意见，在此表示衷心感谢；其次，各节编写人员均为各单位骨干，生产（或教学）和科研任务重，编写时间紧,而且由于没有专门经费支持,修编经费需要各节承担单位自行解决,在此对各节编写人员表现出的责任心和奉献精神表示崇高敬意;第三,由于编写人员较多,各节编写风格、内容取舍和深度把握程度不尽相同,统稿时虽努力一致,但由于编者水平有限,仍可能有不尽如人意的地方,希望在使用中积累经验,并对存在问题提出宝贵意见,以利于将来修订。

5 第 5 章 岩石力学

5.1 与第 1 版相比内容的增减

根据岩石力学学科在水利水电工程建设过程中的应用和发展情况,结合第 1 版《手册》出版以来新建水利水电工程的实践成果,对第 1 版内容进行了补充和完善,修编后的内容由原来的 6 节扩充为 15 节。主要变化如下:

(1)将第 1 版"第 4 节 岩石的变形特性"和"第 5 节 岩石的强度特性"的内容,分别在"5.3 岩石的力学性质"、"5.4 岩体变形特性"和"5.5 岩体强度特性"中叙述,并补充介绍了试验方法以及近年来一些典型工程有关岩石力学试验的研究成果和参数取值。

(2)在"5.7 岩体软弱夹层的基本特性"中,补充了"软弱夹层分类"、"软弱夹层的物理性质"、"软弱夹层的抗剪强度特性"和"软弱夹层的渗透变形特性"等内容。

(3)新增了"5.1 水利水电工程岩石力学研究的特点与任务"、"5.10 岩体的渗流特性"、"5.13 岩体结构面统计理论与方法"、"5.14 地质力学物理模型试验"和"5.15 岩体稳定性分析方法"。

(4)将第 1 版第 1 节中的"九、岩体的纵波速度"和"十、岩石的工程分级"分别提升为"5.8 岩体声学特性"和"5.1 工程岩体分级";将第 1 版第 4 节中的"三、岩石的流变性"提升为"5.6 岩石流变特性";将第 1 版第 5 节中的"二、岩石的强度理论"提升为"5.12 岩石的本构关系与强度理论"。

(5)删除了第 1 版第 1 节中的"五、地温梯度"和"八、岩石的电阻率";删除了原第 6 节"洞室围岩问题"中的大部分内容,关于围岩应力的重分布等内容未进行单独叙述,而是涵盖于其他节中。

5.2 内容的编排考虑

由于岩石力学对水利水电工程建设的重要性,自 20 世纪 50 年代以来,国内外岩石力学基础性理论已获得了巨大的发展。以葛洲坝、小浪底、二滩、三峡工程等工程实践为代表,通过工程建设各阶段的实践,水利水电工程中的岩石力学问题及相应的理论与技术发展,都是第 1 版编写过程中不能体现的。因此,本章内容的编排和取舍变动性很大,主要拟定了以下原则:

(1)结合第 1 版《手册》出版以来水利水电工程的实践,补充和完善相关岩石力学试验研究成果资料。

(2)在章节安排上,根据岩石力学各分支学科在水利水电工程设计过程中的应用和发展情况,对第 1 版《手册》的章节安排进行适当调整。

(3)在编写内容上,除编写对水工设计有直接作用的岩石力学参数部分内容外,还选择对水工设计岩石力学边界条件了解和对策等有指导作用的其他相关内容。

（4）对国外先进的技术经验和有关规定，若可资参考或应用的，也酌情纳入。

5.3 技术发展方向

随着我国西部水利水电工程的大规模建设，岩石力学面临的新挑战更大，无疑将更进一步地推动基础理论的发展。其主要涉及的发展方向有以下几方面：高应力和复杂应力路径下的岩石力学特性及试验方法；岩体应力场和渗流场测试与分析理论；岩体断续介质力学方法研究与应用；岩体非线性力学数值模拟技术与工程应用；水工岩石力学与环境保护等。

5.4 与其他卷章关联的内容及处理

岩石力学涉及范围非常广泛。本章重点处理与岩石力学基础理论相关的内容。与工程密切相关的内容安排在其他卷章，如地下洞室围岩工程地质分类，坝基、边坡及地下洞室相关内容，以及岩体灌浆与工程岩体锚固等内容。

5.5 使用中应注意的有关问题

《手册》中列举了部分工程的岩石物理力学参数主要统计值，目的是帮助读者了解各种岩石物理力学指标的大致范围以及典型工程岩体力学参数试验值及采用值的有关情况，在使用过程中仅供参考。

5.6 编写感想

《手册》的编写是一项复杂和系统的工作，其编写过程中倾注了方方面面的精力和支持，主要感想体现在以下方面：①水利部和水规总院有关领导以及各章节主编的高度重视，对本章的编写起到了重要的推动作用；②全国水利水电相关单位，在提供相关工程资料方面给予了大力的支持和配合；③中国水利水电出版社安排了精湛的编辑、制图和校对人员，使《手册》的出版质量特别是图表清晰和规范等方面得到了很好的保障；④本章编写组成员及审查专家，付出了艰辛的劳动和奉献，在无编写经费保障的条件下，能够完成编写任务，从一个侧面充分体现了水利水电行业专家们的敬业和奉献精神；⑤由于水利水电工程建设的高标准要求，以及岩体介质材料本身的复杂性，本章总体上属岩石力学研究最基础性的内容。限于编写者自身水平和专业深度，在材料选取及编写内容方面必然存在局限性，希望广大使用者提出宝贵意见，以利不断改进。

6 第6章 计算机应用技术

6.1 与第1版相比内容的增减

本章为第2版《手册》新增内容，主要介绍水工设计中常用的计算机技术与计算分析软件。其中，计算机技术包括程序设计、软件工程、数据管理、计算机辅助设计、地理信息系统、决策支持系统、设计新技术；计算分析软件包括通用有限元分析、水文水资源分析、水工水力学分析、大坝结构和边坡稳定分析、隧洞结构分析、厂房建筑结构分析等。

6.2 内容的编排考虑

计算机应用技术已经成为现代水工设计人员的必备知识和常用技术，是优化设计方案、提升设计质量、提高工作效率、完善成果管理的重要工具和有效手段。因此，在《手册》中增加了该部分内容。

本章主要供具备计算机基本知识的水工设计人员使用，起到对计算机应用知识和水工设计常用软件的"查询"作用，而不是用于"学习"，不是计算机专业知识的普及读本或教科书，也不是水工设计软件的操作使用手册。因此，内容选择上着重围绕应用问题，诠释技术现状，不究发展历程，淡化推演细节。计算分析软件主要选择勘测设计人员经常用到的软件，不求全，内容上只介绍软件的功能与原理、适用范围，不介绍软件的具体使用要求和说明。

6.3　技术发展方向

在水利水电工程建设中，计算机技术应用于工程设计和管理的各个方面。随着计算机技术、网络技术的进步，计算机应用技术以及水工设计常用软件的功能、性能及运行环境不断提高与完善，主要体现在以下诸方面：

（1）在设计分析对象方面，主要向可变形体与多体耦合分析、多相与多态（流、固、气等）介质耦合分析、多物理场（力场、渗流场、温度场等）耦合分析、多尺度模型耦合分析、从材料到整个结构性能的预测和仿真与设计优化及多目标优化设计等方面发展。

（2）在计算处理方面，复杂三维实体建模、静态和动态物理场的虚拟现实技术、计算机仿真技术将会得到很大的发展。

（3）在数据管理方面，向基于语义技术的、面向多维空间的、能管理复杂计算逻辑与多媒体对象的工程数据库管理系统不断发展，将有更多知识性信息及推理技术纳入到工程应用软件中。

（4）在运行环境方面，向基于超级计算机和计算机群的并行计算、基于网格的计算、基于互联网的集成化与协同化、云计算环境等方向发展，能够开展多专业、异地、协同、并行化设计与分析，实现对复杂产品和工程的全面、高性能设计与分析。

6.4　与其他卷章关联的内容及处理

在其他卷中不涉及具体的计算机技术，但会涉及一些专用计算分析软件的应用介绍，如第 5 卷相关章节中专门介绍了拱坝坝肩抗滑稳定典型实用程序和案例，但一般与本章内容不重复。

6.5　使用中应注意的有关问题

计算机技术更新快，应用时需关注新的发展，及时更新有关知识和技术；计算分析软件仅仅是常用部分，新的计算分析软件会随着计算机技术和水工专业技术的进步而不断发展；软件应用时还应注意计算分析采用的有关规程规范是否有修订，避免采用老标准或废止标准进行工程设计。

6.6　编写感想

本章由于是新增内容，在开始编写时，对内容选择和编排经过了几轮讨论和修改，最后确定的编写原则如下：以水利水电工程建设为应用背景，选择合适的计算机应用技术，适当介绍典型应用案例；重点介绍正在运用的成熟技术与软件工具，简要介绍新技术；精选水工设计中常用的软件，强调实用；在科学合理的知识结构中，"条目化"地组织内容，形成实用手册。

编写工作的几个特点：①领导重视：丛书主编索丽生亲自审阅编写工作大纲和书稿并对编写工作提出了具体要求，丛书副主编高安泽、刘志明多次参加讨论会和审查会并提出了指导意见；②内容精练：由于计算机技术内容和工程应用软件十分丰富，内容选择和编排经过多次讨论后才达成共识，由初稿的约 38 万字精简到出版后的 20 多万字，参编人员下了很大工夫；③认真把关：自 2008 年 2 月编写启动到 2011 年 8 月出版，历经 3 年半时间，共召开各类会议近 30 次，数易其稿，还专门聘请了 4 位计算机技术及相关应用领域的权威专家进行审稿；④克服困难：编写人员是在职教师和工程设计人员，教学和生产任务重，尤其是有几位教师还担任了国际交流和学习工作，他们克服了许多困难，出色地完成了编写工作。总之，《手册》是集体智慧的结晶、密切合作的结果、辛勤劳动的成果。

第2卷《规划、水文、地质》编写说明

梅锦山　侯传河　司富安

1　本卷的主要内容及编辑意图

本卷是《水工设计手册》(第2版)的第2卷,共分为7章,与第1版《手册》相比,第1章、第2章、第7章为新增内容,第3~6章是在原有内容的基础上进行了丰富和完善。

第1章"流域规划",该章是水利水电工设计的基础,旨在让《手册》使用者了解流域规划的主要内容和编制流域规划应遵循的主要原则、思路,通过流域规划,确定工程的总体布局,明确工程的定位和主要任务,为本卷中的水文、水利计算和其他卷章中的工程设计提供铺垫。第2章"工程等级划分、枢纽布置和设计阶段划分",系统介绍了水工建筑物的分类、工程等级划分及洪水标准、枢纽布置、工程设计阶段划分及报告编制要求等内容,对全书而言具有提纲挈领作用。第3章"工程地质与水文地质",以水利水电工程勘测设计中遇到的各种主要地质问题的分析和评价为主线,涵盖水利水电工程中所有常见的水工建筑物,以及基础理论知识和有关的水利水电勘测专业知识,侧重于地质条件和影响因素分析,岩土体分类与分级,工程地质评价方法等。第4章"水文分析与计算",与水利水电工程规划设计的有关规程规范相适应,内容涵盖了规划设计对水文分析与计算的主要任务和内容。第5章"水利计算",从流域规划和工程规划设计的角度,介绍了防洪、治涝、供水、灌溉、水力发电、航运、综合利用水库、跨流域调水等工程水利计算的主要内容和方法,为选择河流治理和开发方案,确定工程规模及特征值等提供依据。第6章"泥沙",在系统介绍了泥沙的基本概念和基本理论、水沙特性及设计水沙条件的基础上,对水库枢纽、引水及河防等工程设计中涉及的泥沙分析计算方法与参数进行了全面梳理。第7章"技术经济论证",介绍了进行水利水电工程项目技术经济论证的技术和方法,为工程方案的技术经济比选提供指导。

本卷从宏观上把握了全书整体框架,内容基本涵盖了水文、地质、规划的主要内容,以第1章流域规划开篇,引出各类工程在流域规划布局中的定位,通过第2章水工建筑物的分类、工程等级及洪水标准引领全书,第3章地质和第4章水文分析与计算作为水工建筑物的设计条件,通过第5章水利计算确定规划设计方案和工程规模,以第6章解决泥沙设计和计算问题,通过第7章进行工程方案的技术经济论证比选,章节内容连贯,内容充实实用,同时妥善处理了卷章之间的关系,体现了整体构架的合理性。

2　修编的原则和思路

(1)科学性。修订过程中,系统、科学地总结并吸收了近30年来相关领域的新理论、新方法、新成果和新经验，基本反映了当前学科和技术发展水平。考虑到工具书的特点，对未经工程应用或实践检验的研究成果，不宜编入手册。

（2）实用性。充分考虑《手册》与相关规程规范相协调和配套使用，以及实用性和可操作性，内容选择主要适用于从事水利水电工程规划设计和运用研究的人员，也可供水利水电工程建设管理和科研人员、高等院校师生参考，适当增加工程实例、关键参数，表达方式上多采用公式、图表，文字叙述力求精练。

（3）协调性。考虑了水利水电工程设计标准之间、本卷与其他卷章之间和本卷内各章节之间内容的协调，避免相互重复和矛盾。

（4）完整性。力求全面反映水利水电工程规划设计中涉及的技术问题，以及解决这些问题的思路、方法和需要注意的事项，做到既内容全面，又重点突出。

（5）延续性。以第1版《手册》框架为基础，修订、补充有关章节内容，保持水利水电工程设计工作的延续性，便于查阅和使用。

（6）前瞻性。反映科学技术发展的应用前景，考虑计算机的广泛应用对计算速度和精度提高的作用，对相关分析计算方法提出推荐应用意见。

3　各章内容取舍及变化情况

3.1　第1章　流域规划

本章为新编章节，共分18节。主要介绍了流域规划的内容，经济社会发展预测及需求分析，总体规划，水资源供需平衡分析与配置，防洪、治涝、河道整治、城乡生活及工业供水、灌溉、水力发电、航运、跨流域调水、水土保持、水资源保护等专业规划，河流梯级开发规划，流域管理规划，环境影响评价和规划实施效果分析与评价等规划工作的主要内容和原则与方法。其中，1.1～1.3节主要阐述流域规划的基本内容，对流域治理、开发、利用和保护的要求及总体规划方案；1.4～1.16节为专业规划；1.17节及1.18节主要阐述规划的社会、经济、生态与环境的效益及影响。本章在内容上呈现了流域规划的全貌，逻辑清晰且结构完整；体系上基本与规划报告编写体例一致，可供流域规划人员、大专院校师生和水管理人员参考。

在内容安排上，一是考虑了《江河流域规划编制规范》（SL 201）的要求；二是考虑了近年流域规划编制工作中主管部门对流域规划的要求；三是考虑了读者对象的使用要求；四是考虑了要兼顾大江大河规划和中小河流规划的实际工作需要；五是考虑了与全书的协调。

3.2　第2章　工程等级划分、枢纽布置和设计阶段划分

本章为新编章节，共分4节。从内容上看，"2.1　水工建筑物的分类"，旨在给非水利水电工程专业或社会人士对水利水电工程中水工建筑物类型有一个较为全面的认识和了解，便于查阅其他卷、章，对全书有统领作用。"2.2　工程等级划分及洪水标准"，则是各种水工建筑物设计时都需要用到的一些"标准"或"规范"，集中于此一并介绍，以免各卷、章重复阐述，亦起到"工具书"的作用。"2.3　枢纽布置"，较系统地介绍了水利水电工程枢纽布置的主要影响因素，同时也列出了我国几十年来在水利水电工程建设中积累起来的典型枢纽布置的特点及经验。"2.4　工程设计阶段划分及报告编制要求"，分别

按水利水电工程和水电工程介绍设计阶段划分及报告编制要求；根据《编委会审稿定稿会会议纪要》（编〔2011〕07 号），增加"水利水电工程中有关专项设计报告的编制要求"相关内容，介绍节能减排、消防、劳动安全与工业卫生、水利水电工程运行管理等专项设计报告的编制要求，使内容更为全面。

3.3　第 3 章　工程地质与水文地质

本章共分 11 节，以第 1 版《手册》框架为基础，以水利水电工程勘测设计中遇到的各种主要问题的分析和评价为主线，保留第 1 版第 6 章编写特色，对部分内容进行了调整、补充和修订；适当增加了工程实例、已建及在建工程采用的岩土力学参数；增加应用新技术、新方法的内容，尽量吸收较成熟的科研成果。

与第 1 版的差别如下：

3.1 节改为"工程地质基础"，将原岩石、构造地质、地史、地貌合并为"基础地质"，增加了岩层产状表示方法、节理调查方法、活断层、地震等内容；补充了岩溶地貌、冰川地貌的相关内容；增加了物理地质现象、岩（土）体分类、岩体结构及其类型、岩土物理力学性质、岩土渗透性分级、软弱夹层等相关内容。

"3.2　水文地质"中，补充了相关水文地质试验方法、地下水动态观测相关方法。对农田灌溉用水水质标准和生活饮用水卫生标准采用了最新的评价标准。新增了"岩溶水文地质、灌区水文地质"。

增加了"3.3　区域构造稳定性"、"3.10　若干工程地质问题"，取消了第 1 版中的"第 7 节　水下岩塞爆破、定向爆破筑坝工程地质"。

"3.4　水库区工程地质"新增了泥石流、水库诱发地震案例等内容。浸没评价按现行规范予以修订。

"3.5　坝（闸）、堤防工程地质"中，增加了土的抗剪参数和岩体（石）抗剪参数的相关内容。新增了水闸、泵站工程地质，堤防工程地质。

"3.6　边坡工程地质"中，将原"岩质边坡工程地质"改为"边坡工程地质"，增加了土质边坡相关内容。

"3.7　地下洞室工程地质"中，新增了地下洞室的围岩稳定、大跨度地下洞室及洞室群工程地质、深埋长隧洞工程地质等内容；补充了大跨度地下洞室及洞室群的主要工程地质问题，取消了高边墙稳定分析和抗剪强度指标确定的内容。

"3.9　渠道及渠系建筑物工程地质"中，增加了渠道工程地质问题、渠道水文地质条件及评价、对渠道边坡稳定问题进行了补充。

"3.11　天然建筑材料工程地质评价"中，对储量计算精度按现行规范要求进行了调整，对各类材料的质量技术要求根据现行规范进行了修改。增加了接触黏土料、槽孔固壁土料、碎（砾）石土料、人工轧制混凝土用细骨料、人工轧制混凝土用粗骨料、沥青混凝土骨料技术要求、骨料碱活性判定等内容。

3.4　第 4 章　水文分析与计算

本章共分 10 节，与第 1 版相比，本次修编在节次上由原来的 8 节增为 10 节，在内容上进行了调整和增减。原"第 3 节　相关分析与频率分析"本次修编未予专列，相关分析的有关内容安排在基本资料、径流分析计算等有关内容之中；而频率分析则安排在"4.4

根据流量资料计算设计洪水"中。原"第5节 根据流量资料推求设计洪水"中的设计洪水的地区组成和入库设计洪水，本次补充内容后作为2节编写，即本章的4.5节和4.6节。此外，在设计洪水计算部分，与 SL 44《水利水电工程设计洪水计算规范》相一致，新增加汛期分期设计洪水计算的内容。原"第6节 设计暴雨和可能最大暴雨"与"第7节 由设计暴雨和由经验公式推求设计洪水"合为4.7节。原"第8节 其他水文分析计算"中的厂坝区水位流量关系，本次修编专设为"4.8 水位流量关系和设计水位"；本次"第9节 其他水文分析计算"中，潮汐的有关内容纳入"4.8 设计水位"中，新增"上游水库溃坝对设计洪水的影响"和"水利和水土保持措施对设计洪水的影响"等内容；新增"4.10 水情自动测报系统规划设计"。

3.5 第5章 水利计算

本章共分11节，以第1版内容为基础，介绍了水利水电工程水利计算的内容、方法和公式，考虑水利水电工程技术的发展和计算机技术的广泛应用，吸纳了近年来水利计算的新方法、新成果，对相关内容进行了调整、修改和补充，由第1版的8节调整为11节。主要有如下调整。

第1版重在介绍水库工程不同功能的水利计算，本次修编在此基础上扩充为不同兴利功能的水利水电工程水利计算；新增4节内容，包括"5.3 治涝工程"、"5.4 供水工程"、"5.7 航运工程"、"5.11 河道水力学"；对第1版"第1节 概述"、"第2节 防洪"、"第3节 发电"、"第4节 灌溉"、"第5节 综合利用水库"、"第6节 水库群"等节的序号进行调整，并对内容进行了补充；第1版中"第7节 水库回水"和"第8节 若干专门问题"整合修订为"5.10 水库水力学"。

3.6 第6章 泥沙

本章共分8节，以第1版《手册》框架为基础，系统、科学地总结了近30年来国内外泥沙设计的新理论、新技术、新方法，考虑目前水利水电工程建设的需要，由第1版的4节扩充调整为8节，调整后内容更丰富、更实用，比较系统地反映了当前技术水平和时代特色。

"6.1 泥沙的基本特征和运动特性"为基本概念、基本理论的介绍，整合修订了第1版的"第1节 泥沙的性质"、"第2节 推移质运动"、"第3节 悬移质运动"的内容，补充了不平衡输沙理论等近年来新的研究成果。

增加"6.2 基本资料及分析"，介绍了泥沙设计要收集分析的基本资料内容和要求。

增加了"6.3 水沙特性及设计水沙条件"，介绍了水沙特性及设计水沙条件分析的内容和方法。

第1版"第4节 水库泥沙问题"修订为"6.4 水库泥沙设计"，补充了近年来水库泥沙研究、设计和实践中的最新成果。

增加了"6.5 枢纽防沙设计"，介绍了泄水建筑物防淤堵、电站防沙、通航建筑物防沙设计的内容和方法。

增加了"6.6 引水及河防工程泥沙设计"，介绍了引水工程、引洪放淤工程、堤防工程、河道整治工程泥沙设计的内容和方法。

增加"6.7 水库运用对下游河道影响分析"，介绍了水库下游河道河床演变过程、水库不同运用方式对下游河道影响分析、水库下游河道冲刷估算方法等内容。

增加了"6.8 泥沙数学模型和物理模型",介绍了目前用于河床演变预测分析计算的泥沙数学模型和物理模型研究方法,泥沙数学模型重点介绍了河流动力学法和水文水动力学法模型,物理模型则重点介绍了水库和河道动床物理模型。

3.7 第 7 章 技术经济论证

本章为新编内容,共分 9 节,包括技术经济论证的要求与基础、资金筹措方案分析、费用分摊、国民经济评价、财务评价、供水项目水价测算、水力发电项目电价测算、不确定性分析与风险分析、方案经济比较等内容。

本章所选内容紧密围绕工程项目论证的需要,与工程实践和现行有关规范和政策相一致。对于与技术经济论证有密切关系的建设项目投资计算和需求预测分析等内容,考虑到有一定独立性且需要的篇幅较多,没有纳入;对于建设项目的区域经济和宏观经济影响分析等,考虑到只有少数特别重大项目才需要而且其方法、具体内容和经验尚不成熟,暂时也不纳入;对于工程经济学中的一些基础知识和计算方法,在建设项目技术论证中应用不多的,考虑到不少专著已有介绍,为节省篇幅,也没有纳入。

4 卷章之间的关系及处理

(1)本卷各章之间的关系及处理。

第 1 章"流域规划"主要侧重于流域规划的构成、规划思路、规划原则和规划布局论证等方面的内容,规划中涉及的水文分析、水利计算、泥沙计算和经济分析评价等具体的计算内容主要在本卷其他章节体现。

第 4 章"水文分析与计算"侧重于径流和洪水等方面的分析计算,为第 5 章"水利计算"提供基础和支撑,其中溃坝洪水计算有关内容并入第 5 章,但仍保留了"溃坝洪水对设计洪水影响分析"标题,相关内容做了简化;第 5 章"水利计算"侧重于各类工程规划设计工作中的水利计算,不包含水文和泥沙方面的分析计算;第 6 章"泥沙"仅涉及与泥沙有关工程的泥沙设计和分析计算。因此,上述 3 章之间计算的内容和侧重点不同,不存在重复问题。

第 7 章"技术经济论证"主要侧重于工程方案的国民经济评价和财务分析评价等方面的内容,与其他章节的内容不重复。

(2)本卷与其他卷章之间的关系及处理。

第 1 章"流域规划"中水土保持规划、水资源保护规划、生态需水配置等内容与第 3 卷的相关内容进行了协调。

第 2 章"工程等级划分、枢纽布置和设计阶段划分""2.1 水工建筑物的分类"中,对建筑物的分类方法及名称与其他卷章进行了协调;"2.3 枢纽布置"中,为了处理好与其他卷章中的枢纽布置问题,经讨论斟酌认为,尽管其他卷章中不同的坝型都有枢纽布置问题,但都是从各自坝型的特点出发的,本卷中综合考虑地形、地质、气候、建筑材料、环境、移民等因素,从更宏观角度论述枢纽布置,与其他卷章的工程布置侧重点不同;同时也列出了我国几十年来在水利水电工程建设中积累起来的典型枢纽布置的特点及经验。

第 3 章"工程地质与水文地质"中的"3.6 边坡工程地质"和"3.11 天然建筑材料

工程地质评价"内容与其他卷章相关内容进行了协调，本卷中该部分内容主要侧重于工程地质勘察、试验及评价与分析，其他卷章中主要侧重于设计标准、分析计算和工程处理措施。

第5章"水利计算"和第6章"泥沙"章节中涉及的相关工程与其他卷章的相关工程侧重点不同，本卷中侧重水利计算和泥沙设计，其他卷章侧重于建筑物本身的稳定计算和结构设计。

5 技术发展方向及使用中应注意的问题

本卷所列内容包含了现行技术规程规范中要求采用的相对成熟的技术和方法，也反映了当前的一些研究成果和技术发展方向。鉴于水利水电工程技术的不断发展和理念创新，在实践中需要不断总结新的经验，创新理论认识水平，不断提高水利水电工程规划设计技术水平。同时，由于篇幅所限和全书分工等原因，本卷所列内容偏重于方法介绍和对重点问题的引导，实例有限，具体使用时还需参阅其他文献资料，完善设计成果。编者建议在使用中应注意以下问题：

（1）要重视基本资料的收集及整理。基本资料是分析计算的基础，只有基本资料可靠，才能提出科学合理的设计成果，因此应加强基本资料的收集和整理，根据资料来源和实践经验，分析资料的可靠性，合理确定计算参数。

（2）要重视流域基本特性的分析评价。我国河流众多，不同地区的河流特性差异较大，在规划设计工作中，应加强河流特性的分析论证，将水利分析计算的基本理论和河流的具体特点紧密结合，合理概化和率定计算模型，开展有针对性的规划设计工作。

（3）要注意采用公式的使用条件。水文分析、水利计算和泥沙设计中，既有很强的理论性，同时也需要工程设计人员具有丰富的处理问题的经验，同一个问题可能有多种计算方法和计算公式，具体使用时，应根据问题的性质，河流特点，正确判断公式使用的条件，切忌拿来就用，必要时，可多用几种公式进行计算分析，合理选取计算结果。

（4）要重视分析计算成果的合理性检查。水文分析、水利计算和泥沙设计成果精度受多种因素的制约，在工程设计过程中，一定要遵循"多种方法、综合分析、合理选用"的方针，相互验证，合理选定最终成果，并全面分析成果的合理性，以确保成果质量。

6 编写感想

本次对第2卷《规划、水文、地质》的修编工作历时两年多，从接受任务到提出送审稿供大会审查，期间得到了全国水利水电行业多家勘测设计单位、科研院校、出版单位及众多老专家和领导的无私帮助和热心指导，在此表示感谢！

第1版《手册》出版已近30年，在水利水电工程勘察设计、施工、管理等工作中起到了重要的作用。本次修编，虽然对第1版在技术内容和章节安排上都做了些调整，并试图总结《手册》出版以来"规划、水文、地质"方面的技术进步和工程经验，但限于水平和客观条件，仍可能存在不足甚至欠妥之处，希望在今后的使用过程中不断积累经验，逐步完善。

第 3 卷 《征地移民、环境保护与水土保持》编写说明

陈　伟　朱党生

本卷是《水工设计手册》（第 2 版）新增加的一卷，包括征地移民、环境保护、水土保持三章内容。全卷三章对交叉内容进行了协调，属于移民安置区的水保、环保内容，在水保、环保章节中阐述，在征地移民篇章中仅简单说明。对水电项目的移民、环保、水保等内容的技术要求按照水电行业的技术规范进行了衔接。

1　第 1 章　征地移民

1.1　编辑意图及内容取舍

征地移民篇章是《手册》的新增章节，编写单位包括水利水电规划设计总院、黄河勘测规划设计有限公司、长江勘测规划设计研究有限责任公司、中水珠江规划勘测设计有限公司、河海大学等，从 2008 年开始历时 3 年时间编写完成。

作为《手册》中的一个篇章，最开始的思路是理论与实践相结合，除了说明征地补偿政策、移民规范和有关规定外，尽量将实际工作中的典型案例写进来以便于参考学习，所以初稿编写时有很多实例。初稿完成汇总后，篇幅大大超过了预定字数，后来修改时逐步删掉了一些实例内容。

1.2　技术发展方向

征地和移民安置涉及政治、经济、社会、人口、资源、环境、工程技术等诸多领域，是一项庞大的系统工程。移民安置问题解决的好坏，不仅直接关系到水利水电工程的顺利建设，更关系到广大移民的切身利益，关系到社会的稳定。

新中国成立以来，我国兴建了大量水利水电工程，在防洪、发电、灌溉、供水、生态等方面发挥了巨大效益，有力地促进了国民经济和社会发展。在合理开发利用水资源的同时，也造成了大量的水库移民。我国水库移民实践大致经历了两个时期：

（1）补偿性移民时期，大约是 1985 年年底前。我国大规模水库建设在 20 世纪 50 年代出现高潮，在"大跃进"前后达到高峰。当时，人民生活水平较低，政府在当时条件下也拿不出太多的人力、物力解决移民问题，留下不少后遗症。除了特定的历史原因外，对移民安置工作的艰巨性、复杂性和重要性认识不足也是造成移民遗留问题的重要原因。

（2）开发性移民时期，一般指 1986 年以后。1984 年，水利电力部就水库移民问题召开专题研讨会，在总结经验教训的基础上，提出了开发性移民方针。1986 年 7 月，国务院在转发《水利电力部关于抓紧处理水库移民问题的报告》的文件中又明确提出了水库移民工作的方针："水库移民工作必须从单纯安置补偿的传统做法中解脱出来，改消极赔偿

为积极创业，变救济生活为扶持生产，要使移民安置与库区建设结合起来，合理使用移民经费，提高投资效益，走开发性移民的路子。"

由于我国人多地少的实际情况，征地移民已成为水利水电事业发展的重要制约因素。同时，它也是世界各国在水资源开发利用中普遍关注和研究的重要课题。当今，以可持续发展作为世界经济发展战略的新时期，社会各界都更加关心建设移民问题；移民安置的思想观念和发展方针也正处于转变和发展时期。当前，我国总体上已进入统筹城乡发展、以工促农、以城带乡的发展阶段，有必要也有能力在建设水利水电工程的同时，帮助贫困地区的水库移民脱贫致富，使移民"搬得出、稳得住、逐步能致富"，以人为本，促进库区和移民安置区经济社会发展，保障新时期水利水电事业健康发展，构建社会主义和谐社会。

1.3 与其他卷章关联内容及处理

在征地移民篇章的防护工程中，有很多堤防、挡墙、护岸、泵站等水工建筑物设计的内容，与水工建筑物篇章的相关内容有重复的地方。在编写这一节时，对这部分内容的取舍大家也进行了多次讨论。如果相关内容不在这一章里写，有需要时去查相应的水工建筑物设计篇章也是一种办法，只是使用时比较麻烦。另外，征地移民虽然涉及的水工建筑物类型比较多，但是大部分规模都不大，按大型建筑物设计有些"杀鸡用牛刀"的感觉。经过讨论后决定还是把征地移民中涉及的几种主要水工建筑物的设计内容进行简单说明，以方便大家使用。如果防护工程规模比较大，等级较高，还是需要查阅相应的水工建筑物设计内容。

征地移民专业的一个特点是涉猎面广，几乎涉及各行各业，如公路、铁路、电力、电信、文物、风景名胜等。与防护工程一样，在"专业项目处理规划"一节中我们也用了很大篇幅说明公路、铁路、码头渡口等专业项目的恢复改建设计。在初步设计阶段，大部分专业项目的恢复改建设计都由各行业具备相应资质的设计单位完成，但是在可研阶段很多项目还需要征地移民专业提出初步的恢复方案并估算投资。恢复改建不同于新建项目，需要与移民搬迁紧密结合。如公路线路布置，库区移民全部外迁出去了是一种方案，若大部分在库区后靠安置又是一种方案，而与移民搬迁方案结合是大部分专业项目设计单位的弱项。所以水利水电工程征地移民专业对其他行业也要有必要的了解，有时也要进行简单设计。另外，对专业部门提出的恢复改建方案也要进行审核，包括规模、等级、方案、投资等各个方面。因此，我们尽可能把其他行业常用的一些资料收集在一起，以方便大家较快地找到所需的资料。

1.4 使用注意事项

与工程设计专业相比，征地移民专业涉及面广，政策性强，有时比较灵活。以住宅房屋为例，每一幢房屋的外观可能相同也可能不同，如同我们建造的大坝一样，有高有低，有长有短。但是作为住宅房屋其内部构造基本相同，都由厅、卧室、厨房、卫生间组成，每个单元的房屋面积和布置会有差别，但是同一单元不同楼层的房屋结构肯定是相同的。第一层的户型、结构出来了，其他楼层的也基本知道了。征地移民专业就好像房屋装修，没有哪一层、哪两套房屋的装修是完全相同的。或者即便是开发商统一装修了，里面的家具和装饰也会有所区别。所以工程上有单位库容、单位堤防可以进行类比，征地移民专业无法类比。库容、大坝规模相当的水库，有的涉及上万人，有的只有几百人；或者土地、人口数量相差不多，但是有的有高速公路、特大桥梁，有的只有乡村道路。因此在没有调查前没有哪一个工程的征地移民投资可以通过类比大致估算。作为指导应用的设计手册我们在内容上写了很多，尽量全面。具体到实际工程，可能只涉及其中很少一部分，在使用时要根据工程的具体情况进行取舍，这就是征地移民专业比较灵活的一面，不像工程设计那么严谨。比如按一般理解，大部分项目不会遇到高速公路、铁路等专业设施，至少应包括土地征收（用）和房屋拆迁两个部分的内容。事实上有的工程只有土地征收（用）而没有房屋拆迁（如堤防加固），甚至只有土地征用，连永久征收土地都没有。所以我们从实例中可以学习解决问题的思路，但是具体的补偿内容、补偿方法和补偿政策一定要根据当时、当地的实际情况分析确定。

1.5 编写感想

征地移民专业是个常变常新的专业，与国家政策和经济实力密不可分。随着我国经济社会的快速发展，人民生活水平的不断提高，各项政策法规的不断完善，移民安置的诉求会越来越多，移民安置规划的要求也会越来越高。规划内容具有一般的模式，方法应依据规范，采取科学求实的态度，移民安置规划的总体思路应能准确体现移民方针、政策，遵循水利水电工程建设移民特点，在条件允许的情况下，充分考虑移民意愿，制订切实可行的移民安置方案。有些移民安置规划，章节内容也还齐备，方法技术都有依据，就是不触要害，照搬规范，缺乏针对性。

编写移民安置规划要求基本资料翔实，实事求是，因地制宜，措施尽量具体，具有现实可操作性。所以不仅室内工作繁重，现场调查艰巨，而且实物调查和征求移民意愿时可能会多次反复，安置方案不是一次落实，要随着工作的深入逐步调整和充实。征地移民专业离不开与人打交道，这些过程虽然在手册中也有说明，但是具体如何操作和调整，还必须通过实际工程来体会。

2 第 2 章 环境保护

2.1 编辑意图及内容取舍

本章编辑的意图是使设计人员在明确国家环境保护有关法规和管理要求基础上，掌握和理解水利水电工程环境保护相关标准和技术规范的内容，并可借鉴相关工程设计实例，在具体工程规划和设计中协调水利水电建设与生态环境保护的关系，减免工程建设对生态环境的不利影响，并充分发挥工程对水生态的保护和修复功能，实现资源、社会、环境可持续发展的目标。

根据我国建设项目环境保护有关规定，建设项目环境保护工作的主要内容为可行性研究阶段开展环境影响评价，提出环境保护措施，并编制环境影响报告书（表）。初步设计阶段进行环境保护设计，具体落实环境影响报告书（表）及其审批意见所确定的各项环境保护措施。鉴于此，本章总体安排了以下三部分内容：第一部分为综述，主要明确水利水电工程环境保护目标、管理规定与管理程序、工作程序与工作等级、设计依据和基本要求等总体情况。第二部分为环境影响评价工作内容，包括环境现状调查与评价、工程分析、环境影响识别及环境影响评价内容和方法。其中环境影响预测与评价是本章重点内容之一，包括了水利水电工程可能影响的所有环境要素，如水文、泥沙、水环境、陆生生态、水生生态、局地气候、土地资源、土壤环境、声环境、环境空气、固体废弃物、环境地质、人群健康、景观、社会经济、移民等的预测与评价内容、评价方法和案例。第三部分为环境保护设计和环境监测，包括生态需水、水环境、陆生生态、水生生态、土壤环境、大气环境、声环境、固体废弃物处置、人群健康、景观等专项环保措施设计内容和方法，以及保护措施设计案例等。环境监测包括施工期环境监测与运行期环境监控。为便于读者理解和掌握《手册》内容，总结了国内相关单位流域水利水电工程环境评价、环保设计、项目验收以及环境影响回顾性评价、后评价等相关工作的技术和经验，经总结提炼其成熟经验和先进成果，给出了具体设计案例。

本章在纳入常规的施工期水、气、声、渣等方面的环境保护设计方面最新成果基础上，增加了生态需水保障、水生态保护与修复、生态水工设计、景观保护等生态保护设计内容。特别是在水生生态保护方面，大量调研了国内外水利水电工程水生生态效益研究的科研成果，系统编制了水利水电工程建设和运行对水生生态影响调查与评价的技术要求和方法；吸收和借鉴国外鱼道建设、鱼类增殖放流的成熟技术和经验，增加了栖息地保护和修复、生态调度等规划设计内容。

2.2 技术发展方向

水工程是河流功能开发的主要手段，也是影响河湖水生态的主要动因，水利水电工程建设对生态环境的影响日益受到社会公众和工程决策者的关注。水利水电技术发展方面主要有以下发展方向：

（1）与规划环评的协调和结合。2003 年 9 月 1 日颁布实施的《环境影响评价法》明确规定区域、流域、海域的建设、开发利用规划和工业、农业、畜牧业、林业、能源、水利、交通、城市建设、旅游、自然资源开发的有关专项规划应开展规划的环境影响评价工作。随着水利水电规划环境影响评价工作的推进，规划环境影响评价将对工程环境影响评价及环境保护设计工作产生相应的影响。

（2）环保设计技术的提升。相对于环境影响评价，环境保护设计目前依然是水利水电工程环境保护前期工作中的薄弱环节，随着环境监理、环保验收、环境影响回顾评价等工作的推进，提高环境保护设计的针对性、科学性、有效性、经济性是必然趋势。

（3）生态保护设计日益成为重点和难点，有关措施设计日趋专业化和协同化。如分层取水、过鱼设施、鱼类增殖放流、河湖水生态修复等方面设计均需多个相关专业技术人员合作完成。

（4）各类环保设施和技术的产业化、定型化。如施工期污染防治设计、生态护坡设计、水污染处理、生产生活污废水处理、环境监测及分析仪器等方面的产业迅速发展，定型产品设备层出不穷。

2.3 与其他卷章关联内容及处理

本卷对与其他卷章关联的内容进行了如下协调和处理：

（1）"2.4.6 环境地质影响预测与评价"与第 10 卷《边坡工程与地质灾害防治》相关内容相协调。

（2）"2.4.2.3 水温预测"与第 5 卷《混凝土坝》中关于水库水温计算内容相协调。

（3）"2.6.4.2　分层取水设施设计"侧重提出分层取水技术要求，建筑物结构设计并入第 8 卷《水电站建筑物》。

（4）"2.8.2　过鱼设施设计"与第 7 卷《泄水与过坝建筑物》的鱼道设计内容衔接，本卷提出鱼道型式、布置、水力及结构等设计参数，第 7 卷进行具体建筑物设计。

（5）"2.9.1　土壤次生盐渍化防治"与第 9 卷《灌排、供水》相关内容相协调。

（6）原"2.13.3　工程景观规划与绿化设计"并入本卷第 3 章水土保持"3.11.5　园林式绿化设计"。

（7）原"2.5.2.1　生态需水配置"调整至第 2 卷第 1 章"流域规划"中。

2.4　使用中应注意的有关问题

环境现状调查与评价中各环境要素以及敏感区等的调查方法、调查范围、调查内容既要考虑水利工程环境影响特征，又要结合国家环境保护方面的规范和导则，并且与影响预测所需基础数据对应；陆生生态调查中针对国家重点保护植物和珍稀植物提出采用采集标本法、样地法、计数法、核实法进行调查；敏感区调查中除《建设项目环境影响评价分类管理名录》确定的环境敏感区外，还包括"水产种质资源保护区调查"。

工程分析与环境影响识别要从宏观政策和工程设计方案两方面，把握工程的可行性和合理性，开展工程与规划的协调性分析，要把握工程与现行宏观政策的相符性。不同类别水利工程的工程分析侧重点不同，对资源配置型水利项目建设，其协调性分析是环境影响评价的重点。根据 2010 年 4 月水利部水利水电规划设计总院在水利部公益性科研项目"水工程规划设计标准中关键生态指标体系研究与应用"等研究成果中所提出的《水工程规划设计生态指标体系与应用指导意见》，在"环境影响识别"中给出水利工程设计评价指标体系，各类水利工程可根据工程特性、环境特点及敏感目标分布等识别和筛选评价指标，用于工程环境影响分析评价。结合相关规范导则及研究著作，列举多种环境影响识别技术方法及其应用条件和优缺点，供环评工作人员参考筛选。

生态需水及保障措施是水生态保护的基础和重点，本节在国内外相关研究和工程实践基础上，介绍了生态需水的构成及界定，提出了生态需水确定的原则方法以及生态需水保障措施，并增加了国内外有关生态需水保障的案例。

重要水域水质保护主要针对重点保护水域（生态敏感区）和饮用水水源地的水源保护区。当前根据技术手段的成熟度及使用广泛性，水质保护与污染控制措施技术相对较为成熟，应用广泛；而生态保护与修复措施是近 10 年从西方引入中国，作为新兴的技术方法，发展较快，但技术工艺及相关机理研究尚需完善。各地区在采用生态保护与修复工程措施时，应根据区域具体特点，因地制宜，合理选用恰当的生物和生态工程技术。

水利水电工程施工废污水可归为两类：施工生产废水和施工生活污水。施工生产废水污染物主要为高浓度悬浮物，且排放量大，难以快速实施泥水分离；施工区生活污水与城镇生活污水成分基本类似，但由于施工生活区实施集中食堂和住宿，COD、BOD 等特征污染物浓度较城镇生活污水低，同时由于施工人口变化较大，污水量变化较大。《手册》对生产废水处理提出了自然沉淀、加药沉淀和成套装置处理工艺。自然沉淀主要针对小规模废水或有大场地条件的情况；加药沉淀可迅速实现泥水的快速分离，可有效减少占地，并实现快速的泥水分离；随着技术进步，生产废水处理工艺也逐渐实现设备化和模块化，其中DH高效污水净化器已在生产废水处理中取得成功，加之与其配套的自控装置，实现进水、出水指标及加药量、设备运行的联动。对脱水设施进行了比较，目前应用板框压滤、带式压滤处理的较多，但处理成本较高，故寻求一种经济、高效的污泥脱水工艺是水利水电工程施工中的迫切需求。

本章给出了水温恢复和调控的主要措施，即设置分层取水建筑物、破坏取水口附近的温跃层、生态调度，其中破坏温跃层和生态调度主要在国外有实验研究，对于灌溉用水，可采取延长渠道或设置晒水池的增温措施。分层取水建筑物是目前国内应用最多、也是行之有效的措施，大致可分为4大类：多孔式、分节式、铰链式和虹吸式。多孔式和分节式分层取水设施用于大、中型工程，其中叠梁门是国内大型水利水电工程采用最多的分层取水建筑物，其他型式的分层取水设施只能用于小型工程。

土壤环境保护通过搜集整理历史资料和较为成功且典型的设计案例，查阅最新的文献资料，归纳总结了常用的土壤次生盐渍化防治工程措施、生物措施、化学改良措施和管理措施，土壤潜育化、沼泽化防治工程、生物及管理措施。这些措施大多经过实践检验，具有较强的实用性和可操作性，实施效果较好。

工程景观设计宜在总体景观规划的基础上分区合理安排、量力而行，为后续景观利用和开发奠定基础。其次，生态水利工程学是一门交叉新兴学科，其基础理论、设计原理和方法等内容十分丰富，《手册》内容仅仅是管中窥豹、抛砖引玉，有志于生态水利工程的技术人员或感兴趣的读者可以参考生态学、景观规划学、生态水利学等方面的书籍。

2.5　编写感想

本章由水利水电规划设计总院担任主编单位，水电水利规划设计总院、长江水资源保护科研所、黄河流域水资源保护局、中国水电顾问集团中南勘测设计研究院、中国水电顾问集团成都勘测设计研究院、水利部新疆水利水电勘测设计院，以及水利部、中国科学院水工程生态研究所和黄河勘测规划设计有限公司等单位多年从事水利水电工程环境保护的工作人员组成编写组。

水利水电工程近年来环评与环保设计技术的综合，能够代表当前及今后一段时期水利水电工程建设影响评价和措施设计的方法、内容与技术水平的发展方向。《手册》修编过程中，通过大量资料调研、学术研讨、专家咨询和广泛征求意见等多种方式，不断优化和完善内容，力求提出的保护措施具有较强的针对性和可操作性。

3　第3章　水土保持

3.1　编辑意图及内容取舍

水土保持是我国的一项基本国策，是治理江河和国土整治的重要措施，是生态文明建设的重要组成部分。1982年国务院颁布的《水土保持工作条例》强调了生产建设项目水土保持工作的重要性。1991年6月29日《中华人民共和国水土保持法》的颁布，确定了生产建设项目水土保持工作的地位、性质。20世纪80年代后，随着国家大批基建项目的开工，诸如三峡水利枢纽、南水北调工程等水利工程建设，金沙江、大渡河等水电开发建设，神府、平朔等煤田建设，以及一大批高速公路、高速铁路建设，其水土保持问题引起了社会的极大关注，至1998年，生产建设项目水土保持方案报告书审批制度逐步被确立。

2010 年 12 月 25 日新修订的《中华人民共和国水土保持法》的颁布对生产建设项目水土保持工作提出更高的要求，进一步确立了生产建设项目水土保持设施与主体工程同时设计、同时施工、同时投产使用的"三同时"制度。为提高生产建设项目水土保持方案编制及后续设计质量，1998 年、2008 年国家相继出台了《开发建设项目水土保持方案技术规范》（SL 204）、《开发建设项目水土保持技术规范》（GB 50433）和《开发建设项目水土流失防治标准》（GB 50434），水土保持方案编制及后续设计导入正轨。2012 年水利部又颁布了《水利水电工程水土保持技术规范》（SL 575），进一步规范了水利水电工程水土保持设计。《水工设计手册》（第 2 版）新增的第 3 卷中增加了水土保持篇章，目的是通过对水利水电水土保持方案编制与设计的认真总结，在深入研究水利水电工程建设水土流失及其防治技术的基础上，依据相关规范，用工具书的形式等进行了细化和说明，增加了案例，以利于读者使用。

3.2　技术发展方向

水利水电工程水土保持方案编制及后续设计始于黄河小浪底水利枢纽工程，当时主要针对土地整治与植被恢复而制订方案，之后通过近 15 年的水土保持方案编制和后续设计的发展，目前水土保持方案审批已作为水利水电工程项目前期工作的重要内容，水土保持从设计的理念、内容、深度、技术和方法，到初步设计、施工图设计、设计变更等方面的审查管理制度都不断完善。预防优先、植被优先、生态优先、保护和节约水土资源、重建景观等设计理念在水利水电工程设计中得到贯彻和实施，从而推动边坡防护、弃渣拦挡、土地整治、植被恢复建设等多方面的技术与方法创新，水利水电工程水土保持技术日趋完善。

3.3　与其他卷章关联内容及处理

本章共分 14 节，分别是"概述"、"水土保持设计标准和水文计算"、"水土保持调查与勘测"、"水土保持工程总体布置"、"弃渣场设计"、"拦渣工程设计"、"斜坡防护工程设计"、"土地整治工程设计"、"防洪排导工程设计"、"降水蓄渗工程设计"、"植被恢复与建设工程设计"、"防风固沙工程设计"、"水土保持施工组织设计"、"水土保持监测"。本章与《手册》第 10 卷《边坡工程与地质灾害防治》第 5 章"泥石流防治"内容相衔接，密切结合水土保持工程特点，针对水土保持常用防护措施的适用条件和设计进行了重点介绍。

"3.5　弃渣场设计"和"3.6　拦渣工程设计"是水利水电工程水土保持设计的核心内容，使用时应认真研究弃渣场和拦渣工程的设计条件，严格执行级别划分与设计标准，有关稳定计算的方法本节难以一一列举，使用者可参考《手册》第 4 卷中有关稳定分析的内容，修正调整计算方法，以安全稳定为原则；"3.7　斜坡防护工程设计"中未涉及边坡稳定计算相关内容，需用时可参考《手册》第 10 卷的相关内容；"3.8　土地整治工程设计"若涉及复耕技术中的渠道和灌溉等内容，应参考《手册》移民安置和灌区设计的相关内容；"3.10　降雨蓄渗工程设计"因蓄、渗、灌工程技术发展很快，设计时除本章外应参考《手册》灌区设计的相关内容，应用新技术时需审慎研究确定；"3.13　水土保持施工组织设计"对于大型弃渣场设计，本卷的施工组织设计不能满足要求时，应按《手册》施工组织卷进行设计。

3.4 使用中的注意事项

3.1节简述了水土流失及水土保持的定义、土壤侵蚀类型与分级，水利水电工程水土保持管理有关规定、水土流失防治措施分类，以及水利水电工程水土保持设计的基本规定、不同类型水利水电工程特殊规定、各阶段设计深度与主要内容、水土保持设计变更、工程建设管理和竣工验收的水土保持要求等。本节是鉴于目前水土保持设计人员与队伍状况，希望给设计人员一些水土保持基本设计知识与要求，未过多叙述相关法律和行政规章，使用时应以最新的相关规定执行。

3.2节介绍了水利水电工程水土保持工程设计标准的级别划分和设计标准，并据此介绍了水土保持工程的水文计算方法和相关案例。水利水电工程水土保持级别划分是《水利水电工程水土保持技术规范》（SL 575）和即将颁布的国标《水土保持工程设计规范》中新增加的内容，解决了过去水土保持工程没有级别与设计标准的问题，使用过程中如遇《手册》没有涉及的水土保持工程或措施类别，应以《水土保持工程设计规范》为准。

3.3节主要介绍水土保持区域调查和工程调查的内容及方法、水土保持勘测的内容及不同设计阶段的深度要求等。本节是根据《水土保持综合治理规划通则》（GB 15772），以及即将颁布的国标《水土保持调查与勘测规范》编写的，应注意调查与勘测精度要求应以《水土保持调查与勘测规范》为准。

3.4节根据水利水电工程水土保持技术规范条目内容，解释水土流失防治责任范围定义及界定原则；介绍防治分区的划分原则和划定方法，列出一般水利水电工程的主要防治分区；明确水土保持措施总体布局、水土流失防治措施体系遵循原则，介绍各分区水土保持措施总体布局方法及措施布置内容，并列举了5个具有代表性的水利水电工程水土保持措施布局案例。使用时应认真研究各类水利水电工程设计的技术特点与水土流失及其防治的基本特征，依据有关规定，结合案例，达到触类旁通之目的。

3.5节弃渣场设计包括弃渣场选址、容量确定、堆置方案设计及总体布局设计等。首先根据堆存材料和堆存位置进行弃渣场分类；在渣体稳定的基础上确定弃渣堆置要素；最后，根据各类型弃渣场水土流失特点提出防护措施体系和防护措施总体布局。同时列举具有代表性的各类弃渣场措施布局的案例。

3.6节根据拦渣工程特点，将常用拦渣工程分为挡渣墙、拦渣堤、围渣堰、拦渣坝4种类型。本节重点介绍了挡渣墙、拦渣堤、拦渣坝的设计方法，同时根据上游洪水处理方式，将拦渣坝分为截洪式和滞洪式两类工程设计方法进行了详细叙述。由于我国地质地貌区域差异大，加之水利水电工程类型复杂多样，弃渣场防护工程分类实际是为了便于划分级别和确定设计标准的，设计时应根据实际情况合理布置，认真研究案例，对工程类型与型式进行比较分析确定。

3.7节所谓的斜坡特指人工扰动形成的边坡，重点针对开挖形成的稳定边坡进行坡度选定和防护设计。斜坡防护措施应在斜坡稳定的基础上，根据不同的基质、适宜绿化条件、绿化方式，结合周边环境景观等因素，对人工造成的裸露边坡选定适宜植被恢复和绿化的措施，以提高林草覆盖率和景观效果。对于何种边坡条件下采取何种植被恢复与绿化措施或方案，该方面的新技术和新方法近年来不断涌现，《手册》对不成熟的方法未作收录，采用时应认真研究分析地质、岩性、稳定要求、边坡坡度、排水条件等慎重应用。

3.8 节水利水电工程项目中的土地整治是指对工程建设中被破坏和占压的土地采取措施，使之恢复到期望的可利用状态。本节根据土地利用方向提出土地整治的标准、不同土地利用方向的土地整治内容、不同场地土地整治模式，最后提供不同区域土地整治案例。

3.9 节防洪排导工程主要包括拦洪坝、排洪排水、护岸护滩、泥石流防治等。本节对排洪排水的设计方法进行了详细叙述，对拦洪坝、护岸护滩提出了分类及相关的设计要求等。因《手册》第 10 卷有泥石流防治工程设计的详细内容，本节仅对泥石流的地表径流形成区、泥石流形成区、泥石流流过区、泥石流堆积区进行了详细叙述，更注重了解形成区防护措施和要求，设计应时应参考第 10 卷以及泥石流防治有关标准。

3.10 节降水蓄渗工程主要是对工程建设区域内原有良好天然集流面、增加的硬化面（坡面、屋顶面、地面、路面）形成的雨水径流进行收集，并用以蓄存利用或入渗调节而采取的工程措施。降水蓄渗工程多用于水资源短缺地区，所收集的雨水主要用于植被灌溉、城市杂用和环境景观用水等，《手册》仅针对农业补充灌溉用水和建设区域内植被种植养护用水而设置。本节主要叙述了蓄水工程和入渗工程的设计内容及方法。

3.11 节首先通过对工程建设区立地条件情况分析，根据造林地立地类型划分，提出植被恢复与建设工程类型及其适用条件，对水利水电工程各类土地提出所适宜的主要绿化类型。同时，根据工程建设区立地条件，详细叙述了一般林草工程设计、高陡边坡绿化设计等。园林式绿化设计仅做了简要介绍，工程涉及园林时还应参考园林设计标准。

3.12 节防风固沙工程可分为植物固沙措施、工程固沙措施。植物固沙措施是通过人工栽植乔木、灌木、种草，封禁治理等手段，提高植被覆盖率，达到防风固沙的目的。工程固沙措施是通过采取沙障、砾质土覆盖、化学物质、网围栏等抑制风沙流的形成，达到防风固沙的目的。本节首先根据区域自然条件提出不同区域的防风固沙工程体系，并对沙障工程、防风固沙林、防风固沙种草及围栏工程的设计内容及方法进行了详细的叙述。

3.13 节结合水土保持工程特点详细叙述了工程设计中施工条件、施工布置、施工方法等设计内容及方法。本节特别提出了植物措施和临时措施施工方法的相关内容，其中植物措施分为一般植物措施和边坡植物措施，对植物措施的整地、种植提出较为详细的施工方法。

3.14 节首先根据水土保持监测要求提出监测内容和时段、监测方法，对地面观测、遥感监测、调查监测的适宜范围和设计内容进行了详细的叙述。最后，根据实例工程监测设计情况，提出不同水利工程的水土保持监测体系。监测技术特别是"3S"技术在水土保持监测的应用越来越广泛，且不断推陈出新，本节很难全面阐述，设计时应因参考有关标准规范。

3.5 编写感想

本章于 2010 年 3 月 9 日和 8 月 20 日先后两次召开会议，明确由水利部水利水电规划设计总院、黄河勘测设计有限公司担任主编单位，讨论组织形式与参编单位，拟定了编写提纲，明确了各参编单位的分工和任务。2011 年初形成初稿，期间召开 9 次会议，对初稿进行校核、校审、审查，由最初的编写水土保持分册，到几易其稿后仍维持一章，最终于 2012 年 8 月正式送交出版社。

本章编写历时一年半，参加编写单位多达 20 多家，参与编写、校核和审查人员达到

70 余人，总字数约 50 余万字，内容丰富，图文并茂，其不仅对现行设计规范进行拓展和深化，而且总结提炼了大量工程案例以兹佐证，特别是详述植被恢复与建设工程类型，弃渣场、料场以及扰动土地的植被恢复、高陡边坡植被恢复的设计方法和内容，对于《水工设计手册》（第 2 版）可谓弥足珍贵。水土保持是一门发展中的新兴学科，也是综合性较强的学科，总结分析过去水利水电工程水土保持设计成果，编写形成内容全面且有特色的工具指导书，殊非易事，编写组合理组织分工，缜密调查研究，知难而进，辛勤工作，最终完成了此项工作。然而水土保持科学发展日新月异，编写遗漏和瑕疵在所难免，希望广大设计人员和读者指正，以期未来修订完善。

第4卷《材料、结构》编写说明

白俊光　张宗亮

光阴似箭，时光如梭。转眼之间，参与组织修编《水工设计手册》（第2版）第4卷《材料、结构》的工作已经3年多了。第1版《手册》出版已有28年了，这期间，我国的社会经济事业迅猛发展，水利水电事业更是取得了巨大的成就，随着一大批技术复杂、规模宏大的水利水电工程的建设，新理论、新技术、新材料的应用和发展，使得我国水利水电工程设计技术水平和能力得到了显著提升，在工程材料、工程结构设计的理论、方法、材料、工艺等各方面都取得了巨大的进步和提升。本次的修编按照编委会科学性、一致性和实用性的技术路线要求，力求在第1版的基础上，全面、准确地反映水利水电工程材料科学、工程结构设计方面成熟的先进成果和设计经验，与国家和行业最新版本的技术标准、设计方法取得一致，以方便广大工程技术人员使用，并力争对工程设计人员起到应有参考指导作用。同时，本着《手册》是工具书，不是教科书，不是科技专著，也不是简单的技术标准条文罗列的特殊要求，针对当代设计人员的知识结构和设计手段现状，要求书稿的文字简洁明了流畅，内容实用且指导作用明确。在编委会和技术委员会的统一组织和领导下，在中国水利水电出版社编辑们的大力协助下，参与第4卷共7章修编的50多名专家和工程技术人员本着严谨、科学的工作态度和奉献精神，牺牲工作之余的休闲时间，辛勤工作，精益求精，反复推敲，经过章内、卷内参编人员多次讨论、调整，经过编委会和审稿专家、出版社的多重审核，参编人员多次认真修改完善，书稿才得以最终出版发行。真是来之不易！相信这些同仁的辛勤劳动成果，会对中国水利水电工程设计事业起到应有的促进作用，感谢各位专家和工程技术人员的辛勤劳动和友好合作。

各章的主要修编内容和提醒读者关注的有关问题分述如下。

1　第1章　建筑材料

1.1　建筑材料的基本性质

《手册》第2版与第1版相比，这一节总的格局变化不大，都是以表格形式反映水工建筑物设计中经常采用材料的基本性质与物理指标的表达式、标准符号和标准单位等，反映主要建筑材料的特性名称、计算公式、强度参数、热力学系数等；第1版共2张表，修编后为4张表；对第1版中个别计算式做了订正，参数单位的表达更符合国家标准，本节对其他卷的相关材料的指标、符号、单位等起到统一指导作用；为了广大读者使用方便、计算简单，并与国家标准相配套，第2版中材料热力学参数采用摄氏温标体系。

1.2　水泥

第2版将"水泥"独立成一节，并大量增加篇幅与内容。主要就水利水电工程建设中经常遇到的 10 种水泥做了全面介绍，重点是其主要用途和使用中应注意事项。

1.3 掺合材料

第 2 版将"掺合材料"独立成一节，文字篇幅也相应增加，分别叙述掺合材料中活性掺合料和非活性掺合料，重点是介绍这些掺合材料的主要成分、技术性能以及使用中应注意事项。

1.4 水工混凝土骨料

第 2 版将骨料独立成一节，内容也扩充得较多。重点介绍骨料品质与混凝土性能的关系，对其中 11 项性能指标一一说明；介绍骨料品质特征与质量要求，以及特种混凝土对骨料质量的特殊要求，还就国内部分水利水电工程水工混凝土使用的骨料实例（共 40 余座水电站）列表在案，提供其主要技术指标，对阅读者可直接供作参考与借鉴。

1.5 水工混凝土外加剂

第 2 版中分别介绍 9 类混凝土外加剂。重点介绍这 9 类外加剂的技术特点以及使用中应注意事项。

1.6 水工混凝土

第 2 版以混凝土本身作为该节核心内容独立编写；除了对常态混凝土进行系统叙述外，增加了碾压混凝土的内容，详细介绍碾压混凝土配合比设计以及技术性能；对混凝土的抗拉抗压力学指标、热力学参数、干缩徐变特征、变形与耐久性等内容，提供较为详尽的资料，还用较多篇幅反映混凝土配合比的设计原则以及用不同的方法举例计算混凝土配合比中各种材料组成与用量。

1.7 特种混凝土

第 1 版中这部分内容归入"其他混凝土"一节，第 2 版中系统反映 12 种特种混凝土应用现状，介绍各种特种混凝土的基础概念、性能指标、参考配合比、具体用途以及施工中应注意事项。

1.8 砂浆材料

第 2 版中砂浆材料内容补充了许多，分为 8 个种类，分别介绍其相关技术性能和参考配合比。

1.9 防水和防腐蚀材料

第 2 版这节内容除了防水材料外，增加了防腐蚀材料，总共分为石油沥青、渣油、聚合物、防水卷材、防水涂料、防水密封油膏、防腐蚀材料等及其亚类。详细介绍了上述各种材料基本概念和适用范围以及主要技术性能等。

1.10 金属材料

第 1 版中的金属防腐蚀涂料在第 2 版中独立成一节；第 2 版中还增加了型钢、钢板桩，尤其钢丝和钢绞线内容，以适应水电建设中出现的各种防渗、支护等工程设计的需要。

1.11 土石坝填筑材料

在我国，当地材料坝长期以来及今后都在不断应用与发展，有的工程规模十分巨大。为此第 2 版中增加了土石坝填筑材料一节，包括了筑坝石料、防渗土、砾石土、红土、胀缩土、分散性黏土、冰积土等。

本节详细叙述各种土石坝填筑材料的基本概念、适用范围、材料组成和力学指标，以及在施工中应注意事项，具有较好的参考意义。

1.12　灌浆材料

第 2 版中灌浆材料扩充了相应内容，包括常用灌浆材料（水泥浆液类和水玻璃灌浆材料）、新型灌浆材料（沥青灌浆材料、无机灌浆材料、有机灌浆材料、复合灌浆材料、微灌浆材料）。并系统介绍各种灌浆材料的主要成分、物理性能和适用范围，更具有可读性和参考作用。

1.13　止水材料

第 2 版中止水材料包括了水工闸门橡胶水封、PVC 止水带、铜止水带、不锈钢止水带、复合密封止水材料、无黏性反滤止水材料等，并反映各种止水材料的几何尺寸特征与物理力学参数以及适用对象，具有可读性和实用价值。

1.14　混凝土表面保温材料

第 2 版增写了这一节，以适应混凝土浇筑过后表面需要保护等作业要求，并提供温控专业设计知识，主要反映反映混凝土表面保温材料的种类和用途，保温材料的选择原则及尺度要求。

1.15　土工合成材料

本节为第 2 版新增内容，介绍了土工合成材料分类情况以及产品种类名录，包括了土工布、土工膜、土工复合材料、土工特种材料等 4 大类及 20 余种亚类。对各种材料详细介绍其构造形式、主要用途、技术特征以及有关事宜。

2　第 2 章　水工结构可靠度

采用基于可靠度理论为基础的极限状态设计方法已成为国内外工程结构设计趋于认同的先进设计方法。多数工业结构设计技术标准都以此理论作为基础。第 1 版中没有此部分内容。本次修编专门增加此部分内容，以便读者学习查找方便。

本章分为 5 节，前 3 节主要介绍结构可靠度基本概念、单目标结构可靠度计算方法和体系可靠度计算方法。2.4 节重点介绍单一安全系数法可靠度方法的工程应用，并以表格形式列出龙滩重力坝、二滩拱坝的可靠度计算分析的实例。2.5 节介绍基于可靠度的分项系数极限状态设计法，介绍了水工结构分项系数极限状态设计表达式中的结构重要性系数、设计状态系数、作用分项系数、材料性能分项系数、结构系数等各分项系数的确定方法。还对分项系数极限状态设计法与单一安全系数设计法的差异做了比较。

本章参照《水利水电工程结构可靠度设计统一标准》（GB 50199—94）编写，相关内容与 2013 年发布的《水利水电工程结构可靠性设计统一标准》（GB 50199—2013）基本一致，因 GB 50199—2013 比 GB 50199—94 有所扩充和删减，需要参阅时以 GB 50199—2013 为准。

3　第 3 章　水工建筑物安全标准及荷载

本章在第 1 版《手册》第 4 卷第 17 章"主要设计标准和荷载计算"的基础上，综合其他各卷有关内容，调整修订而成。所引水工建筑物安全标准及荷载内容来自水利、水电行业目前所见规范的最新版本。

本章内容的调整和修订主要包括 3 个方面：

（1）内容归并，由 4 节合并为 2 节。

（2）3.1 节以最新的国家标准和行业标准为基础，列入了水利、水电工程等别及水工建筑物级别划分内容，增加了堤防、边坡级别划分内容；除传统的单一安全系数设计法外，还增述了以概率统计可靠度设计方法为基础的分项系数极限状态设计法，并对分项系数和单一安全系数的确定原则进行了说明。

（3）3.2 节按最新的认识理念对水工建筑物各作用荷载进行了分类，共述及 14 种荷载。全节的荷载种类增加了地应力及围岩压力、温度（变）作用、灌浆压力等内容，第 1 版中的浮托力、渗透压力合并为扬压力。对于荷载计算方法与计算公式，在分项系数极限状态法及单一安全系数法两种设计方法中，除挡土墙的土压力计算在参数选取上有所不同外，其他基本相同，章中一一罗列。采用分项系数极限状态设计方法时，荷载计算应同时取用与之相匹配的荷载分项系数。

水利行业标准（SL 系列）采用单一安全系数设计法，电力行业标准（DL 系列）采用分项系数极限状态设计法。根据《水利水电工程结构可靠度设计统一标准》（GB 50199—94）的规定，各类水工建筑物应满足承载能力极限状态设计式［见本章公式（3.1-1）］。公式中涉及到几个系数：结构重要性系数 γ_0；设计状况系数 ψ；反映作用不确定性的作用分项系数 $\gamma_G(\gamma_Q、\gamma_E)$；反映材料性能不确定性的分项系数 γ_m，还有反映作用效应计算模式不定性和抗力计算模式不确定性以及各分项系数未能反映的其他不确定性的承载能力极限状态结构系数 γ_d。单一安全系数设计法中的安全系数 K 为考虑各种因素不确定性的一个综合的保险系数。从形式上看，极限状态设计法似乎是把一个安全系数分解为几个分项系数，实际上分项系数是按各因素统计特性按照结构失效概率相应确定的，具有比较明确的概率和风险特性。单一安全系数是工程界考虑了结构的安全等级、工作状态及荷载效应组合、结构和地基的受力特点和计算所用的方程（分析模型准确性差的取值高）、材料抗力试验方法和取值规则，以及作用值的勘测试验方法及取值规则等因素后，根据以往使用经验，对抗力进行折减，把抗力除以一个大于 1 的数 K，此数 K 即为安全系数，风险特性并不明确。

目前工程界分项系数极限状态设计法和单一安全系数设计法并存使用，对于某些统计特性难以明确的因素，设计只能采用单一安全系数。而各分项系数的确定除了按统计特性及结构失效概率原则外，还参考了单一安全系数并进行相应套改，两种方法使用的设计效果基本相同。

本章共列入了 14 种在水工建筑物设计中常见的主要作用荷载的取值和计算方法。还有些作用难以计算确定，如预应力是人为施加的，不是计算确定的；锚杆作用机理尚不十分明确，也没有成熟公认的计算公式；孔隙压力是和土压力伴生的，计算非常复杂，等等。这些在《手册》中没有列入，需要时可参考有关专著。

4　第 4 章　水工混凝土结构

将第 1 版《手册》第 3 卷第 11 章"钢筋混凝土结构"变更为第 2 版第 4 卷第 4 章"水工混凝土结构"。

第 2 版《手册》中的水工混凝土结构主要是依据《水工混凝土结构设计规范》（DL/T 5057—2009）与《水工混凝土结构设计规范》（SL 191—2008）的规定编写的。由于两本标准关于承载能力极限状态的设计在实质上是基本相同的，仅在表达形式上有所差别，结构设计安全度和最终配筋量只是在某种情况下会略有不同，因此为了节省篇幅，本章以 DL/T 5057—2009 为主进行编写，同时对 SL 191—2008 与 DL/T 5057—2009 有所不同之处则另加说明，相同之处就不再重复或加注。

《水工混凝土结构设计规范》（SDJ 20—78）理论体系是允许应力法，采用单一安全系数，没有"基本设计规定"章节，也没有"温度作用设计原则"章节，为了更加清楚阐述新规范理论体系和温度作用效应，本次增加了"基本设计规定"、"温度作用设计原则"两节，取消了第 1 版的"总则"一节，本章由原来的 9 节变为 10 节。

为反映计算科学技术和我国水电水利建设的发展现状，增加了"弧形闸门预应力混凝土闸墩"、"钢筋混凝土蜗壳"、"钢筋混凝土尾水管"、"平面闸门门槽"、"坝体内孔洞"、"非杆件体系结构裂缝控制验算"等内容。

根据计算公式的不适用性或在水工结构设计的实际情况，删除了"受弯构件斜截面的抗弯强度计算"和"受拉边倾斜的矩形、T 形、工字形截面的受弯构件斜截面的抗剪强度计算"等内容。

根据内容的调整，把原来的第 9 节变为 4.10 节，删除其中的"少筋混凝土结构"的内容。

第 2 版《手册》出版过程中，《水利水电工程结构可靠度设计统一标准》（GB 50199—94）进行了修订，2013 年发布《水利水电工程结构可靠性设计统一标准》（GB 50199—2013），编制人员按照 GB 50199—2013 的技术要求对第 4 章"水工混凝土结构"的内容进行了复查，本章内容符合新标准的要求，技术内容没有变化，在此特别进行说明。

5 第 5 章 砌体结构

在材料性能和基本设计规定方面，与《砌体结构设计规范》（GB 50003—2001）统一，增加了空心砖的设计参数。

在结构构件计算章节，将所有构件的计算合并为一节。同时，针对不同的结构构件，增加较为实用的计算例题。

增加了砌体结构的构造措施一节，在此节中，介绍了砌体房屋墙、柱的高厚比限值，砌体房屋结构的一般构造要求，砌体房屋结构防止或减轻墙体开裂的主要措施，水工浆砌石坝构造规定，水工砌石挡墙构造规定，土石坝砌石护坡构造规定，渠道（防渗）砌护构造规定，砌石基础构造规定，浆砌涵洞、桥墩（台）构造规定，砌体房屋结构抗震构造措施。

限于篇幅要求，对于配筋砖砌体构件、配筋砌块砌体构件内容，未作介绍，如果需要，可另外查询有关的设计手册。

6 第 6 章 钢结构

本次修编以第 1 版《手册》第 3 卷第 13 章"钢木结构"为基础，内容范围主要针对水电站建筑中一般的钢结构设计，不包括水工钢闸门、压力钢管和泄水建筑物钢衬等内容，水工钢闸门、泄水建筑物钢衬在第7卷《泄水与过坝建筑物》中有专门的章节，压力钢管在第8卷《水电站建筑物》中也有专门的章节内容。出于环境保护的要求和新材料的广泛使用，近年木结构建筑已经很少修建，在水电站附属建筑物中也很少使用，因此《手册》（第2版）删除了木结构有关内容。而空间网架屋盖近年来在水电站中应用较为常见，因此在结构设计章节增加了空间网架设计屋盖的一些内容，比如形式及选型、一般规定、原则和方法等。

考虑技术进步并与现行《钢结构设计规范》（GB 50017—2003）相一致，与第1版《手册》相比，本次修编的计算方法采用概率极限状态法，用分项系数设计表达式进行计算，弃用了传统的容许应力法。

较系统列入了水工钢结构常用钢的分类，更新了钢材的钢牌号，并给出了钢材的选用原则和主要选用规定。

按照极限状态设计法，对第1版的计算公式进行了修正；并列出了钢材和连接件的强度、结构变形等主要设计指标。

本次修编将钢结构防腐蚀措施内容纳入本章。主要列出了涂料保护和热喷金属保护这两种防腐蚀措施，对于水工钢结构建筑不常用的阴极保护则没有列入。

《手册》（第2版）第4卷《材料、结构》出版过程中，《水利水电工程结构可靠度设计统一标准》（GB 50199—94）进行了修订，2013年发布《水利水电工程结构可靠性设计统一标准》（GB 50199—2013），编制人员按照 GB 50199—2013 的技术要求对"第6章钢结构"的内容进行了复查，本章内容符合新标准的要求，技术内容没有变化，在此特别进行说明。

7 第7章 水工结构抗震

30多年来，水工抗震学科发展迅速，《水工建筑物抗震设计规范》（SL 203—97、DL 5073—2000）早已颁布实施，水利水电工程的建设规模、抗震设防水准和抗震设计要求都发生了较大变化。基于以上情况，第2版与第1版比较，在编写格局和内容上都有较大调整。

第2版遵循以下基本原则：一是立足于成熟的科研成果和抗震设计经验，重点介绍水工抗震设计应遵循的基本原则、设计步骤和设计计算和安全评价方法；二是适当介绍近年来该领域的最新研究成果及其在实际工程中的应用；三是结合实际工程抗震设计成果的重点介绍，便于工程设计人员的理解、掌握。

为便于设计人员理解和应用，本次修编中节次安排基本按照 SL 203—97、DL 5073—2000 中的章节目录进行。

为使本章内容更加简练和实用，本次修编中，在适当删除了一些有关工程地震、结构动力学、大坝—地基—库水动力相互作用方面的一些基本概念、基本理论、数值模拟方法等内容的同时，主要在以下方面做了适当补充和完善：

（1）基本规定和要求。重点论述水工抗震设计的基本原则和规定，以及构成水工结构抗震设计基本前提的抗震设防水准和目标。

（2）筑坝材料的动态性能。这是对大坝抗震设计和安全评价有重要影响的因素。限于当时的发展状况，第 1 版《手册》中未包括此部分。近年来，针对大坝混凝土和土石料的动态性能方面取得了许多研究成果，故作适当介绍。

（3）在地震作用方面，根据近年来的研究成果，增加了对工程场址地震输入机制方面的介绍，包括场址设计峰值加速度、坝址地震动输入方式、自由场入射地震动输入机制研究等。其中，尤其对于地震部门给出的工程场址设计基岩水平向峰值加速度的物理涵义给出了清晰的阐述，便于广大设计人员准确理解和应用到工程抗震设计中。

（4）重点体现以动力法为主、按承载能力极限状态进行水工结构抗震安全评价的内容。第 1 版《手册》中，水工结构抗震设计还处于以拟静力法为主、按确定性的容许应力或安全系数评价水工结构抗震安全的阶段。第 2 版中所依据的 SL 203—97、DL 5073—2000，除土石坝外的各类水工结构，其设计计算方法已实现了从拟静力法为主向动力法为主的转变、抗震安全评价方法实现了从确定性方法到以概率法为基础的承载能力极限状态设计方法的转变，故本版作重点介绍。

（5）2008 年 "5·12" 汶川地震后，国家有关部门提出要求，对于大、中型水电工程除进行设计地震下的抗震设计外，增加了校核地震工况的设防要求，同时对于重大工程还应进行极限抗震能力研究。本版中适当增加了这方法的内容。

（6）对混凝土重力坝、拱坝和土石坝，结合实际工程，对其抗震设计包括的地震动参数确定、大坝材料动态性能、计算分析（模型试验）成果分析和大坝抗震安全评价、工程抗震措施设计的完整过程以典型工程为例进行较为详细的介绍，便于设计人员理解和应用。

（7）对汶川地震中我国典型混凝土坝和土石坝的震害进行了总结分析。对宝珠寺重力坝、沙牌拱坝和紫坪铺面板堆石坝在汶川地震中的震害进行了全面系统的总结，在此基础上，结合大坝的抗震设计情况，从震害现象中总结经验教训，对今后类似工程的抗震设计有重要借鉴价值。

（8）增加了进水塔、渡槽、地下结构和升船机的抗震设计内容。限于当时这些结构形式的抗震设计计算方法尚不成熟以及工程设计经验的缺乏，第 1 版中对于这些结构的抗震设计，仅仅简单介绍了进水塔动态特性的近似计算等。第 2 版中在对这些结构型式抗震研究和设计成果进行总结的基础上，全面介绍了其抗震计算和安全评价方法、工程抗震措施等抗震设计方面的内容。

（9）增加了水工结构振动台动力模型试验的内容。第 1 版中，由于当时国内还缺少可用于动力模型试验的振动台设备，水工结构振动台动力模型试验研究尚处起步阶段，故未包含此部分内容。随着我国国民经济和水利水电事业的发展，一些单位已建置了具有国际先进水平的大型地震模拟振动台，并结合一些重要大坝及其他水工结构工程开展了大量的试验研究，取得了许多有价值的研究成果，对水工结构的抗震设计有重要参考价值。现行抗震规范规定，对于抗震设防类别为甲类的、设计烈度 8 度、9 度的水工建筑物应进行动力试验验证。因此，第 2 版中增加了相关内容，重点介绍混凝土坝和土石坝抗震试验中关于相似条件、模型材料、动力加载、量测和采集技术以及结合数值计算成果综合评价大坝的抗震安全。

第 5 卷 《混凝土坝》 编写说明

党林才

1 相对于第 1 版章的增减

《水工设计手册》（第 2 版）第 5 卷包含 6 章，比第 1 版增加了 2 章。全卷内容包括重力坝、拱坝、支墩坝、砌石坝、碾压混凝土坝和混凝土温度应力与温度控制。各章内容与相应的设计规范基本对应，还包括一些尚未写进规范的新知识及发展中的技术内容，以便读者了解。

与第 1 版相比，本卷前 3 章的名称和次序没有改变，第 4 章"砌石坝"是从第 1 版第 4 卷《土石坝》分册中移到本卷的，编委会认为砌石坝的工程特性更接近于混凝土坝，故调之；增加了第 5 章"碾压混凝土坝"，这是全新的内容，系统性强；第 1 版中"混凝土结构的温度应力与温度控制"一章的名称在第 2 版中简化为"混凝土温度应力与温度控制"。

2 主要内容的取舍、协调和说明

为了高水准完成本卷的修编工作，卷主编先后召集章主编对各章的内容、重点进行了充分讨论和协调，对旧版内容的取舍进行了研究，体现了实用性、延续性的原则，也满足了科学性、先进性的要求。

"重力坝"一章在第 1 版以材料力学法为主要计算方法的基础上，增加了有限元法应力计算和承载能力分析，对重力坝的非线性应力分析方法和承载能力研究进行了系统介绍；增加了坝基渗流分析一节，对影响重力坝稳定的重要因素——坝基岩体渗流特性和分析方法的最新研究成果进行了介绍；根据水电行业重力坝规范设计方法的改变，增加了重力坝分项系数极限状态设计法内容，并单独成节；增加了坝体混凝土性能、强度代表值及坝体材料分区的工程实例，便于设计人员参考。部分增加或修改的内容是在第 1 版出版以后才陆续形成的，因此具有很重要的参考价值。

需要特别说明的是，本卷内容是与编写时我国规范内容相对应的。然而，所有规范都会修订，《手册》第 5 卷正式出版以后，中华人民共和国能源行业标准《混凝土重力坝设计规范》（NB/T 35026—2014）（以下称新规范），已经国家能源局批准发布，于 2014 年 11 月 1 日起实施，替代了《混凝土重力坝设计规范》（DL 5108—1999）（以下称老规范）。而本卷重力坝内容编写时是以老规范为基础的，因此请读者使用时注意新老规范的差别，新规范对老规范的主要修订内容如下：

（1）增加了抗力作用比系数，以更直观地反映极限状态设计表达式的结果。

（2）增加了用有限元方法进行坝基稳定分析设计控制标准的内容。

（3）增加了根据岩体的类别和质量分级确定基岩利用面的内容。

（4）修改了材料性能分项系数和结构系数。

（5）修改了坝基深层抗滑稳定极限状态设计表达式。

（6）对于结构系数，不再区分基本组合和偶然组合。

（7）完善了接触面抗剪断强度标准值取用方法。

（8）坝体混凝土的强度用设计龄期混凝土强度标准值表示。

根据老规范使用过程中反馈的意见，新规范在修订时，重点对材料的抗剪断强度标准值取值与材料分项系数、结构系数的关系做了深入研究，并在 6.4.2 条中规定"本规范采用抗剪断强度的平均值作为标准值，选取时以试验的小值平均值为基础，结合现场实际情况，参照地质条件类似的工程经验，并可考虑工程处理效果，经地质、试验和设计人员共同分析研究，加以适当调整后确定"，修订了老规范 8.4.2 条"按现场或室内试验测定成果概率分布的 0.2 分位值确定"的规定。同时，对老规范的材料分项系数和结构系数进行了较大调整，摘录于表 1、表 2 以便读者对照使用。

表 1　　　　　　　　　　　　新、老规范材料性能分项系数对照表

序号	材料性能		分项系数（新规范/老规范）	备注
1	抗剪断强度混凝土/基岩	摩擦系数 f_R'	1.7/1.3	
		凝聚力 c_R'	2.0/3.0	
	抗剪断强度混凝土	摩擦系数 f_c'	1.7/1.3	包括常态混凝土和碾压混凝土层面
		凝聚力 c_c'	2.0/3.0	
	抗剪断强度基岩	摩擦系数 f_d'	1.7/1.4	
		凝聚力 c_d'	2.0/3.2	
	抗剪断强度结构面	摩擦系数 f_d'	1.2/1.5	
		凝聚力 c_d'	4.3/3.4	
2	混凝土强度	抗压强度 f_c	1.5/1.5	

表 2　　　　　　　　　　　　新、老规范结构系数对照表

序号	项目	结构系数（新规范/老规范）	备注
1	抗滑稳定极限状态设计式	1.5/1.2	包括建基面、层面、深层滑动面
2	混凝土抗压、抗拉极限状态设计式	1.8/1.8	
3	混凝土温度应力极限状态设计式	1.5/—	

拱坝一章调整和新增的内容较多，系统阐述了现代拱坝设计准则、应力分析技术，即多拱梁法和有限元等效应力法及其代表性计算程序，删去了"纯拱法"和"拱冠梁法"；针对地质条件复杂的高拱坝设计，增加了拱坝整体三维非线性有限元分析方法和地质力学模型试验方法及工程应用实例；坝肩抗滑稳定分析，在介绍平面和三维刚体极限平衡法分

析基础上，增加了刚体弹簧元法等；列举了大量国内外拱坝、尤其是坝高超过 200m 的高拱坝的工程实例，方便读者参考。

支墩坝一章基本保留了第 1 版内容。该坝型近几十年来运用不多，即使有也是坝高不大的中小工程，对于多数设计者来说并不熟悉，对于水头不高、河床较宽、气温温差不大且非寒冷地区的坝址，该坝型仍然是比较适用的，毕竟可以节省材料、降低工程投资，如果结合当地旅游，想造就一道"人造风景"的话，该坝型是可以考虑的。所以，本章重点介绍了该坝型工作原理和适用性、主要特点和设计要求等，也较系统地介绍了国内外几座著名支墩坝的设计、运行等方面的情况，供设计者参考。值得一提的是，国际上著名的巴西和巴拉圭界河上修建的 196m 高的伊泰普（Itaipu）坝，就是一座支墩坝，该电站装机容量 14000MW。另外，随着有限元法计算水平和能力的提高，此类体型复杂大坝的设计也有了更可靠、更方便的方法，本章也相应对有限元计算方面内容进行了增补。

前面已提及，在第 1 版时，砌石坝一章是编在第 4 卷《土石坝》分册中的，这次修编根据其材料和结构的特点，将其调在了第 5 卷《混凝土坝》分册中。砌石重力坝和砌石拱坝的结构特性又分别属于重力坝、拱坝范畴，因此，本章只对砌石坝固有特点及其与混凝土坝分析方法不同之处进行阐述，并着重结合具体工程案例进行分析和说明；增加了 20 多年来砌石坝设计的一些新内容，对砌石坝发展现状，尤其近 10 年来建成的百米级以上的几座高砌石坝进行了介绍。另外，本章还对近几年建成的堆石混凝土坝进行了简要介绍，由于这项筑坝技术还处于起步阶段，工程实例不多，仅限于了解。

碾压混凝土坝，在第 1 版时还未出现，所以"碾压混凝土坝"一章是全新内容。与之前提到的砌石坝一样，碾压混凝土重力坝和碾压混凝土拱坝的结构特性也分别属于重力坝和拱坝的范畴，相同的内容本章尽量不去重复，重点阐述碾压混凝土坝自身固有特点及其与常态混凝土坝在设计理论、分析方法、关注重点等的不同之处，并结合工程案例进行补充说明。同时，本章对由碾压混凝土筑坝技术演化而成的、刚刚起步应用的贫胶砂砾石坝技术也进行了简要论述。

本卷最后一章是"混凝土温度应力与温度控制"，该章是编写组反复讨论、修改最多的一章，也是篇幅最大的一章。本章的名称不同于第 1 版时的"混凝土结构的温度应力与温度控制"，也与工作大纲中确定的"混凝土坝温度场、温度应力及温度控制"不一致，编写组认为，后两者都存在一定的局限性，都不能很好地代表本章的内容，故反复易名，但愿这些变化不会让读者失望。对内容上的修编，主要包括 3 个方面：①突出了现代计算手段和计算方法所带来的优势，强调了有限单元法在混凝土结构温度及温度应力分析中的应用；②根据近年来积累的经验，详细论述了混凝土的裂缝成因及防治技术措施；③在库水温度、碾压混凝土等方面补充了新内容。

3 混凝土坝最新技术发展

近 30 年，我国水电建设成就辉煌，坝工技术也取得了快速发展，重力坝、拱坝等高坝工程技术已经从追赶国际先进水平，到达到国际先进水平，一些方面甚至引领国际先进水平，成为世界坝工技术发展的重要动力。不断积累的设计和筑坝工程实践经验、不断发展的数值计算分析方法、不断完善的施工装备技术与工艺，都为坝工技术的腾飞式发展奠定了坚实的基础。在本卷编撰中，各章内容充分体现了这些方面最新的发展成果。

譬如，碾压混凝土筑坝技术是一项引进技术，我国 20 世纪 80 年代才开始研究，并于 1986 年建成了我国第一座碾压混凝土重力坝——福建坑口大坝。初试成功后，便普遍推广应用，发展势头迅猛。在充分研究论证的基础上，各工程因地制宜、各尽所能，尽量发挥碾压混凝土在节约水泥用量、简化温控、有利于机械化专业和快速施工等方面的优势，取得了许多重大发明创造和一系列新的技术成就。近十年来，以龙滩、光照、金安桥等 200m 级高碾压混凝土重力坝和普定、沙牌、蔺河口等高度 100m 级碾压混凝土拱坝的相继成功建设为标志，我国碾压混凝土筑坝技术已居于国际领先水平，不失为一项"引进、消化吸收，再创新、为我所用"的典范。业界普遍认为，碾压混凝土筑坝技术将成为今后混凝土坝技术发展的大方向。所以，本卷中将碾压混凝土坝作为单独的一章，予以详细介绍。

再如，《水利水电工程结构可靠度设计统一标准》（GB 50199—94）颁布后，水电行业的重力坝设计规范和拱坝设计规范都按可靠度设计理论进行了套改，提出了基于概率论的分项系数设计法。而水利行业的相应设计规范中，规定采用的仍然还是大多数工程师熟悉的安全系数设计法（俗称"大老 K"法）。考虑兼顾水电行业和水利行业的不同要求，本卷修编时，专门就分项系数设计法进行了系统介绍，并与传统的安全系数法平行编排，以便于水电、水利行业不同规范使用者使用。

工程师应该理解，宇宙间第一真理就是变，万物在变，从来也不存在静止、停滞的事物。懂得这一点，也就不难理解设计方法的演变和发展。水工建筑物设计方法，一定是经历了从模拟设计，到经验设计，到半经验与半理论设计，再到理论设计的过程。设计理论的更新便会带来设计方法的升华。水工建筑物设计采用的安全系数设计法可以看作较成熟的半经验半理论设计方法，在这一设计方法中，设计变量被视作固定不变的参数；而基于可靠性的分项系数设计方法，考虑设计变量和作用组合的变异性，毫无疑问，它是符合客观实际和自然规律的。只不过在当前，我们还不能完全把握主要设计变量的变异规律，因而，分项系数设计方法的推广应用还存在一定的局限性。

人们对事物的认识是逐步深入的，进而可以推断，除了设计变量的变异性之外，客观上，人们对事物的认识还存在局限性、模糊性和不可知性，设计方法考虑这些因素的影响，就是当前方兴未艾的风险设计。风险设计表明，水工建筑物没有绝对的安全，但通过风险设计，可以针对可能出现的危害因素，采取预警预防措施和应急处置措施，最大限度发挥其功能效益、降低其灾害损失。因此，风险设计法是可靠性设计方法的升华。

4 混凝土坝的发展方向

从混凝土坝的发展历程可以看到，坝型选择有着鲜明的时代特征。在经济不发达、施工以人力为主的 20 世纪六七十年代及以前，常见的代表坝型是百米级及以下高度的重力坝、拱坝，中低砌石坝和少数支墩坝；改革开放后，随着技术进步和经济实力增强，我国陆续兴建了一批 150～250m 级的高混凝土重力坝和拱坝；进入 21 世纪后，混凝土拱坝的最大坝高已发展到 300m 级，294.5m 高的小湾拱坝已经建成，锦屏一级、溪洛渡、白鹤滩、乌东德、松塔等一批 300m 级拱坝正在建设或设计中。

近年来混凝土坝的发展趋势表明，随着国家经济实力增强和大型施工机械的普及应用，已经很难见到空腹坝和支墩坝等体型复杂、不便使用大型施工机械的坝型，而基本上都采用了体型简单便于机械化施工的实体重力坝和拱坝。

值得注意的是，碾压混凝土筑坝技术以其施工快速、温控简单、造价经济等优势，从20世纪80年代引进我国到目前，已得到飞跃式发展。上游面防渗从早期的"金包银"到后来的碾压及变态混凝土防渗；坝体分缝从早期的诱导板到后来的切缝；多年来坝体大体积碾压混凝土采用三级配的惯例也在近期得到了发展，贵州乌江沙沱水电站经过大量研究，在部分坝段采用四级配碾压混凝土已经取得成功，可以进一步减少用水量和胶凝材料用量，简化温控措施，降低成本；碾压混凝土层面防渗问题和沿层间弱面的抗滑稳定问题也随着施工工艺、施工管理水平的提高和施工机械性能的不断提高而得到有效改进。从发展趋势看，碾压混凝土筑坝技术将在未来越来越多地被采用，发展前景广阔。

混凝土坝有没有极限高度？重力坝、拱坝还能往更高发展吗？建设更高的混凝土坝，一看有没有必要，二看有没有条件。正如潘家铮院士所言，从中国水利水电建设发展的需要，从西南河谷的自然条件，从我国在材料、设计、施工、科研各领域的发展来看，将来修建400m甚至500m的超超高坝不是没有可能性。但是，具体而言，重力坝随着坝高增加而混凝土量大幅增加，受经济性制约，在目前200m级高重力坝基础上，再大幅增大坝高的空间不大，除非有特别有利的地形地质条件或特殊要求；对于拱坝，目前已发展到300m级，从理论分析，再增加坝高也是可行的，但从风险控制和水库淹没角度，也不宜大幅增加最大坝高。若是调节库容需要，不如考虑多设几个调节水库更加稳妥。

5 编者感言

在本卷编撰过程中，编写组力求将近30年来我国混凝土坝建设的最新发展水平和建设成就包含其中，既符合本书策划伊始就制定的"科学性、实用性、一致性、延续性"原则，又与现行的重力坝设计规范、拱坝设计规范和碾压混凝土坝设计规范等能够很好地配套使用，真正起到"手册"的作用，成为工程师的良师益友。

为了保证《手册》的修编质量，我们首先保证各章主要编撰人员在理论水平与工程经验方面是国内知名专家。他们基本上都是各单位的业务主管或骨干，在编撰《手册》的同时还要完成大量的生产任务，虽任务繁重，编写组成员仍表现出了很强的责任心，对书稿反复讨论修改直到满意为止。初稿完成后，我们邀请了一批国内混凝土坝方面的权威专家学者，集中办公，逐章逐句进行校审并提出建设性意见，使本卷修编的质量多了一层保障。借此机会，我也代表编写组，对专家们孜孜不倦、精益求精的工作态度和辛苦的付出表示衷心感谢！本卷的出版是所有编写组成员和关心手册编撰的所有专家学者集体智慧的结晶，但愿本《手册》能让读者感到满意。

值得说明的是，坝工技术的发展是没有止境的。尽管我国已经是高坝建设大国，勘测、设计、施工和科研各领域都已达到国际先进水平，但是应该看到，西部高坝建设的任务还相当艰巨，建设条件更加复杂，工程设计与施工都将面临前所未有的挑战。从现有的科技水平来看，混凝土坝的设计建设远没有进入"自由王国"，无论是工程地质条件和岩体工程特性，还是筑坝材料特性和坝体结构特性，不论是设计理论、方法和标准，还是作用、作用组合和作用状况，都还需要不断探索、不断创新、不断研究解决新的问题。

第6卷《土石坝》编写说明

关志诚　王新奇

第6卷《土石坝》所覆盖的工程量大面广，包括各类防渗结构型式土石坝工程、堤防与河道整治、火电厂灰坝等。据第一次全国水利普查成果，土石坝工程数量占已建工程总量95％以上，土石坝工程的适用性，以及所涉及的建筑物结构类型的多样性和工程建设的复杂性都是占主导地位的。

近30年，我国水利水电建设有了突飞猛进发展，取得巨大的成就，其中，土石坝工程总体技术水平处于世界领先地位。为满足工程建设和创新设计理念的需要，第6卷修编工作分析和总结了土石坝工程建设经验，在内容上体现了我国近30年土石坝工程设计、建设、科研等成果，体现了近代水工设计新理论、新方法、新技术及典型案例。

1　修编原则与思路

第6卷《土石坝》修编按便于查阅、文字精练、力求简捷的方式编写，修编工作遵循了先进性、实用性、一致性和延续性的原则。即在第1版《手册》的基础上，全面分析和总结土石坝工程建设经验，体现我国近30年土石坝工程设计、建设、科研等成果，补充近代水工设计新理论、新方法、新技术及典型案例。在修编版整体框架配置上，参照和部分沿用第1版《手册》内容，合理调整第1版《手册》章节次序，并反映在第2版中。编写内容以现行规程规范为主要依据，鉴于目前存在水利、水电两套设计标准，应力求包容和协调，便于设计使用。

在制定本卷修编工作大纲时，研究了各章节共性内容，将基本材料性能、土石坝稳定、渗流、沉降、抗震计算等写入第1章，与各章坝型特点有关的筑坝材料、专用分析计算方法、基础处理等基本保留第1版章节。

2　修编要求

在《水工设计手册》（第2版）修编工作大纲总体要求的基础上，由总编人提出第6卷《土石坝》各章节编写目录，经知名专家组和全体参编人共同研讨确定初步编写框架体系，具体编写时要把规范中的有关要求进一步深化成实用性的内容；不要过多的叙述，不要大量的公式推导，要简明、扼要、实用。在编写内容选择上，要着重介绍现代土石坝工程设计新技术、有发展前景的案例，成功的和有失误的典型案例都要写，应扩大案例的范围和代表性，以便使用人员从中吸取经验教训；对基本淘汰掉的可以不写或少写；在应用上要有一定覆盖面，各种形式的大中小型工程都要涉及。有关章节"安全监测设计"只写专项和特色内容。

3 术语名称的统一和调整

第 1 版将土坝和堆石坝（坝体以堆石为主，堆石占坝体的 50%）分开定义，并分别设置为两章进行编制，根据发展情况，将土坝和堆石坝统称为土石坝，依据坝体防渗体结构第 1 章定名为"土质防渗体土石坝"。

第 1 版将土坝划分为 3 种基本坝型，堆石坝划分为 14 种坝型，根据第 2 版第 6 卷的统一协调，碾压式土石坝的基本坝型分为均质坝、心墙坝、斜墙坝和斜心墙坝 4 种，第 1 版《手册》有 7 种坝型归入第 2 版，将"组合式土坝"、"组合式土石坝"改为"心墙坝、斜墙坝或斜心墙坝"；将堆石坝中"表面土斜墙堆石坝"改为"斜墙坝"，"土斜墙堆石坝"改为"斜墙坝"，"土心墙堆石坝"改为"心墙坝"，"土斜心墙堆石坝"改为"斜心墙坝"；均质坝名称不变。

4 章节结构性设置

与第 1 版相比，第 6 卷参照新编《碾压式土石坝设计规范》（SL 274—2001、DL/T 5395—2007）等的格式和次序，采用近年来常用结构型式进行设置，将第 1 版中的主要设计标准和荷载计算归并到其他卷。根据术语名称的调整，把不同章节的内容按照新编结构进行归并、删减和扩充：将第 1 版（第 4 卷）中的土坝、堆石坝、砌石坝，改为第 2 版第 6 卷的土质防渗体土石坝、混凝土面板堆石坝、沥青混凝土防渗体土石坝、其他类型土石坝；本卷新增了河道整治与堤防工程（原其他卷内容）、灰坝。第 2 版调整增加土质防渗体土石坝相关内容，并独立列出混凝土面板堆石坝、沥青混凝土防渗体土石坝，体现了我国近代土石坝设计与建设积累经验以及未来发展趋势；而第 1 版钢筋混凝土和沥青混凝土防渗体堆石坝仅编写各一节内容。

第 2 版第 1 章"土质防渗体土石坝"基本上编写了全卷共性内容。将第 1 版中"对地质工作的要求"改为"设计基本要求"，将原"土料设计"改为"筑坝材料选择与填筑设计"，将原"坝基防渗措施"细化为"砂砾石坝基处理"、"岩石坝基处理"、"特殊土坝基处理"，合并编写"坝体结构"；新增了"大坝防渗体与坝基岸坡及混凝土建筑物的连接"、"大坝的抗震设计"、"土石坝的除险加固"、"安全监测设计"等 3 节内容。

5 各章总体修订情况

5.1 第 1 章 土质防渗体土石坝

本章是以第 1 版《水工设计手册》第 4 卷《土石坝》中土坝、堆石坝中土防渗体堆石坝中的相关内容为基础，并根据我国近 30 年来碾压式土质防渗体土石坝的高速发展现状，对其进行修订和补充完善。

第 2 版的内容调整和修订主要包括以下方面：

（1）介绍了我国土质防渗体土石坝的发展现状及我国坝高超过 100m 的土质防渗体土石坝的基本情况。分析了我国此种坝型之所以能快速发展兴建的主要原因。

（2）提出了土质防渗体土石坝设计的基本要求及运用条件。

（3）详细介绍了筑坝土石材料（包括黄土、红土、膨胀土及分散性土等特殊土）的工程性质、筑坝材料选择及填筑设计。增加了国内外土石坝工程特别是我国某些土石坝工程各种筑坝材料的试验成果及设计采用值，并重点介绍了采用砾石土做防渗体的工程实例及工程特性。

（4）增加了保护黏性土反滤料的设计方法。

（5）增加了特殊土坝基处理内容。

（6）渗流计算一节介绍了不同边界条件的渗流计算方法，增加了渗透稳定计算内容。

（7）稳定计算一节中除介绍了国内外常用的稳定计算方法和计算软件外，并介绍了"大坝抗滑稳定分项系数设计方法"。

（8）在坝的应力变形计算中，增加了邓肯 $E\text{-}B$ 模型、$K\text{-}G$ 模型、弹塑性模型、修正剑桥模型、南水模型和河海大学椭圆—抛物双屈服面模型及以上各模型计算参数的确定方法。

（9）增加了大坝抗震设计、土石坝的除险加固和安全监测设计的相关内容。

5.2　第2章　混凝土面板堆石坝

混凝土面板堆石坝筑坝技术在最近 30 年得到了快速发展，已成为当今的主流坝型之一。第 1 版《水工设计手册》编撰时，限于当时的筑坝技术水平，仅在第 4 卷《土石坝》第 19 章 "堆石坝" "第 3 节　钢筋混凝土防渗体堆石坝" 中介绍了少量相关内容。《水工设计手册》（第 2 版）修编时，混凝土面板堆石坝（简称 "面板堆石坝" 或 "面板坝"）是新编章。面板坝属土石坝中的一种，在坝型设计比选方案中具有一定独立性，并广为应用。

本章较系统和尽可能的反映面板堆石坝建设成果，介绍了面板堆石坝在试验及计算理论与方法、筑坝材料和筑坝技术等方面取得的进展，列举了大量国内外具有代表性的面板堆石坝工程实例，总结了面板堆石坝成功的经验和值得吸取的教训。具体内容共分 10 节。2.1 节介绍了面板堆石坝的发展现状与主要特点；2.2 节重点编写面板堆石坝与泄洪建筑物等布置协调的主要原则；2.3 节为面板堆石坝的分区原则和各分区筑坝材料的工程性质和填筑标准；2.4 节为趾板和面板结构的设计原则及抗裂措施；2.5 节为面板堆石坝接缝止水的结构、材料及施工技术；2.6 节除介绍各种趾板地基和堆石体地基的处理原则和案例外，还编写了高趾墙设计以及坝体与溢洪道等其他建筑物的连接设计；2.7 节介绍了面板坝坝体变形的主要计算分析方法和各种接触面的模拟方法，以及考虑堆石体流变变形的相关内容；2.8～2.10 节分别编写了抗震设计、分期施工与坝体加高和安全监测设计方面的内容。

5.3　第3章　沥青混凝土防渗土石坝

本章为新编内容，第 1 版中 "沥青混凝土防渗体堆石坝" 仅为一节，只简单介绍了 20 世纪 80 年代以前的一些典型工程设计情况。自 20 世纪 80 年代以来，石油沥青加工技术有了很大进步，高等级道路建设促使对沥青及沥青混凝土材料的性能进行了更深入系统的研究，沥青混凝土的专业施工机械和自动化控制等施工技术也发展很快。新版较系统地总结了近 30 年来国内外土石坝沥青混凝土防渗技术的最新设计研究成果和工程实践。本章共分为 7 节，介绍了沥青混凝土防渗土石坝的发展与现状；水工沥青混凝土原材料及基本性能；水工沥青混凝土配合比设计；碾压式沥青混凝土面板坝设计；碾压式沥青混凝土心墙坝设计；浇筑式沥青混凝土心墙坝设计；沥青混凝土防渗土石坝工程的安全监测。

在沥青原材料和基础设计方面，总结和介绍了沥青混凝土防渗结构布置、水工沥青混凝土的基本性能、沥青原材料（骨料、填筑、掺料）及改性沥青等技术与特点。尤其是水工沥青混凝土配合比选择是设计人员要掌握和了解的，包括配合比设计方法、主要技术要求、配合比设计实例等。根据沥青混凝土防渗结构的性能与特点，工程安全监测有针对性编写变形与渗流监测、温度及应力、应变监测等。

5.4 第4章 其他类型土石坝

本章为新编和整合原编章节，共分5节。在"土质防渗体土石坝"、"混凝土面板堆石坝"和"沥青混凝土防渗土石坝"等3章基础上，其内容是将目前仍具有实用价值的一些坝型，如土工膜防渗土石坝、水力冲填坝、淤地坝以及定向爆破坝等纳入本章，统称为其他类型土石坝。对于第1版《水工设计手册》中介绍的但在当前使用很少或基本不使用的坝型将不再编入列。复合土工膜防渗土石坝章节重点编写土工膜防渗特性指标、种类及技术特点、土工合成材料的选用（膜厚、材质、耐久性）、稳定性验算（坝坡）、施工技术要求与质量检测、土工膜防渗土石坝设计、与周边结构连接、典型工程实例等。

在土石坝防渗技术方面，由于土工膜生产水平和施工工艺的提高，采用土工膜进行土石坝防渗近几年也得到了较大的发展，国内外已经普遍接受了这种新型的防渗材料和技术。目前国内土工膜使用日益广泛，工程实践表明它的防渗效果良好、经济、施工方便，有推广使用价值。工程规模上不仅应用于中、小型工程，一些大（2）型工程也采用了土工膜防渗。其应用范围包括中小型土石坝工程的除险加固，中型水库全库防渗，土石坝坝体结构防渗。

水力冲填坝分自流式水力冲填坝（即水坠坝）和压力管道输泥冲填坝两种。近几年水力冲填技术在灰坝和围垦筑坝中得到了一定应用，现场质量检测结果表明，只要施工控制得当，采用水力冲填技术得到的坝体干密度同样可以达到设计标准。淤地坝是长期实践中创造和逐步完善的一种筑坝技术，20世纪五六十年代，黄河流域采用水力充填的办法建筑土坝，淤地造田。据不完全统计，目前我国在黄土高原已累计建成淤地坝近12万座，对拦挡水土流失和淤地起到关键作用。定向爆破筑坝在我国应用已经有50余年，其应用范围从水利水电建设逐步扩展到各种矿山的尾矿坝、火力发电厂的灰坝以及路堤建设等。

5.5 第5章 河道整治与堤防工程

本章为新增章，共分为6节。主要介绍河道整治规划、内陆河道的河床演变与整治、潮汐河口整治、堤防工程设计、河道整治建筑物设计以及疏浚与吹填工程设计，以及相关标准、原则和方法等。在堤防工程设计中，由于江河（湖）堤和海堤的设计具有不同特点，所以对两类堤防的堤线布置、堤型选择、堤身设计、基础处理等内容分别进行阐述。

在编制内容上考虑了与第1章渗流设计、沉降和稳定等内容的协调。相比第1版，5.1节中河道规划写得较为具体，在规划原则和总体布局基础上，按洪水、中水、枯水提出整治规划；5.2节为内陆河道的河床演变与整治，根据各类河型划分标准，按顺直型、蜿蜒型、分汊型、游荡型、浅滩河段及其他类型河道进行分类，即考虑大江大河，也考虑小河道治理；5.3节中潮汐河口整治，按水流特性及其类型、泥沙运动特点、河床演变分析、治导线规划，编写整治总体布局、工程建筑物布置与设计、方案研究手段及实例；

5.4节为堤防工程设计，增加有特殊要求的堤防工程勘测，堤线布置与堤型选择具有线性工程布局特点，堤身设计与基础处理有别于土石坝枢纽工程，堤防与各类建筑物和构筑物的交叉、连接设计，除相关标准与经验技术外，其安全性要求、处理方法与土石坝枢纽工程有共性；本节增列了堤防工程的加固、改建与扩建，围海堵口设计及工程安全监测。5.5节为河道整治建筑物设计，按平顺护岸（护滩）工程、丁、顺、锁、格、洲头分流、潜、导、桩、网、沉排、杩槎坝分类编写；5.6节中疏浚工程设计，在任务及特点、工程分类基础上，分节编写设计标准、断面设计、抛泥区的选择、主要施工机械设备的选用等；为便于使用者查阅，江堤和海堤分开编写。

5.6 第6章 灰坝

本章编写工作得到电力行业单位与专家的大力支持。本章共分15节，主要介绍燃煤火力发电厂灰渣贮放技术，反映了我国灰渣贮放技术特别是灰渣筑坝技术的重要科技成果。阐述的火电厂贮灰场灰坝工程设计内容包括：设计标准和设计原则；工程勘察；工程水文；灰渣特性；灰坝渗流、抗滑稳定计算，应力变形分析；灰坝防渗结构、排渗结构、排水系统设计；环境保护与安全监测设计。并介绍了工程实例。在科学性和实用性方面，注重灰坝工程设计中：贮灰场的类型、场址和容积选择；湿式、干式贮灰场灰坝设计标准和设计原则；灰坝排水系统与坝体加高的工程勘测特点；针对灰渣与灰渣层的工程特性，叙述灰坝渗流计算与工况中贮灰场渗透系数各向异性和组合排渗系统的模拟，并进行渗透变形稳定性评价；排渗结构设计包括排渗结构型式与选择，灰坝坝体预先设置和运行期设置的排渗结构；以及环境保护设计要求，贮灰场地下水环保与大气环保设计等。在坝型设计、防渗结构设计、排渗结构设计、排水系统设计各节中有典型设计图与实例。

6 重点章节关键技术与修编述评

6.1 土质心墙土石坝

6.1.1 设计的基本要求

这部分是第2版新增加的内容，主要从3个方面说明土石坝设计的基本要求，重点阐述了坝顶高程、坝坡抗滑稳定、渗流、变形、抗震、土石坝的运用条件等所有类别的土石坝都应该具备的安全条件和功能性要求，对于设计者而言，这是设计基础知识，着重于定性说明基本要求，实际设计时，设计者应根据规范，参阅手册的具体章节条款，才能做出安全可靠经济合理的土石坝工程。需要说明的几个问题：

（1）坝高的划分。水利行业标准《碾压式土石坝设计规范》（SL 274—2001）规定，最大坝高在70m以上者为高坝；而电力行业标准《碾压式土石坝设计规范》（DL/T 5395—2007）规定，最大坝高在100m以上者为高坝。为了兼顾不同行业的需要，将两种标准同时列出。

（2）变形控制。变形主要包括总沉降量和不均匀沉降量两个方面。由于坝体、坝基的沉降量过大或者产生不均匀沉降，会引起坝体产生裂缝，危及工程安全。工程竣工后沉降量大小是衡量大坝安全性的一个重要指标，国内外多年的实测资料统计表明，竣工后总沉降量小于坝高1%时，大坝一般不产生裂缝，大于3%时，有的坝发生了裂缝。此时，观测资料不论覆盖层薄厚，均按坝高的百分比统计。坝体裂缝的发生与否，主要取决于大坝沉降量大小，通常情况下与覆盖层厚度关系不大。

6.1.2　坝轴线及坝型选择

此内容在第 1 版中为"第 1 节　坝型选择"和"第 2 节　对地质工作的要求"，叙述较为简单，《手册》（第 2 版）着重对坝址选择、坝轴线和坝型选择等 3 个方面进行了详细说明。坝轴线布置要综合考虑地形条件、工程地质和水文地质条件、坝型及坝基处理形式、枢纽建筑物的布置和施工条件等因素确定。由于不同工程之间的差别，上述各因素对坝轴线选择的影响程度是不同的，也就是说对于不同工程，起决定性作用的因素及其组合是不同的。因此，需要根据工程实际情况，进行综合比较分析，才能确定合理的坝轴线位置和形状。

6.1.3　筑坝材料的基本性质

此内容是新增加的，第 1 版没有与此对应的专门章节。筑坝材料的基本性质是土石坝设计的基础资料，专门设置本节的目的是让读者对这些基本性质有个全面的了解。国内岩土工程对于土的定义、分类等有些差异，特别是不同行业之间可能采用不同的标准。本章基本上以国家标准《土工试验方法标准》（GB/T 50123—1999）和水利行业标准《土工试验规程》（SL 237—1999）的规定为主。

6.1.4　筑坝材料选择与填筑设计

与第 1 版相比，第 2 版将近年来在筑坝材料选择方面的先进工程经验进行总结，突出表现在以下几个方面：筑坝材料的选择的原则应就地就近取材，优先考虑开挖料的利用；施工技术的发展，放宽了筑坝材料的选择范围，软岩、特殊土均可以用于筑坝材料；合适的砾石土作为防渗土料既有足够的防渗性能，又有较高的强度，促进了超高土石坝的发展。

6.1.4.1　筑坝材料选择的原则

对于碾压式土石坝这种典型的当地材料坝，筑坝材料选择是一项非常重要的工作。筑坝材料如何选择直接影响大坝的经济技术指标。尤其对于坝址附近筑坝材料种类越多、储量越丰富的情况，筑坝材料选择工作也越显得更为重要。手册中提出了筑坝材料选择应遵循的三项原则：

（1）适宜性原则。所谓适宜性是指所选用的筑坝材料的基本性能应与大坝不同分区和部位对材料要求相适应。同时，在工程长期的运用中，筑坝材料的基本性能不应有明显的不利的变化，也就是文中要求的"具有长期稳定性"。

筑坝材料的基本性能是客观存在的，但是否适于筑坝却随工程建设技术的发展和人们对材料的认识有不同的看法。比如，原先工程设计中往往将建筑物开挖料作为弃料，而现在却尽量用来筑坝；早期认为砾石土不适于用来筑坝，现在认为它是较好的筑坝材料。对于有些材料，其原有基本性能可能不适于筑坝，但经处理加工后可以用来筑坝。如纯分散性黏土不能用来筑坝，但经加工处理后也可以用来筑坝。问题的关键所在是在通过对筑坝材料的深入研究，针对不同材料的特点和工程的需要，作出恰当的设计。

（2）就地就近取材原则。就地取材是对当地材料坝的一项基本要求，料场选择是应以坝址处为中心，由近到远，认真勘察。在满足上述适应性原则的基础上，尽量采用近处料场的材料。在选择料场时，还应尽量少占或不占农田，对于即可开采土料又可开采堆石料或砂砾石等多种材料的综合利用料场应优先考虑堆石或砂砾石方案。一般情况下，枢纽建筑物距坝址较近，因此要求优先考虑建筑物开挖料的利用。对于库区将被水永久淹没的料场，也应优先考虑选用。

（3）方便应用原则。方便应用是指便于开采、运输和压实等。满足这一要求的筑坝材料能提高工作效率，有利于加快施工进度，缩短工期，降低施工成本，从而降低工程投资。同时，为应付和处理施工中不可预见的特殊情况提供了有利条件。另外应用方便的料场，施工管理简单，便于压实的筑坝材料有利于提高压实质量，因此对保证工程质量有利。

上述筑坝材料选择的三项原则之间不是相互孤立的，而往往是相互关联的，只有根据工程实际情况和技术要求综合考虑，经过经济技术比较后才能做出正确的选择。

6.1.4.2　料场规划要求

对料场规划提出了两个层次的要求，其一为料场规划的论证需考虑的主要问题，包括材料性质、数量、弃料对环境影响、施工进度安排及工程费用；其二要求枢纽建筑物开挖料应与天然料场一样对待。在此基础上，做好料场规划，才能充分体现上述要求筑坝材料选择的三项原则。

关于要求料场规划所考虑的问题，习惯上对材料性质、数量比较重视。近些年来，对于弃料对环境的影响逐渐受到重视，但仍难以做到像对材料性质、数量那样重视，在这方面与发达国家有一定的差距。

关于施工进度安排对筑坝材料选择的影响，以往对天然料场考虑的较多。但实际上，枢纽建筑物开挖料能否合理运用受施工计划和进度安排影响更大。尤其是复杂的大型工程更是如此。况且，大型工程的设计者，土石坝设计和施工设计往往分属两个专业，相互之间工作配合稍有不周，就难以做到合理利用枢纽建筑物的开挖料。

6.1.4.3　筑坝材料选择

筑坝材料选择的技术进步是近年来土石坝建设中的突出成就之一，主要反映在以下 3 个方面：

（1）采用的筑坝材料类型越来越广泛。随着理论研究、科学试验手段、筑坝技术和施工机械的发展，除反滤料外，对筑坝材料的要求越来越放宽。从 20 世纪 80 年代初，认为不适于筑坝的风化料、软岩、砾石土等材料越来越多地用于筑坝，更加充分地发挥了土石坝就地取材、就近取材的优势。除上述鲁布革坝采用风化的砂页岩填筑防渗体外，十三陵抽水蓄能电站上库坝采用风化安山岩、大广坝采用风化花岗岩筑坝等。

（2）筑坝材料处理加工技术。将不完全满足要求的土石料进行处理和加工后上坝，是筑坝技术的又一大进展。坝料处理技术的发展更加拓宽了筑坝材料的应用范围。工程实践中进行处理加工的筑坝材料主要有防渗料和反滤料两大类。

1）关于防渗料。这类材料主要是进行砾石土的处理和加工，采用的处理加工方法主要有料场掺和方法、场地掺和法、搅拌法三种，需要根据料源情况和工程需要选用，前两种方法工艺简单、经济，采用较多，第三种方法工艺复杂，很少采用。

2）关于反滤料。近年来的土石坝建设中，反滤料的处理和加工包括直接采用天然砂砾料、筛分、轧制以及轧制与砂砾料掺和等。直接采用天然砂砾料和筛分处理适用于料场天然砂砾石级配较好的情况。当地缺乏天然砂砾石料或天然砂砾石料级配很差，不能满足反滤要求时，采用轧制或轧制和砂砾料掺和方法。轧制掺和对轧制掺和设备和工艺要求较高，一般用于大型工程且反滤料用量较大的土石坝。

（3）枢纽建筑物开挖料的利用。在近年来的土石坝工程建设中，开挖料的利用越来越受到重视。充分利用枢纽建筑物开挖料，不仅有利于降低工程造价，也有利于减少环境污染。随着社会和经济的发展，对环境质量要求也越来越高，理应引起重视。由于近年来，筑坝技术发展突飞猛进，已有条件对开挖料的利用提出更高的要求。因此，现代设计更强调枢纽建筑物开挖料的利用，其目的是使设计者在工程设计的各个阶段，从筑坝材料调查、材料性能研究、坝体结构设计、施工组织设计和环境保护要求等各方面做好开挖料利用的技术经济分析比较工作，最大限度地利用开挖料，并确保开挖料的利用落到实处，没有充分的理由不能将开挖料弃掉。一般而言，要做好枢纽建筑物开挖料的利用工作，应注意以下四方面的问题：

1）加强开挖料的调查和性能研究。在设计过程中，建筑物方案布置和结构设计随着设计阶段的不断深入都可能有较大的改变，因此枢纽建筑物的种类、数量及其布置也可能随之在不断地变化，开挖料的这一特点与料场料是截然不同的，调查中应充分注意。按开挖料的利用方式可分为回采料和直接上坝两种类型，而回采料、直接上坝料所占比例的大小由枢纽施工组织和施工进度安排决定。根据上述特点，调查中应根据上述两种可能的变化，对开挖料的种类、数量及其分布情况进行及时调整，以便制定正确的开挖料利用方案。

由于枢纽建筑物开挖料有上述与料场料截然不同的特点，因此对于材料性能的研究也应适应这一特点。在设计的初期阶段，可利用建筑物本身的勘探资料和工程类比，初步拟定开挖料的基本性能指标，不必安排专门勘探和试验，以免造成不必要的浪费。当设计的后期阶段随着各建筑物布置方案的确定，开挖料的类型基本不变的情况下，需要适当进行材料的试验工作。

2）关注坝体结构设计和施工组织设计及其相互协调问题。坝体结构设计时，除应做到上述要求的了解枢纽开挖料的种类、数量、分布及材料特性以外，还需要了解施工组织设计确定各建筑物的开挖进度安排和开挖料渣场规划，以便据此适当调整开挖料的填筑部位。施工组织设计时，应充分考虑利用枢纽建筑物开挖料筑坝问题，在不影响总体施工规划的施工进度关键路线的前提下，合理安排各建筑物开挖的开工时间和施工道路（包括交通桥）通车时间，尽量提高开挖料直接上坝的方量，以降低费用。必须回采时，应考虑大坝对开挖料的要求，适当调整堆渣场的布置，尽量缩短运距。

3）研究技术与经济、环保的关系问题。以往建筑物开挖料多作为弃料而不予利用，除早期的施工设备原因外，其主要原因是，对开挖料上坝压实后的性能研究不够，认为开挖料的质量较差，不适于作为筑坝材料；即使可以用于筑坝，可能需要较缓的坝坡和进行特殊的结构处理才能满足稳定和其他安全要求，不一定经济；施工组织设计中对开挖料利用考虑不周，直接上坝数量少，堆渣场布置不合理，无形中加大了开挖料利用的费用；以往对环保要求不高或根本不考虑环保问题也是主要原因之一，在经济技术比较时没有考虑或对弃渣场的处理所需的费用估计过低。

4）重视施工管理在开挖料利用中的作用。工程开工建设后，施工管理对开挖料利用的成败起着关键的作用。工程开工后，施工计划的调整对开挖料的利用影响很大。管理不善，如开挖料不按要求堆放，将不同类型的开挖料混合堆放，甚至随意丢弃，往往使开挖料不能利用。

6.1.5 坝体结构

此部分内容体现在第 1 版 "碾压式土石坝的外部轮廓" 和 "坝顶、护坡坝坡排水沟和坝趾排水体的设计" 中。在第 2 版中调整为坝体结构，不仅包括外部轮廓及内部结构分区，以及细部结构，主要包括坝顶宽度、坝顶超高（波浪爬高计算）、坝坡和马道、坝体分区、防渗体结构、反滤层和过渡层、坝体排水、护坡、坝顶、坝面排水、坝顶构造等各个方面。

6.1.5.1 坝顶超高和波浪爬高

坝顶超高应考虑风浪在坝坡上爬高、地震涌浪及坝顶因地震产生附加沉陷、坝前库区两岸发生滑坡或塌岸的壅浪三种情况。风浪在坝坡上的爬高通过计算得到，地震涌浪及坝顶因地震产生附加沉陷需要在地震设计中考虑。对于滑坡壅浪问题，坝工建设中曾有因库区大体积滑坡引起壅浪漫过坝顶而造成巨大损失的事例，国内如柘溪水电站，国外如意大利的瓦希昂水电站，从而引起工程界的重视。因此，如库区内有可能发生大体积塌岸和滑坡而引起的壅浪时，壅浪高度及对坝面的破坏能力等应进行专门研究。

6.1.5.2 坝体分区

材料分区命名。土质防渗体分区坝一般分为防渗体、反滤层、过渡层、坝壳、排水体和护坡等区，即以坝体各部位的功能分区。实际运用中，在图纸或报告中，为方便起见，将各区以数字表示。各区数字的顺序，以防渗体为中心，作为 1 区，其他按距离防渗体的近远而编号。对同一种功能的料，如反滤料有几种，可编为 2A、2B、2C 等。

各分区的渗透性要求。条文中对各分区渗透性的规定是以防渗体为中心，向两侧渗透性逐渐增大，一般要求坝壳与防渗体之间渗透系数相差 100 倍，使坝下游坝壳内浸润线接近于下游水位，以减小或消除下游坝壳的渗压力。通常采用硬岩堆石填筑坝壳时比较容易满足要求，但对软岩或砂砾石料是否满足，要具体分析。如不满足需要设排水。

6.1.6 坝基处理

第 1 版中讲述的 "坝基防渗措施"，在实际工程中对坝基处理不仅仅是防渗的要求，还有抗震等要求。《手册》修编时，根据坝基的不同地质条件分别按照 "砂砾石坝基处理"、"岩石坝基处理" 和 "特殊土坝基处理" 进行叙述。

6.1.6.1 砂砾石坝基处理

砂砾石坝基渗流控制措施主要有垂直防渗措施、上游防渗铺盖和下游排水设施及盖重等三大类。现代化的施工水平情况，垂直防渗措施和下游排水设施及盖重都很容易实现，本手册也进行了详细地叙述。而上游防渗铺盖的应用却越来越少。我国 20 世纪五六十年代修建的水库，在坝基砂砾石覆盖层较深的情况下，大量采用水平铺盖防渗处理措施。这种措施的广泛应用，主要基于以下两个方面的原因：一是水平铺盖可就地取材，节省工程投资，并可能与天然铺盖结合；二是混凝土防渗墙、帷幕灌浆等垂直防渗技术，当时我国尚未得到普及。从河南省、河北省统计结果及部分工程铺盖运行情况来看，铺盖多发生裂缝、塌坑等，铺盖的局部破坏，会引起下游发生管涌及沼泽化现象，使得一些工程在运用多年后不得不放弃已使用多年的水平防渗，而改为垂直防渗措施。在重新做了混凝土防渗墙后才彻底解决了水库的渗漏和渗透稳定问题。

采用铺盖进行砂砾石坝基渗流控制失败的原因是多方面的，覆盖层地层复杂及砂砾石渗透系数较大是主要原因之一，如地层存在透镜体、夹层，甚至有架空情况等。地层的不均匀性会导致铺盖各部位承受的渗透压力不同，渗透性大的部位承受的水压力大，容易遭受破坏。对于存在架空层的部位，由于其渗透性很大，坝基渗流已不再符合达西定律，而类似于管道的压力流，此时渗径已不再起控制作用。因此对于采用水平铺盖作为渗控措施一定要慎重。

6.1.6.2　岩石坝基处理

渗透水流从水库通过岩体中的裂隙在坝基及其两岸坝肩岩层中形成扬压力，向坝下游运动形成渗漏。渗透坡降过大时，使渗流量增大，并会发生潜蚀问题；扬压力过高会对坝肩及山体的稳定构成威胁。减少这种破坏作用的发生，或使其安全度控制在允许的范围之内，需要通过对岩石基础进行处理来解决，它们对大坝的安全及经济都是很重要的。

由于土石坝对地基强度的要求不高，一般岩基都有足够的承载力，因此岩基处理主要是防渗，以及有泥化夹层的地区还要解决山体稳定问题。岩基渗流安全从以下方面控制：水库渗漏量、接触冲刷、接触流土等。水库渗漏通过帷幕灌浆解决；接触冲刷和接触流土则通过岩面处理和固结灌浆解决。

6.1.7　渗流计算

第 1 版的渗流计算在其他章节中，第 2 版针对土石坝计算的有关内容纳入本节，而有关通用的渗流计算原理仍在第 1 卷中。与第 1 版相比，主要有以下变化：删除了不同坝型的渗流计算公式；强调了一般土石坝渗流计算应采用数值解法，而公式法一般只适用于边界条件不太复杂和级别较低的坝；系统说明了渗流计算的工况、边界条件、参数选取等；增加了渗透稳定计算有关内容。

6.1.8　稳定分析

6.1.8.1　与第 1 版相比的几个重大变化

坝坡稳定分析的成果是唯一一个半经验半理论的判断土石坝安全性的定量标准。因此，在渗流、稳定和应力变形三大计算中，计算成果的正确性更能反映设计的安全性。与第 1 版相比，第 2 版有以下几个重大变化：

（1）全面系统地说明了稳定计算的工况、断面选取、参数选取、计算方法和安全系数的基本内容。

（2）第 1 版中用较多篇幅叙述的孔隙压力计算，本版尽量简化，说明基本方法和概念即可，这是由于当时的计算机水平不够发达，为了手算（或手算与电算结合）的需要。

（3）第 1 版中列出的稳定计算方法主要瑞典圆弧法、简化毕肖普法、改良圆弧法和斜墙法等，并且详细说明了计算的步骤和公式。第 2 版除了列出传统的瑞典圆弧法和简化毕肖普法外，还列出了目前运用较多（也是规范规定）的摩根斯顿—普赖斯法、滑楔法。

（4）第 2 版更加协调了抗剪强度指标、计算方法和安全系数标准的统一；第 2 版增加了对各种方法适用性的说明；删除了第 1 版中一些手算需要的表格和图。

6.1.8.2 关于瑞典圆弧法的说明

瑞典圆弧法是条分法的基本方法，最早由瑞典的费伦纽斯提出的，由于其不计条块间作用力，计算简单，在计算机不发达的年代有独特的优势，因此是应用时间最久，积累经验最丰富的一种方法，在《碾压式土石坝设计规范》（SDJ 218—84）（已作废）中就是以瑞典圆弧法为基本方法规定的安全系数标准。在（SDJ 218—84）修订的过程中（1998—2001），曾有专家提出将瑞典圆弧法从规范中删除，但也有一些老专家提出反对意见。为了反映当前计算机和计算理论的发展水平，提出了将计及条块间作用力的方法作为基本方法，安全系数标准也以计及条块间作用力的方法为基准，而将瑞典圆弧法保留，其安全系数标准给出参考值。

6.1.8.3 关于可靠度方法的说明

基于稳定安全系数的稳定可靠分析简化方法的思路由美国岩土工程减灾可靠度方法委员会于 1995 年提出的。该方法假定稳定安全系数为对数正态分布，对计算用参数自变量允许不作任何特别的假定。在初稿中，曾将该方法加以介绍，后在审稿过程中，有专家提出该方法的理论依据不够充分，故予以取消。

6.1.9 应力变形计算

本内容在第 1 版中的"坝的变形、应变、应力、裂缝验算和裂缝控制"中讲述。第 2 版的主要变化为：增加了近年来常用的本构模型，改进的 Naylor K-G 模型、南水模型等；对各种本构模型的适用性进行了评价；对各种模型参数的选取进行了说明；增加了分层总和法等沉降计算方法。

数值计算方法经过多年的发展，已经积累了丰富的经验。计算机软件和硬件的发展，试验手段的日益完善，使得数值计算的结果从定性判断大坝应力变形状态依据逐渐发展成为定量判断的依据。但是由于定量控制的标准还未完全建立，需要更加积累经验，使得数值计算的成果作为大坝安全性评价的指标成为可能。

6.1.10 大坝的抗震设计

第 1 版的抗震设计在其他章节中，而第 2 版针对土石坝抗震设计有关流程内容纳入本节，而通用的抗震计算原理仍在其他卷中。本节将土石坝抗震有关的抗震计算、大坝结构的抗震设计、基础处理措施等进行了完整的说明。需指出的是，在《水工建筑物抗震设计规范》（SL 203—97）、（DL 5073—1997）中，抗震计算采用转轨套改的可靠度方法。通过验证，转轨套改的可靠度方法规定的安全系数与单一安全系数是基本一致的。

6.1.11 土石坝的除险加固

这是新增加的内容。新中国建立之后，国内修建了 9 万多座水库，绝大多数是土石坝工程，而且 20 世纪五六十年代修建的土石坝工程最多。限于当时的经济条件和技术条件，很多水库是"三边"工程，工程质量较差，出现了较多的病险水库。近年来国内对一些重要的病险水库进行了除险加固，积累了一些经验。此部分内容就是将这些经验加以归纳和总结，提出了除险加固设计的方法和措施。主要包括，土石坝的病险及特征，产生病险的原因分析，拟定除险加固设计方案的原则和常用的加固措施等。

6.2 超高土质心墙土石坝建设发展

我国在建和拟建的高土石坝（300m 级土质心墙、250m 级混凝土面板、150m 级碾压式沥青混凝土心墙）具有复杂地震地质背景，自然环境较为恶劣。由于超高坝安全建设要求和技术标准均有所不同，尤其是建设过程中出现许多新技术问题和难点亟待解决，如大坝变形控制和抗震安全、泄洪排沙、放空检修建筑物设计、库区自然灾害防御等，本手册技术内容尚不能覆盖，需专题研究。从发展角度看，随着我国现代高土石坝设计、施工、设备制造不断提高，进一步加强工程建设期质量控制，重视过程和环节控制，加强调度运行管理、安全监测和预报监测等工作，建设超高坝是可能的，而且也正在实施。

土质心墙堆石坝是一种从设计经验到实践都十分成熟的坝型，苏联设计而现已停建的位于塔吉克斯坦境内的罗贡心墙坝坝高达 335m。我国已建土质心墙坝总量处在第一位，近期工程实践表明，对 300m 级超高坝设计，当土料具备心墙技术指标条件时，其建设在技术上也是可行的。该坝型以就地取材、抗震性能好、地基适应性强等优点在我国得到了较快发展。心墙坝对地质地形条件要求不高，但心墙土料要求高，现有的可建设的 300m 级高坝的坝址大多位于深山峡谷区域。随着国内外岩土技术、施工机械技术的快速发展和建设水平的不断提高，我国 100m 以上的高土质心墙堆石坝的技术发展经历以下发展过程：20 世纪 80 年代初完建的碧口 100m 级心墙坝（坝高 101.8m，河床覆盖层深 34.0m），采用一道混凝土防渗墙（基岩以上防渗体高度 135.8m）；该坝经历汶川大地震检验，运行良好。2008 年 8 月建成的黄河小浪底壤土斜心墙堆石坝，坝河床底面以上高度 160m，坝顶长 1667m，河床覆盖层 80m，采用一道混凝土防渗墙（河床基岩以上防渗墙高度 236.0m）。2009 年 8 月，瀑布沟心墙堆石坝填筑到顶，并于当年 12 月初期实现蓄水，大坝河床底面以上最大高度 186.0m，河床覆盖层 77.0m，采用两道混凝土墙防渗（坝体河床基岩以上防渗最大高度 263.0m），是目前我国已建成的深厚覆盖层上最高的心墙坝，工程蓄水以来的初期运行情况证明，大坝应力变形和渗透等技术指标处于设计允许范围内。双江口砾石土心墙坝心墙料为黏土料与花岗岩破碎料掺合料（掺合比 50%：50%），上、下游坝壳堆石料由上、下游料场提供，并尽量利用枢纽建筑物的石方明挖可用料。心墙部位覆盖层全部挖除，基岩进行帷幕灌浆，上游局部坝坡 1：2.00，下游坝坡 1：1.90；心墙顶宽 10.00m，上、下游坡均为 1：0.20。瀑布沟砾石土心墙堆石坝上游坝坡 1：2.00～1：2.25，下游坝坡 1：1.80，坝顶宽度 14.00m，坝体断面主要分为砾石土心墙、反滤层、过渡层和堆石区 4 个区；围堰与坝体堆石结合布置；心墙顶宽 4.00m、上、下游侧坡度均为 1：0.25，底宽 96.00m。心墙上、下游侧各设两道反滤层，心墙底部在坝基防渗墙下游设厚度各 1m 的两层反滤料与心墙下游反滤层连接，反滤层与坝壳堆石间设过渡层；上游侧防渗墙顶部插入大坝心墙深度 10m；心墙与两岸基岩接触面上铺设 3m 厚的高塑性黏土，在防渗墙顶、廊道周围和心墙底部也铺设高塑性黏土。位于澜沧江上的糯扎渡砾石土心墙坝最大坝高 261.50m，于 2005 年开工，水库总库容 237 亿 m^3，心墙料为土料掺 35% 人工碎石的砾石土；心墙上、下游各设 2 层反滤，其宽度分别为 4m 和 6m；堆石料Ⅰ区为花岗岩；Ⅱ区为强风化花岗岩。新近开工的长河砾石土心墙坝集中超高心墙堆石坝、河床深厚覆盖层、高地震烈度、狭窄河谷四大难度于一体，开创土石坝建设新篇章。

围绕高土石坝建设，近期重点研究了高围压高水压条件下土石料变形特性、接触面特性；抗震措施与长期变形特性研究；超高坝心墙砾石土、各料区渗透指标、压实指标现场试验检验与确定等。有关大坝施工期的变形控制：①对不合格料区进行挖除或置换处理，对覆盖层表面做固结灌浆处理，以提高基础的承载能力；②心墙上下游的堆石料应采用统一压实标准；③岸坡部位设置高塑性土可以减少变形中的拱效应；④严格控制坝体上升速度，超高土质心墙堆石坝的科学合理工期应控制在 4 年以上，坝顶防浪墙宜在大坝填筑完成 1 年后浇筑，实践证明，高强度的快速填筑不利于蓄水后坝体变形控制。

6.2.1 新技术应用

（1）近年来筑坝材料的研究有了很大的进展，如防渗体土料由黏土、壤土等发展到高坝采用砾石土等粗粒土。在建的双江口、糯扎渡土质心墙大坝，均采用了砾石土；已建的瀑布沟水电站大坝心墙采用宽级配的冰碛土填筑。超高坝土质防渗体多采用砾石土填筑，有利于减小防渗体的后期沉降和拱效应。对于坝壳料，过去要求应为坚硬、新鲜的岩石，现在发展到在坝体较高部位利用软岩、风化岩及开挖料作为坝壳料，并尽量就近采料，利用开挖的石渣料上坝，做好挖填平衡设计，尽量做到开挖料的充分利用。筑坝材料方面的另外一个重要成果是砂砾料的利用，我国西部地区砂砾石料分布广泛，具有就地取材特点，该物料的应用可大幅度节约建设资金。经过近 20 年来技术进步和经验总结，我国在砂砾石料工程特性研究、坝体和坝坡抗震措施、填筑碾压标准、合理利用材料综合分区以及采用新的施工方法与施工设备等取得长足发展，取得了举世瞩目的成就，所积累的经验可为今后同类工程建设借鉴。

（2）大型施工机械设备的应用，使得在规定工期内大规模土石方开挖和填筑得以实现，已成为超高坝建设的基本条件。如 $10.0 \sim 11.5 \mathrm{m}^3$ 的单斗挖掘机；每小时产量 $2500 \mathrm{m}^3$ 的斗轮式挖掘机；$385 \sim 700 \mathrm{HP}$（$1 \mathrm{HP} = 735.499 \mathrm{W}$）的推土机；$65 \sim 110 \mathrm{t}$ 的自卸卡车；$57.5 \mathrm{m}^3$ 的铲运机；$50 \sim 100 \mathrm{t}$ 气胎辗及 $17 \sim 26 \mathrm{t}$ 或更大的振动平碾和凸块振动碾等。大型机械设备的应用亦扩大了筑坝材料的利用范围，并提高了高土石坝和超高土石坝施工的效率、工程质量和经济性。

（3）土石坝坝体计算成果已基本反映土石坝的运行性态；安全监测设备自动化程度及观测精度的提高，为掌握大坝运行状态提供数据。

（4）土质防渗体土石坝具有较好的抗震性能，在 8 度强震区（按 9 度地震设防）建坝的有长河、水牛家、糯扎渡等，采用的抗震设防均属常规经验型。

（5）高坝大库修建的大泄量开敞式溢洪道、大泄量的导流、泄洪、排沙隧洞已取得长足进展，也得益于高速水流、新型结构研究成果；高边坡处理成功经验与检验均为超过土石坝建设提供技术支撑。

6.2.2 存在的问题及处理

近期建设的多座 100m 级心墙堆石坝均出现过结构缝漏水事故，结构缝的实际变形值比设计值大，如 100m 级土石坝基础廊道错位（大于 20cm），瀑布沟大坝在施工期和运行初期出现的结构缝漏水问题。处理措施包括：施工期在环向结构缝下游增加适量固结灌浆，限制墙体变位；对结构缝部位设置混凝土套衬和增加止水设施。关于防渗帷幕的布置，国内部分土石坝在水库蓄水后出现了岸坡渗漏量大于设计值等情况，主要原因是帷幕灌浆施工过程管理不严，存在质量隐患；未加强岸坡和岩石裂隙发育部位的帷幕灌浆，给后续补强加固增加工作量和难度。关于大坝施工期的变形控制，变形模量和压实密度是心墙堆石坝质量控制的关键；对位于覆盖层上的心墙堆石坝，在坝体正式填筑前，应对坝基下部的细砂层进行挖除或置换处理，对覆盖层表面做固结灌浆处理，以提高基础的承载能力；为尽可能减少大坝不均匀沉降，心墙上下游的堆石料应采用统一压实标准。

6.2.3 应用技术的研究

结合高土石坝工程的具体特点进一步开展材料和运行安全方面研究，主要包括：①心墙料、坝体填筑材料在高应力水平、复杂应力状态的工程特性（包括应力变形特性和强度特性）；②堆石材料在高应力条件下的颗粒破碎、湿化规律及对其堆石材料工程力学特性的影响；③堆石材料的蠕变变形特性与机理及主要影响因素；④筑坝材料在高应力状态下剪胀、剪缩特性；⑤土质心墙、沥青心墙与过渡料，混凝土面板与垫层料的接触特性以及附加应力、变形适应性等。

6.2.4 复杂地基深厚覆盖层垂直防渗处理

前述高土石坝河床覆盖层（30～150m）多为强透水或中等透水，地层结构复杂，如已建黄河小浪底壤土斜心墙堆石坝建基于厚 80m 的覆盖层上，待建阿尔塔什面板坝建基于 100m 厚砂砾石覆盖层上，初步建成的瀑布沟砾石土心墙堆石坝河床覆盖层厚度最深达 77.9m，且夹有砂层透镜体，层次结构复杂，厚度变化大，颗粒大小悬殊，缺乏 0.5～5mm 中间间颗粒，局部架空明显，透水性强且均一性差，存在坝基不均匀变形、渗漏、渗透稳定及地震时砂土液化等工程地质问题，坝基采用两道混凝土防渗墙全封闭防渗，墙厚 1.2m，中心间距 14m，墙体最大深度 75.5～76.8m，所以做好基础防渗处理是保证大坝安全关键之一。目前，国内外同类工程对覆盖层防渗处理多采用垂直混凝土防渗墙方式。其主要优点是在施工技术日趋成熟的条件下，防渗效果可靠和耐久性较好。影响覆盖层基础混凝土防渗墙应力变形因素有覆盖层本身属性，防渗墙刚度和与基岩连接方式，施工时序与蓄水预压等。

6.3 高混凝土面板堆石坝关键技术与发展

6.3.1 超高坝建设规模

中国的面板堆石坝工程经过近 30 年的建设，相继设计和建设了近 20 座 150m 级及以上的高坝，其建设范围涉及到各种地形地质和气候条件，无论是筑坝数量、大坝高度和规模，还是技术创新能力都处于世界前列。通过并在建设过程中的应对各种复杂条件的经验和技术经验，目前已完成 250m 级高混凝土面板堆石（砂砾石）坝设计，以现有施工设备能力、填筑控制工艺、过程监测管理水平等，建设 250m 级高面板堆石（砂砾石）坝在技术上是可行的，但仍以设计和施工经验为主导。

6.3.2 工程运行检验

已建的 150～200m 级面板堆石坝运行情况总体良好，坝体沉降统计值为最大坝高的 0.6%～1.2%，一般为坝高的 1%；由于混合坝料、控制次序、填筑密度等原因，天生桥一级面板堆石坝属例外，沉降率达到坝高的 1.99%；而主堆区用砂砾石填筑的坝体沉降量较低。根据水布垭（2012 年，最大沉降量 250cm）和洪家渡坝体沉降监测资料分析，坝体沉降总体变形规律为沉降随堆石填筑高度的增加而增大，沉降趋势随时间的延续而减缓，与库水相关不显著，大部分沉降在施工期完成，约为总沉降值的 80%～90% 左右；堆石体后期约 10%～20% 的沉降主要是由堆石料自身蠕变和水荷载共同作用引起。通常面板挠度与坝高的平方成正比，与堆石的压缩模量成反比；施工期面板下部向上游变形，面板上部向下游变形；水库蓄水面板整体向下游变形后，挠曲变形基本处于稳定状态；以弦长比 n（面板挠度与面板长度比值）指标来看，控制在 0.2% 以内还是可以接受的；天生桥一级面板挠度最大值 $h=81cm$、$n=0.26\%$（三期面板顶部），偏大；水布垭 $h=57.3$，$n=0.14\%$（一期面板中上部）。监测表明，已建高坝渗漏量大多能控制在 100L/s 以内，部分工程在 220～400L/s 量级（吉林台一级，九甸峡等）。少部分工程渗漏量偏大，但对坝体运行安全尚无实质性影响。

6.3.3 高坝建设的基本原则与控制要素

200～250m 级面板坝堆石设计和施工基本原则与控制要素包括：应进一步提高主堆石上游区整体压缩模量，以有效控制坝体变形，避免较低部位面板发生挤压破坏；减少主、次堆石模量比以控制运行期变形量，减小堆石上游面拉应变梯度；设置面板浇筑前预沉降时间；分区堆石（砂砾石）颗粒级配应满足坝体渗流控制要求；制定合理的水库蓄水计划，提高面板防渗体适应性；提高监测检测技术水平，注重施工工艺与环节的过程控制，保证坝体压实度和变形控制在施工过程中加以实现；要防止出现大级别震陷导致面板塌陷局部失效；防渗系统设计应考虑提高抗挤压破坏能力。

6.3.4 高面板坝技术创新与特点

（1）坝体断面形式与坝料。高面板坝坝料分区的原则是充分利用当地的适用材料，并满足稳定、渗流和变形控制的要求，达到安全、经济的配置。实践证明，下游堆石体变形不影响面板性状的传统观点已不适用于超高面板堆石坝；由于变形与坝高关系密切，超高面板堆石坝要求严格控制变形量和不均匀变形；应扩大主堆石区范围，主次堆石区的分界线应以一定坡度倾向下游；次堆石区也应压实到较高密度，使上下游堆石的模量差减至最小；将砂砾石料置于上游和中心部位的高应力区，利用其高模量减少变形。当坝高超过 200m 时应慎用软岩料；利用的开挖料宜用于坝体上部干燥及应力较低的区域；坝体较低部位垫层区水平宽度宜加宽至不小于 5m。关于主堆石区当地材料应用，源于对大坝变形控制的理解，主堆石料以砂砾石为填筑坝体可以增加坝体高度，采用砂砾石填筑主堆石区坝体变形监测成果均小于堆石体约 20%～40%，当坝高升至 250m 级（含覆盖层），认为面板坝砂砾石＋堆石填筑体变形是可控的。从已建高坝堆石料变形量和震陷量分析评价，300m 级超高面板坝防渗体系适应性与安全性有待商榷和进一步论证。250m 级大石峡、次哈峡面板堆石（砂砾石）坝所处坝基（岩基）与河谷形状较好，是重要边界条件，阿尔塔什面板砂砾石坝坝高 164.8m，砂砾石基础覆盖层厚 98m，计入混凝土防渗墙复合坝高达 262.8m，也属同级别高坝。

（2）面板结构与防裂技术。防止坝体变形引起的面板结构性裂缝最为关键；增强面板混凝土自身的抗裂性能、从结构上增强面板适应变形的能力也同样重要。有针对性应用技术包括：预防面板混凝土产生温度与干缩性裂缝已形成了系统的技术措施；优选混凝土配合比，必要时对混凝土进行改性，如采用膨胀剂、高效减水剂等；注重减小垫层对面板的约束，强调混凝土的养护；要求周边缝附近地基形态平顺，避免面板的应力集中；吸取高面板坝发生挤压破坏的经验教训，将部分垂直缝设计成可压缩性缝，以降低面板混凝土的压应力。关于面板混凝土指标：高面板坝混凝土强度等级一般为 C25，考虑到自然环境因素也不宜超过 C35；面板混凝土抗渗等级统一为 W12 已经足够。面板混凝土抗冻等级与坝址区气温条件有关，一般地区采用 F100 的标准即可，对于长年暴露在外部的三期面板抗冻要求可稍高一点，对特别寒冷地区可将抗冻等级提高至 F200 及以上。面板分缝间距一般控制在 12～18m，一般采用统一的宽度。200m 级以上面板一般分三期施工，不设水平结构缝，水平缝作为施工缝处理。面板的配筋有单层双向和双层双向两种配筋型式，以双层双向配筋型式居多，纵横向配筋率均按 0.4％左右控制；在面板受压区、垂直缝两侧、周边缝附近增加抗挤压钢筋，以提高面板边缘部位的抗挤压破坏能力。应增加面板结构有效厚度，150m 级以上高坝面板顶部厚度不小于 40cm，并在现有条件下尽量增大面板承压面积，即适当降低压性纵缝铜止水鼻子的高度，铜止水底部的砂浆垫层嵌入挤压边墙内，以减少压性纵缝顶部的 V 形槽的深度等。

（3）止水结构。超高面板堆石坝周边缝止水结构应在底部设置铜片止水，表层设置塑性填料止水或无黏性填料止水，此外，还可以设置橡胶棒、波形止水带等。周边缝中部设置止水，会在一定程度上影响该部位混凝土振捣密实效果。150m 级以下坝高，中部止水可取消，加强顶部止水也能达到要求；高坝低高程面板混凝土厚度较大，可在中部增设一道止水。我国超高面板堆石坝面板的周边缝，大多采用了设有波形止水带的塑性填料型止水结构。针对高坝纵向变形大的特点，受压垂直缝间应设置压缩性填料，吸收纵向变形。周边缝止水型式采用止水与自愈相结合的新型止水结构。面板压性垂直缝按有缝宽设计，同时在缝内设置塑性填料，避免面板挤压破坏的可能。

（4）施工技术。面板堆石坝的发展离不开施工技术的进步，近 10 年面板坝坡面保护采用了喷混凝土、碾压砂浆、喷乳化沥青、挤压边墙、翻模砂浆固坡等新技术和新工艺；将振动碾自重和激振力提高到 25t 级以上，部分工程还采用了冲碾压实机，击振力达到 200～250t；开发了表层塑性止水填料的机械化施工设备及工艺；重视大坝上游面反渗水的控制和处理。在质量控制方面，采取了碾压施工"过程控制"和坝体质量检测"最终参数控制"相结合的质量控制方法；除常规的试坑法外，开发应用了大坝碾压 GPS 实时监控系统、填筑质量无损快速检测的附加质量法等先进技术。在施工过程中，对高坝面板浇筑前采取预沉降措施，坝体预沉降时间不应少于 3 个月，以 6～8 个月为宜。

6.3.5 高面板坝安全性评价

我国面板坝设计技术和坝体施工质量控制标准总体是合适的。近期修建的高面板坝的硬岩堆石压缩模量值约 120～180MPa，施工采用的重型振动碾、碾压遍数 8～10 遍，体积加水量 10％～15％的措施已处在较高水平，已与新规范对接；再行提高坝体压缩模量，需进一步改善级配和减小孔隙率，或采用更薄的层厚以进一步增加压实功能。基于坝体变形控制要求，与已往 100m 级面板坝相比，2000 年后建设的几座高面板堆石坝，设计或实施后的孔隙率约在 18％～20％，主堆石区和下游堆石区的孔隙率基本一致，压缩模量相差不大，坝体上下游堆石体变形比较均匀，变形量基本可控。从国内外高坝防渗面板运行经验看，面板挤压破坏后具有可修复性。只要处理及时，并有针对性采取可靠措施，总体上不会影响大坝安全。首先，200～250m 级超高坝设计与建设首先应避免在较低部位发生面板挤压破坏而导致的有害渗漏；其次，要防止中坝段集中变形区发生严重挤压破坏而导致难以恢复其防渗功能；最后，目前已有针对性进行了填筑料适应性研究、实施过程控制手段、面板及其周边缝结构构造措施等。紫坪铺面板是按照现行技术标准和常规方法设计建设的高面板堆石坝，经受了超设计标准地震烈度检验（震陷约坝高 0.64%，大坝体积量损约 1.2‰），蓄水功能基本没有受到影响，坝体变形、抗滑和渗透稳定性能良好；也说明面板坝具有良好抗震性能；但对高面板坝的抗震性能和安全性尚需深入研究。

6.3.6 存在的主要问题

目前超高面板坝运用期较普遍出现了面板沿垂直缝和水平向连续的挤压破坏、垫层坡面开裂、面板脱空以及震陷后的面板结构性破坏；国外同类高坝还发生过大级别集中渗漏和较严重面板结构性破坏。随着我国建坝高度和数量增加，且待建工程多处在地形地质条件复杂或较高地震烈度区，面对开工建设的超高坝（250m 级）设计与施工，如何改善蓄水期面板的受力状况、预防低部位面板发生挤压破坏、避免由此而导致影响大坝安全的较大规模渗漏量，将是面板坝筑坝所面临的重要的工程技术课题。

6.4 碾压式沥青混凝土心墙土石坝现状水平与发展

6.4.1 现状水平

沥青混凝土由沥青、砂石骨料和矿质填料组成，它不仅具有良好的柔性，能较好地适应结构变形，同时还具有优越的防渗性和耐久性，适宜于作为土石坝防渗体。20 世纪 90 年代以来，国内碾压式沥青混凝土面板坝和心墙坝建设进入一个新的阶段。这期间，除沥青品质有较大改进外，施工机械化程度也有了很大提高。已建宝泉抽水蓄能电站上库沥青面板坝最大坝高 94m；茅坪溪（湖北，2005），坝高 104m，心墙高 93m（厚 0.5～1.2m），沥青防渗面积 4.64 万 m^2；冶勒（四川，2005），心墙高 125m，坝长 414m，心墙厚 0.6～1.2m，体积 31100m^3。

6.4.2 沥青材料

2004 年交通部发布的公路沥青路面施工规范，规定了国产道路沥青的性能要求，通过对比，国产沥青的性能提高主要表现在以下方面：针入度上下限差范围减小，产品质量的稳定性有了很大改善；提高了软化点；取消了 25℃延度，列入了低温延度，延度指标有了很大提高；提出了针入度指数指标和含蜡量的上限控制指标，改善沥青的低温抗裂性能和高温斜坡稳定性能；取消了过去对沥青中水分的限制要求。现行道路沥青标准可基本满足水工沥青的要求，通过适当的或专项配合比设计，可以满足水利工程建设需要。以目前常用水工沥青为例：克拉玛依 SG70，其主要质量指标为针入度（25℃，100g，5s）6～8mm，延度（5cm/min，15℃）不小于 150cm，软化点（环球法）48～55℃，薄膜烘箱试验后针入度比不小于 68%，软化点升高不大于 5℃。

6.4.3 设计要求与标准

碾压式沥青混凝土心墙应满足防渗、适应变形、耐久性等性能要求。心墙宜采用竖直布置型式，其厚度可根据坝高、工程级别、抗震要求和施工条件等选定。高坝心墙底部最大厚度（不含扩大段）宜为坝高的 1/100。心墙厚度宜采用阶梯式，顶部的最小厚度不宜小于 40cm。心墙两侧设 2 层过渡，压实后的过渡层应具有变形协调、渗透稳定性。过渡层的水平宽度视坝高宜为 1.5～5.0m。强地震区和岸坡有明显变化的部位应适当加厚。过渡层料应质地坚硬，具有较强的抗水性和抗风化能力，可采用经筛选加工的砂砾石、人工砂石料或其掺配料。碾压式沥青混凝土心墙孔隙率应不大于 3%；渗透系数应不小 10^{-8}

cm/s，水稳定系数大于 0.9，并根据运用条件提出有关变形和力学指标要求；碾压式心墙沥青含量可在 6.0%～7.5%，粗骨料最大粒径小于 19mm；室内配合比试验及现场出机口检测试验的马歇尔标准试件孔隙率不宜大于 2.0；其配比通过室内和现场摊铺试验进行选择，各项技术指标应满足沥青混凝土的设计要求，并应有良好的施工性能。粗骨料宜采用碱性碎石，采用未经破碎的卵石粗骨料用量应不超过 50%；采用酸性碎石或卵石时，应采取增强骨料与沥青黏附性的措施并经试验研究验证。

6.4.4　工程应用技术

本《手册》已应用振捣式沥青混凝土心墙施工技术、冷施工封闭层技术、改性沥青混凝土渠道衬砌板技术。经过几十年的积累，施工机械能力和施工经验有较大提升，我国已具备了开展大规模沥青混凝土建设的基础和条件。沥青混凝土心墙坝正在国内普及（仅新疆地区近期拟建在建项目达 14 座），施工技术日渐成熟，并将向更高的坝高发展。

6.4.5　关于高坝设计与建议

目前，碾压式沥青混凝土心墙现行技术规范适用于 150m 以下高坝。当坝高超过150m 的应作专项技术论证。待建的四川去学水电站沥青混凝土心墙堆石坝坝高已达150m 量级，该工程地处高山峡谷（呈对称性较差 V 形），左岸平均坡度达 65°，心墙变形与应力状态较为复杂，但基础条件较好。类比国外同类坝高大于 100m 工程设计与运行经验，对于复杂地基高坝（坝高大于 100m）尚应注意和研究碾压式沥青混凝土心墙在低温条件下的变形性能与应力状态。研究在高水平推力作用下的变形适应性及结构形式（国外多为复合结构）。对有深厚覆盖层地基条件，要吸取变形与大坝渗漏经验，尚应进一步总结我国已建工程监测资料的反馈信息。在确保工程安全运行方面应引起足够重视。

7　结语

我国水利水电工程泰斗潘家铮院士在《水工设计手册》（第 2 版）"序"中写道"我们必须在继承中发展，在发展中创新，在创新中跨越，才能大大地提高现代水利水电工程建设的水平"。这已成为修编土石坝工程卷章的指导思想，并努力贯彻，希望能对工程技术人员起到在发展中创新的作用。本卷修编不足之处包括：反映新技术内容不够完善，调研、查证、统计新材料、新方法的应用有差距；由于新增章节较多，参编人员众多，文字不够精练，表达方式欠统一，有些达不到《手册》便于查询要求；有个别章节业经多次统稿仍难以满足读者需要等。

纵览近 30 年土石坝工程建设发展与进步，土石坝工程应用技术已克服了复杂地形地质条件、强地震地质背景、深厚覆盖层等各种困难，在建和拟建的超高（300m 级土质心墙、250m 级混凝土面板、150m 级碾压式沥青混凝土心墙）土石坝，其关键技术有些已超出现行技术标准和本卷内容范围，已进行和完成的专项或专题研究，使得土石坝技术水平的深度和广度又有所提高，对此，请读者以本卷为参考，有针对性地进行调研和查阅相关资料。

对现代土石坝工程设计与建设而言，不仅要体现其经济效益和社会效益，而应更加重视其对环境的影响，注重生态和谐。同时还要进一步研究和总结工程建设过程中对生态环境影响的更有效的预防、补偿措施。

第7卷《泄水与过坝建筑物》编写说明

温续余

在《水工设计手册》(第2版)编委会的统一组织和协调下,第7卷《泄水与过坝建筑物》由水利部水利水电规划设计总院承担主编,并根据总体大纲进行章节安排及与其他各卷的内容协调。根据内容要求及编撰安排,主要由水利部长江水利委员会长江科学院、长江勘测规划设计研究院、广西电力工业勘察设计研究院、中水东北勘测设计有限公司、中水淮河勘测设计有限公司等单位组织各自领域有较高学术造诣的生产一线工程科研、技术人员承担各章编写,并邀请业内知名专家参与编写或进行编写过程中的技术指导、咨询、审稿等。该卷文稿的编写、审稿工作自2008年初开始,至2011年底基本定稿后分章陆续提交出版社,历时4年多的时间。

第7卷《泄水与过坝建筑物》以第1版《水工设计手册》为基础,但对其章节安排、编写内容进行了较大调整。第1版《手册》第6卷《泄水与过坝建筑物》共分为6章,分别为第25章"水闸",第26章"门、阀及启闭设备",第27章"泄水建筑物",第28章"消能与防冲",第29章"过坝建筑物",第30章"观测设备与观测设计"。在《水工设计手册》(第2版)编写大纲讨论中,明确各卷章节独立编排,同时考虑近年我国高坝枢纽泄水建筑物工程建设实践中的创新与突破,以及内容编写的结构完整性及协调性,将第1版《手册》第6卷中第27章"泄水建筑物"、第28章"消能与防冲"的内容合并为本卷第1章;随着以三峡为代表的江河大型枢纽工程的相继规划建设,内河通航建筑物的重要性日益突出,并在工程建设实践中形成了相对完整、独立的理论体系、标准体系和设计方法,同时其设计要求、机电及金属结构、安全监测等又相对区别于其他水工建筑物,因此安排"通航建筑物"为本卷第2章,包括总体设计、整体模型试验、水力设计、建筑物结构设计、金属结构及机械设计、机电及消防设计,以及安全监测设计等,内容完整,便于参考使用;"其他过坝建筑物"安排为本卷第3章,以第1版《手册》第29章"过坝建筑物"为基础,吸收近年工程实践,分节编写了过鱼建筑物、过木建筑物、排漂建筑物;"闸门、阀门和启闭设备"安排为本卷第4章,主要在第1版《手册》第26章"门、阀与启闭设备"的基础上,对内容和结构作了修改、补充和调整;水闸安排为本卷第5章,主要在第1版《手册》第25章"水闸"的基础上对内容和结构作了修改、补充;随着对工程安全监控和运行管理要求的提高,安全监测在水利水电工程中的作用越来越重要,但各种建筑物的安全监测要求、设备设施差别较大,难以在本卷中全面系统地阐述,因此本卷中取消了第1版《手册》第30章"观测设备与观测设计"的有关内容,专门增设一卷《水工安全监测》作为第11卷,集中介绍安全监测设计、仪器选型、施工要求、资料整理分析和安全监测自动化等内容。

综上，《水工设计手册》（第 2 版）第 7 卷《泄水与过坝建筑物》共包括 5 章，依次为泄水建筑物，通航建筑物，其他过坝建筑物，闸门、阀门和启闭设备，水闸。各章与第 1 版相比内容的增减、取舍等分述如下。

1　第 1 章　泄水建筑物

第 1 版《手册》中该部分内容分列于第 27 章"泄水建筑物"、第 28 章"消能与防冲"，其中第 27 章"泄水建筑物"包括"概述"、"溢流坝"、"陡槽溢洪道"、"侧槽溢洪道"、"竖井溢洪道"、"虹吸溢洪道"、"泄洪洞与坝身泄水孔"、"泄水建筑物空蚀及其防止措施"等 8 节；第 28 章"消能与防冲"包括"概述"、"水跃消能"、"挑流消能"、"面流消能"等 4 节内容。

本次修编中对上述两章进行了合并：一是对部分节进行了适当归并，各类溢洪道主要内容全部归并为岸边溢洪道一节，涵盖了正槽式溢洪道、侧槽式溢洪道、虹吸式溢洪道等内容，并增加了关于非常溢洪道的布置和设计要求。二是调整了部分节的结构，如泄洪洞及坝身泄水孔拆分为泄洪洞与坝身泄水孔两节，主要是考虑近年来大量建设于高山峡谷地区的当地材料坝型中，布置于岸边的泄洪洞已成为布置简明、技术经济指标较优的主要泄洪建筑物型式，积累了丰富的工程经验，因此将泄洪洞单列为一节，原竖井溢洪道一节的内容相应并入泄洪洞，其内容涵盖了泄洪洞分类、常规泄洪洞、竖井式泄洪洞、内消能泄洪洞等，并增补了大量工程实例，可供类似工程设计参考和借鉴；坝身泄水孔内容在原有基础上进行了适当扩充。三是根据国内外新的科研成果和设计实践经验，增加了水流掺气与掺气减蚀、急流冲击波、泄洪雾化、特殊消能工和水力学安全监测五节内容；增加或进一步完善了内消能泄洪洞、水垫塘、宽尾墩与底流消能的联合应用、新型抗空蚀材料等相关内容。

调整后本章包括"概述"、"溢流坝"、"坝身泄水孔"、"泄洪洞"、"岸边溢洪道"、"底流消能"、"挑流消能"、"面流消能"、"特殊消能工"、"空化空蚀"、"水流掺气与掺气减蚀"、"急流冲击波"、"泄洪雾化"、"水力学安全监测"等 14 节，结构合理，内容更加全面，尤其是掺气水流、急流冲击波、泄洪雾化、特殊消能工和水力学安全监测等内容的增补，吸收了多年来工程实践中的大量经验，丰富了泄水建筑物设计内容，对高坝枢纽泄洪建筑物设计和高速水流问题的处理有较好的指导性。通过实际工程的水力学监测，也可进一步验证设计、总结经验。本章内容总体反映了目前国内外水利水电枢纽泄水建筑物的设计水平，有较好的借鉴和参考价值。

2　第 2 章　通航建筑物

第 1 版《手册》中该部分内容列于第 29 章"过坝建筑物"，涉及 3 节内容，依次为船只过坝建筑物总论、船闸、升船机。

我国的通航建筑物主要从 20 世纪 50 年代开始，至 2003 年三峡船闸投入运行，通航建筑物的技术进步十分显著，特别是三峡船闸一系列技术难题的解决，在关键技术问题上做出了多项科技创新，并经运行实践检验。本次修编中在总结近 30 年通航建筑物设计和建设实践经验的基础上，将通航建筑物独立成章，全章共分 4 节，"2.1　概述"介绍水利水电枢纽工程通航建筑物功能、特点、发展趋势，以及设计工作主要技术问题和工作内容、基本资料等；"2.2 总体设计"论述了通航建筑物等级、基本型式、设计规模和主要设计条件，通航建筑物在水利枢纽中的布置，以及水力学整体模型试验等内容；"2.3 船闸设计"，重点论述船闸基本型式、总体布置、输水系统水力设计、建筑物结构设计、金属结构及机械设计、机电与消防设计，以及安全监测设计；"2.4 升船机设计"包括升船机基本型式、总体布置、建筑物结构设计、金属结构及机械设计、电气与消防设计。

修编中突出了水利水电枢纽工程中、高水头船闸和大、中型升船机设计的技术特点，进一步反映了现代通航建筑物水工设计的理论和方法，突出其科学性和实用性；手册内容与现行水利水电标准相协调，充实了通航建筑物设计的新理念、新规范和设计标准，部分参考了交通部门的有关规定。与第 1 版《手册》中该部分内容相比，进一步完善了通航建筑物总体设计及型式选择方面的内容，强调了通航建筑物布置要求，以及与各行业标准的协调性，适当增加了建筑物运行、水力学整体模型试验的内容；在船闸设计中进一步细化了金属结构及机械设计、电气与消防设计等内容，增加了原型观测、安全监测设计等；升船机设计中同样进一步细化了金属结构及机械设计、电气与消防设计等内容，增加了安全监测设计。

修编中增补完善了国内外大、中型船闸、升船机主要技术指标一览表，完善了相关附图等。通航建筑物整体归并在一章后，内容完整全面，层次清晰，便于设计使用，有较好的参考借鉴及指导性。

3 第 3 章 其他过坝建筑物

第 1 版《手册》中该部分内容列于第 29 章"过坝建筑物"，包括"过鱼建筑物"和"过木建筑物"两部分，涉及 5 节内容，分别为"木材过坝概述"、"木材水力过坝"、"木材机械过坝"、"鱼道"、"其他过鱼和孵鱼设施"。

随着环境保护意识的提高，以及拦河筑坝后对洄游性鱼类影响方面的研究不断深入，近年来，在水利水电枢纽尤其是中低坝枢纽中建设的鱼道工程不断增加，相关研究也在不断深化，水利、水电行业已分别颁布了鱼道设计规范或导则，以指导和规范其建筑物布置与设计。本次《手册》修编中将第 1 版《手册》中的"鱼道"、"其他过鱼和孵鱼设施"两节合并为"过鱼建筑物"一节，但在内容方面进行了大量补充，介绍了一些国内外的研究和应用成果，如过鱼建筑物中的特殊型式鱼道及导鱼电栅的应用等内容；明确了需要考虑修建过鱼建筑物进行保护的鱼种；根据鱼道结构特点对鱼道结构型式进行了重新分类，提供了与不同鱼类相适宜的鱼道隔板参考尺寸，并以横隔板式鱼道为例介绍了工作原理，细化了设计流程；增加了鱼道水工模型试验内容；补充了多个近年来国内外新建的过鱼工程实例。修编后该节内容更加完整，增强了设计指导性。由于过鱼建筑物涉及到保护鱼类的生活习性、种群调查、洄游时间及克流能力等方面的系统研究，目前积累的成果仍不足，国内已建过鱼建筑物成功的经验仍较少，因此还需在后续工程实践中加强多学科联合研究，不断总结经验、完善设计。

第 1 版《手册》中有 3 节内容涉及木材过坝，在当时确有不少枢纽工程布置中需要考虑木材过坝问题。近年来，随着综合运输条件的改善，加之大范围实施天然林保护及生态环境保护，工程中已建的过木建筑物大多已经基本闲置，有限的木材资源多改用公路、铁路转运或者直接船运。新建的水利水电枢纽也基本没有过木的需求和规划。经编写组充分讨论，为保持连续性和完整性，本次修编中仍保留过木建筑物一节，但侧重于介绍性内容，对第1版《手册》3节进行了归并，其内容进行了删减，补充增加了木材浮运方式和浮运设施的内容；在水力过坝的类型中增加了"流木槽"的内容；在木材机械过坝中补充了"索道"设计内容。

多年的工程运用实践表明，我国大部分水库工程都不同程度地受到漂浮物的影响。由于人工打捞漂浮物等管理措施在河流漂浮物较多的枢纽上存在较大困难，尽管从流域管理及环境保护角度，对库区漂浮物下排或就地打捞处理仍有不同认识，但近年来不少水利水电工程设计都考虑了排漂问题，在枢纽布置中设置了排漂设施或排漂建筑物。为了提高手册的技术指导性和参考性，本次修编中，本章增加了"排漂建筑物"一节，主要从工程设计角度论述了坝身排漂孔和导（拦）漂设施的布置、型式及设计，以及模型试验等内容，可供参考和借鉴。

4 第4章 闸门、阀门和启闭设备

第1版《手册》中该部分内容集中于第26章"门、阀及启闭设备"，共包括概述、闸门在水利枢纽中的布置、水力设计、闸门的构造布置、结构设计、机械零部件设计与埋固件设计、启闭力计算及启闭设备等7节内容，其结构合理，内容基本完整。

经过30多年的发展，我国水利水电工程水工金属结构的设计需求、设计理念、方法和手段、规范标准方面都有较大变化。本次修编中在基本维持原有结构的基础上，根据近年工程实践，新增加了拦污栅及清污机、防腐蚀设计、抗冰冻设计和抗震设计4节内容，以便于设计借鉴和参考。修编后章名修改为"闸门、阀门和启闭设备"，共包括11节，依次为："概述"、"闸门在水工建筑物中的布置"、"闸门的结构布置"、"水力设计"、"结构设计"、"机械零部件设计与埋设件设计"、"启闭力计算与启闭机"、"拦污栅及清污机"、"防腐蚀设计"、"抗冰冻设计"、"抗震设计"。

在增加部分节的同时，调整了原有部分节名称，对原有各节内容进行了适当补充和完善，主要包括：在"概述"一节中调整了闸门的组成和分类，对各类闸门的特性、工程实例进行了修改和补充；"闸门在水工建筑物中的布置"一节中丰富了泵站的内容，增加了抽水蓄能电站、升船机方面的介绍性内容；"闸门的结构布置"一节增加了船闸输水系统阀门和抽水蓄能电站高压阀门等内容；"水力设计"一节中完善了空化与空蚀方面的内容，介绍了闸门流激振动试验研究的原理和方法、防止和减轻闸门有害振动的措施和方法；"结构设计"一节中修改补充了荷载、材料和容许应力、计算方法的内容，介绍了有限元在结构分析中的应用，取消了建立并求解有限元刚度矩阵的算例，增加了高强度螺栓连接的应用；"机械零部件设计与埋设件设计"一节增加了新型滑道及结构型式、各种轨道参数和轴承材料的特性及应用等内容；"启闭力计算与启闭机"一节中补充了启闭机的内容，并将自动挂脱梁也列入其中，详细介绍了各种启闭机的组成和特性、布置型式、工程应用实例和最新系列参数，以及液压系统、电气控制及检测系统等内容。

涉及通航建筑物金属结构部分的内容在本章侧重于介绍性，以避免与第2章"通航建筑物"中相关内容的重复。"拦污栅及清污机"、"防腐蚀设计"、"抗冰冻设计"、"抗震设计"等内容的增加，更加有利于引导设计人员进一步关注金属结构工程的长期安全性、耐久性和运用管理的便捷性。

修编后本章结构更加完整，内容更为全面，总体反映了当前国内外水工金属结构的设计水平。需要说明的是，随着一大批大型骨干水利水电枢纽工程的兴建，金属结构设备也向高水头、大孔口、大容量、高扬程发展，超大型多支臂弧形闸门设计、高水头闸门及其水封型式及材料的研究、闸门流激振动及抗震设计、大容量启闭机设计、高扬程启闭机双吊点同步问题研究等，在技术上仍需不断地创新和发展。

5 第5章 水闸

第 1 版《手册》中该部分内容集中于第 25 章 "水闸"，共包括 10 节内容，依次为："概述"、"泄流能力与轮廓尺寸"、"消能与防冲"、"防渗设计"、"闸室及地基稳定分析"、"松软地基的处理"、"闸室底板的应力分析"、"闸墩的应力分析"、"闸室附属结构及两岸连接建筑物"、"其他闸型"。

本次修编中在基本维持原有结构的同时，对部分节的安排作了局部调整，根据近年工程实践，丰富、完善了新的内容。"总体布置"单列为一节；将原来的闸室底板的应力分析和闸墩应力分析两节合并为 "闸室结构应力分析"，删除了其中的反拱底板内容，增加了预应力闸墩计算等内容；松软地基处理一节改为 "地基设计"，介绍了水闸地基处理设计方法，将地基处理的方法进行归类、调整为换土垫层法、桩基础、振冲水冲法、强力夯实法（强夯法）、沉井基础、深层搅拌桩、湿陷性黄土地基处理等内容，增加了地震液化地基处理内容；增加了 "闸室混凝土施工期裂缝控制" 和 "安全监测" 两节内容；将其他闸型改为 "其他闸型设计"，增加了立交涵闸等内容，取消了装配式水闸和灌注桩水闸的内容。根据近年来橡胶坝工程在以城市景观工程为代表的相关工程中的大量应用，按照大纲要求，单独增加了 "橡胶坝" 一节。

修编后本章共包括 13 节，依次为："概述"、"总体布置"、"过流能力与闸室轮廓尺寸"、"消能与防冲"、"防渗与排水"、"稳定分析"、"闸室结构应力分析"、"地基设计"、"闸室混凝土施工期裂缝控制"、"附属结构及连接建筑物设计"、"橡胶坝"、"安全监测"、"其他闸型设计"。总体来看，修编后本章结构更加完整，内容更为全面，增加的预应力闸墩、地震液化处理、橡胶坝等内容有较丰富的工程实践经验积累，因此有较好的参考和借鉴性。

第8卷《水电站建筑物》编写说明

王仁坤

　　《水工设计手册》（第2版）第8卷《水电站建筑物》是针对引水发电建筑物之进水口、引水隧洞、压力管道、调压室、发电厂房等以及抽水蓄能电站、潮汐电站建筑物设计的工具书，内容包括建筑物设计的布置要求、设计分析方法、安全标准等，是在第1版的基础上，基本保持原有框架，分设"深式进水口"、"水工隧洞"、"调压设施"、"压力管道"、"水电站厂房"和"抽水蓄能电站"、"潮汐电站"共7章，其中"抽水蓄能电站"、"潮汐电站"为新编章。新版内容反映了近30年来水电站建设与技术发展，增添了新的构筑物形式，新的设计要求与分析技术，满足生态环保要求的流道建筑物设计，补充了大量新建工程实例，尤其巨型水电工程建筑物，如三峡、溪洛渡、锦屏一级、向家坝、二滩、拉西瓦、小浪底、大朝山、西龙池等。

　　各章的内容调整与修订如下。

1　第1章　深式进水口

　　本章丰富了多座新建工程的进水口实例，增加了虹吸式进水口、抽水蓄能电站进/出水口以及分层取水口建筑物的布置形式与设计要求，以及浮式拦（导）漂排（索）设计。其中进水口增设叠梁门槽等结构实现分层取水，满足下游水生生物适宜水温繁殖需要，是现代水电开发，生态和谐，绿色环保的具体体现。尽管本卷专设了"抽水蓄能电站"章，但在第1章具体介绍了抽水蓄能电站进出水口型式，意在将各种进水口型式集中反映，方便查阅，"抽水蓄能电站"章仅就抽水蓄能电站之运行要求阐述其进出水口的布置原则。本章还介绍了最新的小进水口设计理论；增加了一套局部水头损失系数计算参考值，供设计者参考。

2　第2章　水工隧洞

　　本章在第1版基础上增加了不同支护类型的适用性；删除了第1版中关于衬砌不允许开裂的计算公式，增加了无压圆形断面和非圆形断面的"边值问题数值解法"；以及预应力混凝土衬砌计算、高压隧洞设计、土洞设计等内容。

3　第3章　调压设施

　　本章内容调整和修订主要有6个方面：

　　（1）增加了"气垫式调压室"、"变顶高尾水洞"等新型调压设施的设计。

　　（2）删除了水击计算图解法和调压室涌波计算图解法，增加了调保计算数值法，较全面地提出了改善调节保证参数的各项工程措施。

（3）引入了近年来的最新科研成果，例如，机组转速最大上升率的解析计算公式及其适用条件；调压室体型与调压室水头损失的关系等。

（4）增加了上、下游调压室设置条件的有关内容。

（5）补充了调压室检测及运行检修要求以及我国已建或在建代表各种体型常规调压室的水电站工程实例。

（6）增加了折向器、减压阀的数学模型和数值计算方法，给出了国内使用减压阀的水电站汇总表。

4　第 4 章　压力管道

本章在第 1 版基础上增加的内容有：波纹管伸缩节的基本构造和设计标准；降低地下埋管外水压力的各种工程措施和确定外水压力荷载的方法及国内外工程实践；坝后背管及过缝措施的设计与工程实践；钢筋混凝土管道 PCCP 管的设计方法和相关工艺；贴边岔管的面积补偿法和圆环法等设计方法；地下埋藏式钢岔管与围岩联合承载的设计准则；钢衬钢筋混凝土岔管设计方法等。

5　第 5 章　水电站厂房

本章修编主要有以下内容：

（1）增加了厂房等级划分、洪水标准。

（2）充实了地面厂房的厂区布置设计内容和工程实例，在结构设计中增加了充水保压蜗壳、直埋蜗壳、钢网架等新型结构型式，补充了有限元计算方法。

（3）在厂房整体稳定分析中增加了非岩基上厂房设计内容和基础处理实例。

（4）增加了厂房构造设计内容。

（5）充实了地下厂房布置设计与工程实例，增加了地下厂房围岩稳定分析，重点介绍了围岩柔性支护设计，补充了岩壁式吊车梁设计与要求，增加了半地下式厂房布置和结构设计。

（6）增加了坝内式厂房、灯泡贯流式机组厂房和水斗式机组厂房设计。

6　第 6 章　抽水蓄能电站

本章为新编章。针对抽水蓄能电站水工建筑物的设计特点、原则与要求，介绍了抽水蓄能电站主要规划参数选择；抽水蓄能电站总体布置；上、下水库的工作特点、布置类型、防渗设计、初期蓄水等；抽水蓄能电站输水系统的布置特点以及进出水口设计、压力水道设计、高压岔管设计、调压室设计、水力过渡过程设计等，发电厂房系统的型式及其选择、布置与设计的特点。有关各建筑物的具体设计方法与安全控制，可参照引水发电建筑物的相关章节。

7　第 7 章　潮汐电站

本章为新编章。目前国内外已建成并运行的潮汐电站比较少，国内仍在运行的潮汐电站有三座，分别为浙江温岭江厦潮汐试验电站（装机容量 3900kW），山东乳山白沙口潮汐电站（装机容量 640kW），浙江玉环海山潮汐电站（装机容量 250kW）。国外在运行的潮汐电站分别为：法国朗斯潮汐电站（装机容量 24 万 kW），加拿大安纳波利斯潮汐电站（装机容量 2 万 kW），俄罗斯基斯洛湾潮汐电站（装机容量 400kW）以及正在建设的韩国始华湖潮汐电站（装机容量 26 万 kW）。在本章编写过程中充分收集国内外已建及规划的潮汐电站的设计和建设运行资料，整理归纳了潮汐电站技术特点、设计内容、设计水平、发展趋势，按照水工设计手册编制要求，立足实用，主要对潮汐水文条件、潮汐电站开发方式、规划、水库调节、规模选择等作了叙述，其中水工建筑物（包括堤坝、厂房、水闸、船闸等）设计与常规河床式水电站基本相同，可参见本手册的相关章节。本章只对不同点或有特殊要求的结构设计作了说明。具体共分 5 节：7.1 节介绍了潮汐电站的特点、潮汐的物理现象、潮汐能估算及潮汐能的动态特点等；7.2 节介绍了潮汐发电开发方式；7.3 节介绍了潮汐电站站址选择、规模选择和主要参数选择等；7.4 节介绍了潮汐电站的枢纽布置特点和不同开发方式及潮汐电站典型布置实例；7.5 节介绍了潮汐电站水工建筑物设计特点。各建筑物的设计参照引水发电建筑物的相关章节。

　　本卷修编凝聚了各章主编和修编者及其参编单位的技术力量，确是群体智慧的结晶。但因修编内容多，涉及面广，工作量大，加上修编人员是在完成正常生产、科研、教学等任务的同时，克服种种困难，完成修编任务的。虽经过卷章节反复统稿审定，疏漏和错误在所难免，恳请读者批评指正。

　　本卷修编过程中，得到了行内多名专家的指导。如在章节内容安排上得到中国电建集团公司周建平总工程师的悉心指导；中国工程院曹楚生院士、第 2 版编委会副主任索丽生教授对本卷多处修编内容提出了具体修改意见；在卷统稿和章内容审定过程中，除了卷、章主编的积极投入外，还邀请了中国电建集团成都勘测设计研究院李杰副总工、胡克让教高，西北院姚栓喜总工，北京院韩立教高，河海大学胡明教授，武汉大学杨建东教授等分别对不同章节给予了审查，在此一并表示衷心的感谢！

第 9 卷 《灌排、供水》 编写说明

董安建　李现社

我国大部分地区受大陆性季风气候影响，降雨时空分布很不均匀，年际变化很大。年降水量在地区分布上由东南沿海的 1600mm 以上向西北方向逐渐递减，到西北内陆地区已不到 100mm。大部分地区 6—9 月降水量占全年的 70％左右，而冬季 3 个月降水量一般只占全年的 10％以下。降水量的时空分布不均以及年际间变化大，导致了我国水旱灾害发生频繁。特殊的气候和自然条件决定了我国农业必须走灌溉农业和高效节水农业的发展道路。

正因如此，我国历史上都将兴水利除水害列为治国安邦的大事。根据史料记载，早在公元前 2000 多年，就开始了临河挖渠、凿井汲水等水利灌溉工程建设，开创了我国的农田灌溉事业。秦汉以来，我国的灌溉事业在规模和技术水平等方面都有了重大的发展。公元前 613 年在现今安徽省寿县淠河上兴建的芍陂灌溉工程、公元前 256 年兴建的都江堰引水灌溉工程，都是闻名中外的中国古代农田灌排工程，这些工程历经 2000 多年的运用考验，至今仍发挥着显著作用。

新中国成立以来，党和政府十分重视灌排事业的发展。从 1949 年到 1998 年，全国灌溉面积由 2.4 亿亩增加到 9.0 亿亩左右，人均占有粮食从 209kg 增加到 400kg。

灌排事业的发展既为种植业的发展奠定了坚实的基础，也为农村畜牧业、养殖业、乡镇企业提供了充足的饲料和原材料。灌排工程还为这些行业的发展以及植树造林、农村人畜饮水、城镇用水提供了水源。结合灌排系统修筑的公路和农村道路还大大方便了灌溉区域内部与外部的劳动力、生产资料、原料、商品以及信息的交流，促进了农村经济的繁荣和发展，提高了农民收入，也促进了经济的发展、文化的进步和社会的稳定。

第 1 版《水工设计手册》第 8 卷《灌区建筑物》出版于 20 世纪 80 年代，系统地总结了改革开放之前我国灌溉工程建设的经验，为我国改革开放以来大规模的水利建设提供了很好的理论支撑，发挥了很好的参考作用。经过近 30 年的发展，我国经济社会发生了巨大变化，新时期对灌溉工程有了新的要求。加之农村城镇化的发展，农村集中供水的需求也日益增多。为总结近 30 年灌溉工程发展的经验，《水工设计手册》（第 2 版）第 9 卷以第 1 版《手册》第 8 卷为基础，吸纳近年来灌溉排水以及乡村供水工程规划设计领域的新技术和新方法，经合并、调整、补充和修订而成。内容包括灌溉、排水工程及相关村镇供水工程的规划设计基本理论与基本方法。

本次编写人员来自科研单位、大专院校、设计和管理等单位具有丰富设计经验和理论基础的专家和教授，并请国内同行业知名专家教授进行审核，经编委会几次评审后完成此稿。

《水工设计手册》(第2版)第9卷共分7章：第1章"灌溉、排水与供水规划"，第2章"引水枢纽工程"，第3章"灌排渠沟与输水管道工程设计"，第4章"渠系建筑物"，第5章"节水灌溉工程设计"，第6章"泵站"，第7章"村镇供水工程"。其中第5章与第7章为新增内容，其他章节则在原章节内容基础上进行了补充、调整和修订。

1 第1章 灌溉、排水与供水规划

本章是以第1版《手册》第8卷第37章"灌溉"和第41章"排水"为基础，吸纳近年来灌溉排水工程规划领域的新技术和新方法，经合并、调整和修订而成的。内容包括灌溉、排水工程及相关供水工程的规划基本理论与基本方法。共分为7节，涵盖了原来2章共13节的内容。

灌区需水量是在第1版《手册》第37章"第2节 灌溉用水量和灌溉制度"的基础上，增加了工业用水、生活用水和生态用水的相关内容。

水源及水利计算中合并了第1版《手册》第37章"第3节 灌溉水源及水利计算"、"第5节 利用地下水灌溉"和"第1节 灌区基本资料与灌溉设计标准"中的"灌区选择与水土资源平衡计算"等内容，补充了有关"地表取水工程的水利计算"和"水土资源供需平衡分析"方面的内容。

工程总体规划中合并了第1版《手册》第37章"第4节 灌溉渠系规划"和第41章"第3节 明沟排水"、"第6节 排水区规划"和"第7节 承泄区"的相关内容，删除了其中的"截留沟规划"。

灌排渠沟设计流量及水位推算是在第1版《手册》第37章"第6节 灌溉渠道流量及水位推算"的基础上，补充了"排水沟设计流量及水位推算"的内容。

排水工程设计合并了第1版《手册》第41章"第3节 明沟排水"、"第4节 暗管排水"和"第5节 竖井排水"的相关内容。

2 第2章 引水枢纽工程

本章在第1版《手册》的基础上将内容做了较大的调整，从原来3节增加到4节，拓展了引水枢纽工程的理论基础和工程设计应用内容。主要包括以下3个方面：

（1）详细介绍了环流理论及其应用，将引水枢纽工程布置细分为无坝引水枢纽工程布置和有坝引水枢纽工程布置，并增加了相应理论和应用内容。

（2）介绍了一些国内外最新的科研成果，如引水口分流分沙试验成果、漏斗式排沙设计应用成果等。

（3）力求更好地通过图文并茂的方式正确无误地对理论计算与应用加以说明。

3 第3章 灌排渠沟与输水管道工程设计

本章在第1版《手册》的基础上，做了较大调整、修订和扩充。主要包括以下几个方面：

（1）加强了基本概念、基本理论的介绍，侧重工程设计。

（2）将第1版《手册》第39章与第41章合并为本章第1~3节。

（3）对渠道衬砌防渗部分进行了扩充，增加了新型材料防渗和渠道防冻胀的内容。

（4）增加了"特殊地基渠道设计"和"管道输水工程设计"两节。特殊地基渠道设计中侧重对各种地基处理措施的介绍；在输水管道设计中，以输水管道水力计算和结构设计为主，适当考虑了适应农业、城市、工业供水情况下的树、环状管网的设计。

（5）对第 1 版《手册》第 39 章第 1 节、第 41 章第 1、第 6、第 7 节的规划布置、排水区规划和承泄区等内容做了较大删减。

（6）更新的主要内容有：以渠道流量和渠道纵断设计为重点的灌溉渠道设计；以田间水平排水沟流量和间距、竖向排水的水位降深及布设方式、排水干沟的流量、设计水位及纵横断面设计为主的排水沟道设计。

（7）增加的主要内容有：在渠道衬砌与防冻胀工程设计中除介绍传统的衬砌方法外，增加了新型材料防渗的内容；在特殊地基渠道设计中主要介绍了在软基、砂基和矿区地基上修建渠道的地基处理方法；在输水管道工程设计中针对输水管道结合城镇供水，介绍了树、环状管网设计的方法。

4 第 4 章 渠系建筑物

本章以第 1 版《手册》框架为基础，内容调整和修订主要包括以下 5 个方面：

（1）删除了"桥梁"以及"渠库结合工程"两节。

（2）渡槽部分单列了渡槽及其地基的稳定性验算，增加了预应力渡槽和斜拉渡槽，增加了渡槽的冻害及防冻害设计。

（3）倒虹吸部分增加了新型管材倒虹吸的介绍。

（4）涵洞部分更改了涵洞流态判别方法以及过流能力计算方法。

（5）跌水部分增加了梯形及复式断面消力池、综合消力池、格栅式消力池的计算方法；陡坡部分增加了阶梯式陡槽设计的有关内容、消能效果和应用条件；增加了跌水与陡坡结构设计要点。

（6）将原来的"量水设备"改为"量水设施"，补充了新的内容。

5 第 5 章 节水灌溉工程设计

本章为《水工设计手册》（第 2 版）新编章节，共分 7 节。主要介绍国内外节水灌溉较为成熟的灌水技术，内容包括节水灌溉的基本概念、地面节水灌溉技术、喷微灌专用设备及参数、喷微灌工程规划布置、喷灌工程设计、微灌工程设计、低压管道输水等内容。

"5.1 概述"：介绍节水灌溉的概念、灌水方法及其适用条件。

"5.2 地面节水灌溉工程设计"：介绍常用的地面节水灌溉方法，以沟、畦灌溉的稳定流设计为主，重点介绍了两种方法的评价、参数选择和提高灌水质量的设计方法，并介绍了目前应用较多水稻节水灌溉方法。

"5.3 喷微灌工程规划与专用设备"：重点对喷、微灌溉系统规划布置的主要问题、规划设计成果要求等作了介绍；简要介绍了喷微灌等节水灌溉工程的专用设备。

"5.4 喷灌工程设计"：对大田喷灌技术应用、经济作物喷灌和景观喷灌的工程设计作了介绍。

"5.5 微灌工程设计"：包含了微喷灌、滴灌的设计内容，主要以解决系统布置、用水量计算方法、田间管网设计、首部系统设计等技术设计为主。

"5.6 低压管道输水灌溉系统"：介绍了输水管道的规划设计原则、理论和方法。

"5.7 其他节水灌溉措施"：包括激光平地技术、农艺节水措施、塑料大棚节水灌溉等内容。

6 第6章 泵站

本章以第1版《手册》框架为基础，对内容进行了调整和修订，主要包括以下5个方面：

（1）完善了基本概念，优化了计算公式。

（2）增加了"断流装置"、"其他形式泵站"两个章节，将"泵站水锤及防护"单列一节。

（3）"泵站枢纽布置"改为"泵站选址与枢纽布置"，"进水池和出水池"改为"进水和出水建筑物"，内容进行增加和调整。

（4）介绍了一些国内外最新的设计方法，如泵房结构的有限元计算、水泵装置的CFD数值模拟计算等，并提供了部分成果供参考。

（5）吸收和介绍了南水北调工程建设中的一些先进理念和经验、科研成果。

7 第7章 村镇供水工程

第7章 村镇供水工程为《水工设计手册》（第2版）新编章节，共分14节。主要介绍国内村镇供水工程的关键技术，重点是规划、系统及工艺设计。由于在工程应用上主要面向农村与乡镇，在设计上区别于城市水厂管网设计，在水质保护与处理上更加突出经济、合理实用的特点。

8 其他

第1版《手册》出版以来，我国水利工程发展非常迅速，为适应水利工程建设的需要，水利部也陆续颁发了《灌溉与排水工程设计规范》（GB 50288—99）、《灌溉与排水渠系建筑物设计规范》（SL 482—2011）、《泵站设计规范》（GB 50265—2010）等与《水工设计手册》（第2版）第9卷相关的规范。本次在编写过程中力求相互协调与统一，发挥各自的作用。使用中应关注有关规范的修订情况，以保证工程设计与新颁规范规定相协调。

第9卷在题目上包括了供水的内容，主要是考虑长距离输水的供水工程除了在建筑物的级别与洪水标准确定上高于灌溉工程外，其设计理论与渠道基本相同。因此，在水工设计手册编写时没有单独编制供水章节，在供水设计中可根据设计采用的管道与断面型式参照设计。

第10卷《边坡工程与地质灾害防治》
编 写 说 明

冯树荣　彭土标

1　本卷与第1版《水工设计手册》相关内容的比较

《水工设计手册》（第2版）第10卷《边坡工程与地质灾害防治》共分5章，主要内容为："岩质边坡"、"土质边坡"、"支挡结构"、"边坡工程动态设计"和"地质灾害防治"。与第1版《手册》相比，本卷属新增加的一卷，除将第1版第7卷《水电站建筑物》第36章"挡土墙"中的内容作为第3章的第1节保留下来并作了适当修订外，其余均为新编章节。

2　编写本卷的目的

之所以增加本卷，主要是由于第1版《手册》出版以来，我国的水利水电工程建设事业取得了巨大的成就，在进行三峡双线5级船闸建设中，在龙滩、小湾、天生桥二级、拉西瓦和锦屏一级等水电站的勘测设计和建设过程中，均遇到了越来越复杂的边坡稳定问题，依托这些工程也进行大量的科学研究和技术攻关，在各类不同边坡的变形破坏机制、稳定性分析方法、加固处理措施和手段，以及边坡变形监测等方面均取得了丰硕的成果；同时，在几乎所有的水利水电工程建设中，边坡的稳定问题及对工程的影响始终存在，是需要认真研究解决的工程建设问题之一，而且，随着今后我国西电东送接续能源基地和西部大开发战略的进一步实施，在水利水电工程建设中仍将遇到越来越多的边坡稳定分析和治理问题。此外，近年来颁布实施的《水电水利工程边坡设计规范》（DL/T 5353—2006）和《水利水电工程边坡设计规范》（SL 386—2007），是经过多年工程实践和经验的总结，也有必要对如何正确把握和使用这些规范进行细化。因此，为了更好地总结边坡设计和治理经验，反映设计中涌现出的各种新方法、新科技成果和新技术，《水工设计手册》（第2版）编写委员会及手册的主编们考虑，新增第10卷《边坡工程与地质灾害防治》。希望其出版能起到抛砖引玉和拾遗补缺的作用，能成为水利水电系统从事工程规划、勘测、设计、科研、施工、管理技术人员的常备工具书和大专院校相关专业师生的重要参考书。

3　本卷在内容取舍方面的考虑

本卷内容在取舍上，主要考虑以下方面的因素：

从边坡岩体结构上看，大致可将边坡分为岩质边坡和土质边坡两大类，它们在工程地质勘察方法、变形破坏机制、物理力学参数的选取、稳定性分析计算及工程处理措施上均有较大的差异。因此，首先分列出"岩质边坡"和"土质边坡"两章进行编写。

在边坡处理的具体手段上，无论是岩质边坡还是土质边坡均会在不同的边坡处理上使用预应力锚索、抗滑桩、锚固洞及挡土墙等各种工程措施。因此，将各种边坡加固处理措施单独构成"支挡结构"一章。

边坡的稳定性既受边坡岩体结构、变形破坏模式、滑动面或潜在滑动面的影响，又受构成滑动面或潜在滑动面的力学参数的影响，还有各种不同滑动面或潜在滑动面的空间组合形式及其连通率、边坡中水的活动及爆破振动的影响等。总之，影响边坡稳定的因素十分复杂。已有的边坡设计经验表明，一个好的边坡工程设计和治理，离不开对边坡的变形监测。通过边坡的变形监测，可对边坡深部和表部的变形有一个比较清楚的认识，便于根据监测资料，不断调整、完善边坡设计和治理，满足边坡安全稳定的要求。因此，边坡监测的相关内容就成为单独的一章。鉴于本手册的第11卷为《水工安全监测》，为与第11卷的内容相区别，本章取名为"边坡工程动态设计"。对边坡工程动态设计，虽目前尚未形成完善的理论与方法体系，但第4章对边坡工程动态设计的最新研究成果进行了总结。

鉴于我国地质灾害频繁发生，分布广泛，且水利水电工程建设过程中，也时常遇到各类地质灾害的威胁、甚至造成人员伤亡与财产损失。为科学地防治地质灾害，最大限度减少地质灾害对水利水电工程建设的影响，需对遇到的各类地质灾害进行治理，保证工程安全。根据2008年2月在北京召开的《水工设计手册》（第2版）编委会扩大会议纪要的精神，本卷需增加"地质灾害防治"的相关内容成为第5章。地质灾害种类繁多，既有如暴雨和龙卷风等气象方面的，也有发生地震时产生及其引发的次生灾害，更多的是与地质有关，或地质因素与其他因素综合作用的结果。经慎重考虑研究，本手册不可能对各种灾害的防治做到面面俱到，只能是挑几种常见且在水利水电工程中常遇地质灾害的防治内容进行编写。为此，在前期编写策划过程中，遴选出了滑坡、崩塌和泥石流三种常见的地质灾害进行编写。

考虑到2008年5月12日四川汶川8.0级特大地震造成大量滑坡、崩塌堆积体堵江形成的大量堰塞湖，对包括唐家山在内的堰塞湖进行了应急治理和永久治理。因此，在2010年11月的《水工设计手册》（第2版）第10卷的审稿定稿会上，《手册》编写委员会委员和审稿专家们又提出增加"堰塞湖"处理的相关内容。

在"岩质边坡"和"土质边坡"两章中均会涉及滑坡的滑速计算和水库滑坡涌浪高度的估算。为减少内容的重复，将这部分内容统一放在第2章"土质边坡"中。

应该指出的是，在《手册》的编写过程中，对滑坡这部分内容的安排和处理上很为难，在本《手册》中也有些内容上的重复。因为，在"岩质边坡"、"土质边坡"以及"地质灾害防治"中，均涉及滑坡的相关内容。希读者在使用时注意这个问题。

4 边坡工程与地质灾害防治的技术发展方向

（1）倾倒、松动类变形边坡稳定性计算及其安全标准判断是目前岩质边坡分析中遇到的技术难题之一。

对这类潜在的不稳定边坡，既有比较连续潜在滑动面的边坡，也有还没有形成连续潜在滑动面的边坡，但这类边坡却经常处于明显的变形阶段。按目前已有的边坡设计规范，对不同类型的边坡均有不同的安全系数标准控制,而如采用传统的刚体极限平衡法计算其安全系数,不仅潜在滑动面的力学参数难于取得,就是计算所得的安全系数值也与实际差别较大,也难以提供边坡治理所要达到的标准。目前对这类边坡,往往是在进行刚体极限平衡法研究的同时,还采用有限元数值分析法对其应力、变形等进行分析研究,综合评价边坡的稳定性及其治理标准。今后,不仅需要研究提出针对不同类型变形边坡的分析计算方法,还需对其安全控制标准及其评价体系进行系统的研究。

例如,西北某水电站坝前边坡,经勘探查明,坡体内无较大规模、连续的潜在滑动面,边坡以倾倒变形为主。但坡顶表部个别变形监测点的累计变形近 40m,边坡仍在变形,也未发生大规模的快速滑动或解体。对该边坡的稳定性分析计算方法、边坡安全度及治理后所需达到的安全控制标准问题就是遇到的难题之一。

(2) 地震动荷载在边坡稳定性分析计算中如何合理加载,以及地震动随高程增加的放大作用如何考虑等问题是今后技术研究的发展方向之一。

众所周知,目前地震对边坡的作用主要有两种考虑方法,即拟静力法和动力有限元分析法。拟静力法是对地震荷载作一种极端情况的处理,即认为边坡不同高程滑动块体地震峰值加速度均为设计拟定值,而在实际地震荷载作用过程中,边坡不同高程滑块地震加速度并非同时达到极值。这种处理方法往往会夸大地震动对边坡的作用,将原本处于稳定状态的边坡误判为不稳定的边坡,从而增加了边坡的处理工程量。动力有限元法在某种程度上可以获得地震荷载作用过程中边坡的动力响应特征和变化规律以及稳定性系数的波动过程,是近年来应用广、发展快的方法。但如何考虑地震加速度沿高程的放大效应,无论是实际经验还是试验研究都比较少,是今后技术研究解决的方向之一。

岩质边坡开挖施工期间爆破振动对边坡稳定性的不利影响是不言而喻的。如漫湾水电站左坝肩施工期 10 万 m^3 的滑坡,就是由于开挖时炸药爆破所诱发的。如何在边坡稳定性分析计算时合理确定爆破所产生的动力荷载,也有待今后进行系统的研究。

(3) 高速滑坡的形成机制、滑速和涌浪高度的计算仍是今后水利水电工程界需深入研究和解决的重大技术问题之一。

自 1963 年意大利瓦依昂水库滑坡之后,引起了人们对高速滑坡的研究热潮,多年以来,人们一直在探索高速滑坡的发生机理,也提出了许多高速滑坡运动机理的假说。如有效应力降低机制、摩擦转化机制及能量转化机制等。在滑坡界或在水利水电工程界,也时常遇到边坡的高速滑动问题,甚至给工程造成人员伤亡和财产损失。当工程上面对一个潜在失稳的边坡时,首先就要正确判断其是否会发生高速滑动以及高速滑动后对工程可能造成的影响。尽管目前工程界对边坡是否会产生高速滑动有些共识,但要真正对其形成机制在理论上作出合理的解释,仍有许多课题需要研究解决。因此,高速滑坡的形成机制也是一个今后需研究的技术难题之一。

水库蓄水后,有些近坝库岸边坡可能发生高速滑动,引起的涌浪可能对电站安全运行构成重大威胁。为较合理预测滑坡涌浪高度,首先就要预测滑坡的最大滑速。近年来人们探索了多种高速滑坡滑速的计算方法,主要有潘家铮法、能量法、美国陆军工程师团法等。但在滑速估算和涌浪分析中,许多因素难以精确确定,对许多边界条件均进行了假设和简化,与实际情况均有较大的偏差。水库岸边滑坡产生的涌浪是一个非常复杂的问题,库区发生滑坡时，坝前涌浪的大小与滑体入水方量、滑坡体距大坝的距离、滑体下滑速度、滑体滑动方向、滑体入水断面几何形状，以及水库水深等因素均有很大关系。高速滑坡的滑速和涌浪高度计算是今后边坡技术研究的发展方向之一。

（4）泥石流危险性评价及其治理标准有待今后深入研究。

泥石流以其暴发突然、来势凶猛、能量巨大、冲击力强、破坏性大等特点著称，往往在顷刻之间造成人员伤亡和财产损失。我国西南地区泥石流发育。多数水利水电工程都修建在地形陡峻的山区，而水电站建设工程区的地形地貌往往又是泥石流孕育和活动的主要场所。泥石流灾害已成为水利水电工程建设中一个突出的问题。

在水利水电工程选址和建设过程中，如何对工程区内分布的潜在泥石流沟进行识别，对工程的布置和安全性具有重要作用。通常情况下，泥石流形成需要具备丰富的物质来源、陡峻的地形和水动力这三个基本条件。最难判断的就是水动力条件。有些潜在的泥石流沟，其植被茂密、沟口也很少有堆积物分布，不易被人觉察，但当遭遇罕见的大暴雨时，就会产生大规模的泥石流而酿成灾害。因此，正确识别泥石流沟及其活动性是水利水电工程避让和治理泥石流的重要步骤。

泥石流的一些特征值的计算成果是泥石流治理设计的重要参数。如泥石流流速、流量计算、泥石流中块石运动速度、泥石流冲击力计算等。而这些参数虽在一些规程规范中也能找到相关公式计算，但其影响因素多而复杂，具有较大的不确定性，计算所取得的参数与实际存在一定的差别，在设计中需给予注意，同时，对获取这些参数的计算公式也有待进一步研究和完善。

（5）堰塞湖溃坝形式及其溃坝洪水计算研究。

堰塞湖是河谷岸坡在内外动力地质作用下产生滑坡、崩塌等堆积物阻塞河谷，导致上游壅水而可能对人类造成威胁的湖泊。由于天然堆积的堰塞体结构疏松且不均匀，极易产生溃坝形成洪水，对下游造成灾难。

如何根据堰塞湖的成因、规模、堰塞体的物质组成判断堰塞湖坝的稳定性或溃坝的危险性是堰塞湖治理的首要任务之一。对分析判断堰塞湖坝可能产生溃坝的堰塞湖，尚需进一步分析研究堰塞坝的溃坝形式，是瞬间全溃、还是渐进式溃坝，拟或是部分溃坝。这要根据堰塞湖的成因、坝体组成物质的性状、密实度以及坝体渗水等情况综合判断。当然，如果时间允许，对堰塞坝开展地质勘察工作，了解堰塞坝的工程地质和水文地质条件，对堰塞坝的可能溃坝方式进行研究判断是十分必要的。

针对堰塞体开展的溃坝洪水研究又是堰塞湖研究治理环节中的重要一步。天然堰塞坝与人工土石坝虽有很多的相似性，可借鉴人工土石坝的溃坝研究成果进行分析计算，但由于堰塞坝属天然的土石坝，与人工土石坝也有诸多的不同特性，而目前土石坝的溃坝洪水计算方法尚不成熟。因此，针对堰塞坝的溃坝洪水分析计算尚需进一步研究。

综上所述，堰塞湖坝的稳定性评价、可能的溃坝形式及其溃坝洪水计算是今后地质灾害治理技术研究的发展方向之一。

5 与其他卷章关联内容及其处理

本卷中有关地质方面的边坡分类、岩土体物理力学参数选取、稳定性分析等内容，与

《水工设计手册》（第 2 版）第 1 卷《基础理论》中基础地质部分的内容有一定的关系，但也是各有侧重。本卷在地质方面的内容紧紧围绕边坡稳定性分析和治理展开，而在基础卷中，更多的是从整个工程地质学的角度，阐明工程地质的相关内容，包括边坡稳定性、岩土体物理力学参数等。二者虽有些重复，但侧重点不一样，本卷中的地质内容可以看成是基础卷中地质相关内容的进一步深化和细化。

本卷中有关边坡动态设计的相关内容，与《水工设计手册》（第 2 版）第 11 卷《水工安全监测》卷既有一定的联系又有区别，各有侧重。本卷边坡动态设计中有关监测方面的内容，侧重于对边坡监测资料的收集、分析，用于边坡稳定性的复核和修正原有的设计，是为边坡治理设计服务的；而安全监测卷中则侧重于对边坡应如何布置监测设施并如何进行监测。监测设施的布置和监测使边坡的动态设计成为可能，二者既有联系，又互为因果关系。

2011 年 12 月出版的《水力发电工程地质手册》，其中也涉及边坡稳定性分析和治理等内容，与本手册在这些内容的处理上，大原则应该是一致的，但地质手册侧重于地质勘察，而本手册侧重于设计和治理，且因作者不同，侧重点也更会有所不同，在细节的处理上也有差异。请读者阅读、使用时注意。

6　使用时应注意的有关问题

（1）目前，水利和水电分属两个行业，两行业的规范均自成体系，边坡工程设计规范也是如此，有《水利水电工程边坡设计规范》（SL 386—2007）和《水电水利工程边坡设计规范》（DL 5353—2006）。水利和水电两行业的边坡工程设计规范就大的原则、计算方法以及加固处理措施上基本相同，但在不同边坡的安全控制标准及其他细节上仍有所区别。希望读者在使用本《手册》时注意。原则是，对水利工程项目使用水利行业的规范，水电工程项目使用水电行业的规范。

（2）边坡的稳定性分析计算成果固然是对边坡稳定性进行客观评价、是否需要进行工程处理以及处理到什么安全标准的重要依据。但在实际使用时，又不能死抱计算成果不放，还要根据边坡所处的地质环境、边坡地质勘察的工作深度以及对边界条件和潜在滑动面力学参数的认识程度、地下水活动的情况、边坡监测资料、计算成果等进行综合分析，以期对边坡所处的状态有一个全面而客观的认识，这是边坡工程设计的重要原则。众所周知，边坡的稳定性除与计算方法的选取有关外，更重要的是潜在滑动面的空间分布、力学参数的选取等。就潜在滑动面的空间分布来说，即使作了很深入的地质勘察工作，对其边界条件也不可能查得非常清楚；另外，对潜在滑动面的力学参数，即便是现场试验，其结果与实际也会有较大的差异，更不用说不同类型滑动面之间存在的变形不相容、连通率统计的不确定等问题。因此，对所取得的计算成果的可靠性应做到心中有数，明白计算的成果真正代表什么，正确使用计算成果。

（3）边坡的反演计算在某种条件下，可以在一定程度上弥补对边坡中边界条件和力学参数认识的不足。但请注意，对边坡进行反演，只适用于已经产生变形的边坡。如对未变形的边坡进行反演计算，时常会导致较大的误差，因为对未变形的边坡，你不知道该边坡实际的安全度是多少。即便是对已经产生变形的边坡，规范中规定的安全系数取值也是一个范围值，此时，仍需要根据工程实际情况和工程师个人的经验选取合适的安全系数值进行反演，才能得到较为可靠的结果。

（4）在边坡治理设计或动态设计时需要注意的另一个问题是，从理论上看，某边坡的安全度只要大于1.0，该边坡就是稳定的，监测资料上显示也应该是趋稳的。但水利水电工程对不同边坡有不同的计算方法和相应的安全控制标准。因此，不能因为对某边坡的巡视未发现不稳定迹象或监测资料显示该边坡趋稳就不对该边坡继续进行治理了，而仍然应根据其破坏模式按规范要求达到相应的安全控制标准。

（5）对有变形控制要求的边坡，首先应区分岩质边坡和土质边坡。对土质边坡而言，边坡虽然整体或局部稳定性均满足要求，但因为土体具有压密的特性，变形具有时效性，随时间推移，边坡仍可能继续产生变形，对工程或居民建筑物构成威胁。因此，对这类边坡的治理应具有针对性。

7　编写感想

应该特别指出的是，由于近十多年来，我国水利水电建设事业蓬勃发展，各位作者在各自的单位均要承担繁重的生产任务，《手册》大多是利用业余时间完成的。尽管本《手册》的编制历经数年，但感到时间仍显仓促，更是没有成块的时间用于写作和精雕细琢，加之水平所限，本《手册》无论是在内容的编排上还是叙述上肯定会存在较多不足，希望读者谅解，并欢迎提出宝贵意见。

随着国家对西部水电的进一步开发，水利设施的进一步完善和建设，水利水电工程中面临的工程边坡问题将更加复杂。从规划到工程的可行性论证，从勘察、设计、施工，直到工程交付使用后的一段时期内，都应重视对边坡问题的研究和关注。

边坡工程与地质灾害防治是一项综合课题，它既是土木工程，又是环境工程的一部分，对环境保护、维护生态平衡具有重要的意义。一项理论和技术的发展过程总是一个从简单到复杂、从局部到全面、从低级到高级的过程。边坡工程与地质灾害防治研究在理论和治理技术上虽然已经取得了很大的成绩，但在国家大规模的水利水电工程建设及西部大开发的新的历史条件下，还有许多课题需要进一步研究解决，还有很长的路要走。

第 11 卷《水工安全监测》编写说明

杨泽艳   张秀丽

1   原有基础

第 1 版《水工设计手册》（共 8 卷）只在第 6 卷第 30 章 "观测设备与观测设计" 中涉及水工安全监测内容，共 7 节，13 万字，简要介绍了观测概况、水工建筑物外部观测方法和仪器设备、水工建筑物内部观测仪器和观测方法、混凝土坝观测设计、土石坝观测设计、坝内孔口、管道和地下建筑物的观测、观测仪器设备的符号等内容。

受历史条件的限制，第 1 版《手册》采用了监测技术发展初期 "大坝原型观测" 的理念，内容上涉及有限的观测方法和仪器，并主要针对挡水建筑物及少量泄水、引水和发电建筑物的观测设计，未涉及施工技术、自动化系统及资料整编分析。结构上从概述、仪器方法到设计技术，均属监测技术发展初期内容，未涉及施工阶段监测仪器安装维护及运行期的资料分析与评价等后期技术内容。《水工设计手册》（第 2 版）要求将 "水工安全监测" 单独成卷，第 1 版中可供借鉴和参考的内容不多，两版可比性不强。

2   内容构成

第 11 卷共 6 章 50 节，约 103 万字，篇幅为第 1 版的近 8 倍。全书分为："安全监测原理与方法"、"监测仪器设备"、"建筑物安全监测设计"、"监测仪器设备安装与维护"、"安全监测自动化系统" 和 "监测资料分析与评价" 等 6 章。

2.1   第 1 章   安全监测原理与方法

本章是全卷的总论，共 5 节，首先从分析水工建筑物的特性着手，阐述了安全监测工作的重要性，概括了安全监测的原理并通过监测成功的工程实例来加以说明，还概述了安全监测的方法与仪器设备、安全监测设计的基本思路，同时回顾了安全监测技术的发展历史，展望了安全监测技术的发展方向。

2.2   第 2 章   监测仪器设备

本章共 7 节，首先介绍了监测仪器设备的基本要求及分类、传感器的工作原理，然后针对监测变形、渗流、应力应变、温度、动力及水力等物理量的仪器设备，从用途、结构型式、工作原理等方面进行了分类阐述，列举了部分监测仪器设备的主要性能和技术指标，最后介绍了各类二次测量仪表的种类、结构型式和工作原理。

2.3   第 3 章   建筑物安全监测设计

本章共 11 节，针对重力坝、拱坝、面板堆石坝、心墙坝和均质坝、泄水及消能建筑物、引水建筑物、发电厂房、通航建筑物、边坡工程、其他建筑物等，以及变形监测控制网、水力学监测、强震动监测等专项监测提出监测要求，结合典型工程实例，介绍了安全监测设计中从各监测对象的结构特点、设计依据、监测重点、监测布置、仪器选型以及相应的监测手段、监测方法、监测频次等内容。

2.4　第4章　监测仪器设备安装与维护

本章共8节，首先介绍了监测仪器设备的采购、验收和安装的基本要求；然后介绍仪器性能的检验方法与步骤；并分别介绍了各类监测变形、渗流、应力应变及温度、动力及水力学等的仪器的安装埋设方法；最后介绍了仪器保护与电缆的连接、测量仪表的维护等常见问题和解决办法。

2.5　第5章　安全监测自动化系统

本章共10节，首先介绍了安全监测自动化系统的设计依据和原则，然后介绍了自动化系统的总体结构设计，数据采集装置，网络设计及通信，系统软件及信息管理，防雷接地系统设计，工程应用实例，产品的出厂和现场验收，安装调试、维护及检测验收；最后列出了安全监测自动化系统的考核指标及计算公式。

2.6　第6章　监测资料分析与评价

本章共9节，以大坝为例首先介绍了资料分析的内容、要求和方法；然后分别介绍了资料分析的基础工作、环境量及监测效应量真伪性分析、监测资料的常规分析、应力应变及渗流监测量的统计模型、确定性模型和混合模型等；最后介绍了安全监测资料的反演、安全性态综合评价等内容。

3　本卷特点

（1）体现安全监测技术新发展。总结和吸收了近30年我国水工安全监测设计的实践经验和科技进步成果，全面覆盖水利水电工程挡水防渗、泄水消能、引水发电、通航过坝、防洪供水等建筑物及工程边坡所涉及的变形、渗流、应力应变和温度、动力和水力学等监测技术，内容较系统、全面。

（2）体现安全监测工作全过程顺序。第1～6章依次为"安全监测原理与方法"、"监测仪器设备"、"建筑物安全监测设计"、"监测仪器设备安装与维护"、"安全监测自动化系统"、"监测资料分析与评价"，覆盖了从基本概念到设计、施工、数据采集分析和安全评价等安全监测实施全过程，充分反映了当前水工安全监测设计施工运行管理的技术水平。

（3）高度概括了安全监测的原理。通过大量分析、归纳，并经多次讨论修改，将安全监测的原理概括为"通过仪器监测和现场巡视检查，全面捕捉水工建筑物施工期和运行期的性态信息，综合分析评判建筑物的安全性状及其发展趋势"。

（4）重点突出水工安全监测所需知识。内容组织坚持"不推导，不叙述，重结论，供查阅"的原则，以设计技术为主，适度论述设计人员必须掌握的主要原理、施工技术及基础理论，着力体现实用性、科学性和一致性。

（5）技术内容兼顾代表性和先进性。卷中内容，水利和水电行业的设计标准并存，除大量介绍应用成熟、经验丰富的代表技术外，还通过典型工程案例针对性地介绍了近年来发展较快、采用较多的GPS测量、光纤传感等新型的监测技术的适用条件和优缺点等。

（6）配有大量典型工程的监测设计实例。工程实例以代表我国水利水电工程技术水平的、已建在建的大型挡水、泄水、引水发电、航运、防洪供水等典型工程为主，以供相关人员尽快熟悉一般建筑物的安全监测仪器设计布置，了解当前我国安全监测技术应用新动态。

（7）强调重视监控信息反馈的理念。在叙述监测设计时弱化了以往单纯的原型观测设计，强化了对建筑物施工过程和质量信息、建筑物运行状态的监测评价和信息化动态设计反馈、工程运行后评价反馈等监控反馈的理念。

4 导读提示

4.1 通过阅读本卷可构建较全面的安全监测设计知识结构

第 1 章是基础知识，要求设计人员对安全监测的重要性、原理、发展有一个基本的了解；第 2 章是必备知识，要求设计人员熟悉安全监测仪器的基本技术及工作原理，为后续的选型提供基础；第 3 章是核心内容，结合工程实例向设计人员介绍挡水、泄水、引水、发电、通航、防洪、供水等水工建筑物及工程边坡有关变形、渗流、应力应变和温度、动力和水力学等方面的监测技术；第 4 章是延伸知识，要求设计人员了解仪器设备的施工和维护，并能从设计角度提出相关技术要求，确保仪器设备的存活率；第 5 章是现代手段，建立高效的自动化监测系统，实现海量监测数据的实时采集、传输、分析和反馈；第 6 章是最终目的，通过监测资料分析，去伪存真，揭示水工建筑物的真实工作性态并对其安全性进行客观评价。

4.2 安全监测有别于质量检测和缺陷检查

本卷内容主要针对水工建筑物运行状态信息的监测手段，有别于施工质量的检测或结构缺陷的检查手段，三者之间有本质上的差别。按规程或规范要求，施工质量检测主要通过现场采样进行室内或现场试验，检测建筑材料的施工质量能否满足设计或标准的要求。结构缺陷检查指对怀疑有缺陷的结构进行的检查，通过现场取样或无损检查等手段，检查建筑结构或岩土体的主要性能指标，从而判断缺陷的范围或程度。这两种手段虽然都不能直接给出建筑或岩土是否安全的结论，但也可以为水工建筑物安全状态综合评价提供重要基础信息。

4.3 首次概括的安全监测原理有待检验

本卷首次概括的安全监测原理"通过仪器监测和现场巡视检查，全面捕捉水工建筑物施工期和运行期的性态信息，综合分析评判建筑物的安全性状及其发展趋势"，虽几经修改完善，但是否准确，还有待历史的检验，有待读者朋友的批评指正。

4.4 安全监测完整的知识体系还需参阅相关技术文献

安全监测技术包括理论原理、设计技术、施工技术、数据分析、安全评价、信息化技术应用等内容，并兼有缺陷和故障诊断、风险预警预测等功能，内容非常广泛。全书的技术内容立足于"水工设计"，本卷主要涉及安全监测的设计，相关发展、原理、施工技术及资料分析的内容主要围绕设计需要来叙述，专业内容不可能完全满足读者深化知识系统、掌握技术前沿发展的需要，进一步的内容需查阅有关技术专著和研究文献。

4.5 涉及生产厂商的仪器设备还要查阅有关资料

具体生产厂商的监测仪器的性能特点、参数指标、技术特长及规格型号各有不同，工程设计文件中一般不直接列出厂商名称及其产品。考虑到知识产权的因素，经济利益的关系处理，以及仪器设备本身在不断更新发展之中，很难列全仪器设备条目。本卷基于专业技术人员在安全监测设计中主要给出仪器设计的量程范围、适应环境等性能指标而编写，工程所用具体仪器设备一般是通过公开招标进行优选。由于安全监测仪器性能指标不能完全脱离目前国内外同类仪器发展水平及对具体生产厂商产品的了解，这就要求专业设计人员在使用本卷时还应掌握目前国内外安全监测仪器的主要参数指标、发展动态及应用效果等，只有这样才能更好为仪器选型服务。在安全监测自动化系统设计、选型和采购中，要按《大坝安全监测自动化系统通信规约》（DL/T 324—2010）规定，提出安全监测自动化系统开放性要求，要求生产厂商承诺其接入与通信规约开放和输出标准信号。

4.6 需要关注技术标准的修制订及更新发布

从 2011 年本卷编制完成至 2014 年 10 月，陆续又有与安全监测设计、采购、施工、验收和资料分析等直接相关的技术标准及众多与安全监测间接相关的技术标准修订、制定并颁布实施。在使用本手册时，要注意查阅新规范并满足其技术要求。

（1）《水工建筑物强震动安全监测技术规范》（SL 486—2011）、《土石坝安全监测技术规范》（SL 551—2012）、《混凝土坝安全监测技术规范》（SL 601—2013）是修订规范，与已颁布的《水工建筑物强震动安全监测技术规范》（DL/T 5416—2009）、《土石坝安全监测技术规范》（DL/T 5259—2010）、《混凝土坝安全监测技术规范》（DL/T 5178—2003）等相比，在设计原则、监测项目、手段方法、技术要求等方面基本相同，在内容编排、细化程度、技术要求等方面各所侧重。

（2）《大坝安全监测自动化系统实用化要求及验收规程》（DL/T 5272—2012）、《大坝安全监测仪器检验测试规程》（SL 530—2012）、《大坝安全监测仪器安装标准》（SL 531—2012）、《水利水电工程水力学原型观测规范》（SL 616—2013）、《水电水利工程施工安全监测技术规范》（DL/T 5308—2013）、《大坝安全监测数据库表结构及标识符标准》（DL/T 1321—2014）等是新制订的规程规范，是对安全监测有关仪器设备、设计要求、测试安装、自动化实施、施工期监测、资料分析评价和验收等专业内容的细化、深化。

主审专家述评

第1卷《基础理论》主审述评

张楚汉

计算机技术的发展已成为水利水电工程设计基本而重要的手段，大大地提高了水利水电工程的设计水平和设计效率，因此，第2版《水工设计手册》第1卷在保持第1版《手册》第1卷《基础理论》基本框架的基础上增加"计算机应用技术"一章是很有必要的。

《手册》第1卷《基础理论》认真总结了水利水电工程设计实践经验，对相应的内容进行了增删：删除了过时或不常用的有关内容，如删除了"数学表"、"迭代法"、"差分法"、"地温梯度"、"岩石的电阻率"等内容；增加了与计算机技术密切相关的有关方法，如增加了"刚性微分方程及其数值解法"、"有限分析法"、"有限体积法"、"有限元基本方法"、"土体应力变形有限元分析"、"最优化方法"和"人工神经网络"等内容；增加了相关试验理论和方法，如"水力模型试验基本原理"、"地质力学物理模型试验"、"岩体稳定性分析方法"、"岩体结构面统计理论与方法"等内容；增加了已发展成为工程设计常用的理论和方法，如增加了大型水电站和调水工程常用的"有压管道中的非恒定流"、高坝泄水建筑物设计中的"高速水流"、高坝抗震设计的"土的动力特性"等内容；补充了以小浪底、三峡工程等为代表的近年来一些典型工程岩土特性和重要设计参数，如补充了有关岩石力学试验的研究成果和参数取值，补充了软弱夹层分类、软弱夹层的物理性质、软弱夹层的抗剪强度特性和软弱夹层的渗透变形特性、特殊土特性等内容。此外，还总结并明确了"几大力学"的基础理论及其在水利水电工程设计应用中的发展方向和需要注意的有关问题，对读者使用本卷很有帮助。

为了慎重起见，我还请李玉梁、李广信、杨强三位教授分别对本卷中的"水力学"、"土力学"和"岩石力学"3章的有关内容进行了更深入的评述，他们还提出了很好的建设性意见。具体评述如下。

1 李玉梁教授对本卷"水力学"一章的评述

第2版《手册》第1卷中"水力学"一章是对第1版《手册》第1卷中"水力学"一章的修编。在原版的基础上，经对其内容和结构的修改、补充和调整，第2版的"水力学"一章具有以下特色。

（1）新增了"变水头下的孔口与管嘴出流"、"管网中恒有压流"、"有压管道中的非恒定流"、"渗流"、"高速水流"、"计算水力学基础"和"水力模型试验基本原理"等，内容更具全面性。

张楚汉，中国科学院院士，清华大学，教授，《手册》技术委员会委员，《手册》第1卷、第4卷主审专家。

（2）水的基本物理性质中加强了对基本概念的表述；水静力学中强调了重力和惯性力的作用；新增了"水动力学"一节，补充了对流体运动及其基本方程的描述；将原分散在有压管道及明槽流动中的阻力与损失内容进行合并与补充后，集中于"流动阻力与水头损失"一节。使该章在保持实用方便的同时，理论性更臻完善。

（3）适当介绍了"高速水流脉动压强"、"水流诱发建筑物振动"、"紊流数学模型"等国内外的最新科研成果，具有技术先进性。

（4）对内容做了适当归并，将明槽部分原分散于 10 节中的相关内容调整合并为"明槽恒定均匀流"、"明槽恒定非均匀渐变流"、"明槽恒定急变流"和"明槽非恒定流"4节，使各节内容安排更为合理。

2　李广信教授对本卷"土力学"一章的评述

近 30 年是土力学学科迅速发展的时期，也是我国以空前的规模与难度大兴土木的时期，因而土力学的理论、学科范围、工程问题以及经验积累都有了很大和很快的发展。第 2 版《手册》第 1 卷中"土力学"一章充分适应与反映了这一形势与趋势，为我国的土工实践提供了具有价值的知识与参考资料。

在 20 世纪 60—80 年代，理论土力学的发展突出表现在土的本构关系理论模型研究的迅速发展上，这就为土工问题的非线性数值计算提供了理论基础，同时也大大推动了实验土力学的进展。本章所增加的"土的本构模型"与"土体应力变形有限元分析"等内容反映了这些新的知识发展。考虑到我国近年来从 100m 高的土石坝，逐渐发展到 200～300m 级的高土石坝建设，这部分内容的意义就更为突出。在本章中，也结合我国的高坝建设，对堆石料的物理性质、压实特性、强度特性、湿化与蠕变等变形特性也进行了较为详细的介绍。

考虑到读者群一般已经具备土力学的基础知识，本章不囿于土力学的基本概念与名词术语的讲解，而是将水利工程中的土力学问题作为重点内容。其中有关渗流流网、渗透变形、渗流固结部分内容系统，很有深度，是同类土力学著作中写得最好的。

本章讲解的土力学概念准确清晰，基础内容中有一些为一般土力学教材和著作所少见；例子与数据很珍贵，对于水利水电工程的设计施工具有参考价值。这部分内容范围广泛，一方面包含了土力学在过去百年来取得的有价值的理论与方法，另一方面也反映了近年来新的研究成果与工程经验。表明了作者在修编过程中大量地阅读了国内外的有关资料，经过筛选与提炼，内容的范围选择与介绍深度较为适度。

本章的内容，文字流畅，公式、图表清晰规范，值得称道的是，所选用的图表、数据多能清楚地注明出处，充分体现了尊重知识产权的意识。在规范介绍方面，以水利水电方面规范标准为主，适当介绍了其他行业和工程领域的规范标准。

总之，这是一部很有用的文献与工具，对于水利水电领域的工程技术人员和教师与学生，以及其他行业的岩土工程技术人员，都具有重要的参考价值。

为了更好地完善本部分内容，也为提请读者注意或今后再版时参考，特提出如下建议：

（1）在协调《手册》其他卷中相关介绍的基础上，在"土力学"一章中适当增加对挡土墙与土压力、土坡稳定和地基处理等部分的基础知识的相应介绍。

（2）再版时对个别不通用的名词术语应予说明。

（3）再版时适当增加土工试验与测试的内容。

3 杨强教授对本卷"岩石力学"一章的评述

第 2 版《手册》第 1 卷中"岩石力学"一章全面反映了岩石力学与工程近 30 年在国际、国内的重要进展，布局详略得当；内容全面，又突出了水利水电工程的特点和重点，如以较大篇幅介绍了软弱夹层的测试和参数分析。

岩体力学参数的确定是水工岩石力学的重要任务。本章在这方面补充了较多近年来重大工程实例和新的试验方法，以及全面的工程分类和分级方法与标准，并引入了可靠度的概念。在流变特性方面也有较大的充实。

在岩体稳定性分析方面，引入了损伤力学、离散元、DDA 等新一代数值分析方法，反映了岩石力学数值分析的发展趋势。在岩石强度理论、渗流、地应力等水工岩石力学传统领域，也注重引入并介绍了新的概念、方法和测试手段。

本章图文并茂，有丰富、翔实、清晰的图表，并有丰富的工程实例，对一线设计人员具有很强的指导性，对科研、教学人员也有很强的参考价值。此外，对其他行业的岩石力学工程也有指导意义。

现对本章提出如下建议：

（1）裂隙连通率是坝基、边坡稳定分析中的一个重要参数，本章虽有裂隙统计分析内容，但有关连通率计算方法介绍得不够，建议再版时适当增加。

（2）"岩石强度理论"一小节内容很丰富，裂隙面强度理论也非常重要。建议再版时适当补充裂隙面强度理论的其他方法，如巴顿公式等。

（3）"岩体稳定性分析方法"一节以数值方法为主，强调岩体结构的模拟，但关于稳定分析评价和稳定控制（加固或支护）的内容偏少，刚体极限平衡法内容及其最新进展介绍也略嫌不足，再版时可适当补充有关内容。

第2卷《规划、水文、地质》主审述评

曾肇京

1 总体述评

《水工设计手册》(第2版)第2卷《规划、水文、地质》以第1版《水工设计手册》第2卷《地质 水文 建筑材料》各章内容为基础,全面收集了近30年来勘测规划设计新资料,总结了近年来的新成果和新理论、新技术、新方法,修改、补充、完善了各章节内容。

第1版第2卷分为5章:第6章"工程地质",第7章"水文计算",第8章"泥沙",第9章"水利计算",第10章"建筑材料"。第2版第2卷修编为7章。增加了3章,第1章"流域规划",第2章"工程等级划分、枢纽布置和设计阶段划分",第7章"技术经济论证";第3章"工程地质和水文地质"是第1版第6章"工程地质的修编";第4章"水文分析与计算"为第1版第7章"水文计算"的修编;第5章"水利计算"是第1版第9章"水利计算"的修编;第6章"泥沙"是第1版第8章"泥沙"的修编。将第1版第2卷第10章"建筑材料"列入第2版第4卷《材料、结构》的第1章。

第2版第2卷突出了在我国水利水电工程建设中,前期规划设计对我国水资源开发利用可持续发展的指导作用、系统理念和整体思路,兼收并蓄各家的技术特点、设计理论,计算公式更具体、实用,设计方法更成熟、先进,反映了当前学科和技术发展水平,内容全面翔实,既体现了与第1版第2卷的延续性,又体现了其先进性和前瞻性。

2 流域规划

第1章"流域规划"为新增章节,主要内容为经济社会发展预测与需求分析,总体规划,水资源供需平衡分析与配置,防洪、治涝、河道整治、城乡生活及工业供水、灌溉、水力发电、航运、跨流域调水、水土保持、水资源保护和河流梯级开发规划,流域管理规划,环境影响评价,规划实施效果分析与评价等。其中,1.1~1.3节主要阐述流域规划的主要内容、流域治理、开发、利用和保护的要求及总体规划方案;1.4~1.16节为专业规划;1.17节和1.18节主要阐述规划的社会、经济、生态与环境的效益及影响。

第1章是水利水电工设计的基础,考虑了主管部门对流域规划编制工作的要求,符合

曾肇京,水利部水利水电规划设计总院原副院长,教授级高级工程师,《手册》技术委员会委员、第2卷主审专家。

现行规范《江河流域规划编制规范》（SL 201）的规定，兼顾大江大河规划和中小河流规划的实际工作需要。让使用者了解流域规划的主要内容和编制流域规划应遵循的主要原则、思路，通过流域规划，确定工程的总体布局，明确工程的定位和主要任务。

第 1 章在规划原则中指出：流域规划与国土资源开发、经济发展规划同等重要，而且要相互协调；水资源可利用水量是经济社会发展的制约因素；合理制定用水总量控制、排污总量控制和水资源高效利用；在保护中开发，在开发中保护；不仅要保障生产用水，更要注重生活和生态用水安全；明确指出规划工作不要面面俱到，要突出重点，这对落实水安全战略十分重要。

规划工作重点：在规划的总体布局中，既要有规划总体布局，也要有工程措施的总体布局；在河流功能分区中，一种是服务的功能，一种是生态功能；在规划目标的制定中要具体，并尽可能量化；现状存在的问题要在总体目标和布局中体现，分项目标要在干、支流规划中体现；在确定水资源承载能力时，可用水资源可利用量来表示；在"管理规划"中要写清体制、机制和制度三项内容。

3　水文分析与计算

第 4 章"水文分析与计算"是确定工程规划的技术基础，重点是径流、洪水和水位流量关系。本次修编对如何做好这些工作给出了具体的论述，特别是对无资料和缺少系列资料的地区，给出了多种方法。

基本资料是水文分析计算的重要基础，本次修编细化了各项内容对基本资料的要求。增加了流域水土保持开展情况等人类活动的调查，资料可靠性分析的方法。

径流分析计算内容增加了径流特性分析和径流系列随机模拟的内容，充实了径流系列的一致性分析、代表性分析、枯水径流分析、日平均流量历时曲线和水文比拟法等其他内容。介绍了有、短缺、缺乏资料地区的计算方法，同时，根据不同的开发目标给出了选择典型年和径流年内分配的方法，特别是给出了枯水径流计算的多种方法，对于保障用水安全是十分重要的依据。在实际计算中，要注意径流计算和代表系列选择时的"还现"或"还原"的一致性，这是一项难度很大的工作，在代表系列选定后，需要做敏感性分析。

设计洪水分析计算增加了古洪水、区间设计洪水计算、上游水库溃坝对设计洪水的影响、水利和水土保持措施对设计洪水的影响等内容。对入库设计洪水和设计洪水地区组成进行了全面的充实、细化和更新，增加了频率组合法和随机模拟法。对根据流量资料计算设计洪水、根据暴雨资料计算设计洪水、可能最大洪水、分期洪水和合理确定施工洪水等内容进行了全面的细化和更新。下垫面变化对洪水系列一致性的还现问题，目前研究成果不多，需继续进行研究。由于历史的原因，城市涝水计算由城建部门确定，取样方法和重现期的概念、标准和方法与水利行业不同，目前正开展相关的研究工作，暂不纳入。

水位流量关系和设计水位，介绍了无资料地区的多种计算方法，还给出了实例。依据水位流量关系，在确定设计水位时还需考虑多种情况，对此也作了论述，并给出了确定设计水位的方法，增加了可操作性。

4　水利计算

第5章"水利计算"是确定工程规模的重要技术基础，按不同的水利工程，介绍了许多计算方法，即有相对简单的方法以定性，又有相对复杂的方法以定量；既有单项模型以解决单一问题，又有方程组以解决综合问题。这些方法在规划、项目建议书和可研阶段都有较强的指导作用。

第5章新增：治涝工程、供水工程、航运工程和河道水力学。

（1）供水工程：介绍了水资源可利用量的计算方法。明确提出采用水资源系统的模拟模型，解决多目标的供水问题和确定实施方案，是符合生产实践的。而优化模型在目标选择和权重确定上有任意性，给出的结果其边界条件也很难符合生产实践的要求，在方案比选和敏感性分析中可采用。鉴于水利计算影响因素很多，因此，采用的各种计算模型必须经过验证，不要主观认为计算的结果就是正确的，一定要加强分析。

（2）防洪工程：保留水库工程，补充和增加了堤防与河道、分洪及防洪工程组合等防洪方面的水利计算。

（3）灌溉工程：保留"水库工程"，补充完善了蓄、引、提水工程的水利计算，增加灌区灌溉制度和用水量及渠系工程的水利计算。

（4）水力发电工程：增加抽水蓄能水电站水利计算，补充电力电量平衡计算及水库调度图绘制。

（5）综合利用水库：增加了水库初期蓄水计算；水库群调度计算：补充梯级水电站联合补偿调度计算方法；水库回水和若干专门问题列入水库水力学。同时，对于径流和洪水调节计算、溃坝洪水、水库回水计算等内容作了更新、补充和完善。

水库径流调节计算方法有三种：时历法、数理统计法和随机模拟法。时历法概念直观、方法简单，能提供水库各种调节要素的全过程，但当资料系列较短时，精度较差。概率法主要考虑径流的各种组合情况，只需要径流的概率分布或保证率曲线即可进行计算，但需根据计算线解图，查图求解，直接求解比较复杂，在实际应用中逐渐淘汰。随机模拟法，兼有时历法和概率法的优点，但需要反复大量计算，工作量较大，应用不普遍，某些方面还处于探索阶段。新中国成立以来我国水文站网发展迅速，统计资料比较长，基本满足径流调节对系列长度的要求，鉴于时历法通过计算机编程，运算速度快，实际应用中被广泛采用。这是水利计算仅介绍了时历法的缘由。

5　泥沙

第6章"泥沙"是影响工程安全运行的一个重要因素，对于水少沙多的河流或泥沙来源较为集中的河流常常是决定性的。第6章在扼要介绍泥沙基本特征和运动特性以后，重点介绍了如何进行水沙条件的设计，水库泥沙设计、枢纽防沙、冲积性河道泥沙及水库建成后对泥沙运动的影响，引水工程的防沙问题和泥沙数学模型及物理模型。

"泥沙的基本特征和运动特性"整合修订了第1版的泥沙的性质、推移质运动、悬移质运动的内容，补充了不平衡输沙理论等近年来新的研究成果。

增加"基本资料"，介绍了泥沙设计要收集分析的基本资料内容和要求。增加"水沙特性及设计水沙条件",介绍了水沙特性及设计水沙条件分析的内容和方法。

修订"水库泥沙"为"水库泥沙设计",介绍了水库泥沙设计计算方法,补充了近年来水库泥沙研究、设计和实践中的最新成果。增加"水库泥沙设计"、"枢纽防沙设计",介绍了泄水建筑物防淤堵、电站防沙、通航建筑物防沙设计的内容和方法。

增加"引水及河防工程泥沙设计",介绍了引水工程、引洪放淤工程、堤防工程、河道整治工程泥沙设计的内容和方法。增加"水库运用对下游河道影响分析",介绍了水库下游河道河床演变过程、水库不同运用方式对下游河道影响分析、水库下游河道冲刷估算方法等内容。

增加"泥沙数学模型和物理模型",介绍了目前用于河床演变预测分析计算的泥沙数学模型和物理模型研究方法,重点介绍了河流动力学法和水文水动力学法泥沙数学模型、水库和河道动床物理模型。

由于挟沙水流在多数情况下是两相流,泥沙运动和水流并不同步,因此在泥沙设计计算时有其特殊的复杂性。同时,泥沙是影响水利工程成败的重要因素,往往又不是一个独立的变量,很难在三个基本方程中准确体现,也难以用统计学的方法进行计算,因此,泥沙运动的计算方法往往具有很强的经验性,尽管也有多种模型,但模型中参数的选择必须用实测资料加以验证。本章节的作者有多年从事泥沙工作的经验和教训,也吸收了国内外大量的科研成果,对指导规划设计工作有较强的针对性。鉴于泥沙问题的复杂性,深入研究和妥善解决泥沙问题仍是艰巨任务。在使用本章介绍的各种方法时,必须采用类比的方法进行分析论证。

6 技术经济评价

第 7 章"技术经济评价"为新增章节,主要采用现代经济分析方法,对项目的经济合理性作出全面的分析和评价,是项目决策的重要依据。第 7 章为新编,所选内容紧密围绕工程项目论证的需要,与工程实践和现行有关规范和政策一致。包括技术经济论证的要求与基础、资金筹措方案分析、费用分摊、国民经济评价和财务评价、供水项目水价测算、水力发电项目电价测算、不确定性分析与风险分析、方案经济比较等。

(1)资金筹措方案分析。应在贷款能力测算成果的基础上,根据工程财务状况和各投资者的出资能力等条件对项目进行可行性评价,为国家、地方政府和有关投资者决策建设资金筹措方案提供依据。贷款能力测算,是根据市场需求合理预测项目的财务收益,测算项目所能承担的贷款额度和所需要的资本金。对年销售收入大于年总成本费用的水利建设项目必须进行贷款能力测算;对年销售收入大于年运行费用但小于总成本费用的项目,根据实际情况分析测算项目贷款能力。贷款能力测算应注重市场调研,拟定不同的水价、电价方案,在进行综合分析、多方案比选及风险分析的基础上,提出资金筹措方案。

(2)财务评价是否可行的准则。对水力发电、城市供水等经营性项目财务评价是否可行,需同时满足清偿能力、盈利能力、水价和电价竞争力三个条件。而财务收入很少甚至无财务收入防洪、治涝等公益性水利项目,也应进行财务分析计算,以提出维持项目正常运行需由国家补贴的资金数额及需采取的经济优惠措施及有关政策。

（3）水价、电价测算。水、电都是关系国计民生的基本商品，财务评价中所选用的水价、电价必须建立在用户承受能力分析的基础上。

（4）不确定性分析。项目经济评价所采用的数据大部分来自估算和预测；同时，水利水电工程建设，涉及面广，许多因素难以定量。因此，项目经济评价结果存在不确定性。为了提高经济评价结果的可靠程度，须在经济评价之后对其进行不确定性分析。在分析中一定要注意对费用流和效益流的发生时间进行修正。

（5）方案经济比较。对参与比较各方案的研究深度要具有可比性，效益与费用的计算口径需对应一致。比较方法的选择应注意：比较的各方案是否有相同的产出效益；有无资金限制条件；计算期是否相同。

第3卷《征地移民、环境保护与水土保持》主审述评

朱尔明　董哲仁

1　第1章　征地移民

1.1　章节安排的合理性与内容的全面性

　　本章章节安排是从征地移民专业的性质和特点出发，阐述了我国目前的征地移民法规体系，综合了水利水电工程、水电工程建设征地移民有关规章，并且兼顾了相关行业和部门规章，章节安排科学、合理，内容翔实、完整、全面。本章以水利水电工程建设征地移民有关规章为基础，对于水电工程建设征地移民有关规章与水利水电工程建设征地移民有关规章差异（如设计阶段、设计深度等）之处，以列表或者批注表现，兼顾了水利工程和水电工程两个规范，作为工具书，具有较强的查阅、指导作用，具有创新性和实用性。

　　本章共分14节："1.1　概述"，介绍了征地移民概念和我国现行征地移民政策法规体系，明确了征地移民规划设计原则、设计任务以及设计成果的报批程序。"1.2　建设征地范围界定"，介绍了建设征地范围构成及其不同淹没影响区的概念、确定方法；明确了不同淹没对象的设计洪水标准、设计洪水计算和回水末端设计终点位置的确定方法；介绍了建设征地范围界桩测设要求和不同工程（水利工程、水电工程）、不同设计阶段建设征地范围确定要求。"1.3　经济社会调查"，介绍了建设征地移民经济社会调查的目的、范围、内容、方法和要求。"1.4　实物调查"，是本章重点内容之一。本节介绍了实物调查的目的、实物调查深度、精度要求和实物调查成果的认定，针对农村、城（集）镇、工业企业、专业项目等不同实物对象，提出了相应的调查内容、调查方法和调查要求；对实物调查组织实施、调查成果整理汇总和合理性分析做出了明确规定。"1.5　移民安置任务、目标和标准"，介绍了建设征地移民安置中人口自然增长率、机械增长率、生产安置人口、搬迁安置人口、生产安置标准、搬迁安置标准，城（集）镇人口规模、建设标准等概念以及相应的计算确定方法。"1.6　农村移民安置规划"，主要由环境容量分析、移民安置方案、生产安置规划、搬迁安置规划设计、耕地占补平衡、移民安置综合评价等构成，明确了相应的规划设计内容、方法和深度要求。"1.7　城（集）镇迁建规划"，主要由规划任务与原则、淹没影响分析、迁建处理方案、迁建选址、新址地质勘察、迁建总体规划、迁建规划设计等组成，涉及到迁建规模、用地布局规划、公共设施规划、居住建筑规划、公

　　朱尔明，水利部原总工程师，教授级高级工程师，《手册》编委会委员、技术委员会副主任、第3卷主审专家。
　　董哲仁，水利部国际合作与科技司原司长，教授级高级工程师，《手册》技术委员会委员、第3卷主审专家。

用设施规划、道路交通规划、竖向工程、公用工程（供水、排水、供电、通信、广播电视等）、防灾减灾、环境保护等诸多内容，专业性较强。"1.8 工业企业处理规划"，介绍了工业企业处理原则、主要任务、主要内容和工作深度要求，采用资产评估理论和方法对受建设征地影响的工业企业进行补偿，明确了相应的补偿投资计算方法。"1.9 专业项目处理规划"，介绍了专业项目处理原则、规划设计深度要求，内容涉及交通运输工程、输变电工程、电信工程、广播电视工程、水利水电工程、管道设施、国有农（林、牧、渔）场、文物古迹、风景名胜、自然保护区、矿产资源、测量标志等行业和部门，专业性强。"1.10 防护工程"，由防护工程类型、方案设计、防护工程设计标准、施工组织设计、工程管理设计、方案比选组成。"1.11 水库水域开发与利用"，介绍了水库水域开发利用原则、水库渔业、水库旅游、水库消落区土地利用、水库航运等规划要求。"1.12 水库库底清理"，介绍了库底清理目的、库底清理基本要求、清理范围和对象，针对不同的清理范围和清理对象，提出了清理技术要求和清理方法，估算清理工程量。"1.13 补偿投资概（估）算"，介绍了建设征地移民补偿投资概（估）算编制的依据和原则，明确了项目设置、费用构成、概（估）算编制方法及深度要求。"1.14 水库移民后期扶持"，介绍了水库移民后期扶持目标、原则、扶持标准、扶持规划等要求。

1.2 选材的代表性及技术的先进性

征地移民专业是随着我国的经济建设特别是水利水电工程建设发展起来的一个新专业，逐渐形成了一套完整的法律法规体系，如《中华人民共和国土地管理法》、《大中型水利水电工程建设征地补偿和移民安置条例》、《长江三峡工程建设移民条例》、《水利水电工程建设征地移民安置规划设计规范》（SL 290—2008）及其附属规范、《水电工程建设征地移民安置规划设计规范》（DL/T 5064—2007）及其附属规范。本章节依据建设征地移民法规体系规定，总结长江三峡、黄河小浪底、南水北调东中线一期工程、黄河下游防洪工程、淮河防洪工程、向家坝、瀑布沟、紫坪铺、尼尔基等大型水利水电工程建设征地移民规划设计经验编辑完成，具有广泛的代表性。本章内容代表了当前我国水利水电工程建设征地移民规划设计的水平，在技术上具有一定的前瞻性、先进性。

1.3 问题与建议

（1）水利水电工程建设征地移民政策性强，与国家政策法规密切关联。因此，在实际工作中要遵循工程建设时期和工程建设行政区域的政策法规，因时因地制宜做好建设征地移民规划设计工作。

（2）水利水电工程建设征地移民涉及面广、涉及相关专业领域广泛。受篇幅限制，建设征地移民规划设计涉及的相关专业规范介绍不能完全展开、深入阐述，建议在具体运用本章内容时要结合工程实况、相关标准规范，进行具体分析、运用。

（3）因各个工程建设征地移民特点和差异较大，本章节重点部分没有编入相关案例，待以后修编或者扩编时加以考虑。

2 第 2 章 环境保护

2.1 章节安排的合理性与内容的全面性

本章共分 14 节："2.1 综述"，介绍水利水电工程环境保护目标，管理规定与管理程序，环境影响评价内容和评价原则、工作程序和工作等级、评价范围和时段，环境保护设计依据和各设计阶段的基本要求等总体情况；"2.2 环境现状调查与评价"，介绍自然环境、社会环境、敏感区调查及历史资料调查等调查内容和调查方法，以及环境现状评价内容；"2.3 工程分析与环境影响识别"，介绍工程与规划协调性分析，工程设计方案环境合理性评价，工程分析，环境影响识别；"2.4 环境影响预测与评价"，包括了水利水电工程可能影响的环境要素预测与评价内容、评价方法和案例；"2.5 生态需水及保障措施"，介绍生态需水的构成及界定，生态需水的确定，生态需水保障措施和案例；"2.6 水环境保护"，介绍重要水域水环境保护，工程施工废污水处理及施工期水源地保护措施，水温恢复与调控措施，地下水保护措施；"2.7 陆生生态保护"，介绍保护对象和原则，陆生植物保护，陆生动物保护；"2.8 水生生态保护"，介绍生境保护与修复，过鱼设施的设计，鱼类增殖站设计，拦、赶鱼设施设计；"2.9 土壤环境保护"，介绍土壤次生盐渍化防治，土壤潜育化、沼泽化防治，底泥处理措施；"2.10 大气、声环境保护"，介绍空气污染控制，噪声防治；"2.11 固体废弃物处置"，介绍固体废弃物产生和处置要求，生活垃圾处置，建筑垃圾处置；"2.12 人群健康保护"，介绍卫生清理与检疫防疫，疾病预防与控制，血吸虫病防治工程措施设计；"2.13 景观保护与生态水工设计"，介绍景观与景观保护，重要景观保护设计，工程景观规划与绿化设计，生态水工设计；"2.14 环境监测"，介绍环境监测任务，监测分类，监测原则，以及施工期环境监测和运行期环境监测。

本章内容总体上按照水利水电工程规划环境保护前期工作需求分为三大部分：①水利水电工程环境保护目标、管理规定与管理程序、工作程序与工作等级、设计依据和基本要求等总体情况；②环境现状调查与评价、水利水电工程分析、环境影响识别及环境影响评价内容和方法；③环境保护设计和环境监测。章节安排科学、合理，内容翔实、全面，且突出了环境影响评价和环境保护设计两大重点内容。

2.2 选材的代表性及技术的先进性

自20世纪80年代以来，我国相继出台了《中华人民共和国环境保护法》、《饮用水水源保护区污染防治管理规定》、《中华人民共和国自然保护区条例》、《中华人民共和国环境影响评价法》等相关环境法律规定，同时为规范环境影响评价和环境保护设计文件的编制，颁布了《环境影响评价技术导则　总纲》（HJ 2.1—2011）、《环境影响评价技术导则　水利水电工程》（HJ/T 88—2003）、《环境影响评价技术导则　地面水环境》（HJ/T 2.3—93）、《环境影响评价技术导则　生态影响》（HJ 19—2011）、《水利水电工程环境保护设计规范》（SL 492—2011）等一系列的标准、规范。在工程建设方面，长江葛洲坝水库、三峡水库、新疆恰甫其海水库、广西长洲水电站、浙江曹娥江大闸、吉林老龙口枢纽等大型水利水电项目已实施了鱼类增殖放流站、过鱼道等环境保护设施。近年设计与开工的水利水电工程还设计或布设了最小生态基流泄放设施、分层取水设施和拦鱼设施等生态保护措施，为本章的编写提供了经验与素材。本章的内容既介绍了水利水电工程环境影响评价与设计中应遵循的相关法律法规的规定，又介绍了相关标准的内容和用法，同时通过大量实例介绍了目前国内常用或正在发展的环境保护措施和技术。本章内容的选材代表了当前我国水利水电工程环境影响评价和环境保护设计的水平，并且在技术上具有一定的前瞻性和先进性。

2.3 问题与建议

（1）环境影响评价方法与国家政策密切相关。水利水电工程环境保护设计与传统水工建筑物设计不同，其设计方法及预测、评价方法均属新领域，许多方面尚处于探索阶段。因此，在环境影响评价中不能生搬硬套本章内容，需密切关注国家政策要求，经充分论证因地制宜使用。

（2）本章内容繁多，但受篇幅限制，具体内容、方法的介绍不能完全展开、深入阐述，建议在具体运用本章内容时要结合工程实际、相关标准规范，进行具体分析。

（3）关于水质影响预测与评价：本章 2.4 节水质预测与评价中，河流、湖（库）水质预测方法较全面，包括常用数学模型和经验公式，但各公式的适用条件、适用范围需结合实际具体把握和处理；国家环保部于 2011 年发布了《关于印发〈地表水环境质量评价方法（试行）〉的通知》（环办〔2011〕22 号），在本章中没有该通知的内容。建议在实际使用中，评价者可查阅、采用本章的预测方法，但在进行水质评价中需按国家有关部门新规定进行评价。

（4）生态保护措施中诸如仿自然鱼道设计、升鱼机设计、集运鱼系统设计等在我国尚无建设先例，设计内容的介绍较为简单，需在实践中进一步积累经验，不断完善。

3 第 3 章 水土保持

3.1 章节安排的合理性与内容的全面性

本章共分 14 节："3.1 概述"，简要叙述了水土流失及水土保持的定义、土壤侵蚀类型与分级，水利水电工程水土保持管理有关规定、水土流失防治措施分类以及水利水电工程水土保持设计的基本规定等。"3.2 水土保持设计标准和水文计算"，介绍水利水电工程水土保持工程级别划分和设计标准，水土保持工程的水文计算方法和相关案例。"3.3 水土保持调查与勘测"，介绍水土保持区域调查和工程调查的内容及方法，水土保持工程勘测的内容及不同设计阶段深度要求等。"3.4 水土保持工程总体布置"，介绍防治分区的划分原则和划定方法，列出一般水利水电工程的主要防治分区、水土保持措施总体布局、水土流失防治措施体系遵循原则等。"3.5 弃渣场设计"，包括弃渣场选址、容量确定、堆置方案设计及总体布局设计等。"3.6 拦渣工程设计"，介绍了挡渣墙、拦渣堤、拦渣坝的设计方法，同时根据上游洪水处理方式，对拦渣坝分为截洪式和滞洪式两类工程设计方法进行了详细叙述。"3.7 斜坡防护工程设计"，重点针对开挖形成的稳定边坡进行坡度选定和防护设计。"3.8 土地整治工程设计"，介绍了工程建设中被破坏和占压的土地采取措施。"3.9 防洪排导工程设计"，重点对排洪排水的设计方法进行了详细叙述，对拦洪坝、护岸护滩主要提出分类及相关的设计要求等、对泥石流防治工程设计做了简要叙述。"3.10 降水蓄渗工程设计"，是对工程建设区域内原有良好天然集流面、增加的硬化面形成的雨水径流进行收集，并用以蓄存利用或入渗调节而采取的工程措施。"3.11 植被恢复与建设工程设计"，通过对工程建设区立地条件的分析，提出植被恢复与建设工程类型及其适用条件；详细叙述了一般林草工程设计、高陡边坡绿化设计等。"3.12 防风固沙工程设计"，提出了不同区域的防风固沙工程体系，对沙障工程、防风固沙林、防风固沙种草及围栏工程的设计内容及方法进行了详细的叙述。"3.13 水土保持施工组织设计"，详细叙述了水土保持工程的施工条件、施工布置和施工方法。"3.14 水土保持监测"，根据水土保持监测要求提出监测内容和时段、监测方法，对地面观测、遥感监测、调查监测的适宜范围和设计内容进行了详细的叙述。

本章依据《水利水电水土保持技术规范》、《水土保持工程设计规范》等标准，以工具书的形式进行了细化和说明。章节安排经多次讨论、修改和完善形成，科学合理，内容全面。本章从简述水土流失和水土保持的概念与内涵开篇，明确了水利水电工程水土保持管理要求、阶段划分、设计深度与内容以及工程级别划分和设计标准、水文计算方法。在此基础上，讨论了水土保持区域调查及工程勘测内容及方法等，明确水土流失防治分区划分原则和划定方法，提出了水土保持措施总体布局、水土流失防治措施体系；重点讨论了弃渣场及拦渣工程设计、斜坡防护工程设计、土地整治工程设计、防洪排导工程设计、降水蓄渗工程设计、植被恢复与建设工程设计、防风固沙工程设计等设计内容；明确水土保持施工组织设计内容和水土保持监测的内容和方法。章节涵盖了水利水电工程水土保持方案编制和后续设计的全部内容，可作为目前水利水电工程水土保持各阶段设计的重要工具用书，也可作为高等院校教材和其他生产建设项目水土保持设计的重要参考文献。

3.2 选材的代表性及技术的先进性

本章内容在选材上符合国家最新的规定和要求。充分考虑到我国不同地区的自然环境、不同建设特点的水利水电工程水土保持设计条件，列出了不同类型区水土流失防治措施的特点和布局的要求；在植物品种选择上列出了各区域适合生长树草种及生长特性，提出了不同类型弃渣场的选择条件和防护措施类型，给出了相应的防护标准等级及水文计算方法，在调查勘测、斜坡防护、降水蓄渗、防风固沙、水土保持监测等方面也给出了不同的要求和设计条件。本章设计案例是编写人员在上百个案例中精心筛选而得，具有较强的典型性和可借鉴性。

本章选材反映了当前我国水利水电工程水土保持方案及后续设计的先进水平。本章还对该领域未来发展趋势做了预测与分析，具有一定的前瞻性。

3.3 问题与建议

（1）自 2011 年 3 月 1 日修订的《中华人民共和国水土保持法》实施以来，国家和主管部门对水土保持相关管理规定、技术规范和标准开展了大量的制订与修编工作，截至本书出版，很多规定、规范和标准尚待调整、修改和颁布实施，因此，在使用本章时还应注意根据国家和行业最新相关要求做出适当调整。

1）关于水土保持工程设计标准、水文计算：水利水电工程水土保持设计标准和水文计算方法是《水利水电工程水土保持技术规范》（SL 575）和即将颁布的国标《水土保持工程设计规范》中新增加的内容，解决了过去水土保持工程没有设计标准、水文计算方法不明确的问题。但这些标准、公式在水土保持工程设计中实践应用刚刚开始，级别划分及设计标准制定合适程度尚需今后检验调整。因此在参考本书使用时，若发现的问题及时反馈给本书的主编单位，以便本书修订及修改规范和标准时进行调整。

2）关于水土保持调查与勘测：本书是根据《水土保持综合治理规划通则》（GB/T 15772—1995）以及即将颁布的国标《水土保持调查与勘测规范》编写的相关调查与勘测内容，编写者对未确定的调查勘测内容介绍的较少，使用时应注意调查与勘测精度要求，应以即将颁布的《水土保持调查与勘测规范》为准。

（2）本章在有些设计深度方面没有详细叙述，实际应用时还应参照其他卷中有关内容。

1）关于弃渣场及拦渣工程设计：弃渣场及拦渣工程设计是水利水电工程水土保持设计的重点和难点，使用时应认真研究弃渣场设计条件。特别是稳定计算方法，在本章没有一一列举，使用者可参考《手册》其他卷中有关内容，修正调整计算方法，以策安全。

2）关于斜坡防护工程设计：本章中未涉及边坡稳定计算相关内容，需用时应参考水工手册边坡工程卷的相关内容，对于何种边坡条件下采取何种植被恢复与绿化措施或方案，此方面的新技术和新方法近年来层出不穷。手册对不成熟的方法未作收录。如采用新技术时应认真研究分析地质、岩性、稳定要求、排水条件等，慎重应用。

3）关于防洪排导工程设计：因《手册》（第2版）第10卷第5章5.4节有泥石流防治工程设计详细介绍，故本章仅对泥石流的地表径流形成区、泥石流形成区、泥石流流过区、泥石流堆积区进行了表述，重点描述了形成区的防护措施和要求，因泥石流的形成、发生和发展过程复杂，所造成的水土流失危害严重，在进行泥石流防治工程设计时，还应参考第10卷以及泥石流防治工程有关标准。

希望广大水土保持工作者在工作实践过程中发现新问题，及时反馈给本章主编单位，以便及时修改、完善相关技术标准和内容，共同为水土保持事业发展和保护人类的生存环境作出新贡献。

第4卷《材料、结构》主审述评

石瑞芳

1　关于第4卷内容的总体评价

第4卷《材料、结构》各章内容丰富，章节编排合理，选材有代表性、充分反映了自第1版《水工设计手册》出版以来近30年间，水利水电事业改革开放的发展水平，具有显明的时代特色。卷中内容与现行水利水电标准很好地协调和衔接，且有理论上和技术上的阐释，展现了当前中国水利水电工程中有关新材料、新结构、新技术的总体水平和发展趋向，是建设者们阅读、应用和借鉴的好材料。

卷中各章内容、篇幅和叙述深度虽有一定差异，但各有特色。阅研后，对编撰专家们的辛勤劳动深表感谢。有一些求全的愿望，提供大家研讨，不当之处请指正。

2　关于第4卷各章内容的编排

2.1　第1章　建筑材料

第1章在第4卷中是篇幅最大的一章，共有15节，内容十分丰富，展示了改革开放以来水利水电工程建设在建筑材料领域的发展和成就。

与第1版相比，第2版的"建筑材料"内容和篇幅有了大量增加。其中"1.2　水泥"、"1.3　掺合材料"、"1.5　水工混凝土外加剂"，内容都很丰富。

"1.4　水工混凝土骨料"，对天然骨料和人工骨料性能要求做了详尽说明，还就国内40余座水电站的不同坝型使用骨料实例，提供了主要技术指标，可供参考与借鉴。由于对骨料碱活性影响的深入研究，又推进了混凝土掺合材料的发展。

"1.7　特种水工混凝土"，系统地叙述了12种特种混凝土应用现状，几乎涵盖了水利水电及其他土建工程中关于特种混凝土的内容。其他各节又分别叙述了砂浆、防水防腐、灌浆、止水、保温、土工合成、土石坝填筑材料等内容，内容齐全、条理清晰、应用方便。

"建筑材料"为第4卷第1章，全章版面约达20万字，章节内容丰富翔实，反映了水利水电工程中的新材料、新技术的进展，具有很高的可读性和实用价值。

2.2　第2章　水工结构可靠度

与第1版相比，第2章为新增部分，主要内容有：①结构可靠度基本概念；②单目标结构可靠度计算方法；③体系可靠度计算方法；④可靠度方法的工程应用；⑤基于可靠度

石瑞芳，中国工程设计大师，原水利电力部西北勘测设计研究院院长，教授级高级工程师，《手册》技术委员会委员，《手册》第4卷、第5卷主审专家。

的分项系数极限状态设计法。对水工结构可靠度的概念、计算方法、工程应用等有了明确的叙述。

在目前水利行业标准（SL系列）和电力行业标准（DL系列）的相关标准中，DL系列是采用可靠度方法，而SL系列并不采用。本章对两种方法的对比和差异没有叙述，但在本卷第4章"水工混凝土结构"的内容中有专门的说明。当前国内强调对工程建设的终身负责制，因此水利和电力各自按行业标准使用也就无可非议，但是两种方法同时合法并存，在实际使用上就存在困难。建议在修订相关标准时逐步予以统一，宜早不宜迟。

2.3 第3章 水工建筑物安全标准及荷载

第3章所述水工建筑物安全标准及荷载的内容，均引自水利行业和电力行业现行有关标准的最新版本，并按目前水利和电力两个行业进行划分，在阅读和应用上均为清晰、方便。

关于水工建筑物的安全标准，都是按照水利水电现行标准着重对建筑物等级划分，防洪标准和安全加高等做了叙述，与第1版相比，增加了堤防、边坡级别划分的内容；关于荷载，第3章共列出14种在水工建筑物设计中常见的主要作用荷载的取值和计算方法。

对于水工建筑物的设计安全标准，在介绍传统的单一安全系数法外，还增述了以概率统计可靠度设计方法为基础的分项系数极限状态设计方法，并对这两种方法的差异作了叙述。SL系列标准采用单一安全系数设计法，DL系列标准采用分项系数极限状态设计法。目前水利水电工程界对该两种方法并存使用，虽然使用的设计效果基本相同，但也会有差异，尤其是大体积混凝土结构的抗滑稳定会涉及工程量和投资，两种计算方法成果难免有取舍之争，对于融资困难的项目就会增添困难。因此两种方法尽早统一是最好选择。

2.4 第4章 水工混凝土结构

第4章依据电力行业标准《水工混凝土结构设计规范》（DL/T 5057—2009）与水利行业标准《水工混凝土结构设计规范》（SL 191—2008）的规定编写。这两种标准关于承载能力极限状态的设计在实质上基本相同，仅在表达形式上有些差异，使结构设计安全度和最终配筋量在某种情况下会略有不同。因此为控制篇幅，本章以DL/T 5057—2009为主体进行编写，而对SL 191—2008与DL/T 5057—2009的不同之处则另加说明。总体来看，本章内容与现行的水利水电行业规范相互协调，应用方便。

随着我国筑坝技术的发展和建设项目的拓宽，在本卷第1章"建筑材料"中，已逐步形成有12种特种混凝土，其中如堆石混凝土、胶凝砂砾石混凝土、沥青混凝土等水工混凝土结构，期望水利行业标准与电力行业标准中都应有相应的叙述，相信在今后修订标准时会逐步涵盖和充实。

2.5 第5章 砌体结构

水利水电工程中最具代表性的砌体结构是砌石坝。砌石坝建设在我国已有悠久历史，新中国成立以来的前30年得到很快发展，修建了很多砌石坝。砌石拱坝是砌石坝中最有特色的坝型。高于15m的砌石拱坝，新中国成立前仅有2座，20世纪50年代建6座，60年代建56座，70年代建591座，80年代以来明显减少。砌石拱坝虽多，但坝高在70m以上的仅12座，其中最高的是1971年建成的高为100.5m河南群英砌石重力拱坝。在中国广大农村拥有大量石匠，他们是能工巧匠，善于精雕细刻。改革开放以后，农村劳动力涌向城市,石匠后继乏人,新的砌石拱坝已近消失。预期在不远的将来,维护良好的砌石拱坝将有可能成为中国水利水电建设史上的物质文化遗产。

本章在第 1 版基础上调整和增加了很多内容。在我国广大山区工程中仍然可见到大量砌体结构,在全国水利、水电、铁路、公路、桥涵等行业几乎都离不开砌体结构,因此本章很具实用价值。今后随着我国抗地震、抗地质灾害、生态文明等工程建设的发展,砌体结构的技术水平将会有进一步的提高。

2.6 第 6 章 水工钢结构

水工钢结构在《手册》中占有重要位置。但第 6 章内容主要针对水利水电工程和各项土建工程中的一般钢结构设计,设计计算方法采用与《钢结构设计规范》(GB 50017—2003) 相一致的方法,即概率极限状态法。对于水利水电工程中的钢闸门、钢桥梁、压力钢管等结构,则另有相应的国家标准和行业标准。这样划分适合目前在国内外工程的建设需要。

与第 1 版比较,本章在"6.6 空间网架屋盖设计"、"6.7 钢结构防腐蚀措施"中增加了很多新结构、新技术、新材料的内容。如近 20 年来水利水电工程中电站厂房几乎都采用空间网架屋盖,钢结构已被广泛采用,并逐步取代一批钢筋混凝土结构,这是改革开放以来在水工结构发展上的新趋势,节约"三材"(钢材、木材、水泥)已赋予新的理念,强调建设林木、重视环保和防止污染。

2.7 第 7 章 水工结构抗震

第 7 章内容与第 1 版相关篇章相比,有了较大调整和增加。尤其是 2008 年"5·12"汶川特大地震以来对水工结构抗震复核的研究和近 20 年来对几十座强震区高坝的设计,增加了实际工程的抗震设计成果和经验总结。因此本章更具可读性和实用意义。

汶川地震后,相关部门提出《水电工程防震抗震设计专题报告编制暂行规定》(水电规计〔2008〕24 号),要求Ⅰ级挡水建筑物需验算其在校核地震下的整体稳定性,以达到"不溃坝"的性能目标。

我国大型、特大型的高坝大库集中在西部和西北部,也是我国地震高发地带,设计地震烈度一般在Ⅷ度或Ⅸ度。由于很多高坝正在建设或尚待运行,还缺少遇强震的实际运行经验,要完善抗震设计和措施,需要实践经验的积累,"不溃坝"的要求,也就是检验大坝抗强震的安全潜力。高坝大库设计是不能考虑溃坝的,但又必须为防止可能的溃坝,采取应对措施。

地震的发生时间尚不能准确的预测、预报。应对不溃坝的措施,主要应是研究适应抗强震的枢纽布置和选用抗震性能好的坝型,其中在枢纽中应重点研究采取放空水库和控制库水位的泄洪措施,尤为重要。

3 水工建筑物的使用年限

3.1 大坝和重要水工建筑物建设应是"千年大计"

三峡工程知名度很高,常有人问道:"三峡大坝寿命有多长?赵州石桥至今已 600 多年,仍然可通车。三峡大坝可以使用 600 多年甚或 1000 年吗?"虽然得到了肯定的回答,但在水利水电系列标准中均得不到使用期限的答复。

近几年不少建设工地，尤其是大坝水库工地，挂出"千年大计、质量第一"。大坝，从它的重要性，它的使用期或称为"寿命"，应该是 1000 年。

目前混凝土大坝的强度标号已达 $C_{25} \sim C_{30}$ 以上（90d 龄期），虽然比 20 世纪五六十年代的强度高多了，但它的使用期限究竟为多长，标准、手册中均未论及。

在大坝的基础良好情况下，制约混凝土大坝使用期限的首先是混凝土的老化。所谓老化，不仅仅是强度降低、出现裂缝……甚至严重渗水等，总之，不能让老化的大坝去挡御洪水！我国已建的高坝大库很多，据了解，其中混凝土大坝（重力坝、拱坝）占约近一半，大坝使用年限的判定要提到议事日程了。目前水利行业及电力行业均在编制有关水工建筑物使用年限的规范，2014 年发布《水利水电工程合理使用年限设计规范》（SL 654—2014），其内容只有等《手册》下一版修订时列入了。

3.2 增加使用年限的对策

增加大坝使用寿命的对策，首先要重视大坝材质的寿命。但哪种坝型耐久性最好，寿命最长？是混凝土重力坝、拱坝，还是面板堆石坝、心墙堆石坝？而且配有钢筋的轻型坝（连拱坝、支墩坝）的寿命似乎也不差！这些问题在《手册》中如果能给予恰当的回答，相信会是众所欢迎的！

增加使用期的通常对策，是维修。如水利水电工程中的消能工，即使损坏了，及时修复，并不危及工程安全，更不影响大坝寿命。据报道，国外有大坝因坝基或坝体出现严重问题，而将水库全放空，进行彻底维修后仍可安全运行。我国大坝众多，其中混凝土坝占了很大比重，能将水库"彻底"放空进行检修的不多，而现行的设计规范，不论是水利行业标准还是电力行业标准，均未对采取彻底放空水库进行旱地维修进行研究或规定。

放空水库到淤积高程，在旱地对大坝及其主要建筑物进行彻底维修，将是增加使用期的有效办法！

4 关于水工建筑物的安全标准

4.1 建设者们关注水利水电工程的安全标准

随着我国社会经济的发展，水利水电建设者们已开始关注和探索下列问题，祈望在相关标准中有所叙述或提出指导性意见：

（1）流域梯级群的整体安全，尤其是流域（或河段）的龙头水库对其下游各梯级安全的影响。

（2）在流域各梯级中，究竟那种坝型最为安全可靠，尤其是坝高在 $200 \sim 250\text{m}$ 以上的大型水库梯级，究竟那种坝型和枢纽布置最为安全。

（3）对已经达到标准规定的安全标准（以"K"为代表的安全度）的大坝，还要探索其潜在的安全度和超载能力，使建设者对"工程终身负责制"更感踏实。

4.2 为提高水库大坝的安全度应从何着手

要从流域总体规划和枢纽总布置格局着手，以流域梯级安全和大坝安全为总目标，规避不安全因素。

如果全流域出现特大暴雨，有可能发生超标准洪水时，应由哪几座梯级水库为主解除洪灾？

　　如果有一座梯级水库大坝由于种种原因有发生溃坝可能，流域水库群如何应对？

　　如果流域中某一座大型（甚或特大型）水库需要快速放空水库以降低库水位，全流域水库如何安全应对？

　　为应对以上各种不测情况，应重视研究水库枢纽的放空设施，提出库水位能在较短时间内降至水库安全高程、最终能达泥沙淤积高程的可行方案。

　　放空水库设施，是为了工程的最终安全。我国是人口大国，需要为防止突然溃坝，研究这种不得已的工程设施；在千年大计的目标下，即使遇到国际上"不测风云"的最坏情况，使得水库大坝仍有回旋余地。

第5卷《混凝土坝》主审述评

朱伯芳

我国人民有着修建水利水电工程大坝的悠久历史，但新中国成立以前，除了丰满重力坝外，我国自己并没有设计建造过真正现代意义上的混凝土坝。1949年以后，大兴水利的过程中，我国开始建造混凝土坝。近30年，我国建坝的速度、规模是空前的。至今，我国已建混凝土坝数量全球第一，全世界最高的几座混凝土坝，如锦屏一级、小湾、溪洛渡等高拱坝，龙滩、光照、向家坝、黄登等高碾压混凝土重力坝，也在我国建成或正在建设中。

我国水利水电建设执行自力更生的路线，从规划、设计、科研、施工到运行管理完全依靠自己的科技人员，在完成大规模水利水电工程建设的同时，也造就了一支优秀的水利水电科技队伍。我国广大水利水电科技人员是勤劳而智慧的，在兢兢业业完成本身工作任务的同时，还刻苦钻研，不断探索科学问题，研究新技术，提出新方法。新中国成立65年来，我国在混凝土筑坝技术上也积累了丰富的经验并有不少重要创新。

在混凝土坝的坝型方面，在开展大量方案研究比较、计算分析论证和可靠性经济性权衡的基础上，我国不同时期兴建了各种类型的混凝土坝，包括连拱坝、平板坝、大头坝、宽缝重力坝、实体重力坝、坝内厂房重力坝和各种河谷形态下的拱坝，对各种坝型的设计、施工和运行管理也都积累了丰富的实践经验，对后来混凝土坝坝型的选择具有重要指导意义。

坝型的选择是与当时国家经济技术水平有密切关系的。20世纪50年代初期，由于建设资金缺乏、水泥供应紧张，我国修建了一批支墩坝和宽缝重力坝，在当时条件下，选用这些坝型是合适的，在中小工程中，建造了大量砌石坝。随着国家经济实力的增强，后期主要兴建实体重力坝和混凝土拱坝，并建造了大量碾压混凝土坝。《水工设计手册》（第2版）第5卷对各种坝型的结构特点、断面选择、应力分析、稳定分析、泄洪消能、材料选择、坝体修补和加高都进行了详尽阐述，总结归纳了各种坝型的技术特点和适用条件，具有很强的指导性。

我国是混凝土坝坝型最为丰富的国家，国土辽阔，各地建设条件和气候条件差别较大，需要因地制宜地设计修建各种型式的混凝土坝，这充分显示了我国工程技术人员的创新实力。这一大批大坝工程的建设和运行为各种坝型提供了许多宝贵丰富的实践经验，其中不少经验是过去书本上所没有的。

以支墩坝为例，在20世纪50年代，国外已建造过不少支墩坝，当时文献上介绍，支

朱伯芳，中国工程院院士，中国水利水电科学研究院，教授级高级工程师，《手册》技术委员会委员、第5卷主审专家。

墩坝具有散热容易、温度控制简单的优点，国外在支墩坝设计和施工中采用的分缝分块和温度控制措施在我国早期建造的支墩坝中都采用了，施工质量也很好，但这些工程竣工后实际产生了不少裂缝。据分析，支墩坝容易散热是事实，但支墩坝结构单薄，对外界气温的变化非常敏感，气温变化在支墩坝内可引起较大的拉应力，从而引起较多裂缝，从实践经验来看，结构单薄容易裂缝实际上是支墩坝的一个主要缺点。

与实体重力坝相比，大头坝和宽缝重力坝的暴露面积也较大，因而更容易产生裂缝。我国建坝的实际经验表明，实体重力坝由于暴露面积最小，在各种型式的混凝土坝中，实际上是最容易防止裂缝的，这一结论对坝型选择具有较大影响，所以后期我国实际上不再建造支墩坝和宽缝重力坝。

大约在公元前 214 年，我国在广西灵渠建造了砌石溢流坝，至今仍在正常运用。在 20 世纪后半期，我国在农村水利水电工程中建造了大量砌石坝，在砌石坝的筑坝技术上也取得重要进展，在坝型方面，不但有砌石重力坝，还有砌石支墩坝和砌石双曲拱坝，并建造了几座坝高 100m 以上的砌石坝，对砌筑工艺和材料也有不少改进，胶结材料由过去的水泥砂浆改为细石混凝土，砌筑石料由过去的平铺改为竖立，使砌石坝的含石率达到 $50\% \sim 55\%$，单位体积坝体水泥用量在 100kg 左右，坝体密度达到 $2.35t/m^3$，施工方法也由过去的全部人工操作转化为部分机械化作业。当然，砌石坝毕竟是人工密集型的坝，最近 20 年，由于国民经济的快速发展，砌石坝的建造已逐渐减少，这一趋势也是合理的。

碾压混凝土筑坝是近 30 年世界筑坝技术的一项重要进展。在引进技术、消化吸收和再创新的基础上，形成了中国特色的碾压混凝土筑坝技术，包括碾压混凝土坝体型结构优化、材料优选和施工技术革新等，成为引领世界碾压混凝土筑坝技术发展的一支重要力量。我国建成了一批具有世界影响力的碾压混凝土高坝，包括最大规模的龙滩碾压混凝土重力坝（设计坝高 216m）、光照碾压混凝土重力坝（坝高 200m）、大花水双曲拱坝（坝高 134m）和沙牌拱坝（坝高 132m）。沙牌拱坝还经受了汶川特大地震的考验。

根据已有的经验，判断未来发展的趋势，只要地质条件较好，今后在宽河谷上，以建造实体重力坝为宜；在窄河谷上，以建造拱坝为宜。至于采用常态混凝土还是碾压混凝土，则不能一概而论，应根据工程具体条件进行详细的分析论证后选定。如果地质条件不够好，则以选择土石坝为宜。作为高坝，在考虑地质缺陷处理之后，混凝土坝抵御洪水漫顶和地震作用的安全性更高。

混凝土坝裂缝是长期困扰人们的一个老问题，虽然过去提出了分缝分块、水管冷却、预冷骨料等温控措施，但实际上全世界是"无坝不裂"。这主要是由于混凝土坝温度应力比较复杂，过去对混凝土坝温度应力的研究成果很少，缺乏温度场及温度应力理论指导，所以混凝土坝产生裂缝是必然的。我国学者通过大量理论研究和工程实践，建立了一套比较完整的温度应力和温度控制的理论体系，提出了库水温度计算公式、考虑水管冷却的等效热传导方程、考虑混凝土徐变的温度应力隐式解法，从而可以计算从开工到竣工并投入运行后混凝土坝全过程的应力状态，计算中可以模拟各种自然条件、施工浇筑和温控措施的影响，从而提高混凝土坝温度控制的水平。我国学者提出了"全面温控、长期保温"的新理念，纠正了过去国内外只重视早期保温、忽视长期保温的不足，这一套混凝土温度应力和温度控制理论的建立，为建造无裂缝的混凝土坝打下了基础。在这一理论体系的指引下，我国已建成数座无裂缝、少裂缝的混凝土坝，包括江口拱坝、三江拱坝和三峡重力坝三期工程，宣告了无坝不裂历史的结束，这是筑坝技术上的一项重大成就。

混凝土坝的施工通常要历时数年，因此混凝土坝特别是高坝的应力状态与施工过程具有密切关系，过去混凝土坝应力计算方法比较粗略，没有考虑施工过程的影响，计算结果与实际应力状态相差较远，我国学者建立了混凝土坝仿真分析的一套完整算法，可以充分考虑施工过程中各种因素和各种技术措施的影响，使坝体应力计算结果比较符合实际，从而有利于提高设计水平和工程质量。

设计、施工和管理规范在水利水电工程中具有重要作用，我国过去没有这些规范，从20世纪70年代开始，我国组织全国专家，先后编制了混凝土重力坝、拱坝等水工建筑物的设计、施工和管理规范，在系统总结国外建坝经验的同时，也全面总结了我国混凝土坝工程建设的丰富经验，对我国的坝工建设具有重要指导作用。进入21世纪之后，这些规范又相继进行了修订和补充。应该说，我国当前混凝土坝设计建设的科技水平在世界上是首屈一指的。第5卷《混凝土坝》集中反映了这方面的新成果。

第5卷的编写是成功的，具有如下特点：

（1）经验总结系统。本书在继承第1版《手册》优秀内容的基础上，又全面总结了近30年来我国混凝土坝在设计、施工和管理方面取得的丰富经验，对今后混凝土坝的设计建设具有重要指导作用。

（2）内容详细而实用。对各种坝型的枢纽布置、结构特性和计算方法都进行了详细介绍和评述。

（3）国内外混凝土坝实例丰富。对国内外重要的混凝土坝都用图和表进行了介绍，列举了其重要设计参数。

（4）中国特色突出。对发展较快的碾压混凝土坝列一专章进行了详细介绍，突出反映了中国特色碾压混凝土筑坝技术和未来发展。

总之，《手册》内容全面、取材实用、资料新颖，对于混凝土坝的设计具有重要参考价值，在我国今后的水利水电工程设计建设中，必将发挥重要作用。

第6卷《土石坝》主审述评

林　昭　蒋国澄

经过数十位有丰富实践经验和扎实理论基础的科技专家3年多的辛勤劳动，《水工设计手册》（第2版）第6卷《土石坝》终于出版了，这对许多从事土石坝设计的科技人员来说，是一件值得欣喜的事。其内容丰富，资料翔实，相信会对进行土石坝设计工作有较大帮助。作为该卷的主审人员，我们根据编委会的要求，进行述评如下。

1　章节安排合理，内容全面

土石坝广泛定义是指用土、砂、砂砾、石料等当地材料筑成的拦河坝或堤防。其防渗材料除了土料之外，在一些缺土地区，可以用混凝土、沥青混凝土和复合土工膜等人造材料替代，但其主体，仍用砂、砂砾或石料等当地材料筑成。由于可以就地取材，而且对坝基要求相对比混凝土坝低，因此被广泛采用，据不完全统计，在我国，多种坝高的拦河坝约有86000多座，其中土石坝约占90%以上；土石坝历史最久，我国人民早在2000多年前就已沿黄河两岸修建堤防抵御洪水。根据上述，《手册》（第2版）中将土石坝单列一卷进行编写，是有较大的现实意义。

本卷共分6章，依序为"土质防渗体土石坝"、"混凝土面板堆石坝"、"沥青混凝土防渗土石坝"、"其他类型土石坝"、"河道整治与堤防工程"、"灰坝"。以上6章基本涵盖了土石坝工程中常用的各种坝型；并根据各坝型的发展历史和应用的广泛程度，对各章依序进行安排。如历史悠久，使用最广的土质防渗体土石坝列为第一章，其次为近年来在我国迅猛发展，最大坝高已达世界第一的混凝土面板堆石坝，以及发展较快的沥青心墙坝；再次为其他类型土石坝（包括新兴的土工膜防渗土石坝，以及早期因缺乏施工机械，对某些坝不高，而采用的水力冲填坝、淤地坝、定向爆破坝等），包含土堤在内的河道整治与堤防工程，以及拦放水电站灰渣的灰坝。此外，结合各章不同坝型的各自特点，按照设计工序的先后，安排了各章中有关各节的先后排序。综合上述，本卷有关章节的选择和安排是合理的。

本卷内容全面，对土石坝工程中的主流坝型和新兴坝型（如土质防渗土石坝、混凝土面板堆石坝、沥青心墙坝以及土工膜防渗土石坝）都作了详细介绍，对水利和电力行业中必不可少的堤防工程和灰坝也有专门章节进行阐述，还兼顾了群众性筑坝要求，对自流式水力冲填、淤地坝等设计也作了介绍，总之，基本涵盖了土石坝工程的各种坝型。编写内

林昭，中国工程设计大师，中水北方勘测设计研究有限责任公司副总工程师、专家委员会副主任，教授级高级工程师，《手册》技术委员会委员、第6卷主审专家。

蒋国澄，中国水利水电科学研究院，教授级高级工程师，《手册》技术委员会委员、第6卷主审专家。

容丰富，针对各种坝型的特点，从概述、基本要求、枢纽布置、坝型比选、筑坝材料、填筑标准、坝体结构、坝基处理、各种计算方法、抗震设计、安全监测等方面，都结合实际工程作了全面介绍。还应指出，本手册中涉及一些基本规定，都与相应规范保持一致，本卷读者对象既有水利行业的，也有电力行业的，各有各的土石坝设计规范，其内容大体一致，但也有不同之处，如坝坡稳定分析方法。本卷采用了兼收并蓄的方式，均给予介绍，不排除不同观点，使从事水利行业或电力行业土石坝工程的设计人员都可以使用，这也从另一个侧面，体现了本卷内容的全面性。

2 体现技术先进性和创新精神

土质心墙堆石坝中防渗土料是关键技术，以往多采用壤土或黏土，近年来我国建设高土石坝日益增多，已建的最高已近200m，在建和拟建的已达200多m，甚至超过300m级，已进入世界先进水平。随着坝高增加，对防渗土料提出更高要求，砾石土作为防渗土料的优越性突现出来，它同时含有粗粒（粒径大于5mm）及细料（粒径小于5mm），来源有：①通过立面开采将一些母岩所形成的表层残积土和下面全、强风化岩屑混掺取得；②用兼具破碎和压实功能的碾压机械将一些软岩压碎变细取得；③来自级配宽广的冰碛土；④通过人工方法将砂卵石、风化岩屑和细土按一定比例混掺而得。有关各方对砾石土进行了大量研究和实践，对砾石的压实性能和物理力学特性都取得不少成果，有了深入认识，并体现在工程实践中，如瀑布沟大坝（坝高186m）用黑马料场宽级配砾石土，剔除大于80mm颗粒，以调整级配，并采用重型机械压实，取得满足防渗要求力学性能良好，便于施工的优质防渗土料。高达262m的糯扎渡水电站大坝，用农场风化料掺加35%用机械加工的碎石料，在备料场地按比例分层堆放，进行立面开采，形成人工掺和的碎石料，作为防渗料，同样取得成功。建于20世纪80年代的鲁布格大坝（高度103.8m）采用坡残积红土和全风化砂页岩的混合物，用突块振动碾碾压破碎，以调整级配，取得合格的砾石土防渗料。同时还成功开发了砾石土设计参数的确定，以及计算方法、施工技术、质量管理等成套技术，其深度和广度都没有先例，为砾石土用于300m级特高土石坝防渗料创造条件，这些都在本卷中得到反映，体现出先进性。

1985年我国开始引进现代混凝土面板堆石坝，经过引进消化，自主创新和突破发展各阶段，已得到广泛采用，据不完全统计，截至2009年底，已建坝高30m以上混凝土面板堆石坝达170座，在建、拟建各约45座，其中以位于湖北清江、坝高233m的水布垭坝，为目前世界最高混凝土面板堆石坝。对于该坝型，我国从数量、高度、规模和技术难度上，都居世界前列。在实践中发现，因坝体变形或不均匀变形（特别是竣工后变形）引起的面板和接缝止水破坏，并由此导致大坝渗漏甚至渗流破坏，是高混凝土面板堆石坝的主要问题，研究出减少变形、控制裂缝的方方面面措施，如：坝料选择、坝体分区、压实标准、施工分期、垂直缝可压缩填料、堆石预沉降后再浇面板等；面板混凝土从原材料、各种外加剂到配合比均进行了研究，提高了混凝土抗裂性能，还在面板配筋和接缝止水构造研究方面取得明显效果，开发的止水结构和止水材料具有创新精神，处于国际领先水平。以上种种内容都包括在本卷相关章节中，对设计者具有较大参考价值。

20世纪50—80年代，水工沥青混凝土防渗技术在欧美和日本等国得到广泛应用。我国起步较晚，20 世纪 70—80 年代才开始兴建沥青混凝土面板或心墙坝。当时由于国产沥青品质较差，施工技术落后，缺乏先进的施工机械，使建成工程质量没有保证，出现面板开裂、渗漏、坡面沥青流淌等问题，对推广应用带来负面影响，一度处于停滞状态。到 20 世纪 90 年代以后，国产沥青质量有所改善，沥青改性技术使沥青混凝土性能大为提高，加上引进国外先进技术和现代化施工机械，结合自主创新，建成了浙江天荒坪抽水蓄能电站上水库等沥青混凝土面板坝和四川冶勒水电站及三峡茅坪溪等沥青混凝土心墙坝，其中冶勒心墙坝高达 125.5m，为当前国内最高沥青混凝土心墙坝。目前对沥青及沥青混凝土材料特性及相关试验研究都进行了大量工作，对沥青混凝土的配合比设计进行了广泛研究，都取得许多有用成果，促进沥青混凝土广泛用作土石坝的防渗材料。此外，还对结构分析计算及控制标准等进行大量研究，成绩显著。以上都达到国际先进水平，本卷相关章节都对上述内容作了详细阐述。

土工膜是人造防渗材料，厚度薄，质量轻，防渗性能好，可用于土石坝防渗。这是一种新兴坝型，我国在 20 世纪 90 年代开始用于中小型土石坝和围堰工程，也有用于防渗堵漏的除险加固工程，目前采用数量已日渐增加，如丹江口水库下游汉江干流上的王莆洲水利枢纽，总库容 3 亿 m³，土石坝总长 17.6km，最大坝高 13m，采用土工膜防渗，总面积约 100 多万 m²，自 20 世纪 90 年代末运行至今，情况正常。引黄入晋北干流工程末端的两座用于调节向大同供水的平原水库尚希庄和墙框堡；坝高分别为 17m 及 12m，坝长分别约 4km 及 2.8km，连坝坡及库盆全用土工膜防渗，总面积分别约 100 多万 m² 及 60 多万 m²，至今已蓄水多时，防渗效果良好。建于 21 世纪初，位于黄河河干流上的西霞院水库，是小浪底水利枢纽的反调节水库，总库容 1.62 亿 m³，工程规模为大（2）型，土石坝坝高 20.2m，长 2.6km，原设计为土质防渗，为了节省由于开采土料而征用 500 多亩耕地，并发扬创新精神，突破碾压式土石坝设计规范的有关规定，改用土工膜替代土料作防渗斜墙，下游坝壳用砂砾料，建成后防渗效果非常明显。土工膜还用属于 1 级建筑物的山东泰安抽水蓄能电站上水库的库底防渗。目前单项工程采用土工膜防渗，规模最大的属在建的南水北调中线调蓄水库山东大屯水库，坝高 12m，坝长 9.4km，库容 5256 万 m³，坝坡连库盆都用土工膜防渗，其中仅库盆土工膜面积就达 500 多万 m²。由于可以替代土料防渗，节省征用耕地，土工膜对土石坝工程，尤其对于中小型工程，具有日益广阔的运用前景。近年来对土工膜材料、焊接技术、质量检查，以及库盆辅膜对膜下库基气泡生成机理和排气措施等，都进行了大量研究，已达先进水平，并体现了创新精神。本卷对土工膜防渗土石坝也作了专门介绍，体现对新兴坝型的重视。

灰坝是火电厂的重要设施之一，用以拦蓄发电用的燃煤烧后余灰，对强调环保的今天尤其重要。以往对灰坝设计几乎是一空白，在设计、施工、科研部门的共同努力下，得出一套适合于各种除灰方式的灰坝设计方法，可资实际应用，特别是环保理念的体现，反映了目前先进水平，都已列入本卷第 5 章。

江河湖海岸边的堤防工程是防止洪水，风暴潮等自然灾害的防护建筑物。中国修堤历史悠久，在 1998 年大洪水后，国家加大力度，以空前规模加强堤防建设并开发采用许多新技术、新材料、新工艺、新方法，如各种大规模的垂直防渗、基础排渗、软基处理，土工合成材料的应用，护坡、护岸措施，各种堤防型式，适合堤防工程的各种施工机具等。

使堤防工程建设日趋现代化。特别是海堤工程，堤基一般都是淤泥或淤泥质土，地基处理复杂；受波浪影响大，遇台风、风暴潮时波高浪急，受到很大冲击；施工期还受到风浪湖汐影响等。我国在这方面都累积了丰富的科学实验成果和实践经验，在本卷第 6 章中得到反映。

本卷在土石坝计算方法上，不管是应力变形的有限元法、坝坡稳定分析、渗流计算、地震的动力分析，还是多种耦合工况，都介绍了目前比较公认的先进计算理论和方法。

3 密切联系实际，提供大量工程实践资料

为了做好土石坝设计必须进行许多计算工作，诸如：坝坡稳定、沉降、地震动力分析、应力变形等；才能做到用数据确定大坝断面尺寸和结构措施。又比如通过有限元法计算求得坝体、坝基应力、变形分布，可以判明哪些区域应力水平大于1，可能出现剪切破坏；土体哪些部位出现拉应力，可能产生裂缝；土质心墙哪些位置可能由于拱效应，出现低应力区，导致水力劈裂破坏等，进而研究应采取的应对措施，因此在设计土石坝时，计算工作的重要，易被大家接受，本卷各章节都提供了大量的计算方法和公式，以满足设计需要，这是必要的。

在另一方面，应强调工程实践对做好土石坝设计的重要作用。由于土石坝工程，无论坝体、坝基一般属于岩土范畴，通常不均匀，为非匀质弹塑性体，甚至黏弹性体，其本构关系不易搞清，进行计算之前，往往对应力应变关系、物理力学参数和边界条件等做一些假定再进行计算，难以完全符合实际情况，属于半经验半理论。同一个题目委托几家计算，经常会得出不尽相同的结果，有时只能供分析判断和采取工程措施时参考，不宜作为设计决策的唯一依据。如位于深厚覆盖层中的混凝土防渗墙计算，涉及两侧土压力、下游侧覆盖土的弹性抗力系数，以及由于墙顶填土与两侧填土不均匀沉降产生的拱效应，而增加的作用在墙顶的竖向应力等问题，都不易算准，计算出的防渗墙压应力往往与实测值不符。又例如坝体或坝基局部单元算出应力水平大于1，产生局部塑性区，但不等于整体剪切破坏，两者关系难以定量，常由经验判断。再例如混凝土重力坝与土石坝常采用重力坝插入土石坝进行连接，则插入土石坝中的重力坝上下游侧土压力就算不清。还有目前按孔、排距计算灌浆帷幕厚，据以核算其水力梯度是否超过允许值，实际灌浆浆液在压力作用下，在岩石裂隙中扩散，其厚度不仅取决于孔、排距，更主要取决于裂隙分布情况、灌浆材料和灌浆压力等，其厚度是变数，很难用孔排距算清。类似事例很多，不一一列举。正由于岩土计算，往往难以准确无误反映实际情况，故涉及岩土的设计规范，在总结已成工程实践基础上，把计算方法、参数选定和允许的最小安全系数相互匹配，做出相应规定，使计算结果接近实际。如坝坡稳定计算中，规定采用瑞典圆圆弧法的允许最小安全系数可比简化毕肖普法小 8%；采用滑楔法进行稳定计算时，根据滑楔间的作用力的方向不同，规定了不同的允许最小安全系数。又如土石坝中散粒体（堆石、砂砾）的抗剪强度 ϕ，应以非线性（即 ϕ 随滑面最小主应力增加而减小）来表达比较符合实际，但以往多采用线性，即假定 ϕ 为一定数，这样算出的最危险滑弧往往为浅层，靠近坝坡，不合理，但已建工程多用线性设计坝坡，并已有配套的允许最小安全系数，而非线性虽然更合理，算出坝坡一般也比线性陡，但由于缺少实践经验，暂时难以规定相匹配的安全系数，因此

《碾压式土石坝设计规范》（SL 274—2001）规定，非线性可用于面板堆石坝，土石坝仍用线性。众所周知，对于建在岩基上的混凝土重力坝，用抗剪断强度计算断面抗滑稳定，其允许的最小安全系数，远大于用抗剪强度计算。综上所述，进行土石坝设计，除了应有扎实的理论基础，善于进行必要的计算，还必须要有丰富的实践经验，结合地勘第一手资料，借鉴并类比已建成工程的成功经验，在布置、结构尺寸和处理措施等方面做出合理设计，对于一个成熟的土石坝设计工程师，丰富的工程实践经验至关重要。

本卷另一特点是，紧密联系工程实际，在总结国内外土石坝工程实践经验、广泛搜集有关材料的基础上，提供大量宝贵的第一手资料和数据，供设计参考、类比。如提供国内外许多已建的各种坝型的工程特性指标和主要数据表。还提供针对不同地形地质条件而选定的多种多样工程枢纽布置图；用当地材料或人造防渗料建成的各种坝、堤典型断面图；用在实际工程的各种筑坝材料物理力学特性指标；坝体填筑标准的大量实例；用在国内许多中、高面板堆石坝垫层、过渡区、主堆石区、下游堆石区等的有关尺寸和主要特性；用软岩筑坝的要求和实例；对沥青混凝土及面板混凝土配合比的确定，和许多实际采用的数据；用于实际工程中的坝体结构数据，如坝顶及堤顶宽、坝坡、防渗体厚、反滤规格尺寸、各种接缝止水型式和尺寸、灰坝排水系统等；堤防与各类建筑物交叉以及堤防加固实例；对堤、坝基础处理所采用各种措施实例及相关数据，如混凝土防渗墙、水平铺盖、帷幕和固结灌浆、镇压台、排水砂井等；土石坝防渗体与岸坡连接坡度实例；竣工后坝顶沉降量占坝高百分比的许多实测资料等。类似实例很多，不再赘述。如上所述，工程实践经验和第一手资料，对做好土石坝设计非常重要，因此本卷所提供大量工程实例和资料，对土石坝设计者会有很大帮助。

第 7 卷《泄水与过坝建筑物》主审述评

郑守仁

1 全卷内容的总体述评

第 1 版《水工设计手册》主要"立于我国的水工设计经验和科研成果，内容以水工设计中经常使用的具体设计计算方法、公式、图表、数据为主，对于不常遇的某些专门问题，比较笼统的设计原则，尽量从简；力求与我国颁布的现行规范相一致，同时还收入了可供参考的有关规程、规范"。第 1 版分为 8 卷，于 1983—1989 年陆续出版，成为我国第一部大型综合性水工设计工具书，对指导设计人员进行水利水电工程设计，提高技术水平和保证工程安全发挥了重要作用。鉴于第 1 版《手册》主要总结了我国 1980 年以前水工设计经验和科研成果，近 30 年来，我国水利水电工程建设取得了举世瞩目的成就，在长江、黄河、澜沧江、雅砻江、闽江等大江大河上兴建了一批大型水利水电工程，解决了一系列水工设计和施工技术难题，一大批技术复杂、规模巨大的水利水电工程建成运行，新技术、新材料、新工艺、新工法广泛应用，我国水工设计技术和设计水平已跻身世界先进行列。

《手册》（第 2 版）第 7 卷《泄水与过坝建筑物》以第 1 版《手册》第 6 卷《泄水与过坝建筑物》各章内容为基础，修编人员全面收集了近 30 年来，我国在水利水电工程建设中兴建的一批大中型水利枢纽泄水建筑物和过坝建筑物，所取得的设计、施工及运行实践经验和科技创新成果，并汇集了国外大型泄水和过坝建筑物的资料，做了大量分析、总结和精选、提炼工作，修改、补充、完善了各章节修编内容。第 2 版突出了在水利枢纽中，泄水建筑物和通航建筑物及其他过坝建筑物的功能、技术特点、设计理论和方法，并兼顾了水利水电行业和交通部门水运行业、农业部门林业及渔业的设计规范和标准，较为全面地反映了我国当前水利枢纽中泄水建筑物和通航建筑物及其他过坝建筑物的设计技术水平，内容全面翔实，保持了《手册》的延续性和先进性，并具有科学性和实用性。

2 各章内容的述评

2.1 第 1 章 泄水建筑物

在第 1 版第 6 卷《泄水与过坝建筑物》出版时，我国建成运行的大型水利水电工程有新安江、刘家峡、乌江渡、丹江口、三门峡等，在建的有葛洲坝、水口、隔河岩、漫湾等

郑守仁，中国工程院院士，水利部长江水利委员会总工程师，教授级高级工程师，《手册》编委会委员、技术委员会副主任、第 7 卷主审专家。

工程，在泄水建筑物设计、施工取得一些实践经验和科研成果。近 30 年来，我国先后建成投运一批水头高、流量大、泄洪功率巨大的泄水建筑物，乌江构皮滩混凝土双曲拱坝，坝高 225m，总泄量 27470m³/s；澜沧江小湾混凝土双曲拱坝，最大坝高 292m，总泄量 20572m³/s；黄河小浪底土石坝，最大坝高 154m，泄洪洞总泄量 17063m³/s；雅砻江二滩工程混凝土双曲拱坝，坝高 240m，总泄量达 23900m³/s；长江三峡工程混凝土重力坝，坝高 181m，总泄量达 102500m³/s，泄洪功率高达 10 万 MW，泄洪消能技术复杂，在世界已建水利水电工程中是罕见的。二滩工程因地制宜采用多种泄流和消能技术，三峡工程采用坝身大孔口泄洪和消能技术，两工程都已经过运行检验。针对我国水利水电工程高坝大泄量高速水流消能问题，设计、科研单位通过深入科学地试验研究，在优化消能结构和各种消能技术方面取得一些创新成果，高坝坝身大孔口不仅在重力坝广泛采用，也在重力拱坝、薄拱坝中应用；挑流、底流、戽流等消能方式，以及分散消能、分区消能的组合式泄洪消能方案，各种差动坎、异型挑坎、窄缝挑坎、宽尾墩及系列消能技术，水舌碰撞消能和水垫塘消能等新技术的成功应用，标志着我国在高坝大流量高速水流泄洪消能技术方面达到世界先进水平，其中高拱坝坝身泄水孔泄洪消能技术处于世界领先水平，为第 2 版第 7 卷《泄水与过坝建筑物》中"泄水建筑物"的修编提供了技术支撑。第 2 版第 1 章"泄水建筑物"以第 1 版第 6 卷第 27 章"泄水建筑物"为基础，全面收集了近 30 年来我国在水利水电工程建设中高坝大流量、高速水流的泄水建筑物设计、施工及运行经验和科技创新成果，并汇集了国外大型泄水建筑物设计运行资料，认真分析、总结和精选、提炼，将第 1 版第 27 章第 8 节的内容修编为 14 节："1.1 概述"为第 1 版第 27 章第 1 节的修编。"1.2 溢流坝"为第 1 版第 27 章第 2 节的修编，全节 5 部分内容中，"1.2.1 溢流坝分类及主要设计内容"和"1.2.5 国内外溢流坝工程基本资料"为增加内容。"1.3 坝身泄水孔"和"1.4 泄洪洞"为第 1 版第 27 章第 7 节的修编，坝身泄水孔及泄洪洞分类介绍，便于设计人员选用；1.3 节介绍坝身泄水孔分类、短有压泄水孔、长有压泄水孔、闸门段、泄流能力、国内外深孔闸门基本资料等内容；1.4 节讲述泄洪洞分类和工程实例、常规泄洪洞、竖井式泄洪洞、内消能泄洪洞等内容，较第 1 版第 27 章"第 7 节泄洪洞与坝身泄水孔"增加较多内容，其中"内消能泄洪洞"为增加内容，是一种通过隧洞内消能工消减水流能量的泄洪洞，大多利用导流洞改建而成，按消能形式分为旋流消能泄洪洞、孔板泄洪洞和洞塞泄洪洞，鉴于内消能泄洪洞在国内外的工程实例较少，其设计主要依靠水工模型试验。"1.5 岸边溢洪道"将第 1 版第 27 章"第 3 节 陡槽溢洪道"、"第 4 节 侧槽溢洪道"、"第 5 节 竖井溢洪道"、"第 6 节 虹吸溢洪道"等 4 节归并修编为一节，划分为 5 部分内容："岸边溢洪道的分类"、"正槽式溢洪道"、"侧槽式溢洪道"、"虹吸式溢洪道"、"非常溢洪道"，将第 1 版第 27 章第 3 节"陡槽溢洪道"归并入"正槽式溢洪道"，将"第 5 节 竖井溢洪道"归并入第 2 版第 1 章"1.4 泄洪洞"的"1.4.3 竖井式泄洪洞"。"1.6 底流消能"为第 1 版第 28 章"消能与防冲""第 2 节 水跃消能"的修编，增加宽尾墩与底流消力池联合消能工设计内容，宽尾墩技术是我国科技人员首创的一种新型消能工，与各种传统的消能方式联合运用能够增强消能效果，在国内水利水电工程泄水建筑物泄洪消能设计中已广泛应用。"1.7 挑流消能"为第 1 版第 28 章第 3 节的修编，增加"水垫塘水力设计"，补充完善了消能工体型设计内容。"1.8 面流消能"为第 1

版第 28 章第 4 节的修编,补充完善了"跌坎面流水力计算"和"戽斗体型设计及水力计算"内容。"1.9 特殊消能工"为增加内容,介绍加墩陡槽、涵管、冲击消能箱、消能栅、潜涵式消波工和消波排、消波梁等型式的消波工,主要用于中小型水利水电工程单宽流量不大、流速不高的泄水建筑物。"1.10 空化空蚀"为第 1 版第 27 章"第 8 节泄水建筑物空蚀及其防止措施"的修编,增加免空蚀体型设计、空蚀破坏工程实例及新型抗空蚀材料,补充完善抗蚀材料和施工不平整度控制内容。1.11~1.14 节为增加的 4 节内容,"1.11 水流掺气与掺气减蚀",在第 1 版第 27 章第 8 节第四部分空蚀减免方法之三——水流底部掺气内容的基础上,增加水流掺气现象、水流自掺气和掺气减蚀设施等方面的内容,增加掺气减蚀设施的设计内容和国内典型掺气减蚀设施布置与应用实例,给出水渗掺气临界流速、掺气起始点位置和掺气水深计算公式。"1.12 急流冲击波",列出泄水建筑物的扩散段、收缩段、弯段及闸墩等部位,如处于其中的水流为急流,则由于边界的变化使水流产生扰动,在下游形成一系列呈菱形的扰动波,这种波动为急流冲击波;介绍冲击波的分析计算、急流收缩段冲击波、急流扩散段的负冲击波、弯道急流冲击波形态,在泄水建筑物设计时应注意冲击波引起泄流水深、流速的变化及其影响。"1.13 泄洪雾化",介绍泄水建筑物泄洪雾化现象及影响、雾化范围和强度主要影响因子、雾化分区及分级、雾化预测方法及部分经验公式、泄洪雾化防护设计原则、雾化防护措施等。"1.14 水力学安全监测",介绍泄水建筑物水力学安全监测目的、监测内容、监测方法、测点布置和监测资料分析,可为水力学安全监测设计参考。第 1 章内容全面翔实,反映了我国当前水利水电工程泄水建筑物设计先进技术水平。

2.2 第 2 章 通航建筑物

在第 1 版第 6 卷《泄水与过坝建筑物》出版时,我国在水利枢纽上修建的船闸有湖南潇水双牌船闸,浙江富春江七里垄船闸、广西郁江西津船闸等,升船机有湖北汉江丹江口上游垂直下游斜面升船机、湖北陆水蒲圻垂直升船机,对高水头船闸和大型升船机设计尚缺乏经验,关键技术问题研究成果尚少,因此,第 1 版第 29 章"过坝建筑物"分为 8 节,"通航建筑物"仅列 3 节,分别介绍船只过坝建筑物总论、船闸设计和升船机设计。近 30 年来,随着我国水利水电工程建设的迅速发展,在水利枢纽中,通航建筑物先后建成长江葛洲坝三座船闸、湖南沅江五强溪船闸、广西红水河大化船闸及乐滩船闸、福建闽江水口船闸、长江三峡船闸、重庆乌江彭水船闸及银盘船闸等一批大中型船闸,湖北清江隔河岩升船机及高坝洲升船机、福建闽江水口升船机、广西红水河岩滩升船机及大化升船机、贵州乌江构皮滩升船机等一批大中型升船机,与此同时,我国在高坝通航建筑物关键技术问题研究取得重大进展,在高水头船闸水力学试验研究中,等惯性多区段分散式输水系统水力计算及结构设计、输水阀门及阀门段廊道的水动力特性及空化特性研究、阀门及其启闭系统激流振动特性研究、阀门及阀门后廊道体型设计、输水系统防空化气蚀措施研究、引航道水力学及防淤减淤措施试验研究、船闸闸首及闸室薄壁衬砌结构设计、全平衡式垂直升船机总体布置研究、齿轮齿条爬升式垂直升船机和承重结构设计、承船厢结构及对接锁定装置设计、承船厢与闸首对接密封机构设计、升船机电气传动装置及其监控系统研究等方面的成果达到世界先进水平,为第 2 版《泄水与过坝建筑物》的修编提供了技术支撑。第 2 版第 7 卷《泄水与过坝建筑物》将"通航建筑物"独立为第 2 章,分为 4 节。将第 1

版第 29 章"过坝建筑物""第 1 节船只过坝建筑物总论"修编为两节，第 2 版"2.1 概述"，分为 3 部分内容："2.1.1 主要功能、特点与发展趋势"，该部分为增加内容，介绍通航建筑物主要功能是全面改善河道通航条件，扩大河道运输能力，提高船舶运营效率，降低运输成本，增加航行安全度，促进航运快速发展，列出通航建筑物设计工作特点与通航建筑物发展趋势；"2.1.2 设计的主要技术问题和工作内容"，该部分为增加内容；"2.1.3 基本资料"，该部分增加了枢纽生态、环境的规划方案。"2.2 节总体设计"，分为 5 部分内容："2.2.1 通航建筑物等级"，该部分为增加内容，给出通航建筑物分级表；"2.2.2 通航建筑物基本型式"，船闸和升船机是通航建筑物两种型式，在型式选择中增加了船闸与升船机主要特点比较表，实用方便；"2.2.3 建筑物规模"，该部分增加了通航建筑物设计水平年、规划运量和设计船型等内容，以便于拟定船闸闸室及升船机承船厢有效尺寸；"2.2.4 通航水位及流量"，该部分增加了通航流量；"2.2.5 通航建筑物布置"，将第 1 版中第 29 章"第 1 节船只过坝建筑物总论"第四部分在水利枢纽中的布置修改为通航建筑物布置，该部分增加了通航建筑物运行调度和枢纽整体水工及泥沙模型试验内容。"2.3 船闸设计"，为第 1 版第 29 章"第 2 节船闸"的修编，该节分为 7 部分内容："2.3.1 基本型式"、"2.3.2 总体布置"、"2.3.3 船闸输水系统水力设计"、"2.3.4 建筑物结构设计"、"2.3.5 金属结构及机械设计"、"2.3.6 机电与消防设计"、"2.3.7 安全监测设计"，较第 1 版《泄水与过坝建筑物》"过坝建筑物""第 2 节船闸"增加补充了较多内容，其中第 1 版船闸第一部分船闸的总体布置，在第 2 版"船闸设计"中修编为"2.3.1 基本型式"和"2.3.2 总体布置"；第 1 版第 29 章"第 2 节船闸"第四部分船闸的设备，在第 2 版"船闸设计"中修编为"2.3.5 金属结构及机械设计"和"2.3.6 机电与消防设计"，并增加了"2.3.7 安全监测设计"。"1.4 升船机设计"为第 1 版第 29 章"第 3 节升船机"的修编，该节分为 6 部分内容："2.4.1 基本型式"、"2.4.2 总体布置"、"2.4.3 建筑物结构设计"、"2.4.4 金属结构及机械设计"、"2.4.5 电气与消防设计"、"2.4.6 安全监测设计"，较第 1 版第 29 章"第 3 节升船机"增加补充了较多内容，其中第 1 版"升船机"第一部分基本类型、组成和布置特点，在第 2 版"升船机设计"中修编为"2.4.1 基本型式"和"2.4.2 总体布置"；第 1 版"升船机"第三部分垂直升船机和第三部分斜面升船机，在第 2 版第 2 章"2.4 升船机设计"中修编为"2.4.3 建筑物结构设计"、"2.4.4 金属结构及机械设计"、"2.4.5 电气与消防设计"、"2.4.6 安全监测设计"，并在各部分中介绍垂直升船机和斜面升船机相关内容。第 2 章各节以第 1 版第 29 章内容为基础，全面收集了近 30 年来我国在水利水电工程建设中兴建的一批高中水头船闸和大、中型升船机设计、施工及运行实践经验和科技创新成果，并汇集了国外通航建筑物资料，认真分析总结和精选提炼，修改、补充、完善了各节修编内容，突出了在水利枢纽中，通航建筑物的功能、技术特点、设计理论和方法，并兼顾了水利水电行业和交通部门水运行业的设计规范和标准，较为全面地反映了我国当前水利枢纽中通航建筑物设计水平，内容全面翔实。

2.3 第 3 章 其他过坝建筑物

第 3 章分为 3 节，"3.1 过鱼建筑物"，将第 1 版第 29 章第 7 节与第 8 节合并，增加了介绍国内外过鱼建筑物中的特殊鱼道及导鱼电栅的应用等内容，明确了需要考虑修建过鱼建筑物保护的鱼种，根据鱼道结构特点对鱼道结构型式进行了重新分类，提供了与不同鱼类相适宜的鱼道隔板参考尺寸，并以横隔板式鱼道为例介绍了工作原理，细化了设计流程，增加了鱼道水工模型试验内容，补充了近年来国内外新建的过鱼建筑物实例；"3.2 过木建筑物"将第1版第29章第4～6节合并，对原来的3节内容进行了删减和完善，增加了木材浮运方式和浮运设施的内容，在木材水力过坝类型中增加流木槽的内容，在木材机械过坝中补充了索道设计内容；"3.3 排漂建筑物"主要介绍混凝土坝坝身排漂孔和导（拦）漂设施的布置、型式和设计，以及模型试验等内容。

2.4 第4章 闸门、阀门和启闭设备

第4章是第1版第26章"门、阀与启闭设备"的修编，以第1版第26章框架为基础，对全章内容和结构作了修改、补充和调整，全章分为11节，修编后各节主要内容的变化为：4.1节调整了闸门的组成和分类，对各类闸门的特性、工程实例进行了修改和补充；4.2节丰富了泵站的内容，增加了抽水蓄能电站、升船机内容；4.3节增加了船闸输水系统阀门和抽水蓄能电站高压阀门等内容；4.4节完善了空化与空蚀方面的内容，介绍了闸门流激振动试验研究的原理和方法、防止和减轻闸门有害振动的方法；4.5节修改补充了荷载、材料和容许应力、计算方法的内容，介绍了有限元在结构分析中的应用，取消了建立并求解有限元刚度矩阵的例子，增加了高强度螺栓连接的应用；4.6节增加了新型滑道及结构型式、各种轨道参数和轴承材料的特性及应用等内容；4.7节补充了启闭机的内容，并将自动挂脱梁也列入其中，详细介绍了各种启闭机的组成和特性、布置型式、工程应用实例和最新系列参数，以及液压系统、电气控制及检测系统等内容；新增加了"4.8 拦污栅及清污机"、"4.9 防腐蚀设计"、"4.10 抗冰冻设计"和"4.11 抗震设计"等内容。

2.5 第5章 水闸

第5章是第1版第6卷第25章"水闸"的修编，以第1版"水闸"框架为基础，对全章内容和结构做了修改、补充和调整，全章修编为13节，内容调整和修订主要包括：①将原来第1节中的"总体布置"单独作为一节；②将第1版的"第7节 闸室底板的应力分析"和"第8节 闸墩应力分析"合并改为"5.7 闸室结构应力分析"，删除其中的反拱底板内容，增加预应力闸墩计算等内容；③将第1版"第6节 松软地基的处理"改为"5.8 地基设计"，介绍了水闸地基处理设计方法，将地基处理的方法进行归类，调整为换土垫层法、桩基础、振冲水冲法、强力夯实法（强夯法）、沉井基础、深层搅拌桩、湿陷性黄土地基处理等内容，增加了地震液化地基处理内容；④增加"5.9 闸室混凝土施工期裂缝控制"和"5.12 安全监测"内容；⑤将第1版"第10节 其他闸型"改为"5.13 其他闸型设计"，增加立交涵闸内容，取消装配式水闸和灌柱桩水闸的内容，将橡胶坝内容扩充后单独列为"5.11 橡胶坝"。

3 问题与建议

3.1 高坝泄水建筑物设计中的问题

3.1.1 高坝泄水建筑物型式选择问题与建议

高坝泄洪方式选择主要取决于坝址区域的地形、地质条件，泄洪流量的大小、坝型及

枢纽布置，施工条件及运行要求等。目前，我国水利水电工程高坝大多集中在西部高山峡谷地区，受坝址区域河道狭窄的限制，高坝泄水建筑物的特点是：

（1）水头高、流速大。雅砻江锦屏一级拱坝坝高 305m，雅砻江二滩拱坝坝高 240m，澜沧江小湾拱坝坝高 292m，金沙江溪洛渡拱坝坝高 285.5m，乌江构皮滩拱坝坝高 225m，金沙江向家坝重力坝坝高 161m，泄洪水头一般为坝高的 0.5～0.8 倍；水头高致使泄水流速超过 30m/s，有的流速达 50m/s，高速水流引起的脉动振动及流激振动、空化、空蚀、掺气、雾化、冲刷磨蚀等问题突出。

（2）泄流量大。国外高坝设计泄量超过 10000m³/s 的工程罕见，我国高坝设计泄量超过 10000m³/s 的较多，溪洛渡总泄量达 50311m³/s，坝身泄水孔泄量 31496m³/s；构皮滩总泄量为 27470m³/s，坝身泄水孔泄量 26420m³/s；二滩总泄量为 23900m³/s，坝身泄水孔泄量 16300m³/s；锦屏一级总泄量 12800m²/s；泄量大要求泄水建筑物孔洞数量多、尺寸大，增加布置难度。

（3）河谷狭窄、单宽流量大。过去一般认为单宽流量大于 150m³/（s·m），已属于大单宽流量；目前，单宽流量已突破 200m³/（s·m），二滩单宽流量达 285m³/（s·m），小湾为 270m³/（s·m），构皮滩为 229 m³/（s·m），向家坝为 225m³/（s·m）；单宽流量大，对消能防冲建筑物及其下游河床与两岸防冲要求高。

（4）泄洪功率大。二滩拱坝设计流量坝身泄洪功率为 21500MW，校核流量坝身泄洪功率达 26600MW；构皮滩拱坝设计流量坝身泄洪功率为 31600MW，校核流量坝身泄洪功率达 38400MW；溪洛渡拱坝设计流量坝身泄洪功率为 23686MW，校核流量坝身泄洪功率达 58750MW，泄洪功率大增加了泄洪消能防冲的难度。

（5）大坝下游地形地质条件复杂。构皮滩坝下消能区处于软硬两类岩石上，龙羊峡坝下有滑坡体，致使泄洪消能防冲建筑物布设困难。

（6）泄水建筑物与发电引水建筑物及过坝建筑物在枢纽布置中出现矛盾。

因此，对于大泄量的高坝工程，在枢纽布置上应以泄洪消能为重点，因地制宜、统筹兼顾、合理布置，选择不同类型的泄水建筑物。针对我国高坝泄洪消能建筑物的特点和已建投运工程的实践经验，建议在高山峡谷地区的高混凝土坝泄水建筑物设计中，优先采用坝身孔口和泄洪洞组合的泄洪方式，水舌分层跌落式（或水舌碰撞式）与水垫塘配合消能，并在水垫塘末端布设二道坝以便于进行检修，确保枢纽各建筑物施工及运行安全。

3.1.2　高坝泄水建筑物泄洪雾化防范问题与建议

我国高坝泄水建筑物泄洪消能多采用挑流消能和跌流消能，这两种消能型式在泄水建筑物泄流时都存在较为严重的雾化问题，高坝泄水建筑物泄洪雾化进入两岸边坡和建筑物布置区，对枢纽建筑物的安全运行和周边环境产生不同程度的影响，泄洪雾化形成的大暴雨致使泄洪区附近的交通设施、电器设备、两岸边坡的稳定受到影响。有的电站两岸边坡发生滑坡，阻断了进场交通；有的电站因泄洪雾化造成高压开关和厂房电气设备绝缘性能降低而短路的事故；有的电站泄洪雾化形成强降水产生的地表径流流入厂房，在厂房内积水致使高压电器断路，被迫停机检修。泄洪雾化对枢纽建筑物及坝两岸岸坡造成不利影响并导致工程事故日益引起各方面的重视，并开展了雾化研究工作。30 多年来，我国设计、科研单位对高坝泄水建筑物泄洪雾化进行了深入研究，开展了数学模型计算和物理模型试验，并在一些水电站进行了原型观测，在泄洪雾化机理及其防范方面，取得了一定的进展，对一些工程采取了防范和补救措施，并取得了较好的效果，为高坝泄水建筑物泄洪雾化防范提供了借鉴。鉴于高坝泄水建筑物泄洪雾化问题的复杂性，目前的数学模型计算和物理模型试验研究成果尚未给出泄洪雾化定量的结果，建议在高坝泄水建筑物泄洪消能设计中，对泄洪雾化影响范围及其影响电站机电设备和枢纽各建筑物安全运行及两岸边坡稳定等问题应予以高度重视，需借鉴国内外已建高坝泄水建筑物泄洪雾化防治的成功经验，并吸取已出现危害事故的教训，对泄洪雾化采取防范措施，以保证电站和枢纽各建筑物运行安全。

3.1.3 泄水建筑物过流面防空化、空蚀问题与建议

泄水建筑物泄水水流水体中含有许多极其微小的称为核子的水气小空泡和其他气体的小气泡，当泄水水流在一定的温度下，其中局部区域的压强降低到接近饱和蒸汽压力时，水流中生成内含蒸汽或空气的空泡，称为空化；当低压区的空化水流流经较高压力区时，在内外压力差的作用下，空泡溃灭，产生强大压力以冲击波及高速微射流方式打击泄水建筑物过流面，这种高频反复冲击导致过流面混凝土发生破坏而出现凹洼，使水流产生进一步的扰动，造成局部压力降低，促使空化进一步加剧，持续循环发展，强微射流致使过流面凹洼扩大，造成局部严重破坏，称为空蚀。泄水建筑物的低压区和不平整度较大区域附近的低压区，均可能产生空化、空蚀。泄水建筑物过流面的不平整，往往是引起空化、空蚀破坏的主要原因，对高速水流的过流面，应严格按设计不平整要求精心施工。当流速超过 $30\sim35\text{m/s}$ 时，即使采取表面平整度措施，也可能发生空蚀破坏，应采取掺气措施。水流掺气后，即使过流面出现负压，因水流中有空气泡，使负压值减小，水流空化数相对提高，因而可延续或阻止空化的发生。我国水利水电工程设计、科研及运行单位对泄水建筑物掺气水流进行了大量研究和现场观测，在掺气水流特性、掺气发生点的位置、掺气浓度分布、掺气水深计算等方面取得了一些成果，这些成果已应用于工程设计中。根据国内外泄水建筑物运行经验，当混凝土过流表面的水流流速大于 20m/s 时，需考虑布置掺气设施；当水流流速大于 35m/s 时，必须设置掺气设施。高速水流底部掺气可以减免空蚀，射流在空中扩散掺气和射流在水垫中掺气，可消耗大部分多余能量，有利于消能防冲。但水流掺气后水体膨胀，水深增加，致使泄水建筑物溢流表孔墩墙需加高，泄洪洞明流段要加大洞顶净空；水流掺气后，水滴飞溅形成雾化区，对枢纽其他建筑物、机电设备、两岸边坡、交通设施等造成不利影响。建议在大流量、高水头泄水建筑物设计中，要重视过流面防空化、空蚀问题，对泄水建筑物的体型要精心设计，过流面平整度要精心施工；设置掺气设施可以增加泄水孔（洞）近壁水流的掺气浓度，保护过流面并减免空蚀破坏，对掺气设施的形式和体型应通过分析比较，选择适合于本工程泄水建筑物的掺气设施，以提高掺气减蚀效果；泄水建筑物过流面混凝土需提高其抗空蚀和抗冲磨性能，对高速水流过流表面应优选防空蚀抗冲磨性能好的材料。

3.1.4 高混凝土拱坝坝身泄水孔泄洪防范诱发危害振动问题与建议

我国已建、在建的大型水利水电工程中，坝高超过 200m 的高拱坝泄水建筑物多采用坝身泄水孔与泄洪洞组合泄洪方式。溪洛渡拱坝高 285.5m，坝身泄水孔布置 7 个表孔

（12.5m×18m）、8 个深孔（5m×6m），设计泄量 23686m³/s，校核泄量 31496m³/s；4 条泄洪洞（14m×12m），设计泄量 8054m³/s，校核泄量 8815m³/s。小湾拱坝坝高 292m，坝身泄水孔布置 5 个表孔（11m×15m）、6 个中孔（6m×5m），设计泄量 9660m³/s，校核泄量 15260m³/s；2 条泄洪洞（10m×12m），设计泄量 5022m³/s，校核泄量 5312m³/s。二滩拱坝坝高 240m，坝身泄水孔布置 7 个表孔（11m×11.5m）、6 个中孔（6m×5m）、4 个深孔（3m×5m），设计泄量 13200m³/s，校核泄量 16300m³/s；2 条泄洪洞（13m×13.5m），设计泄量 7400m³/s，校核泄量 7600m³/s。锦屏一级拱坝坝高 305m，是当今世界建设的最高混凝土双曲拱坝，设计泄洪流量 12800m³/s，坝身泄水孔采用"坝身分层出水，空中水舌碰撞，水垫塘消能"的消能方式，坝顶高程 1885.00m，正常蓄水位 1880m；在 12～16 号坝段坝身布设 4 个表孔，溢流堰顶高程 1868.00m，孔口尺寸 11m×12m；深孔布设在 12～16 号坝段 1789～1792m 高程，孔口尺寸 5m×6m；在 11 号和 17 号坝段 1750.00m 高程各布设 1 个放空孔，孔口尺寸 5m×6m；坝后接水垫塘，底宽 45m，底板高程 595.00m，梯形断面，边墙坡度 1:0.5，边墙顶高程 1661.00m，水垫塘深度 66m，水垫塘后设二道坝，顶高程 1645.00m，最大坝高 54m；右岸泄洪洞为有压接无压洞内龙落尾式，进口底高程 1830.00m，检修门孔口尺寸 12m×15m，工作门设在中部，孔底高程 1825.00m，孔口尺寸 13m×10.5m。高拱坝坝身泄水孔数量多、孔口尺寸大、泄洪流量大、水头高，其下泄水流流量大，坝身泄水孔泄洪诱发坝身结构振动：一是水流脉动压力作用引起的强迫振动；另一类由水流不稳定引起的自激振动，坝身泄水孔溢流水舌引起的振动属自激振动。泄洪水流冲击坝下游河床的脉动压力主要集中于低频，如与高拱坝自振频率耦联，将诱发拱坝产生较大的振动。坝高超过 200m 的高拱坝坝身泄水孔设计应重视坝身泄水孔泄洪诱发振动问题，二滩、溪洛渡、小湾、构皮滩、拉西瓦等坝高超过 200m 的高拱坝，对坝身泄水孔泄洪是否诱发危害的振动问题进行了深入研究，采用水弹性模型和数学模型两种方法。鉴于高拱坝坝身泄水孔泄洪尚无经过设计洪水泄流量的检验，建议坝高 300m 左右的特高拱坝泄水建筑物设计需考虑在两岸设置泄洪洞分担坝身泄水孔泄量，以减少坝身泄水孔数量和减小孔口尺寸，并采取措施防范坝身泄水孔泄洪而诱发拱坝产生危害振动，确保特高拱坝坝身泄水孔泄洪安全运行。

3.2 通航建筑物设计中的问题

3.2.1 高水头船闸输水阀门型式及阀门后廊道体型设计问题与建议

船闸输水系统是藉以从上游向闸室内充水和从闸室向下游泄水，控制船舶（队）在闸室内升降以克服枢纽上、下游水位落差的重要设施，是决定船闸运行安全和效率的主要因素。输水阀门是船闸输水系统的关键设备，在复杂工作条件下频繁启闭，其工作性能好坏直接影响到船闸能否正常安全运行。特别是高水头船闸，在非恒定高速水流条件下，阀门及阀门段廊道的水动力学特性、空化特性和阀门及启闭系统流激振动特性，均为高水头船闸设计研究解决的关键技术问题。船闸的输水阀门分为平板门和弧形门两大类。弧形门又分为正向弧形门和反向弧形门。平板门具有结构简单、便于制造安装及检修维护的特点，但在高速水流的作用下，闸门槽容易发生空蚀，门体振动较大，相对弧形门而言，启闭力也较大，一般多用于中低水头船闸，但随着科学技术水平的提高，近年来平板门已用于阀门最大工作水头 26.0m 左右的船闸上。弧形门没有门槽，所需启闭力相对较小，且阀门刚度大，承受动水荷载作用的性能较好，在国内外高水头船闸中被广泛应用。从水力特性角度总体上看，正向弧形门可提高门后压力，底缘过流较平顺，阀门受力特性得到较大程度改善，阀门及阀门段廊道结构得以简化，阀门吊杆可以缩短，阀门的抗震性能得到提高，但门楣通气只能解决门楣自身的空化，不能抑制阀门底缘的空化。此外，由于阀门井位于正向弧形门门后的低压区，会使门井水位降低，若淹没水深不足，门井水位降至门后廊道顶高程以下，从而导致大量空气进入廊道和闸室，将恶化闸室的停泊条件。反向弧形门受力条件较复杂，水流流线受底缘切割影响较大，水流不顺畅，启闭吊杆位于水位降幅及降速均较大的阀门井中，受水流波动影响，导致启门力波动，且吊杆较正向弧形门长，易受水流波动影响发生振动。但反向弧形门最大的优点在于门楣通气不仅可解决门楣自身的空化，还可以有效地抑制阀门底缘的空化，在国内外高水头船闸上有较丰富的运行经验。船闸输水阀门选择门型时，主要考虑阀门的工作水头，阀门最小淹没水深、阀门门型与阀门后廊道体型的适应性，以及输水廊道施工条件等因素，从阀门空化、振动和运行等多方面进行分析比选。葛洲坝三座船闸输水阀门均为反向弧形阀门，在国内是首次应用。通过模型试验研究比较，最终采用的阀门体型为双面板横梁全包型。三峡船闸输水阀门选用横梁全包式反向弧形门。

输水阀门后廊道体型有平顶型、顶部渐扩型（简称顶扩型）和突扩型。平顶型输水阀门的阀门后廊道断面高度与阀门处孔口高度相同；顶扩型输水阀门的廊道顶部从阀门井下游壁面开始逐渐向上扩大，这种型式在国内外高水头船闸中应用较多；突扩型输水阀门的廊道断面在阀门后向顶部突扩、侧向突扩、底部突扩以及三种突扩的组合。对不同廊道体型抗空化性能方面的研究成果表明：顶扩型输水阀门的门后廊道压力高于平顶型而低于突扩型的，阀门的临界空化数则较平顶型的低。从顶扩型、底部突扩型输水阀门抗空化性能方面看，在相同的阀门开启时间条件下，底部突扩型反弧门底缘不发生空化所对应的初始淹没水深较顶扩型小，快速1min开启阀门时，初始淹没水深要少10m左右；事故动力关闭阀门过程中，顶扩型输水阀门在关至0.7~0.2开度范围出现空化，而底部突扩型输水阀门在整个关闭过程中均无空化，说明底部突扩型适应性能较强。底部突扩型的特有流态，提高了门后压力，也提高了阀门工作空化数，此外，由于门后压力脉动的降低和流态的综合效应较大地改善了阀门空化条件，从而减小了底部突扩型输水阀门的临界空化数，底部突扩型的抗空化能力优于顶扩型。由于突扩型较平顶型和顶扩型廊道结构复杂，因此，在选择阀门后廊道体型时，除了要充分考虑其抗空化性能外，还要考虑简化廊道结构、方便施工等因素。葛洲坝三座船闸阀门段廊道为矩形，各阀门后廊道底部均为水平，廊道顶则以不同斜率向上扩大，为顶扩型。1号、2号船闸充水阀门后廊道顶以1:10向上扩大；泄水阀门后，1号船闸为平顶，2号船闸以1:10向上扩大，3号船闸充水及泄水阀门后廊道顶均以1:12向上扩大。三峡船闸输水系统设计时，考虑可尽量满足输水系统阀门段淹没水深的有利条件，采用突扩体型对廊道结构的影响较大，为避免使阀门段廊道结构复杂化，采用顶扩加底部突扩型的阀门段廊道新体型，达到了既提高廊道阀门段抗空化的能力，又大大简化了阀门段廊道结构的目的。建议高水头船闸设计中，输水阀门型式选择时优先考虑反向弧形阀门；阀门后廊道体型采用顶扩型或底部突扩型。

3.2.2　高水头船闸输水系统防空化气蚀的措施设计选择问题与建议

葛洲坝船闸和三峡船闸输水系统设计采取的防空化气蚀措施：

（1）阀门段通气。高水头船闸输水阀门的空化源分为阀门底缘、阀门顶部弧门面板与门楣之间缝隙，阀门后廊道突扩体型的突变断面角隅部位也可能是空化源。葛洲坝三座船闸观测资料表明，阀门段存在多处空化源，空化产生于门楣缝隙、门底缘下游水流剪切区及大尺度漩涡区，在门楣及门面板上产生了不同程度空蚀，在启门过程中阀门区出现了较大声振。在阀门开度 0～0.9 范围内，门楣缝隙发生空化；开度 0～0.7 范围内，门楣缝隙为极强空化，阀门底缘及门后产生漩涡空化；开度 0.6 时空化最大；开度 0.8 时空化消失。由于葛洲坝船闸下游水位变幅大，难以在所有条件下保证阀门后廊道顶板的通气条件，较优的通气部位在门楣缝隙的喉部。原型观测资料表明：2 号船闸在阀门运行的大部分范围内均能在门楣缝隙喉部形成超过 3×9.81kPa 以上负压；1 号船闸虽在门楣上设有通气孔，但因其位于缝隙喉部上方，不具备通气所需负压。葛洲坝船闸管理局采取在门楣通气孔前加设负压挑坎，门楣处形成负压使门楣能自然通气，在阀门开度为 0.2～0.6 时，无论是左侧还是右侧，门楣自然通气量均为 0.3m³/s，门楣通气孔风速接近 40m/s，封堵通气孔后，挑坎后能保持 3×9.81kPa 的负压，说明设挑坎后具备稳定通气条件，实现了稳定、均匀、通气量较大的自然通气，达到抑制空蚀、声振之目的。3 座船闸增设门楣自然通气设施后，空化、声振问题得到解决。

（2）优化阀门开启方式。快速开启，可利用阀门开启过程中的惯性水头，提高阀门后水压力，以及减小阀门开启过程中的流量，从而提高阀门工作空化数，但采用快速开启阀门方式必须与阀门液压启闭系统的设计能力相符，以保证液压启闭系统能安全稳定地运行；变速开启，开启方式有快速—慢速—快速和快速—停机—快速（间歇开启）两种方式，其原理是先以快速开启阀门到阀门底缘即将发生空化的开度，转为慢速开启或停机，待闸室水位上升到足以抑制阀门底缘空化时，再快速全开阀门，以满足输水时间要求。在已建成的船闸上针对阀门空化，采用变速开启是一种有效的补救措施。

（3）降低阀门段廊道高程。降低高程可显著提高阀门后的水流压力，从而提高阀门的工作空化数，这是防空化气蚀措施中最简单有效的措施。三峡船闸通过采用隧洞式主廊道降低阀门段廊道高程，作为抗空化气蚀的主要措施。

（4）其他工程措施。在船闸输水系统布置中，在控制输水系统总阻力的条件下，合理安排主廊道、支廊道及出水孔的面积，尽量增大阀门后的阻力，以提高阀门后压力，有利于防止空化，但由于各种条件限制，此措施只能起到辅助作用；优化阀门体型，阀门采用全包体型和复合不锈钢面板，改善阀门的过流条件和抗空蚀能力；优化阀门底缘型式，采用流线型及初始夹角小的底缘，以提高其抗空化能力，鉴于底缘型式的改变将影响阀门启门力的大小及流激振动特性，需综合比较，合理选用。

建议在高水头船闸输水系统设计中，借鉴葛洲坝船闸和三峡船闸输水系统防空化、空蚀的成功经验，结合设计的船闸实际情况，优选输水系统防空化、空蚀的措施。

3.2.3　高水头船闸衬砌式闸首边墩结构设计问题与建议

高水头船闸闸首边墩的轮廓形状不规则，内部孔洞较多，而且承受的荷载较复杂，有横向荷载和纵向荷载，还有人字闸门集中荷载，属空间受力体系。闸首采用衬砌式结构，充分利用边墩后的岩体与衬砌混凝土联合受力，共同承受结构外荷载。闸首边墩在外荷载作用下，为衬砌混凝土—锚筋—岩体联合受力的结构体系，不仅具有一般船闸闸首边墩的受力特性，而且边界条件十分复杂，特别是衬砌混凝土与岩体结构面具有接触非线性的传力性质，难以采用简化材料力学方法进行结构分析。目前，对于大型船闸的衬砌式闸首边墩，通常采用三维有限元进行整体计算分析，重点是研究分析衬砌墙与岩体结合面接触性态、边墩结构应力、应变状态及锚杆受力规律等。三峡船闸采用衬砌式闸首，其结构体系的分析方法如下：

（1）闸首衬砌墙与岩体结合面初始接触性态分析。包括施工期衬砌混凝土与岩体之间的接触形态（缝隙形态、张开度）、锚杆的初始应力、混凝土温度应力等，为运行工况下的结构分析确定非线性计算的边界条件和结构的初始应力状态；初始接触形态分析采用模拟施工过程瞬变温度场并考虑混凝土徐变特性及结合面接触非线性的三维有限元仿真计算方法。

（2）闸首衬砌墙运行期结构分析。也可直接采用考虑接触非线性的有限元仿真计算方法，根据衬砌式闸首边墩在不同荷载组合下的受力及变形特点，采用高水位工况（边墩主要承受闸门推力及内水压力）和低水位工况（边墩承受墙后岩石压力和渗水压力）两种计算模式对其进行模拟计算。闸首边墩变形主要是控制倾斜度，防止影响人字闸门正常运行，三峡船闸设计中，规定闸首支持体岩体在运行荷载作用下，严格要求人字门顶枢与底枢的相对变形不大于 5mm，折合门轴倾斜度约为 1/7700。鉴于我国今后水利水电工程大多在西部山区河流，高水头船闸建在岩基上，闸首多采用分离式结构，建议在船闸衬砌式闸首设计中，要重视衬砌式边墩支持体段强度及稳定问题，闸首支持体段直接承受闸门推力，其强度及稳定应单独进行计算，对支持体段衬砌混凝土接触的岩体要求完整，如存在不稳定岩体，必须进行处理，以满足支持体稳定要求。

3.2.4　升船机型式选择问题与建议

我国水利水电工程建设逐渐向河流上游发展，中、小型升船机由于具有能适应较高的水头和较复杂地形的有利条件，预计在今后水利水电工程建设中，作为修建水利枢纽综合利用开发水能资源中发展山区水运，升船机将是被应用较多的一种通航建筑物。

升船机型式主要分为垂直升船机和斜面升船机两大类，这两类升船机又可按承船厢运行的方式、承船厢是否带水和设置平衡重，支承结构、提升和安全机构的型式等，形成多种不同的升船机型式。垂直升船机型式有湿运平衡式，承船厢重量平衡的方式主要为平衡重或浮筒，后者又称为浮筒式垂直升船机；驱动的方式有齿轮齿条爬升式和水力式。全平衡齿轮齿条爬升式垂直升船机和全平衡钢丝绳卷扬提升式垂直升船机将是今后垂直升船机的两种基本型式。斜面升船机型式主要有纵向钢丝绳卷扬机牵引式、横向钢丝绳卷扬机牵引式和纵向自爬式三种型式。

升船机型式选择主要根据升船机的设计水头，过船吨位，坝址的地形、地质条件，通过对各种可能的升船机方案，进行综合技术经济比较选定。目前，世界各国已建的升船机中，垂直升船机占大多数，在垂直升船机中，又以湿运均衡重式升船机占大多数，这种型式升船机的爬升及事故安全系统，主要采用星轮齿条爬升装置和螺母、螺杆事故安全装置，其主要优点是机构运行安全可靠，运行管理方便，升船机的主要设备和附属机构的设计、制造、安装和运行,有较为成熟的经验;但对升船机机电设备制造、安装的精度要求较高。近年来采用钢丝绳卷扬提升承船厢,用制动器和夹轨装置等实现事故安全制动的湿运均衡重式垂直升船机在已建、在建的工程中应用较多。这种型式升船机的主要优点是在保证升船机运行安全可靠的同时,驱动和事故安全设备制造安装的难度相对较小,但目前这种型式升船机建成投入时间较短,尚待积累实际运行经验,建议在中、小型升船机设计中可以考虑选择这种型式升船机。

3.3 过鱼建筑物与其他措施保护鱼类设计方案选择问题与建议

过鱼建筑物主要类型有鱼道(鱼梯)、鱼闸、升鱼机、集运鱼船等。鱼道、鱼闸和升鱼机主要由过坝主体建筑物、拦鱼设施、诱鱼设施、集鱼设施等组成;集运鱼船由集鱼船和运鱼船组成。鱼道适用于中、低水头过鱼,鱼闸和升鱼机适用于中、高水头过鱼。过鱼建筑物是保护鱼类、连接水生物洄游通道的主要工程措施。国内、外在过鱼建筑物建设和运行中积累了成功的经验,但也有失败的教训。葛洲坝工程开工之初,为解决中华鲟过坝问题,曾研究在二江修建一座鱼道,在大江修建一座升鱼机。通过深入研究论证,修建鱼道(鱼梯)和升鱼机,把 2～3m 长的中华鲟送过坝难度很大,即使送至上游产了卵,育成幼鱼,幼鱼向下游通过葛洲坝工程时,经过二江泄水闸孔或电站进水口过水轮机,大部分会死亡,因此,修过鱼建筑物使中华鲟过坝也不能有效保护中华鲟;在三峡工程建成后,水库水温和流速降低,都不能保证中华鲟达到性成熟,以修过鱼建筑物使中华鲟过坝的方法难以达到保护中华鲟的目的,最后确定在宜昌建立鲟鱼人工繁殖试验基地,采用人工放流。葛洲坝工程运行后,在坝下至枝江 80km 的河段,中华鲟适应了新的环境,形成新的产卵场,说明鱼类也会逐渐适应新的水环境。鉴于修筑水利水电工程坝址的河流洄游鱼类各不相同,建议在过鱼建筑物设计时,应与采取人工放流、开闸纳苗、建立人工孵化场等解决洄游鱼类过坝的措施进行综合比较,选择洄游鱼类过坝有效措施,以达到保护江河鱼类的目的。

3.4 高坝坝身泄水孔与泄洪洞进口闸门埋件设计问题与建议

闸门及启闭机是泄水建筑物过水孔(洞)上的控制设备,对保证枢纽工程正常和安全运行至关重要。高坝坝身泄水孔与泄洪洞进口闸门埋件指埋置在过水孔道周围混凝土结构中的构件,包括行走支承轨道、止水埋件、门槽护角埋件、底坎埋件、闸门上下游衬护件等。闸门及埋件设计、制造、安装质量直接影响其正常使用和安全运行。土建工程的使用寿命(使用年限)是建筑物建成后所有性能均能满足原定要求的使用年限。我国国家标准《混凝土结构设计规范》(GB 50010—2002)中,对设计使用年限定义为"在设计确定的环境作用和维修、使用条件下,作为结构耐久性设计依据并具有一定保证率的适用年限"。设计使用年限是技术使用年限,是建筑物在设计规定的环境使用下因结构材料老化到难以正常使用的年限。《中华人民共和国建筑法》(简称《建筑法》)中明确土木、建筑、水利等所有工程都应遵守《建筑法》,工程耐久性作为最主要的质量标准要求,只能以使用年限(使用寿命)来体现而不能为设计基准期。2014 年 1 月水利部颁布了《水利水电工程合理使用年限及耐久性设计规范》(SL 654—2014),该规范规定"1 级、2 级永久性水工建筑物中闸门的合理使用年限应为 50 年,其他级别的永久性水工建筑物中闸门的合理使用年限应为 30 年。"和"水工建筑物中各结构或构件的合理使用年限可不同,次要结构和构件或需要大修、更换的构件的合理使用年限可比主体结构的合理使用年限短，缺乏维修条件的结构或构件的使用年限应与工程的主体结构的合理使用年限相同。"因此，对大型水利水电工程中高坝坝身泄水孔与泄洪洞的闸门及启闭机，在使用 30～50 年后可以按设计要求进行更换，但埋置在过水孔道周围混凝土结构中的构件难以更换，尤其是高坝坝身泄水孔与泄洪洞进口闸门埋件维护检修条件差，建议在高坝坝身泄水孔与泄洪洞进口闸门埋件设计中，闸门埋件材料应使用不锈钢，提高耐久性以延长其使用年限；需考虑在进口为闸门埋件创造检修更换的条件，避免给泄水建筑物运行留下隐患，并影响高坝使用年限。

第8卷《水电站建筑物》主审述评

曹楚生

《手册》第8卷总结和吸收了近30年来国内外特别是我国水利水电工程建设的实践经验和科技进步成果，兼顾水利和水电行业两套设计规范，充分体现了当前水利水电工程勘测设计的技术水平，内容全面，重点突出，具有时代先进性和代表性。遵循"科学、实用、一致、延续"的原则，基本达到了"准确定位、反映特色、精选内容、确保质量"的目的。

第8卷在第1版的基础上增加了大量的新型建筑物和构筑物设计内容，诸如分层取水进水口、气垫式调压室、变顶高尾水洞、波纹管伸缩节、灯泡贯流式机组厂房等。结合国内外水电站设计技术的新进展，还提出了一些新的设计思想或计算方法，如隧洞预应力混凝土衬砌计算方法、耦合水道系统和机电系统的调节保证计算方法、气垫式调压室和变顶高尾水洞新型调压设施的设计计算方法、钢衬钢筋混凝土岔管设计方法以及岩壁吊车梁设计方法等。

近30年抽水蓄能电站发展迅猛，设计建设也积累了相当的经验，对此本卷单列一章，详细介绍了抽水蓄能电站水工建筑物的设计特点、原则与要求。同时还就潮汐电站设计建设的水文条件、开发方式、水库调节、工程规模选择等亦单列一章进行了叙述。

水电站建筑物的设计尽管经历了长期的工程实践，但在设计理论、方法和计算分析方面，仍然存在这样或那样一些需要进一步完善和发展的地方。随着经济社会发展，生态保护要求日益严格，水库大坝建设应避免河道断流、尽量缩短减水河段，或要求工程枢纽布置过鱼设施，或要求泄放生态流量，或要求布置分层取水口等，然而这些设施的设计理论、运行要求仍然还有许多地方值得探索和深入研究。又如气垫式调压室在世界范围内使用较少，我国有些水电站已进行了有益的尝试，同时还研究钢罩式气垫调压室这种新型建筑物，但是，气垫调压室水击穿井对引水隧洞的影响等方面还需要进行更多的研究，有些运行经验还有待进一步总结和加深认识。潮汐电站的设计在我国还处于探索或初期建设阶段，还有很多的方面值得总结和提高。

第2版中还补充了大量新建工程实例，尤其是大型、特大型水电站建筑物，如二滩、三峡、溪洛渡、锦屏一级、向家坝、小浪底、西龙池等，但应指出这些年我国一些特大型水工建筑物的设计建设正在形成高潮，还有一些好的经验有待总结。

总之，第2版第8卷已在第1版的基础上大大丰富了水电站建筑物设计的理论、方法，反映了当代水电站建筑物设计的新进展，新成果，必将对今后的水利水电工程建设起

曹楚生，中国工程院院士，天津大学在岗教授，中水北方勘测设计研究有限责任公司原总工程师，教授级高级工程师，《手册》技术委员会委员、第8卷主审专家。

到更好的推动作用。

我很感谢第 8 卷各章修编作者的贡献，也赞赏各位主编人员所做出的辛勤劳动，希望大家共同努力，把我国丰富的水能资源开发好、建设好、运行好，为国民经济社会可持续发展作出新的贡献。

第 9 卷 《灌排、供水》 主审述评

汪易森

1 概述

本卷为《灌排、供水》，主要内容包括第 1 章 "灌溉、排水与供水规划"、第 2 章 "引水枢纽工程"、第 3 章 "灌排渠沟与输水管道工程设计"、第 4 章 "渠系建筑物"、第 5 章 "节水灌溉工程设计"、第 6 章 "泵站"、第 7 章 "村镇供水工程" 等内容。本卷是在第 1 版《手册》相关卷章基础上，总结、归纳国内已有工程的实践经验，吸纳近年来灌溉、排水和供水工程的新技术和新方法编写而成的，基本上反映了当前我国水利水电工程尤其是农田水利工程灌溉、排水、供水方面的技术水平。

审查过程中，不少专家根据国内近年来大型调水工程陆续开工建设、急需要一本供（调）水工程设计手册的要求，向承编单位提出不少建议，希望本卷中增加大型供（调）水工程部分的内容。在编写过程中，编写人员也做了许多关于大型供（调）水工程的资料收集、整理分析工作，力求反映大型供（调）水工程中的最新技术成就。近年来以南水北调为代表的国内外大型供（调）水工程日益增多，这类工程设计涉及面非常广泛，工程规模十分庞大，大型供（调）水类工程的设计要求和先进技术还难以在本卷中的供水部分得到充分体现，目前本卷的内容更适合指导常用的灌排、供水类工程。

为了更有利于工程设计人员参照开展大型供（调）水工程规划设计工作，我想结合南水北调工程设计的实践，比较系统地提出大型供（调）水工程规划和设计的具体做法，供有关设计人员参考。

2 关于大型供（调）水工程规划

在大型供（调）水工程前期，需专门开展工程规划工作，其主要任务是全面论证工程建设的必要性，根据城镇生活及工业供水，以及生态和农业需求等确定本规划项目的供水任务。开展必要的水文、地质等专业工作，查明区域水资源情况，提出是否存在制约工程建设的重大工程地质问题。研究水资源配置与建设规模，明确规划水平年及设计标准，提出受水区范围，结合水源区可引水量分析论证，提出规划引水总量及水资源配置方案。研究工程规划方案与所在区域或流域相关规划符合情况。在规划确定的引水工程任务和规模以及推荐的水源工程方案、输水工程布局前提下，对工程建设方案进行比选，经技术经济

汪易森，国务院南水北调工程建设委员会办公室原总工程师，教授级高级工程师，《手册》技术委员会委员、第 9 卷主审专家。

比较，初拟线路走向及建筑物布置，论证一次建成或分期建设方案。提出建设征地及移民安置初步规划意见。根据工程规划方案涉及的自然保护区、风景名胜区等环境敏感目标情况，提出规划引水方案是否存在重大环境制约因素。拟定工程建管体制和管理机构设置的初步方案。进行引水工程比选方案投资初估及经济评价。

同时，大型供（调）水工程的规划需要有大量专题论证作为支撑。国务院批准的《南水北调工程总体规划》包括12个附件和几十个专题报告，主要有：

附件1：《南水北调节水规划要点》

专题报告1：《农业节水研究》

专题报告2：《工业节水研究》

专题报告3：《城镇生活节水研究》

附件2：《南水北调东线工程治污规划》

专题报告1：《南水北调东线工程（黄河以南段）治污规划》

专题报告2：《南水北调东线工程（黄河以北段）治污规划》

专题报告3：《南水北调东线工程城市污水处理专项规划》

附件3：《南水北调工程生态环境保护规划》

专题报告1：《长江口地区淡水资源开发利用与南水北调工程研究》

专题报告2：《南水北调工程对长江口盐水入侵影响预估研究》

专题报告3：《南水北调工程对长江口盐水入侵影响分析研究》

专题报告4：《南水北调工程对长江口生态环境影响评估研究》

专题报告5：《南水北调工程对长江口生态环境影响分析研究》

专题报告6：《丹江口水库调水和汉江中下游工程对汉江中下游水文情势的影响研究》

专题报告7：《南水北调中线工程对汉江中下游航运和灌溉影响研究》

专题报告8：《南水北调中线工程对汉江中下游生态环境影响及防治对策研究》

专题报告9：《南水北调中线工程环境影响综合评价研究》

附件4：《南水北调城市水资源规划》

专题报告1：《北京市南水北调水资源规划报告》

专题报告2：《天津市南水北调水资源规划报告》

专题报告3：《河北省南水北调水资源规划报告》

专题报告4：《山东省南水北调水资源规划报告》

专题报告5：《河南省南水北调水资源规划报告》

专题报告6：《湖北省南水北调水资源规划报告》

专题报告7：《江苏省南水北调水资源规划报告》

附件5：《海河流域水资源规划》

专题报告1：《海河流域水资源基本评价》

专题报告2：《海河流域地下水资源现状评价及典型区环境地质效应分析》

专题报告3：《海河流域水资源利用情况调查报告》

专题报告4：《海河流域农业用水与节水研究》

专题报告5：《官厅、潘家口水库天然入库径流分析与来水量预测》

专题报告 6：《海河流域环境用水研究》

专题报告 7：《海河流域水资源规划支持系统与可持续发展战略研究》

专题报告 8：《海河流域水资源供需平衡分析》

专题报告 9：《海河流域水资源管理与水价研究》

附件 6：《黄淮海流域水资源合理配置研究》

附件 7：《南水北调东线工程规划》（2001 年修订）

专题报告 1：《水量调配》

专题报告 2：《管理体制与经济分析》

附件 8：《南水北调中线工程规划》（2001 年修订）

专题报告 1：《汉江丹江口水库可调水量研究》

专题报告 2：《供水调度与调蓄研究》

专题报告 3：《总干渠工程建设方案研究》

专题报告 4：《生态与环境影响研究》

专题报告 5：《综合经济分析》

专题报告 6：《水源工程建设方案比选》

附件 9：《南水北调西线工程规划纲要及第一期工程规划》

专题报告 1：《地质勘察》

专题报告 2：《可调水量分析》

专题报告 3：《调水工程方案》

专题报告 4：《环境影响分析》

专题报告 5：《供水目标及范围分析》

专题报告 6：《效益分析》

附件 10：《南水北调工程方案综述》

附件 11：《南水北调工程水价分析研究》

附件 12：《南水北调工程建设与管理体制研究》

以上专题研究为《南水北调工程总体规划》奠定了坚实的基础，有力支撑了工程总体规划及后续设计。在做同类工程规划时，可根据工程特点编制相应的附件和专题报告。

3 关于大型供（调）水工程水源工程及大坝加高

第 1 版《手册》第 8 卷《灌区建筑物》第 38 章包括"引水枢纽布置"、"进水闸及冲沙闸"和"沉沙池"3 节，主要是针对灌区的水源设计提出的，为保证灌溉用水的水质，防止有害泥沙入渠，以免引起渠道淤积对水机叶片的磨损，重点介绍了沉沙池等设施的设计要求。关于水泵抽水的部分内容则安排在第 42 章"排灌站"中进行介绍。

本卷第 2 章"引水枢纽工程"在第 1 版《手册》基础上对引水枢纽部分进行了较详细的增补，介绍了主要引水枢纽工程型式，即无坝引水（自流引水）、有坝引水（闸堰引水和水库引水）及泵站引水 3 种引水方式，同时分 4 节说明了引水枢纽工程概况、无坝引水枢纽工程布置、闸堰引水枢纽工程布置及沉沙池设置的主要设计要求。修改版既继承了原版的主要编写思路，同时又增补了近年来我国灌排与供水工程水源建筑物枢纽设计的一些主要内容，可作为有关设计人员的参考。

随着我国大型供（调）水工程的建设，水源工程的建设规模也越来越大，除了通常意义上的有坝和无坝取水外，南水北调工程东线低扬程、大流量梯级水泵群和丹江口大坝加高都成为大规模取水工程的范例，尤其是重力坝大坝加高工程是一项新的设计内容。从加高部位来分，重力坝加高方式大体上分为后帮式、前帮式、坝顶直接加高等方式。

丹江口大坝挡水坝段采用后帮式加高方式，混凝土从基岩面开始浇筑，贴坡混凝土厚度较大，垂直面设有键槽，采用直接贴坡浇筑方式。

大坝加高工程调查的两大问题是地形、地质勘查和已建坝体缺陷调查。地形、地质勘查内容与新建大坝类同，重点是下游侧的基岩条件和坝基抗滑稳定计算参数的复核。已建坝体缺陷调查主要重点调查初期施工的缺陷和问题处理，运行中的漏水量、变形量和扬压力等大坝现状，掌握坝体混凝土的物理力学参数对于设计非常重要。丹江口初期工程于1958年9月开工，1974年2月完工。受当时技术水平、经济条件及政治环境的影响，施工中就出现了架空、冷缝、强度不合格、裂缝等质量缺陷。丹江口大坝设计、研究单位对调查情况全面进行了安全性检查分析，基本查清了上、下游水上坝面和廊道的裂缝，也基本查清了上游面水下坝体裂缝，并在此基础上进行了裂缝稳定性分析，包括加高过程中裂缝的稳定性分析、大坝运行期的裂缝稳定性分析、大坝典型裂缝面的抗滑稳定性分析、裂缝对新老混凝土接合面的影响分析、裂缝对大坝抗震影响分析等。根据检查分析，在设计方案中针对初期大坝缺陷制定了若干处理措施，这样才能保证加高后大坝的安全运行。

重力坝加高工程设计中有两大重点问题：一是加高坝体的经济断面设计，即合理确定新坝体的下游坡度问题；二是在老坝体下游浇筑新坝体，伴随混凝土水化热产生新的温度应力问题，即如何控制新浇混凝土在老坝体上游面、新老坝体接触面和新坝下游面的温度应力，防止产生对坝体的不利影响问题。

加高重力坝断面设计采用刚体理论进行计算时有如下几个假设：一是忽略新混凝土硬化收缩引起的体积变化和新老混凝土物理性质差异，认为加高后的大坝作为一个整体工作；二是大坝降低水位进行加高施工时，加在老坝体上的荷载不传递给新坝体混凝土；三是新混凝土在硬化过程中只承受自重作用，不承受其他外力；四是施工完成后水位上升，新增加的水荷载等由新老坝体共同承担；五是坝体、坝基应力由老坝施工时的应力和新增加的应力叠加分布。上述假设能否成立，有关专家曾进行过有限元计算复核，复核结果认为，如果新老坝体基础岩石等级相差不大，新老混凝土弹性模量差在10%以内，以上假定对坝体应力分布和稳定计算影响不大。

重力坝加高经济断面选择与施工期控制水位和坝体抗滑稳定安全要求相关。如果抬高施工期的控制水位，则加高坝体下游面可选择缓坡面变缓，相反，如果降低施工期的控制水位，则加高坝体下游面可选择陡坡坡面变陡，坝体积也随之增减。大坝抗滑稳定要求是坝体沿最危险破坏面滑动时最小抗滑稳定安全系数不小于规定值，考虑到已成功进行混凝土大坝加高的几个国家的抗滑稳定安全系数均高于我国重力坝规范的相关规定，故丹江口大坝加高抗剪断稳定安全系数突破了我国现有规范要求，取用3.5。

大坝加高过程中最重要的问题是如何进行混凝土温控。在老坝体背面浇筑新混凝土，因混凝土水化热产生温升、温降，在温降过程中新混凝土的收缩受到老坝体下游面和基础岩石的约束而产生拉应力，会引起新坝体下游坝址和老坝体上游坝踵部位受拉，混凝土抗拉强度低，又是不良热导体，处置不当则可能产生裂缝，破坏大坝的整体性和围幕防渗设计，这是大坝加高中必须重视的问题。试想如果每立方米混凝土中含 200kg 水泥，每公斤水化热量约 $70\sim80$ kcal（1kcal=4.186J），则丹江口大坝加高 100 万 m^3 混凝土产生的热量相当于燃烧 2000t 煤释放的能量，在坝体温度降到稳定温度场的过程中，温差引起坝体坝基应力变化是非常明显的，所以大坝加高设计应包括详细的温度控制设计。

大坝加高施工设计主要包括大坝坝基开挖设计、老坝体问题混凝土的拆除凿毛设计和新老混凝土接合面处理设计等几部分。

大坝坝基开挖是在现有老坝体下游进行的，作业效率不高，作业面狭窄，施工设备使用不同于一般的大坝施工。所谓老坝体混凝土拆除设计是指已建大坝的坝顶部分混凝土和坝面碳化混凝土、劣质混凝土、老坝体结合面混凝土和为新增设（或改造）泄洪放水管道开洞的混凝土拆除。拆除混凝土作业需要专业性施工，一般在距坝体较近范围需人工拆除，只有在距坝体较远的部位才可以使用炸药。混凝土凿毛深度要根据各工程的实际情况决定，也必须由设计进行实际调查后确定。对于新老混凝土接合面，除按设计要求进行结合面处理外，还要十分重视老混凝土止水、排水施工处理，确保无漏水进入新老坝体结合面。

随着社会经济的不断发展，建坝目的从以防洪、发电为主逐步向供水和水资源综合利用为主方向变化，库容加大和功能变更将使大坝加高成为一个新的课题。应当结合丹江口大坝加高科研、设计和施工及今后的运行观测，认真总结我国大坝加高工程的经验教训，早日制定我国大坝加高相关设计规定。

4 关于大型供（调）水工程的输水方式

南水北调东线采取以河道为主的输水方式，京杭大运河贯穿南北，还有其他许多南北向的灌排河道，大部分可以用于南水北调东线向北输水。东线工程输水线路的地形是以黄河为脊背，向南北倾斜。在长江取水点附近的地面高程为 $3\sim4m$，穿黄工程处约 40m，天津附近为 $2\sim5m$。黄河以南需建 13 级泵站提水，总扬程约 65m。输水线路通过洪泽湖、骆马湖、南四湖、东平湖 4 个调蓄湖泊。两个相邻湖泊之间的水位差都在 10m 左右，各规划建设 3 级泵站。南四湖的下级湖和上级湖之间设 1 级泵站。黄河以北输水线路段，全部自流。

南水北调中线输水工程比较了全线渠道、全线管涵、明渠为主局部管涵等多种输水方式，还研究比较了黄河以北分高线、低线的输水线路，最后根据北方受水区的需水要求，经技术经济综合分析比较，总干渠采用以明渠为主、局部管涵的输水方案。明渠全断面衬砌，与交叉河道全部立交，北京段因交叉建筑物密集，天津渠线段因坡降较陡，需穿越大清河分蓄洪区等原因，采用管涵输水。输水总干线（含天津干线）穿越大小河流 686 条，其中集流面积大于 $20km^2$ 的 205 条。全线有交叉建筑物 1774 座，其中与河渠交叉 832 座，与铁路交叉 42 座，公路桥 735 座，分水口门 73 处，节制闸 51 座，退水闸 38 处，泵站 3 座。

正在设计中的滇中引水工程基本上采用以深埋长隧洞为主，辅以暗涵、倒虹吸、高架渡槽和少量明渠的输水方式，引水线路地震基本烈度均在 7 度以上，约有 487.8km 通过 8

度及以上区域（$a \geqslant 0.2g$）；输水线路穿越区域性活动断裂 16 条。

美国加州输水工程干线设施包括一系列的水道和泵站群。输水渠系可分为北湾水道、南湾水道、加州水道干线、西支渠、沿海支渠、东支渠及其延伸段几个部分，全长 1086km，其中，明渠总长 672km，管道长 351km，隧洞长 37km，天然河道及水库长 25km。加州水道干线包括 619km 明渠、66km 管道和 19km 隧洞，干线工程以明渠为主。

美国中央亚利桑那工程是从科罗拉多河引水，解决亚利桑那州中、南部的农业灌溉及城市工业用水的一项大型多目标水利工程。总干渠从科罗拉多河上哈瓦沙（Havasa）水库提水，至图森西南圣克沙维耳的印第安保留区，全长 540km。总干渠全部用混凝土衬砌，花岗礁输水渠段（GRA）自渠首至盐河长 305km，扬程 380m，包括 280km 长的输水渠、3 座总长 13km 的隧洞、7 座总长 12km 的倒虹吸、4 座泵站。索特希拉输水渠段（Salt - Gila Aqueduct）自盐河至勃雷弟泵站以北 8km，长 93.5km，扬程 26m。该渠段断面沿程递减，均采用混凝土衬砌，厚度约 9cm。图森输水渠段（Tucson Aqueduct）长 140km，该段有 29.4km 为暗管，管径 2.4～1.8m。

我国南水北调中线工程对输水工程共研究比较了 6 类 30 多个方案，当时土地价格远较现在为低，因此明渠输水在经济上占有较大优势，最后选择了明渠为主、局部管涵的输水方式；近期已开工和正在进行前期工作的其他大型输水工程多数选择了管道为主的输水方式。无论是明渠为主的南水北调工程还是以隧洞、管道为主的其他大型输水工程，目前工程设计中的一个共同特点是，为了充分利用水头，减少运行费用，都尽可能不布置或少布置提水泵站，这样，在明渠输水为主的工程中出现了不少的填方渠道，在隧洞（管道）为主的输水工程中出现了山脊高位布置大型输水隧洞，输水隧洞穿过山谷河流处又往往采用高架渡槽相衔接的情况。

根据有关单位对一些渠道自流输水工程的调查，由于我国的地形总体上是西高东低，南北方向布置的自流渠道往往会出现不少高填方和深挖方渠道，而填方和高填方渠道主要是出现在南北输水线和东西走向的河流相交处，这些地方又是中国人口城镇密集处，这样就带来了输水安全问题。而在山脊高位布置大型输水隧洞，输水隧洞穿过山谷河流处采用高架渡槽相衔接的情况下，大型高架渡槽的输水安全以及隧洞和高架渡槽结合部的安全也事关穿越部位的城镇居民生命财产安全。这些都是大型输水工程在输水线路布置中必须考虑的。

不少专家建议对于大型输水工程的输水安全要进行风险评估与风险设计，虽然在目前的相关规范上尚未包含这些内容，但在进行前期工程设计中不能不加以考虑并采取一定的风险转移措施。

5   关于大型梁式渡槽设计

无论是采用明渠为主要型式的南水北调输水工程，还是以隧洞为主要输水方式的滇中调水等工程，包括渡槽、倒虹吸、隧洞、涵洞等的大型输水建筑物都是必不可少的。本卷第 4 章为"渠系建筑物"，重点介绍灌排工程中常用的渡槽、倒虹吸、涵洞和闸等建筑物的设计要点，下面结合我国大型输水工程的设计实况，介绍常用的大型梁式渡槽设计中值得注意的几个问题。

5.1 设计标准

大型梁式渡槽设计等级、洪水标准根据工程级别和建筑物规模按国家相应标准确定。大型梁式渡槽的设计洪水标准，还应不低于其所在输水工程的设计洪水标准。确定跨越较大河流、沟道的大型梁式渡槽的洪水标准时，尚应采用充分的历史洪水调查成果或对位于同一河流（沟道）上邻近公路、铁路桥梁的洪水标准及其使用情况进行类比分析。

处于有抗震要求地区的大型梁式渡槽必须进行抗震设计，从抗震意义上讲，渡槽与桥梁没有本质的差别，其地震动参数值按国家有关标准确定。根据地震动峰值加速度分区与地震基本烈度，位于 6 度及其以下地震烈度区的渡槽可不进行抗震计算，但应采取安全可靠的抗震措施；7 度及其以上高烈度地震区内重要的大型渡槽应进行整体动力分析。

5.2 材料标准

目前在南水北调工程中布置的大型梁式渡槽多采用预应力钢筋混凝土渡槽，按相应规范要求，其槽身混凝土强度等级不应低于 C40，渡槽槽身混凝土抗渗等级不低于 W8，其他部位按抗渗要求确定其相应的抗渗等级。为提高钢筋混凝土结构的耐久性，混凝土抗冻等级不低于 F150。在寒冷地区，应按部位确定其相应的抗冻等级。

5.3 设计资料要求

大型梁式渡槽设计时的相关资料要求大致分为地形资料、地质资料、水文气象资料和其他相关资料。

（1）地形资料：包括建筑物场址 1：500～1：1000 地形图，一般自进口渐变段前 100m 至出口渐变段后 100m，轴线两侧不少于 100m。为便于布置，还可加大成图比例尺，其范围应满足梁式渡槽总体布置和施工总体布置需要。

（2）地质资料：包括地质纵、横剖面。原则上每个槽墩处应布置 1 个地质横剖面，每个横剖面不少于 2 个钻孔。地质测绘精度不小于 1/1000。应基本查明工程范围内岩层的岩性、产状、构造、软弱夹层的分布；风化层及覆盖层的厚度；基岩裂隙的性质及其分布情况；高压缩性或膨胀性黏土、黄土类土、淤泥、流砂的分布状态；轴线附近区域的水文地质条件等。建筑物进出口河岸坡的稳定性应有评价意见。需提出各岩（土）层的物理力学性质，如地基承载力标准值、重度、内摩擦角、黏聚力、桩端阻力、桩侧阻力、变形模量（压缩模量）、泊松比、孔隙比等；地震基本烈度不小于 7 度时，应有地震加速度、卓越周期以及岩（土）的动力学参数等。还应提出工程所需各类天然建筑材料的产地、储量、质量与开采、运输条件，建筑材料的物理力学试验成果，天然建筑材料分布图。

（3）水文气象资料：包括交叉断面河道设计洪水与校核洪水洪峰流量及其过程线、槽址处河道的水位—流量关系曲线、水位—过流面积曲线、漂浮物情况、天然坡降、糙率、断面要素等资料。为了校核建筑物长度与当地防洪排涝是否相适应，还应给出相应频率的洪水洪峰流量及其过程线（一般为 5 年、10 年、20 年、50 年）。

气象资料包括气温、降雨、风速等。在有流冰和冻土发生的地区，还应收集计算冰压力、冻胀力的资料，如负气温指数、标准冻深、冰厚、冰块尺寸等。

还应包括河床、河道冲淤的观测资料。

（4）其他相关资料：包括梁式渡槽上下游渠道的设计流量及水位、加大流量及下游水位、堤顶高程、渠底高程、渠底宽、边坡、糙率、流速及渠道纵坡等（按总干渠要求采用），以及工程地理位置及公路、铁路交通运输条件；相关试验及研究成果。

5.4 总体布置要求

（1）渡槽中心线及槽身起止点位置应进行多方案比选确定；为检修方便和提高运行的可靠性，槽身宜选择多槽方案。对于输水流量较大且地质条件较复杂的渡槽，可采用基础与槽身多线布置方式。渡槽槽身应考虑日常检查巡视养护的人行通道。

（2）确定槽身长度时，对束窄河道的渡槽，应拟定不同槽长方案推求有关频率洪水对应的河道洪水位，通过对当地防洪排涝的影响和工程投资对比分析论证后，确定渡槽长度。一般 20 年一遇洪水时，渡槽上游洪水位壅高值控制在 0.3m 以内，同时应满足当地河流的防洪标准。跨越堤防的渡槽槽墩应置于河堤坡脚线以外。

（3）进出口建筑物包括进出口渐变段、槽跨结构与两岸渠道（或隧道）的连接建筑物（槽台、挡土墙等）、检修闸等。根据输水建筑物总体布置要求，部分进出口建筑物还应设置节制闸、退水闸、交通桥等。一般节制闸、检修闸宜设在连接段，退水闸宜布置在进口渐变段之前。

（4）上部槽身结构布置主要是选定槽身段结构的跨度及其各组成部分（槽身、支承、基础等）的结构型式、材料，拟定各组成部分结构的尺寸和高程。渡槽跨度应结合地质条件、水文条件、行洪要求和渡槽本身的特性及施工技术水平综合考虑，经经济技术比较后确定。在安全可靠、有利施工的前提下，结构尺寸应通过多方案比选和结构应力分析，经充分论证、优化后最终确定。方案比选应侧重于不同跨度、不同结构型式的比较。荷载或跨度较大、抗裂要求高时，宜优先选用部分预应力或全预应力、单向或多向预应力混凝土结构。渡槽支座的选择应从承载能力、允许位移量（移动或转动）、外型尺寸、对养护的要求和经济性等方面综合考虑，并对支座提出耐久性和摩阻力要求。有抗震要求的渡槽应选用减震支座。渡槽与进出口建筑物之间以及槽身分段处应设结构缝，以适应各部分结构的温度变形和不均匀沉陷。渡槽槽体与过水断面相关的所有横缝应设止水，止水设置应视具体情况选用合理止水材料和相应的构造型式。一般采用双重式或复合式止水，内侧表面止水材料宜选用可更换的材料。

（5）槽身横断面的常用型式有矩形和 U 形两种，应根据设计流量、运行要求及建筑材料条件等经技术经济比较后确定。矩形横断面槽身又分为有、无拉杆侧墙式，肋板式，多纵梁式，箱式以及同跨多槽式。

大型渡槽槽身顶部宜设拉杆。拉杆间距应与槽身侧墙的刚度和计算方法相适应；供水保证率高或流量巨大的渡槽横断面，宜采用双槽或多槽式布置。采用这种布置的各个槽身之间宜不互相连接。

（6）渡槽的下部结构一般采用重力墩，或排架与桩基础、排架与刚性基础组合的型式。重力墩墩身截面有多种型式，选用时主要考虑水流特性，尽量减少墩旁河床的局部冲刷和水流压力，并使水流顺畅通过槽孔。

5.5 荷载

《手册》中重点介绍了结构重力、槽内水重、静水压力、土压力、风压力、动水压力、漂浮物的撞击力、温度作用、混凝土收缩及徐变影响力、预应力、人群荷载、地震荷载以及施工吊装时的动力荷载等。位于有冰凌河流中的渡槽墩台，还应根据当地冰凌的具体情况及墩台的结构型式，按照相关规范计算冰压力和冻胀力。

5.6　冲刷计算与防护设计

渡槽涉水墩台的基底最小埋置深度，应根据修建墩台后引起的槽下一般冲刷、局部冲刷、河床自然演变冲刷以及墩台基底在冲刷线以下的安全埋置深度计算确定，这方面的设计要求在手册中未涉及，但这部分是大型渡槽基础设计内容之一。

《灌溉与排水渠系建筑物设计规范》（SL 482—2011）规定，渡槽墩台冲刷包括河床自然演变冲刷、槽下断面的一般冲刷和局部冲刷，其计算方法及计算公式参见《公路工程水文勘测设计规范》（JTGC 30—2002）。冲刷总深度自河床地面算起，一般冲刷深度与局部冲刷深度之和即为冲刷总深度。根据计算冲刷深度确定墩台基底埋置深度。

渡槽建成后将对河道冲刷产生一定影响，还应参考有关规范对两岸及河床一定范围内采取工程措施进行防护设计。

6　关于大型渠道倒虹吸设计

6.1　设计标准

大型倒虹吸工程的设计标准应与该输水工程的等别一致，如果为Ⅰ等工程，其主要建筑物应为 1 级建筑物，次要建筑物应为 3 级建筑物，则渠道倒虹吸管身段、连接段及渐变段均为 1 级建筑物，河道控导与防护工程则为 3 级建筑物。设计洪水标准应不低于其所在输水工程的设计洪水标准。设计烈度为 6 度时，可不进行抗震计算，但应采取适当的抗震措施；设计烈度为 7 度和 7 度以上时，应进行抗震计算和设防，必要时进行砂基震动液化可能性分析，并对地基进行相应的处理。

6.2　材料标准

大型倒虹吸如采用预应力结构，其管身段预应力混凝土强度等级宜不低于 C40，普通混凝土宜不低于 C25，连接段混凝土宜不低于 C20。混凝土应满足抗冻要求和耐久性要求，抗冻等级宜不低于 F150。为了提高钢筋混凝土的耐久性，还应根据结构所处的环境类别规定混凝土的抗渗等级。

6.3　建筑物布置

（1）大型倒虹吸一般在进口段布置检修闸、出口段布置工作闸（节制闸）。为方便检修，在进口处设挡上游水的检修闸门，闸门按上游设计水深、下游无水设计，并应设向倒虹吸充水的设施。出口工作闸室段一般布置弧形工作闸门，用以控制进口水位、调节流量，保证管内呈压力流态和通过任意流量时均能与下游渠道水面平顺衔接。

（2）倒虹吸管身的布置有斜管段和水平管段。斜管段纵坡视地形、地质、施工以及水平管顶埋深等条件确定。水平管段的长度不小于河道行洪口门宽度。

管身横向缝间距（即管段长）不宜过大，应根据地基特性、断面尺寸、温度变幅等条件确定。土基上现浇钢筋混凝土管横缝间距以 15～20m 为宜，岩基上一般可采用 10～15m，若设置垫层时可取 15～20m。

管身宜采用矩形多孔断面。对矩形孔应根据地质及荷载条件，选择适当的高宽比，一般宜采用 2 孔一联或 3 孔一联。

管身下应在开挖基面上平铺 10～20cm 厚碎石垫层（较好的岩基可取消碎石垫层），上铺 0.1m 厚 C10 素混凝土，涂抹沥青后再浇筑管身。垫层应在管身两侧各伸出 50cm 的宽度。对坡度较陡的斜管段每隔一定距离设一排齿墙，以增加抗滑稳定性。

倒虹吸管身穿越堤防处不允许穿越堤身，应从堤基部位穿过，应复核堤基渗透稳定性并采取截渗措施。

6.4 大型倒虹吸管的稳定计算及地基处理要求

大型倒虹吸管的稳定计算包括管身抗浮稳定计算、斜管段抗滑稳定计算、地基承载力校核、地基整体稳定计算、地基沉降量计算、软弱地基及地基振动液化的判别和处理以及连接段挡墙及进出口水闸稳定计算几部分。

河床部位的管段均水平埋置于河床下，一般无抗滑稳定问题；斜管段的抗滑稳定分析一般选取最易失稳的一节管段进行，将作用于该管段的所有外力分解为平行于滑动（斜）面和垂直于滑动（斜）面的分力，然后参照相关规范规定进行计算。当倒虹吸未埋置于冲刷线以下时，要按管身挡水工况验算抗滑稳定性。

地基承载力校核可采用材料力学法及结构力学法分别计算基底应力，然后取其大值进行地基承载力验算。

沉降差和沉降量应符合相关要求，当相邻构筑物间（管身间、管身与闸室间、闸室与渐变段间）沉降超过止水结构允许的变位时，应对地基进行处理。

在可能发生 7 度及 7 度以上地震的地区，应进行地基液化可能性判别，并采取适当的工程处理措施。软弱地基也须进行处理。地基是否可能液化按标准贯入击数法与静力触探法判别，可按有关规范规定进行判定。当地基承载力、沉降量、渗透稳定性、砂土的抗液化能力等指标之一不能满足建筑物安全要求时，需采用适当的工程措施进行处理，以保证建筑物的安全和正常使用。

6.5 河道冲刷及河道防护设计

河道冲刷计算是确定倒虹吸穿过河道时防护措施的重要依据。一般情况下，倒虹吸应埋在冲刷线以下。当倒虹吸管顶未埋置在冲刷线以下时，应特别注意管身上下段河床的护砌以及管身地基的抗冲防护。

河道冲刷计算一般分局部冲刷和一般冲刷，倒虹吸埋置深度按一般冲刷确定。当河道缩窄时应进行导流堤端头局部冲刷计算。

为稳定河床，与河床平顺下接，应对河岸进出口进行防护。当管身置于河床冲刷线深度以上时，应对管段通过的河床部分采取防护措施。对倒虹吸进出口部位河道两侧应根据局部冲刷深度进行防护；防护措施除浆砌块石外，还可采用铅丝石笼、干砌块石和防冲槽等。与倒虹吸进、出口连接的河道岸坡等也应护砌防护。防护措施应根据冲刷计算确定。一般采用浆砌块石，必要时采用砌石和钢筋笼，护砌长度、宽度及深度视地质及布置情况，经计算确定。为保护斜管段及进、出口不受洪水冲刷，应进行适当防护。

对于其他的输水工程建筑物，如隧洞、节制闸、退水闸和分水口门等设计，请参照相关设计规范进行。

第 10 卷《边坡工程与地质灾害防治》主审述评

朱建业

　　水利水电工程建设中出现的边坡稳定问题及其影响，远远超过坝基和地下厂房围岩存在的工程地质问题。在工程实践中，有不少教训，也积累了很多经验，值得总结借鉴，因此，《水工设计手册》（第 2 版）中，特别增加了第 10 卷《边坡工程与地质灾害防治》，以满足工程边坡地质勘察和设计以及地质灾害防治工作的需要。

　　第 10 卷回顾了近几十年我国水利水电工程建设中边坡工程与地质灾害问题，整理归纳了边坡处理和地质灾害防治的相关技术，系统地介绍了边坡工程和地质灾害防治的设计理论、设计原则、计算方法和处理措施等有关内容，借此贯彻国家有关边坡工程和地质灾害防治方针政策、设计标准，推广新技术和新方法，以进一步提高我国边坡工程处理和地质灾害防治的技术水平。因此，本卷实用性很强，不仅是一部水利水电工程技术人员不可多得的案头工具书，对其他领域涉及边坡的工程人员，以及教学科技人员也具有参考价值。

　　第 10 卷介绍了水利水电工程所经历的带有普遍性和特殊性的经验和教训，借助工程实例，对如何发现边坡工程中的地质缺陷和安全隐患，如何分析评价自然边坡稳定性及其变化趋势，如何界定边坡岩体变形与失稳状态，采取什么措施有效提高边坡的稳定安全性等问题，提出了涵盖勘察设计、计算分析和安全性评价的一整套工作思路和方法，具有很强的操作性和指导性。

1　关于岩质边坡

　　我国西南、西北地区具有高山峡谷地貌，河谷岸坡坡高达千米，工程边坡经常高达数百米，岩质边坡稳定问题突出。第 10 卷以较大的篇幅重点介绍和论述了岩质边坡勘察设计的内容。

　　边坡安全分级与设计安全系数。由于边坡地形地质条件不同，边坡稳定性对枢纽工程及水工建筑物的影响程度不一，对具体边坡工程，首先需要判断边坡稳定性的重要程度和对建筑物安全性的影响，据此分析确定其安全级别和设计安全标准。由于边坡变形失稳边界和控制边坡稳定的岩体力学参数，难以准确确定，因此，边坡规范中每级边坡的设计安全系数，均给出上限值与下限值，需要考虑边坡勘察和岩土试验工作深度、计算分析的可靠性等，加以选择。除相关规范作了规定外，本卷又具体说明了如何确定安全系数。

朱建业，水电水利规划设计总院，教授级高级工程师，《手册》第 10 卷主审专家。

本卷还介绍了在边坡稳定分析中边坡加固的预应力作为增加的抗滑力处理，而不作为减少的下滑力处理；稳定安全系数只作为边坡本身稳定裕度的指标，不包括抗滑结构物应该具有的安全裕度。

尽管水利行业和水电行业边坡工程设计规范对工程边坡分级和工程边坡设计安全系数都作出了明确规定与说明，但在实际运用中仍然不易掌握。有些工程进入施工阶段，边坡岩土体力学参数和安全系数仍用规范规定范围值，而不明确定值，不易操作，因此，招标设计阶段需要考虑实际情况对工程边坡做进一步分析，明确设计安全系数的定值。

实践证明，绝大多数岩质边坡往往是短暂状况（暴雨工况或地震工况）满足不了规范要求。这说明工程边坡需要在施工期或在进行大规模边坡开挖以前，先完成边坡的地表或地下排水系统，确保施工期遭遇暴雨时边坡能够维持稳定。浙江天荒坪抽水蓄能电站下库进水口的上游存在一滑坡体，在滑坡体削坡（削坡总量约 90 万 m^3）期间，1997 年 8 月 18—19 日突遇 11 号台风雨，工区 24 小时降雨量达 356.4mm，当时滑坡区减载才完成一半，由于地下排水主洞、支洞已完成，排水通畅，降低了边坡的地下水位，减轻了暴雨工况对边坡的不利影响，结果滑坡体及其周边谷坡均未发生异常变形，经受了集中暴雨的考验。经验算，在暴雨工况下，当时的边坡抗滑稳定安全系数为 1.05。"治坡先治水"是多个工程行之有效的经验，这说明提前安排完成边坡排水工程是十分必要的。

本卷列出了边坡一般性分类、岩质边坡结构分类和边坡变形破坏分类，此外，边坡分类还可参照《边坡的稳定状态分类》一书和《水力发电工程地质手册》。鉴于边坡地质条件的复杂性，经过对工程边坡多年的研究工作，业界已对各种边坡分类取得共识，边坡分类方法已在水利、水电行业规范和边坡工程地质勘察技术规程中均有表述，进行分类的过程也是对边坡进行地质研究的深化过程，分类能力求真实地反映边坡成因、岩质、结构、破坏类型及其稳定程度，也是进行边坡稳定分析评价的基础工作，不同的破坏类型和不同的稳定性，其工程处理方式也不同，因此不能为分类而分类。

水利水电工程边坡的作用主要有：岩体自重、地下水、加固力、地震作用、地应力、爆破振动，在施工初期，由于不能有效控制影响边坡稳定的不利作用，往往导致边坡失稳，造成事故，并可能付出沉痛代价。由于施工管理不到位，施工布置不当，有些工程边坡上施工用水漫流，甚至在坡顶、坡面临时堆渣或建造施工辅助设施，导致边坡变形和失稳；还有某些工程的石料场在顺向边坡进行切断岩层的切脚开挖，导致边坡变形，以上实例均需要加强边坡勘察设计，提醒承包商和监理给予足够注意，切实加以防范。

地下水对边坡的稳定性起着关键作用，如降雨形成的暂态水压力，可能导致边坡变形和失稳；地下水位急剧下降或地下水位急剧上升，动水压力可能导致边坡失稳。边坡中的地下水位总是随季节不停地变化，关键是如何确定边坡设计中的地下水位。本卷介绍，一般采用最高地下水水位作为持久状态水位。对具有疏排地下水功能的边坡，需首先确定疏排作用后的地下水位线，再确定地下水压力。短暂状态水位是指在特大暴雨或久雨或可能的泄流雾雨条件下发生的暂态高水位。有时也将局部排水失效和施工期排水设施不完善作为短暂工况。总之，需要进行多种可能性的分析和预防。

加固力按增加的抗滑力考虑，边坡表层系统锚固属于坡面保护措施，所以计算边坡整体抗滑稳定安全系数时通常不予考虑。当边坡初始地应力明显大于自重应力场时，需要采用有限元法研究初始地应力场对边坡稳定性的影响。在地震基本烈度为Ⅶ度和Ⅷ度以上的地区，需要计算地震作用力对边坡稳定性的影响。地震对边坡的作用，可以只考虑滑动力方向的水平地震力作用。

爆破作用对施工期岩质高边坡稳定性的影响不可忽视。边坡经受反复的爆破振动，可能导致结构面抗剪强度降低或边坡下滑力增大。漫湾水电站施工期左岸坝肩滑坡，体积达10 万 m³，就是由于开挖爆破控制不当所致，一次性使用数吨炸药，爆破后两小时诱发边坡滑动。洞室爆破控制不当对边坡岩体的破坏也是相当严重的，小湾水电站进场公路施工初期，就有此类教训。目前边坡爆破作用对稳定性影响的分析一般采用与地震作用类似的处理方法，即拟静力法、动力有限元法等，最关键的就是要确定爆破所产生的动力荷载。工程使用的爆破参数，需要通过现场爆破试验分析加以确定。

岩质边坡力学参数的取值难度较大，因为边坡范围较坝基大得多，勘察和试验工作量相对较少，控制边坡失稳的界面组成物质存在复杂性和非单一性，通常是采取试验值和工程类比相结合的方法确定。但是，对于变形失稳边坡以反演分析的方法选取岩体力学参数往往更能反映实际情况。本卷推荐的一些方法和实例可作参考。潜在的滑动面抗剪强度可取峰值强度；古滑坡或多次滑动过的滑动面的抗剪强度可取残余强度；对于 3 组及其以上复杂结构面或复合结构面组合的特大块体、高边坡滑动破坏边界条件或破坏模式不明确时，应选择多种分析评价方法，相互验证力学参数及边坡稳定性。本卷还介绍了龙滩工程坝区边坡中楔形块体结构面强度参数取值经验，该岩质边坡失稳破坏表现为上部卸荷张开，下部压剪破坏，最终体现为滑移（蠕滑）情况下的强度参数取值，值得借鉴。

定性分析方法是分析岩质边坡稳定的基础，但现实情况是一些人只相信定量计算成果。正确的方法应以定性分析为主，定量计算分析为辅。定性分析主要是通过工程地质勘察，对影响边坡稳定性的主要因素、可能的变形破坏方式及失稳的力学机制等进行分析，认识边坡变形失稳的边界条件及诱因，控制性结构面的性状及其分布，判断边坡变形失稳的可能发展过程及其危害性；对已经发生的变形地质体的成因及其演化史进行分析，评价边坡稳定性状况及其可能的发展趋势。从宏观上确定边坡的岩体结构类型，判定边坡稳定基本条件和可能发生变形、破坏的机理与破坏模式，确定开展稳定分析和治理设计的边坡范围，并提出建立安全监测系统的建议。

由于岩质边坡结构和组成物质的复杂性和多样性，最好采用多种定量分析方法进行综合分析验证，包括极限平衡分析方法、应力应变分析方法、地质力学模型试验以及风险分析方法等。本卷对各种岩质边坡稳定分析方法进行了比较，论述了各种岩质边坡稳定分析方法的适用范围。

2　关于土质边坡

本卷土质边坡的分类涵盖了土质边坡及其滑坡体的基本分类形式，反映了边坡的岩土性质、物质组成、成因类型、形成过程及形成特点；侧重边坡的稳定状态、变形机制、发展阶段及破坏形式，可以指导土质边坡和滑坡体的勘察分析和稳定性评价。土质边坡的类别、安全级别及设计安全标准与岩质边坡相同。

土质边坡上的作用与岩质边坡类似，主要有土体的自重、地下水、加固力、地震力、爆破振动、工程作用力等。本卷说明了自重作用在地下水位线上、下以及面力、体力应采用不同的重力密度计算；阐明了孔隙水压力计算中孔隙压力比法、代替法、静水压力法等，给出了动水压力的计算公式，以及降雨形成的暂态水作用计算模式；地震作用分别列出了拟静力法和动力分析法的计算公式和过程；说明了地震震动作用计算中应考虑的因素和取值方法，以及各种作用力的组合，对土质边坡、滑坡体稳定性分析计算中各种作用力的正确取值具有重要的指导意义。

土质边坡稳定分析的抗剪强度一节，对土质取样和参数取值作出了具体的说明。特别强调几点：要注意含水量变化对土体强度的影响；当土体具有明显的各向异性或边坡设计有特殊要求时，应以原位试验成果为依据；土的抗剪强度参数，直剪试验宜采用峰值；滑坡体和大变形土体边坡的滑带土可采用扰动土样的残余强度小值平均值；稳定边坡和变形边坡以峰值强度为基础；已失稳边坡以残余强度为基础；具有流变特性的特殊土边坡，应采用流变强度；反演滑面力学参数时，变形边坡抗滑稳定安全系数取 $1.05 \sim 1.00$，失稳边坡抗滑稳定安全系数取 $0.95 \sim 0.99$。对于有限变形的边坡，应采用比例极限强度或与有限变形量相适应的屈服强度；对允许大变形且不拟处理或仅用被动锚固措施处理的边坡，应采用残余强度；对于原始稳定又有锚固措施的土质开挖边坡，可以采用峰值强度。

本卷介绍了土质边坡稳定分析中极限平衡分析的各种常用方法：包括瑞典法、简化毕肖普法（Bishop）、詹布法（Janbu）、摩根斯坦—普莱斯法（Morgenstern-Price）和斯宾塞法（Spencer）等，阐述了各种计算方法的假设条件、特点和适用范围，对各种极限平衡计算方法进行了系统比较和讨论。分析认为同时考虑力平衡和力矩平衡的各类解析解得到的安全系数基本一致，只要条间力函数假定基本合理，各方法解的偏差不会大于 5%；仅满足力平衡的方法，安全系数误差可达 15%；当假定条间力的作用方向与地面平行时，误差可能更大。《手册》中同时指出了瑞典圆弧法的缺陷，对边坡稳定计算采用极限平衡方法的选择具有很好的指导作用。本卷还简述了有限元法（FEM）、有限差分法（FLAC）等数值分析方法。高速滑坡滑速计算，重点介绍了潘家铮法中的平面滑动和曲面滑动的滑速计算过程和计算步骤，并介绍了黄河龙羊峡水库和三峡水库坍岸的预测方法。

水库岸边滑坡产生的涌浪是一个非常复杂的问题。试验资料表明，库区发生滑坡时，坝前涌浪的大小与滑坡体距大坝的距离、河势，滑体下滑速度、滑动方向、入水断面几何形状，滑体入水方量及水库水深等因素有很大关系。

土质边坡设计中遵循的设计原则、基本要求和基础资料与岩质边坡基本一致。

3 关于边坡治理

本卷介绍的岩质边坡治理措施包括边坡开挖、削坡减载、压坡；坡面防护；防渗和排水；边坡锚固；抗滑支挡结构及其组合加固等。通常需要根据边坡具体条件，经技术经济综合比较，择优选取边坡治理方法和措施。土质边坡的治理分填方边坡和挖方边坡，填方边坡的坡度与填料类型、碾压参数、坡高以及坡面加固措施等因素有关，需要根据经验和边坡稳定性分析提出设计坡率。土质（包括粗粒土）挖方边坡坡度，根据坡高、土的密度、地下水和地面水、土的成因及生成时代/拟采取的坡面加固措施等因素确定。

边坡支挡结构是根据边坡稳定分析，结合排水、减载、加固等其他治理进行设计，以满足边坡整体稳定性要求。本卷还具体介绍了抗滑桩、预应力锚索、微型桩、锚固洞、土钉墙、锚杆（索）挡墙、抗滑挡土墙、格构锚固、预应力锚索抗滑桩、柔性防护等的设计与施工。

4 关于动态设计

边坡工程设计应充分利用地质勘察和地质分析成果，包括边坡变形和地下水的动态监测成果。由于边坡地质条件的复杂性、影响边坡稳定因素的不确定性和现有技术手段的限制，对边坡进行治理，尤其是对一些大型复杂边坡的治理，其设计和施工方案需要随着施工期有关信息的不断获取与认识的深入进行调整。在边坡施工期根据最新的地质资料、安全监测资料与施工反馈信息进行边坡工程施工全过程动态设计。对于复杂工程边坡，在施工期或前期，就要建立完善的监测系统，以便及时掌握边坡的变形与稳定状态。

本卷指出，边坡动态设计是核心，地质信息收集是手段，地质预测是关键，预测的中心工作是工程地质分析。当施工地质预测预报边坡出现变形破坏时，应及时停止施工，进行应急处理，对边坡工程进行设计复核。

允许临界位移（或速率）值是边坡出现破坏前的最大位移（或速率）值。预测预报中，最广泛采用的参数是边坡特征部位的位移大小和变形速率，诸如边坡后缘拉裂缝的位移或滑动面的位移等。

本卷特别强调，不恰当的施工方法可能导致稳定边坡的失稳，甚至诱发施工安全事故。在坡面上开洞，要先做好锁口，采取短进尺弱爆破掘进。当边坡坡脚岩性软弱、易于风化或受到水力冲刷时，应研究设置适当的坡脚支挡结构或抗冲保护措施，以保持坡脚的稳定性。

5 关于地质灾害防治

对水利水电工程危害最大、最为常见的地质灾害包括滑坡、崩塌、泥石流，还有近年来地质灾害引发的堰塞湖。第 10 卷分别就其特点进行了详细叙述。

5.1 滑坡

滑坡发生几率最大的地形坡度是 10°～45°；特殊成因下，小于 10°的近水平斜坡也可能发生滑坡。45°以上的急陡坡是崩塌易发生的坡形。泥岩、页岩、千枚岩、煤层和硬岩中的软弱夹层在含水量较丰富时都容易成为"易滑地层"。主要诱发因素有降雨、水库蓄水、地震和人类活动。

可采用地质分析方法，研究影响滑坡稳定性的主要地质环境因素和内外动力地质作用，并结合宏观变形破坏迹象，定性综合评判滑坡体的稳定性。具体评价方法主要是根据滑坡变形—时间曲线或滑坡体裂缝分布特征评价滑坡稳定性。①推移式滑坡的滑动面一般呈前缓后陡的形态，滑坡中前段为抗滑段，后段为下滑段。②渐进后退式滑坡在重力作用下坡体的变形往往首先发生在前缘，前缘岩土体发生局部垮塌或滑移变形后，形成新的临空面，并由此导致紧邻前缘的岩土体又发生局部垮塌或滑移变形，在宏观上表现出从前向后扩展的"渐进后退式"滑动模式。斜坡失稳破坏前（尤其是大规模整体滑动前）也会出现前兆异常特征：地形变异常；地声、地热、地气异常；动物习性异常；地下水异常变动等。

5.2 崩塌

崩塌与落石、坍塌、塌岸等四种地质灾害既有区别又有联系，本卷表5.3-1作出了具体的分析。崩塌稳定性分析包括定性评价、半定量快速评价和定量评价三个方面。崩塌防护措施分为主动治理、被动防护与预警、预报。工程措施包括崩塌体开挖、边坡排水、预应力锚杆（索）、柔性防护网等。

5.3 泥石流

泥石流是指斜坡上或沟谷中含有大量泥沙、石块的固、液相混合的特殊洪流，是地质不良的山区常见的地质灾害现象，它常在暴雨（或融雪、冰川、水体溃决）激发下产生。沟谷泥石流是沿沟谷发生的泥石流，从上游到下游一般由清水汇流区、泥石流形成区、泥石流流通区、泥石流堆积区四个部分组成。泥石流形成需要具备物源、地形和水源等基本条件。

通过调查泥石流沟道的地形地貌特征、工程地质条件、泥石流流体性质，调查了解历次泥石流残留在沟道中的各种痕迹和堆积物特征，可推断其活动历史、期次、规模，判断对工程的危害，同时对泥石流险情、灾情、危害性作出判断，进行泥石流危险性评价。

泥石流治理工程勘查包括工程地质、水文勘查、泥石流流体勘查、对各类防治工程确定主要设计参数、施工环境勘查和安全监测等。泥石流治理规划需要上、中、下游全面规划：上游水源区宜种植水源涵养林、修建调洪水库、引水渠、坡面截水沟、沟谷区的拦砂坝、导流堤、护岸、护底工程等；中游土源区宜营造水土保持林、修建拦砂坝、谷坊、护坡、挡土墙等工程，固定沟床、稳定边坡，减少松散土体来源，控制形成泥石流的土体物质；下游营造防护林带，对规模大、势能高的泥石流，宜采取修建排导沟、急流槽、明洞渡槽和停淤场，畅排泥石流或停积部分泥石流体，以控制泥石流的危害。

5.4 堰塞湖

堰塞湖是河谷岸坡在外力作用下产生滑坡、崩塌、泥石流，以及火山喷发等活动产生的堆积物阻塞河谷，导致上游壅水而形成的湖泊。阻塞河道的堆积物也称堰塞体或堰塞坝。

堰塞湖的危害主要体现在：①水淹土地，造成上游淹没损失；②堰塞体溃决导致下游异常洪水；③堰塞湖泄流或溃决都会造成下游河道淤积，抬高河床，影响河道的行洪能力，同时也会对下游河道产生强烈冲刷；④堰塞湖泄洪后残留的堰塞体在强降雨的作用下转化为泥石流灾害的风险很高。其中，尤以堰塞湖溃决对下游造成的洪水灾害危害最大，堰塞坝越高，蓄水量越多，破坏力就越强。堰塞湖从开始蓄水到溃坝通常要经过一段时间，如果在这段时间内采取有效的应急措施，是完全可以避免和减轻灾害损失的。

根据堰塞湖的不同性状，常用的处置方式主要有漫顶溃决方式、爆破泄流方式、固堰成坝方式、开渠引流方式和自然留存方式等。针对具体的某一堰塞湖，采取哪种方式处理，则需要具体情况具体分析，以最大限度减轻灾害损失为原则。

首先，要立即组织相关专家进行堰塞湖和堰塞体性质判断和危险性评估。堰塞湖一般有两种溃决方式：逐步溃决和瞬时全溃。逐步溃决的危险性相对较小，但是，如果一连串堰塞湖发生逐步溃决的叠加，位于下游的堰塞湖则可能发生瞬时全溃，将出现危险性最大的状况。

其次，对于危险性大的堰塞湖，除组织上下游地区受威胁的居民紧急疏散外，还必须立即持续地开展堰塞体的现场监测和水位预测，分析可能造成的危害，预测和公布堰塞湖溃决时间及洪泛范围。在风险评估和方案设计的基础上，组织人工挖掘、爆破、拦截等方式引流，逐步降低水位，解除堰塞湖风险。

应急处置和风险解除之后，要进一步研究堰塞体的长期稳定安全性及其改造利用的可能性，开展相应的规划、勘察和设计工作：一是要防止在各种可能的情况下产生新的次生灾害，二是可以考虑加固堰塞体以便于防洪、灌溉和发电等综合利用。

第 11 卷《水工安全监测》主审述评

徐麟祥

1 本卷的重要性及工程意义

建造水利水电工程是人类开发利用水资源的重要举措。我国在各类大小不同的河流上已建造了 9 万余座水利水电工程，在国民经济发展与改善人类生存环境上发挥着巨大的作用。这些工程的安全运行是维系着社会、经济、环境乃至人类的正常生活。工程一旦失事则将会给社会带来巨大的生命和财产的损失。

水工建筑物不同于一般的土木工程。地形、地质条件各异；水文情况多变；结构型式多样；研究手段有限，运行条件复杂。而且，从勘测、设计、施工到建成历时较长。特别是工程地质条件制约着水工建筑物的选址和选型。而地质条件事先只能靠有限的钻探手段来查明，这给基础处理设计带来一些不确定性。而针对地质缺陷的处理，事先也只能通过一些局部的小型的试验或数值分析取得一些参数并据此进行设计与安全分析。一旦工程建成并蓄水后，这些处理措施将在水下或基础之下，而成为隐蔽工程，很难直观检查。作为水工建筑物的主要荷载之一，水既对建筑物产生推力和浮力，水流又会对混凝土和岩土地基产生溶蚀、冲刷和渗透破坏。总之，建造水工建筑物的两大基本资料——水文气象和工程地质条件，尽管在不断进步的科技手段推动下采取了周密详尽的调查研究，仍然难以彻底掌握。设计也有可能会因这些条件的估计产生偏差，很难做到完美无缺。受种种条件限制，水工计算分析或试验研究需要做多方面的简化、假定，研究分析成果与水工结构真实运行性态有一定的差距，并且随着时间的推移，建筑物的老化、水文雨情的变化，乃至地震等特殊条件的作用，水工建筑物的安全运行将受到不同程度的威胁，增大了发生事故的风险。如何能验证水工设计的正确性，提高设计理论技术水平，或在发生事故之前获得有关信息，而采取有效的防范措施，避免事故发生或使损失减至最小，这就需要有针对性地布置相关的安全监测设施，及时取得相关信息从而作出正确的分析判断并采取应对措施。在国内外的水利水电工程施工、运行中，不乏安全监测成功的实例。水工建筑物的安全监测体系是以"耳目"作用，监控工程从施工到运行的全过程。一方面确保工程安全；另一方面也可据此积累经验，验证设计与指导施工。

水工建筑物的安全监测工作日益体现其重要作用。《水工安全监测》是《水工设计手册》（第 2 版）的新增内容。将水工安全监测独立成卷，形成全面的安全监测设计知识结

徐麟祥，全国工程设计大师，长江勘测规划设计研究院原总工程师，教授级高级工程师，《手册》技术委员会委员，《手册》第 7 卷、第 11 卷主审专家。

构，便于设计、施工、运行管理人员的查阅，更具有重要的工程意义和现实意义。

2　章节安排的合理性和内容的全面性

安全监测设计是一项多学科、跨专业、综合性较强的系统工程设计。本卷共 6 章，首先从安全监测原理出发，对水工建筑物性态变化根据监测的物理量进行分析。其次，对各类监测仪器的性能和适用性作了详细的介绍。然后，对各类水工建筑物监测的项目及观测要求作了扼要的叙述。为了保证监测仪器能正常工作，对仪器检验、率定、安装维护进行了介绍，便于安装、施工人员掌握。安全监测自动化系统能提高安全监测的实时性、准确性，能及时反映建筑物的相关信息，便于快速作出决策。最后，对监测资料分析方法提出三种常用的分析模型，并以大坝为例在已有资料分析基础上提出了三级监控指标的要求。

本卷内容从安全监测设计、施工、运行一直到资料分析及最后作出对大坝等水工建筑物的安全性评价等均有叙述。本卷是在总结安全监测技术发展的经验基础上介绍了安全监测的最新科学技术，内容全面、章节安排合理。

3　各章特色及使用建议

3.1　第 1 章　安全监测原理与方法

第 1 章共分 5 节，是本卷的总论，简明扼要地从水工建筑物的地质条件不确定性、荷载组合条件的多样性、大中型工程建设技术的复杂性以及建设周期长、环境影响及失事的损失巨大等方面说明水工建筑物安全监测工作的重要性，并通过失事及成功避险的实例说明正确埋设监测仪器、及时对获取的监测数据作出分析判断，可以实施对建筑物的安全监控。

本章首先介绍了安全监测设计的基本思路，提出了监测的项目、测点布置的原则、仪器选型的原则，监测数据管理分析系统的原则；然后对各类水工建筑物分别根据其各自的受力特点提出了有针对性安全监测项目；最后介绍了安全监测仪器设备的发展及新技术的应用。查阅本章可使设计人员对安全监测设计应做什么、如何做，可取得什么数据，以及如何对建筑物实施安全监控有一个全面了解。

3.2　第 2 章　监测仪器设备

第 2 章共分 7 节，主要介绍安全监测仪器设备的基本要求与分类，分别介绍各类监测仪器基本工作原理，以及其适用性、稳定性和相应的监测精度，便于设计人员选型时参考。

本章仪器分类科学，仪器种类齐全，基本覆盖水工设计时所需的种类要求。使用本章时，设计人员需要对仪器分类有全面了解，对主要用途、结构型式、工作原理、技术参数等方面要基本掌握。同时，还要对目前国内外安全监测仪器的主要生产厂家及其产品的参数指标、发展动态及应用效果有所了解。这样，才能在安全监测设计时做到概念明确、使用正确。

3.3　第 3 章　建筑物安全监测设计

第 3 章共分 11 节，分别根据各类水工建筑物的工作特点，提出监测项目和监测重点，以及评判工程安全性态的方法，并结合已建及在建的大型工程实例作了详细介绍。对从事水工建筑物设计人员具有很高的实用价值。书中虽缺乏四、五级建筑物的实例，但指出了这些建筑物应监测的主要项目是变形和渗流，并结合巡视检查也能满足安全监测的要求。

使用中需要注意：对有支墩的渡槽监测项目，还应重点监测支墩的变形；对心墙坝和均质坝重点监测部位，还应增加监测与混凝土界面的相对变形与渗流。

3.4 第4章 监测仪器设备安装与维护

第4章共分8节，分别介绍监测仪器设备的采购、性能检验等必须满足的设计要求，各类仪器的安装、埋设等必须达到的基本要求。针对大部分仪器是随土建施工同期埋入且不易更换的特点，进一步对仪器在施工期、运行期的保护提出基本要求。同时，对测量仪表的保护提出基本的维护方法。

本章不仅对设计人员在施工详图阶段编制相关技术标准有帮助，而且对施工人员、运行管理人员也很有帮助。只有在各个阶段均重视安全监测仪器的作用才能取得准确的资料数据，不致因仪器失效造成浪费，甚至产生因数据错误而影响分析判断。

3.5 第5章 安全监测自动化系统

第5章共分10节，分别对安全监测自动化的设计原则、总体结构、数据采集、系统软件的功能要求、防雷技术等作了介绍，并通过5个各具代表性的工程实例，对自动监测系统的设计作了介绍，具有实用借鉴意义。

本章应用现代化手段，希望建立高效的自动化监测系统，实现海量监测数据的实时采集、传输、分析和反馈。因此，应用本章的工程技术人员需要对电子技术、计算机技术、通信技术有所了解。

3.6 第6章 监测资料分析与评价

第6章共分9节。第6章以大坝为例，全面地介绍了资料分析的内容和方法，从设计基本资料的收集、监测资料获取、资料的整理和整编、各种效应量的计算，直到效应量的误差分析与真伪性分析等。同时，结合工程实例介绍了常规分析方法，变形、应力及渗流的统计模型方法，以及相关确定性模型和混合模型等目前监测分析中经常使用的方法。最后，介绍了混凝土坝与土石坝的反演分析原理和方法，指出由于水工建筑物影响安全因素很多且复杂，水工建筑物性态的分析需要结合各种影响建筑物安全的因素。

使用中需要注意，在进行资料整理分析评价时应与原设计及科研成果进行认真对比后再提出是否满足原设计的安全要求或工程性态分析。

专家点评

精益求精　出版精品

潘家铮

　　《水工设计手册》（第 2 版）体现了科学性、实用性、一致性和延续性，强调落实科学发展观和人与自然和谐的设计理念，浓墨重彩地突出了生态环境保护和征地移民的要求，彰显了与时俱进精神和可持续发展的理念。

　　手册质量总体良好，技术水平高，是一部权威性、综合性和实用性强的一流设计手册，一部里程碑式的出版物。相信它将为 21 世纪的中国书写治水强国、兴水富民的不朽篇章，为描绘辉煌灿烂的画卷作出贡献。

　　《水工设计手册》（第 2 版）另一明显的特色在于：它除了提供各种先进适用的理论、方法、公式、图表和经验之外，还突出了工程技术人员的设计任务、关键和难点，指出设计因素中哪些是确定性的，哪些是不确定的，从而使工程技术人员能够更好地掌握全局，有所抉择，不至于陷入公式和数据中去不能自拔；它还指出了设计技术发展的趋势与方向，有利于启发工程技术人员的思考和创新精神，这对工程技术创新是很有益处的。

——摘自《水工设计手册》（第 2 版）序

　　古语说：行百里者半九十。现在，我们正要完成这最后十里旅程。希望有关同志继续努力，精益求精；让一部全新的、高质量的《水工设计手册》早日摆上我们的案头，为祖国的建设作出更大贡献！

——摘自潘家铮在《水工设计手册》（第 2 版）第 8 卷、
第 10 卷审稿定稿会上的发言

　　潘家铮，中国科学院院士，中国工程院院士，中国工程院原副院长，《手册》编委会委员、技术委员会主任。潘家铮院士生前非常关心《手册》的编写和出版质量，多次参加《手册》各卷的审稿定稿会，亲自撰写审稿意见，并提出许多创新性的意见和建议。本文题目为编者所加。

《水工设计手册》（第 2 版）点评

胡四一

　　《水工设计手册》（第 2 版）终于与读者见面了。《手册》第 2 版在 20 世纪 80 年代第 1 版基础上，将篇幅由 8 卷 42 章扩展为 11 卷 65 章，字数由 656 万字扩展到 1445.7 万字。这次修编集中了全国 500 多位专家、学者和技术骨干，其中包括 13 位院士，涉及 26 家单位，将成为铭记在中国水利史上的一次重大科技行动，她的出版有力见证了新中国水利水电事业发展的光辉历程和辉煌成果。

　　水利水电工程是实现水资源可持续利用的物质基础和调控手段。近 20 余年来，我国水利水电建设取得举世瞩目的成就，水工设计、工程建设、信息化及现代化等方面的理论和技术水平显著提升。为推动水工设计理论、设计方法以及技术标准的不断发展与完善，迫切需要对《水工设计手册》进行修编完善。新版《手册》系统总结了现代水工设计理论和实践成果，充分反映了当前国内外水工设计领域理论、技术、方法、材料等方面的重要进展，恰当介绍了水工设计中前沿性、跨学科的重点问题，有效协调了水利工程和水电工程设计标准，妥善处理了与第 1 版继承与创新的关系。在当今践行科学发展和中国特色水利现代化道路的新时期，她的出版将为促进我国水利水电现代化、指导工程设计、培养技术和管理人才、提高水利工程建管水平方面发挥重要作用。

　　新版《手册》注重科学性、针对性、实用性，全书及各卷、章注重现代设计需求和设计理念，阐述设计技术发展的趋势和方向，能使设计者很快掌握设计任务的性质和关键，激发思考，启迪创新。《手册》内容完整实用、资料翔实准确、体例规范合理、表达简明扼要、使用方便快捷，提供了各种先进适用的理论、方法、公式、图表和经验，尤其是提供了大量我国已经具体采用的新技术、新布置、新结构、新材料、新工艺的工程实例，必将助益于这些创新成果的推广应用和深入发展，成为广大水利水电工程技术人员的实践指南和良师益友。

　　为践行可持续发展治水新思路，适应新时期水利工作的新变化，《手册》充实完善了当前水利工作中必须关注的规划、生态、移民、环保、安全监测、信息化等重要内容，《手册》内容更加完整，结构更加合理，效果更加实用。主要体现在以下几个方面。

　　（1）水利规划。规划工作是水利各项工作的龙头和基础，中央新时期水利工作方针和新治水思路要落实到水利各项工作中，就首先要体现在水利规划中。《手册》在其第 2 卷的"水利规划"中将可持续发展水利理念，贯彻于工程规划的治理、开发、利用和保护的原则、要求及总体规划方案制定中。经济社会发展预测及需求分析和总体方案，注重经济

　　胡四一，水利部副部长，教授级高级工程师，《手册》编委会、技术委员会副主任。

社会发展需求与生态环境保护关系的协调；防洪、治涝、河道整治、水力发电、航运、岸线利用等工程规划注重与自然的和谐；灌溉、城乡生活及工业供水等工程规划的水资源供需平衡分析与配置注重水资源的节约和保护。规划实施及工程管理注重水资源的配置、调度和生态需水的保障；将水资源保护、生态保护、水土保持等纳入流域规划体系，在水源地保护、水生态保护与修复、湖库富营养化防治、入河排污口整治、河口生态保护、水资源监控管理等方面拓展和深化了水利规划的范畴。注重规划的环境影响评价，在规划工程的建设目标、总体布局、运行管理中优先考虑生态环境问题。

（2）生态环境与移民。20 世纪 50—80 年代，以水坝为代表的水工程建设是一个国家国力和科技进步及文明的象征。进入 20 世纪 90 年代，水工程建设所带来的生态环境问题引起社会公众的广泛关注和争议，环境保护和生态修复日益成为工程建设中不可回避的重要问题。由于我国人多地少的矛盾十分突出，征地和移民安置问题解决的好与坏，不仅直接关系到水利水电工程能否顺利建设，更重要的是关系到广大群众的切身利益，关系到社会的稳定。水库移民已成为水利水电事业发展的重要制约因素，也是世界各国在水资源开发利用中普遍关注和着力解决的重要课题。水库移民涉及政治、经济、社会、人口、资源、环境、工程技术等多领域，是一项庞大的系统工程。《手册》贯彻民生优先、人水和谐的理念，新增加第 3 卷《移民征地、环境保护与水土保持》。环境保护章节在总结我国已建工程对生态环境影响及保护工作实践基础上，明确了水利水电工程环境保护目标、管理规定与管理程序、工作程序与工作等级、环境保护设计依据等要求；系统阐述了水利水电工程环境影响评价的工作内容和技术方法，包括环境现状调查与评价、工程分析、环境影响识别、环境影响预测评价等方面；全面给出了包括生态需水及保障措施、水环境保护、陆生生物保护、水生生态保护、土壤环境保护、大气、声环境保护、固体废弃物处置措施、人群健康保护、景观保护与生态水工设计、环境监测等方面环境保护措施专项设计的技术方法；经总结提炼近年来水利水电工程环境保护设计成果和成熟经验，给出了具体设计案例，除常规的施工期环境保护设计，特别注重生态需水保障、水生态保护与修复、生态水工设计等生态保护设计内容。建设项目水土流失防治是我国水土保持工作的重要一极，《手册》新增加的水土保持篇章贯彻预防优先、植被优先、生态优先，保护和节约水土资源、重建景观等设计理念，采纳吸收了近年来在边坡防护、弃渣拦挡、土地整治、植被恢复等多方面的技术与方法创新成果。

（3）水利经济和建设管理。《手册》在注重水利工程建设技术可行性的同时，更加重视工程资本金的测算、水权水价及水市场、投资政策与机制、投资规模与效益等经济可行性问题，更加注重工程建设体制、管理运行机制等非工程性因素，这对适应社会主义市场经济体制要求，保障项目能够良性运行，按照现代企业制度的要求构建工程建设和经营管理体制，促进水利改革与发展具有重要意义。《手册》还增加了信息技术、计算机技术在现代水工设计中的应用等卷章，充分体现了中国特色水利现代化的创新要求和水利信息化的发展方向。

综上所述，《水工设计手册》（第 2 版）必将对推动我国水工设计理念、设计理论、设计方法和设计手段的转型升级，全面提高水工设计的质量和水平，进一步提升我国水利水电工程建设的竞争力和影响力产生重大而深远的影响。

对第 2 卷第 1 章 "流域规划" 的点评

夏 军

1 总体评价

针对《水工设计手册》（第 2 版）第 2 卷《规划、水文、地质》的第 1 章 "流域规划" 中涉及水资源开发利用的内容和方面，我进行了仔细阅读，现点评如下。

（1）客观地描述和反映了我国流域规划中水资源开发利用的现状、面临的问题；总结了我国长期开展的流域规划的实践经验；提出了流域规划的主要内容和总体要求，包括原则、要求以及指导规划工作的细目。手册具有很好的实用性。

（2）1.4 节的 "水资源供需平衡分析与配置" 反映了水资源开发利用的基础与依据，其中水资源供需平衡分析与配置的主要内容、水资源分区、水资源评价与配置，是我国经常使用被实践证明有效的途径。

（3）跨流域调水规划是比较新的内容，《手册》有详细的说明。跨流域调水规划反映了我国特色的水资源开发利用管理，其中跨流域调水规划的供水水源、供水范围及供水目标的拟定、水源区可调水量分析及受水区水资源配置、调水工程总体布局、跨流域调水的调度运行原则、跨流域调水对水源区的影响分析与补偿措施、跨流域调水规划应注意的几个事项等的章节设计合理、层次分明，比较好地指导了跨流域调水规划工作。

总的来看，《手册》体现了我国在水资源开发利用实践中长期积累的优秀经验，具有实用性和中国特色。

2 建议

流域水资源规划愈来愈强调水资源数量与质量的联合管理，尤其是供水规划的分质供水、流域水资源规划强调以水功能区为基础的水资源规划。变化环境下（包括气候变化和人类活动影响）水资源适应性管理，已是国内外水资源管理规划面临的问题。《手册》在这方面的内容涉及较少，读者在阅读本《手册》时应注意参考其他有关文献。

夏军，武汉大学水安全研究院院长，教授，国际水资源协会（IWRA）主席。

水电站建筑物设计简评

陆佑楣

《水工设计手册》（第2版）第8卷《水电站建筑物》在第1版的基础上总结和吸收了近30年来国内外特别是我国水电站建筑物设计的经验和科技进步成果，兼顾水利行业和水电行业两套设计标准，较为充分地反映了当前水利水电勘测设计的技术水平，内容全面翔实。

本卷在第1版的基础上增加了大量的新型建筑物和构筑物设计内容，如：分层取水进水口、浮式拦（导）漂排（索）、气垫式调压室、变顶高尾水洞、波纹管伸缩节、灯泡贯流式机组厂房以及垫层蜗壳、充水保压蜗壳和直埋蜗壳等。还结合国内外水电站技术的发展，提出了许多新的设计方法，如：隧洞预应力混凝土衬砌计算、结合水道系统和机电系统的调保计算数值法、气垫式调压室和变顶高尾水洞新型调压设施的设计方法、钢衬钢筋混凝土岔管设计方法以及岩壁式吊车梁设计方法等。还补充了大量新建工程实例，尤其是巨型水电站建筑物，如：三峡、溪洛渡、锦屏一级、向家坝、二滩、小浪底、西龙池等。同时，本卷还根据近些年来使用越来越多的抽水蓄能电站和在我国新出现的潮汐电站，增加了相关的设计内容。上述新编内容的引入，尤其新的计算方法和计算手段的使用，大大丰富了水电站建筑物的形式、设计方法与参考内容，拓展了工程实际问题的解决办法。

我要特别提出的是：高坝大库水电站进水口增设叠梁门槽等结构实现分层取水，以满足下游水生生物适宜水温繁殖需要，是水电开发与生态和谐的具体体现；包括气垫式调压室设计方法的引入和新型罩式气垫式调压室的编入，不仅丰富了调压室类型以满足不同环境下的选择需要，而且在特定环境下选择气垫式调压室也兼顾了环保的考虑。水工隧洞设计增加了不同支护类型的适用性，以及预应力混凝土衬砌计算、高压隧洞设计、土洞设计等内容，以及水电站地下厂房工程设计增加的围岩柔性支护设计、岩壁式吊车梁设计和围岩稳定分析技术，充分体现了现代地下式水电站厂房设计技术的发展。随着常规水电站可开发电源点的不断减少，以及越来越多的风电、太阳能电站加入电网，抽水蓄能电站将迎来更大地开发热潮，新编手册单列抽水蓄能电站章及其总结的设计经验将会给予设计人员很好地指导。潮汐电站作为一种清洁能源，其设计方法的探索、实践和总结，对推动这种电站的发展将有积极的作用。

水电站建筑物的设计尽管经历了多年的工程实践，但在某些设计方面，仍然存在这样或那样需要进一步完善和发展的地方。如：随着环保要求的提高，引水式电站的减水河段要保证它的生态流量，并要有过鱼设施，设置分层取水口等，然而，过鱼道和分层取水口

陆佑楣，中国工程院院士，原中国长江三峡工程开发总公司总经理，教授级高级工程师。

的设计及其效果仍然需要继续探索和深入研究。又如：气垫式调压室在世界范围内使用较少，我国有些水电站已进行了有益的尝试，同时还研究出罩式气垫式调压室这种新型建筑物，但对气垫式调压室水击穿井对引水隧洞的影响等方面还需要进行更多的研究，有些运行经验还有待进一步的积累。潮汐电站的设计在我国还处于探索或初期建设阶段，还有很多的方面值得总结和提高。

尽管还存在需进一步研究和完善的地方，但本卷第 2 版已在第 1 版的基础上大大地提高和进步了，相信能够很好地指导水电站建筑物的设计工作。

工 程 师 的 助 手

——对第 2 卷第 3 章"工程地质与水文地质"的点评

陈德基

　　《手册》是工程人员必备的工具书。一本好的《手册》常常是工程设计人员日常工作中最好的助手。编写《手册》的难点在于使用者众口难调，既希望全面具体，又要求简单明确，便于查阅使用；内容必须是成熟可用的理论、观点、方法和公式，但又必须体现科学技术的进步，合理恰当地吸纳新的科学技术成果。这些尺度的把握常常是很困难的，也是对一本手册作出评价时要考虑到的。

　　工程地质和水文地质条件是任何一项水利水电工程建设必须倚重的基础资料，熟练解读和使用有关的地质成果是工程规划、设计和施工人员必须掌握的基本技能。因此，在《水工设计手册》中包括"工程地质和水文地质"内容是完全必要的。由于《手册》涉及的学科众多，"工程地质和水文地质"只是其中很小的一个部分，因此它不同于专业《手册》，选材时只能选择那些最基础的，在规划设计工作中经常遇到的有关概念、定义、术语、评价准则、方法、数据和计算公式纳入其中，本章所涵盖的内容基本上满足了这一要求。包括了常用的地质、工程地质及水文地质的基础知识，各类水利水电工程建筑物工程地质，几个特殊工程地质问题评价及天然建筑材料等内容。

　　与第 1 版相比，第 2 版《手册》的"工程地质与水文地质"部分增加了许多新的内容，新增的内容除了弥补第 1 版某些重要遗漏之外，重点反映了水利水电工程建设及科学技术发展进步在"工程地质和水文地质"技术方法方面的新进展，诸如：岩体异常卸荷带的提出，碳酸盐岩溶蚀风化带的划分，边坡的多种工程地质分类，工程岩体分类，大型堤防工程地质和深埋长隧洞的工程地质研究，水工建筑物跨越矿产采空区等，都是 20 多年来水利水电工程建设实践中总结出来的新经验和理论方法。特别需要指出的是，《手册》较好地总结了近 10 余年来在西部地区进行水利水电开发建设中遇到的新问题，如大型地下洞室群、深埋长隧洞、深厚覆盖层、高地震烈度和活动断裂等问题的勘察研究，相应的一些技术方法，如 TBM 施工、超前地质预报方法、岩爆的评价等在《手册》中均有不同程度的涉及，这些内容无疑为西部地区水利水电工程建设提供了重要的参考资料。

　　从应用的角度出发，本章内容还可适当丰富些，例如软土地基的特殊工程地质问题、软岩的崩解和快速风化、塌岸预测中常用的三段图解法、设计工作中最常用的一些岩土物理力学参数的经验参考值、高地应力问题等，在本章中没有反映或内容比较简单。另外，

　　陈德基，中国工程勘察大师，水利部长江水利委员会，教授级高级工程师，《手册》技术委员会委员，《手册》第1卷、第2卷主审专家。

近些年来，大型跨流域调水工程深埋长隧洞中的其他工程地质问题，在近几年的水利水电工程勘察中日显突出，如深埋地下洞室的高地温、有害气体、围岩大变形等，估计是由于目前积累的经验和认识尚不足以纳入《手册》而未包括，有待进一步积累资料。这些都希望在下一版修订时能加以补充和改进。

相信《水工设计手册》中"工程地质与水文地质"的部分一定会给水利水电工程的勘测设计工作带来很大的帮助。

移民工作的新篇章

傅秀堂

《水工设计手册》（第 2 版）中增加移民篇章，这是我们老水库移民工作者多年以来梦寐以求的。记得 20 世纪 60 年代初，我在大学做毕业设计时，参考书是一本苏联《水工手册》，内有水力学、土力学、材料力学、结构力学、水工建筑的基本知识，还有高等数学、三角函数、立体几何的基本公式，是手不能离的百科全书，可惜不是中国的。毕业后，分配在长江水利委员会工作，1972 年被派到我国援建阿富汗帕尔旺水利工程做现场设计，携带的还是这本苏联《水工手册》。我在给阿富汗工程师讲课时，在苏联留过学的阿设计科长问，先生讲的设计规范是苏联的还是美国的？我答是中国规范，贵国有规范，我们也参考。他自觉失言，连忙改口道，他的意思是像苏联规范还是像美国规范。我知道，他们国家没有水工设计规范，而中国当时已经有了，但没有淹没处理和安置规划设计规范，苏联《水工手册》里也没有移民章节。

20 世纪 80 年代随着党和国家对水库移民问题处理的重视和长江三峡工程移民专题论证的深入，水库移民这一在国内外长期被认为是"查户口、拆房子、给现金、非技术性"的繁琐事终于被公认为是一门具有自然科学和社会科学双重属性的边缘学科，水库移民界同仁梦想的移民立法、立位、立论终于逐步成为现实。立法，移民已经有了国发《大中型水利水电工程建设征地补偿和移民安置条例》（2006 年国务院令第 471 号）、国发《长江三峡工程建设移民条例》（2001 年国务院令第 299 号）、部发《水利水电工程建设征地移民安置规划设计规范》（SL 290—2009）等；立位，移民有大批移民规划设计工程师、移民监理工程师、移民教授、研究员等；立论，开发性移民方针政策、设计规范、雨后春笋般的水库移民论文，包括此次出版的《手册》移民篇都应该算上吧！我作为老移民规划设计工作者是何等的高兴呦！

党和国家高度重视举世瞩目的三峡水库移民工作，认为三峡工程的重点和难点是移民，移民是三峡工程成败的关键。长江三峡工程 1994 年开工，2009 年完工，移民 130 万人。长江三峡工程是一项伟大的工程，是中华民族的骄傲，是包括移民工作者在内的千百万工程技术人员智慧的结晶，三峡百万移民是前无古人、后无来者的壮举。三峡移民实施时，《手册》移民篇正在编写，正好可以借鉴三峡百万大移民的经验。

中国水库移民工作已经走向了规范化、科学化、法制化的轨道，已近于国际先进之林。在 2011 年 6 月中国水力发电工程学会水库经济专业委员会年会暨移民学术论坛上，世界银行移民政策高级顾问、美国著名社会学家、乔治·华盛顿大学教授迈克尔·塞尼亚

傅秀堂，长江水利委员会原副主任，教授级高级工程师。

（Michael Cernea）发表讲演，盛赞中国水库移民的进步。他参加过长江三峡工程移民论证，考察过南水北调移民，他说："大家很吃惊，中国水库移民是做得最好的，非常欣赏中国 30 年来不断完善的移民政策，这不是我一个人的判断，也是其他知名学者的判断。中国的水库移民政策和实践是全世界最好的。""世界上有各种声音，水库移民有许多困难和制约。我作为一个学者，知道中国移民有诸多困难，但任何国家都会有的。我认为中国的水库移民政策在不断地进步，不断地发展。"

我前半生搞水工设计，后半生搞移民规划，有幸被邀请为《手册》移民篇点评，荣幸之至。水利任重道远，移民任务艰巨。水库移民既是一项系统工程，是一门科学，就会随着水库移民的实践，继续向前发展。随着《手册》的出版，移民篇将会以新的面容展现在读者面前。移民篇的质量固然十分重要，但我更乐见《手册》有移民的位置。我不相信，今后会再有人认为移民是简单的麻烦事，拒绝移民登上科技讲坛和在《手册》上占有一席之地。果真那样的话，将是水库移民史上的大倒退，其后果和影响将是灾难性的。我是一个乐观主义者，坚信造福人民的水利前景光明、符合以人为本的水库移民专业兴旺发达，移民幸甚，国家幸甚。

对第3卷第3章"水土保持"的点评

李 锐

　　第3章在收集了大量大中型水利水电工程水土保设计资料的基础上，依据《开发建设项目水土保持技术规范》（GB 50433—2008）、《水利水电工程水土保持技术规范》（SL 575—2012）、《水土保持工程调查与勘测规范》（国标报批稿）等技术规范，研究分析了不同区域及不同水利水电工程建设期间水土流失及其防治特点，本着既全面考虑又突出重点，先进性、实用性和可操作性兼顾，生态与工程结合的原则，突出体现保护与合理利用水土资源、综合利用弃土弃渣、保护利用和恢复植被、景观与周边生态协调的水土保持设计理念，总结编写了水利水电工程水土保持设计的基本要求、技术体系和设计内容，归纳总结了弃渣场及拦挡措施设计、截排水措施、综合护坡、土地整治、植物恢复与建设等措施的适用范围、设计要求与内容、设计计算及主要设计参数，并附列了大量的典型设计案例。同时，编写了不同类型工程及场地的水土保持监测要求、内容和方法。本章内容全面、结构严谨、资料翔实，有很高的参考价值。参阅本章时应注意以下几点：

　　（1）水土保持专业发展迅速，基本概念和术语变化更新较快，在使用时应注意对照最新的水土保持行业规范和标准。

　　（2）水土保持调查与监测技术和内容更新较快，本书介绍的是其基本监测内容和方法，在实际的监测过程中应根据实际情况创新地开展设计，尽可采用实用便捷的新技术与新方法。

　　（3）在进行与水土流失相关的水文计算时，除了一般的水文特征外，还要考虑含沙径流（洪水）的特征。

李锐，中国科学院水利部水土保持研究所，研究员，《国际水土保持研究》杂志（英文版）主编。

关于第 2 卷第 6 章 "泥沙" 的几点看法

韩其为

1 总体评价

（1）第 6 章 "泥沙" 为《水工设计手册》（第 2 版）中颇为重要的一章。现代水利水电工程都在不同程度上与泥沙冲淤、输移联系起来；泥沙还与水生态、水环境有关。由于河流泥沙学科（包括泥沙运动、河流动力学、水库与河道的冲淤）是异常复杂的，目前发展得很不成熟，使本章的内容选择和编写较为困难。但是经过编者的努力，终于完成了这一章的编写。

（2）从总体看，本章的内容颇为丰富，涉及的面广，收集了大量资料，按不同方面的泥沙问题及处理方法分 8 节进行了编写，其中 6.4～6.8 节为本章主体。6.4～6.8 节分别为 "水库泥沙设计"、"枢纽防沙设计"、"引水及河防工程泥沙设计"、"水库运用对下游河道影响分析"、"泥沙数学模型和物理模型"。从这 5 节的内容看，重点仍然是水库泥沙与数学模型。此外，"6.1 泥沙的基本特征和运动特性"、"6.2 基本资料及分析"、"6.3 水沙特性及设计水沙条件"，也是较为重要的内容。

（3）本章对有关方面的泥沙问题介绍较为清楚，提供了明确的解决途径和方法，而且有很多的平行选择，基本上能满足查阅者的要求。其中 "6.8 数学模型与物理模型" 介绍了不少模型，可以供查阅者选择。一般的数学模型，大都未详细介绍，只是说明了模型的出处、功能、基本方法等，虽然介绍的多少、深浅有所差别，至少本《手册》对采用什么模型能起到 "索引" 的作用。所以从这个角度看，《手册》基本达到了其目的。

2 问题与建议

（1）在介绍三角洲顶坡计算时，列出了 6 个平衡坡降的公式。其中式（6.4-11）、式（6.4-12）、式（6.4-14）、式（6.4-18）等 4 个公式都是坡降与 Q^{α} 成反比，与 S^{β} 成正比，唯独式（6.4-15）与其他公式存在差异，读者在使用时请予注意。

（2）关于淤积平衡坡降和水库长期使用条件问题。如三角洲淤积尾部段应为推移质起动平衡控制，在该段上端点为天然坡降，下端点为悬移质平衡坡降，顶坡段上端点为悬移质平衡坡降，下端点为顶坡段淤积完成后的坡降。显然它们都是曲线，但不是平衡坡降。《手册》中为了简化可以概化为直线，但不宜将它们称为平衡坡降，读者在使用时请予注

韩其为，中国工程院院士，中国水利水电科学研究院，教授级高级工程师，《手册》技术委员会委员、第 2 卷主审专家。

意。其次，对于水库长期使用的机理，也可以说得更清楚一些。例如，《手册》认为水库能长期使用的条件有四个："水库要修建在悬移质含沙量不饱和、河道坡降大，砂卵石河床的峡谷型河段上"、"合理确定决定侵蚀基准面高低的水库汛期死水位"、"水库设计的泄流排沙规模和水库运用方式能满足……冲淤相对平衡，水库平均排沙比约为 100％"、"水库泄流规模设计等"这四个条件哪个是主要的？决定水库长期使用最终保留库容的是正常蓄水位与防洪限制水位之差 ΔH_0 和水库淤积平衡坡降 i_c。同时决定淤积长度 L 为有限的或者淤积能达到平衡的是 $i_0 - i_c > 0$，可见只要 $i_0 - i_c > 0$，水库会最终达到平衡，排走 100％的来沙。在此条件下能否有库容，就要求 i_c 小，ΔH_0 大。也就是说水库长期使用的可能条件决定于 $i_0 - i_c > 0$；而要求保留库容大，则必须 i_c 小，ΔH_0 大。于是长期使用水库的机理就清楚了。《手册》中列出的水库长期使用第一条、第二条可以由 $i_0 - i_c > 0$ 概括；第三条由 ΔH_0 反映。这样，在概念上就很清晰。

（3）6.8 节引用很多经验公式，读者一定要注意使用条件，有待定系数的和逻辑上不合理的经验公式建议少用。

（4）总之，《手册》"泥沙"一章有一定进展，完成了既定任务，与已出版的《泥沙设计手册》（中国水利水电出版社，2006）结合，会推动工程泥沙的解决。通过《手册》对数学模型介绍，能够指引查阅者进一步了解我国泥沙研究在工程泥沙方面和数学模型的一些重大进展。

水利水电工程高坝抗震研究进展

陈厚群

第 1 版《水工设计手册》发行以来，我国水利水电工程大坝抗震设计和研究逐步取得了长足进展。特别是近 10 年来，随着我国水电开发，在水能资源集中的西部强震区修建了一系列大库高坝，大坝抗震设计和研究不断取得新的突破和跨越。鉴于工程结构的地震安全性评价都必须包括地震动输入、结构动响应、结构抗力这三个不可或缺且又相互关联的方面，现仅据作者个人从事水工抗震的实践经验，对我国近 60 年来在水工混凝土结构、特别是大坝抗震研究工作中的工作进展，作一概述介绍，以期对《手册》（第 2 版）中工程抗震部分撰写的背景有更多了解，虽然其中一些研究进展成果没有列入手册，但仍可作为水利水电工程抗震研究设计借鉴资料和补充参考。

1 坝址地震动输入

在大坝地震安全性评价中的地震动输入、结构地震响应、结构抗力三个要素中，地震动输入是首要前提，也是当前大坝工程抗震研究设计中的一个薄弱环节。在工程抗震设计实践中，对地震动输入方面的一些概念性、基础性的问题尚需要进行澄清和取得共识。

1.1 水工建筑物的抗震设防标准

抗震设计是为了在设定的地震设防水准下，使结构能满足相应的抗震功能目标要求。因此，建立水工建筑物抗震设防水准，是其抗震设计的首要任务。工程及其中的各类建筑结构，都要按其重要性、失效后果的严重性划分等级，据以设定其需要承受的作用和实现预期功能目标的安全裕度。各类水工建筑物需按其等级及其所在场址的地震活动性确定抗震设防类别后分类设防。大坝抗震设防往往要满足多个功能目标要求，如对抗压、抗拉强度和抗滑稳定的抗震校核。但这不同于对同一个工程结构要按不同抗震设防水准进行多级设防。我国标准中，对一般水工建筑物采用一级设防水准，即按照"最大设计地震（MDE）"设防，其相应的功能目标为允许产生可修复的局部损坏。国外也有再按重现期为 100～200 年的"运行基本地震（OBE）"进行两级设防的。工程实践表明，"运行基本地震（OBE）"不起控制作用。

近期，我国在西部强地震区正在建设一系列 300m 级的高坝工程。这些高坝大库一旦遭受强震发生严重破坏将导致不堪设想的次生灾害。为确保不发生这类工程的重大地震灾变，必须对大库高坝工程，在以往一级设防水准的基础上，增加另一级设防水准，即极限地震作用或最大可信地震（MCE）情况下，不发生库水失控下泄的设防要求。因此，只

陈厚群，中国工程院院士，中国水利水电科学研究院，教授级高级工程师。

有对少数重大工程才采用（MDE）和（MCE）两级抗震设防水准。国外也常有对重大工程直接以（MCE）替代（MDE）的，但在我国的大坝抗震设计中，这两类抗震设防水准对应的是不同的功能目标。目前，对合理确定最大可信地震及其场地相关地震动参数，以及判别"溃坝"极限状态的定量准则，尚需要深化研究。

1.2 坝址地震动输入参数

工程抗震中普遍以峰值加速度和反应谱作为表征地震动输入的主要参数。近年来主要在以下几方面对高坝抗震设计中的传统概念有所突破。

（1）地震动输入强度通常是以地表地震动加速度时程中最大峰值（PGA）表征。实际上，地震动时程中个别脉冲型的高频尖峰的历时远较高坝基本自振周期为短，对其地震响应的影响很小。因此，应当以"有效峰值加速度（EPA）"作为设防主要参数。为此，依据对美国西部 154 个基岩强震加速度记录进行加速度反应谱分析，结果表明：加速度反应谱 $S_a(T)$ 峰值周期基本都在 0.2s 处，其与峰值加速度比值 β 则都为 2.5。因而建议取 $EPA = S_a(0.2s)/2.5$。

（2）按照设计规范，大坝地震响应分析中一般采用标准设计反应谱，β_{max} 与阻尼比有关，剪切波速 $v_s \geqslant 800\text{m/s}$ 的岩基的特征周期 $T_g = 0.2\text{s}$、$\gamma = 0.9$，这些参数是根据各国已有较少实测强震记录计算的统计平均值，其中基岩记录极少。最近在美国开展了所谓"下一代的地震动衰减关系（Next Generation Attenuation，NGA）"的研究，其所汇集各国 173 次地震的 3551 个强震资料中，包含了近期获得的少量近场大震记录，一定程度上考虑了上盘、断层断裂类型等近场大震影响因素。在 5 个权威团队分别提出的美国西部地震动衰减关系中，以 Abrahamson 和 Silva 的最为全面。

我国马宗晋院士研究认为：中国大陆与北美大陆在构造、地壳组成、现代应力状态及地震成因、地震活动特点等方面都有一定的相似性、可比性，其地震动特性可资借用。据此，建议将标准设计反应谱的衰减指数 γ 由 0.9 修改为 0.6，使标准设计反应谱，在对大坝抗震安全影响的距离 $R \leqslant 20\text{km}$、震级 $6.5 \leqslant M \leqslant 8.0$ 范围内，与 NGA 中按 Abrahamson 和 Silva 关系式计算的结果接近。

（3）对于大库高坝工程，其设计反应谱，需要在坝址区专门的地震危险性分析基础上，采用与各个工程的场地地震地质条件相关的设计反应谱，以替代在重大工程中应用的标准设计反应谱及多数采用的所谓"一致概率反应谱"（又称之为"等危险性反应谱"）。前者与场地条件无关，后者具有综合各类震级和距离反应谱的包络性质，也不反映实际场地条件。为此建议采用改进的"设定地震法"。即从场地地震危险性中的诸潜在震源中，选出满足设计峰值加速度的少数震源，从中按最大发生概率原则，选定设定地震震级（M）、震中距（R），确定实际可能发生的场地相关设计反应谱。

（4）反应谱的概念是在把地震动加速度时程作为频率平稳的随机过程的前提下提出的。实际上，地震动时程是幅值和频率都随时间变化的非平稳随机过程。频率非平稳特性对高坝作非线性结构的地震响应可能有重要影响。为此，可采用基于渐进谱生成幅值频率非平稳的地震加速度时程，以替代迄今只是幅值非平稳而频率平稳的人工模拟地震波。

（5）汶川地震，从震中汶川开始破裂以约 3.1km/s 的速度沿北东向发展至青川以远，绵延 300km、历经 120s，在北川释放的能量最大。这表明对于近场大震，目前基于传统的地震动输入点源模型，不能反映震源尺度、断层破裂方式、传播方向性及上盘效应等近场大震特征。位于强震区的坝址（MCE）多为近场大震，需采用随机有限断层法直接生成坝址场地加速度时程。基本思路为将潜在震源的主干断层划分为一系列可作为点源的子断裂，其破裂具有一定的模态和时间序列，依据地震学物理模型和基于经验统计确定有关参数的半理论、半经验确定性方法，顺序叠加各点源对坝址的作用，给出能反映近场强震特征的坝址地震动输入。

1.3 地震动输入机制

地震危险性分析成果给出的是基于工程场地作为理想弹性介质半无限空间中传播的，标准定型波在平坦自由地表的最大水平向地震动峰值加速度。我国基于地震危险性分析的地震动参数区划图给出的值，则已经修正为相应于Ⅱ类中硬场地土的地表，对不同类别的场地，其设计峰值加速度和反应谱都需相应调整，但这些参数既未考虑工程场地实际的地形和具体的地质条件，也未涉及在该场址要建造的工程结构类型和坝基地质构造。

在结构地震响应分析中，地震动输入方式是和其采用的分析模型相关联的。传统的抗震设计中，只考虑地基弹性的影响，因而通常在地基底部输入设计地震动加速度后，作为封闭系统的振动问题求解相对于坝基的地震位移和应力响应。对于重要工程，要考虑结构和地基动态相互作用，包括与结构相邻的近域地基的地形、地质构造及地震波能量向远域地基的逸散，后者以具有所谓"辐射阻尼"效应的能量逸散边界条件模拟。目前在我国，对远域地基模拟最常用的是人工透射边界和黏滞阻尼边界。与前者相应的是从近域地基边界直接输入三维自由场入射地震位移波，后者则需从近域地基边界同时输入在输入波作用下的自由场应力、位移和速度。两类边界均能反映河谷地形及沿坝基地震动不均匀性影响。

2 大坝体系地震响应

高坝系统是包括坝体、地基、库水及其相互作用的综合体系。其地震响应分析是抗震安全评价的核心。已有工程经验的传统抗震设计理念、方法和技术途径，已很难适应迅速发展的工程建设需要。特别是保证高坝大库在遭受极限地震时不发生溃决灾变已成为当前水利水电工程抗震中的战略重点。其中高坝的坝体—库水—地基体系地震响应分析方法及抗震安全评价准则是对其地震灾变定量判断的关键，成为高坝地震响应分析的主要内容。

2.1 对传统分析方法的改进

目前，混凝土大坝结构分析仍以基于线弹性结构力学的方法为主。重力坝简化为一维悬臂结构，拱坝则沿用"拱梁分载法"。但长期以来，对混凝土坝地震响应的求解，缺乏相应的合理的动态分析方法。因此，首先需对这类传统方法进行改进。

对简化为集中质量的一维悬臂结构的重力坝，仅考虑地基弹性的封闭式振动体系求解，分析中仍采用水平向平截面假定。由于重力坝断面接近三角形，其中轴为与水平截面斜交的直线，而按照结构力学中梁的理论的基本假定，只有对与中轴正交的截面才能假定为其应力分布呈线性分布的平截面。因此，重力坝应按二维曲梁进行动力分析，从而在水平向和竖向地震作用下的结构响应不再是独立的，而是相互耦合的。因而在用振型分解的反应谱法作动力分析时，在水平地震作用下也有竖向振型参与系数，同样，在竖向地震作用下，也有水平向振型参与系数。水平向和竖向的耦合对坝体强度和抗滑稳定的抗震校核有不应忽视的影响。为此，我国已开发了相应的重力坝悬臂梁法动力分析程序。

对拱坝的地震响应，已实现了按拱梁分载法进行的动力分析，研发了适用于各类拱型和地形的拱梁分载法地震响应动力分析程序。此后，对引进的基于无质量地基的拱坝线弹性有限元法动力分析程序（ADAP）加以改进，使之适用于多种河谷和坝型，并拓展至能考虑沿坝基的不均匀地震动输入；随后，又对在无质量地基假定下，考虑地震时拱坝横缝开合的（ADAP-88）接触非线性程序作了改进，使之能计入横缝切向滑移的影响。

库水对混凝土坝动态性能有重要影响。坝体—库水流固耦合问题的关键在于库水可压缩性。已有研究表明，只有当坝体的自振频率（f_d）、库水的共振频率（f_r）以及地震动加速度的卓越频率（f_a）三者相互接近时，库水可压缩性导致的共振才有实质性的意义。当 $f_a > f_r$ 时，由动水压力中的虚数分量所体现的能量逸散会导致反应减小。库水的第一阶共振频率可由 $f_r = C_w/4H_0$ 求得，其中 C_w 是水中音速，H_0 则是库水平均深度，对于 V 形河谷，H_0 一般可取为最大水深的 0.7 倍。岩基的卓越频率约为 5Hz。因此，对超过100m 的高坝，f_a 将大于 f_d、f_r。加上并非刚性平坦的库底吸能和散射效应，使库水共振难以发生，特别对中国众多的多泥沙河流更是如此。实际上，在现场测振试验和大坝地震震例中，也从未见到地震时库水发生共振的报道。所以，从工程观点看，库水可压缩性是可以忽略的，从而可使坝面的附加质量体现地震动水压力的影响。

2.2 研发切合实际的大坝系统地震响应模型和求解方法

由于改进后的混凝土坝动力分析方法，作为封闭式振动体系，仍无法考虑影响其地震响应的诸多相互关联的因素，从而难以确切反映其在地震作用下的实际性状。为此，研发了能同时计入更切合实际状况的各项因素的把坝体—地基—库水体系地震响应作为开放式波动问题的非线性分析方法和计算程序。这些因素包括：坝体、地基、库水间的动力相互作用，地基的质量和能量向远域地基逸散的辐射阻尼，坝体内横缝间的往复开合滑移，邻近坝体的近域地基的地形和包括潜在滑动岩块在内的各类地质构造，以及沿坝基地震动输入的空间不均匀性等。整个体系不需要进行刚度、质量、阻尼阵的总装，基本可在单元一级水平上在时域内以显式求解，因而对各类非线性问题更为适应。从而使混凝土坝地震响应的动力分析方法有了新的突破。

2.3 新的整体抗震安全评价准则和求解方法

任何结构的整体失稳都是局部变形累积发展的过程，坝体抗震安全状态是由整体变形而非局部应力超限表征。传统的"刚体极限平衡法"不能反映短暂往复地震作用时的大坝实际性态，瞬间暂时失去极限平衡不一定最终失稳，而虽未达极限平衡，坝体也可因地基过大耦合变形而严重损伤。各个坝体工程的体形、地形和地质条件都不相同，难以对其极限变形响应规定统一的定量准则。对此提出的新思路是：以坝体—地基体系在强震作用下产生的、包括坝体和地基局部损伤、开裂和滑移在内的整体位移响应随地震动加大而增长的曲线出现突变的拐点值，作为由量变到质变的整体失稳的极限状态。新思路的可行性已在众多高拱坝工程设计的实际应用中得到了验证。

2.4 基于混凝土坝损伤破坏过程的新思路

在目前传统的混凝土坝地震响应分析中，坝体和地基岩体都作为弹性体，无法反映其实际的损伤破坏过程。新的思路是：基于采用作为标量的损伤变量 $d(0 < d < 1)$ 的损伤力学，假使损伤弥散于各向同性连续介质的整个损伤区，并以其弹性模量和强度的退化表征。在等应变假定下，损伤后的弹性模量为 $(1-d)E_0$，有效应力为 $\sigma/(1-d)$。从大坝混凝土材料试验结果，直接求得损伤后卸载与再加载时考虑残余应变影响的表征损伤的等效弹性模量，以替代目前为计入混凝土损伤残余变形而采用的塑胜—损伤耦合方法，使损伤演化规律更符合试验结果且计算也大为简化。在大坝工程中关注的主要是混凝土的受拉损伤，因为通常抗压强度有较大的安全裕度。材料的三维空间屈服面取为 Barceiona 模型。以多维应力状态中的最大和最小主应变作为单轴试验中的等效拉、压应变。由于混凝土的拉压损伤演化规律的差异，引入了一个考虑复杂应力状态下拉、压应力影响的加权因子。通过等效损伤弹性模量由单轴试验转换至多维体系。计算中需要根据单元特征长度修正试验的本构关系。

2.5 高坝动力模型试验研究

因高坝地震动响应的复杂性和数值计算分析的局限性，为把握高坝地震动响应规律和抗震安全性，开展高坝动力模型试验是必要的。中国水利水电科学研究院拥有大型三向六自由度模拟地震振动台，开展若干高混凝土坝动力模型试验研究工作。专门研制了容重满足流固耦合相似要求、基本满足拉、压强度相似要求的模型材料；能够模拟坝体内的横缝、长度三倍于坝高的水库库水、两岸坝肩的最危险的潜在滑动岩块以及由自由场入射到近域地基底部的三向地震动输入波；采用高黏滞度液体近似模拟地基辐射阻尼；以小型加压装置模拟滑动面的渗透压力；能够测定振动过程中大坝位移、加速度、应变、坝面动水压力、坝体横缝开合的时间历程以及坝体起裂的地震超载安全系数。

2.6 高坝的现场测振动试验和强震观测

与美国加州大学 Clough 教授共同主持了持续近 20 年的中美拱坝抗震科研协作工作。在中、美 5 个不同类型的拱坝进行了现场测振。在响洪甸拱坝和泉水拱坝现场，以中国水利水电科学研究院研制的 4 台同步偏心轮式起振机，在坝顶激振、测定不同类型拱坝的动态特性，对基于无质量地基假定的拱坝有限元计算程序计算拱坝自振特性的结果进行了验证。从少量实测的坝面动力压力记录中，并未显示库水共振的现象，实测和不可压缩库水的动水压力相近。

东江双曲拱坝现场，在大坝下游 800m 处的基岩中，利用钻深达 40m 的 5 个排孔，以毫秒延迟爆破方式激振。以相同药量进行两次爆破时的实测记录基本相同，验证了用水体封堵的深孔可以实现重复激振的效果。以后又在龙羊峡拱坝现场进行了爆破激振。但由于下游地形陡峻且岸坡岩体稳定性较差，采用离坝址 1200m 处的上游水库中，在水下浅层岩体表面放置炸药，以毫秒延迟爆破方式激振。两次试验都成功产生了经由坝基基岩传播的振动，含有足够的低频分量，使之能同时激发坝体、近坝地基和坝前库水的耦合振动。

此外，还着重研究了库水可压缩性的影响。量测了坝前区库底实际地形，并通过在坝前水库不同测点，在水下引爆雷管，量测以记录的库底的反射波和入射波幅值比表征的所谓"库底吸能系数"。结果表明：库底地形起伏不平，存在淤砂和围堰拆除的残积物。"库底吸能系数"不仅与频率相关,且在库底各部位也都不相同。目前在考虑库水可压缩性时普遍采用规则库底地形和均匀的反射系数的假定,并不符合实际。深化了对库水共振和库底反射系数的了解,验证了在坝前库底地形复杂且泥沙淤积的情况下,库水的可压缩性影响基本可以忽略。这些成果对高坝抗震的设计和研究具有重要意义。

我国高混凝土坝地震响应分析,经历了一个从沿袭国外分析方法到突破传统自主研发的发展过程。从采用拟静力法到动力分析的方法;从将坝体作为线弹性整体结构封闭的振动体系求解方法到研发能同时计入诸多切合实际状况的非线性波动体系及其有效求解方法,从将坝体地基岩体作为整体结构到考虑坝体横缝和地基潜在滑动面动态开合与滑移的接触非线性;从将坝体和地基岩体作为弹性材料到考虑其损伤破坏过程的材料非线性特性;从将控制坝体整体安全的坝肩(基)稳定和坝体强度分隔、按传统"刚体极限平衡法"作静态校核到提出以坝体—地基体系位移响应突变标志整体失稳的新的安全准则;从只校核结构抗震性能到对加以改进的工程措施效果的检验;从应用常规串行分析途径到探索高性能并行计算技术的应用等,高坝结构地震响应分析方法日趋完善。

3 大坝混凝土动态抗力

强烈地震作用下混凝土大坝的动力反应和破坏过程极其复杂,高坝在强震作用下的失效,最终体现在坝体混凝土的严重开裂拓展致使其丧失挡水能力。因此,大坝混凝土材料动态力学特性研究是确保大坝抗震安全和防止地震灾变不可缺少的重要组成部分。在坝体地震响应分析中,坝体的开裂损伤主要由混凝土的抗拉强度控制,因而动态抗拉强度是影响大坝抗震安全的关键因素。近年来我国在大坝混凝土动态力学特性方面也取得了一些新的研究成果和规律性认识。

3.1 大坝混凝土材料宏观试验研究

大坝混凝土全级配试件的动态力学特性试验研究内容包括在静、动态作用下的轴压及弯拉强度,比较全级配和湿筛试件差异及不同动态加载形式、干湿条件、不同龄期、静态预载等因素的影响;对湿筛试件测定其轴拉本构关系全过程,辅以采用高采样频率声发射技术,开展了 15000kN 动态试验机全级配混凝土试件的动态特性研究。成功测定了在不同加载速率的变幅循环加载下大坝混凝土的轴拉应力—应变全过程曲线。

初步研究表明,大坝混凝土动态强度较静态值提高 20%;动态抗拉强度可取为其动态抗压强度的 10%;未超过约 80% 极限荷载的初始静载一般对动态弯拉强度均有所提高;软化段声发射也存在损伤停止发展的凯撒(Kaiser)效应。

3.2 三维细观力学混凝土动态抗力分析

开展了大坝混凝土内部结构损伤破坏机理和过程的三维细观力学验证试验,研究内容包括混凝土作为由骨料、砂浆及其界面组成的复合介质结构,对满足实际工程骨料配合比要求的弯拉试件,进行了考虑损伤演化及应变率效应的静、动态细观力学分析。研究成果表明,骨料形状对动态抗力影响不大;混凝土试件在静载作用下,形成较为集中而连通的宏观裂缝,而在动载作用下,形成分布更广的多条并不连通的宏观裂缝;验证了初始静载对混凝土动态弯拉强度影响的试验结果。

3.3 应用 CT 技术探索混凝土内部破坏机理

CT 技术在大坝混凝土内部结构损伤破坏过程及机理研究中的应用，研究内容包括：应用医用 CT 设备进行混凝土拉、压试件扫描；研制与医用 CT 配套的专用便携式动态拉、压材料试验机；探讨了直接由 CT 数对裂纹区域及其位置和形态作定量描述的图像分析方法；研发混凝土试件裂纹三维图像及其动画显示技术；根据 CT 试验结果运用图像三维重建技术生成混凝土试件三维有限元细观力学模型。研究成果验证了试件内部静、动态损伤破坏形态的差异。

近十余年，我国对于大坝混凝土材料动态力学特性的研究，从借用国外有关的湿筛试件试验资料和相关规定，向以我国高坝工程建设的大坝混凝土为对象，开展了往复循环加载下全级配试件的动态抗折试验，为抗震设计规范中大坝混凝土动态弯拉强度标准值的确定提供了科学依据，并研究了预加荷载及应变率效应等的影响。应用三维细观力学非线性动力分析方法及 CT 扫描和高采样频率声发射等新的测试技术，验证了宏观试验结果的合理性并对大坝混凝土在地震作用下的损伤机理和破坏过程进行了探索研究。拓展依靠"数字混凝土"和高新技术途径研究大坝混凝土动态力学特性的新思路。成功测定了在不同加载速率的变幅循环加载下大坝混凝土的轴拉应力—应变全过程曲线，为混凝土高坝地震损伤破坏过程分析提供了材料损伤演化规律。

参考文献

［1］ 陈厚群．混凝土高坝抗震研究［M］．北京：高等教育出版社，2011.

［2］ 陈厚群，吴胜兴，党发宁．高拱坝的抗震安全［M］．北京：中国电力出版社，2011.

［3］ 胡聿贤．地震工程学（第二版）［M］．北京：地震出版社，2006.

［4］ 马宗晋，杜品仁．现今地壳运动问题［M］．北京：地震出版社，1995.

［5］ 张翠然．重大水利水电工程地震动输入研究［D］．北京：中国水利水电科学研究院，2009.

［6］ 廖振鹏．工程波动理论导论（第二版）［M］．北京：科学出版社，2002.

［7］ 刘晶波，王铎．考虑界面摩擦影响的可接触型裂纹动态分析的动接触模型［C］∥弹性动力学最新进展．北京：科学出版社，1995.

［8］ 涂劲．有缝界面的混凝土高坝-地基系统非线性地震波动反应分析［D］．北京：中国水利水电科学研究院，1999.

［9］ Chen Houqun, Ma Huaifa, Tu Jin, et al. Parallel computation of seismic analysis of high arch dam ［J］. Earthquake Engineering and Engineering Vibration，2008，7（1）：1-11.

［10］ 马怀发．全级配大坝混凝土动态性能细观力学分析研究［D］．北京：中国水利水电科学研究院，2005.

［11］ 王立涛．复杂水工结构地震响应并行计算研究［D］．北京：中国水利水电科学研究院，2010.

［12］ 梁国平．有限元程序自动生成系统与有限元语言［J］．力学进展，1990，20（2）：199-204.

［13］ 吴胜兴，周继凯，沈德建，等．混凝土动态弯拉试验技术与数据处理方法［J］．水利学报，2009，40（5）：568-575.

［14］ 丁卫华．基于 X 射线 CT 的混凝土动力破坏过程研究［D］．北京：中国水利水电科学研究院，2007.

［15］ 陈厚群，郭胜山．地震作用下混凝土高坝损伤模型的探讨［A］．苏州：全国结构振动与动力学学术研讨会，2011.

从落后到引领发展的跨越

——《水工设计手册》（第2版）坝工技术点评

贾金生

　　《水工设计手册》（第2版）很好地总结了技术成就。我国1949年前一穷二白，高于15m的大坝仅有21座，坝工技术非常落后，基本处于零起点。新中国成立到1978年，大坝建设处于自力更生为主的发展阶段，建了大量的水库大坝，发挥了重要的作用，但总的技术水平比较落后，1978年后，以三峡、小浪底、二滩陆续建成运行为标志，大坝建设处于勇攀高峰、追赶世界的阶段，不少方面达到了世界先进水平。21世纪以来，以龙滩碾压混凝土重力坝、水布垭面板堆石坝、小湾、锦屏一级特高拱坝等为标志，大坝建设进入"领、并、跟"发展新阶段，不少方面处于领先，一些方面已与世界同步，但还存在不少方面需要向其他国家学习。至2012年，我国已建和在建的30m以上的大坝达到5694座，各种水库达到98000多座，既是世界上水库大坝最多的国家，同时也是200m以上特高坝建设最多的国家，尤其是混凝土拱坝、碾压混凝土重力坝、碾压混凝土拱坝、钢筋混凝土面板堆石坝等建设，多年来一直保持了最高纪录。从非常落后，到全面跻身世界先进行列，不少方面居于国际领先水平，《手册》全面反映了这一发展历程，同时也反映了坝工界几代人不懈奋斗、勇攀高峰的精神，以及反映了我们通过产学研密切结合、通过引进消化吸收与创新结合，在水工技术方面取得的巨大成就。新的手册凝聚了水利水电界数百位专家集体智慧，是我国水利水电工程设计、建设60多年成熟经验的总结和有关问题多年研究及探索的成果表述。新版手册必将是广大水利水电工作者必备的工具书和好帮手。

　　第2版很好地汇总了创新成果。从世界总的发展看，工程建设已从重视经济合理、技术可行，走向并重考虑环境友好、社会可接受的新的阶段；从手段上看，也从人工计算、计算机计算发展到大数据应用的新的时代。本次再版的《手册》，除保留原有的经典内容外，新增了许多内容，反映了新的发展。特别是新版水工设计手册中，将拱坝应力分析的等效应力方法纳入其中，介绍了基于有限元等效应力方法的设计准则，反映了高拱坝、特高拱坝设计日益精准的进展；在极限状态设计方法中，引入了可靠度分析方法，并与分项系数极限状态设计方法进行了对比；对重力坝承载能力的非线性有限元分析给出了评判准则；将拱座抗滑稳定安全标准的电力行业规范与水利行业规范进行了对比，协调行业规范，加深了读者对拱座抗滑稳定的理解，方便了跨行业设计者查阅；新增碾压混凝土坝章节，将我国具有世界领先地位的碾压混凝土坝设计、施工工艺及质量控制措施纳入手册，并介绍了胶凝砂砾石坝这一新坝型的特点、设计准则、材料配合比设计及施工工艺；新增

　　贾金生，中国水利水电科学研究院副院长，教授级高级工程师，国际大坝委员会名誉主席，《手册》编委会委员。

沥青混凝土防渗土石坝；将已成为当前主流坝型之一的混凝土面板堆石坝单独成章，系统反映了最近 20 多年来我国在面板堆石坝试验及计算理论与方法、筑坝材料和筑坝技术等方面取得的进展等。手册的内容全面反映了世界大坝建设的最新技术发展，既是中国建设经验的汇总，也是世界发展的成就总结。

新的手册反映了国内外建设教训的再思考。水库大坝是最重要的水工建筑物，大坝的高度也是技术水平的体现。欧洲、苏联、美国、巴西在引领现代大坝技术提升的进程中，虽都取得了突出的成就，但也曾先后发生过惨痛的事故教训，例如法国玛尔帕塞拱坝、美国提堂土石坝分别于 1959 年 12 月和 1976 年 6 月发生溃坝，均造成了生命财产的巨大损失，前苏联坝高 245m 的萨扬·舒申斯克坝在 1990 年首次蓄水时也发生过重大漏水事故，巴西高 202m 的坎普斯诺沃斯面板坝，因面板破坏问题导致放空水库大修，造成重大损失。自 1978 年以来，我国多种坝型高度不断提升，先后完成了高度 100m 级到 200m 级甚至 300m 级的跨越，由于产学研用的结合以及众多措施的成效，这些工程在取得技术突破的同时，在安全和质量方面也交出了良好的答卷，非常不易，既反映了克艰攻难的宝贵精神，也体现了重视国内外教训并为我所用的再思考的成就。

《手册》需要继续总结提高。目前我国水利水电事业发展面临着新的挑战，不仅需要负责维修维护已建的 98000 多座水库大坝，同时还需要解决新的高坝、特高坝建设中遇到的一系列难题。作为水利水电行业权威性的工具书，《手册》必将在解决这些重要问题中发挥重大作用。当然，作为工具书，不可能涵盖所有的坝工技术问题，既不可能做到所有坝工问题都有解答，也不可能做到所有的解答都准确无误，需要在发展中完善，并通过完善推动发展。

《手册》的出版必将进一步推动我国坝工设计的进步，进而产生深远的影响！

应用新理念和新技术
为新时期灌排发展提供技术支撑

——对《水工设计手册》（第2版）中灌排发展内容的点评

高占义

受季风气候的影响，我国的降雨时空分布极不均匀，年均降雨量从东南的 1600mm 递减到西北的不足 200mm，且有 80% 以上的降雨集中在 6—9 月。此外，我国的水土资源分布极不匹配，南方的土地资源只占全国土地资源的 38%，而水资源量却占全国的 80%；北方的土地资源占全国的 62%，而水资源量却只占全国的 20%。因此，灌溉与排水对我国农业生产有着十分重要的作用。我国的灌溉排水发展历史已达 5000 多年，古代人民修建的芍陂、郑国渠、都江堰、灵渠、大运河等大批水利工程，在提高农业抗灾能力、促进农业发展、改善人民生活中都发挥了十分重要的作用，有的至今仍在发挥效益，有的已成为世界文化遗产。新中国成立以来，党和国家十分重视发展灌溉排水事业，我国灌溉排水事业取得巨大成就，灌溉面积由 1949 年的 1590 万 hm² 发展到 2010 年的 6000 万 hm²，这使得我国能够以占世界 6% 的可更新水资源量、9% 的耕地，解决了占世界 21% 人口的温饱问题，灌排事业的发展为保障我国农业生产、粮食安全以及经济社会的稳定发展奠定了基础。

目前，我国是世界第一灌溉大国，我国的灌溉面积约占全世界总灌溉面积的 21%，我国正好以占全世界 21% 的灌溉面积养活了全世界 21% 的人口。然而，随着我国社会经济的快速发展，我国正面临着水资源短缺和环境恶化等问题，我国的灌溉发展也面临着挑战。主要挑战包括：①干旱频繁，水资源短缺严重：20 世纪 70 年代，全国农田受旱面积平均每年约 1100 万 hm²，到 80 年代和 90 年代则分别达平均每年约 2000 万 hm² 和 2700 万 hm²；近 5 年来，全国受旱面积平均每年达 3300 多万 hm²，农业灌溉缺水每年达 300 多亿 m³；此外，我国北方还普遍存在不同程度的地下水超采问题；②工业和城市用水需求增加：全国农业灌溉用水量从 1949 年占总用水量的 92% 下降到 1980 年的 80% 和目前的 63% 左右；在工业和城市生活用水增长较快、可供水量增长困难的情况下，工业和城市用水挤占灌溉用水的趋势将加剧；③灌排设施老化，灌溉用水效率和效益低下：我国现有的灌区大多建于 20 世纪 50—70 年代，灌区工程设施建设标准偏低，许多灌区灌溉工程配套差，再加上自然老化、维修养护不足和管理手段落后等原因，导致灌区功能衰减、灌溉面积萎缩；④耕作规模小而分散，用水管理和田间工程维护困难等。

高占义，中国水利水电科学研究院总工程师，教授级高级工程师，国际灌溉与排水委员会荣誉主席。

我国近 20 年来大力推广节水灌溉技术，特别是从 1996 年以来，我国持续在大型灌区开展了以节水为中心的大型灌区续建配套与节水改造工作，这为 2004 年以来我国粮食生产实现了"九连增"做出了重大贡献。20 世纪 80 年代以来，在连续 30 多年灌溉用水总量保持零增长的情况下，全国有效灌溉面积增加了 1146 万 hm^2，粮食总产量增加了 2500 多亿 kg，农田灌溉水有效利用率从 30% 提高到 51%，单位面积灌溉用水量由每公顷 7158m^3 下降到 5505m^3，减少了近 1/4。科学技术研究及科技成果推广应用对我国灌溉排水事业的发展起到了巨大的推动和支持作用。

《水工设计手册》（第 2 版）充实、完善和更新了灌溉排水部分的内容，该《手册》的第 9 卷灌排、供水部分共包括 5 章，内容完整、丰富，涵盖了灌溉与供水工程的各个环节，该卷手册是在第 1 版《手册》基础上经过调整、修订完成的，吸收了本领域近 10 多年来先进而成熟的新理念、新技术和新方法，以及国内外在该领域取得的工程经验和成果，为生产实际中推广应用新理念、新技术和新方法成果奠定了基础，这必将为新时期大力发展灌排事业提供强有力的技术支撑。现将《手册》第 9 卷灌溉排水部分包括的主要技术成果进展概述如下。

1　渠道防渗及低压管道输水技术

1.1　渠道防渗技术

渠道防渗在干旱少雨的西北地区得到较快发展，最初渠道防渗大多是因地制宜、就地取材，采用干砌卵石和浆砌卵石的办法。在石料缺乏的平原地区，采用黏土、灰土或三合土加以夯实进行防渗。20 世纪六七十年代，随着国民经济的发展和科学技术的进步，开始用混凝土或沥青混凝土对渠道进行衬砌。20 世纪 80 年代以后，混凝土衬砌渠道技术得到了进一步发展，在流量不大的支、斗渠和田间输水渠道，采用弧底梯形或 U 形断面结构型式进行衬砌防渗，提高了渠道输沙能力和抗冻害能力。之后，随着塑料工艺的发展，塑料薄膜作为新型材料应用于渠道防渗。到 2010 年底我国防渗渠道控制灌溉面积达到了 1158 万 hm^2。推广应用的技术如下：

（1）渠道防渗新材料。在膜料防渗方面，PE、PVC 及其改性塑膜具有防渗性能好、质轻、延伸性强、造价低等特点，在渠道防渗工程上获得推广应用。PVC 复合土工膜具有竖向防渗、水平导水、透气等多项功能，不仅在弱冻胀地区得到广泛应用，而且在地下水浅埋或有侧渗水的渠道上也得以采用。在新型接缝止水材料方面，伸缩缝填料已由最初的沥青砂浆发展到聚氯乙烯塑料胶泥、焦油塑料胶泥。在"九五"期间，研究出冷施工的遇水膨胀橡胶止水带、聚氨酯弹性填料等。在"十五"以来开始研究应用沥青混凝土防渗材料。在新型防冻害保温材料方面，经过试验，将聚苯乙烯泡沫塑料板铺设于防渗层下，通过保温防治冻害。土壤固化剂和粉煤灰等掺合料也被应用到渠道防渗上。

（2）渠道断面结构型式。提高渠道防渗和防冻胀效果，必须配合良好的渠道断面型式，多年的研究和试验证明，中小型渠道以 U 形断面为最佳，大型渠道采用弧底梯形、弧形坡脚梯形断面，无论水流条件还是结构方面都较理想。

（3）渠道防渗衬砌结构型式。研究和试验证明，在微冻胀地区，混凝土肋梁板、楔形板、中厚板、槽形板、空心板等特殊结构型式，在一定程度上可减轻冻胀破坏。在冻胀严重地区较成熟的防渗防冻胀措施有板膜复合、板与换填砂砾料复合、板与保温材料复合、设置冻胀变形缝等。

（4）渠道冻胀破坏机理与防治措施。在不断总结工程实践的基础上，从"抵抗"冻胀的观点，逐步转移到"适应、削减或消除冻胀"的冻害防治原则和技术措施，归纳出"土、水、温、力"是冻胀产生的必要条件，提出了冻胀预报模式和基土冻胀性分类方法，提出了埋入法、置槽法、架空法等回避冻胀的措施，置换、隔热保温、化学处理、压实基土、隔水排水等削减冻胀的措施，以及通过结构优化以适应、回避或局部抵抗冻胀的措施。

（5）施工机具。施工机具是提高工程质量和加快工程进度的重要设备。20 世纪 70 年代末，我国开始研究 U 形渠道施工机械，相继研究开发出 U 形渠道和梯形渠道开渠机、U 形渠道衬砌机、大中型 U 形渠道喷射法施工和 U 形渠道预制构件生产设备等。

《手册》"灌排渠沟与输水管道工程设计"一章包含了渠线规划、渠系建筑物规划布置、灌溉渠道纵横断面设计、渠道衬砌及防冻胀工程设计、特殊地基渠道设计等内容，收入了相关的最新适用技术成果。

1.2　低压管道输水技术

为了使管道输水技术走上科学合理的轨道，达到系统配套，便于推广应用，在"七五"国家重点攻关项目中，把管道输水技术的研究列为灌溉排水技术研究专题的重点。"七五"攻关的取得的主要成果是：研制出了用料省、性能好的刚性薄壁塑料管和内光外波的双壁塑料管；开发了多种类型的当地材料预制管及相应的制管机具；现场连续浇筑、无接缝整体成型的混凝土管施工机械和施工工艺；研制了多种与管道配套的管件设备和保护装置；把优化技术和微机控制系统运用于管道输水工程的设计和管理中。20 世纪 80 年代末 90 年代初，中国生产厂家可以批量生产 PVC、UPVC、PE 等不同材质、不同规格的管道和管件。1995 年 1 月和 7 月，水利部先后颁发了《灌溉用低压输水混凝土管技术条件》（SL/T 98—1994）和《低压管道输水灌溉工程技术规范（井灌部分）》（SL/T 153—95）两个技术规范。之后低压管道输水技术在全国大部分省（自治区、直辖市）井灌区得到了大规模推广应用，截至 2010 年年底全国低压管道输水灌溉面积达到了 668 万 hm^2。

《手册》"灌排渠沟与输水管道工程设计"一章包含了输水管道系统水力计算、管材选择、管道系统结构设计、水锤防护及水锤验算和管道防腐措施等内容，收入了相关的最新适用技术成果。

2　节水灌溉技术

2.1　喷灌技术

我国于 1982—1985 年组织力量编制颁发了国家标准《喷灌工程技术规范》（GBJ 85—85）和部颁标准《喷灌工程技术管理规程》（SD 148—85），在此前后还制定了几十个有关喷灌机具、管材、管件产品标准及测试、试验方法等方面的技术规范。引进、研制开发出了 PY 系列摇臂式喷头，全射流喷头，喷灌泵系列，喷灌用快速拆装薄壁铝管和镀锌薄壁钢管及管件，轻、小型喷灌机组，人工移动式中型喷灌机，绞盘式、滚移式、中心支轴式和平移式喷灌机。此外，还开展了喷灌系统规划设计理论和方法研究。进入 90 年代，随着我国水资源的紧缺、农业节水意识的增强，以及喷灌设备质量及技术管理水平的提高，喷灌获得了稳步发展。截至 2010 年底我国喷灌面积达到了 367 万 hm^2。

2.2 微灌技术

微灌包括滴灌、微喷灌，我国从 1972 年开始引进、研究滴灌技术，于 20 世纪 80 年代初期开始引进、研究微喷灌技术，90 年代初随着微灌技术和设备的完善，微灌技术在果树、蔬菜大棚扩大推广应用。在最近的 10 多年中，随着国产滴灌带的生产技术提高、价格大幅度降低以及国家对节水灌溉的支持、鼓励政策，滴灌技术在棉花、蔬菜等经济作物中获得了大面积推广应用。结合地膜覆盖，研究推广了膜上、膜下滴灌技术，在新疆生产建设兵团和新疆维吾尔自治区大面积用于灌溉棉花。截至 2010 年年底我国微灌面积达到了 147 万 hm^2。已把水肥同步利用技术推广应用，取得显著的了节水、节肥和增产效果。

2.3 改进地面灌溉

畦灌、沟灌是最主要的地面灌溉方式，利用新技术改进传统的畦灌、沟灌对提高灌溉用水效率和效益具有显著的效果。20 世纪 70 年代以来我国开展了大量改进地面灌溉技术的研究工作，研究集中在确定合理的畦田规格、沟灌长度和断面尺寸方面。90 年代以来，结合研究推广应用激光控制平地技术、波涌灌溉技术、田间闸管灌溉技术等，从过去单纯研究灌水技术要素对灌水均匀性、水分深层渗漏的影响，转向综合研究多种灌水技术要素组合对土壤水肥运移、对水肥淋失的影响，根据不同区域的土地特征和作物优化确定地面灌溉技术要素，提高灌溉均匀度和水的利用效率及肥料的利用率。在水稻种植区研究推广"薄、浅、湿、晒"控制灌溉技术，不但实现了节水、节肥，还提高了水稻产量。

《手册》"节水灌溉工程设计"一章包含了喷灌工程设计、微灌工程设计、低压管道输水灌溉系统设计、地面节水灌溉工程设计以及稻田节水灌溉设计等内容，详尽收入了相关的最新适用技术成果。

3 农田排水

农田排水是通过排除农业土地上的过量水分和盐分、调控地下水位，达到改善土壤水分条件、防止涝渍灾害和土壤盐碱化、提高农作物产量和改造中低产田的一种有效措施。

我国农田排水工程技术的发展，是从单一明沟排水发展到明沟、暗管、鼠道、竖井及泵站等多种类型的排水工程措施，目前对各种排水工程措施在改造中低产田中的作用及发展方向等方面的认识都比较明确，经验也较为成熟。

明沟仍是当前我国运用最广泛的一种排水措施，它有排涝、排渍、排盐、滞蓄和控制地下水位等多种功能，它的主要缺点是占地多、易滑坡、较难养护。各地因地制宜总结并制定了防御涝渍灾害的明沟排水系统技术方案。暗管排水技术较大规模发展于 20 世纪 70 年代末，由于暗管埋于地下，具有不占耕地、使用年限长、便于田间耕作和方便交通等优点。它可控制地下水位，达到排水治渍排盐的作用。竖井排水主要兼具井灌井排作用，在有浅层淡水的地区，利用井灌井排系统开发利用地下水，不仅保证了干旱季节的作物需水，而且通过抽水降低了地下水位，同时起到了排水作用，有利于缓解涝渍灾害、抗旱压盐。这一措施对干旱、涝渍、盐碱多灾种并存的华北平原等地区中低产田改造，起着重要作用。鼠道排水具有施工简便、造价低廉且对排除犁底层滞水和地面残留积水特别有效，在黏质土地区其治渍效果好，所以多用作辅助排水措施，对它的适用条件、结构型式、施工方法等方面已取得较多成果。泵站排水，已广泛用于解决不能自流排水的低洼地、平原圩区等地的排水出路。我国生产实践中，一般均根据各地不同灾害类型、不同自然条件、不同技术经济水平，因地制宜地分别应用上述各项排水措施进行涝渍盐碱灾害的治理。

近20多年来，随着科学技术的进步，农田排水技术和理论发展迅速，主要表现为：①明沟向明沟与暗管相结合排水过渡；②广泛利用塑料管道及研究应用可预包排水管的新型合成过滤材料；③研制开发新型排水施工设备，研制应用了多种型式的开沟铺管机和无沟铺管机等，施工速度和质量都有了极大的提高；④农田排水技术研究的发展趋势由单一目标转向涝渍碱兼治等多目标综合治理，由单一工程技术类型转向多种措施相结合的综合类型；从单一的水量、水位控制调节到水质控制、溶质运移、污染防治和水环境保护等技术的研究；由单一的任务转向满足农业生产需求和减轻对水体危害的双重任务发展；⑤排水对水环境的影响日益受到普遍关注。近年来，在农田排水条件下减少氮污染的农业措施、管理措施、工程措施和预测评价软件方面做了大量的研究和实际工作。此外，广泛采用计算机模拟软件评价排水系统对水环境的影响，以便采取相应的工程措施、农业措施和管理措施，也是当前的发展趋势。

我国的农田排水事业已取得显著成绩，防御自然灾害的能力大大提高，对国民经济发展和人民生活的改善起了重要作用。农田排水科学技术水平有了长足的发展，一些研究成果在实践中得到验证和推广应用，取得了显著的经济效益和社会效益。"九五"以来，针对我国大多数受涝渍威胁地区涝渍相随相伴的特点，对涝渍兼治连续控制的动态排水指标、涝渍兼治的组合排水工程型式及其设计计算方法进行了研究，取得了实用的成果，丰富了农田排水理论和应用技术。近10年来，引进了荷兰、美国先进的排水设备和技术，在宁夏银北等灌区开展了大规模的排水工程建设，有效地调控了地下水位，改善了项目区耕作条件及生态环境，取得了明显的社会效益、经济效益和生态效益。

《手册》"灌排渠沟与输水管道工程设计"一章包含了除涝设计标准、排水流量计算以及排水沟道及暗管排水设计等内容，收入了相关的最新适用技术成果。

4　几点建议

从我国可利用的水土资源情况来看，大规模兴建灌排工程时代已经过去，灌排发展的主要任务是对现有的大型灌区和重点中型灌区进行续建配套和节水改造，加强灌区管理也成为关注的重点。在开展大、中型灌区续建配套和节水改造规划和设计时应当重视如下工作。

4.1　灌区现代化管理新技术应用

现阶段我国灌区现代化管理的主要内容包括三个方面：①管理制度体系建设，包括体制改革、水权水价体系建设与健全经营机制等；②信息化建设，包括各种水雨情及工情等各种信息的采集、传输、存储、处理以及决策支持系统的开发等；③自动化建设，应用现代自动控制理论、技术和设备对灌溉系统运行进行自动或半自动控制。第一个方面属于制度层面，后两个方面属于技术层面。三者都是灌区现代化管理的重要内容。灌区现代化管理就是要在理顺管理体制、健全经营机制、明确责权关系的基础上，深入开发和广泛利用灌区的信息资源，充分利用现代信息技术、计算机技术和自动控制技术等现代科学技术，提高信息采集和处理的准确性以及传输的时效性，作出及时、准确的预测和反馈，并用于灌溉渠系的运行调度，提升灌区的管理水平和管理效率，实现灌区水资源优化配置，提高灌溉用水效率和效益，降低灌区运行管理成本，为用户提供更好的服务，为灌区管理部门提供科学的决策依据，促进灌区社会经济与生态环境的协调发展。

在管理体制方面，我国大、中型灌区从20世纪80年代开始就一直在探索体制改革，提出了不少观点，进行了多方面的尝试。比如灌区的地位，80年代以前，灌区一般都附属于水行政部门，灌区管理单位代表国家对灌溉设施进行管理；80年代以后，有的灌区依旧沿袭过去的体制，而不少灌区则变成了独立的法人，有的成了供水公司，还有的成了股份公司，也有的成了用水户的自治组织。近年来，用水户参与式灌溉管理获得推广应用。

在管理设施和技术方面，目前我国大多数灌区仍然主要靠人工进行用水的申请和登记，靠人工进行水位和雨量的观测，靠一些简陋的设施和粗放的方法量水或者根本就不量水，用水管理依然主要凭经验。近几年来，随着信息技术的发展，各地结合灌区续建配套节水改造项目的实施不同程度地开展了一些工作。2002年以来，在全国各省（自治区、直辖市）选定一批大型灌区开展了信息化试点的规划设计工作，在一些灌区的渠系量水、闸门控制和灌区用水管理信息系统等技术和设备开发应用方面取得了良好的效果。灌区现代化管理所涉及的科技领域主要包括通信技术、传感技术、自动控制技术、计算机技术、遥感、地理信息系统、网络技术、数据库、决策科学等。从20世纪80年代后期开始，遥感、地理信息系统逐步成熟并开始应用于灌区管理，90年代开始，互联网迅猛发展，为灌区管理提供了一个崭新的平台。灌区现代化管理总的发展趋势是数字化、网络化、智能化、可视化和自动化。总体来讲，我国灌区的管理水平和信息化程度还很低，与发达国家有较大的差距，有很大的发展潜力。在设计新的灌排工程或对已有灌排工程进行更新改造和续建配套规划设计时，应当把灌区现代化管理部分包括在内，这将大力提高灌排工程的管理水平以及用水效率和效益。

4.2　灌区状况评估

我国现有的灌区大多建于20世纪50—70年代，灌区工程设施建设标准偏低，许多灌区灌溉工程配套差，再加上自然老化、维修养护不足和管理手段落后等原因，导致灌区功能衰减、灌溉面积萎缩。

从1996年开始，国家组织开展以节水为中心的大型灌区续建配套与改造工作，国家的投入力度也在逐年增加，对全国400多个大型灌区实施以节水为中心的续建配套和更新改造。除了大型灌区外，我国还有数千个中型灌区需要进行改造。可见，我国灌区的更新改造任务十分艰巨，将是一个长期的过程，灌区节水改造应当统一规划、分步实施。

对灌区状况的诊断评价是做好灌区更新改造规划设计的基础，通过诊断发现灌区存在的主要问题，有针对性地进行节水改造规划设计。由于灌区节水改造是分步实施的，投入是逐年到位的，因此，需要对大型灌区的节水改造工程进行排序，确定先改造哪些灌区，后改造哪些灌区。对于一个特定的灌区来说也需要确定先改造哪些设施，后改造哪些设施，改造到什么标准。对这些问题的了解和解决既关系到大型灌区节水改造投入资金的使用效益和效率，也关系到灌区在改造后的运行和管理水平及效益发挥。因此，需要对灌区状况进行定量化评估。

近年来，国内外开展了灌区状况诊断评价技术与方法研究，提出从综合评价指标和细部评价指标来对灌区的状况以及各类影响因素进行定量化分析评估，为灌区的更新改造规划及决策提供依据。综合评价指标主要是在管理层面，从总体上反映灌区水土资源状况、工程状况、灌溉效率效益情况、灌区管理以及生态环境状况等，是以输入的灌区基本数据和资料为依据进行计算求得的，通过对这些指标值大小的对比分析，可以作出是否对灌区进行现代化改造的初步判断。细部评价指标反映的是灌区管理服务和硬件设施的情况，它通过访问管理处、管理人员、用水户协会和对干渠、支渠、斗渠和农户的调查而获得数据并进行评价。这套评价方法经过"十一五"科技支撑项目"大型农业管区节水改造工程关键支撑技术"研究已基本完善。灌区状况诊断评价技术与方法是在对灌区水源、工程、管理、效率和环境影响综合分析评估基础上，研究确定的灌区状况诊断评价指标体系。应用该诊断评价指标体系在确定灌区存在的瓶颈问题之后，可对该灌区有针对性地进行更新改造设计。因此，以上灌区诊断评价指标体系可为设计单位、灌区管理单位和行业主管部门在进行灌区改造项目规划设计及决策时提供可靠的技术支撑，提高灌区改造投资的使用效率和效益。这套体系也为灌区管理单位提供了一个灌区逐步改进完善的比较分析工具。

4.3　灌区用水效率的全面核算

目前，对灌区用水效率的评价我国主要是用灌溉用水利用率这个指标。然而，从传统的灌溉用水利用率的计算方法和概念上看，灌溉用水利用率作为评价灌区或区域农业用水效率的指标还存在一定的局限性。例如，可重复利用的回归水不应当被视为损失，部分弃水实际上被灌溉系统尾部湿地系统利用，也不应当被视为损失，而是灌溉系统多功能用途的体现。因此，需要采用更为科学合理的方法对灌区用水效率进行核算。

4.4　灌区综合效益的考虑

在生产实际中，灌区的供水服务是多功能、多目标的，而不仅仅是为农业灌溉供水。对于水资源紧缺的灌区，尤其是在干旱年份，合理分配灌区内农业用水与工业、生活、生态用水是一项十分复杂的系统工程，需要在综合考虑灌区社会、经济和生态效益的基础上，制定出切实可行的配水方案，使灌区农业实现节水增效的目标，实现区域社会、经济和生态综合效益最大化。在灌区更新改造规划设计时考虑灌区的综合效益十分必要。

5　结语

预计在 2030 年左右我国人口将达到 15 亿左右的高峰。在气候变化和水资源短缺的条件下，我国实现可持续的粮食安全供给任重道远。依据我国的水资源状况，我国的灌溉发展将是在农业用水总量基本不增加的情况下，通过采用法律、行政、工程、技术和管理等综合措施，大幅度提高农业灌溉用水效率，继续大力推广节水灌溉技术，发展节水高效农业。2011 年党中央制定发布了加快水利发展和改革的政策，我国政府将进一步加大对灌排事业的投入，促进灌排事业的新发展。主要发展目标包括到 2020 年将基本完成大型灌区、重点中型灌区续建配套和节水改造。将大力发展喷灌、微灌和管道输水灌溉等高效节水灌溉。未来 10 年我国将新增灌溉面积 500 万 hm²，总灌溉面积达到 6533 万 hm²。新增节水灌溉工程面积 1200 万 hm²，灌溉用水利用率将达到 55％以上。这次编写的《手册》第 9 卷《灌排、供水》的内容，必将为实现以上目标提供强有力的技术支撑。

水文分析计算中应注意的几个问题

张建云

　　《水工设计手册》（第2版）"水文分析与计算"章节涵盖了水利水电工程规划设计中可能涉及的所有技术问题，以及解决这些问题的思路、方法和技术，应用中需要注意的问题，内容全面，实用性强；系统、科学地总结并吸收了近30年来相关领域的新理论、新方法、新成果和新经验，基本反映了当前水利工程领域的学科发展和技术水平。该《手册》是我国水利水电工程设计与建设的宝典，是一本最具有权威性的工具书。

　　《手册》中"水文分析与计算"一章，是指工程规划设计与建设阶段所涉及的水文分析与计算工作，是依据已有的水文基本资料，分析研究工程所在流域（区域）水文现象和发展变化规律，预估未来长时期内可能出现的不同重现期的水文情势，为工程规划设计和建设提供依据。水文分析计算成果对工程的安全、保障能力和经济效益等至关重要。与第1版相比，本次修编过程中在节次上由原来的8节增加为10节，在内容上进行了调整和增减。将原来的"根据流量资料推求设计洪水"作为两节编写；在设计洪水计算部分，新增加了部分内容；将"水位流量关系和设计水位"、"水文自动测报系统规划设计"分别专列一节介绍；在"其他水文分析计算"中，新增"上游水库溃坝对设计洪水的影响"和"水利和水土保持措施对设计洪水的影响"等内容。这样，使得该部分内容更加全面实用，重点更加突出。

　　水文分析与计算的可靠性取决于水文资料的情况，即水文资料的代表性。一是水文资料序列要有适当的长度，能够较全面地反映研究流域的水文特性，可以统计分析其水文规律。二是水文资料序列的一致性，特别是随着人类活动的加剧和经济社会的快速发展，流域内的水利水电工程建设和城镇化发展，有些流域的水系条件发生明显的变化，使得工程设计洪水的依据站的控制条件（流域面积和汇流关系等）发生根本性变化，监测到的水文资料与历史积累的水文资料序列不一致，水文资料的一致性受到严重的破坏，一旦发生此类情况，就必须做好资料的一致性和代表性分析，细致地做好资料的还原分析计算。因此，在本《手册》的应用过程中，要充分注意适用条件，加强变化环境下的水文分析与计算工作。

　　水文分析与计算最核心的内容是水文频率分析，其关键是参数估计方法。近些年，水文频率分析的参数估计方法有较大的进展，如无偏绘点适线法、地区频率分析方法的提出和技术实现，但新技术方法缺少适用性分析研究，建议开展水文频率分析新参数估计方法的适用性研究，并作为新的方法在今后的规范修编中应用。

　　可能最大暴雨是推求可能最大洪水的关键，近些年短历时实测暴雨大于可能最大暴雨的现象时有发生，水文气象分析的手段和基础资料也有了较大的变化，建议开展我国可能最大暴雨分析计算应用研究工作。

张建云，中国工程院院士，南京水利科学研究院院长，教授级高级工程师，英国皇家工程院外籍院士。

土石坝工程设计中的若干
新方法、新理念

钟登华

自 20 世纪 90 年代以来，随着施工机械和施工方法的改进，土石坝的修建逐渐增多，已经成为世界坝工建设中应用最为广泛和发展最快的坝型之一。目前，混凝土面板堆石坝坝高已达到 200m 量级，心墙堆石坝的坝高更达到 300m 量级。相比之下，第 1 版《水工设计手册》中第 6 卷《土石坝》部分的内容更新显得十分必要，《手册》的修编出版意义重大。

《水工设计手册》（第 2 版）第 6 卷《土石坝》的内容较为全面翔实，注重基础概念。抗滑稳定计算部分详细阐述了各个计算方法的原理，有助于设计者对《手册》的深入理解。坝体应力变形计算部分也对目前主要应用的计算模型进行了详细的阐述和系统的介绍，渗流计算部分提出了渗流计算应考虑的工况和边界条件，详细介绍了有关渗流计算方法，并提出了渗流稳定相关计算方法和标准，对于指导工程实践具有很重要的作用。

近些年，高土石坝的发展非常迅速，设计理论和建设方法有其独特之处。本《手册》在注重基础的同时，吸收了高堆石坝设计和建设实践中出现的新方法、新理念和新技术，体现了土石坝建设方面的最新进展，提出的方法和标准也在以往的工程建设和研究中得到了大量的应用，具有很强的实践性，方便指导设计。本人结合多年来在土石坝方面的教学和科研工作经验，从关注土石坝工程发展建设角度，提出以下建议和展望：

（1）在抗滑稳定计算方面，目前普遍采用刚体极限平衡法计算典型断面，由此分析判断坝体的稳定性。随着计算机技术的发展，目前研究可以进行坝体的三维抗滑稳定计算，完善对坝区整体范围结构稳定性的校核。在本《手册》修编时建议基于有限元的强度折减法，根据现有研究给出推荐的计算程序和判别标准，并分析将此标准定为正式规范的可能性。此外，本《手册》中规定按正常运用条件（持久状况）、非正常运用条件Ⅰ（短暂状况）、非正常运用条件Ⅱ（偶然状况）三种工况计算。根据工程实际和规范要求，除上述三种运用条件之外还应注意可能出现的特殊情况，应根据其条件分析抗滑稳定性。如在多雨地区，应根据填土的渗透性和坝面排水设施的功能，可按规范要求和具体情况酌情核算长期降雨期坝坡的抗滑稳定性，核算初期蓄水时坝坡的抗滑稳定性等。

（2）在计算坝体应力变形方面，《手册》采用了基于有限元法的 5 个模型，并且对参数的取值方法进行了详细介绍。建议研究参数的校核分析，根据前期工程填筑质量进行参数的测定与修正，以优化参数的取值。此外，有限元计算应该考虑施工填筑和蓄水过程，模拟坝体分期加载的条件，并应反映坝体不连续界面的力学特性。高土石坝的湿化、流变

钟登华，中国工程院院士，天津大学常务副校长，教授。

特性对预判坝体竣工后长期变形及沉降具有重要的意义，对于研究防渗心墙能否适应坝体长期变形并正常工作亦至关重要。建议结合高坝建设在具体设计过程中加以考虑。

（3）对于抗震设计，按照规范要求一般采用拟静力法进行计算，同时《手册》中提到："设计烈度为 8 度、9 度的 70m 以上土石坝，以及地基中存在可液化土时，应同时用有限元法对坝体和坝基进行动力分析，综合判断其抗震安全性。"《手册》中对于各种静力计算的方法做了详尽的介绍，但是目前对于各种有限元分析方法及动力分析方法没有一个系统的总结以及对比分析，建议可以对目前广泛使用的有限元计算方法及有限元程序进行梳理对比。

（4）《手册》中将坝体加高作为一项坝体高程不足时的加固措施列出，讨论了三种坝体加高方式。《碾压式土石坝设计规范》（DL/T 5395—2007）对于坝体需要扩建加高的情况在《手册》中对其注意事项制定了相关的规定，并建议在使用《手册》过程中注意现行规范要求。

（5）目前对渗流场的数值模拟大部分研究成果都基于有限单元法，这种方法具有单元划分可任意大小、计算精度高、对边界适应性好以及能把计算方法编制成统一的标准化程序等一系列优点，其缺点是计算工作量较大。有限体积法是计算流体力学中常用的数值方法之一，其优于有限元法的方面便是计算工作量较小，在求解流动与换热问题时，对流项的处理方法较成熟，有限体积法具有很大的发展潜力，建议在工程应用方面进一步研究。数值模拟方法利用计算机将实际复杂的渗流域转换为网格模型处理，其模型参数的选取直接关系到计算结果的准确与否，因此本《手册》应强调模型试验结果（或现场观测结果）与数值模拟计算分析结果之间的相互验证，率定数值计算中的参数，提高数值计算的可靠性。随着渗流研究的深入，坝体本身、不良结构体等局部渗流特性逐渐成了大家关注的焦点，数值模拟的发展使得这些部位得到更精细的表达，研究大坝局部渗流场成为了可能，《手册》已介绍整体渗流场的计算分析方法与标准，从工程技术发展应用角度，建议关注局部渗流场计算的相关内容和应用成果。

河道整治与堤防工程是我国江河治理和经济社会发展的重大需求

胡春宏

1 《水工设计手册》（第 2 版）增加河道整治与堤防工程部分是十分必要的

我国河流众多，根据最新的全国水利普查成果，流域面积 50km² 及以上的河流达 45203 条，流域面积 100km² 及以上的河流达 22909 条，流域面积 1000km² 及以上的河流有 2221 条，流域面积 10000km² 及以上的河流有 228 条，这些河流规模与种类各异，治理开发的目标与措施不同。为了有效地开发和利用水（能）资源，长期维持河流功能的发挥与河道的稳定，在河流上修建了大量的水利工程，开展了河道整治工程和堤防工程建设，在河道防洪、航运、供水、排水及河岸洲滩的合理利用等方面发挥了重要作用。我国河流不仅水资源时空分布极不均匀，而且不少河流挟带大量的泥沙，形成多沙河流，给充分发挥河流的服务功能与避免河流的灾害性带来了一定的困难。河道整治和堤防建设的历史悠久，从古代的大禹治水，到春秋战国时期黄河下游的堤防建设和李冰主持开展的岷江下游航道开凿治理，到北宋时期颇具规模的荆江堤防和明清两朝对川江主要碍航险滩的大规模整治，至明末清初涌现出以潘季驯、靳辅为代表的一批卓有成效的治河专家，留下了诸如都江堰、郑国渠和京杭大运河等许多可歌可泣的水利工程。

新中国成立后，党和政府对水利行业十分重视，特别是对大江大河的防洪和航运等问题的治理投入了大量的人力和财力，开展了大范围的河道治理和堤防建设工程，我国七大江河的防洪工程体系已具较大规模，防洪形势得到改观，同时大力开展泥沙运动、河床演变等学科的科学研究，在河道治理与堤防工程建设方面取得重要成果与进展，我国在泥沙运动、河床演变与河道整治方面的很多成果都处于国际领先水平。但是，随着流域人类活动的日趋频繁及全球气候变暖，造成江河水沙变异，对江河防洪、航道演变、供水等产生重大影响；我国中小河流众多，分布范围广，相应的投入不足，中小河流河道治理相对滞后，防洪体系还不够健全，在维护我国大江大河防洪安全的前提下，中小河流防洪体系建设与河道治理应是下一步民生水利的工作重点。

《水工设计手册》（第 2 版）作为我国水利水电建设的宝典，是一本最权威和最全面的工具书，《手册》新增的河道整治与堤防工程部分是我国经济社会发展和江河治理工程实际的重大需求，进行河道整治与堤防工程成果的系统总结是十分必要的。《手册》不仅对总结和宣传我国在河道整治与堤防工程建设的成果和经验，从而推动我国河工设计的进步，而且为

胡春宏，中国工程院院士，中国水利水电科学研究院副院长，教授级高级工程师。

我国大江大河和众多中小河流的河道整治与堤防工程建设提供了重要的设计参考和技术支撑，成为我国广大河工技术工作者必备的好帮手，必将发挥积极的作用并产生重大的影响。

2　河道整治与堤防工程部分反映了该领域的最新成果与进展

本卷中第 5 章"河道整治与堤防工程"作为《手册》的新增内容，主要包括：河道整治规划综述、内陆河道的河床演变与整治、潮汐河口演变与整治、堤防工程设计、河道整治建筑物设计、疏浚与吹填工程设计等 6 个方面，涵盖了河床演变、河道整治与堤防建设的各个方面，内容丰富，总体结构布局合理，图文并茂。各节内容特点鲜明，在河道整治规划综述中，主要介绍了河道整治任务、河道整治规划原则、河道水力计算、河床演变分析、河道整治设计标准和整治工程总体布置等方面的要点和原则，简单明了地介绍了河道整治的总体目标、要求和特点；内陆河道的河床演变与整治是本章的核心内容之一，从游荡型河道、分汊型河道、弯曲（蜿蜒）型河道、顺直型河道以及平原河道、山区河道等介绍了河道形态、演变和整治规划的要点和原则，反映了河道演变的主要特征与整治技术；河口作为河道的重要组成部分，潮汐河口演变与整治具有特殊的意义，详细地介绍了潮汐河口动力及分类、潮汐河口泥沙运动与河床演变分析、潮汐河口整治规划设计的主要内容，列举了潮汐河口整治方案选择和滩涂保护与开发利用的主要原则，给出了珠江、钱塘江和长江口的整治实例，反映了当前我国潮汐河口的演变与整治水平；堤防工程设计作为本章的另一核心内容，详细介绍了堤防工程的防洪标准与级别、基本资料、堤防工程勘测要求、江河（湖）堤布置及设计计算、海堤布置及设计计算、堤防与各类建（构）筑物的交叉与连接设计、堤防工程的加固和改建与扩建、安全监测等，针对江河（湖）堤和海堤设计的差异，把两类堤防分节进行介绍是合理的；河道整治建筑物设计也是本章的重要内容之一，从河道治导线的确定、河道整治建筑物工程位置线的选择、河道整治建筑物对地质工作的要求、河道整治建筑物分类、建筑材料、整治建筑物设计等方面介绍了河道整治建筑物的布置原则、地质与建材要求、设计过程，反映了我国河道整治建筑物的规划设计水平；疏浚工程与吹填工程是河道整治与堤防工程的重要配套措施，从疏浚工程、吹填工程、土石方工程量计算和主要施工机械设备的选用等方面介绍了疏浚工程与吹填工程的基本情况、设计特点、工程量和施工设备，反映了疏浚工程和吹填工程的设计和施工特点。"河道整治与堤防工程"各节的内容在编写中参考了我国泥沙运动、河道演变、河口海岸、堤防建设与施工、疏浚整治等方面的重要著作，参阅了许多与水利水运相关的规范和标准，吸纳了我国河道演变与整治、堤防设计与建设近几十年的主要成果与进展，反映了我国河道整治与堤防设计的发展过程和设计水平，特别是潮汐河口演变与整治、堤防工程和河道整治建筑物的设计水平。

随着社会经济的快速发展，近 50 年来，泥沙运动、河道与河口河床演变等学科发展迅速，取得了许多新成果与进展，为河道整治和堤防工程设计提供了理论基础和技术支撑，《手册》弥补了这方面的遗缺，相信该成果必将在我国七大江河与众多的中小河流治理与堤防建设中发挥重大作用。鉴于泥沙运动、河床演变及潮汐河口动力与演变等问题十分复杂，学科仍处于不断发展和逐渐成熟的阶段，作为水工设计方面的工具书，不可能涵盖所有的河工技术问题，也不可能完全解决好所有的河工技术问题，仍有一些技术问题需要在今后的发展实践中不断完善和解决。

继往开来谱新篇　工程减灾保安全

——第10卷《边坡工程与地质灾害防治》读后感

崔　鹏

欣悉《水工设计手册》（第2版）出版，拜读了与本人专业相关的第10卷《边坡工程与地质灾害防治》，谈一点自己的感想，请大家指正。

兴水利，除水害，历来是兴国安邦的大事。第1版《手册》于1983年问世，在指导水利水电工程设计，提高水电工程水平方面发挥了重要作用。第2版《手册》是对我国改革开放30多年来水利水电建设经验和创新成果的总结与提炼，在继承前版中开拓创新，系统介绍了现代水工设计的新理念、新材料、新方法，充分反映了当前国内外水工设计领域的重要科研成果。特别是第2版的第10卷《边坡工程与地质灾害防治》，在第1版第7卷《水电站建筑物》第36章"挡土墙"的基础上（作为第2版第10卷第3章"支挡结构"的第1节），补充了大量新的知识，增加岩质边坡、土质边坡、支挡结构（挡土墙以外的部分）、边坡工程动态设计和地质灾害防治等内容，自成一卷，突出工程安全与环境保护，为工程安全保障提供系统的技术支撑，体现出人与自然和谐的环境友好设计理念，是《手册》为应对复杂的工程建设环境灾害的新举措。

自第1版《手册》出版以来，我国的水利水电工程建设事业取得了巨大的成就，在进行三峡双线5级船闸建设中，在龙滩、小湾、天生桥二级、拉西瓦、锦屏一级、锦屏二级、向家坝、溪洛渡、白鹤滩等十多座大型、特大型水利水电工程的勘测设计和建设过程中，都遇到复杂的边坡工程处置和地质灾害防治问题。为解决这些问题，设计人员、科研人员和工程技术人员进行了不懈的努力，依托这些工程也进行大量的科学研究和技术攻关，在各类不同边坡的变形破坏机制、稳定性分析方法、加固处理措施和手段、边坡变形监测，以及工程建设区泥石流等灾害防治等方面均取得了丰硕的成果。与此同时，全国其他行业和部门，如国土、公路、铁路、石油、矿山、建设（山区城镇建设）和中国科学院等在边坡工程和地质灾害防治上都取得了较为系统的成果。系统归纳、总结、提炼这些成果和经验，形成水利水电工程设计中边坡处置和灾害防治的技术体系，是保障工程建设和运营安全十分重要的技术支撑。

同时，我国绝大部分的水利水电工程位于工程地质条件较为复杂、地形起伏较大、各种侵蚀应力集中的山区，边坡稳定问题和地质灾害对工程的影响是工程建设必须解决的重大问题。随着今后我国西电东送接续能源基地和西部大开发战略的进一步实施，在水利水电工程建设中仍将遇到越来越多的边坡处置和灾害治理问题，一套系统总结边坡整治和灾

崔鹏，中国科学院院士，中国科学院水利部成都山地灾害与环境研究所，研究员。

害防治经验，反映设计中涌现出的各种新原理、新方法和新技术，构成一套边坡工程与地质灾害防治技术手册，具有切实的工程需求和广大的读者群。新增的《手册》第 10 卷《边坡工程与地质灾害防治》，将会成为水利水电系统从事工程规划、勘测、设计、科研、施工、管理技术人员的常备工具书和大专院校相关专业师生的重要参考书。

从第 10 卷的内容编排上，可以看出编者的匠心独具，体现出科学性、实用性、一致性和延续性的编撰思路。该卷的编写以近 30 年水利水电建设在边坡工程和地质灾害防治中涌现出的大量科研成果和工程经验为基础，广泛收集其他行业科研成果，去粗取精，针对性和可操作性强，水利水电建设中的边坡工程与地质灾害防治问题基本都考虑到了，在技术上形成体系。在具体内容安排上，主要考虑水利水电工程的需求，轻重有别，繁简得当，与水利水电有直接关系的写得深入细致，关系不太紧密的适当简洁，如在滑坡主要诱发因素的论述上，对降雨、地下水和库水位升降作用写得细致深入，用了 2000 多字来论述这个问题，而论述地震对滑坡的诱发作用却写得比较简明，只用了不到 500 字；从多种地质灾害中遴选出了滑坡、崩塌和泥石流三种水利水电工程中经常遇到的地质灾害编写。内容安排上尽可能减少重复，将"岩质边坡"和"土质边坡"两章中均会涉及滑坡的滑速计算和水库滑坡涌浪高度的估算统一放在第 2 章"土质边坡"中。考虑到知识的完整性和应用的方便性，内容做了必要的重复，如第 1 章"岩质边坡"中的"1.5 岩质边坡稳定分析"、第 2 章"土质边坡"中的 2.3 节与 2.4 节土质边坡稳定性计算分析的内容、第 5 章"地质灾害防治"中的"5.2.4 滑坡稳定性分析评价"，以上 3 个章节都涉及边坡稳定性分析、评价、计算的基本内容，看似重复，但编著者考虑到边坡处置针对性较强，对于不同的环境特征和处置对象，同一理论、力学分析方法和数学模型会有不同的应用条件，这种重复可以提高设计手册的应用性和可操作性。

第 10 卷除了具有明显的问题导向的针对性和解决问题的可操作性特点以外，还非常注重前沿性，注重新成果的应用，并在介绍新理论、新技术和新方法时，对不成熟的问题加以说明，对计算结果的不确定性进行提醒，并提出边坡工程与地质灾害防治的技术发展方向，体现出编者的严谨、认真和客观态度，从而保证了新编第 10 卷的科学性。例如，该卷中针对水利水电边坡工程整治和地质灾害防治所遇到的技术难点，提出了今后的发展方向，如针对倾倒、松动类变形边坡稳定性计算及其安全标准判断这一目前岩质边坡分析中的技术难题，提出今后需要系统研究针对不同类型变形边坡的分析计算方法与安全控制标准及其评价体系；针对地震荷载作用过程中边坡的动力响应特征和稳定性系数的波动问题，提出应研究如何在边坡稳定性分析计算中合理加载地震动荷载和考虑地震动随高程增加的放大作用；针对高速滑坡形成机制与水库滑坡涌浪高度计算的难题，提出高速滑坡的滑速和涌浪高度计算的技术研究方向；针对低频泥石流难以判识往往造成严重灾害的问题，提出提高潜在泥石流沟判识准确性的研究方向；对于堰塞湖这种近年才受到关注的灾害类型，提出堰塞湖溃坝型式及其溃坝洪水计算的技术研究课题。同时，提醒读者对潜在滑动面力学参数计算成果和边坡反演结果可靠性与局限性等问题，应做到心中有数，正确使用计算成果。

这些针对目前工程技术的客观分析、结果不确定性的冷静提醒和发展方向的前瞻性提出，不仅可以供设计者认真思考，谨慎对待，避免误判所带来的风险，利于水利水电工程的安全保障，而且还可以为今后的理论与技术创新指明方向，激发科研与技术人员的创新热情，有利于理论和技术的不断创新，使得我国水利水电边坡工程整治和地质灾害防治领域充满活力，在解决边坡工程和灾害防治实际问题的同时不断发展技术和完善理论。

总之，《手册》第10卷适应我国新的治水思路和环境友好的持续发展理念，内容丰富，针对性强，具有较好的操作性，这对规范水利水电工程在边坡工程和地质灾害防治方面的设计，提高设计水平，保障工程安全将发挥重要的作用。同时，第10卷还突出工程设计的任务、难点和关键，指出设计因素的确定与不确定性，使得使用者有所抉择，还指出设计发展的趋势与方向，有利于推动设计理念、设计理论、设计方法、设计手段和设计标准规范不断发展与完善。

我们期盼着《手册》第10卷《边坡工程与地质灾害防治》在我国水利水电工程建设和运营中发挥实际作用，并在水利水电边坡工程和地质灾害防治技术进步中产生积极影响。

对第 3 卷第 2 章 "环境保护" 的点评

廖文根

我国是一个水资源短缺、水资源时空分布不均、洪涝灾害频发的发展中国家。作为国家重要的战略性基础设施,水利水电工程在水资源优化配置、防洪除涝、饮用水安全保障、工农业供水、能源保障、航运、旅游、减排等方面对我国的经济社会可持续发展发挥着不可替代的支撑作用。但与此同时,各类水利水电工程的建设也对生态环境产生不同程度的不利影响。如何协调生态环境保护与经济社会发展的关系,切实在节约与保护优先的基础上做好水利水电工程环境保护工作,是新时期水利工作者面临的一项重大挑战。

伴随经济社会的快速发展,人类对生态系统的干扰不断加大,我国的生态环境也日趋恶化。在对以巨大生态环境代价换取经济高速发展的反思过程中,我国对水利水电工程建设的生态环境保护也提出了越来越高的要求。尽管还有诸多技术瓶颈有待突破,自 20 世纪 90 年代以来,水利水电工程环境保护作为一门新兴的交叉、应用学科,其理论、技术和方法得到长足发展。

《手册》的环境保护篇章,系统总结了近年来水利水电工程环境保护领域的新观点、新成果、新技术和新方法,全面梳理了水利水电工程环境保护的设计依据、目标和基本要求,环境影响评价的内容和方法,以及生态需水、水环境、陆生生态、水生生态、土壤环境、大气环境、声环境、固体废弃物处置、人群健康、景观、环境监测等专项环保措施设计技术要求。《手册》的出版,对于加强水利水电工程环境保护工作和规范水利水电环境保护设计将起到重要的作用。

《手册》收集了大量国内外水利水电工程环境保护科学研究、勘测设计和工程实践的案例,案例的选材和编写力求满足理论知识前瞻性、方法技能普适性与实用性的要求,非常具有特色和借鉴意义。由于内容丰富、资料翔实、图文并茂、实用性强,《手册》不仅可为水利水电工程环境保护相关领域的管理人员、工程技术人员和科研人员在进行环境保护设计时提供很好的技术指导,同时对于高等学校环境保护专业的师生而言也是一本有价值的参考书。

需要指出的是,人类对于自然界的认知是十分有限的。对于复杂的河流生态系统,人类一直都在孜孜不倦地探索研究。对于大量的诸如鱼类产卵水文影响机制、梯级水库累积生态影响等前沿科学问题,不断涌现出许多具有广泛应用前景的探索性成果。无疑,对这些科学问题的理解程度直接影响到环境保护措施的有效性。而作为以方法成熟、技术实用为主基调的技术手册,《手册》由于受到篇幅限制,不可避免地存在着无法涵盖所有水利

廖文根,水利部水利水电规划设计总院副总工程师,教授级高级工程师。

水电工程环境保护技术最新研究成果的缺憾。

例如，对于水库水温分层带来的生态影响，《手册》梳理了改善水温条件的措施分类；结合具体案例，总结了不同类型水温恢复与调控措施的技术特点和适用条件；阐述了分层取水设施选型原则和技术要求。无疑，这对于水温分层型水库的水温恢复与调控技术设计具有很好的指导作用。然而，是否只有水温分层型水库才会带来下泄水温变化进而对水生生态产生不利影响呢？最新研究成果表明，对于类似三峡水库这样的河流型大型水库，尽管水库水体在垂向水温不分层，但是由于水流流速显著减缓，水体从库尾流动到坝前的时间加大，导致三峡水库下泄水温较天然水温出现明显的延迟（即滞温效应）。这种滞温效应对于长江中下游中华鲟、四大家鱼等的产卵繁殖已经显现出不利影响。显然地，在对待水库下泄水温及其累计影响这一问题上，十分有必要开展水库水温专题研究，进而分析论证除了《手册》提出的减缓措施之外，是否还需要采取其他的保护措施。

又如，对于作为水生生物保护最重要措施的生境保护，《手册》给予了充分的重视，梳理了生境保护的原则与方法，生境保护范围确定要求，生境保护的具体措施以及微生境的修复技术等。然而，对于特定的需要保护的水生物种而言，水利水电工程建设后所保护生境的适宜性如何呢？对这一问题的科学评价显然是生境保护工程设计无法回避的一个核心问题。《手册》并非忽略了这一重要问题，而是由于不同保护物种生态习性存在显著差异而目前对这些生态习性的科学认知明显不足，尽管目前已有一些围绕水电开发中生境适宜性评价的最新研究成果。

总而言之，对于水利水电工程建设中涉及的大部分生态环境保护问题，《手册》提供了很好的环保措施设计技术指导，但是要全面协调好水利水电工程建设与生态环境保护的关系、切实做好水利水电工程建设中的生态环境保护，尚有很多的重大科学技术问题亟待解决。这些问题的解决，需要我们以敬畏自然、尊重自然的心态，以科学严谨、求实创新的精神，付出长期不懈的努力。

科学实用　与时俱进

陆忠民

1　总体评价

作为水利水电建设行业的一员，本人从参加工作开始，就视第 1 版《水工设计手册》为自己的良师益友。无论是水库、水闸、船闸、泵站、堤防、滩涂围垦等规划、设计，还是水电站、抽水蓄能电站设计，甚至风力发电设计，遇到疑难问题、新的设计领域，第 1 版《手册》一直陪伴着我完成一个又一个水利水电工程设计项目，从东部走到西部，从国内走向海外。第 1 版《手册》是一本内容丰富、理论与实践相结合的实用工具书，是水利水电工程建设的知识宝库。

本次《手册》修编，是对我国 30 多年的水利水电工程建设实践经验和科技成果的总结。《手册》（第 2 版）第 4 卷《材料、结构》的内容是在第 1 版的基础上对各卷章中涉及材料、结构方面的内容进行了梳理整合，并结合当前水工设计中的实际情况对相关内容进行了增补或删减。将第 1 版第 2 卷第 10 章"建筑材料"，第 3 卷第 11 章"钢筋混凝土结构"、第 12 章"砖石结构"、第 13 章"钢木结构"、第 16 章"抗震设计"，第 4 卷第 17 章"主要设计标准和荷载计算"以及其他卷章相关内容等进行了归并，增加了水工结构可靠度，取消了目前水工结构中不常用的木结构，形成了"建筑材料"、"水工结构可靠度"、"水工建筑物安全标准及荷载"、"水工混凝土结构"、"砌体结构"、"水工钢结构"、"水工结构抗震"等 7 章，并充实了各章内容和应用案例。

目前各水利水电工程项目所属行业一般有两类——水利行业和水电行业，它们的设计标准体系是不同的，设计方法、控制指标也不同，有的直接引用国家标准。因此，在《手册》修编时将与水工设计有关的国家标准、水利行业标准、水电行业标准中的设计方法和要求加以阐述，对广大工程技术人员来说是十分有益的，可以适应各类水利水电工程建筑物的设计。

全卷内容编排合理，技术先进，重点突出，实例针对性强，图文并茂。本卷内容既适于作为大专院校相关专业师生的参考教材，又适于作为从事水工安全监测的科研、设计、施工和运行管理人员的必读手册和必备工具书。同时，对于促进水利水电工程材料、结构发展与技术进步具有重要意义。

2　各章特色及使用建议

2.1　第 1 章　建筑材料

水利水电工程建筑物所用的材料种类多样，有土、砂、石、水泥、混凝土、砂浆、金

陆忠民，上海勘测设计研究院有限公司副院长兼总工程师，教授级高级工程师，《手册》编委会委员。

属、橡胶、土工合成材料等。本次《手册》修编，在特种水工混凝土中增加自密实混凝土、水下不分散混凝土、模袋混凝土以及这几年来研究发展起来的堆石混凝土、胶凝砂砾石混凝土是非常必要的，既是对近年广泛应用的材料做一个总结，同时又是对最新研究出来的、已达到应用阶段的材料进行进一步研究推广，积累经验。在灌浆材料方面，《手册》中对各种常用灌浆材料的主要成分、性能和用途进行了归纳汇总，十分有用。在建筑物接缝止水结构方面，一般采用在无水的环境下施工，当受条件限制不能干地施工时，往往难于埋设常规的止水带，这时可以用遇水膨胀止水条等其他材料来充填接缝，达到止水目的；土工合成材料在水利水电工程中用途十分广泛，《手册》中列出的各类土工合成材料的技术指标内容十分丰富。对于下面铺设有土工合成材料的建筑结构，稳定性计算中需要用到土工合成材料与建筑结构之间摩擦系数这个参数，这在水工设计中是一个非常重要的指标，对这些结构材料，在本卷使用中建议进一步参阅其他资料。

2.2　第 2 章　水工结构可靠度

结构设计方法可分为安全系数设计法和可靠度设计法。前者为定值设计法，结构安全评价是以结构安全系数是否大于工程经验规定的安全系数作为评价标准，为工程结构传统的设计方法。后者属于非定值设计法，是以可靠度理论为基础的结构设计方法，在结构设计中通常采用基于可靠度的分项系数极限状态设计法。结构可靠度理论是近 20 年来发展起来的学科，结构的可靠性涵盖了结构的安全性、适用性和耐久性，在《手册》中阐述结构可靠度的基本概念、单目标结构和整个结构体系可靠度计算方法、基于可靠度的分项系数极限状态设计法是十分必要的，同时以龙滩重力坝、二滩拱坝为例对大坝强度和稳定可靠度进行分析计算，有助于广大设计人员更直观地掌握结构可靠度的计算方法。目前，水利行业水工结构设计采用的是安全系数设计法，水电行业采用的是分项系数极限状态设计法，《手册》中就两个行业标准《水工混凝土结构设计规范》（SL 191—2008、DL/T 5057—2009）所涉及的结构承载能力水平、《混凝土拱坝设计规范》（SL 282—2003、DL/T 5346—2006）所涉及的拱坝应力控制标准水平进行了比较，阐述了采用这两种结构设计方法进行结构计算的不同点与共同点，有助于工程技术人员掌握这些设计方法。

2.3　第 3 章　水工建筑物安全标准及荷载

工程等级划分及洪水标准是开展水利水电工程设计的最基本的标准。水利水电工程主要有防洪、治涝、灌溉、供水、发电等功能，工程等级划分及洪水标准主要有国家标准《防洪标准》（GB 50201—94）、水利行业标准《水利水电工程等级划分及洪水标准》（SL 252—2000）、水电行业标准《水电枢纽工程等级划分及设计安全标准》（DL 5180—2003）。近年来，随着我国对水资源调配问题越来越重视，先后建设了引滦入津、引黄济青、引黄入晋、南水北调等重大调水工程，为了适应我国调水工程建设的需要，2008 年水利部发布了《调水工程设计导则》（SL 430—2008），对以城市供水为主的调水工程，规定其工程等别除了与供水对象的重要性有关外，还增加了引水流量、年引水量指标，这在确定调水工程等别中非常重要，建议在《手册》使用中还需要查阅有关文献资料。

海堤是沿海地区防御风暴潮和洪水侵害的重要屏障。2009 年发布了《海堤工程设计规范》（SL 435—2008）。在确定海堤堤顶超高时，与《堤防工程设计规范》（GB 50286—2013）规定不同的是，由于海堤设计高潮位中一般已经计入了风暴潮的风壅增水高度，因此不需单独计算风壅增水高度；同时，对于路堤结合的海堤，按允许部分越浪设计时，在保证海堤自身安全及对堤后越浪水量排泄畅通的前提下，堤顶超高可不受限制，但要求不计防浪墙的堤顶高程应高出设计高潮位 0.5m，这一不同点需在《手册》使用时加以注意。

2.4 第4章 水工混凝土结构

耐久性设计是水工结构、水工钢结构设计的一项重要内容。《手册》在水工结构混凝土耐久性方面主要是将目前水利行业、水电行业的《水工混凝土结构设计规范》中的耐久性设计要求加以摘录列出。在钢结构防腐设计中，有关侵蚀环境的锈蚀裕量、电化学防腐设计方法等建议参阅其他文献资料。有关结构耐久性设计的原则、内容、方法等建议读者参阅其他文献资料进行归纳总结，这对开展相关耐久性研究、设计工作是非常必要的。

2.5 第5章 砌体结构

水利水电工程的砌体结构主要是砌石坝、挡墙、护坡、涵洞等。由于砌石坝、挡土墙、护坡等砌体结构在《手册》中已有专门卷章进行介绍，本章主要介绍水电站工程中的附属工程砌体结构，如水电站生活区建筑、挡墙、拱函等一般的砌体结构。本章主要结合建筑工程行业标准要求，系统阐述砌体材料、承载力计算、内力分析、结构布置及有关构造要求。有关配筋砖砌体、配筋砌块砌体结构需参考砌体结构设计标准及相关文献资料。

2.6 第6章 水工钢结构

本章主要介绍除钢闸门、拦污栅、压力钢管等钢结构外的一般钢结构设计，涉及材料和计算方法、连接、受弯构件（梁）、轴心受力和压（拉）弯构件、普通平面桁架、空间网架屋盖及钢结构防腐蚀等内容。有关反映水利水电工程特色的钢闸门、拦污栅、压力钢管设计内容还需参阅《手册》相关卷章。

2.7 第7章 水工结构抗震

水工结构抗震这一章节读来，最大的感受是通俗易懂，既有抗震设计基本概念、设计方法、评价准则以及开展结构动力模型试验研究的工作重点，又有实际工程抗震设计案例，特别是结合汶川地震，对沙牌拱坝、宝珠寺重力坝、紫坪铺面板堆石坝等典型水工建筑物进行了抗震安全分析评价，提出在抗震设计方面需要重点研究、加强的内容，对今后开展抗震设计具有很好的指导意义。

3 其他建议

随着我国整体实力的增强，国内的投资、建设单位不断走向海外水利水电工程建设市场，这将不可避免地被要求在水工设计中要按照业主要求的设计标准进行设计，如美国、英国、欧盟标准等，因此，在以后《手册》修订时建议适当引入国际主要标准的设计要求和控制指标。这对我国工程技术人员来说意义重大。

第 5 卷《混凝土坝》读后感

吴关叶

30 年前刚参加工作之时，第 1 版《水工设计手册》陆续面世，就深受广大读者欢迎。30 年来得益于改革开放和国家经济的快速发展，我国水利水电建设也进入了快速发展时期，取得了举世瞩目的成就，建成了三峡、小浪底、二滩、龙滩、小湾等一大批大型和特大型工程，其中三峡重力坝的规模为世界之最，龙滩大坝为最高的碾压混凝土坝，小湾拱坝为最高的混凝土双曲拱坝，可以说我国混凝土坝的设计和建设水平已处世界领先水平并走向国外。同时，一大批混凝土坝正在建设和开展前期设计。因此，本次修编出版《水工设计手册》（第 2 版）非常必要和及时。其中作为核心部分之一的第 5 卷《混凝土坝》，在保证科学性、实用性、一致性和延续性的前提下，作了较大的调整和修编，全面反映了新理论和新技术，突显了适用性和实用性。

1 实用性强且适用性广

《手册》第 5 卷从目录题条的设立到具体内容和工程实例无不突显实用性强、适用性广的特点。对各类混凝土坝的工作原理和特点的描述高屋建瓴、突出重点；对各类混凝土坝的设计要求、设计内容、设计所需的基本资料的总结言简意赅，步骤和流程讲解到位；在阐述各种混凝土坝型的地形、地质、水文等适应条件和相应的枢纽布置原则中，全面总结概括了国内外的设计建设经验，并结合典型实际工程案例进行描述，语言深入浅出。全书既能使初入行者很快熟悉掌握设计方法，又有利于有经验的工程技术人员提高设计水平。

《手册》第 5 卷紧紧围绕现行规范介绍混凝土坝设计中关于稳定、应力、变形、渗流、水力学的各种分析计算方法，并对各种方法的适用性、优缺点以及对成果应用和判别准则进行了明确的阐述，同时还介绍了当前常用的相关分析软件。如拱坝的应力分析和强度设计中分别介绍了"拱梁分载法"和"有限元法"，并分别介绍了其成果应用的判别准则。

"温控"一章在详细阐述温度场、温度应力场分析原理的基础上，就材料性能、温度边界、容许温差、最高温度控制标准等温控设计重点关心的内容，给出了工程界应用广泛的解析解、经验公式或简便计算方法，并附以详细算例，提高了设计人员对温控防裂知识的理解和温控设计的效率；并根据目前工程实践中出现的问题及研究成果，在温控参数反演识别、温控过程仿真预测、水管冷却程序等方面提出了不同于以往工程经验的方法，具有很高的实用价值；对防裂技术措施进行了详细的分类说明，为不同工程温控措施设计指明了方向；温控工程实例有代表性地选取了包含拱坝、重力坝、重力拱坝等大体积混凝土

吴关叶，中国电建集团华东勘测设计研究院有限公司总工程师，教授级高级工程师。

结构形式，也涵盖了常态混凝土和碾压混凝土等不同的材料和施工工艺的工程，在介绍工程基本资料和温控措施组合的同时，还对温度控制和裂缝防治的效果进行了总结，并详细介绍了工程中常用的各类裂缝处理措施，为温控设计、裂缝处理设计提供了翔实的工程类比资料。

《手册》第5卷中结合题条内容收录了大量的工程实例和统计分析图表，特别是新增了许多近年建设的高坝工程，如三峡、二滩、龙滩、小湾、拉西瓦、构皮滩、溪洛渡、锦屏一级、大花水等，增强了案例的典型性和代表性，丰富了资料内容。同时《手册》第5卷在介绍混凝土坝细部构造时，指出了其工作特点和要求，对各种细部构造均用详图示意。如：分缝、止水、防渗帷幕、排水、孔口、廊道、碾压混凝土防渗结构等。有的把多种型式同时分列，指出优缺点、适用条件以及发展趋势，便于读者分析、对比、选用。如碾压混凝土的防渗结构，分别介绍了"厚常态混凝土防渗"、"常态混凝土防渗"、"碾压混凝土自身防渗"、"薄膜防渗"和"二级配碾压混凝土与变态混凝土组合防渗"。各种防渗型式均列出工程实例和运行后的状况说明，并进一步指出，"碾压混凝土与变态混凝土组合防渗"具有防渗性好、便于施工的优点，而被广泛应用。

2 全面反映新理论和新技术

《手册》第5卷增加了大量的混凝土坝设计和建设的新理论和新技术，确保其具有先进性和科学性。

传统的单一安全系数方法，没有量化结构的作用和抗力的不确定性，风险分析和分项系数设计方法已成为工程师关注的课题，世界各国均相继研究采用建立在风险分析基础上的分项系数设计方法。第5卷增加了极限状态设计法，全面介绍了基于结构可靠度理论的分项系数计算和判别准则，更真实地体现了大坝的实际工作性状和安全度，也与现行水电行业的规程规范相衔接。

第5卷全面反映了碾压混凝土新技术，从枢纽布置特点、断面设计、防渗设计、分缝构造设计，到原材料、配合比、施工工艺、质量控制等，实用性强。

近20年来，我国在高拱坝、超高拱坝设计和建设方面取得了显著成就。本卷拱坝章节全面翔实地反映了新理论和新技术，如拱坝的体形设计增加了二次曲线等多种线型；建基面结合基础处理措施进行选择可大大减少开挖节约投资；坝身泄洪和消能也有重大突破，提出首先应充分发挥坝身的泄洪潜力的设计理念；强化了坝肩稳定的重要性和分析方法；提出和强调了拱坝地基一体的整体安全度的理念；规定对高坝和复杂地基的拱坝应进行地质力学模型试验。

随着计算机和数值分析技术发展，混凝土坝的计算分析手段不断革新，《手册》第5卷全面阐述了采用有限元和非线性有限元等方法对坝体、地基、拱肩等的计算方法、成果应用、判别准则，并指出了与传统的材料力学、结构力学计算方法的差别和对应关系，列举了诸多各种类型的工程应用实例，做到了既先进又实用。

3 内容更为全面系统

《手册》第5卷相对第1版作了较大的调整，全卷结构更合理、内容更全面、系统性更好。

"砌石坝"从对地形地质条件的要求、枢纽布置到坝体受力特点、分析计算方法、材料特性和施工工艺等与典型的"混凝土坝"均较类似，因此本书把"砌石坝"章节从《手册》第 6 卷《土石坝》调整到第 5 卷《混凝土坝》，更为合理，更具有系统性。

中国的碾压混凝土筑坝技术自 20 世纪 70 年代后期开始研究、80 年代开始实践，碾压混凝土坝以其快速施工、水化热低、温控措施简单、水泥用量少、造价省等优点而迅速得到发展和广泛应用，建成了龙滩、沙牌等一批具有世界领先水平的碾压混凝土重力坝和拱坝，创新和积累了丰富的、系统的成功经验。本书把碾压混凝土坝作为独立一章，更具实用性和系统性。

渗控工程设计是混凝土坝设计中的重要内容，坝基的渗流场分析既复杂又是渗控措施的基础。本卷增加了坝基渗流分析一节，也是非常必要的。

随着计算机普及和计算技术及软件的发展，常见的分析计算已非常便捷。本卷删除了 1 版中一些冗长的计算图表和已不再使用的计算方法，如重力坝断面优化设计图表、拱坝的纯拱和拱冠梁计算方法，既精练了内容，也体现了与时俱进的特点。

总而言之，《手册》第 5 卷内容和资料丰富翔实，充分反映了混凝土坝设计领域的新进展、新技术，是一部内容全面、实用性强、深受广大读者欢迎的大型水利水电设计工具书。本书必将对提高我国坝工设计水平、推动我国水利水电事业发展起到很大作用。

第6卷《土石坝》新技术应用读后感

王常义

　　土石坝以其能够充分利用当地建筑材料、对基础条件适应性强、便于施工等特点，仍是坝工建设的首选坝型。近年来随着国内水电建设的快速发展，一批极具特色的土石坝相继建成，标志着我国土石坝的筑坝技术也取得了突破性进展。已建成的黄河小浪底工程，采用壤土斜墙堆石坝，最大坝高160m，地基为70多m厚的砂卵石，总填筑方量5185万m³，可以说是土料防渗土石坝的代表性工程。瀑布沟砾石土心墙堆石坝，坝高186m，是国内首次将宽级配砾石土心墙防渗应用于200m级高的工程，该工程的建成，推动了我国心墙防渗技术的发展。面板堆石坝自20世纪80年代引进以来，经过多年的创新和发展取得了丰富的成果，以天生桥一级坝高178m为突破，陆续建成了多座150m以上的高坝，紫坪铺工程（坝高156m）还经受了汶川特大地震的考验，已建的水布垭坝高233m，为目前世界最高的面板堆石坝。我国水工沥青混凝土技术以天荒坪上水库沥青混凝土防渗面板的建成为转折点，并相继在河南张河湾等抽水蓄能电站上水库采用，同时碾压式沥青混凝土心墙坝也得到较快发展，三峡茅坪溪、四川冶勒、东北尼尔基等沥青混凝土心墙坝工程。代表了当今水工沥青混凝土技术的最新水平。泰安抽水蓄能上水库采用土工膜防渗、黄河西霞院土石坝采用土工膜斜墙防渗，对新型防渗材料有一定的借鉴意义。本《手册》收集总结了近年来国内外土石坝工程的最新研究成果，既作为水利水电行业设计的工具书，又可作为水电行业建设、监理、施工等单位的参考书，必将对土石坝技术的提高起到推动作用。

1　第1章"土质防渗体土石坝"要点述评

　　本章节的内容系统全面，不仅包括了常规设计的内容，如土石坝的基本要求、布置、分区、构造、基础处理、防渗体的连接、设计计算等，还包含了施工控制、抗震设计、除险加固及安全监测设计等相关内容，通过本《手册》可全面掌握土质防渗体土石坝设计的要点。各节内容从基本依据、设计重点、具体设计要求到工程实例逐一论述，层次清晰，叙述系统，易于掌握。对易忽视的问题，提示得细致入微，如：选择坝轴线、采用黄土填筑防渗体、采用红土填筑防渗体、砂砾石筑坝等项目均有应注意问题的相关内容，以便于设计者给与足够的重视。对于土质防渗体土石坝的重点设计项目，给出了防渗体反滤料、排水料和过渡料的详细设计步骤，易于设计者实际应用操作。土石坝经过长期运行后需要补强加固，基于项目自身条件，加固方案多种多样，以往可供参考的资料多不够系统，在

王常义，中水东北勘测设计研究有限责任公司副总工程师，教授级高级工程师。

设计中往往不好把握，本章全面系统论述了土石坝的病险及特征、产生病险的原因、加固的原则和常用的加固措施，能帮助设计者理清思路、掌握设计重点。对于实际应用较少的软土、湿陷性黄土基础土石坝，不但给出了系统的设计要点，还结合了大量的工程实例说明，加深了设计者的理解。高土石坝的抗震设计是设计中的重点，也是难点，设计者对于抗震措施往往了解不多，本章给出了一些建议的措施，扩大了眼界，以利借鉴。

所选编的内容反映出国内近期土质防渗体土石坝的特点，也体现出高土石坝的发展趋势，并以大量的实例资料介绍了近期土石坝的研究成果。本章新增了代表土石坝发展趋势的砾石土防渗料的相关内容。作为防渗料的砾石土具有干密度大、抗剪强度高、压缩性小、抗震性能好等特点，高坝防渗体土料已由黏土、壤土等发展到采用砾石土等粗粒土，并相继在 186m 坝高的瀑布沟、261.5m 坝高的糯扎渡和 314m 坝高的双江口应用。通过本章系统阐明了砾石土防渗料的设计的理论依据，并结合实例验证了砾石土防渗料的应用是成功的，这必将对推广砾石土防渗料的应用起到极大促进作用。

作为一本工具书，在适用性方面能够与现行规范紧密结合，其各项内容的基本要求中均引入了现行规范的相关要求，有利于加深设计者对规范的理解，更好地执行规范的相关要求。避免因《手册》建议与规范要求不一致产生的误导，带来不必要的麻烦。

随着计算机应用技术的发展，土石坝渗流、稳定、应力应变及抗震计算更为便捷，本章汇集了目前较成熟的计算方法，详细介绍了计算公式、适用范围、参数选择原则等，针对应力应变计算的各种模型进行对比分析，给出更切合实际的规律。既有坚实的理论基础，又有设计的基本原则，还给出了很多相关的典型工程实例，便于设计者参考。在内容叙述上简明易懂、由浅入深，不仅有定性的理论阐述，又有定量的控制指标，易于理解掌握，是一部不可多得的工具书。

除上述土石坝设计要点的同时，还列举了大量的国内外工程实例，使本章成为丰富的资料集。如：100m 以上土石坝情况、高坝砾石土防渗料参数、防渗体厚度、砾石土级配曲线、黄土防渗体、膨胀土筑坝、反滤料、风化料筑坝、软土坝基处理、软基筑坝、防渗体与岸坡连接、塑性混凝土防渗墙、抗震措施、除险加固、监测布置等工程实例。内容丰富，代表性强，使设计者通过工程实例有针对性地了解相关问题的处理措施，加深对设计要点的理解，能减少查阅资料的工作量，提高工作效率。从工程实例中了解到近期心墙防渗体土石坝发展的基本情况，还能够了解到 200~300m 级心墙防渗体土石坝的设计难点、重点以及关键性的技术问题。大量的工程实例也为工程类比提供了丰富的素材，更好地指导设计工作。

本章在文字叙述和常规的说明附图、曲线附图基础上，增加了大量的有特点的、有代表性的工程实例附图，如：瀑布沟心墙坝、小浪底斜心墙坝、塔吉克斯坦的努列克土石坝等，附图生动形象、直观易懂，具有事半功倍的效果。

2 第 2 章 "混凝土面板堆石坝" 要点述评

本章节详细介绍了自西北口面板堆石坝和关门山面板堆石坝两个试点工程完成后，通过消化吸收和创新发展形成一套以注重坝体变形控制、渗流稳定控制、重视面板防裂技术、开发新型止水结构和材料、自主开发监测设备、提高施工技术水平并注重试验研究与计算分析等一整套具有自主知识产权的面板堆石坝筑坝技术。目前已建坝高超过 100m 的面板堆石坝约 60 座。天生桥一级工程是我国第一座坝高超过 150m 的面板堆石坝，坝高 233m 的清江水布垭坝为世界最高的面板堆石坝。面板堆石坝已成为近年来设计比选中的主流坝型。

坝址选择是设计工作的一个关键环节，本《手册》从地形、地质及料源等方面介绍论述了坝址选择基本条件。在枢纽布置章节中重点阐述了面板坝自身布置以及与泄水建筑物、放空建筑物、导流建筑物相互协调问题。针对采用面板坝与大流量泄水建筑物的布置问题，结合天生桥一级、水布垭、三板溪、紫坪铺、公伯峡、洪家渡等国内最具代表性的工程，对岸坡开敞式溢洪道、泄洪洞布局做了详细对比。同时汇集了在克罗蒂坝、榆树沟坝、桐柏下库面板堆石坝 3 座坝顶设置溢洪道的成功实例，对拓宽设计人员的眼界很有裨益。

对混凝土面板坝防渗体系而言，趾板与面板、面板分块之间及面板与防浪墙间的接缝是面板堆石坝成败的关键，尤其是趾板与面板间周边缝的变形存在量级大、多为三向变形，随着时间与水荷载的变化反复变形，而设置止水部位构件单薄等因素成为面板坝防渗体系中最薄弱的环节，是控制漏水的关键部位。

《手册》收集了大量资料，给出了国内外部分面板坝的接缝位移设计值和实测位移值。结合澳大利亚的塞沙那的成功经验以及哥伦比亚的阿尔托·安其卡亚和格里拉斯、巴西的阿里亚面板堆石坝止水出现的问题情况及修复实践，论述了周边缝的止水结构型式的不断演变和发展过程。同时详细介绍了国内已建的天生桥、水布垭、吉林台、黑泉等有代表性的周边缝止水的结构型式，对设计具有较高的参考价值。

作为防渗面板支承结构的堆石体，其施工及运行期的变形是设计关注的重点，尤其是河谷地形相对狭窄、基础覆盖较深的高坝。为准确预测堆石体的变形，国内相关科研单位针对堆石体的本构模型做了大量试验研究和数值分析计算工作。《手册》翔实地介绍了相关内容，强调应从坝料选择、断面分区、碾压施工参数和施工程序等方面来控制堆石体的变形，同时给出了堆石体变形和混凝土最大面板挠度估算公式，便于不同设计阶段使用。

3 第 3 章"沥青混凝土防渗土石坝"要点述评

本章节全面总结了近 20 多年来国内、外土石坝沥青混凝土防渗技术的最新设计研究成果和工程实践经验，系统介绍了沥青混凝土防渗土石坝的发展与现状、水工沥青混凝土原材料及基本性能、水工沥青混凝土配合比设计、碾压式沥青混凝土面板坝设计、碾压式沥青混凝土心墙坝设计、浇筑式沥青混凝土心墙坝设计及沥青混凝土防渗土石坝工程的安全监测设计等内容。

沥青混凝土因其防渗性能好、适应变形能力强、施工速度快等优点，作为非土质防渗材料，在土石坝工程中得到了广泛应用。碾压式沥青混凝土已广泛应用于面板坝、心墙坝、蓄水池（库）全池防渗和渠道衬砌工程中；浇筑式沥青混凝土除应用于土石坝的心墙防渗外，还应用于碾压混凝土坝、混凝土坝和砌石坝上游面的防渗或防渗修补工程中。

我国水工沥青混凝土技术起步虽然较晚，但发展较快，近 10 多年来，我国的水工沥青混凝土技术基本与国外最新技术同步。1994 年浙江天荒坪抽水蓄能电站开工建设，上水库沥青混凝土防渗护面工程采用国际招标，引进国外专业施工队伍和现代化施工机械，施工技术达到国际先进水平。进入 21 世纪后，沥青混凝土面板防渗技术在国内抽水蓄能电站中得到了较多应用，于 2007 年前后，相继建成河北张河湾抽水蓄能电站上水库、山西西龙池抽水蓄能电站上水库和下水库大坝、河南宝泉抽水蓄能电站上水库主坝和库岸等沥青混凝土面板防渗工程。近年来，我国现代碾压式沥青混凝土心墙坝也得到较快发展，兴建了三峡茅坪溪心墙坝、四川冶勒心墙坝、东北嫩江尼尔基心墙坝等工程。我国近年来兴建的这些工程，借鉴了当今国外水工沥青混凝土的最新技术，采用现代机械设备施工，代表了当今水工沥青混凝土设计和施工的最新技术水平。

这些设计经验和科研成果在本章中均可查到，深受广大水利水电工程技术人员的欢迎，作为一部兼具科学性、权威性、综合性和实用性的工具书，有助于提高设计和施工水平，进而保障工程质量和安全。

4 第 4 章 "其他类型土石坝" 要点述评

其他类型土石坝涵盖了土工膜防渗土石坝、水力冲填坝、淤地坝和定向爆破坝等内容。近年来随着土工膜生产水平和施工工艺的提高，采用土工膜防渗的土石坝得到了较快发展。土工膜作为一种工厂化的产品，防渗质量有保证，加上质量轻、易搬运和储存，施工简单，已被广泛用于渠道、堤防、围堰以及水库等防渗工程中。泰安抽水蓄能电站首次将土工膜用于大型水电工程中，针对关键的施工环节，制定了一套相对完备的焊接、修补、检测施工工艺，实施后达到了预期效果。

土工膜厚度选择尚多依靠经验，本《手册》总结了多种计算方法可供参考，同时强调土工膜上下垫层是保证土工膜防渗结构的重要组成部分，设计应引起足够重视。土工膜与周边结构的连接是防渗体系的薄弱环节，《手册》汇集了西霞院、泰安蓄能上水库及王甫洲等工程土工膜与心墙、防浪墙等混凝土结构的连接细部，对推广设计具有参考价值。

水力冲填坝作为特定条件下的一种筑坝技术，仍具有其合理性。水力冲填对施工工艺要求较高，《手册》以大顶子山航电枢纽工程为例，说明了选择水力冲填粉细砂筑坝的自然条件，详细介绍了水力冲填的施工工艺流程、试验检测标准及质量控制措施，对工程设计有一定的借鉴作用。

5 第 5 章 "河道整治与堤防工程" 要点述评

本章为新增章节，主要介绍河道整治规划、内陆河道的河床演变与整治、潮汐河口整治、堤防工程设计、河道整治建筑物设计以及疏浚与吹填工程设计。

本章明确提出河道整治的关键在于协调好国民经济各部门对河道进行开发、利用和保护的基本要求，做好统筹协调、全面规划，对于主要江河首要目标仍然是确保防洪安全。同时指出河道整治的难点是要认清河道特性，分析河床的演变规律，才能顺应河势，因势利导，制订切合实际的整治方案，达到整治的目的。《手册》归纳提出了河道整治规划原则，结合整治的主要任务对整治标准的采纳提出了具体建议，对当前大规模的河道治理工程具有一定的指导意义。

内陆河道的整治与潮汐河口的整治有相似之处，只是后者受河口水环境及海洋动力等因素的影响，治理难度相对较大。我国海岸线上有大小不同类型各异的河口，受上游河道演变、天然水量及泥沙含量时空分布的不均衡、河口附近海洋潮汐变化的影响，加上地形地质条件的差异，造就了每个河口独一无二的形态，同时也给河口治理增加了许多不确定性。经过多年的探索和实践，我国在长江、黄河及珠江等主要河口治理方面取得了诸多成果。手册经梳理总结提出了延伸河口治理干支、整治流路稳定河口、控制河势综合整治的基本思路，为河口整治提供参考和借鉴。

堤防工程是最基本的工程治水措施，以往由于建筑物规模相对较小且大部分工程仅用于临时挡水，对堤防设计重视程度略显不足，至1998年《堤防工程设计规范》实施，才结束了堤防工程设计无标准可循的局面。本次将堤防工程设计纳入《手册》，书中针对江河（湖）堤和海堤两类堤防的不同特点，从堤线布置、堤型选择、堤身设计及基础处理四个方面对堤防设计进行了详细阐述。对于修建在软土地基上的江河（湖）堤，本书结合典型工程案例，给出了诸多切实可行的处理措施。针对围海工程龙口受潮汐影响，龙口流速随涨、落潮而变化的特点，书中专门介绍了围海堵口工程设计要点。本书既有全面的理论基础，又有工程实例佐证，对提高我国堤防设计水平大有裨益。

6 第6章"灰坝"要点述评

灰坝以拦挡火力发电厂灰渣为主，与水利水电工程的挡水坝最大的差异就是通过有效的工程措施可将灰渣沉积层与挡灰坝形成整体。因此，灰坝设计首先要研究灰渣的工程特性，结合灰坝挡灰不挡水、分级建成等特点，充分利用灰渣本身的强度，以减少挡灰坝的工程量。《手册》在系统总结了贮灰场勘测、水文工作内容的基础上重点介绍了灰渣的工程特性，结合对灰渣变形特性、强度特性和动力特性的研究，明确了利用灰渣的关键是提高其密实度并使其处于非饱和状态。而选择合理的排渗结构型式有助于降低灰渣沉积层和灰坝中的浸润面，加速灰渣固结，《手册》结合工程实例详尽地阐述各种排渗结构的特点，包括细部结构及布置原则，对灰坝设计具有一定指导意义。

作为多年从事水利水电工程技术工作者而言，认为《手册》第6卷《土石坝》的内容反映了我国近现代土石坝工程技术水平，体现了应用技术的先进性。提出的大量工程实例和资料对工程技术人员具有良好的使用价值。该卷出版意义重大，必将对从事水工设计工程师有较大帮助。

对第 10 卷《边坡工程与地质
灾害防治》的点评

姚栓喜

1 总体评价

（1）本卷编委会和技术委员会主要成员由院士、大师担任，卷主编及审稿专家都是水利水电知名专家，编者均来自勘测设计、生产或科研第一线，他们具有丰富的勘测设计科研经验和深厚的理论功底。卷编审队伍阵容强大，权威性强。

（2）卷中除将第 1 版《水工设计手册》第 7 卷第 36 章"挡土墙"作为第 3 章 3.1 节保留并作适当修订外，其余均为新增内容。从全卷整体内容看，全面吸取与推广了近 30 年来有益的新科技、新成果、新技术和新方法，充分反映了自第 1 版《手册》出版后 30 年来水利水电行业特别是近十几年发展的水平，具有鲜明的时代特征。

（3）卷内涉及的标准均为现行最新技术标准，设计方法、计算公式和参数选用等经过较长期的工程实践检验，技术准确性高。

（4）本卷总结了近几十年来我国水电水利建设中遇到的边坡工程。在总结本行业地质灾害防治的同时，也介绍了国土资源行业在地质灾害防治方面的做法。整理了边坡处理和地质灾害防治过程中的相关成果与经验，全面系统介绍了边坡和地质灾害防治中经常运用到的设计理论、原则、方法和处理措施等，内容十分丰富，涵盖面广泛，全面性强。

（5）本卷第 1 章、第 2 章分别介绍了除支挡结构外的岩、土质边坡设计的绝大部分内容。第 3 章则专门介绍支挡结构，用以对岩、土质边坡的治理。这些前期设计完成后，在施工阶段则要进行边坡的动态设计，这正是第 4 章要介绍的内容。在社会和行业高度关注泥石流灾害的背景下，本卷预见性地将地质灾害防治列入第 5 章，是非常及时的，为本行业技术人员进行包括泥石流防治在内的地质灾害防治提供了完整系统的技术手册。各章内容能从不同的角度反映水利水电、国土资源等行业的特点，衔接较好，从整体上有明显的行业特点，互为补充。

（6）本卷力求贯彻执行国家当前有关边坡工程和地质灾害防治勘察设计标准，使生产一线的广大技术人员能够进一步加深对规范的理解。比如按照本卷的每一章编写思路，技术人员能够按勘察设计程序或过程开展实际工作。本卷通过选定内容、深度把握、资料取舍、章节编写，以及表格化的编写风格，在增加《手册》信息量的同时，使《手册》更加实用。

（7）本卷所选案例均来自于近几年或若干年前典型的大型工程或影响很大的案例，具

姚栓喜，中国电建集团西北勘测设计研究院有限公司总工程师，教授级高级工程师。

有很强的代表性。

（8）本《手册》不仅能够作为从事大中型水电水利工程规划、勘测设计、科研、施工和管理技术人员的常备工具书，而且可以作为大专院校的相关专业的师生的重要参考书，同时也可作为社会大众了解边坡工程和地质灾害防治的科普书，适应性广泛。

2 各章中值得关注的若干问题

2.1 第1章 岩质边坡

2.1.1 关于岩质边坡倾倒变形问题

在第1章1.1节"表1.2-4 边坡失稳特性和破坏机制表"中弯曲倾倒变形破坏的特征是"层状反向结构的边坡，表部岩层逐渐向外弯曲倾倒"。实际工程中块状硬岩边坡也会发生范围广、幅度大的倾倒变形，比如拉西瓦果卜岸坡和柳树沟左岸坝前变形边坡均属此例。在这些块体硬岩中，由于陡倾构造发育到构造将块状岩体切剖成似层状岩体，且倾向岸外的中陡~陡倾角构造在岩体中不发育，在某些因素的触发下，这些块状硬岩就发生倾倒变形，其表层变形破坏特征与层状结构边坡相似；明显不同的是，块状硬岩不会在坡面上形成很深的倾向岸里的拉裂缝，而是随表部变形增大而发生浅表层折断拉裂滑移塌落；当岩体内没有确定性的倾向岸外的滑动面时，边坡顶部倾倒变形量可以大到数十米而不产生整体失稳。

2.1.2 关于边坡设计水荷载

本章指出边坡设计水荷载确定的关键在于合理确定折减系数 β，而 β 确定相对较为困难。在实际工作中，设计者除按本章给出的方法和参考资料开展工作的同时，要重点研究岩体本身及考虑了工程措施后的透水特性及水的特点，这样才能选择恰当的水荷载。

2.1.3 关于变形岩体的力学参数反演问题

第1章给出了滑动变形岩体力学参数反演时变形与稳定系数的对应关系，但是对于无确定滑面的倾倒变形，若在深层假定滑面，用滑动模型和稳定系数进行反演时，将会得到不切实际的错误结果。对此，应将现场实测变位作为目标值，建立与现场地质条件相贴合的数值仿真地质计算模型，反演岩体中的构造及岩体的力学参数。

2.1.4 关于倾倒变形岩体的稳定分析与稳定性判据问题

对于倾倒变形岩体的稳定分析与稳定性判据，目前还很不成熟。在数值分析方法普遍应用的当今，由 Goodman-Bray 法及我国研究人员对该方法改进后的解析计算结果的说服力相对数值分析方法所得结果而言略显不够。在用数值分析方法进行倾倒变形计算中，研究将岩体受构造切剖成的块体的速度不收敛或变形后的状态作为其不稳定的判别标准将是一个方向。

2.1.5 关于边坡动力分析

现行边坡设计规范明确，地震对边坡的作用和相应的边坡设计参照土石坝进行。然而，边坡一般情况下宏观上只有一面是临空的地质体而不是至少有两面临空的坝体，所以地震在边坡中的传播及边坡对地震的响应则会明显区别于坝体。限于现今岩土边坡的地震稳定性分析研究刚起步，特别是汶川地震后这方面工作在深入开展，但由于其复杂性，尚不能在短时间内取得突破性的进展。

地震工况下边坡稳定分析存在的主要问题有：拟静力法中，高程从低往高地震动力放大系数如何合理确定；数值分析中，地震动如何科学输入、岩体动态力学参数如何确定、地震波在边坡中的传播是怎样的，边坡失稳的判据是什么等。现今几个科研单位用基本相同的方法对同一个边坡进行计算，出现不同的动力计算结果的原因也就是对上述问题处理不同而引起的。在开展边坡动力分析时，应按《水电工程防震抗震研究设计及专题报告编制暂行规定》（2008 年 7 月）第 18～19 条要求开展工作。

2.1.6 关于边坡地质力学模型试验

边坡地质力学模型试验包括静力、振动台和离心机等物理力学模型试验。要使该模型试验能得到令人信服的结果，关键是对主要构造岩体和构造力学参数模拟是否相似和相对准确。前若干年，很多此类试验完成后，得不到理想结果，使得一个时期以来这类模型试验的数量在减少，特别是在数值分析方法的冲击下更是如此。不过，近几年离心机模型试验数量有增加的趋势。

2.1.7 关于变形边坡设计中重视边坡施工期安全的问题

对于已出现变形迹象的边坡，在支挡结构设计时，应重视在支挡结构施工期间变形边坡的安全性问题。应采取综合而不一定是单一的支挡结构来保证变形边坡施工期及永久安全。比如，选用单根吨位较大的群锚锚索来加固存在分区变形的或变形速度较大的边坡时，就可能会出现未等锚索施工完成，边坡已变形很大，甚至无法施工锚索的问题。这种情况下，应采取便于快速施工的支挡结构先维持边坡施工期稳定，然后施工锚索，因为大吨位锚索施工时间较长。

2.2 第 2 章 土质边坡

2.2.1 Newmark 法

地震作用下边坡的动力分析常用 Newmark 法计算得到永久变形来判别边坡的稳定，永久变形值对不同规模的边坡采用怎样的数值仍是需要研究的问题。对岩质边坡美国有的工程中常采用 3.5m 的永久变形作为评价量值，但对土质边坡尚未见到定量值。

2.2.2 关于水库库岸滑坡问题

除了本章介绍的解析法外，库岸塌滑的速度和滑坡涌浪高度可用数值分析方法得到比解析法相对更客观的结果。在滑坡涌浪试验中，对浪高的影响除了本节阐明的因素外，还与滑体以怎样的形态与库水接触相关。

2.3 第 3 章 支挡结构

2.3.1 关于挡土墙型式的选择

在设计工作中，要重视不同挡土墙型式对地基的适应性问题，当地基为软基时，挡土墙的型式及结构设计必须满足地基承载力的要求。

2.3.2 关于挡土墙后的土压力对面板坝高趾墙的设计问题

除在边坡上用挡土墙作为支挡结构外，挡土墙有时也用在高面板堆石坝上作为高趾墙。

在面板堆石坝中，局部采用高趾墙，既作为支挡墙堆石，又作为面板支撑体设计时，作用在墙背水面一侧的堆石压力一般按主动土压力考虑，这样当趾墙高度较大时，在库水压力作用下的墙体稳定不满足要求时不得不将墙体体积加大。实际上在坝体堆石料的堆筑及日后蓄水运行过程中，由于碾压坝体沉降和蓄水后坝体变形，作用在高趾墙上背水面的土压力要远大于主动土压力。鉴于此，当趾墙高度大于 20m 时，或其他用途中挡土墙墙体工程量较大时，宜通过数值分析计算和试验等方法专门研究墙后土石对墙的作用力大小及分布规律。

2.3.3 有无黏结预应力锚索的选择问题

选用有黏结预应力锚索加固有确定性潜在滑移结构面的边坡、当结构面发生位移时，不单会使此处锚索应力集中降低耐久性问题，更重要的是此位移变位较大时，就会使钢绞线有被拉断的风险。若选用无黏结锚索，同样的结构面变位则可分散在结构面至外锚头之间的锚索体上，这样变位就不会在锚索自由段引起应力集中，也就避免了锚索被拉断的风险。因此，对允许有少许变形的有确定性结构面的边坡，选用锚索进行加固时，宜优先考虑用无黏结锚索。

2.3.4 拉剪锚拉洞在龙羊峡水电站边坡加固中的应用

龙羊峡水电站左岸下游消能区冲坑往深发展达到稳定时，左岸 F_{191} 断层就会在冲坑底部以上高程出露。此断层延伸到左岸下游边坡，是控制岸坡稳定的主要构造面。对此，采用了从岸边横河向打三条水平抗剪锚拉洞穿过 F_{191} 断层，其内部与顺河向的主变交通洞贯通。在抗剪锚拉洞内布置对穿锚索并回填混凝土（远离断层后有一段不回填混凝土），这样回填混凝土起抗剪及将锚头附加的力传到岩体中的作用，锚索起到锚固作用。在消能区左岸布置了地下防冲墙，墙体稳定靠水平布置的 2～3 层锚拉洞维持。

2.4 第 4 章 边坡工程动态设计

现行水电边坡规范对边坡工程动态设计的定义是：根据边坡施工过程中的勘察资料，结合永久监测或临时监测系统反馈信息，进行边坡稳定性复核计算和修正原设计。在以往的施工阶段和设计工作实践中也是部分采用了这种方法，但将这种设计方法纳入现行行业边坡设计，并强调要进行边坡全过程动态设计，说明这一设计方法的重要性。由于边坡工程千差万别，可以说不同工程中没有一个相同的边坡，尽管动态设计在实践中已广泛应用，但远未达到完善、系统，需要在今后的工作中不断积累与总结。

在边坡的监测设计中，简易的手段也可以获得良好的效果。比如在已出现变形的边坡监测平洞内，当不能确定变形引起的裂缝位置时，可在平洞底板及侧壁上设置砂浆条带，就可以测到肉眼看不见、仪器测不到的微小裂缝出现的位置，也可以通过砂浆条带上裂缝出现的时间、大小来监测边坡内部变形随时间的变化情况。GPS 测点在坡面上的测值的精度、可靠性可能比地形相对平坦的坡顶要差很多，甚至误差大于边坡每天的变形量。

对于无法确定滑面的硬岩倾倒变形量大的边坡，用地质专业所给的岩体及构造参数进行分析计算时，所得边坡的变形可能比实际监测的小很多，这时就需要用实测位移量反演岩体及结构参数。在反演过程中，对构造模拟的详细程度，参数取值则与计算所得变形形态与大小密切相关。

2.5 第 5 章 地质灾害防治

在水电水利行业中最常见的地质灾害有滑坡、崩塌、泥石流，另外有山区大型蠕变体和平原水库的浸没灾害等。在地质灾害防治方面国土资源行业相对走在前列，发布了一系列技术规程规范，为水电水利行业的地质灾害防治提供了很好的借鉴。在借鉴这些规程开展设计工作时，应重视与水电水利行业在保护对象、重要性、风险程度、时效性和可实施性等方面的差别。

对第 11 卷《水工安全监测》的点评

蔡跃波

1 总体评价

水利水电工程是国民经济的重要基础设施，是水资源和清洁能源可持续开发利用的基本保障，是国家防汛抗旱减灾体系的重要组成部分。水利水电工程具有数量众多、规模巨大等特点，其安全不仅关系到防洪安全、供水安全、粮食安全、能源安全，也关系到经济安全、生态安全和国家安全，是国家安全战略的重要组成部分。对水利水电工程实施安全监测，是保障工程安全的基本条件和科学手段，是实现工程安全调度与高效运用、工程隐患早期预警、风险管理和突发事件应急决策的重要依据和技术支撑，也是提高工程管理水平以及信息化和现代化水平的迫切需求。

近 20 年来，随着我国政府"以人为本"执政理念的实施和科技水平日新月异的发展，水利水电工程的安全日益得到高度重视，水利水电工程在建设、运行维护以及除险加固过程中已经或正在逐步建立和完善工程安全监测设施，部分工程已建立了安全监测自动化系统，为工程安全运行和决策评估发挥了重要作用，产生了显著的技术、经济和社会效益。基于我国水利水电工程的需求背景和建设形势，以及已建工程的安全监测和信息化管理水平的现状，安全监测设施和自动化系统的建设与技术水平仍亟待普及与提高，因此，《水工设计手册》（第 2 版）新增第 11 卷《水工安全监测》，具有重要的现实意义和实用价值。

本卷内容包括"安全监测原理与方法"、"监测仪器设备"、"建筑物安全监测设计"、"监测仪器设备安装与维护"、"安全监测自动化系统"、"监测资料分析与评价"等共 6 章，系统、完整地介绍了水工安全监测领域的科学知识、技术要点、前沿动态与发展趋势、工程案例等。全卷内容编排合理，技术先进，重点突出，实例针对性强，阐述逻辑严谨，深入浅出，图文并茂，文句精练通顺。本卷内容既适于作为大专院校相关专业师生的参考教材又适于作为从事水工安全监测的科研、设计、施工和运行管理人员必备的手册和工具书。同时，对于促进水工安全监测学科发展与技术进步具有不可或缺的重要作用。

2 各章内容和特点

2.1 第 1 章 安全监测原理与方法

安全监测对及时掌握建筑物安全性态、验证设计、检验施工质量和科学研究成果等方面的重要作用已为工程界所共识，安全监测可以长期连续量测建筑物运行特征信息，这些

蔡跃波，南京水利科学研究院副院长，水利部大坝安全管理中心副主任，教授级高级工程师。

信息可用于实时评估水工建筑物运行性态与工情发展趋势，能够在事故可能发生前获得有关重要信息，以便及时采取有效的防范措施，避免事故的发生或减免损失。

本章通过瓦依昂水库滑坡、马尔巴塞拱坝溃坝、安徽省梅山连拱坝变形异常等国内外水工建筑物事故案例，阐述了安全监测的必要性及其重要作用，简明综述了安全监测基本原理与方法、安全监测设计依据与原则，总结了大坝、发电建筑物、输泄水建筑物、边坡、水闸、渡槽、船闸等各类水工建筑物安全监测的经验，介绍了 GPS 测量技术、光纤监测技术和渗流热监测技术等新技术、新方法。本章内容深入浅出，言简意赅，可使读者对水工建筑物安全监测基本原理与方法有较深刻的认识和较全面的了解。

2.2　第 2 章　监测仪器设备

本章综述了监测仪器设备应具有高可靠性、良好的长期稳定性、精度较高、耐恶劣环境、密封耐压性好、结构牢固、操作简单等基本要求，这些要求符合水工结构及其特殊运行环境特点。本章将监测仪器分类为变形、渗流、应力应变及温度、动力学及水力学监测仪器设备等，分类与国家及行业仪器型谱一致。

本章既归纳阐述了目前常用的各类传感器及其相应测量仪表的工作原理与技术参数，包括钢弦式、差动电阻式、电感式、压阻式、电容式、电位器式、热电耦式、光纤光栅、电阻应变片式、伺服加速度式、电解质式和磁致伸缩式等，详细介绍了各种监测仪器设备的用途、结构型式、工作原理、观测方法、技术参数要求等。介绍的监测仪器设备包括表面变形监测标点、激光准直系统、垂线系统、引张线式水平位移计、张引线系统、滑动测微计、竖直传高系统、静力水准系统、沉降仪、测斜仪、三向位移计、多点位移计、基岩变形计、土位移计、测缝计、裂缝计、脱空计、位错计、倾角计、测压管、渗压计、水位计、流量堰及分布式光纤、无应力计、应变计（组）、钢板计、钢筋计、锚杆应力计、锚索测力计、土压力计、温度计、速度计、加速度计、强震仪、脉动压力计、水听器、流速仪等。本章内容全面翔实、条理清晰、图表细致、通俗易懂，是设计人员进行监测仪器设备选型的必备手册，也是技术与管理人员进行监测仪器及设施运行维护的参考资料，实用方便。

2.3　第 3 章　建筑物安全监测设计

本章主要介绍各种典型水工建筑物的安全监测设计，主要阐述各建筑物的特点及监测重点，针对各水工建筑物等级与特点的监测设计依据、监测项目选择、监测布置、仪器选型原则，相应监测布置采用的监测手段和典型的观测方法，监测频次等。

本章所涉及的工程安全监测设计内容基本涵盖国内外所有类型的水工建筑物，对各建筑物的特点和监测重点分析具体、清晰。监测项目和测点布置根据各建筑物的结构特性和工程地质条件进行设计，依据充分、监测项目全面、监测重点突出。提出的监测方法结合了传统的监测手段、仪器和当前国内外监测技术的最新发展，观测方法合适，监测频次要求合理。此外，强化了对建筑物安全运行的监测评价和监控反馈的理念。同时，给出了较多的工程实例，具有较强的针对性，便于读者理解、参考。

本章编写规范，各水工建筑物安全监测设计分类清晰，条理性好，实用性强，特别适用于水工建筑物安全监测设计、施工的技术人员，是较全面、系统的水工建筑物安全监测设计参考资料，也可作为大专院校相关专业教材使用。

2.4　第 4 章　监测仪器设备安装与维护

本章详细阐述了钢弦式仪器、差动电阻式仪器、水管式沉降仪、引张线式水平位移计、测斜仪、垂线坐标仪、活动觇标、量水堰等监测仪器以及全站仪与水准仪、水工比例电桥、数字电桥、频率读数仪、测斜仪读数仪等二次测量仪表的检验方法；论述了变形、渗流、应力应变及温度、动力及水力学监测仪器安全埋设保护以及测量仪表维护等。

本章介绍的监测仪器设备涵盖了当前水工建筑物安全监测实践中的仪器设备，提出的检验测试、安装、埋设、维护的技术要点符合相关规范及工程实践，具有较强的适用性和实用性。本章内容全面，图文并茂，形象细致，方便相关人员阅读参考。

2.5　第 5 章　安全监测自动化系统

本章从设计原则、系统功能、系统结构、采集装置、网络、通信、应用软件、避雷、系统安装调试、考核指标等方面，系统、全面地介绍了安全监测自动化系统，还给出了小湾水电站、吉林台一级水电站、北疆供水、北溪水闸等 4 个水利水电工程的安全监测自动化系统工程实例。

本章内容适用面广，实用性强。初学者及在校大学生和研究生通过阅读总体结构、采集装置、网络与通信、信息管理及软件等内容，对安全监测自动化系统将有一个总体概念，了解安全监测自动化系统功能及结构、采集模块的 8 种类型、3 种通信总线及通信介质、管理软件功能等；设计人员阅读本章后，在设计中可以遵循相关的设计原则和依据，选用适宜的数据采集装置，采用相关的避雷措施；施工人员阅读本章后，可以掌握系统安装调试方法，提高安装质量；管理人员阅读本章后，在系统建设时，可以采用相关方法组织产品验收，在系统运行中，把握如何维护安全监测系统，延长系统运行寿命。

本章选用的工程实例具有很强的典型性与代表性。小湾水电站安全监测自动化系统规模庞大，测点共有 7000 个，读者从中可以了解自动化系统接入的仪器种类以及系统的功能和层次结构，还可以知道系统如何扩展，如集成 GPS、强震、激光三维测量等系统；北疆供水工程全长 378km，其安全监测自动化系统网络结构和安全等级更加复杂，该工程实例可大大增加读者的安全监测信息的网络管理和安全管理等方面的知识。

2.6　第 6 章　监测资料分析与评价

我国已建的大型水利水电工程中多数已建设有较完整的安全监测系统或自动化系统，但如何对海量的、甚至复杂的监测资料与数据进行及时整理、合理分析和评价，是目前困扰工程运行管理单位的一个难题和薄弱环节，也是工程安全监测领域需要不断深入研究的课题。由于水利水电工程荷载、环境和工作条件极为复杂，设计与实际运行往往存在一定差距。实践证明，对工程进行安全监测，并融合多种理论和方法对监测资料进行正反分析，建立综合评价专家系统，对监控工程安全性态至关重要，可为工程安全高效运行及应急决策提供重要技术支撑。因此，本章内容很必要，具有重要的现实意义和实用价值。

本章结合多年来的研究成果，跟踪该领域前沿，主要以水工建筑物中的大坝为例，系统地介绍了监测资料分析的内容和基本要求，科学全面地提出了大坝不同阶段的监测资料分析方法，以及如何开展资料收集、整理和整编等基础工作。通过对监测资料误差定义和分类，系统阐述了误差产生的原因和消除手段以及判别监测资料真伪的方法，同时介绍了影响大坝监测效应量的主要环境量。总结了常用的监测资料定性分析方法，主要包括特征值统计分析、相关对比分析、变化过程时空分析、分布图和相关图比较分析等，为掌握大坝安全性态提供了科学判别依据。为预测大坝安全性态，分别介绍了如何结合监测资料建立混凝土坝变形测点、土石坝变形监测量、地下洞室周壁变形、边坡变形量和应力的统计模型，这些模型选择因子重点考虑了上下游水位、气温（温度）和时效的影响，符合上述效应量变化实际。同时，针对渗流监测量的特点，在考虑上下游水位、时效影响因素的基础上，考虑了降雨的影响，分析建立了混凝土坝坝体和坝基渗压、土石坝浸润线的测压管水位、渗流量的统计模型。

为提高效应量预报精度和拟定监控指标，本章系统介绍了混凝土坝位移和应力、土石坝渗压的确定性模型和混合模型建立方法。鉴于大坝填筑材料的力学参数（如弹性模量等）随着运行，其量值会发生变化，若仍按原设计参数进行安全复核则不符合工程实际，这就需要对现有监测资料进行反分析，因此，本章重点介绍了混凝土坝坝体弹性模量和线膨胀系数及基岩变形模量、土石坝材料的力学参数和徐变度的反演分析方法，最后提出了大坝安全监控指标的拟定方法，为全面评价大坝安全性态提供了方法和依据。本章最后扼要介绍了综合评价体系、综合评价的主要过程和实施要点以及在实际工程中的应用。

本章综合了监测资料分析方法与评价理论，并结合工程实例进行阐述，内容翔实，实用性强，不仅为从事水利水电工程设计、施工、运行管理和科研人员提供了宝贵素材，而且对发展坝工监测理论，提高安全监测设计、施工和管理水平具有重要的科学价值。

编辑心得

编辑出版《水工设计手册》（第2版）的创新实践

总责任编辑　王国仪

《水工设计手册》（第2版）11卷经过近20年的策划酝酿、启动、编撰，已由中国水利水电出版社正式出版了。

2014年9月30日，责任编辑兴冲冲地将《水工设计手册》（第2版）第6卷（其他10卷已出版）送到了我的桌子上，一时间我们都热泪盈眶。翻看着散发油墨清香的书籍，心潮难以平静。

韶光易逝，斗转星移，20年时光倏然而逝。回首从1995年初萌发修订《水工设计手册》的念头起，至2014年9月《水工设计手册》（第2版）的全部出版，近20年不懈追求的历程，感慨万千。寸管片纸，实难记录为了《手册》的修订付出心血和汗水的数百名水利水电和相关行业的领导、专家、学者、技术人员和中国水利水电出版社同仁们的辛劳历程，苍白文字道不透策划者近20年心系《手册》、与之结缘和盱衡现实、上下求索的追梦之路。

虽然《手册》的作用还应进一步得到水利水电工程界的认可，还要接受市场的考验，出版质量还有待出版界专家的鉴定，尘埃落定后的《手册》是否能真正成为陈雷部长所要求的"广大水利工作者的良师益友，水利水电建设的盛世宝典，传承水文明的时代精品"。这些尚需假以时日的检验。但是，所有参加《手册》工作的每一个人都努力了且竭尽全力了，也就不留遗憾了，释然了。

《水工设计手册》（第2版）是《手册》编委会领导的"新中国成立以来水工技术界规模最大、范围最广、参与人员最多的综合性科技行动"的丰硕成果，也是几百名作者、出版者团结合作和不懈努力的结果。

《手册》（第2版）的编辑出版给了出版人一次弥足珍贵的学习和历练的机会。能够在《手册》编委会领导下为行业服务并在出版的过程中履行并完成新时代编辑的岗位职责要求，实在是《手册》编辑们职业生涯中的幸事。《手册》的编辑出版得到了中国水利水电出版社上至领导下至普通职工的高度重视和多方面的支持。大家深知：中国水利水电出版社必须搭乘行业发展的大船才能扬帆远航，水利水电出版工作只有在努力为水利水电事业的服务中才能得到发展，出版工作者的努力方向和工作目标就是尽心尽力出版好书，为水利水电事业的发展提供科技支撑。

为了顺利地完成《手册》（第2版）的出版工作，2007年7月，成立了以正、副总责任编辑为主体的《手册》编辑工作班子，并进行了具体分工：由出版社的总编辑担任《手册》11卷的总责任编辑，5位出版社的副总编辑以及水电编辑室主任和1位资深编审共7

人担任《手册》11卷的副总责任编辑。7位副总责任编辑分成了4个组（财务组、技术组、对外联络组、内部协调组）。《手册》编辑工作班子负责对《手册》11卷的编辑工作进行总体策划、协调和把关，负责指导各卷的责任编辑工作，并对《手册》的总质量负责。8位正、副总责任编辑还分别担任了7卷手册的第一责任编辑和第1卷的第二责任编辑，聘请了3名出版社的中层业务干部和1名编审担任其余4卷的第一责任编辑；每一卷的第二责任编辑由第一责任编辑提名，经《手册》编辑工作班子讨论同意后确定。

为了使《手册》的出版质量达到陈雷部长提出的"内容完整实用、资料翔实准确、体例规范合理、表达简明扼要、查阅方便快捷、经得起实践和历史的检验"的要求，参加《手册》编委会办公室工作的编辑工作班子成员在第2版《手册》的筹备阶段，便不失时机地介绍出版社编辑工作的重要性。在参加"《手册》（第2版）修编工作大纲"的讨论中，尤其是在"《手册》（第2版）修编工作大纲"之"修编的依据"、"原则和要求"、"工作职责"、"工作流程"中积极建言献策。出版社《手册》编辑工作班子中的技术组为"《手册》修编工作大纲"起草了长达11页分12个方面的"《手册》（第2版）编写体例格式要求"，作为大纲附件发给编撰者；在《手册》的编撰过程中，技术组又起草了"《手册》（第2版）审稿要求"，明确提出了全书应实行由章、卷、丛书三级主编负责的三级审稿的建议，并详述了三级审稿的要求与重点；《手册》各卷的责任编辑多次参加各相关卷的审稿会，对《手册》的编撰过程进行"中耕"，对《手册》的初稿修改提出建设性意见，协助主编从源头上把握了第2版《手册》书稿的质量。

书稿进入编校环节后，各卷责任编辑充分履行了职责，从各个环节提高图书的质量。《手册》11卷22个责任编辑的全部愿望就是要将《手册》打造成精品。按照新闻出版总署对图书编校质量的严格规定——差错率必须要在万分之一内的要求，按照精品图书精编精审、装帧设计精深独到、版式设计别具一格、印刷精美考究、市场反映良好的要求，《手册》编辑工作班子经过讨论，形成了《编审工作要求细则》和《加工细则补充规定》等指导性意见，统一了《手册》11卷的编审校要求。技术组的同志还利用网络平台，解答各卷编辑提出的问题，有力地支持了各卷编辑的工作。为了确保书稿的编审质量，在每卷书稿按常规完成三审后再由技术组的三位副总责任编辑分别承担加审工作，每卷书稿付印前总责任编辑还要再对全书进行最终审查。

由于编撰人员多，各卷各章各部分的编撰人员的编写风格、内容取舍及深度把握不一致，且《手册》所参考的资料浩博，通过编辑的劳动要将11卷的书稿变成文字流畅、叙述清晰、数据准确、前后统一以及文字图表规范、符号术语规范、计量单位规范、体例统一的精品确非易事。实际上，在各出版社中，能担任技术手册的编辑也是稀缺的。对《手册》（第2卷）书稿的编审，无疑是对作者和编辑的学识水平、文字功底及综合理解能力的考验。另外，参加《手册》各卷编辑工作的部分编辑并不是学水工专业的，甚至不是水利院校毕业的，所以工作难度就更大了。但是，大家不惧困难，不退缩，在干中学，学中干，向专家请教，多查阅资料，对着密密麻麻的书稿，对照图、表、式，逐字逐词逐句地研读、思考、辨识、斟酌、核查、修改……对任何一个疑点，都"锱铢必较"、一丝不苟、精雕细刻、字斟句酌。锲而不舍的努力，硬是将1445.7万字的书稿啃下来了。

自2010年11月第2版《手册》第1卷和第5卷的书稿交到编辑手上，到2014年9

月底 11 卷全部出齐，前后近 4 年的时间里，参加《手册》工作的编辑相互鼓励，共同努力，同甘苦、共进退（在当今浮躁的社会氛围里这种高贵品质和职业精神实属可贵）。编辑人员倾尽心力的付出终于不负众望，换来了《手册》（第 2 版）的成功出版。有作者说，看到出版后的《手册》，感觉当初的辛苦写书值了！在《水工设计手册》（第 2 版）的 11 卷中，编辑的重要性将会在《手册》中凸显，编辑的作用将会因《手册》（第 2 版）的出版得到肯定。与此同时，参加《手册》的编辑出版也必使编辑的技能得到最大的发挥和提升。笔者忝为《手册》的总责任编辑，负责这样一项庞大复杂的系统工程的出版工作不是游刃有余，而是心余力绌，因此多年来始终怀着敬畏之心，不敢有丝毫懈怠，工作的要求和本身能力的差距常让自己临深渊、履薄冰，唯恐有辱使命。深刻体会到：无论遇到任何困难，必须坚定地坚持和坚守，因为世界上没有不经历艰难困苦而成功的事。

在《手册》的编、审、校以及设计、制图、排版和印制的过程中，除了 22 名责任编辑外，出版社还有不少同志参加了这项工作，《手册》（第 2 版）得以高质量地出版是大家共同努力的结果。

图书的高质量体现在内容和装帧两个方面，只有图书内容与装帧设计的完美统一才能相得益彰。由于各种图书的内容、体裁和创作风格不同，因此，装帧设计也各不相同。从这个意义上说，图书的装帧设计也属于创新工作。

《水工设计手册》是实用性、科学性很强的工具书，使用的对象是水利水电及相关技术人员、高校师生。为了与《手册》的内容相配套，《手册》编辑工作班子将《手册》的设计定位为朴素大方、端庄高雅。设计人员曾经提出过 10 多种封面设计方案，均未能让作者满意。为此，《手册》编辑工作班子就封面、扉页、版权页的设计及排版格式的设计和用材选择、印制工艺等问题与设计人员和印制人员多次交换意见，最终决定定制深绿色的意大利进口的 PU 材料作为《手册》的精装封面；在装订时，还在 PU 材料之下垫衬了一层薄海绵，使得颇有些重量的《手册》在展卷握读时有了点柔和感。之所以选择深绿色，一是借用时下流行的绿色概念，二是试图改变水利水电图书多年来一直沿用蓝色基调的风格。

为了突出《手册》的丛书名和卷书名，决定对书名采用烫金，但是烫什么颜色的金才能与封面的深绿色相协调这个问题颇费思量。经过比较，选择烫浅黄色的金后收到了最佳效果。此外，封面上除书名以外的其他元素均采用无色压印的表现形式。这样的处理，使得没有用画面装饰的封面有了层次感，显出了《手册》的品位——大气、高雅。

为了与封面深绿色的色彩相配套，精装《手册》的环衬纸选用了沙色，《手册》内芯采用了柔韧度较高的本白色 70 克双面胶版纸。正文印刷之所以采用黑色加豆绿色的双色印刷，是为了与封面的深绿色相呼应。但是，豆绿色在正文中除图以外仅作点缀，其印刷后的效果是：看起来既有色差，但两色之间反差又不大，不显花哨，不失庄重。

《手册》的正文采用了小五号字双栏排版，为了增加阅读小五号字的舒适感，还采取了适当加宽行距的排版方式。

插图是图书的重要组成部分，插图的功能是能直观、形象、简洁地表达正文所要表述的内容。实际上，在科技图书中插图的重要性并不亚于正文。

《手册》的特点之一是书中的工程图多，尤其是第 1、第 5、第 6、第 7、第 8 卷中的图各有七八百幅之多，其中有相当一部分是水利水电工程枢纽的平面布置图、水电站厂房的平面布置图和剖面图、水电站泄洪洞（道）剖面图……图中的线条相当复杂。因作者提交的图稿大部分是由原始的工程设计图缩小而成的电子图，将原图缩小到书的版心尺寸之后，就会出现大量的"并线"（黑团），而且工程图也因不能满足出版规范中应区分线型的要求而都需要重新制作。为了能向读者呈现图面清晰、符合出版标准的插图，责任编辑班子经过研究，提出充分利用正文双色印刷的机会，将图中线条以墨、绿两种颜色来表现的设计构想。这就要求编辑必须在读懂原图的基础上，根据每幅图的图名理解各幅图所要表现的主题，将图中表示主题的内容采用豆绿色线条表示，而对主题内容起衬托、说明和指示作用的内容采用黑色线条表示。每种颜色的线条仍需按照科技图的出版规范，用3～4种不同粗细的线型来区分图的不同部位。为了分担《手册》各卷编辑读图识图的困难，专门聘请了一位具有丰富描图经验的退休人员配合各卷编辑对《手册》各卷的图进行设计和修改，并在正式描图前对图中线条的线型、颜色进行有效标识。

经过有创意的修改，删去了原图中与图的主题关联不大的内容：删除了容易产生"并线"效果的过密的细部线条，删除了无关紧要的桩号、高程线和尺寸数据等。对图中表示办公区、绿化区等采取只保留外轮廓线等措施后，图的主题突出了且清晰了。《手册》出版后，作者和读者对图的效果反映也相当好。

在对《手册》各卷的编辑特别是对图的修改制作中，广大作者和作者单位均履行了他们对编委会的承诺，对《手册》的编辑出版给予了很多支持和帮助。他们当中，有的是大研究院、大设计院的总工、室主任、大专家，有的是高校的教授、博导、学术带头人，但是他们都能及时地、不厌其烦地、认真地解答和解决编辑提出的问题，特别是指派专人与出版社的编辑一起共同研究解决图的退改制作难题。

《水工设计手册》（第2版）与第1版《水工设计手册》之间的著作权问题一直为大家所关心，《手册》两位主编非常重视《手册》在修编中的著作权问题的处理，指示我们一定要处理好著作权问题并专门听取了关于《手册》修编著作权处理方式的汇报。《手册》主编在主持每一卷的书稿审查会时都反复强调这个问题，要大家在编撰中注意方法，避免出现著作权纠纷。

第1版《水工设计手册》共分8卷42章，600多万字；第2版新增了近30年来取得的新观念、新理论、新技术、新方法、新工艺等内容，共分11卷65章，1445.7万字。为了保持水利水电工程设计方面的延续性，第2版《手册》的修编仍在第1版《手册》的框架基础上，增补审核，更新了各卷各章的实际内容，对第1版《水工设计手册》的大部分内容重新作了编写，对大部分卷、章、节内容作了调整、补充和修改。

为了表达对第1版《手册》著作权人的尊重，体现第2版《手册》与第1版《手册》的传承与创新关系，在《手册》（第2版）各卷的文前部分，列出了"第1版《水工设计手册》组织和主编单位及有关人员"名单，列出了第1版《手册》"各卷（章）目编写、审订人员"名单以及第1版《手册》的前言。对个别内容变化不大的章节，采取了由第1版著作权人署名在先、第2版修订人署名在后的处理方式。对《手册》在修订过程中所参考的资料都一一列入参考文献，对重要的图、表、公式还在当页列出页下注。

《手册》（第2版）11长卷的出版虽然结束了，编辑们虽然早已又捧起其他的书稿啃读了，但是，《手册》（第2版）的出版运作过程留给大家的记忆是刻骨铭心的。有太多的帮助过我们的人我们不会忘记，有太多的值得珍藏的事我们会去回忆。

感谢《手册》的修订给了我们多少次近距离地聆听领导讲话的机会，使我们受益匪浅。

《手册》（第2版）编委会主任陈雷部长非常重视《手册》的修订工作，不但对手册的修订提出了明确的目标要求，而且表示"非常愿意和大家一道，共同努力完成好《水工设计手册》的修编工作。"部长亲切的话语给了大家不竭的动力，增强了大家的责任感和使命感。工作中陈部长亲自出席了修订《手册》的三次会议并作了重要讲话，拨冗为《手册》作序，百忙之中听取《手册》修订情况的汇报甚至亲自审查《手册》的装帧设计，为《手册》（第2版）的出版把了关。部长如此关心和支持《手册》的出版工作在出版界中实属鲜有，必成佳话。

《手册》的两位主编对我们的帮助是最直接的。两位主编是《手册》（第2版）的主要领导者，他们的学养和风范给了《手册》全新的动力。

索丽生主编在20世纪90年代就被河海大学推荐为修订《水工设计手册》的主编，提出了修订《水工设计手册》工作意见，为《手册》的修订打下了良好的基础。在整个修订过程中，索主编不但亲自审定《修编工作大纲》，确定修编目标要求，而且对编写内容有争议的章节亲自审阅，对作者在内容选择、编写要求等方面进行具体指导，对编辑工作中的疑点难点有问必答，有力地指导了《手册》的修订工作。

难忘刘宁主编对我们的帮助和对《手册》的推动。早在十八九年前，刘主编当时还在长江委工作，到北京出差时知道了我们正在提议修订《水工设计手册》的事，亲自开车带着我到他的母校清华大学去征求对修订《水工设计手册》的意见，嘱咐我多去一些高校和设计院所了解信息，给了我工作上的启发。此后刘主编一直关心《手册》的进展情况。在他调任水利部总工后，更成了修订《手册》工作的坚强后盾和可靠保证。特别在我们遇到困难时能有求必应，及时给予我们的帮助和支持让我们充满暖意，增强了信心。刘宁主编还亲自出面请潘家铮院士写序，为《手册》增色不少，现在潘院士为《手册》（第2版）所作的序已成了这位享誉国内外水工泰斗的绝笔。刘宁主编对《手册》的质量和进度也抓得很紧，毫不放松，他亲自督促作者交书稿；为了让《手册》早日出版早日发挥作用，他不停地询问每一卷的出版情况和进度，笔者接到过的刘主编催问《手册》出版进展的电话就有数十个之多。出版社的编辑感慨：刘部长对《手册》真上心！

纸短情长，借此机会，向参与《手册》修订工作的领导和同志们表示真诚的感谢！是你们的执着和辛劳圆了笔者的梦想！

出版行业注重的是社会效益与经济效益的结合，图书的价值也是用这两把尺子来衡量的。可喜的是《水工设计手册》（第2版）11卷中现已有6卷重印，两个效益已初见端倪，各方的赞誉已纷至沓来……相信《水工设计手册》（第2版）一定不会辜负几百名作者和出版者的期望。

专业素养与专注态度是
审稿工作的基本保证

第 1 卷责任编辑　阳　淼

做《水工设计手册》（第 2 版）的责任编辑工作，其实自己纯系半路切入，并未参与全程。正式直接参与《手册》的工作已是选组后期——大约 2010 年 10 月，担任了第 1 卷的第二责任编辑——原想偷点懒的，打着如意算盘：《手册》的总责任编辑王国仪，同时又是本卷的第一责任编辑，不仅年长于自己，而且无论从对《手册》的宏观把握，还是对具体工作的细微处理，于公于私，重大问题有王总在前，自己当然会轻松得多。实际上，此前本卷的许多宏观、重要的工作确实都由王总一力承担了，因此，自己正好可以在具体的审稿方面多下点工夫。

第 1 卷是《基础理论》，包括 1 章"数学"、4 章"力学"以及 1 章"计算机应用技术"，涉及的数学深、学科多、门类杂、范围广，显然不是一项轻松的工作。按计划，本卷被安排在第一批出版，并拟成为后续各卷出版的参考模式，一下被拔到这样的高度，顿时倍感压力山大。因为，按精品书要求的编辑质量和版式设计，包括书稿体例、图稿大小、封面设计、装帧形式等一系列具体问题都一下子被摆在了面前，样样需要"摸着石头过河"。

为了能让第 2 版《手册》从内容到形式以全新的姿态亮相，经过深入讨论后决定，图表均采用双色印刷，这是有别于第 1 版的一次创新。让人始料不及的是对图表标染双色的工作，其整个过程远比想象中要复杂得多，工作量也大得多。为达到精品书的要求，包括"三审"编辑及版式、图稿、封面设计以及排版、出片、印刷等一干人员，在文字审稿、图稿缩尺、版式设计、录入排版的整个流程中，从工艺到设计再到生产周期甚至到每一个最基本的细节，都曾有过各自的坚持，也有过激烈的争执；有过最初的设想，也有过否定之否定的反思。方案几经讨论、几易其稿，甚至为此曾多次召开过生产协调会。但令人欣慰的是，每一次的激烈争执、每一次的否定之否定、每一次的具体探讨、每一次的民主与集中，都能使参与工作的人员进一步达成共识、凝聚成智慧、碰撞出火花、产生出新的方案，并使得各种设想逐步朝着"好书"迈近一步，再迈近一步。

第 1 卷涉及专业多的特殊性，决定了"三审"工作必须严格，这是工作重点。因此，"三审"工作均配备了能力较强的资深编辑，这为确保整体出版质量打下了较扎实的基础。

为了保证出版进度，编辑们对各章交叉"三审"。为保证出版质量，"三审"后特别增设了"加审"环节，而本卷加审的具体工作则基本由自己承担了下来。虽说"加审"理应多从宏观入手，但多年来在工作中养成的专业素养与专注态度以及对本卷出版质量的高要求，都使得自己在加审过程中未敢掉以轻心，许多地方还是多从细节入手，不仅再次对本卷书稿进行了认真梳理，也确实从中发现了一些比较重大的问题，有些甚至属于原则性的。这些都在向卷主编汇报以及与作者沟通时，获得了极大的肯定，这让自己感到欣慰。

作为第1卷责任编辑之一和技术组成员，主要参与了第1卷的编审、加审以及另外3卷的加审工作。在整个审稿过程中，采用了自己日常惯有的工作方式——充分利用了已有的第1版相关卷章进行了比对（特别是第1卷），这样的比对使第2版的"三审"和加审工作均有了参考依据，也使自己有机会及时发现了第1版中存在的疏漏及不足，并在征得卷主编和相关作者的同意后予以合理地补充和更正。这一点在第1卷中效果尤其明显，也因此获得了卷主编以及各章作者相当的肯定和赞赏。

众所周知，图表是比文字更"直观、形象、简洁"的表达方式，尤其是对《手册》而言，表格有它的不可替代性。现仅以第1卷的表格为例予以说明。

（1）第1版《手册》第1卷中，有的表中图在编号时并未涉及表号而是直接参与了正文图按节进行的大排序编号。这种表中图的编号看似是整节大排序但实际上编号在类别上已经产生了交叉。例如，第1版中，表的编号为表2-1-1，表中6个图的编号为图2-1-1至图2-1-6，而正文图的编号是接续的图2-1-7……即表中图的编号未涉及表号却延伸至正文图的编号中。若此，在其他地方引用表中图时会产生两种结果：一种情形是由于图2-1-1是跟着正文图大排序的，因此读者可能不会想到该图已包含于表2-1-1中而在表中寻找，相反会按照传统的阅读习惯在正文中寻找图2-1-1，但实际上正文图中又并未出现图2-1-1，其结果是很可能找不到或者很费时才能找到；另一种情形是须采用"见表2-1-1中的图2-1-1"的方式才不致引起歧义，但表达上又显得不够简洁。实际上，自己在比对第1版时，就曾经因该问题而兜过圈子，大费周折。因此在审稿时本人建议：将这部分图重新按表中图单独编号，既避免了表中图与正文图的编号交叉，也便于在引用时采用"见表2-1-1中图a"之类的方式，既简洁，又不会产生歧义。

（2）第1版《手册》第1卷中，有不少表格缺少必备的栏头设置。虽然所有表格的内容也列于表中了，但由于表格设计不规范，导致表中内容的类别或归属不清晰；此外，除了视觉上有不适之感外，还会让读者在查阅时有一定障碍。因此在审稿时本人建议：增加栏头设计，使得这类表格的形式达到了规范、清晰和查阅便捷的要求。

（3）第1版《手册》第1卷中，一些表格尽管表名、表头、栏头、表中内容各个要素齐备，但仔细审核时却能发现表格的设计是有缺陷的，有些甚至还是比较严重的缺陷：有些表名欠妥或意思表达含混，有的栏头空置或概念上容易产生歧义，有些表格缺少准确的对应关系等。因此在审稿时，本人针对这些缺陷提出了改进意见，而这些意见也均为作者所肯定和接受。

实际上，在整个审稿过程中，为了弄清楚一个概念、一个术语、一个公式、一个符号，本人坚持"大胆质疑，小心求证"的原则，不放过任何疑点，甚至有时与作者沟通、交流、定稿至深夜。

此外，在第1卷的"三审"工作完成后，有作者"有一小节需全部替换成新内容"；在一校样阶段，又发现某章有"七八十页的内容涉及侵权"，需重新编写。显然，这部分内容的审稿工作需重新进行。但是，能在出版之前及时处理这些疏漏还是非常有意义的。

2011年9月18日首发式那天，当像一块块城砖一样厚实的《基础理论》卷被堆摆成精美的书花的时候，真觉得霸气，甚至感觉——那就是堤坝，那就是城墙！当将散发着墨香、隽秀规整、重点突出、双色印刷的"成果"捧在手里的时候，本人相信，感到欣慰的也绝不仅仅是我们出版人。这时，作者们也都相当地释然了，并对当初审稿时的"较真"纷纷赞赏有加。首发式上，先期出版的两卷获得了一致好评；自己也悄悄地舒了口气：无论如何算是有交代了！与这一刻的欣慰相比，之前的一切艰辛与委屈又算得了什么呢，浮云了！

那样的日日夜夜，虽然非常辛苦，于本人也或将不再；但，经历了，不会后悔，也很珍惜。

借此机会，也请允许我真诚地感谢为本卷的出版付出过辛勤劳动的所有的人们！

质量为先　追求精品

第 2 卷责任编辑　王志媛　王若明

历经 13 年的不懈努力，《水工设计手册》（第 2 版）修编工作终于在 2008 年 2 月正式启动。这是我社出版史上的一件盛事，也是考验我社出版水平和质量的一件大事。

《手册》编委会主任、水利部部长陈雷在启动会上"要使第 2 版《水工设计手册》真正成为广大水利工作者的良师益友，水利水电建设的盛世宝典，传承水文明的时代精品"的热切期望成为《手册》编写质量的目标定位，更是编辑出版过程中时刻衡量编辑出版质量的不变标尺。正是在这样高质量定位的前提下，出版社对出版质量的把控一直贯穿在编辑、设计、排版、校对、印刷、装订等环节的全过程中，始终没有放松。

1　提前准备，周密部署

1.1　责任编辑的遴选

为与《手册》修编启动后的各项工作能够更好地衔接，出版社早在修编工作策划和预启动过程中就做好了编辑环节的各项准备。总责任编辑王国仪为 11 卷配备了业务精干、具有组织协调能力的第一责任编辑，他们全部为中层业务骨干或资深编审；同时，在全社范围内又遴选出 11 位专业功底扎实的专业编辑作为第二责任编辑。

1.2　编辑规则的订立

为使编辑出版工作更加有据可依、标准统一，总责任编辑针对编辑审稿工作专门成立了技术组。技术组由三位资深编审担任，负责编辑审稿过程中编辑规则的制定和疑难问题的解决。起初，技术组编制了《编辑加工和审稿细则》，随着《手册》的陆续交稿和编辑工作的全面展开以及书稿中各种问题的不断出现，技术组随后又相继出台了《加工细则补充规定》、《图稿编辑加工注意事项》、《双色设计具体要求》和《审稿要求》等多项编辑审稿规定，以指导各卷的编辑审稿工作。

2　注重细节，把控过程

《手册》从编写到交稿，经过了作者、专家的无数次讨论和修改，责任编辑几乎参加了所有的章审、卷审和全书审稿会。审稿会上，责任编辑会就书稿的体例结构、图表公式、参考文献等内容提出具体的编写要求，待下次会议时再全面检查。出版社日常的编辑出版工作在印刷前要经过三审四校，即由三位编辑对作者的定稿进行加工、复审和终审，排版后进行一、二、三校和印刷前的核红点校；而针对《手册》的精品定位，编辑不仅要在加工阶段逐字逐句地看，而且在复审和终审阶段也要像加工一样字斟句酌，要检查标题与内容的协调、图表与文字的对应、公式表述与式中解释的统一、引用内容的准确性、计量单位的正确性等各类问题。特别在二校后，又专门增加了一次编辑加审，11 卷的加审工作全部由技术组的编审负责；点校前，再增加一个校次；在印刷前，由工厂打印出和出书版式一样的蓝样稿，由总责任编辑最后把关后才能送厂印刷。如此反复、细致的编辑工作，其目的是尽最大努力将书稿中的差错消灭在印刷之前。不仅如此，《手册》修编工作启动前后，出版社还将《手册》申报了国家规划重点图书，并获批准。

3 领导重视，严格要求

《手册》各卷在编辑过程中，不时会遇到各种问题，例如：术语如何统一，公式中的单位如何表达，表格中的表头如何摆放，算例与正文如何区分，引用的内容如何表述；描图过程中，表示主体内容的绿色和表示辅助意义的黑色如何界定；排版过程中，公式过长超过版面的半栏如何处理……所有这些问题，总责任编辑都要组织编辑、排版人员共同商讨，有的问题还要查到修改所依据的资料。排出的版面不仅要正确，还要美观，经常是试验了几十页样稿，才挑选出一页满意的版式作为最终的排版标准。

《手册》在我社的生产任务单上永远都排在第一位。为了保证出版质量和进度，我社社长多次主持召开专题办公会，听取编辑和生产部门的工作汇报，针对存在问题布置具体工作方案。分管编辑、生产和营销的各位副社长同样是经常召开碰头会，随时了解各方工作状态，查找问题，积极协调各个环节的生产。

4 作者配合，精益求精

我们担任责任编辑工作的第 2 卷《规划、水文、地质》共 7 章，作者均来自规划设计单位或高校，都是技术领导和中青年业务骨干。在梅锦山、侯传河、司富安三位主编的主持和协调下，第 2 卷在卷审稿和全书审稿前，每一章都开过了章审稿会。大到篇章结构，小到标点符号，审稿专家都提出了具体细致的审稿意见，每一次修改，质量都有很大提高。在出版前校对修改的两三个月中，全体作者更是在百忙之中给予了高度的配合。长江勘测规划设计研究院规划处副总工程师黄建和即便是在国外出差也会第一时间接听编辑的电话或及时回复信息，答复书稿中的疑问。河海大学水利水电工程学院的沈长松教授在元宵节赶到北京和编辑一起审改校样。水利水电规划设计总院勘测处处长司富安在出差回京的短暂几天里，不辞辛苦，高效、准确地解决了书稿中的大部分问题，遗留的问题都是在会议、出差的休息时间解决的。长江水利委员会水文局长江水文水资源分析研究中心副主任张明波和黄河勘测规划设计有限公司规划研究院副院长安催花多次利用双休日逐字逐句地与编辑核实确认书稿中的问题。和安副院长同在一院的高级工程师张建则是经常被编辑们留到下班或会后，不厌其烦地与他们探讨解决书稿中的问题。中国水利水电科学研究院水资源所的尹明万教授除了快速、精准地解决书稿中的问题外，还帮编辑看出了一些版式中的问题。中水北方勘测设计研究有限责任公司规划处高级工程师吴晋青的认真细致更是令人钦佩，在外出差时宾馆房间信号不好，她就把电脑搬到大堂和编辑解决问题。最令人感动的是，长江勘测规划设计研究院规划处副总工程师安有贵出差回国后没有回家而是先到出版社审改校样，返回武汉时竟然误了飞机……所有作者们的倾心努力，都让《手册》的质量大大提高。

5　收官之时，编辑加油

本卷编辑在审稿和校对过程中，对于其中出现的各类问题，不知商讨、修改、统一了多少次。但即使这样也还是免不了有疏漏，因为不断有改动，就会牵一发而动全身。为了让我们这卷最大程度地趋近完美，出版前，我们两位责编又对全书进行了如下方面的核查和统一：

（1）对每章前的导言进行了叙述风格的横向统一，对其中涉及的第 1 版内容、标题等与原书进行了核对。

（2）对各章编写及审稿人名单与作者进行了反复核对。

（3）对每章体例序号及标题是否与正文内容相符进行了核对。

（4）对图名、表名及其在文字中的叙述以及公式的文字解释、标点等，在章内进行了风格上的统一。

（5）对塌岸（坍岸）、拟定（拟订）、防洪对象（防护对象）、进水口（进出水口）、分洪区（分蓄洪区）、蓄水（蓄供水）、挟沙力（挟沙能力）之类容易混淆的术语进行了全书核查、统一。

（6）对所引用的《手册》本卷或其他卷内容的章节号、内容名称及具体内容，与相应内容进行了核对。

（7）对所有引用规程规范的内容、名称和编号及引用第 1 版的图和表都与原文进行了核对。

（8）对所有引用规程规范内容特指或泛指的情况，在其标号上作了保留或删除的区分。

（9）为防止与正文混淆，将算例与正文用虚线进行了分割。

（10）对参考文献中的各项信息大部分与原书进行了核对，对不同章之间参考的同一书目进行了统一，对书名后的分类号（如 M、R、G、J 等）逐一进行了分析、区分与核对。

……

如今，《手册》已经全部出版。回想 6 年来与《手册》共同成长的历程，心中无比充实，因为有了精品的定位，所以才有了追求精品的轨迹和欣赏精品的喜悦。正是由于全书主编、卷（章、节）主（参）编、审稿专家、编委会办公室人员、总责任编辑、各卷责任编辑及出版人员的共同努力，我们才打造了这一套鸿篇巨制！衷心希望《手册》（第 2 版）能像第 1 版《手册》那样，为当今乃至今后几十年的水利水电建设当好参谋，而且经过实践的检验，真正成为水利部部长陈雷所希望的"良师益友、盛世宝典、时代精品"。

对标、提升与缝补

第3卷责任编辑 黄会明 李忠良

《水工设计手册》自20世纪80年代出版发行以来，深受广大水利水电工作者的欢迎，成为他们案头必备的工具书。但随着水利水电新技术的广泛应用和新时期治水方略对水工设计的新要求，修编、再版《手册》越来越显得必要。作为水利水电专业编辑，能有机会参加新版《手册》的编辑出版工作，无疑是非常幸运的！当初我们接受任务时的心情是既高兴又忐忑，害怕因为编辑的工作不到位而给《手册》修编留下遗憾。今天，当手捧沉甸甸的新版《手册》，兴奋之情难以言表！自2008年《手册》修编工作启动到2013年6月新版《手册》第3卷正式出版，前后有5年多的时间。本卷全书1354千字，分"征地移民"、"环境保护"、"水土保持"3章，从编写、审稿到后期编辑出版，责任编辑均参与其中。现将所做的"对标"、"提升"、"缝补"工作述要如下。

1 定稿前"对标"

这里的"标"是指《手册》的修编工作大纲、《手册》主编提出的编写要求、审稿要求、定稿要求等。

首先是篇幅。《手册》的修编工作大纲对每一卷的篇幅都有明确要求：每卷字数在60万~90万字之间，每章字数在10万~20万字之间，根据内容要求可增减。而本卷第2章"环境保护"在2011年8月审稿时，仍有近80万字。

其次是格式、体例。《手册》的修编工作大纲最初提出的是中式体例，后调整为西式体例。

第三是用词用语。手册的语言不同于一般科技书，要求"不推导、不叙述、重结论、供参阅"。少论证过程，多给方法结论和使用条件，多附图表公式和最新的统计、权威资料。

第四是插图。要求图稿中的线条与文字清晰可辨，突出主题。

另外，还有与各卷之间的协调、标准引用、量和单位、保密、知识产权保护等方面的规定。对于这些要求，责任编辑都在不同的场合不断地与作者沟通、宣讲、磨合。感谢本卷的主编和所有的参编人员，有了他们的配合与辛劳，我们才有今天的成果。

2 收稿后"提升"

2012年2月1日，我们拿到《手册》第3卷定稿，随即展开稿件初审工作。初审发现，之前各章审稿会上所提问题多数已得到解决，但仍存在一些问题，主要包括：第1章"征地移民"未使用西式体例；第2章"环境保护"篇幅仍稍显大，编写语言距离"不叙述、重结论"的《手册》修编要求仍有差距；第3章"水土保持"的许多插图不清楚，没有达到交稿"清（楚）"的要求。我们向《手册》编委会办公室报告了这些情况，并与主编单位进行了沟通。最终，第1章由责任编辑在稿子加工时修改；鉴于水利水电工程环保工作的实际情况，第2章的篇幅基本保留原状；第3章图的问题，请责任编辑提出需要修改的插图清单和修改要求，由主编单位按要求修改。

第3章插图的问题比较典型，是决定最终图书质量的关键，因此，我们花费的时间精力较多。该章图的问题主要表现在工程布置图上，例如图3.5-4、图3.5-5、图3.5-9、图3.5-18、图3.8-18、图3.8-19，等等。这些图仅是A3工程图（设计图或施工图）的缩小扫描，作者没有专门为本书使用而作简化和描清。这些工程图非常复杂，缩小扫描插入Word文档后模糊一片，无法识别，更不用说阅读使用了。因此，我们首先根据书中文字叙述对所需要的内容进行识别，去除无用的部分（"简化"），然后对保留的内容进行分析描图（"描清"）。为解决该问题，指导作者描图，我们专门制作了"需要重新简化并描清的图的清单和描图举例"文件，通过校稿会当面向编者举例说明如何简化和描清工程布置图。最终的效果非常不错，大大提高了书稿的整体质量。

3　编辑三审"缝补"

2012年2月15日，我们启动第1章的编辑加工，全书编辑工作正式开始。4月16日，全书加工工作初步完成。与此同时，复终审工作几乎同步进行。稿子三审名义上也是"审稿"，但其与交稿前的审稿（"预审"）在工作内容上区别很大。这里是逐字逐句通读全稿，读的过程中要发现问题、修改谬误，既包括专业内容上的问题，也包括语言修辞上的问题。对于前者，我们多记录下来与作者确认后解决；而对于后者，我们一般可直接修改。这项工作浩大而繁琐，虽不起眼，但对保证书稿的出版质量却极为重要。下面简单举几个例子说明。

（1）稿中存在标题或总括性段落与下面正文内容不对应的问题。例如：第2章"环境保护"之"2.4.4.1　对气温的影响预测与评价"，题目如是，而下文叙述中却只见"预测"而无"评价"。同样第2章中某处，有"饮用水水源保护区内面源污染控制工程主要是农田径流污染控制工程，通过……"一段总括性文字，而下文中却分"1）农田径流污染控制工程"、"2）农业生态工程"分述面源污染控制工程，上下叙述不一。这些问题需要我们与作者逐一核对，逐处修改，有的甚至要重新增补或替换稿子内容。

（2）稿中许多概念、专业术语前后表述不统一。例如："渣场"与"弃渣场"，"非常工况"与"地震工况"，"盖度"与"覆盖度"，"瑞典圆弧法"与"瑞典圆弧滑动法"，"一级评价、二级评价、三级评价"与"1、2、3级生态影响评价"，"三日洪量、五日洪量、七日洪量"与"3日洪量、5日洪量、7日洪量"等。同时，许多概念、单位混用，例如："坡度"与"坡比（坡率）"、"容重"与"密度"，"g/cm^3"、"N/cm^3"与"t/m^3"、"kN/m^3"，渗透系数"cm/s"与"m/s"等；许多不规范的表示方法并存，例如："$\phi14$以上直径"、"铁丝直径2mm"、"$\phi8\sim\phi16$的钢筋"、"$\Phi10cm$"。这些不统一、不规范甚至错用概念的问题散布全卷，我们只能在三审中一处处发掘纠正。

（3）稿中许多标准、规范、规程的名称、编号引用不准确，或不完整，存在国家标准与行业标准、水利标准与电力标准、新标准与旧标准（已被替换标准）的交叉混乱使用问题。

例如：《水利水电工程水土保持技术规范》（SL 204）正确写法应为《开发建设项目水土保持方案技术规范》（SL 204—98）；《岩土工程勘察规范》（GB 50021）完整表述应为《岩土工程勘察规范（2009 年版）》（GB 50021—2001）；《水工钢筋混凝土结构设计规范》没有列出规范号，不知是指 SL/T 191—96，还是指 SDJ 20—78，等等。这些也需要我们逐一核对修改。

（4）稿中存在一些虽表达无误但略欠简明的语法修辞问题。例如，标题设计不够简明："3.1.2 基本要求 3.1.2.1 水利水电工程水土保持设计原则 3.1.2.2 水利水电工程水土保持设计规定"，我们简化为"3.1.2 水土保持设计原则与设计规定 3.1.2.1 设计原则 3.1.2.2 设计规定"；"3.11.2.1 植被恢复与建设工程类型 3.11.2.2 植被恢复与建设工程的适用条件"，我们简化为"3.11.2.1 工程类型 3.11.2.2 适用条件"等。又如，引用的一些文献没有指明出处或来源："土石方开挖，其施工方法参照'土石方工程'施工；砌石护坡施工，其施工方法见'砌石工程'"，这里所述的"土石方工程"、"砌石工程"内容具体指什么？是指《手册》某卷内容还是别的书籍？这些我们一一请作者复查，直到弄个水落石出。

稿子三审完成之后，即进入联系作者解决三审发现问题的阶段。与作者联系解决问题的过程漫长、细琐而反复。记得为解决第 2 章"图 2.8-4 尤先科孵化器"平面图与立面图视图不对应、图看不懂的问题，我们先后联系两家设计院和一个渔业试验基地的 5 位同志，从设计院到施工公司，最终在某设计院"见过实物也会画图"的专家那里才使问题得到了最终解决，前后历时两个多月，期间电话、邮件、QQ 联系无数，我们联系解决问题的人也被追得很烦。不过事后再看，这正是编辑职业精神展现的过程，也是全书质量得以保证的基石之一。

4 本卷特点简析

2013 年 6 月，新版《手册》第 3 卷正式出版，全卷工作告结。与其他卷相比，第 3 卷比较特殊，主要表现在以下两个方面：

（1）同一卷内包含征地移民、环境保护、水土保持 3 个专业的内容，而且彼此关联不多，各有特点。这直接带来需要 3 个专业的知识储备、需要面对 3 支作者队伍、需要总结 3 份编辑方针、需要撰写 3 份编辑报告、需要召开 3 次校稿会议等问题。基础工作量成倍增加的同时，相关协调工作量也大幅增长，责任编辑面临的挑战可想而知。

（2）该卷为《手册》新增内容，三个专业是后期逐渐发展起来的新专业。由于内容编纂没有基础框架、没有参照，所有工作都需要从头做起，这样就存在经验不足、易走弯路的风险。另外，作为较新的专业，许多内容还在逐步发展完善中，只有实验而没有理论，只有方法而没有模式，这就造成总结表述的困难，编辑修改书稿的难度也相应增加。

面对这些困难和挑战，我们不畏惧，不逃避，本着严谨、负责的态度，对书稿编辑过程中所发现的问题，逐一梳理，逐一解决，尽最大努力把好本卷内容的出版质量关，不辜负组织者的辛苦筹划和编撰者的心血付出。当然，限于我们的能力和出版进度的要求，工作疏漏在所难免，欢迎各位专家和读者批评指正。

着手细节　精益求精

第 4 卷责任编辑　马爱梅　陈　昊

　　《水工设计手册》（第 2 版）第 4 卷《材料、结构》共包括 7 章，由多家单位共同编写完成。本卷的特点是参数多、指标多，多以表格形式呈现。这些参数与指标均来自多项国家标准和行业标准。因此，本卷引用标准数量众多。编写者在引用标准中的相关表格时，难免百密一疏，稿中存在一些抄错或抄漏现象。

　　在拿到初稿时，责任编辑就注意到了此问题。2009 年 10 月在西安召开的审稿会上，责任编辑就稿件中引用标准存在的问题向编写者们提出了具体编写要求和相关说明：

　　"关于引用规范标准，一定注意不要引用错。引用部分，除了文字保证一字不错外，如果此引用部分有一定的体例形式，则体例上也不要错。如引用某个表，则这个表的形式，不论是表中内容还是表格的排版形式，都应与原规范标准保持一致。"

　　"涉及标准内的图，甚至是复杂的表、复杂的公式，为减轻作者的排版工作量，可以将这些图、表、公式扫描下，然后以图的形式插入到 Word 文档中。只要保证稿件上字符、线条等的正确性，出版社会采用技术手段将其转化为文字、图、表等。"

　　"对规范、标准等不要随意使用简称，如 '96 规范'、'《水工统标》' 等。规范、标准是有着严格的命名规则的，故在每章中，第一次出现某规范时，应写清规范的名称及其标准编号，本章内再次出现时，只写清其标准编号即可。"

　　编写者们对以上意见非常重视，修改后再次提交的样稿，涉及引用标准的部分的稿件质量都得到了明显提高。但因稿件为多家单位共同编写，引用标准间的相互协调问题仍然存在，抄录错误亦非个别现象。

　　为了彻底解决以上问题，在三审阶段，加工编辑陈昊、复审编辑马爱梅、终审编辑阳森分阶段进行了深入细致的把关和核对，一一精细核对书稿中所有标准。加工编辑陈昊一直从事水利行业标准的出版工作，熟悉标准的编写原则和技术要求，他将书稿中涉及的水利标准全部调出纸质图书，一项一项核对；涉及的国家标准及其他行业标准，则一部分从中国标准出版社购买，对相关数据仔细核实，另一部分通过网上检索资料进行核实。由于网络信息鱼龙混杂，准确性难以保证，复审编辑马爱梅对每一条无法在纸质正版图书中得到印证的数据，反复地从多角度、多渠道进行核对，从海量信息中精准分辨，确保书稿中数据的真实和准确。终审编辑阳森在加工、复审工作的基础上，对每一个表格、每一项标准都精益求精地复核和把关。她的审稿报告详尽而精准，录入到电脑后多达 3 万余字。

　　例如，原稿中作者引用行业标准为：

表 7.2-1 　　　　　　　　　　《水工建筑物抗震设计规范》土的类型划分

土的类型	土层剪切波速范围 v_{se} （m/s）	代表性岩土名称和性状
坚硬场地土	$v_s > 500$	岩石，密实的砂砾石层
中硬场地土	$500 \geqslant v_s > 250$	中密、稍密的砂砾石、粗、中砂，坚硬黏土
中软场地土	$250 \geqslant v_s > 140$	稍密的砾、粗、中砂，软黏土
软弱场地土	$v_s \leqslant 140$	淤泥，淤泥质土，松散的砂，人工杂土

注　v_s 为土层剪切波速；如有多层土，取建基面下 15m 内且不深于场地覆盖层厚度的各土层剪切波速的厚度加权平均值。

经编辑与《标准》进行核实，发现原稿中符号"v"的下角标与《标准》不同，表注亦有所不同，故按《标准》修改为：

表 7.2-1 　　　　　　　　　　　土 的 类 型 划 分

［《水工建筑物抗震设计规范》（SL 203—97、DL 5073—2000）］

土的类型	土层剪切波速 （m/s）	代表性岩土名称和性状
坚硬场地土	$v_s > 500$	岩石及密实的砂砾石层
中硬场地土	$500 \geqslant v_{sm} > 250$	中密、稍密的砂砾石，粗中砂及坚硬黏土
中软场地土	$250 \geqslant v_{sm} > 140$	稍密的砾，粗、中砂，软黏土
软弱场地土	$v_{sm} \leqslant 140$	淤泥，淤泥质土，松散的砂，人工杂土

注　v_s 为土层剪切波速；v_{sm} 为土层平均剪切波速，取建基面下 15m 内且不深于场地覆盖层厚度的各土层剪切波速，按土层厚度加权的平均值。

不同的《标准》中，对同一个量的表述名称并不相同。如第 4 卷表 1.9-9、表 1.9-10 中的"断裂延伸率"［引自《改性沥青聚乙烯胎防水卷材》（GB 18967—2003）、《自粘橡胶沥青防水卷材》（JC 840—1999）］，表 1.9-13～表 1.9-15 中的"扯断伸长率"［引自《高分子防水材料　第 1 部分：片材》（GB 18173.1—2006）］，表 1.9-20～表 1.9-23 中的"断裂伸长率"［引自《聚合物乳液建筑防水涂料》（JC/T 864—2008）、《聚氯乙烯弹性防水涂料》（JC/T 674—1997）、《聚氨酯防水涂料》（GB/T 19250—2003）、《喷涂聚脲防水涂料》（GB/T 23446—2009）］，其实是同一指标。这些表收集于不同的《标准》，按照处理原则，这些指标必须保持原标准中的称谓，不允许做改动。编辑们一个一个地仔细核对这些名称、术语，以确保编写者抄写时无误。

有的编写者为求简单，将《标准》的编号直接一放，或者只放《标准》的名称而缺少标准编号，这就造成了信息的不完整，读者也很难从其中看出这是哪一本《标准》。编辑们通过权威的国家标准委信息库和国家工程建设标准化信息网一一进行核实，保证《标准》的名称信息完整、准确无误。

例如：原稿中提及"聚合物水泥复合防水涂料（JC/T 894）"，经核实，《标准》中的名称应为"《聚合物水泥防水涂料》（JC/T 894）"；原稿"JTJ 275"，经核实，补全名称为"《海港工程混凝土结构防腐蚀技术规范》（JTJ 275）"；原稿中"《水工建筑物抗冰冻设计规范》",经核实,补全《标准》的编号为"《水工建筑物抗冰冻设计规范》(SL 211—2006)"。

此类核实工作枯燥、无味,而且极耗精力与时间。但为了《手册》的整体质量,也为了读者得到最准确、实用的权威资料,全体编辑们还是无怨无悔、默默无闻地完成了全部相关工作。

以上仅仅是编辑工作的一个缩影。手册的编写者们同样在呕心沥血、精益求精。

第4卷两位主编白俊光、张宗亮的工作真正体现着水利行业"献身、负责、求实"精神。作为卷主编,他们在本卷的内容架构上兼收并蓄、高屋建瓴,在审查研讨中豁达民主、入情入理,在技术细节上求真务实、细致入微。白俊光主编在来京路途上都拿着稿子反复推敲,不断地标注、修改;到京后即马不停蹄地约见各章主编及所有编写人员。在宾馆房间里,他几乎是逐字逐段地提出自己的修改意见,每提出一个建议都会讲出其中的理由和具体修改细节,甚至有几处公式推导的细节错误也一一指出。各章主编们同样兢兢业业,为了一个数值的准确而多方求证,为了绘制一张图的细节而小心谨慎,为了一句表述而反复斟酌……

正是由于所有编写者们的孜孜不倦、笔耕不辍,编辑们的一丝不苟、精益求精,这部体现了近30年来我国水利水电工程设计与建设的宝贵经验和优秀成果的《手册》才得以面世。惟愿《手册》能存史传世,传播科技,传承文明,惠及子孙!

整体把控与细节处理

第 5 卷责任编辑　李忠胜　李　亮

　　《水工设计手册》（第 2 版）经过 500 多位专家学者多年的艰苦努力，现已陆续出版。能够成为《手册》第 5 卷《混凝土坝》的责任编辑，荣幸之至。回想起该卷的编辑加工、图稿整理、作者交流、出版印刷各项工作，一幅幅画面不断闪现，感慨万千。

　　《手册》是国家规划重点图书，更是水利水电建设的盛世宝典，参与其中的编辑出版工作，对编辑而言，无论从业务能力还是思维方式上，都是一次考验、一次锻炼、一次提升。在处理复杂书稿及随之而来的项目运作的事宜中，编辑应该具备并且可以从中提高两种能力。

1　宏观把控能力

　　《手册》本身就是一部鸿篇巨制，各个分卷麻雀虽小，五脏俱全。笔者所负责的第 5 卷，涉及的作者就有十几家单位的 60 余人，要配合分卷主编协调运作这么一部大机器，绝非易事。记得第一次参加该卷审稿会议时，面对如此多的专家学者，不禁战战兢兢，不敢多言。但随着编辑事宜的逐步深入，加之总责任编辑王国仪的不断鼓励和鞭策，逐渐融入其中，也总结出了一些经验以供分享。

1.1　逻辑结构

　　本卷共 6 章 58 节，各章各节都由不同的作者完成，而整本书肯定是有整体侧重、舒缓有度，但在具体编写时，作者往往对自己最为擅长的部分着墨最多，因此编辑站在深度不够但广度足够的客观角度上，对各个章节的篇幅、内容侧重、逻辑重点等均会及时提出建议。在编写之前，对大纲的再三论证雕琢实际上是为了提高以后的编写效率。大纲的讨论越细致越好，直至确定三级标题、各节字数、配图要求等。

1.2　关系协调

　　分卷编写者如此之多，如何捏合成一个整体力量，对编辑能力是一个巨大考验。往往会上说的整体建议，要在会后点滴落实；会上观点默认，但会后作者可能会有不同意见，要及时沟通以免落实有误；会上修改意见庞杂琐碎，需要逐一落实到具体章节、反馈给相应作者。担任编写任务的作者都是各单位的业务骨干、管理精英，担负着各自单位的重要工作，他们均是在业余时间编写书稿，因此要保证分卷的统一进度，需要不断追踪协调卷主编和具体编写者以及编写者之间的编写进度。尤其还会遇到临时更换作者的情况，更要花费精力。

1.3　图表处理

　　《水工设计手册》之所以称为手册，突出工程实践和图表讲解是重要特征。在第 5 卷中，工程图和数据表格数量巨大，对它们的处理也充分体现了宏观把控的质量要求。例如有很多体现整体概况的工程图，结合文中说明是不需要了解具体细节的，只需知道高程、占地情况、工程平面等即可。但作者提供的，往往是未经处理的实际大图，各类细节数据均罗列图上，因此如何取舍数据、展现图书文字所述内容就是编辑、制图人员和作者相互沟通确定的重要工作。以往出版社在处理图稿时，往往图文分离，描图、制图人员单独作业，与书稿文字处理并行不交叉。但在分卷的实际处理过程中，这种模式带来了很多问题：书稿内容庞杂、对应作者众多；所提供图片与文字内容紧密相关，编辑和制图人员不能够单独决定取舍。如果按照常规方式立即投入描图工作，就会造成巨大的人力精力浪费。因此，图文在一开始就要结合在一起处理，从而保证进度统一、事半功倍。在本卷出版流程中，对校样的修改就采用了作者代表、制图人员、责任编辑三方人员封闭集中两天修改的方法，三方人员采用流水作业的方式，指出问题、解决问题、审核问题，各章节内容交替进行，效率显著提高。

2　细节处理能力

编辑处理书稿问题的最重要特征之一，就是解决细节问题。本卷书稿的加工编辑是方平、宋建娜，复审编辑是穆励生，终审编辑是王照瑜，他们付出了巨大努力和心血，为书稿的质量提升立下了汗马功劳，是本卷得以顺利出版的幕后英雄。对于前后统一、体例格式、数据验证、字词修改等若干技术细节处理不再一一赘述。在此总结几条如何高效解决细节问题的心得，仅供参考。

2.1　利用已有素材提升书稿质量

我社经过几十年的发展和积累，保存有海量的科技图书和教材，其中的图片包括工程图、照片等均已经过社内制图人员精心处理并存为电子文件，是一笔不小的财富，可以予以重复使用。本卷中有许多工程图，作者提供的图稿有些不太清楚，有些则信息量太大，需要进行取舍。通过对我社已出版相关图书的筛选，从《重力坝设计二十年》、《拱坝设计与研究》、《21世纪中国水电工程》、《二滩水电站工程总结》、《中国百米级碾压混凝土坝工程图集》等图书中挑选相关的图片，并交相关作者和卷主编进行确认，替换原有的图稿，保证了图稿的质量。

2.2　前后对比进行数据统一

图书出版过程中的重要工作之一，就是实现内容上、体例上的前后统一。科技图书对数据的一致性要求尤其严格，因为只有这样才能保证图书出版后的权威性和科学性。本卷中有许多表格列出了坝的相关参数，责任编辑在编审书稿的过程中发现，同一个坝的同一个参数在不同的表格中都会出现，在正文中也会提到。如果不进行前后对比，则会出现数据不一致的情况。如"东风拱坝"的"坝高"就出现了150m、153m、162m、163m、166m等5种不同的数据，造成参数不同的主要原因是数据来源和计算方式不同。经与卷主编确认，最终统一为153m。

2.3　利用软件功能提高工作效率

图书出版行业是一个传统的、成熟的行业，有不少既定流程和方法，但随着社会的快速发展，数字化运用在工作和生活中无处不在，充分利用其带来的便捷和高效应该成为编辑工作的必备能力。例如，本卷书稿中部分词汇出现前后不统一的情况，如：拌和（拌合）、黏土（粘土）、坍落度（塌落度）、伊泰普（伊太普、依太普）、苏联（前苏联、原苏联）等，尽管加工编辑在加工时做了修改和统一，但难免有疏漏的情况。责任编辑利用电子文件的查找功能，针对相关词汇对原稿和校样的电子文件逐一进行搜索，并进行核对，保证了全书用词的统一。再比如在审稿后与作者解决问题的这个环节，加工编辑通过 Word 的批注功能，将加工过程中发现的需要作者解决的问题在书稿的 Word 文件中进行批注，责任编辑确认后通过电子邮件发送给作者。作者再利用批注功能来解决问题，既省时间又提高效率。

回想整个第 5 卷的出版过程，由衷感到收获巨大；担任这部书稿的责任编辑，对事业发展有着关键节点的作用，在此衷心感谢出版社给予这次机会。限于篇幅，许多感受无法一一提及，衷心祝愿《水工设计手册》（第 2 版）能经久传承，为治水强国、兴水富民描绘出灿烂的篇章！

精雕细琢　精益求精

第 6 卷责任编辑　武丽丽

担任《水工设计手册》(第 2 版)第 6 卷《土石坝》的责任编辑,使自己从事近 20 年的编辑职业生涯有了升华。参与整个《手册》编写过程的组织和图书编辑过程的流程控制,让我在重大选题、重点工具书的组织和编辑出版方面有了更深的体会和更多的积累。我深深体会到前期统筹规划和部署的重要性,怎样能合理地使出版质量把控重心前移,怎样能更高效地出精品,这些不是一朝一夕就能快速上手、达到目的的,而是一种岁月、经验、责任和职业爱好等多方面沉淀的产物。

作为大型重点工具书,《手册》由众多科研单位、设计单位的成百上千的专家参与编纂,他们展现出老一代专家那种一丝不苟的严谨作风。与此同时,《手册》集结了我社大部分资深、专业、富有经验的编辑,他们身上展现出一种精益求精的职业涵养。这两种精神力量一直在感染和激励着我。譬如,我社此套丛书的总责任编辑王国仪对于最后审稿和统稿时那种执着和严谨的态度让我们晚辈刮目相看,就连一个矩阵符号的标准用法也要考证准确怎么用,书中各种名词术语的统一更是要求精准。刚开始我为了赶时间,还会有些怨言,但过后仔细想想,作为志在流传百世的工具书,《手册》没有这种职业精神怎么能成经典呢?参与本书最后审读的 6 位老编辑提出的一些问题更让我们受益匪浅,他们的"毒"眼也是长年积累的结果。又如,笔者跟某资深专家就书稿事宜经常切磋,他对我们每一处修改都要做到有据可查,才准许改动;叮嘱我们不能凭感觉,每次改动的校样他都要审读一遍。我们都为他那种认真精神所折服。当我们有问题需要问本卷主编关志诚时,他都会在百忙之中,极力配合解答,而且会很清楚地给我们讲解为什么会是这样的结果,比如有的地方用充填坝,而有的地方用冲填坝,他会很认真地给我们讲这些叫法的由来,要求我们一定要按照标准的科学术语来命名,我们心中也会由衷感慨,当总工的人自然有他胜人的一面。其他参与单位长江委、黄委、珠委等一些专家诸如此类的例子举不胜举,所以,担任此卷的责任编辑是我向社内社外专家学习的一次很好的机会。

目前,土石坝是世界大坝工程建设中应用最为广泛和发展最快的一种坝型。近代的土石坝筑坝技术自 20 世纪 50 年代以后得到快速发展,并促成了一批高坝的建设,土石坝在整个水利工程中的重要性弥足轻重,也足以看出此卷在整套《手册》中的重要地位。参与第 6 卷《土石坝》的编辑在编写初期,为编写好此卷专门整理了编写注意事项和一些具体要求,在北京召集所有编写者召开了 3 次碰头会,当我们拿到初稿,首先给作者定基调,本书是手册,一定要不详述理论、不推导公式、不商榷、无探讨,千万不能按照科技书的风格来编写,多采用图、表等形式描述,语言尽可能精练,给人以直观的感觉。但有些章节不尽如人意,反复退稿、修改多次,作者单位都能认真对待和配合各种修改。

同时，我们向作者强调各章节之间内容一定要相互衔接、呼应与统一，从节到章、章到卷、卷到丛书都要环环紧扣，逻辑严密，就此问题各章负责人聚在一起，共同切磋了多次，最终达成一致意见。

本卷图稿是整个《手册》中最多的，达到800多幅，处理图稿问题是编辑花费精力最多的，每章都进行了不少于6次的来回修改，书稿中经常出现图稿是直接从别的参考书中拷贝过来，所展现的元素太多，与文字内容不符，文字编辑与描图编辑樊啟玲老师一幅一幅研究，把认为没必要的元素用铅笔勾勒出来，与作者逐一讨论，作者从技术角度、编辑从文图对应和出版对图的要求等角度进行逐个筛查，并进行主体与辅助部分不同颜色着色，最终达到出版的要求。800多张图耗费了编辑和描图员很多精力和心血。樊啟玲老师那种独具慧眼的识图也让我们由衷地佩服，不愧为干了一辈子的老审图员，那功夫真不是一朝一夕能练就的。

文字编辑朱双林和邹昱通过参与此书的编辑加工，对于她们的快速成长非常有益，本卷引用了大量的标准和规范，她们需核对每个规范的名称和标准编号是否正确，文中经常出现引用没正式发布的规范和一些已废弃的规范，还有的光有标准名，没有标准编号等不符合出书要求的现象，这也是考验她们认真细致的时刻。另外，对书稿中的术语是否规范和统一更是严格把关，比如比重、密度、相对密度用法的规范；表中有效数字的统一；公式中的符号与注释中的符号是否对应；一些术语的统一，如"拌合"或"拌和"等；书稿中的点点滴滴都倾注了她们大量的心血，但这种流传百年的手册，编辑再怎么精益求精都是值得的。有些较典型的问题，经过编辑与作者共同核对修改，使本书稿质量进一步提升，现举例如下。

（1）图表中数据考证准确、杜绝前后名称不统一的现象。

1）各个工程的坝高、竣工时间前后数据不一致。

例如：糯扎渡大坝竣工时间在不同表格中出现的时间，有的为2013年，有的为2017年，经核实为2013年。表中石头河竣工年份1981年，经核实为1989年；碧口竣工时间1976年，经核实为1997年；小浪底完工时间2000年，经核实为2001年等类似问题。

2）全书音译的坝名前后有不统一的现象。

例如：哥伦比亚的阿尔托·安其卡亚坝，有时译为"安奇卡亚"；德国的盖斯特，有时译为盖斯特赫特。

3）图表中的数据有些数量级是错的。

例如：第4章表格4.2-1中垂直渗透系数 $k=10\sim9.9$，据查应为 $1.0\sim9.9$；第6章图6.7-3高程数据与正文对照发现155.00m加8级子坝，每级子坝4.5m，计算后应为191.00m图中错误标注为185.00m。

（2）图中有些地方表述逻辑不清或者与文中所述内容不符，本《手册》800多张图，是图稿最多的一卷，很多图是直接拷贝引用过来，里面有用没用的线条全放在一起，编辑提出修改意见，作者全力配合修改。另外，《手册》采用双色印刷，外轮廓线用绿色粗线，里面的结构线用黑色细线，填充或者不太重要的元素用更细一些的线，这就要求作者多次反复修改，将这些线区分开，作者都能很好地配合出版社完成相关工作。

例如：（找了一个非常小的图，一目了然。很多的图都是剖面图，占半页纸）图1.5-

18 图注有三种混合料和三种掺砾。标识含糊，逻辑不清，经与文对照后将图注进行了修改。

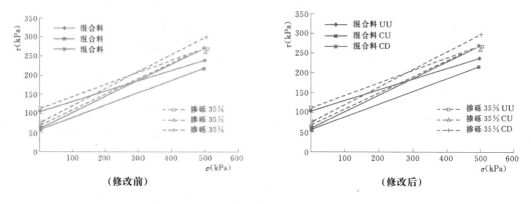

（修改前）　　　　　　　　　　　　　　　　（修改后）

图 1.5 - 18　心墙土料的抗剪强度 $\tau - \sigma$ 关系

（3）尽量减少公式中的错误。

1）在同一节中相同条件下引用的公式不同，自相矛盾。

$$u_{(i,\,j)t+\Delta t} = B_0\rho\Delta H + \frac{1}{4}\diamondsuit_{(i,\,j)t} \qquad (4.3-25)$$

$$u_{(i,\,j)t+\Delta t} = \frac{1}{4}\diamondsuit_{(i,\,j)t} - B_0\rho_w\Delta h \qquad (4.3-32)$$

2）有些公式里物理量解释不清楚，有重复现象。

$$S = S_0 + aH_d^a(1-\mathrm{e}^{-\beta t}) + bh^\delta(1-\mathrm{e}^{-\gamma t}) \qquad (2.10-1)$$

式中　　S——沉降量；

　　　　S_0——漏测沉降量；

　H_d、h——填筑分量和水压分量；

　　　H_d——测点以上坝体填筑高度。

H_d 出现两次，注释又不一样。

3）公式本身错误。

例如：第 6 章公式（6.4 - 21）$V_m + Q_mT - q_mT$，经过验算判断此处"＋"应为"＝"。

（4）表格力求规范，调整合并格式以求逻辑准确。

例如：第 4 章　表 4.3 - 16～表 4.3 - 23，此 8 张表格根据内容应合为 3 个大表格，因为表头都一样，不应人为分开，同时应保持表头风格一致。

（5）单位量纲力求规范。

例如：书稿中黏聚力 c 的单位 kg/cm²，标准单位应为 kPa。

（6）有些文字叙述力求准确。

例如：沥青"感温性小"改为"感温性弱"较准确，"感温性弱"的说法在《中国水利百科全书》里得到证实。

（7）语病、错字、误字、常识错误等尽量避免。

例如：坝档应为"挡"；"塞纳河"应为法国河流；参考文献中的作者项为"华东电力学院"，带着疑问与作者核实为"华东水利学院"。

经过编辑与作者的共同努力，书稿中的错误一遍一遍地减少。

在第1版中，土石坝被编为第4卷，并按照土坝、堆石坝和砌石坝三类编排。本卷以第1版框架为基础，参考借鉴了部分内容，并根据近些年土石坝发展的新趋势，去掉了第1版中介绍的但在当前使用很少或基本不使用的坝型。

第1版《手册》以20世纪80年代以前的典型工程设计居多，第2版最大的写作特色是除介绍有关坝型设计的内容、标准、原则和方法外，还列举了大量国内外具有代表性工程的实例，融入了先进的科技成果和最高工程设计水平，注重科学性和实用性。

《手册》（第2版）是一部大型水利工具书，社里集最优秀的专业编辑成立了技术组。在编写规则、体例格式的统一、字母正斜体、单位符号、数字的使用、图表的问题、规范的引用等细节上都作了严格的规定，同时比普通书的三审四校传统做法又增添了很多加审程序。社长汤鑫华和所涉及的主管各个环节的副社长多次开会严控整个流程，强调质量是我社的生存之本，叮嘱各个环节要严格把控图书质量，真正打造出惠及于民、惠及子孙后代的传世精品。

编 辑 工 作 琐 记

第 7 卷责任编辑　李丽艳　韩月平

《水工设计手册》（第 2 版）是国家规划重点图书，是广大水利水电工作者热切期盼的重要工具书，更是我社的重点精品图书。能够有幸担任《水工设计手册》（第 2 版）第 7 卷《泄水与过坝建筑物》的责任编辑，参加这样规模宏大的国家规划重点图书的编辑出版工作，对于每一位出版人来说，是编辑生涯中难得的机遇。在中耕、审稿过程中，通过与作者不厌其烦的沟通，我们深感自己受益匪浅。谨就编辑过程中遇到的问题和切身体会总结如下。

1　文字

由于本书参加编写人员众多，各章节的编写质量参差不齐，所以审稿工作责任重大。三审过程中，每一个环节都要求一字不漏地审读全部书稿。无论是体例格式的编排、章节之间的衔接、标题与内容的吻合、文字表达的润色，还是名词术语、物理量符号、计量单位的统一，数字的使用，图、表、式与正文的呼应，水利技术标准的引用，文献资料的标注，以及标点符号的校核等，都严格遵循《手册》的编写规则，认真研读、反复推敲、精益求精。对于书中冗长的理论阐述、公式推导等过程，力劝作者精简，尽可能做到不商榷、无探讨，语言精练，采用公式、图表的形式将复杂的问题进行简单化描述，力求达到科学性和实用性兼备的要求。

2　公式

本卷所列的公式有几百个，涉及的物理量符号、计量单位更是不计其数。审稿时，对每一个公式，我们都与文字叙述一一核对，发现有的公式与文字叙述讲的不是一回事，有的式中注释与公式也不一一对应，有的公式与文字叙述或相应的图、表提及的符号对不上，甚至有的公式作者在复制、粘贴过程中，有诸如符号错位、丢失信息等失误……这些，都要查阅相关资料进行核对，并与作者一一核实、订正。

3　插图

在《手册》的编写、出版过程中，插图的编辑、排版是最大的亮点，也是难点。第 7 卷插图共 731 幅，而且大部分涉及金属结构，特别复杂。由于本书采用双色印刷，工程图的主体部分和附属背景部分用不同的颜色区分，所以线条粗细、线型、虚实、含义（轮廓线、中心线、尺寸线、引线等）均要弄清楚。在编辑过程中，需要把每一根线条都标注清楚，而作者提供的图稿却存在诸如线条模糊、不分主次，符号不规范、不准确，比例不当等问题。对此，文字编辑和图稿编辑均与作者一一核对；有些问题作者也不能马上交代清楚，还得查资料，或者换图。经过与作者多次沟通与交流，修改错误之处，删减无用的信息，反反复复修改，有的甚至四易其稿，问题才最终解决。

下面，简要回顾一下第2版与第1版在插图绘制方面的不同，以利于我们不断总结经验，在实践中提高。

第1版《水工设计手册》共8卷，1983年10月出版第1卷，1989年5月全部出齐。当时的计算机技术、印刷技术还没有现在这么发达，作者都是在方格稿纸上手写书稿，插图也都是手工描绘；作者交稿时，文稿和图稿是分开的；作者在文稿的指定位置、画好图框，写好图序、图名；而编辑则在"三审"中，对照文稿核对图稿中的内容。近些年来，随着计算机技术的高速发展，作者均已利用计算机技术在电脑上编撰书稿，插图也是利用CAD软件绘制，同时可以把图插到Word文档中，做到图文合一。

第1版是手工画图，作者根据图书的版心尺寸，在米格纸上绘制，有些工程图即使略微大些，也都是尺寸有限的。出版社描图人员在图稿上缩尺，利用硫酸纸、鸭嘴笔、专用墨汁在原图上描绘；图字用相纸打印，用剪刀、镊子、特殊胶贴在描好的图上。因为是手工描图，很难保证每一种类线条的粗细一致；但因原稿插图线条清晰，描图人员利用不同大小的鸭嘴笔描绘，得心应手，轮廓线、尺寸线、粗实线、细实线、点划线等各种线条一目了然，分辨明显。

而第2版的图稿是作者用CAD软件画的图，在工程设计中方便、快捷、实用，但作为书中插图，在编辑出版过程中却出现了很多问题。一是工程设计中的CAD图较大，成品书中需要的图较小，直接缩小套用过来，很多线条重叠在一起，形成了一个个黑框或者黑疙瘩，分不清结构尺寸；二是工程设计中，CAD图内容较多、线条较多、尺寸较多，插到本卷中，须根据需要加以取舍，有些图是示意图，有些图是布置图，不需要设计图纸上的所有内容，必须予以大量简化；三是在简化CAD图的过程中，主要部分不突出，次要部分线条繁琐；四是工程设计中的CAD图直接插到文稿中，在CAD软件中表现很清晰的图，在Word文稿转换过程中会出现部分线条不清晰的问题；五是CAD图电子版放大后仍很清晰，打印的纸质版却不清晰……为了解决这一系列问题，针对每一幅图、图中的每一个点、每一条线、每一个尺寸、每一个数据，文字编辑和图稿编辑均与主编及绘图人员进行了详细沟通、修改，还要同时对照修改正文中的相关内容，保证文图对应。

在图线颜色上，第2版采用了双色印刷，图中主体结构部分用绿色表示，其他用黑色表示；主体结构中的绿色又分成多种线型，粗实线、虚线、细实线，其粗细程度不一；尺寸线、指引线、数字、字母、汉字用黑色表示。因是计算机绘图，每幅图同样的线型粗细一致；因分两种颜色，结构清晰，主体突出，赏心悦目。

4 表格

《手册》（第2版）第7卷为了表达简单、明了，引用了大量的表格，使读者查阅起来更为方便。为了使这些表格更加科学、准确、严密，每一个表格我们都仔细审读、科学整合，大到项目的设置和表头的重新编排，小到有效数字位数的统一和计量单位的处理，点点滴滴都力求准确、完美。

从 2008 年 2 月《手册》(第 2 版)启动工作会,到 2014 年 2 月第 7 卷《泄水与过坝建筑物》出版,通过跟作者整整 6 年的磨合,我们从互不相识,到成为配合默契的合作伙伴,这期间也经历了很多辛酸与无奈。从讨论编写大纲,各大设计院申领编写任务,到各章编写过程中沟通、咨询,各章审稿,再到全卷审稿、平衡、内容取舍……我们跟作者有激烈的争论,但更多的是互相的信任与默契的配合。从编写阶段对《手册》特殊编写要求的和谐沟通,到审稿阶段对内容取舍调整的争执,直到最后"冲刺"的两个月攻坚阶段作者的非常"给力",全书 5 章一共有 20 多位作者齐聚北京,集中审读校样,大大提高了看校样和解决问题的效率。6 年里,我们跟作者有其乐融融的共识,有互不相让的争执,但更多的是相互的理解与彼此的坦诚,大家都是为了一个共同的目标——让这卷装帧精美、内容厚重的"盛世宝典"早日面世,为蓬勃发展的水利水电事业发挥出她应有的作用。

在此,真诚地感谢为第 7 卷的出版付出过辛勤劳动的所有作者、编辑、排版、校对、印制等环节的工作人员,以及对第 7 卷顺利出版给予关注、支持和帮助的领导!

复杂插图编辑加工的保障措施

第8卷责任编辑 王春学 单 芳

当读者朋友查阅《水工设计手册》（第2版）第8卷《水电站建筑物》时，印象最深的当是书中线条清晰、信息确切、详略得当、主次分明的各类双色工程插图。这些赏心悦目的插图也同本《手册》的文字撰稿一样，经历了曲折而艰苦的过程。

对科技图书而言，插图是重要组成部分。这是因为，插图具有简明性、直观性、通用性和艺术性等特点，能表达出文字难以表达清楚的内容。有时用数千字都表达不清楚的，而一幅插图即可清晰、准确地予以表述。选取经过精心设计、准确描绘的插图，加以优美的版式处理，不仅可以直观、清晰、准确地表达科学内容，提供比文字表达更多、更具体的信息量，还可以给读者在阅读时以美的感受。随着媒体读图时代的到来和广大年轻读者阅读习惯的改变，插图已成为一本科技著作越来越重要的有机组成部分。对插图的编辑加工，则在编辑工作中占有重要地位，包含很大的工作量，同时也对编辑人员的专业素质和编辑技能提出了更高的要求。

科技图书的插图主要包括线条图、照片图、模拟照片图、地图等。通常情况下，线条图所占比例最大，其中数量最多的是工程图，书稿中存在问题最多且加工和修改难度最大的也正是工程图。工程图插图的主要特点是形象生动、信息量大，最能表现科技内容，这就势必造成图纸线条数量多，线条的形状和粗细复杂，因而也就容易出现各种问题。本卷主要包括深式进水口、水工隧洞、调压设施、压力管道、水电站厂房、抽水蓄能电站、潮汐电站等内容，书中有各种大中型水电站厂房布置图、剖面图等插图。本卷的主要特点之一是工程图插图数量大，且图稿内容复杂；参编人员多，作者交稿质量参差不齐；有些甚至是原始的工程图纸。因此，图稿中问题较多。

1 工程图插图的来源及其存在的主要问题

1.1 工程图插图的来源

本卷作者所交书稿中，工程图插图的来源主要有以下三种。

（1）复印图。一些插图描绘的工程竣工已久，工程图纸为手绘图。年长的作者多半采用这种方式，他们往往用一些工程蓝图、参考文献插图进行复印，制成书稿的图册。由于他们所参考的资料大多比较陈旧，有的文献插图本身就不太清晰、规范，且在插图中往往有许多旧标准的内容出现，因此插图原稿的质量明显偏低。

（2）扫描图。由于扫描设备及作者操作水平不同，插图质量总体不高，往往插图的线条粗细不分，而且不均匀、不清晰，不能准确反映相关技术信息。

（3）用计算机软件制图。随着计算机技术的发展，作者应用计算机技术的能力提高，采用这种方式的作者越来越多。作者和编辑常用的绘图软件有 AutoCAD、CorelDraw、MS Word 等。有的作者直接采用工程图纸的电子版，没有进行加工处理，经大比例缩小后直接复制粘贴到书稿中；其结果，线条、图字、符号不清晰。有的作者对最新的国家标准掌握得不够及时，或者绘图时不够规范、采用的软件版本已过时，容易造成误解。

1.2　工程图插图存在的主要问题

综合来看，我们对工程图插图进行编辑加工时，发现下述一些带有共性的问题。

（1）插图无用信息太多。不分主次，大部分内容与文中所述主题无关。

（2）图稿线条不清晰。这种图只能让人看出轮廓，黑乎乎一片，看不清楚，更看不懂，使下一道工序无法进行。采用复印图和扫描图的图稿大部分存在这类问题，经常将一张很大的工程图纸大比例缩小后插入文中，结果几乎成了一个大黑疙瘩。

（3）比例不当。图的篇幅太大，线条过于密集，无法植入图字。

（4）符号与线条不规范、不准确。没有严格使用国家标准或由主管部门制定的部颁标准和其他有关专业标准给出的不同学科领域应遵循的规范。还有乱用或混用国外标准或已经废弃不用的国内旧标准的现象。插图线条的粗细不符合规范，没考虑插图的缩放比例和画面上线条的疏密程度等因素，也没考虑线条过粗或过细而影响美观或制版时发生断线现象。

（5）插图重复。重复使用一张有很多信息的工程图，正文只要讲述与图书有关的信息时，就把这张图插入文中，存在"一张图包打天下"的情况。

2　编辑加工工程图插图的原则和质量保障措施

2.1　编辑加工工程图插图的原则

（1）图稿内容正确，线条清晰，布局合理，比例适当，视觉效果较好。

（2）插图内容主题突出。删除无关或关系不密切信息，与正文密切配合。每幅图都要有与正文密切相关的准确图名（含分图名）。

（3）线条形状、粗细，以及图形符号、外文符号等，应严格按国家标准和行业标准绘制。

2.2　编辑加工工程图插图的质量保障措施

（1）根据本《手册》的主题、篇幅和编写大纲的要求，压缩图稿数量。如水电站工程的各种举例用图，原稿实例过多，只留有代表性的工程实例即可，够用即可。

（2）对于所有线条不清晰、不完整的工程图，这部分图稿主要是复印图、扫描图，也有工程图纸的电子版压缩图，要与作者一同根据正文的主题需求，删除无用信息，简化关系不大的信息，进行二次创作。重新绘制出本书稿的专用插图，达到图中线条、符号、文字、数据清晰、准确的出版要求。

（3）由于本《手册》总体采用双色印刷，为处理信息量较大的工程图提供了另外一种技术手段。将图稿的核心部分处理成绿色线条，而将图稿的附属部分和标注部分处理成黑色线条。

（4）为了突出图稿的主题，也为了增加图稿的视觉效果和便于读者阅读，图稿中线条除了分为双色外，每种颜色线条的粗细又分为 3～4 种，包括粗、较粗、中、细四种线条，全书统一。

（5）编辑要与绘图人员、作者密切沟通配合。编辑必须首先将图稿读懂，掌握绘图技巧和要求，与作者、绘图人员密切配合，当好作者和描图员的纽带和插图创作的组织者，以将插图绘制得更准确、更美观。

（6）待书稿排出校样后，必须对每一张图认真核查一遍，首先要排除排版时的描图错误（主要注意线型是否画错，每一种线型是否按规定画法绘制，尺寸线分布是否合理，布图是否合适等）；其次要针对图的缩放比例提出自己的建议；最后还可通过校样发现原图或编辑加工过程中的疏漏。

（7）开印前必须审查蓝样。在《手册》正式开印前，要求印刷厂晒蓝样，装订成书，编辑以第一读者的身份对本卷蓝样进行仔细审核。主要检查图中内容是否已按要求改正，文图呼应是否严格顺畅等，以把好最后一道关，确保出书质量。

第2版第8卷《水电站建筑物》已正式出版、发行，作者和广大读者的反映都非常好，尤其是对书中的插图更是褒奖有加。然而，我们仍怀惴惴之心。尽管我们尽了极大的努力，也采取了很多有效的措施，仍然不排除插图中还存在一些瑕疵，我们衷心期待读者的宝贵意见。

细心严谨　确保质量

第 9 卷责任编辑　王　勤　宋　晓

《水工设计手册》（第 2 版）是一套综合性和实用性很强的、权威的、一流的设计手册，是我社近年来完成的大型重点工程之一。我们担纲责任编辑的第 9 卷《灌排、供水》，经过作者 3 年多的艰苦努力，从 2011 年开始陆续交稿，并于 2014 年出版。

《手册》的组织、编写、编辑均极为周密严谨。《手册》编委会和各卷主编，多次逐卷邀请相应卷的主编、主审以及章节编纂人员召开审稿会，对书稿结构、层次编排、内容选取等进行逐章逐节地、细致地讨论和审定。出版社对编辑工作也极其重视，对《手册》的层次体例，乃至正文、图表、式中的细节层次处理要求，均作了详细规定，并给出了示范样本；在随后的编辑出版过程中还对图、表、公式作了更改补充说明。这一切对于《手册》的高质量完成，起到了组织上的保证作用。

经历就是经验，就是财富。重要经历尤其如此。因此，总结《手册》组织、编写、出版方面的经验，对于今后运作其他出版项目，乃至提高日常编辑业务水平，无疑有着重要的借鉴意义。《灌排、供水》卷从作者第一次交稿到最后出版历时约两年半时间，成书字数为 131.2 万字。书中有 639 幅图、398 个表和 926 个公式。可见，本卷编辑出版工作任务还是比较繁重的。按照《图书质量管理规定》，差错率在万分之一以下的，才是合格图书。反映到《手册》成品上，大约每 5 页不能超过一个差错。至于差错计算标准也是严格明确的，大到知识性、逻辑性、语法性差错，文中错字，字母正斜体、黑白体，小到标点符号，都有具体的差错标准和相应的计算规定。根据我们多年的编辑经验，作者往往"重大节"，将精力集中在核对书稿内容是否准确、结构是否严谨上，对上述细节问题一般关注较少。为此，在本卷的编辑过程中，我们以细心严谨的工作作风，对书稿逐字逐句、逐图逐表地精心审核和编辑，精细到公式中字母的物理意义是否准确、与图表中是否一致等，确保《手册》达到精品水平。下面简单谈谈《灌排、供水》编辑出版过程中的所遇、所为、所感。

1　资料情况

（1）资料有陈旧现象。由于有 1983 年出版的第 1 版的成例，因此第 2 版编写过程中，有些成熟部分直接引用了第 1 版的内容，由此出现了部分资料陈旧的问题。如在有关灌溉制度的内容中，有些资料是 20 世纪 70 年代的。显然，对于目前出版的第 2 版，未免有资料陈旧之嫌。对此，经我们在审稿讨论会中及时提出，作者更换了较新的资料。

（2）资料来源复杂。我们和作者一道，始终遵循"科学、实用、一致、延续"的修订原则，力求做到"准确定位、反映特色、精选内容、确保质量"。原始资料以第 1 版为基础，又充分反映近年来灌溉、排水与供水工程的新理念、新实践；以新规程规范为编写指南，还要符合实际、好用、易懂的要求。本卷的内容多，覆盖面广，涉及民生水利，在原有的基础上有创新、有突破。各章的主编都逐节把控，对图的选择都精挑细选，采用最具代表性、最典型的工程实例。

2　编审情况

编审工作包括书稿交给出版社前各卷、章主审专家的审稿，以及书稿交给出版社以后专业编辑对书稿的编辑审稿。这里要谈的是后者。

该卷编辑审稿工作中遇到以下情况：

（1）标题不合理。包括标题涵盖不了文中内容、标题与其对应的内容不匹配等情况。如：原稿标题"5.2.1　地面节水灌溉方法的分类及参数"，而下面有三部分内容："5.2.1.1　地面节水灌溉系统的分类"、"5.2.1.2　田间灌溉系统参数及灌水质量指标"、"5.2.1.3　田间灌水质量参数选择"；显然，5.2.1节的标题没有覆盖住下面"灌水质量指标"的内容。编辑与作者沟通后，作者将5.2.1节的标题修改为"地面节水灌溉方法分类、参数及灌水质量指标"，解决了上述问题。又如：原稿6.5.4.2节的标题为"主泵房内部布置及主要尺寸"，而下面的内容有"1.主泵房长度的确定"、"2.主泵房宽度的确定"、"3.主泵房各层高程的确定"，没有"主泵房内部布置"内容，这属于"标题与其对应的内容不匹配"的情况。经与本章主编沟通核实后，将6.5.4.2节的标题修改为"主泵房主要尺寸确定"。还有的标题为"××管"，而文中叙述却成了"管材"。对于此类问题，我们均向作者提出，请作者根据内容的实际需要，统一标题与内容的表述口径，准确表达所含内容，提升了书稿质量。

（2）专业名词术语在全书不统一、不一致。如"倒虹吸"、"倒虹"、"倒虹吸管"，"水作"、"水作物"，"水头损失"、"阻力损失"、"水力损失"，"气蚀"、"汽蚀"，"生育阶段"、"生育期"、"生长阶段"等相近却不完全一致的术语在书稿中均常出现，甚至出现在同一页。为达到用词统一要求，我们将上述专业术语依次统一为"倒虹吸管"、"水作物"、"水力损失"、"汽蚀"等。

（3）语句的口语化导致表述不清或带来歧义。如"难工地段"，"难工"为口语用简化词语，该处实际意义为"施工困难地段"；"方形"是正方形还是长方形，为表述不清情况；"树"（"树状"）、"车子"（"缆车"）、"水头差"（"水头偏差"）、"生活水质"（"生活饮用水水质"）等为简化后有歧义情况，括号里为实际应表达的内容。

（4）表述一致性情况。包括文字、图、表所涉及相同内容和名词需要表述一致，方便读者阅读和理解相关内容。但书稿中因习惯用语等原因产生了表述不一致、不规范情况，如"土壤类型"、"土壤类别"、"土的类型"、"土质类型"在书稿中表达的内容是同一个意思，却用了几种表述。容易看出"土质类型"是书面专业术语，所以本书最后将其他均统一修改为了"土质类型"。另外，书稿中还存在图名、表名与文中叙述不一致，以及同一地方词语结构顺序不一等情况，如"桁架拱式、梁型桁架"，修改为"桁架拱式、桁架梁式"，符合语言规范行为。

（5）关于规程规范号的表述。考虑到本《手册》使用期限会很长，规程规范会存在修改更新问题，为了适应实际需要，我们在专家审稿会上专门讨论了这一问题。根据讨论结果，确定如下表述规定：如果是引用，如规定、图表等，采用现行规范，并写出规程规范版本的年份；如果仅是泛泛规定按哪个规程规范执行，则仅给出规范编号，而略去年份，以方便读者使用。

（6）关于插图。由于第2版《手册》采用双色印刷，因此需厘清图线的含义：是属于工程主体部分，还是附属背景部分，还是图的标尺内容等；线条颜色、粗细、含义均要搞清楚。编辑过程中，尽管觉得编写、编辑工作都很认真，没有什么问题了。可到了制图环节，还是提出了很多问题，有些问题作者也不能交代清楚。为此，编辑对每幅图中的结构、剖面、指示等均进行详细审核，甚至中心线、示坡线、自然边坡线、开挖线、尺寸标注等的表述也一一予以核实；发现图中存在线条多余、结构表示不清、剖面位置不对、尺寸标注有误、图中数字与单位存在偏差、等高线偏多等问题，也一一加以解决；有的图是作者的设计施工图，图中内容很多很细，不利于《手册》的精简表达，经过多次沟通交流，问题才最终解决。作为一本工具书，赶上看图信息时代，图的编辑就显得尤为重要，我们要让读者一看图就明白书中内容，这是作者和编辑共同追求的目标。

3　其他情况

本卷作者有变更问题。由于《手册》工程浩大，从策划到出版，历时逾十年。期间，作者多有变更，有的已退休，个别的更有驾鹤而去的。这些日长生变的问题，也给《手册》出版造成了变数。本卷的一位章主编，期间罹患了眼疾，给其生活带来了巨大困难，也使其迟迟不能交稿，对该卷出版进程也造成了一定影响。这些都是出版过程中难以预见的。

以上问题及其处理，虽是本卷的具体情况，但在编辑工作中却也是普遍存在的现象。它山之石可以攻玉，希望这些心得能对未来的著述出版工作有所裨益。

浅谈《水工设计手册》(第2版)修编出版过程中的编辑角色

第 10 卷责任编辑　王照瑜　殷海军

有人比喻，编辑就像水利水电工程中的枢纽，控制着整个系统的正常运行。这种说法比较形象地说明了责任编辑在大型图书中所扮演的角色。在大型图书中，各分册的责任编辑虽不如总责任编辑那样需要总揽全局，制定规章制度，但却是具体的执行者；如何组织协调好各方关系，按时、按质、按量地完成书稿的出版工作也是一个很值得深入探讨的问题。这里以笔者参与的《水工设计手册》(第2版)的编辑工作为例，对责任编辑在其中扮演的一些角色谈谈认识和体会。

《手册》是一部大型水利工具书，与一般图书相比其特点如下：

(1) 规模宏大，参与人员众多。《手册》共有11卷65章，总字数1445.7万，参与编写人员涉及26家单位、500余人，出版社直接参与的编辑有40余人，并为之专门设有编委会、编委会办公室和技术委员会等组织协调和技术把关机构。

(2) 周期较长，费用较高。在各方的积极配合、精诚合作之下，历时10余年的艰苦努力，《手册》终于得以付梓。《手册》的费用主要由专家编审费、多轮审稿会议费、出版费等组成，由于部头较大、涉及人员众多、图书制作精良，预计总费用应在千万元之巨。

(3) 质量要求高，实施难度大。《手册》定位于集中体现近30年来国内外水利水电工程设计与建设的优秀成果，希望成为广大水利水电工作者的良师益友，水利水电建设的盛世宝典，因此质量必然要求较高，同时也给广大编写人员和出版单位提出了巨大的挑战。

1　责任编辑是编审规范的制定者与宣贯者

在《手册》成立编委会后，出版社随即成立了编审技术组。技术组专家先是编写了《编审工作处理细则》用于规范各位参编人员的书稿编写工作。经过一段时间与作者的沟通后，技术组又对其进行了补充和完善，形成了《编审工作要求细则》。该细则对书稿中的体例、图表、公式以及一些常见问题提出了统一的处理方法。在先期出版的第5卷编辑过程中，责任编辑根据本卷的一些问题整理出《第5卷编审备忘录》，详细指出了部分字词、量与单位的用法，细化了工程图的处理方法，并对一些细则中未涵盖的问题进行了说明，是对《编审工作要求细则》的有效补充。此后，技术组又先后两次发布了《加工细则补充规定》，并针对图书制作成双色的要求发布了《关于〈水工设计手册〉(第2版)一些问题的规定》。同时，在出版社网站上建立了《水工设计手册》(第2版)专栏，对一些编写过程中存在的共性问题及时作出说明。这些措施有效地规范和指导了作者的编写工作，以及三审人员的审稿工作。

在各个编审规范出台后，责任编辑通过各种方式向参编人员进行说明、解读，务必使其对编审规范有一个全面、深入的理解；同时还将各参编人员提出的一些意见和建议，整理后交由技术组专家讨论，再向参编人员进行解答、补充；尤其是各卷中都存在的一些共性问题，及时由各卷责任编辑通知到各参编人员。编审规范宣贯工作过程中把握好节点相当重要，比如：对于一些可通过软件查找、替换功能实现的，尽量在作者编写完成后、交稿前通知作者进行集中修改，不可整理出一部分就发送给编写人员进行修改，这样不但会打断编写人员的工作而且会造成修改不彻底；对于一些结构性的问题，比如先见文后见图表，图表必须在文中有呼应等问题，一定要及时告知作者，以免在后续的编写过程中造成重复劳动，降低编写效率。同时，在各编写人员编写过程中，最好采用先审样章，再完成全稿的形式，以免出现"木已成舟"、悔之晚矣的被动局面。

大型图书出版过程中的编审规范是编写人员、审稿人员、校对人员等各方所参照的标准，及时制定和宣贯编审规范是高效率、高质量完成书稿编写出版工作的前提条件。责任编辑把握好宣贯的节点，对于作者的编写以及后续的审稿工作具有十分重要的意义。

2 责任编辑是审稿工作的参与者与责任人

出版社为《手册》每卷配备了两名责任编辑，总责任编辑要求书稿原则上由责任编辑进行初审，责任编辑至少要参加"三审"中的一审；在一校或二校完成后，再由一位经验丰富的资深编辑对书稿进行加审；付印前由总责任编辑审读蓝样；书稿的整体质量由该卷责任编辑负责。

笔者所参与的第 10 卷，就是根据这一要求由两位责任编辑进行初审的，其中第一责任编辑为技术组专家成员，一校样两位责任编辑对书稿进行了交换审读，并由第一责任编辑对校样进行了审读、统稿。复审、终审和加审编辑由经验丰富的审稿专家担任，总责任编辑对书稿进行了抽查。经过层层把关，发现了书稿中存在的一些问题；经过与作者的沟通，有效地提高了书稿的质量。前期工作比较扎实，为后续环节创造了一定的有利条件。

比如"2.4.2.2 有限差分法（FDM）"，原稿中为"2.4.2.2 有限差分法（FLAC）"。在初审过程中，编辑根据英文解释 FLAC（Fast Lagrangian Analysis of Continua），提出"有限差分法"与 FLAC 不相符。编写人员根据编辑的意见，将其修改为"快速拉格朗日分析法（FLAC）"，问题得以解决。在一校样审读过程中，编辑发现在 1.5.1.1 节中的"3）"即为快速拉格朗日分析法（FLAC），且两者之间有一定的差别。随即编辑将这一问题反馈给编写人员，编写人员在查阅了相关资料后发现 2.4.2.2 有限差分法（FLAC）是有问题的，应修改为最终成书的"2.4.2.2 有限差分法（FDM）"，最终这一问题才算圆满解决。其他，诸如图中画法存在问题、标注不准确、与正文叙述不对应等问题，在责任编辑以及审稿专家的帮助下，均进行了有效修正，使书稿质量得到了有效提高。

大型图书审稿工作是保障书稿质量的核心环节，责任编辑是书稿质量的责任人；要控制书稿质量，最好的方式莫过于参与书稿的审读工作。尤其是，书稿的初审编辑负责书稿"三审"意见的处理、各校样的整理等，全程参与书稿的编辑工作，可做到有效控制书稿质量，对各个细节了然于胸。

3　责任编辑是各种关系的组织者与协调者

《手册》是"十二五"国家规划重点图书。在笔者参加的第 10 卷的编辑过程中,为了能及时地掌握书稿编写的进度,编辑每隔一段时间就会与卷主编及各章主编沟通,基本上保证了书稿按照原计划完成撰写。在与作者沟通书稿内容过程中,最大的难点就是工程图,比如力三角形的相对方向不准确、尺寸标注的位置存在偏差、接触面简化不合理等,很难通过语言描述清楚。遇到这种情况,笔者只能另辟蹊径,将存在疑问的地方用铅笔画在图上,在旁边写上问题说明,然后拍成照片传给作者,并通过电话询问作者是否理解了编辑的意图;作者在核对修改后也采用类似的方式,将修改之处标注在图中传回编辑处;有时候某个图中的一点小改变就会引发插图或文字的相应改变,一个小问题要反复几次才能完全消除。对于文中存在的问题,一般都是采用在 Word 文件中相应位置进行批注的方式来将信息传递给作者,有时也采用根据问题所在的页码逐条列出的形式来进行提问。总之,编辑采取了适合各个作者的多种形式来做好组织、协调、沟通工作,以保证书稿按时、按质、按量地完成撰写。

与单册图书不同的是,大型图书的编纂出版涉及人员众多、关系复杂,是一个系统工程,编辑在其中做好各种关系的组织和协调工作就显得尤为重要。只有组织和协调工作做好了,参与各方才能互相协作、信息畅通,针对出现的疑问或问题及时反馈,提高工作效率。

在大型图书编辑出版过程中,编辑所应扮演的角色实际上远不止以上所列三种。但笔者认为这三种角色确实较一般图书来说具有特殊性,需要重点强调。参编人员要遵照编审规范进行编写,编辑要做好宣贯和沟通工作;审稿人员要认真审读,层层把关,编辑要做好书稿中问题的处理以及校样的整理工作;出版社搭建平台,编辑要做好参编人员、审稿专家、装帧设计师、校对员等相关人员的组织和协调工作。认真处理好每一个细节,不放过任何一个问题,这样才能编辑出经得起时间检验的精品力作。

加工精品专业图书的重点和难点

第 11 卷责任编辑 李 莉

第 11 卷《水工安全监测》经过近一年半时间的编辑出版工作，顺利出版。回顾本卷的整个运作过程，其中有许多艰难和辛苦，花费了作者和编辑大量的时间和精力，在本卷出版之际，值得总结和探讨。

《水工设计手册》（第 2 版）是国家规划重点图书，共 11 卷，我负责编辑的为第 11 卷《水工安全监测》。从卷名中就可以感知本书涵盖并跨越多学科技术。一方面，由于水工安全监测的专业领域很新，近年来才得到重视和拓展，因此实际工作中的从业人员，特别是设计和研发人员基本来自其他专业；另一方面，安全监测的设计和实现确实需要多专业知识的融合。本书涉及的专业面很广，包括各种型式水工建筑物的设计；监测设备的工作原理及其在水工建筑物中的布设与安全监测；远程自动化及其自动监测系统的设计与实现；监测数据的采集、分析、评价及后期的挖掘等。参加编撰的作者也是来自不同的设计单位和研究领域，特别是书中还配有大量安全监测布设的枢纽布置图、大坝剖面图、水工建筑物内部结构图等。不论是本卷的编撰还是编辑加工，难度都很大。仅仅将大量繁杂的 0 号图纸上的设计工程图、现场施工图等在 16 开书本的幅面内清晰、精准、正确、美观地表达出来，难度就可想而知，况且大量图纸并不一定是编者自己的作品。

针对这样的大型重点专业图书的编辑加工，笔者认为必须做到有的放矢、稳中求进。要先学习再加工，先理解再下笔；要深入了解图书的特点——多学科知识的综合应用；要找准图书的重点——各种水工建筑物的监测设计；要抓住图书的难点——监测设备符号及其布设图的标准化……如此才能做到：面对作者，能利用好编辑应有的通才，有方法、有策略地和他们友好沟通，真诚交流，达成共识，以保障撰稿任务的按时按质完成；面对生产人员，根据出版社现有的工艺流程，提前安排好重点图书在排版和制图中的细节，利用好编辑应具备的专才提出精准、可行的方案，有计划、有步骤地和制作人员深入沟通、默契配合，以取得预期的出版效果。

1 加工文稿的重点

对图书的编辑加工应遵循《作者编辑常用标准及规范》以及相关的国家标准。对于重点图书，特别是重点工具书的编辑加工，应该更加严格执行。在对本卷图书加工时，按照《手册》的编写要求和加工细则，要求各分册的加工编辑注意：重视各章之间内容的衔接与统一；统一"导言"部分的表述；注意按《手册》的编写要求调整、修改体例；严格按《手册》加工细则逐条对照解决书稿的细节问题等。但是，针对不同的分卷，还是有自己与众不同的专业特点和写作风格，因此在按照以上重点要求加工文稿的同时，还要关注以下三个方面。

(1) 各章的专业知识跨度大，因此介绍和表述相关知识点的文字篇幅不均衡。比如，第 3 章 "建筑物安全监测设计"，几次初稿审订会都认定字数过多；几经删减，定稿时仍然占有全书 2/5 的篇幅。这一章是全书的灵魂，如果不是写手册本应独立成书，甚至每节独立成书都是合理的。例如：之中的 "3.11　专项监测"，原本就是一门很复杂的专业课程；其中 "3.11.2　水力学监测"，独立成书后应有 50 万字以上。所以，经大量删减后的第 3 章就是本书编辑加工中的重中之重，必须确保大量删减后仍能标题合理、文字通顺、意思完整、表达正确、容易理解并完全符合《手册》的编写风格。

(2) 对于各卷的编辑加工，不仅要把握各章节之间的统一，确保各水工建筑物结构、设计原则、专业词汇和图形符号的正确引用及统一表达，还要兼顾与已出版的其他卷的协调。特别是相同的水电工程，它们的水位、高程、流量等数据，以及坝型结构、剖面布置等，应该表述一致，不能出现矛盾。因此，加工 "3.1　重力坝" 和 "3.2　拱坝" 时，需要查看第 1 版第 5 卷《混凝土坝》的相关描述；加工 "3.3　面板堆石坝" 时，需要查看第 1 版第 6 卷《土石坝》的相关描述；加工 "3.5　泄水及消能建筑物" 时，需要查看第 1 版第 6 卷《泄水与过坝建筑物》的相关描述……

编辑加工过程中，尚有大量案例值得记录和分析，举例如下：

其一，在加工 "3.11.1　表面变形监测控制网" 时，由于原稿经过大量删减，结果在不到 5 页的内容中集中出现了 "表面变形监测控制网"、"变形控制网"、"平面变形控制网"、"高程变形控制网"、"GPS 变形控制网"、"平面变形网"、"高程平面变形网"、"变形监测网" 等词汇。连续遇到这么多看似相同又不相同的词汇，笔者阅读时感觉晦涩难懂。经分析认为：一是有可能有同义不同词或同词不同义的用法；二是由于专业难度较大的这段内容被过度删减后没能更好地进行衔接、雕琢，导致很难理解和掌握，至少本人作为责任编辑，反复阅读多遍也不能理解。如何修改？经过和作者大量沟通、交流、学习，直到完全理解了作者的编写意图和实际的指导作用后，笔者才开始下笔调整和修改，并获得作者的认可。

其二，本卷在不同的地方提到了 "岩壁梁"、"岩锚梁"、"岩壁吊车梁"、"岩锚吊车梁"、"车锚梁" 等，但比较分散且出现的并不多。反复审读书稿多遍后，才发现这些用词可能有问题。经过与多位作者反复沟通并核查相关标准后，确认这些词汇的规范用法为 "岩壁吊车梁"。

其三，"强震仪"、"振动仪"、"拾振器"、"拾振仪" 等都是同一种设备，只是用在不同的工程和监测环境（即不同的专业标准）中时名称不同而已，它们有标准的图形符号。对此，在编辑加工时要加以区别和注意，并对相关图形符号进行统一和规范。

(3) 本卷引用了大量的标准和规范，仅第 3 章就引用了近 30 个国家标准和行业标准，核实、确认其正确性和合理性成了编辑的加工重点。笔者在加工中首先将不同地方引用的各种标准和规范析出，然后再逐一进行核对、判断，花费了大量的时间和精力。

2 加工图稿的难点

本卷编辑加工中的最大难点就是对工程图纸的加工。近几年来，随着水利水电工程建设的全面开展，越来越多、越来越大的工程图纸呈现在专业图书中。但科技类出版社的专业描图和制图能力、方法、手段等基本没有随着电脑技术的发展而有大的进步。对于本卷，早在作者交稿前的审稿中就已经发现，书中大量采用的设计工程图、监测设备布置图以及建筑物的内部结构图等非常复杂，难以看清或看懂。比较合理的解决办法是由编辑配合作者指定的设计院或专业的 CAD 制图人员来进行重绘和标准化处理。由于《手册》的作者分散于各个设计、研究和教学单位且日常工作繁杂纷乱，所以关于插图的重绘和标准化均由出版社承担下来，主要采用的是非工程制图软件，如 Photoshop 等。

整个制图的工作量相当可观，以至于制图时间，包括与作者之间的沟通和修改的时间，基本占据了出版周期的 2/3。为了提高本卷的制图效率、压缩生产周期、增强书稿插图的可读性和正确性，在编辑加工书稿的同时与作者沟通、交流并请作者重新绘制了近 400 张图稿，删除了大量繁杂、无用的信息；调整、修正了许多在原图中存在的、甚至已经出现在其他图书中的错误；更换了一些前后矛盾或与已出版的其他卷相矛盾的插图；统一重画了所有监测设备的图形符号和监测布置，等等。这些工作对图书质量的提高，显然是大有裨益的。下面是几个比较简单的例子。

其一，对图 2.2-13（卷中的插图编号，下同）的修改。作者在原稿中提供的见图 1，经过编辑、描图员和作者的配合修改，最终出版后的见图 2。在图 2 中，用绿色箭头表示运动方向，用虚线框来表示动极板的运动状态更为合适。

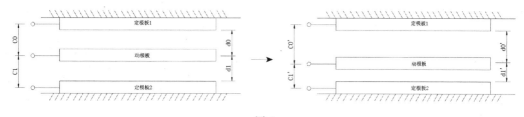

图 1

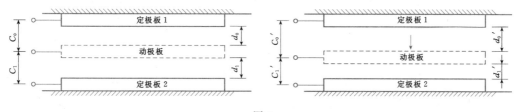

图 2

其二，对图 2.3-32 的修改。作者在原稿中提供的见图 3，经过编辑、描图员和作者的配合修改，最终出版后的见图 4。在图 4 中：一是基板和差分观测标志的移动，应与其他图一致，统一用实线和虚线来进行对比；二是 d_{1i}、d_{1o}、d_{2i}、d_{2o} 应该分别对应到差分观测标志 1 和差分观测标志 2 的中心线上，H_i 和 H_o 也应该对应到基板移动前后的位置中心线上。

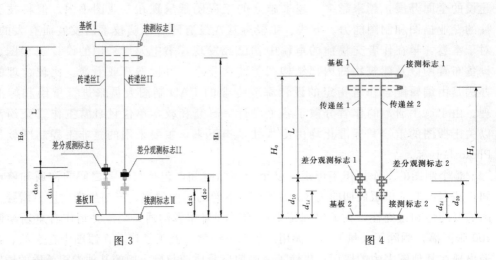

图 3   图 4

其三，图 3.11-2 的修改。作者在原稿中提供的见图 5，经过编辑、描图员和作者的配合修改，最终出版后的见图 6。在图 6 中：一是对两种网型通过颜色和文字有了明确的区分和标注；二是对正文中 TB1～TB8 工作基点、TP1～TP32 位移测点进行了修正和补充；三是增加了测点在坝体中的位置布置。

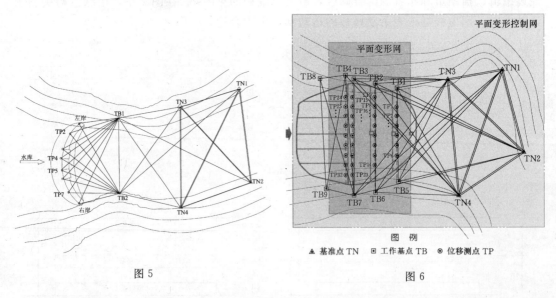

图 5   图 6

其四，图 5.2-2 的修改。作者在原稿中提供的见图 7，经过编辑、描图员和作者的配合修改，最终出版后的见图 8。在图 8 中：一是纠正了各种传感器的不规范表示；二是对数据自动采集装置与其他各章一致，统一表示；三是对传感器的数量等在图中科学表达。

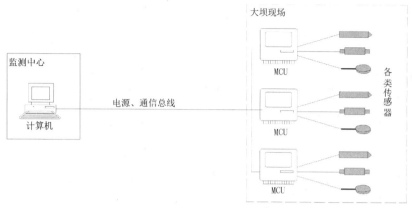

图 7

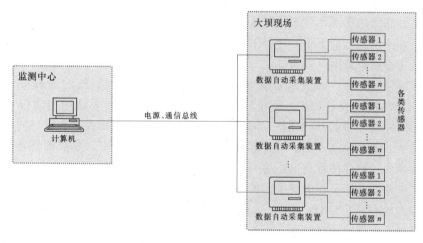

图 8

3 编辑的收获和体会

通过担任本卷的责任编辑和加工编辑，笔者接触和认识了众多专业领域内的设计大师和专家学者，从与他们的交流沟通中学习了大量的水工知识、监测自动化知识，了解了安全监测设备的原理、应用及布设原则等，至少对众多监测设备的图形符号、文字符号烂熟于心，对相关标准的适用性也有了深度了解。这是看不见却用得着的收获！

此外，笔者与众多作者建立了良好的友谊和信任，彼此能够放松地、正确地表达出自己的想法和要求，能够很好地换位思考、互补互助，能够及时地获得对方的支持和肯定，这为今后的可持续合作打下了基础。

《手册》的运作很艰难，但笔者非常享受这个过程，享受对专业知识的学习获取，享受和众多作者的沟通交流，享受自己编辑能力和加工水平的不断提高，享受与全体工作人员的默契合作，享受各级领导的帮助支持，也享受这沉甸甸的硕果！

态度　坚持　细节

——插图绘制的点滴体会

插图编辑　樊啟玲

《水工设计手册》（第2版）是国家规划重点图书，我参与了11卷全部插图的整理、编制、分色和校样审核工作。

《手册》采用了双色印刷，其图中颜色标示原则为：专题（重点）部分用绿色，辅助部分用黑色。这给插图工作带来了巨大的困难和挑战。最初交给出版社的图稿让我有一头雾水的感觉，不知道从何下手。冷静下来后，我从梳理问题入手。最初的图稿存在很多问题，概括起来有以下方面：

（1）标准使用方面。大型成套图书应当统一绘图标准，线条图的图形符号应符合规范，11卷书前后应该表示一致。水利行业与水电行业图形符号要选用相应行业标准的最新规定。在同一稿件中的同一设备、元件等，应使用相同的图形符号表示。同一张图中的同一图形符号，其大小应一致……实际上，书稿中存在很多问题，如灌浆帷幕的画法、二期混凝土的画法、物体的称谓等，多有不规范之处。

（2）文件格式方面。作者交来的图稿文件格式有很多版本，有些打不开，有些与出版系统不兼容。较多的是CAD文件，这种文件用于出版时会出现丢失图层和文字乱码的现象，往往需要返工甚至重新绘图。

（3）图稿质量方面。有部分图稿用的是位图，位图在需要放大绘图时会虚化，不符合出版质量要求，不适合用作底图。

（4）资料来源方面。一部分从网上或其他处下载的插图，不仅存在版权隐患，还不具备权威性，还有高程、尺寸、数字不准确和图形严重走样等问题。

（5）图文不符问题。图上的内容与正文没有对应，图与图下注释没有对应……此类问题如不及时加以解决，必在后期造成换图、加图、减图的问题，迫使出版社反复返工。

（6）填充物混乱问题。有些图稿的画法比较随意，无法表现工程上的严谨性。填充内容也时有随意性，例如：文字标注为混凝土，绘（填充）为砂砾石；文字标注为浆砌石、绘（填充）为干砌石。

（7）新规范应用问题。工具书应该处处遵循规范标准，方可依赖。但有的撰稿人在开始收集资料时对此不够用心，使书稿存在大量不规范的内容。

（8）复印件变样问题。《手册》有些章节复印了第1版的图。原本就是手绘的图，在制铜锌版印刷后会丢失一些图中要素（细节），这次再复印用作底图，字迹、线条会不清晰，甚至变形，必须予以修改加工或者重新绘制。

（9）图例不符问题。地形图是水利工程上常用的示意图，有的作者想展现的相对关系线颇多，结果适得其反。在小小的版面上很难分清楚众多线条的关系，或者繁杂的辅助线冲淡、掩盖了主要的物体结构，应做必要的简化。

（10）文字错误问题。有的作者在收集材料或描绘图稿时，将地下设施的虚线错画为实线，将上下游高程、水位数字标错，使分尺寸之和与总尺寸不符……粗心导致的此类错误屡见不鲜。

（11）绘图失真问题。有的绘图取材很随意，没有遵照规范的要求。少数撰稿人用刚刚参加工作的学生，他们缺少实际工作经验和耐心，描图时常会出现错描、漏描，而且没有进行必要的校核，造成返工。

（12）内容简化问题。规范《水利水电工程制图标准基础制图》（SL 73.1—2013）中指出："图线不宜与文字、数字或符号重叠、混淆；出现图线与文字、数字或符号重叠的，应保证文字、数字或符号等的清晰。"简化工程设计图是《手册》用功最多的地方，满足这样的要求需要花费很大精力，需要反复与作者沟通。

（13）图形变形问题。部分图稿文件被拉拽后存盘，造成变形，如有的坝体被拉得细高，一看就知道结构、部件变形了。此类图稿无法使用，此类问题我们采取了请作者重新提供文件，或者重新绘图。

发现问题后，我们及时同作者进行了沟通。为亡羊补牢，我们在规范性文件——《〈手册〉图稿加工注意事项》之外，又编写、追加了《〈手册〉插图要求补充说明》，进一步说明了绘图的细节和执行规范的要求。

《手册》工作初期是打电话与作者沟通图中的问题，后来发现这样做速度很慢，且有的问题在电话里说不明白。经过多次与作者接触，作者们对工作认真的态度、积极主动的精神感动了我。为了节约时间、减少中间环节，我跨界又多承担了一份责任，走出去，到作者工作的地方去工作，得到作者的积极回应。采取当面解决问题的方式，可以讲得明白，看得清楚，受到作者赞扬，工作顺利进行。合作过程中，大多数作者对我们的工作不仅表示理解，还给予了大力支持，从中我学到了更多的专业知识和包容精神，他们的帮助和理解令我非常感动，受益匪浅。经过不懈努力，我们做了一些从前几乎做不到的事，让我感受到了"坚持就是胜利"的力量。这是额外的收获！

我选择了一些实例进行说明。

例1：图中工程主体部分残缺。

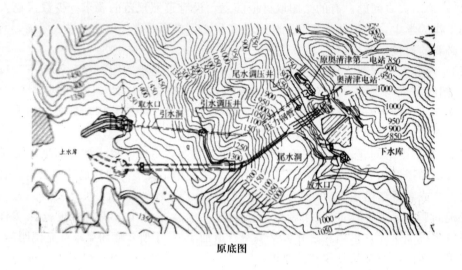

原底图

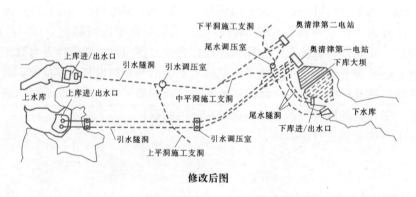

修改后图

奥清津抽水蓄能电站枢纽总布置图

例2：简化图上不完整的分水界和县界，补充清晰的图例部分，表图移另页。

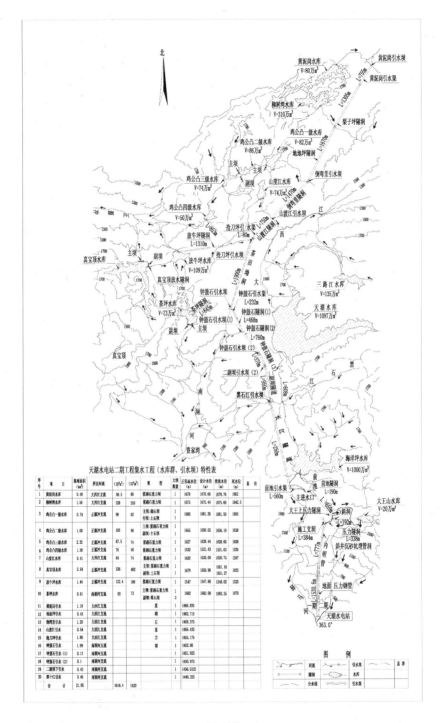

原底图

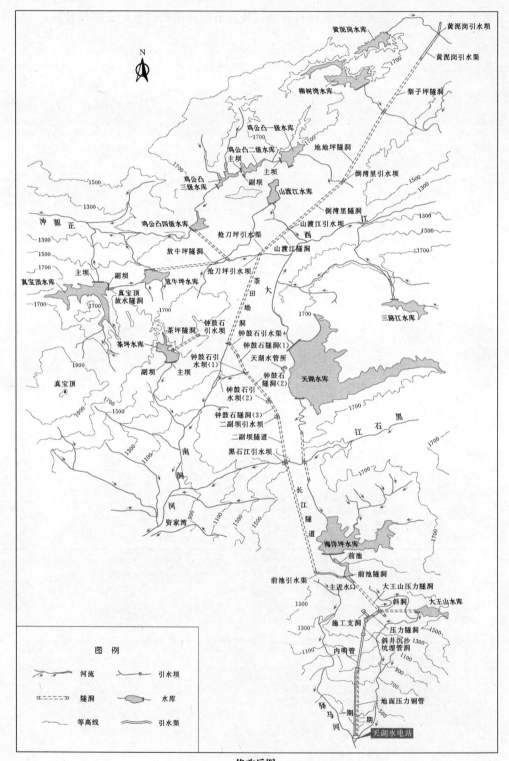

修改后图
广西天湖水电站枢纽布置图

例 3：高程有误。

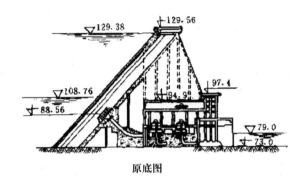

原底图

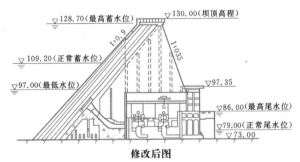

修改后图

佛子岭水电站坝后式厂房横剖面图

例 4：地下工程应用虚线表示。

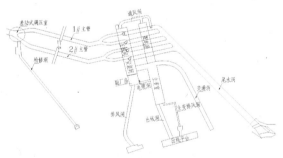

原底图

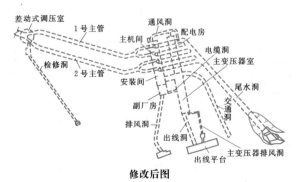

修改后图

太平驿电站（主变室布置在地下，开关站设在地面）

例 5：工程设计图中的地貌信息要简化，以更好地突出工程主题。

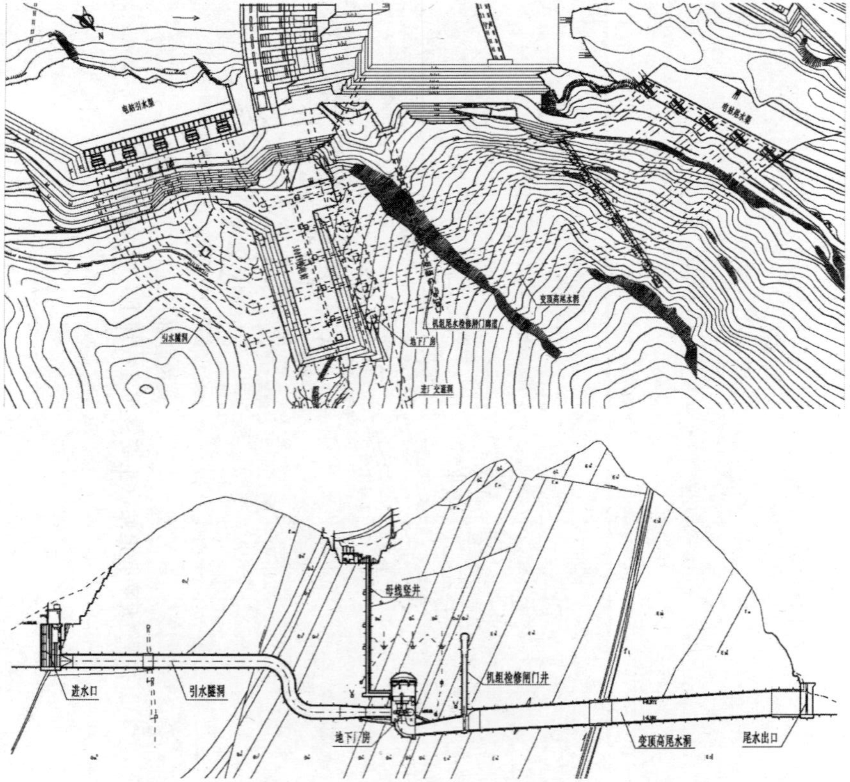

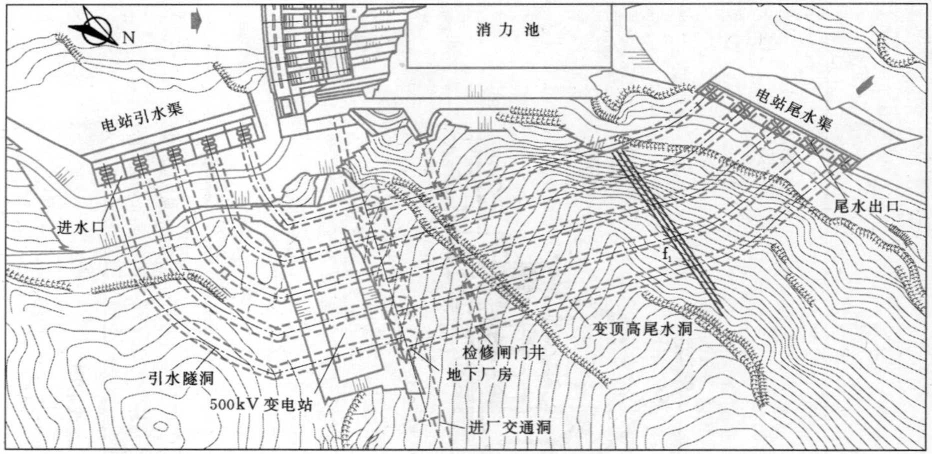

(a) 平面图

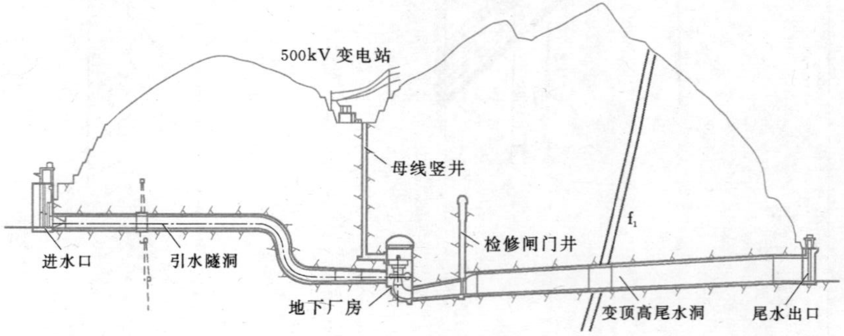

500kV 变电站
母线竖井
电站引水渠
进水口
500kV 变电站
引水隧洞
进水口

电站尾水渠
尾水出口
消力池
变顶高尾水洞
检修闸门井
地下厂房
进厂交通洞
f_1

(b) 剖面图

修改后图

500kV 变电站
母线竖井
进水口
引水隧洞
检修闸门井
地下厂房
变顶高尾水洞
尾水出口
f_1

彭水水电站压力水道系统布置图

原底图

进水口
引水隧洞
变顶高尾水洞
尾水出口
机组检修闸门井
地下厂房

例 6：符号新旧不统一，大小不一样，要规范。

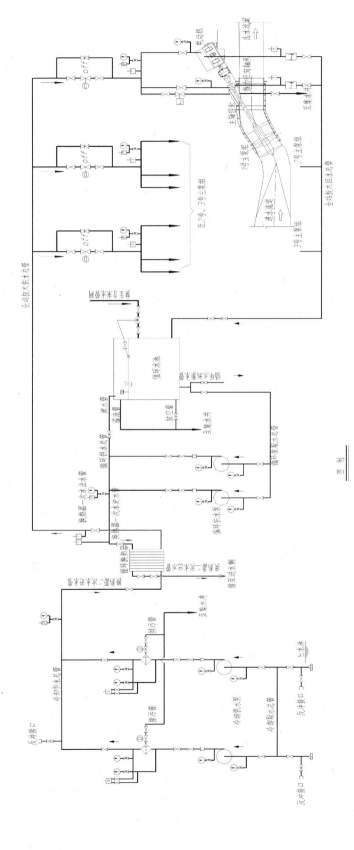

原底图

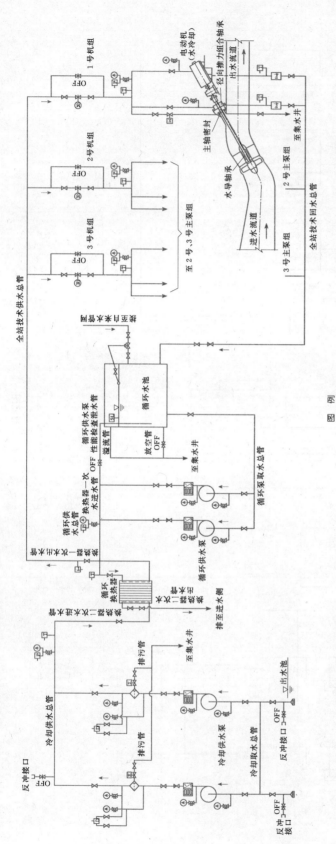

图 例

循环供水系统

| 截止阀 | 压力传感器 | 电磁阀 | 电动阀 | 流量传感器 | 旋转式滤水器 | 电磁阀 | 表用旋塞阀 |

修改后图图

注 图例根据《水利水电工程制图标准 水力机械图》(SL73. 4—2013)绘制。

　　回忆《手册》的出版历程，我的工作体会是：第一是要耐心，第二要坚持，第三做好细节。这是与同事们密切配合的 6 年，是与作者们愉快协作工作的 6 年，是向专家、学者、老师们学习的 6 年，也是自我完善的 6 年。得到的收获可喜，经验教训可鉴。一路上的点点滴滴，留下了一份感动，收获了一份经验，结识了一些朋友，提升了工作水平。这是出版社与作者们联手协作难忘的经历。在此，我要感谢所有为《手册》汇聚在一起工作的专家、教授、工程师、同事、朋友们。因为有了大家的共同努力，才使我完成了工作使命，也让我们交上了完美的成绩单！

纪　　事

领　导　讲　话

陈雷在《水工设计手册》（第 2 版）编委会扩大会议上的讲话

（2008 年 2 月 28 日）

新春伊始，我们齐聚北京，共商《水工设计手册》修编工作。首先，我代表水利部对《水工设计手册》修编工作的启动表示热烈的祝贺！向参加修编出版工作的同志们表示亲切的问候并致以新春的祝福！

我很高兴担任《水工设计手册》（第 2 版）编委会主任，也非常愿意和大家一道，共同努力完成好《水工设计手册》的修编工作。下面，我讲几点意见。

第一，《水工设计手册》在我国水利水电建设中发挥了十分重要的作用。我国治水历史悠久，积累了建设水利工程的丰富经验。中华人民共和国成立后，揭开了我国水利水电建设的新篇章。随着我国水利水电资源的开发利用，水利工程建设实践大大促进了水工技术的发展。为了提高设计水平，促进水利水电事业的发展，20 世纪 80 年代，在许多专家、教授和工程技术人员的共同努力下，反映我国水利水电建设经验和重要科研成果的《水工设计手册》应运而生。作为我国第一部大型综合性水工设计工具书，第 1 版《水工设计手册》吸收了当时国内外水工专业的最新成果和先进技术，涵盖了水利水电工程中所有常见的水工建筑物，汇集了相关的基础理论、专业知识、常用算法、设计方法和许多工程实例。《水工设计手册》内容丰富，资料完整，简明实用，深受广大水利水电工程技术工作者的喜爱和欢迎，成为从事大中型水利水电工程设计的技术人员必不可少的案头工具书，也成为从事水利水电工程施工、管理、科研人员的重要参考书。不少人从学习水利水电专业开始，就以《水工设计手册》为师，不断从中汲取学识和真知。可以说，《水工设计手册》是广大水利水电工程技术人员实践的指南，无言的导师，在指导水利水电工程设计、提高水利水电工程建设水平等方面发挥了十分重要的作用。

第二，水利水电建设的发展形势迫切要求对《水工设计手册》进行修订和完善。从 1983 年第 1 版《水工设计手册》面世以来，我国水利水电建设形势发生了深刻变化，水工设计面临新的形势和要求。一是我国水利水电工程建设快速发展，水工设计的能力和水平有了很大的提高。我国已经建成了一大批事关国计民生和发展全局的水利水电工程，特别是 20 世纪 90 年代以来，我国成功修建了一大批技术复杂、规模宏大的水利水电工程，如长江三峡混凝土重力坝、黄河小浪底斜心墙堆石坝、二滩双曲拱坝、天生桥一级面板堆石坝、江垭碾压混凝土坝等百米以上的高坝，以及正在建设的锦屏一级、小湾和溪洛渡工程等 300 米级的高拱坝，解决了许多关键技术难题，积累了大量成功的设计经验，需要全面总结、归纳和提高。二是水利水电科技取得明显进步，水工设计的技术和手段有了较大的改进、充实和完善。随着科学技术的发展，经过广大水利水电科研、设计、施工单位的共同努力，我国水利水电领域的新技术、新材料、新方法和新工艺应用取得明显进步，信息化和现代化水平显著提升。特别是水工设计中计算机技术的广泛应用，极大地提高了水利水电设计中处理复杂问题的效率和能力，这些都应在《水工设计手册》修编中予以充实、规范和完善。三是我国治水思路发生深刻变化，水工设计中需要考虑的领域不断拓宽、因素逐步增多。深入贯彻落实科学发展观，构建社会主义和谐社会，转变经济发展方式，实现又好又快发展，要求我们认真贯彻中央水利工作方针、政策和重大部署，积极践行可持续发展治水思路，要更加注重给洪水以出路，更加注重水资源节约保护，更加注重发挥大自然的自我修复能力，更加注重水资源开发、配置、调度中的生态问题。可持续发展水利的理念和实践将对水利水电建设产生重大而深远的影响，需要在水工设计中更加关注生态和环境保护问题，更加关注土地和移民问题，更加注重工程的综合效益，更加注重工程的运行管理和安全，这些都将推动水工设计理念、设计理论、设计方法和设计手段的深刻变革。四是实现全面建设小康社会奋斗目标对水利工作提出了新要求，为水工设计提出了新任务。实现全面建设小康社会的宏伟目标，水利任务十分艰巨。必须进一步加快水利发展步伐，完善水利基础设施，提升水利保障功能，强化水利对区域协调发展的重要支撑作用，保障饮水安全、防洪安全、粮食安全、经济发展用水安全、生态用水安全。近年来，党中央、国务院对水利工作高度重视，作出了一系列重大部署，特别是加大了病险水库除险加固、农村饮水安全建设、灌区续建配套与节水改造、治淮等重点工程建设等方面的投入力度，水利基础设施建设迎来了新的发展高潮。水工设计必须适应新时期我国水利建设的需要，与时俱进、及时提供坚实的技术支撑。

总之，经过20多年的发展，我国水利水电工程在设计需求、设计理念、设计能力、设计手段、设计标准规范等方面都有较大变化，迫切需要对《水工设计手册》进行修订完善。同时，我国水利水电工程建设取得的巨大成就，工程科学技术取得的巨大进展，也为《水工设计手册》的修编奠定了良好的理论与实践基础。

第三，着力把《水工设计手册》打造成一部科学实用的水利精品力作。在索丽生主编的精心组织和胡四一、刘宁等同志的共同努力下，在有关高等院校、科研机构和设计单位的大力支持下，经过水利水电规划设计总院、水电水利规划设计总院和中国水利水电出版社等有关单位近一年半的筹划，《水工设计手册》的修编工作今天就正式启动了，这是水利水电建设领域的一件大事，也是一项复杂而艰巨的系统工程。在此，我提几点希望。

一要高度重视。《水工设计手册》修编涉及面广，工作量大，技术要求高，需要精心组织，周密实施，动员多方面的力量共同参与。水利部十分重视，专门成立了编委会，给予全方位的支持，为修编工作创造有利条件。希望各有关单位进一步提高对修编工作重要性和紧迫性的认识，着眼于保障经济社会又好又快发展和推动水利水电建设长远发展，将《水工设计手册》的修编作为一项重要而紧迫的工作来抓，认真落实质量和进度要求。各有关单位要为修编人员提供支持和帮助，包括必要的技术资料和必备的经费。编委会及其工作机构要加强组织领导，增进沟通交流，搞好协调配合，形成修编工作的合力，确保修编工作的顺利进行。

二要科学修编。要以科学发展观为统领，贯彻中央水利工作方针，体现可持续发展治水思路的要求，全面总结现代水工设计的理论和实践成果，系统介绍近年来水工设计的新理念、新技术、新材料、新方法，充分反映当前国内外水工设计领域的重要科技成果，协调统一水利工程与水电工程的设计标准，妥善处理修编工作中继承与创新的关系，注重科学性，体现时代性，增强针对性，突出实用性，以更好地指导水利水电工程设计实践。

三要集思广益。这次修编集中了国内水利水电工程设计、科研和教学等单位的一大批专家学者，既有德高望重的院士大师，又有常年工作在一线的技术骨干。要依托这些优势，在撰写、初审、复审和定稿的过程中，充分发挥大家的聪明才智。要以开放式的方式开展工作，广泛征求各个方面的意见，特别是要认真听取不同意见。对重大技术问题要进行充分讨论，深入研究，博采众长，集思广益，以求达成共识，特别要恰当反映水工设计中的前沿问题、疑难问题，以及跨学科、跨部门的重点问题。

四要确保质量。从事《水工设计手册》修编的各位专家、学者、工程技术人员和出版工作者，要切实增强责任感和使命感，牢固树立质量意识和精品意识，广泛收集资料，认真进行分析，科学严谨修编。要明确责任，建立科学、严格、规范的工作流程，高标准、严要求，力争达到内容完整实用、资料翔实准确、体例规范合理、表达简明扼要、使用方便快捷，经得起实践和历史的检验。

同志们，《水工设计手册》的修编工作，是一项继承、开拓、创新的大型科技出版工程，是深入贯彻落实科学发展观的一次有益实践，也是一项传承文明、服务水利的文化工程。它的修编出版，对进一步提升我国水利水电工程建设的软实力，全面提高水工设计的质量和水平，推动水工设计理念的更新，带动水工设计技术和方法的提高，促进新材料、新工艺的应用等必将产生重大而深远的影响。希望各有关方面通力合作，共同努力，把《水工设计手册》修编工作抓紧抓实抓好，使第2版《水工设计手册》真正成为广大水利工作者的良师益友，水利水电建设的盛世宝典，传承水文明的时代精品。

最后，预祝《水工设计手册》修编工作取得圆满成功。谢谢大家！

索丽生在《水工设计手册》（第 2 版）编委会扩大会议上的讲话

（2008 年 2 月 28 日）

很高兴参加《水工设计手册》的修编工作。愿与大家一起，尽心尽力，又好又快地完成这项重任。

刚才陈雷部长作了重要讲话，充分肯定了第 1 版《水工设计手册》的重要作用，指出形势发展迫切要求对《水工设计手册》进行修订和完善，并对修编工作提出了明确的、很高的要求。这些我都十分赞同。会后还要认真学习、领会精神，努力贯彻落实到《手册》修编工作中去。

下面，我就《水工设计手册》修编必要性的个人认识、修编工作的总体设想作个发言，也提出几点要求。

一、《手册》修编的必要性

《水工设计手册》自 20 世纪 80 年代问世以来，深受广大水利水电工作者的欢迎，尤其对从事水利水电工程设计的技术人员来说，是一本非常重要和实用的手册，在我国水利水电建设中起到了不可估量的作用。

回首《手册》面世以来水利水电建设跨越的 30 年辉煌历程，我们深知，鉴于水利水电建设的新形势和新要求，以及水工设计的观念、理论、方法、手段上快速发展，第 1 版《水工设计手册》已经适应不了现代水利水电建设发展的需要，迫切需要予以更新和完善。

1. 水利水电建设的新形势、新要求

（1）发展迅速，形势逼人。随着我国经济迅速发展，投资环境不断改善，今后 15～20 年将成为水利水电建设的良好机遇期。水利水电大发展需要坚强的技术保障，而工程设计是其中的关键之一。

1）水利建设方面：防汛抗旱、粮食安全、城乡供水、生态保护等需求迫切。

• 最近国务院决策，加大投入力度，确保 3 年内完成大中型和重点小型病险水库除险加固任务。

• 农村饮水安全建设、灌区续建配套与节水改造、治淮等重点工程建设等方面的投入力度加大，水利基础设施建设迎来了新的发展高潮。

2）电力建设方面：全面建设小康社会，实施西部大开发战略，落实环境保护的基本国策等对电力发展提出很高要求。

• 电力工业中长期发展规划："大力开发水电，优化发展煤电，积极推进核电，适度发展天然气发电，鼓励新能源发电"。

• 全面建设小康社会对电力的要求：2020 年 GDP 翻两番，按保守预测电力需求 9.2 亿 kW，估计水电达 2.3 亿 kW，每年需新增近千万千瓦。

• 《中华人民共和国可再生能源法》确认水能为可再生能源。《可再生能源中长期发展规划》指出：到 2020 年，水电总装机容量将达到 3.0 亿 kW。

• 《联合国气候变化框架公约》及《联合国气候变化框架公约的京都议定书》要求减排温室气体。《中国应对气候变化国家方案》指出：在保护生态基础上有序开发水电。把发展水电作为促进中国能源结构向清洁低碳化方向发展的主要措施。……加快水电开发步伐，重点加快西部水电建设，……

• 《十一五规划纲要》指出：在保护生态基础上有序开发水电。建设金沙江、雅砻江、澜沧江、黄河上游等水电基地和溪洛渡、向家坝等大型水电站。适当建设抽水蓄能电站。

（2）观念更新，要求提高。为贯彻落实科学发展观，在关注水利水电建设与开发的同时，也要十分重视生态与环境保护，处理好开发与保护的关系，体现"人与自然和谐相处"、"水资源可持续利用"和"以人为本"等现代理念，在保护生态基础上有序开发水电。这些无疑对水工设计提出了许多新的要求，如做好河流综合规划，坚持人水和谐，确保河流健康；转变"重工程、轻移民"的观念，以人为本，做好移民安置工作；开拓创新，改进工程规划设计运行管理等。具体而言，规划设计中将会遇到的新问题可能有：

• 更为合理的经济评价体系和方案优化原则：除考虑工程的经济效益外，还应包含工程的社会、生态效益和影响。

• 生态友好型工程：滞洪水库、生态水库，生态库容设置或生态基流保障措施，分层取水装置，过鱼设施，生态河道，洪水管理与生态调度。

2. 水工设计的科技进步

随着我国水利水电建设事业的迅速发展，特别是 20 世纪 90 年代以来，我们应用现代新技术、新方法修建一大批规模宏大、技术复杂的工程，在科学研究、计算理论、工程技术、建筑材料和施工方法等方面都有了长足的进步，积累了成熟的设计经验，极大地提高了我国水工设计水平。这些水工设计中的新理论、新技术、新材料、新方法有必要认真总结，并在更多的在建、待建水利水电工程中推广应用。

• 坝轴线全长 2300m 的混凝土重力坝，装机容量 26×700MW 的水电站，双线 5 级船闸，水库动态移民 120 万人等，使长江三峡工程无愧为世界上建筑规模最大的水利工程，其设计和施工中遇到了许多史无前例的崭新挑战。

• 黄河小浪底工程的斜心墙堆石坝及其极为复杂的泄洪洞和地下洞室群等高难度设计颇具特色。

• 二滩水电站工程中双曲拱坝及其坝身泄水水流对撞落入垫塘的消能技术使人为之振奋。

• 天生桥一级面板堆石坝和江垭碾压混凝土坝等世界级高坝谱写了坝工技术新篇章。

• 三峡地下电站等采用的变顶高尾水洞、西南水电开发中采用的气垫式调压室展示了水电领域的技术更新。

• 南水北调、大伙房输水等大规模、长距离调水工程遭遇但攻克了众多前所未有的水工技术难题。

总之，为适应当今水利水电建设新形势的要求，更好地推广和应用水工设计中的新观念、新理论、新方法、新技术、新材料，提高设计水平、加快设计速度、确保工程质量，迫切需要修编第 1 版《手册》。

二、《手册》修编的总体设想

1. 指导思想

认真总结近年来水利水电工程建设的成功经验，广泛汇集水工设计的新技术和新方法，在修编的《手册》中系统介绍现代水工设计的理论和方法，全面体现水工设计的最新水平，突出科学性、实用性，以满足新形势下水工专业设计人员的需要。

2. 遵循原则

八个字："科学、实用、一致、延续"。

科学——系统、科学地总结国内外水工设计的新观念、新理论、新方法、新技术、新工艺，体现我国当前水利水电工程设计和科学研究的水平。

实用——全面总结水利水电工程设计经验，充分发挥各参编单位技术优势，努力适应现代水利水电工程设计的新需求。

一致——与水利、水电工程设计标准一致。鉴于水利与水电标准体系的差异，要充分协调沟通，避免相互矛盾，必要时需并行编写。妥善处理科学研究成果和设计技术标准的关系，力求概念新、方法实。

延续——以第 1 版《手册》框架为基础，修订、补充有关章节内容，保持水利水电工程设计工作的延续性。

3. 内容调整

第 1 版《手册》共 8 卷 42 章。新修订的《手册》在第 1 版的基础上主要增加了计算机应用、流域综合开发利用规划、征地移民、环境保护与水土保持、水工结构可靠度、碾压混凝土坝、非碾压式堆石坝、堤防与河道整治、抽水蓄能电站、潮汐电站、边坡及支挡工程、水工安全监测等卷、章，共 11 卷 65 章。

4. 组织方式

成立编委会，其成员包括水利部领导、两总院及出版社有关领导、技术委员会正副主任和参加修编单位的负责人。

编委会聘任全书主编、技术委员会和各卷的主编；审定修编工作大纲，决定重大编写问题，批准《手册》的出版。

全书主编主持《手册》修编，负责全书的总体设计，组织书稿的审定工作，掌握书稿的质量、编审进度，负责组织统稿工作。

卷主编确定章主编并报编委会颁发聘书；提出卷的编写大纲，组织对各章的重大技术问题进行讨论和协调，负责本卷的撰写、初审、复审和定稿工作，保证书稿质量和编审进度，并接受全书主编的领导和技术指导。

章主编确定参编人员并报卷主编确认；负责组织本章的编写、修改、定稿工作，接受卷主编的直接领导和技术指导。

技术委员会参与书稿审查和重大技术问题咨询；每卷确定若干位委员进行技术跟踪。

编委会下设办公室，负责《手册》编写过程中的组织协调和日常事务工作。

参加修编单位指定修编工作联系人，负责《手册》编写过程中的事务性工作。

需说明的是，以卷为相对独立的运作（编写、审查、出版）单位是本次修编工作的特点之一。

5. 进度计划

2007 年 11 月完成大纲编制；2007 年 12 月—2009 年 6 月为《手册》编制阶段，各卷进度由各卷主编掌握；2009 年 6—12 月为《手册》审查阶段，并开始分卷陆续出版；2009 年底，基本完成《手册》的编写出版工作。

三、对《手册》修编工作的几点要求

1. 虚心学习，认真编写

一是学习领导讲话精神，与时俱进，紧跟形势；二是学习水利水电工程建设中的新观念、新理论、新技术，融会贯通，掌握前沿；三是学习兄弟单位的先进经验，拓宽视野，提高水平。使《手册》修编的过程成为归纳总结、分析研究的学习过程。

编写过程中力求科学严谨，求真务实，精益求精，一丝不苟。使修编后的新版《水工设计手册》达到陈雷部长所要求的"内容完整实用、资料翔实准确、体例规范合理、表达简明扼要、使用方便快捷，经得起实践和历史的检验"。

2. 真抓实干，不失时机

各参编单位要保证人力物力投入，包括必要的技术资料和必备的经费，还要为编写人员提供精神和物质上的支持与帮助；各位专家和编写人员要妥善协调自身的各项工作，保证有足够的工作时间和精力投入，力争按期高质完成修编工作，赶上水利水电建设大发展的机遇期。

3. 团结合作，齐心协力

参加这次修编工作的单位众多，专家云集，必须加强沟通，搞好协作。编委会及其工作机构要加强领导，全力协调，精心组织，周密实施，搞好服务，顺利推进《手册》的修编工作。

同志们，我相信，有水利部作为坚强后盾，有众多参编单位的鼎力相助，有技术委员会资深专家的严格把关，有编写人员的认真撰写，有编辑出版工作者的辛勤劳动和所有同志的无私奉献，我们一定能把《手册》修编工作做好，如陈雷部长所要求的那样，使第 2 版《手册》真正成为广大水利工作者的良师益友，水利水电建设的盛世宝典，传承水文明的时代精品。

晏志勇在《水工设计手册》（第 2 版）
编委会扩大会议上的讲话

（2008 年 2 月 28 日）

今天《水工设计手册》（第 2 版）编委会扩大会议在这里隆重召开，这是水利水电行业自主创新技术的一次全面总结，是水利水电行业技术发展的一件大事。根据会议的要求，受水利部水利水电规划设计总院汪洪院长、中国水利水电出版社汤鑫华社长的委托，我代表我们三家组织单位作一个发言。

一、我国水电的发展情况

到 2007 年底，水电总装机容量已达 1.45 亿 kW，占技术可开发容量的 26.7%，在建规模接近 9000 万 kW，按照《可再生能源中长期发展规划》，到 2020 年，我国水电装机容量要达到 3 亿 kW。

目前正在建设中的小湾、溪洛渡、向家坝、锦屏一级和二级、构皮滩水电站等战略性的重大工程，其工程规模大、地形地质条件复杂、技术难度高，但我们已攻克了一个又一个的关键技术难题，保证了工程的顺利建设。但是，在未来的水利水电工程建设中，我们还会遇到很多困难，诸如极端气候条件的影响、生态环境影响、水库移民安置困难，还会遇到复杂的地形条件、复杂的地质结构、高陡边坡和大型滑坡体、深厚覆盖层地基、高坝地震、泄洪消能、岩溶渗透和高地应力、岩爆问题等等。对此，我们需要高度重视，在总结已有工程实践和科学研究的基础上，进一步开展深入研究论证、精心设计，提出保证工程建设安全的解决方案，以促进水利水电工程技术的发展。

我们还要清醒地认识到，我国水利水电工程面临着的环境和条件是复杂的、特殊的。目前和今后一段时间，水电开发将集中在水电资源富集的西部地区，这里生态环境敏感、区域构造复杂，地处偏远，交通条件差，工程地质条件复杂等因此，水利水电工程设计建设，需要继承已有优良设计传统和工程经验，还必须结合实际，大胆创新，使水工设计在材料、结构、施工技术等方面有所发展和前进。我们还要紧紧依托水利水电重点建设工程，围绕其关键技术课题，加强研究和科技攻关，破解技术难题。在继承中发展，在发展中创新，在创新中跨越，从而提高水电工程建设技术水平，在保证工程安全的前提下，努力提高水利水电工程的经济效益、社会效益和环境效益。

晏志勇，时任中国水电工程顾问集团公司总经理、党组书记，水电水利规划设计总院院长，现任中国电力建设集团有限公司董事长、党委副书记，教授级高级工程师，《手册》编委会副主任。

二、对《手册》修编意义的粗浅认识

20世纪80年代初，水利水电工程建设开始进入蓬勃发展阶段，当时陆续出版的《水工设计手册》深受广大水利水电工程技术人员的喜爱，成为必备的工具书。20多年来，《手册》在我国水利水电建设中起到了十分重要的作用。在这里，我们要特别感谢第1版《手册》编撰的组织者、主持人和主编人，是他们辛勤的劳动成果，引导和推动了水利水电技术的发展，促进了水利水电工程技术人员的成长，推动了我国蓬勃发展的水利水电建设事业。

在过去的25年中，水利水电事业持续发展，建成了三峡、二滩、小浪底和长江堤防加固等一批水利水电工程，南水北调中线、龙滩、小湾、溪洛渡、向家坝等工程也在建设之中。在20多年的工程实践中，又涌现出一大批自主创新的科技成果，有力地促进了水工设计技术的发展。为了适应时代的需要和科学技术的发展要求，更好地将水工设计中的新观念、新理论、新方法、新技术、新材料在水利水电工程建设中推广和应用，提高水工设计水平、工程质量和工程效益，迫切需要补充完善和修编《手册》。

水利部水利水电规划设计总院、水电水利规划设计总院和中国水利水电出版社三方就《手册》修编进行了认真的调查研究，提出了修编工作大纲，《手册》的修编工作得到了水利部领导的关心和支持，也得到了水利水电行业勘测设计、科研单位和大学的积极响应。大家积极主动要求承担主编或参与修编工作任务，作为组织单位，我们深受感动。我们相信，《手册》的修编是水利水电技术发展的必然，是落实科学发展观的需要，也是适应市场发展和变化的需要。因此，作为组织单位，我们三方将全力以赴组织好这次修编工作。

三、对修编工作的几点建议

《手册》修编是一项系统工程，涉及当前水利水电建设的热点问题、关键性技术问题，对组织单位、主编单位和参编单位都是一次挑战，同时，也是一次进行自主创新成果的总结。这次修编工作，得到水利部领导的关心和支持，刚才陈雷部长在讲话中对这次修编工作予以了高度的评价，令我们感到十分鼓舞，陈部长还对修编工作提出了四点要求，我们一定要认真领会贯彻落实。我们相信，在水利部的正确领导下，在有关单位通力协作和大力支持下，通过我们编委会各位委员、各位专家的共同努力，一定能圆满完成好这次修编工作。

下面，就修编工作提几点建议，供大家参考。

1. 要贯彻落实科学发展观

科学发展观是创新设计理念、设计思路和设计原则的理论基础，我们要从设计理念、设计思路和设计方法等方面，体现时代的发展和新形势的要求。既要继承优秀设计传统，又要提倡技术创新。水工设计也要体现环境友好、节约资源，促进社会经济、生态环境的和谐发展。

2. 要反映时代特征，突出实用性

总结20多年国内外水工设计的新观念、新理论、新方法、新技术、新工艺，体现我国当前水利水电工程科学研究的水平，是全书修编编撰的关键，也是反映时代特征、突出实用性的关键。唯有如此，才能使第 2 版《手册》为水利水电工程建设设计、施工和管理提供依据、方法和手段，才能成为对水利水电工程技术人员有价值的必不可少的案头工具书，才能达到我们修编工作的目的。

3. 要加强协调管理，做好服务

《手册》修编新增内容较多，涉及面广，参加修编的单位和人员较多，编撰要求高而时间紧，因此，组织单位具体工作人员要在编委会的指导下，加强对各卷、各章修编工作的组织管理、督促检查和协调工作，为全书各卷、各章主编做好服务，保证《手册》修编工作的顺利进行。

4. 要精心编撰，确保质量

《手册》修编是一项艰苦细致的工作，《手册》的水平和质量，决定于主编者、参编者的工作态度和工作质量。各卷、各章的主编，在承担繁重的生产科研任务的同时，基本上要靠牺牲业余时间、节假日来完成这次修编工作，因此各卷、各章的主编要认真策划、精心组织、精心编撰，发挥参编人员的积极性和作用，努力把好技术关，切实按照修编工作大纲的要求开展工作，保证《手册》修编的质量。

5. 要发挥好技术委员会的作用

发挥好技术委员会专家的作用，对保证各卷、章修编的质量作用重大。在修编过程中，各主编、参编人员，要保持与技术委员会委员的经常性联系，主动寻求技术委员专家的指导和帮助，邀请技术专家参与对重大技术问题的研究和讨论，各卷、章定稿前，还可邀请技术专家帮助进行技术把关。

各位委员、专家，水利部水利水电规划设计总院、水电水利规划设计总院和中国水利水电出版社作为组织单位，能与各位主编、参编专家在编委会的领导下，一起开展《手册》的修编工作，深感责任重大，也倍感荣幸。我们相信，只要我们认真组织，共同努力，就一定能够按照既定计划圆满完成这次修编任务，为促进我国水利水电工程技术进步，为我国水利水电建设事业可持续发展作出新贡献。

最后，再次代表三家组织单位，对水利部领导的重视和支持，对各位委员和各位专家的积极参与表示衷心的感谢！

张长宽在《水工设计手册》（第2版）编委会扩大会议上的讲话

（2008年2月28日）

今天，有幸应邀来北京参加《水工设计手册》（第2版）编委会扩大会议，感到十分高兴。首先，我谨代表河海大学全体师生向在座的各位领导、专家致以诚挚的问候！

为适应时代发展的要求，更好地将水工设计中的新观念、新理论、新方法、新技术、新材料在水利水电建设中推广和应用，以提高设计水平和工程质量，决定共同组织开展《手册》修编工作，这是我们水利水电行业一件具有重大意义的事情。由我校主编的第1版《手册》自20世纪80年代问世以来，深受广大读者的欢迎，在我国水利水电建设中起到了十分重要的作用，成为包括河海大学在内的众多设有水利水电相关专业的院校及科研、设计单位的一套非常重要的学习教材。然而，随着水利水电建设事业的不断发展，《手册》的内容更新已变得十分迫切，工作和奋斗在水利水电战线上的同志们正期待着新版《手册》能尽早并顺利地出版！

今天，作为主要的参编单位，河海大学前来参加《手册》编委会扩大会议的有近十位老师，还有40余位参编人员未能来京参加会议。学校能有这么多的教师参加《手册》的部分卷、章的主、参编工作，我们深感荣幸和自豪，也感到任务的艰巨！因此，我校参加《手册》编写工作的同志，均表示要认真学习、领会陈部长的讲话精神、索丽生副主席的讲话要求及会议有关精神，按照《手册》修编工作的总体安排，从服务大局、提升水平的角度出发，认真组织开展好相关工作，努力、圆满地完成这项光荣的任务。

与此同时，我们河海大学的老师也清楚地认识到，第2版《手册》修编工作的开展，也为我们搭建起了一个良好的学习与交流的平台。借助这个平台，我们能同在水工设计相关领域和水利水电建设第一线的各位身经百战的专家们一起工作，进行研究探讨，无疑是一次弥足珍贵的学习机会，我们一定虚心向兄弟单位的各位专家学习，相信这样的交流与合作，定将对促进我校水利、水电、土木、交通、计算机等与水利水电建设密切相关的学科专业的发展产生积极而深远的影响。

总之，我们希望通过彼此间通力合作，共同推动《手册》修编工作取得圆满成功。最后，再次向各位领导、专家表示感谢，并热忱欢迎各位领导、专家常到我校视察、指导。

张长宽，河海大学原校长，教授，《手册》编委会委员。

陈雷在《水工设计手册》(第2版)编委会第二次会议暨首发仪式上的讲话

(2011年9月18日)

今天,《水工设计手册》(第2版)在广大水利水电工作者的热切期盼中问世了,这是我国水利水电出版史上的盛事,也是我国水利水电建设领域中的大事。我代表水利部,对《手册》的出版发行表示热烈的祝贺!对参与《手册》编审工作的所有专家、学者、工程技术人员和出版工作者,表示衷心的感谢!

刚才,索丽生主编介绍了《水工设计手册》修编的总体情况,四一副部长宣读了潘家铮院士关于修编工作的书面讲话,新闻出版总署出版管理司副司长陈亚明代表副署长邬书林发表了重要讲话。下面,我讲几点意见。

第一,《水工设计手册》(第2版)是新中国水利水电事业快速发展的有力见证。兴水利、除水害,历来是治国安邦的大事。中华民族在悠久的治水历程中,积累了丰富的水利水电建设经验,特别是新中国成立后,党和国家高度重视水利工作,建设了大量关系国计民生的水利水电工程,极大地促进了水工技术的发展。1983年,第1版《水工设计手册》应运而生,成为我国第一部大型综合性水工设计工具书,在指导水利水电工程设计、培养水工技术和管理人才、提高水利水电工程建设水平等方面发挥了重要作用。

第1版《水工设计手册》面世以后,我国水利水电工程建设进入一个快速发展时期。随着三峡、小浪底、二滩、南水北调等一大批技术复杂、规模宏大的水利水电工程陆续开工建设,新技术、新工艺、新材料和新方法不断涌现并广泛应用,特别是随着科学发展观的深入贯彻落实,我国治水思路发生了深刻变化,水工设计需求、理念、方法、手段和标准不断完善,水工设计技术、设计水平已跻身世界先进行列。《水工设计手册》(第2版)体现了科学发展观的要求,贯穿了可持续发展治水思路的主线,反映了我国当前水利水电工程科学研究和工程技术水平。它的出版,有力见证了新中国水利水电事业发展的光辉历程和取得的辉煌成果。

第二,《水工设计手册》(第2版)是水利水电科技工作者团结治水的智慧结晶。这次《水工设计手册》修编工作,是新中国成立以来水工技术领域规模最大、范围最广、参与人员最多的一次综合性科技行动。修编工作由水利水电规划设计总院、水电水利规划设计总院和中国水利水电出版社3家单位牵头,联合邀请全国4家水利水电科学研究院、3所重点高等院校和16家水利水电勘测设计研究院(公司),包括13位院士在内的500多位专家、学者和技术骨干参与这一浩大工程,充分体现了部门之间、科研单位之间、学科专业之间的团结协作。

在3年多的修编过程中,以潘家铮院士为主任的技术委员会倾注了大量心血,发挥了关键和核心作用。索丽生、高安泽等主编、副主编做了大量卓有成效的工作，各位编撰和主审人员付出了艰辛劳动。他们中间，有的年事已高、身体不好，但仍殚精竭虑、忘我工作；有的肩负重任、工作繁忙，仍然挑灯夜战、孜孜以求；有的为了一个公式、一份图表、一句表述，认真推敲、反复比较。没有他们深厚扎实的理论功底、宝贵丰富的实践经验、高度负责的工作态度、严谨务实的科学精神、无私奉献的高尚品格，就没有这一卷帙浩繁、博大精深的水利水电盛世宝典。

第三，《水工设计手册》（第2版）是我国新闻出版工作实施精品战略的重要成果。党的十六大以来，新闻出版界紧紧围绕推动社会主义文化大发展大繁荣，创新体制机制，实施重大项目带动战略和精品战略，出版了一大批具有传世价值的精品力作，成为我国文化产业的主力军。水利图书出版是我国文化建设特别是新闻出版领域的重要组成部分。多年来，新闻出版总署对我部所属出版单位给予了强有力的指导和支持，推动水利水电科技出版取得了明显成效。借此机会，我代表水利部和部属新闻出版单位，向新闻出版总署表示衷心的感谢！

《水工设计手册》（第2版）由中国水利水电出版社出版，新闻出版总署自始至终给予了大力支持。它的出版与已经出版的《中国水利百科全书》、正在编纂的《中国河湖大典》、《中国水利史典》等巨著以及几千种水利水电精品图书一起，系统反映了中华民族几千年来的治水历程，真实再现了新中国水利水电发展的伟大实践，是我国水文化建设成就的重要标志，也是新闻出版园地的一朵耀眼奇葩。

第四，《水工设计手册》（第2版）是推进中国特色水利现代化建设的技术宝典。今年中央1号文件和中央水利工作会议，从党和国家事业发展全局出发，对水利工作作出全面部署，动员全党全社会掀起大兴水利热潮，努力走出一条中国特色水利现代化道路。实现水利跨越式发展，走中国特色水利现代化道路，必须坚持科学发展，转变水利发展方式，用现代治水管水理念引领水利改革发展，用现代科学技术特别是高新技术武装和改造传统水利，大力推进治水理念现代化、水利基础设施现代化、水资源调度管理现代化、水利工程管理现代化，以水利信息化带动水利现代化。

在这样的历史背景下，《水工设计手册》（第2版）的出版，恰逢其时、极为重要。《水工设计手册》（第2版）以科学发展观为统领，按照可持续发展治水思路要求，在继承前版成果的基础上兼收并蓄、开拓创新，实现了新的跨越：一是突出了以人为本、科学发展的理念。这次《水工设计手册》修编，按照科学发展观要求，贯彻民生优先、人水和谐的理念，增加了移民征地、环境保护、水土保持等篇章，充实了现代水工设计中必须高度关注的生态、环保、移民、安全等方面内容。二是突出了水工设计实践经验和最新科技成果的总结。这次《水工设计手册》修编，全面总结了现代水工设计理论和实践经验，系统介绍了现代水工设计的新技术、新工艺、新材料、新方法，有效衔接了水利工程和水电工程设计标准，充分反映了当前国内外水工设计领域的重要科研成果。三是突出了现代化技术在水利水电中的应用。这次《水工设计手册》修编，增加了信息技术、计算机技术在现代水工设计中的应用等卷章，充分体现了中国特色水利现代化的发展要求。四是突出了理论联系实际的特色。这次《水工设计手册》修编，不仅介绍了各种先进水工设计理论、方法、公式、图表，还注重通过水利水电工程案例，分析这些理论、方法、公式、图表在实际工作中的应用，强调已有工程设计的经验介绍，明确工程技术设计的重点和难点，指出设计技术发展的趋势与方向，有利于工程技术人员更好地掌握水工设计的关键，推动水利水电工程技术创新。《水工设计手册》（第2版）的出版发行，必将成为广大水利水电工作者的良师益友，成为水利水电建设史上的盛世宝典，对推动我国水工设计理念更新，提高水工设计技术质量和水平，进一步提升我国水利水电工程建设的软实力，必将产生重大而深远的影响。

　　《水工设计手册》修编涉及面广，工作量大，技术要求高，是一项复杂而艰巨的系统工程。今天首发式上发行的仅是《水工设计手册》（第2版）的第一批。希望有关单位和广大编审工作者进一步提高对修编工作重要性和紧迫性的认识，总结工作经验，加强组织领导，搞好协调配合，科学严谨修编，力争今年年底全面完成《水工设计手册》（第2版）撰稿工作，明年上半年全部出齐，努力把《水工设计手册》（第2版）打造成一部经得起实践和历史检验、科学实用的水利科技精品力作，为促进水利水电事业又好又快发展，推进水利现代化进程作出新的更大贡献！

索丽生在《水工设计手册》(第2版) 编委会第二次会议暨首发仪式上的讲话

(2011年9月18日)

《水工设计手册》自20世纪80年代初问世以来,在我国水利水电建设中起到了不可估量的作用,深受广大水利水电工程技术人员的欢迎,并成为水工设计人员必备的案头工具书。近30年来,我国水利水电工程建设有了突飞猛进的发展,取得了举世瞩目的成就,技术水平总体处于世界领先地位。为适应我国水利水电事业的发展,迫切需要对《水工设计手册》进行修订。经10余年孕育,《水工设计手册》(第2版)即将问世。

2008年2月底,《水工设计手册》(第2版)编委会扩大会议在北京召开,标志着修编工作全面启动。迄今为止,已经历3年半时间。下面我就《手册》修编工作向大会作以下汇报。

一、总体要求和遵循原则

修编的总体要求是以陈雷部长在编委扩大会议上的讲话精神为指导,即各有关方面通力合作,共同努力,抓紧、抓实、抓好《手册》修编,使《水工设计手册》(第2版)"真正成为广大水利工作者的良师益友,水利水电工程建设的盛世宝典,传承水文明的时代精品"。

修编工作遵循以下四条原则:一是科学性原则,即系统、科学地总结国内外水工设计的新观念、新理论、新方法、新技术、新工艺,体现我国当前水利水电工程科学研究和工程技术的水平;二是实用性原则,即全面分析总结水利水电工程设计经验,发挥各编写单位技术优势,适应水利水电工程设计新的需要;三是一致性原则,即与现行水利、水电工程设计标准一致,鉴于水利与水电技术标准体系存在的差异,要充分协调沟通,必要时需并行介绍;四是延续性原则,即以第1版《手册》的框架为基础,修订、补充有关章节内容,保持《手册》的延续性和先进性。

二、组织机构和参编人员

为切实做好《手册》修编工作,成立了《手册》编委会和技术委员会,陈雷部长担任编委会主任,中国科学院院士、中国工程院院士潘家铮担任技术委员会主任,索丽生、刘宁任担任主编,高安泽、王柏乐、刘志明、周建平任担任副主编,并明确了各卷、章的主编。修编工作以卷为独立单元,由卷主编负责组织;章主编则负责组织本章节的具体编写。为了确保《手册》质量,各卷、章、节均同时由经验丰富的专家进行审稿。

为了充分发挥水利水电工程设计、科研和教学等单位的技术优势,在各单位申报承担修编任务的基础上，由水利部水利水电规划设计总院和水电水利规划设计总院讨论确定各卷、章的主编和参编单位以及各卷、章的主要编写人员。主要参编单位有 26 家，参加人员约 500 人。全书及各卷的审稿人员由技术委员会的专家和特邀专家担任。每卷配备两位责任编辑。

三、新增内容和《手册》编排

《手册》由第 1 版的 8 卷增加到 11 卷，增加了"征地移民、环境保护与水土保持"，"边坡工程与地质灾害防治"以及"水工安全监测"等三卷，主要新增内容包括流域综合规划、征地移民、环境保护、水土保持、水工结构可靠度、碾压混凝土坝、沥青混凝土防渗体土石坝、河道整治与堤防工程、抽水蓄能电站、潮汐电站、鱼道工程、边坡工程、山洪灾害防治、水工安全监测、计算机应用技术等。

《水工设计手册》（第 2 版）11 卷的编排是：第 1 卷《基础理论》；第 2 卷《规划、水文、地质》；第 3 卷《征地移民、环境保护与水土保持》；第 4 卷《材料、结构》；第 5 卷《混凝土坝》；第 6 卷《土石坝》；第 7 卷《泄水与过坝建筑物》；第 8 卷《水电站建筑物》；第 9 卷《灌排、供水》；第 10 卷《边坡工程与地质灾害防治》；第 11 卷《水工安全监测》。

四、工作安排与目前进展

1. 修编审查

第 1、2、3、6、7、9 卷和第 4、5、8、10、11 卷分别由水利部水利水电规划设计总院和水电水利规划设计总院负责组织协调修编、咨询和审查工作。全书经《手册》编委会与技术委员会逐卷审查定稿后，由中国水利水电出版社负责编辑、出版和发行。

根据编委会扩大会议精神，在全书主编的领导下，先后完善了修编工作大纲，进一步明确了各卷各章的分工和进度要求。根据修编进度要求，编委会办公室还组织编写了《手册》编审大纲、审稿要求、卷章提要和模板。

在《手册》修编过程中，广大工程技术人员和专家学者，积极开展调查研究，广泛收集文献资料，认真进行必要论证；对收集的大量资料进行了归纳总结，精心遴选纳入《手册》的内容；剔除了第 1 版《手册》中的陈旧内容，补充了许多新的知识；为了确保《手册》质量，一方面广泛征求意见，另一方面专门召开专家咨询讨论会，编写人员虚心听取各方意见，认真修改，反复推敲、精益求精，有的稿件前后修改达 6 遍；对先进理论、方法本着慎重的原则，既介绍其原理，也说明其适用的条件和范围，有的还指明发展趋势和方向；对于重要的公式、图表和关键参数，进行了仔细验证和认真复核。

《手册》编写注意了确保重点突出、技术实用，体现了现代学科理论与水工设计的完美融合。内容选择上，围绕应用问题，诠释技术现状，不究发展历程，淡化推演细节，选准参考文献，保护知识产权。内容编写上，做到科学严谨、准确无误；体例规范、语言精练；图文并茂、控制篇幅。修编后的《水工设计手册》（第 2 版）力求达到陈雷部长所要求的"内容完整实用、资料翔实准确、体例规范合理、表达简明扼要、使用方便快捷，经得起实践和历史的检验"。

2. 编辑出版

中国水利水电出版社为《手册》设立了以正、副总责任编辑为责任主体的工作班子，对《手册》的整体编辑工作进行总体策划、协调和把关，对各卷的责任编辑进行具体指导。《手册》每卷配备了两位专业功底扎实、文字水平较高、工作经验丰富的责任编辑，他们从文稿的字里行间捕捉文稿在语法、修辞、逻辑、专业术语、标点符号、量和单位、数字用法、体例格式、图表公式以及参考文献等方方面面存在的诸多不符合出版要求的疏漏、差错和不足，一一给作者提出了修改的意见和建议，尤其对一些公式和数字的准确程度，敢于质疑，反复求证，精编细作，对书稿质量严格把关。为保证出版质量，出版社在工序上还特别增加了编校次数，在正式出胶片印刷之前，又派经验丰富的编辑对两卷全稿进行了详细与重点相结合的通篇审读。

3. 目前进展

到目前为止，《手册》第1、5卷已出版，第4、8、10、11卷均已完成卷审并交付出版，第2、3、6、7、9卷还在修编或正在陆续进行卷审之中。

同志们，修编《手册》工作得到了有关设计、科研、教学等单位的大力支持和热情帮助。全国包括13位中国科学院、中国工程院院士在内的500多位专家、学者和专业编辑直接参与组织、策划、撰稿、审稿和编辑工作，他们殚精竭虑，字斟句酌，付出了极大的心血，克服了许多困难，他们将修编工作视为时代赋予的神圣责任，三年多来，一直是艰苦并快乐地工作着。借此机会，我代表《手册》的主编、副主编向给予《手册》修编出版工作鼎力相助的参编单位、严格把关的审稿专家、认真执笔操刀的编写人员和付出辛勤劳动的编辑出版工作者表示衷心的感谢！

五、对下一步工作的要求

《手册》第1、5卷的出版标志着修编工作转入了新的阶段，但与大纲的时间表相比，滞后较多。《手册》其他各卷目前虽已进入审稿定稿或编辑出版阶段，但进度不一，希望各位专家学者继续鼓足干劲，抓紧进行后期审稿定稿和编辑工作，争取今年底完成剩余各卷稿件并交出版社，明年上半年将《手册》全部出齐。由于《手册》的编辑出版是一项组织策划复杂、技术含量很高、作者众多、历时较长的工作，希望《手册》全部出齐后，进一步全面总结编纂过程中的经验，特别对材料遴选、技术观点、不同标准等方面内容加以诠释。

鉴于各卷修编工作内容和进度不一，我们仍然要坚持质量第一的原则，成熟一卷出版一卷，认真完成全部《手册》的修编出版工作，力争《手册》早日出齐，早日为新一轮水利水电工程建设高潮提供服务，为我国经济社会可持续发展作出新的贡献。

陈亚明在《水工设计手册》(第 2 版)编委会第二次会议暨首发仪式上的讲话

(2011 年 9 月 18 日)

今天,大型丛书《水工设计手册》(第 2 版)举行首发式,我谨代表新闻出版总署邬书林副署长,对《手册》的出版面市表示热烈的祝贺!向参加修编出版工作的同志们表示亲切的慰问!向多年来关心支持水利水电出版工作的各位领导、各位专家和所有同志表示衷心的感谢和崇高的敬意!

2011 年是"十二五"开局之年,也是水利改革发展面临新形势、开创新局面、进入新阶段之年。在当前全国各地区、各部门积极贯彻落实中央一号文件重要精神和中央水利工作会议重要部署的关键时期,《手册》的出版问世,是中国水利水电出版社贯彻落实中央一号文件和中央水利工作会议的一项及时、重要的举措。我国治水历史悠久,积累了丰富的水利建设经验和科技成果。20 世纪 80 年代出版的《水工设计手册》,受到广大水利水电工程技术工作者的普遍欢迎。20 多年来,水利水电工程建设取得巨大成就,水利水电科学技术取得一系列突破性进展,水工设计的理念、技术、材料、方法和标准规范等也得到了很大的提高和改进。修编出版《手册》,是新时期提高水利工程设计能力的需要,是新阶段保障水利工程建设质量的需要,是新形势加快水利基础设施建设的需要。修编出版《手册》,必将在水利水电工程建设中发挥重要作用,为我国经济社会可持续发展作出新的贡献。

近年来,在党中央、国务院的正确领导下,全国新闻出版界认真贯彻落实科学发展观,坚持把发展作为第一要务,大力推进思想观念、体制机制、发展方式、管理模式的转变,极大地解放和发展了新闻出版生产力,全行业成功实现了大改革、大发展、大变化、大跨越。

水利部高度重视中国水利水电出版工作,大力支持中国水利水电出版社的改革创新和科学发展。中国水利水电出版社从 1956 年建社以来,始终坚守水利出版阵地,不断开拓创新,勇于拼搏进取,通过 50 多年的勤奋努力,出版了一大批内容好、质量好、反响好的图书、音像制品和电子出版物。这些出版物,内容覆盖了治水、兴水、供水、排水、节水、爱水等水利工作的方方面面,为我国水利水电事业的繁荣发展,为我国水利水电科学技术的日益进步以及为水利水电行业精神文明建设的持续深入等,都作出了十分重要的贡献。改革开放以来,中国水利水电出版社解放思想,大胆探索,率先实行"立足本专业、面向大科技"的选题战略,根据自身条件和出版产业的发展态势,在继续做好水利水电专业出版的同时,大力开拓其他有关领域的出版,创新能力显著增强,生产规模显著扩大,出版效益显著提高,已经成为全国重要的科技类出版社之一。

陈亚明,时任新闻出版总署出版管理司副司长,现任国家出版基金管理办公室主任。

《手册》的修编历时多年，凝聚了 500 多位专家学者的心血和智慧，集中体现了近 30 年来我国水利水电工程设计与建设的宝贵经验和优秀成果。这部丛书的出版，将与已经出版发行的《中国水利百科全书》和一系列数量众多的水利水电精品图书相映生辉，与正在编纂的《中国河湖大典》、《中国水利史典》等经典巨著比肩而立，成为传播科技、促进水利、传承文明、惠及子孙的精品之作，是繁荣科技图书市场和践行出版精品战略的重要成果。

当前，我国出版业正处在改革发展的关键时刻，改革向纵深推进，发展不断迈出新的步伐，各出版单位正满怀热情，开拓创新，以科学发展为第一要务，以深化改革为根本动力，着力推进机制体制创新，积极探索中国特色出版发展之路。值此机会，我对中国水利水电出版社的发展提几点希望：

一要制定并实施好"十二五"规划，推动专业出版的可持续发展。制定好战略规划，是保证出版繁荣发展不可或缺的重要工作。规划在具体制定和实施过程中，要全面贯彻和落实科学发展观。科技出版要按出版规律办事，要自觉遵循科技出版规律和科技发展的规律，以不断创新的精神，解决改革和发展中遇到的问题，推进出版工作两个效益的快速增长。

二要自觉为水利水电行业的繁荣发展服务，努力策划高品质原创作品。创新是一个民族的灵魂，是一个国家和民族发展的不竭动力，更是我们出版业生存发展的根本所在。出版业要努力策划原创选题，努力为水利水电行业的建设和发展服务。要把行业的思想创新、科学发现、技术进步、管理经验以及文化积存，通过我们的策划和出版高质量地传播出去。要根据自身的实力和品牌优势，真正成为行业创新思想和实践传播的专业设计者、加工者、整理者、组织者。

三要继续大力实施出版精品战略，不断推出精品力作。纵观世界一流的出版企业，都有自己标志性的强势品牌产品和标志性的企业品牌特色。希望水利水电出版社严把选题论证关，精心策划，通过实施精品战略生产出一大批传承水利优秀文化、传播水利科学技术和服务水利发展大局的优秀产品，进一步增强水利水电出版的辐射力和影响力。

四要积极参与国际市场竞争，提高优秀作品的传播力。出版社的品牌和国际影响力，很大程度上依赖于对原创作品品牌的打造，要靠具有自主知识产权的出版物走向世界。要通过完善引导机制，以精品战略提升文化产品创造力、品牌影响力和市场占有率，积极参与国家文化"走出去"工程，参与国际市场竞争，逐步形成中国水利水电出版的国际化声誉和国际性影响。

五要大力发展数字出版产业，积极向数字化转型，实现传统出版与数字出版的融合发展。数字出版作为出版业的一种新兴业态，自问世以来，发展迅猛，规模迅速扩大，形态逐渐完备，产品日益丰富，技术不断创新，成为出版业新的增长点，得到了政府部门的高度重视和着力扶持，得到了业界的广泛关注和积极参与。水利水电行业有着良好的数字资源以及众多优势的数字化平台，作为较早涉足数字领域的出版单位，中国水利水电出版社有着独特的数字出版优势，要在新的历史条件下，充分利用好、发展好这一优势，实现传统出版与数字出版的融合发展。

新闻出版总署、特别是出版管理司将一如既往地关心、支持中国水利水电出版社的改革和发展。希望中国水利水电出版社以《手册》修编出版为契机，抓住机遇，深化改革，开拓创新，加快发展，再创水利水电出版的新业绩、新成就。

陈雷在《水工设计手册》（第 2 版）
出版座谈会上的讲话

（2014 年 12 月 5 日）

历时 6 年之久、凝聚着国内 500 多位专家、学者、工程技术人员心血智慧的《水工设计手册》修编工作已经圆满完成，目前 11 卷全部出版，新增的《述评纪事》卷也即将付梓。今天，我们在这里召开座谈会，庆祝《水工设计手册》（第 2 版）这套水利科技巨著出版发行，推动《手册》更好地应用和服务于水利改革发展实践，这是我国水工设计领域具有里程碑意义的大事和盛举。此时此刻，我们更加深切怀念为《水工设计手册》（第 2 版）出版付出巨大心血和作出重要贡献的潘家铮等老院士、老专家。借此机会，我代表水利部和编委会，向大力支持《水工设计手册》（第 2 版）修编出版的国家新闻出版广电总局和中国电建集团表示由衷的感谢！向所有参与《手册》编审工作的专家、学者、工程技术人员和出版工作者致以诚挚的问候和崇高的敬意！

刚才，索丽生主编全面介绍了《手册》修编的总体情况，国家新闻出版广电总局规划发展司副司长李建臣、水利部原总工程师朱尔明和中国电力建设股份有限公司党委书记、副董事长晏志勇同志发表了很好的意见，大家畅谈了《手册》出版的重大意义，交流了编审工作的心得体会，并对学习宣传使用《手册》提出了很好的建议和意见，我完全赞同。下面，我讲几点意见。

第一，《水工设计手册》（第 2 版）坚持与时俱进，反映了中国特色水利现代化的时代要求。第 1 版《手册》自 1983 年出版以来，在指导水利水电工程设计、培养水工技术和管理人才、提高水利水电工程建设水平等方面发挥了重要作用。30 多年来，随着经济社会快速发展和新型工业化、信息化、城镇化、农业现代化深入推进，水利事业进入了传统水利向现代水利、可持续发展水利加快转变的新阶段，治水思路发生深刻变化，水工设计需求、理念、方法、手段和标准不断完善。《手册》全面贯彻新时期治水思路和方略，更加注重以人为本、人水和谐，更加注重系统治理、综合治理，更加注重科技创新、技术融合，对现代水工设计中必须高度关注的生态、环保、移民、安全等方面内容进行补充完善，充分反映了中国特色水利现代化的发展要求。

第二，《水工设计手册》（第 2 版）坚持兼收并蓄，体现了水利水电工程设计技术的最新成果。第 1 版《手册》汇集了当时国内外水工专业相关基础理论、专业知识、常用算法、设计方法和许多工程实例，深受广大水利水电工程技术工作者的喜爱和欢迎。《手册》在继承传统优势和特点基础上，对近 30 年来涌现出的现代水工设计理论和实践经验进行了全面总结和提炼，规范统一了最新设计标准，系统介绍了水利水电领域的新技术、新材料、新方法和新工艺，收录了一大批水利水电工程的成功设计案例，增加了信息技术、计算机技术在现代水工设计中的应用等卷章，是水利水电工程建设领域的重大技术宝典，对促进水利水电建设和管理水平进一步提升，必将产生积极而深远的影响。

第三，《水工设计手册》（第2版）坚持精品战略，凝结了广大水利水电科技工作者的集体智慧。《手册》修编工作由水利水电规划设计总院、水电水利规划设计总院和中国水利水电出版社3家单位牵头，全国4家水利水电科学研究院、3所重点高等院校和16家水利水电勘测设计研究院（公司）鼎力支持，包括13位院士在内的500多位专家、学者和技术骨干参与了这一浩大工程。在修编过程中，编委会各位成员以高度的责任感和严谨的治学精神，精心组织指导、多方沟通协调，对保证编撰的高质量、高水准、高效率作出了突出贡献；技术委员会各位委员认真审议、深入研究、严格把关，为确保手册的科学性、实用性和延续性发挥了重要作用；水利水电行业和出版界的许多领导和专家学者以各种不同方式对《手册》编审工作给予了大力支持；广大编撰工作者牢固树立质量意识和精品意识，孜孜不倦、辛勤耕耘、博采众长、精益求精，严把编写、装帧、出版、印刷等责任关口。《手册》的出版，是水利水电科技工作者团结治水的智慧结晶，是我国水利新闻出版工作实施精品战略的重要成果。

第四，《水工设计手册》（第2版）坚持植根实践，契合了水利水电工程设计人员的实际需求。作为一部主要面向水利水电设计一线人员的实用工具书，《手册》始终秉承"给技术人员写书，让技术人员用书，替技术人员着想，为技术人员服务"的原则。在编排上，《手册》对卷章次序的先后、专业知识的深浅以及数据资料的取舍，都坚持从设计工作实际需要出发，并充分考虑当前水工设计人员的理论基础和专业水平状况，力争更加符合工程设计规律，更加贴近设计人员的实践。在体例上，《手册》除提供先进适用的基础理论、计算方法、通用公式和设计步骤外，还辅之以许多工程实例，文字表述力求平实易懂，并尽可能多地采用图表进行说明，不仅增加了《手册》的信息容量，而且方便了读者使用和查阅。在内容上，《手册》既介绍了已有工程设计的成熟经验，又强调了当前工程技术工作的重点和难点，还指明了水工设计技术未来发展的趋势和方向，有利于水工设计人员把握关键和要点，促进水利水电工程技术在实践中不断创新发展。

当前，水利改革发展面临着十分难得的重大机遇。党的十八大以来，以习近平同志为总书记的党中央高度重视水利工作，作出一系列重大决策部署。今年3月，习近平总书记就保障水安全发表重要讲话，明确提出"节水优先、空间均衡、系统治理、两手发力"的新时期治水思路；李克强总理主持召开国务院第48次常务会议专门就推进节水供水重大水利工程建设作出总体部署，并亲临水利部考察座谈。贯彻落实中央治水兴水决策部署，全面提高国家水安全保障水平，需要广大水利水电工作者共同努力，加大水利科技创新力度，不断提高水利水电工程建设能力和水平，进一步完善现代水利设施体系，加快推进水治理体系和水治理能力现代化。借此机会，我就进一步发挥好《水工设计手册》（第2版）的作用讲几点意见。

一要发挥好《手册》在重大水利工程建设中的支撑作用，努力以一流设计建设一流工程。当前和今后一个时期，一大批重大水利水电工程将陆续开工建设，其中不少属于高坝大库，面临水文地质、材料结构、泄洪消能、泥沙淤积、隧洞施工、抗震防冻、环境移民等一系列工程技术难题。《水工设计手册》（第2版）出版发行恰逢其时。广大水利水电工作者要认真学习、充分利用这本工具书、参考书、指南书，不断汲取新理念、新知识、新技术，全面提高水工设计质量和水平，确保水利水电工程设计合理、质量可靠、运行安全、效益持久，为推动我国水利水电事业发展提供坚实的技术支撑。

二要发挥好《手册》在水利水电科技进步中的示范作用，不断创新发展现代水工设计技术。当今世界，科学技术发展日新月异，新兴技术革命方兴未艾，水利水电工程设计技术创新步伐不断加快。《手册》修编工作本身就是一个新技术替代旧技术、新理念革新旧理念的过程。要充分发挥其对水利水电工程技术的示范、推广、促进作用，紧盯水利水电科技发展前沿和水工设计技术革新方向，推动水工设计理念、设计理论、设计方法、设计手段、设计标准和规程规范不断发展与完善，进一步提高水利水电工程的质量、安全和效益。

三要发挥好《手册》在培养水利水电科技人才中的基础作用，着力打造高素质水工设计队伍。《手册》既是一部大型综合性水工设计工具书，也是广大水利水电工作者的良师益友。要将《手册》有关内容纳入水利水电学科教育和专业培训体系，加大宣传、使用和推广力度，着力提高广大水利水电工作者的综合素质、业务能力和工作水平，努力培养一批水工设计领域的领军人物，建设一支政治坚定、结构合理、业务过硬、爱岗敬业的高素质水工设计技术人才队伍。

四要发挥好《手册》在实施水利出版精品战略中的导向作用，不断促进水文化繁荣发展。《手册》的出版发行，是近年来水利系统加快推进水文化建设的重大成果。要以此为新的契机和起点，按照中央关于文化体制改革的一系列要求，抓紧组建中国水利水电出版传媒集团，大力实施水利出版精品战略工程，深入挖掘中华优秀传统水文化内涵，大力构建优秀水文化传承发展体系，全面推动水文化繁荣发展，为加快水利改革发展提供更加有力的文化支撑和保障。

同志们，《手册》修编工作，是一项具有创新性的大型科技出版工程，也是一项服务水利改革发展的文化精品工程。希望广大水利水电工作者切实学好用好《手册》，为促进水利水电事业又好又快发展、加快推进中国特色水利现代化作出新的贡献！

李建臣在《水工设计手册》(第 2 版)出版座谈会上的讲话

(2014 年 12 月 5 日)

十分荣幸受邀参加今天盛大的活动。首先对中国水利水电出版社完成了《水工设计手册》(第 2 版)这样汇集行业优秀成果、对推动行业发展影响重大的煌煌巨著般的重要文化工程表示祝贺！向为出版著作付出劳动、做出贡献的同志表示慰问！向多年来关心支持水利水电出版工作的各位领导、各位专家和所有同志表示衷心的感谢和崇高的敬意！

我国是水利大国。中华民族的开端就始于大禹治水。黄河长江是我们的母亲河，数千年来哺育了中华民族的生存与成长。新中国成立后，党和国家对水利工作一直十分重视。从毛泽东、邓小平到习近平总书记，历届领导人都对做好水利工作高度重视，对建设中国特色水利现代化和生态文明指明了方向，提出了要求，也提供了动力，有力推动了我国水利事业的发展和社会文明进步。

新闻出版业肩负着生产文化精品的重要职责，是传播社会主义核心价值观的主流渠道，是文化传承与创新的重要载体，也是对外文化传播与交流的有效手段，在提升国家文化软实力、建设社会主义文化强国方面承担着重要任务。近年来，我国新闻出版业始终保持平稳较快增长，规模持续扩大，并且呈现出与新兴媒体不断融合的态势。骨干出版传媒集团实力不断提升，体现出深化文化体制改革的重要成果。

中国水利水电出版社准确把握难得的历史发展机遇，坚决贯彻"服务水电，传播科技，弘扬文化"的办社宗旨，积极应对转型升级新挑战，推进机制创新、科技创新和内容创新，取得了可喜的成绩与进展。一是在深化体制改革方面，在转企的基础上扎实推进中国水利水电出版传媒集团的组建与运营，努力打造专业化、国际化的现代传媒集团。二是在强化精品特色方面，坚持高品位、高质量，策划出版了一大批具有突出宣传效果的精品图书，产生了良好的社会效益。三是在着眼转型升级方面，以策划实施"数字水利出版平台"为重要抓手，着力构建立体多样、融合发展的现代水利出版体系，全力推动传统纸质媒体与新型数字媒体的融合发展，全面推进水利出版传媒业务向专业化、集团化、多元化、国际化、数字化、复合化方向发展，走在了专业出版社的前列。四是在拓展国际合作方面，以组织参加"世界水展"和相关学术交流活动、扎实开展图书版权输出为契机，在国际舞台上立足水世界，做足水文章，宣传了中国水利建设成就，展示了中国水利形象，促进了中国水利和中国文化走向世界。取得的成就可喜可贺！

当前，我国出版业正处在改革发展的关键时刻，改革向纵深推进，发展不断迈出新的

李建臣，国家新闻出版广电总局规划发展司副司长。

步伐，全行业正满怀热情、开拓创新，以科学发展为第一要务，以深化改革为根本动力，着力推进机制体制创新，积极探索中国特色出版发展之路。借此机会，对中国水利水电出版社的改革发展工作谈几点看法：

一要坚持正确出版方向。要进一步提高使命感和责任感，坚持把社会效益放在首位，实现社会效益和经济效益的统一，出版更多优秀产品，实现健康可持续发展，为中华民族伟大复兴贡献文化的力量、知识的力量和智慧的力量。

二要坚守精品出版战略。内容建设是出版业的核心，是决定出版企业生存发展的关键所在。世界一流的出版企业都有自己标志性的强势品牌产品和标志性的企业品牌特色。希望水利水电出版社能够始终坚持"内容为王"，将内容建设放在首要位置，注重提升内容品质，通过实施精品战略和精耕细作，不断推出传承优秀文化、传播科学技术、服务行业发展大局的文化精品，不断提高水利水电出版的辐射力和影响力，增强核心竞争力。

三要加快转型升级步伐。要以数字化转型升级为突破口，把握新的信息传播环境下的发展机遇，将自身的内容积累、编辑加工、人才储备等优势与新技术、新媒介、新渠道相结合，不断提升和扩大自身的传播力和影响力。作为较早涉足数字领域的出版单位，中国水利水电出版社有着独特的数字出版优势。要在新的历史条件下，立足出版，发挥优势，拓展发展领域，延伸网络空间，实现传统出版与新兴出版的融合发展。

四要深化出版体制改革。深化改革既是中央的要求，也是行业自身发展的需要。只有通过深化改革，才能突破制约出版业发展的体制性、机制性障碍，进一步解放和发展出版生产力。希望中国水利水电出版社加快推进中国水利水电出版传媒集团的各项组建工作，积极探索建立现代企业制度、完善法人治理结构、健全经营管理机制，不断增强综合实力和发展后劲，把改革的成果变成发展的强大动力。同时，积极整合专业出版传媒资源，实现水利专业出版资源共享、优势互补，推动水利出版产业做大做强。

五要积极走向国际市场。出版社的品牌和国际影响力，很大程度上依赖于对原创作品品牌的打造，要靠具有自主知识产权的出版物走向世界，提高优秀作品的传播力。希望中国水利水电出版社顺应国际出版发展潮流，通过完善引导机制，以精品战略提升文化产品创造力、品牌影响力和市场占有率，积极参与国家文化"走出去"工程，不断加强国际合作，扩大对外交流，积极主动地参与国际出版市场竞争，加快出版理念和运作的国际化，逐步形成并扩大中国水利专业出版的国际化声誉和国际性影响。

最后，再次感谢水利部和在座的各位领导、专家、学者对出版行业的关心和支持！

《水工设计手册》修编工作大纲

水利水电规划设计总院
水电水利规划设计总院
中国水利水电出版社

2008 年 2 月

前　言

　　《水工设计手册》（以下简称《手册》）是1977年由原水利电力部规划设计管理局、水利电力出版社和华东水利学院三家共同组织发起，由原水利电力部水利水电规划设计院组织、华东水利学院主编、水利电力出版社出版的。全书共8卷42章，于1982年陆续出版。《手册》自20世纪80年代问世以来，深受广大水利水电工程技术人员的欢迎，曾在我国水利水电建设中起到了不可估量的作用。此后，水利水电事业又经过了25年的建设历程，正值我国水利水电建设大发展时期，完成了像三峡工程、二滩水电站等一大批水利水电工程的建设，无论是在设计观念、设计理论还是在设计方法、设计手段上都有了很大发展，第1版《手册》已经无法适应现代水利水电工程建设的发展需要。为适应时代的要求，更好地将水工设计中的新观念、新理论、新技术、新方法和新材料在水利水电工程建设中广泛地推广和应用，提高设计水平和工程质量，迫切需要完善和更新原有的《手册》。

　　2002年7月，中国水利水电出版社向时任水利部副部长索丽生提出了"关于组织编纂《水工设计手册》的请示"。索部长给予了高度重视，认为"修订再版《手册》确有必要。"但这项工作由于资金问题没有得到落实而搁置。

　　2004年8月，水利部水利水电规划设计总院、水电水利规划设计总院和中国水利水电出版社三家单位的有关人员召开会议，共同讨论修编《水工设计手册》的有关事宜，就编修工作经费、组织形式和工作机制等达成一致意见，同意着手进行筹备工作。但后来由于人事变动，修编工作再度停顿。

　　2006年6月，水利部水利水电规划设计总院、水电水利规划设计总院和中国水利水电出版社三家单位的有关人员再次召开会议，研究如何推动《手册》的修编工作。此后，三家单位有关人员积极开展工作，数次举行联系会议，讨论修编思路，草拟《手册》修编工作大纲，并得到了有关领导的大力支持。

　　水利部水利水电规划设计总院和水电水利规划设计总院分别于2006年8月、2006年12月和2007年9月联合向有关单位下发了《关于修订〈水工设计手册〉的函》（水总科〔2006〕478号）、《关于〈水工设计手册〉修订工作有关事宜的函》（水总科〔2006〕801号）和《关于召开〈水工设计手册〉修订工作第一次编委会会议的预通知》（水总科〔2007〕554号），就修编《水工设计手册》的有关事宜进行部署，并广泛征求意见，得到了有关高等学校、科研机构和设计单位的大力支持。经过充分酝酿和讨论，并经全书主编索丽生两次主持审查，现提出《水工设计手册》修编工作大纲，修编后定名为《水工设计手册》（第2版）。

目　录

一、修编工作的必要性

《水工设计手册》自20世纪80年代问世以来，深受广大水利水电工作者的欢迎，尤其对设计单位从事水利水电工程设计的技术人员来说，是一本非常重要和实用的手册，在我国水利水电工程建设中曾起到了不可估量的作用。

随着水利水电工程建设事业的迅速发展，我国已修建各类水库85000多座。特别是20世纪90年代以来，我们应用现代新技术、新方法修建了长江三峡工程、黄河小浪底斜心墙堆石坝、二滩双曲拱坝、天生桥一级面板堆石坝和江垭碾压混凝土坝等许多百米以上的高坝。这些规模宏大、技术复杂的工程，在设计理论、技术、方法和材料等方面都有了很大提高和改进，积累了成熟的设计经验。例如，三峡工程规模巨大，是当今世界最大的水利枢纽工程，它的许多工程设计指标都突破了世界水利工程的纪录，三峡大坝坝轴线全长2309.47m，泄流坝段长483m，水电站机组700MW×26台，双线5级船闸＋升船机，水库动态移民最终可达120万人，无论单项还是总体都是目前世界上建设规模最大的水利工程，设计和施工中遇到了许多新的挑战；小浪底工程泄洪洞和地下洞室群设计各具特色；二滩水电站工程中采用了坝身泄水水流对撞落入垫塘消能技术；石漫滩水库复建工程中采用了零坍落度混凝土振捣密实和碾压混凝土坝的设计等。这一系列工程中采用的新技术、新方法、新材料和新工艺，均取得了成功的经验，极大地提高了我国水工设计水平。

目前，为满足"西部大开发"、"西电东送"、"南水北调"和"中部崛起"的国家发展战略深入的要求，水利水电工程的投入明显加大，许多大型水利水电工程正在建设或即将建设；最近国务院作出决策，加大投入力度，确保3年内完成大中型和重点小型病险水库的除险加固任务，这些都对水利水电技术提出了更高的要求，而工程设计是做好这些工作的关键一步。

现在，随着我国社会经济的发展和提高，我们不仅注重水利水电工程的建设与开发，也要重视生态与环境保护，处理好开发与保护的关系，要体现"以人为本"、"人与自然和谐相处"、"水资源可持续利用"、"统筹兼顾"、"改革创新"和"现代化方向"等方面的要求。

自第1版《手册》问世以来，水利水电事业又经过了近25年的建设历程，今天，水利水电工程建设在设计观念、设计理论、设计方法和设计手段上都有了很大发展，因此第1版《水工设计手册》已经无法适应现代水利水电工程建设的发展需要。为适应时代的要求，更好地将水工设计中的新观念、新理论、新技术、新方法和新材料在水利水电工程建设中广泛地推广和应用，提高设计水平和工程质量，迫切需要完善和更新第1版《手册》。

经过多方论证及协商，水利部水利水电规划设计总院、水电水利规划设计总院和中国水利水电出版社三家单位决定共同组织对第1版《水工设计手册》进行修编，正式出版《手册》（第2版）。

《手册》（第2版）将更加系统地介绍现代水工设计的理论和方法，吸收近年来水工设计的新技术和新方法，全面体现水工设计的最新成就，突出科学性、实用性，满足专业设计人员的需要。

二、修编的依据、原则和要求

（一）修编的依据

1. 第1版《水工设计手册》；
2. 现行水利工程技术标准；
3. 现行水电工程技术标准；
4.《工程建设标准强制性条文》（水利工程部分）；
5.《工程建设标准强制性条文》（电力工程部分）；
6. 有关研究成果（由各章主编单位调研汇总提出专题研究成果）。

（二）修编的原则

1. 科学性：系统、科学地总结国内外水工设计的新观念、新理论、新技术、新方法和新工艺，体现我国当前水利水电工程科学研究的水平。

2. 实用性：全面分析总结水利水电工程设计经验，发挥各单位技术优势，适应水利水电工程设计新的需要。

3. 一致性：应将水利工程、水电工程设计标准协调一致，避免相互矛盾等问题。基于水利与水电标准体系的差异，必要时需并行编写。

4. 延续性：以第1版《手册》框架为基础，修订、补充有关章节内容，保持水利水电工程设计工作的延续性。

（三）修编的要求

1. 专利：《手册》的编写要体现新理论、新方法和新工艺，达到技术上领先10年的要求，在不违背知识产权保护的前提下，各单位的专利技术要在《手册》中有所体现。

2. 篇幅：《手册》共11卷61章，约800万字，每卷字数在60万~90万字之间，每章字数在10万~20万字之间，可根据内容要求适当增减。

3. 内容：同一卷中的内容要避免重复；关联内容要相互衔接，前后要有呼应；知识要密集，少论证过程，多给方法、结论和使用条件，多附图、表、公式和最新的统计、权威资料。

4. 文字：文字要精练，条理要明晰，逻辑要清楚。

5. 格式：章、节层次编排，公式表达，图、表格式，单位符号，参考文献引用，以及文本体例等，均要按附件5所列出的统一要求编写。

（四）《手册》的适用范围

《手册》适用于水利水电工程设计、科研、建设管理与施工和教学等单位从事水利水电工程建设和教学的有关人员。

（五）修编的技术路线

1. 成立《手册》编委会和编委会办公室，聘请并成立技术委员会。

2. 发挥水利水电工程设计、科研和教学等单位的技术优势，落实各章内容的主编单位和主编、参编单位和参编人编制工作进度计划。

3. 各卷主编单位负责提出卷的编写大纲；各章主编单位负责各章的编撰进度和质量；

各章主编、参编人员负责各章具体内容的编写。

4. 广泛征求意见，召开水工设计专家咨询会，重大技术问题咨询技术委员会。

5. 水利部水利水电规划设计总院和水电水利规划设计总院两家单位负责组织协调《手册》的修编、咨询和审查工作，中国水利水电出版社负责会议资料的刊印和《手册》的出版、发行工作。

三、主要篇章及主编、参编单位

（一）主要篇章

第 1 版《手册》共 8 卷 42 章。第 2 版《手册》将在第 1 版的基础上，主要增加流域综合规划，征地移民、环境保护与水土保持，水工结构可靠度，碾压混凝土坝，堤防、河道整治，抽水蓄能电站，潮汐电站，岩质边坡，土质边坡，以及水工安全监测等章，基本框架分为 11 卷，共 61 章。

第 1 版、第 2 版《手册》各卷章对比表见附件 1。

（二）各卷章的主编、参编单位和人员的确定

根据水总科〔2006〕478 号文、水总科〔2006〕801 号文和水总科〔2007〕554 号文的要求，各单位积极申报，经汇总、讨论，确定了各卷章的主编、参编单位和人员。主要参加修编单位 23 家，主要参编人员约 500 人。

各卷主编单位和主编人员，见附件 2。

各章主编、参编单位和主要编写人员，见附件 3。

各主编单位联系人员，见附件 4。

四、修编进度计划

2007 年 11 月完成《手册》修编工作大纲的编制；2007 年 12 月—2009 年 6 月为《手册》编纂阶段，总进度按本大纲要求由各卷主编掌握；2009 年 6—12 月为《手册》审查阶段，并开始陆续出版；2009 年底，完成《手册》修编出版工作。

五、修编工作经费

1. 各章的修编工作经费由各章主编单位自筹。

2. 编委会的活动经费、卷的审稿费和出版费等由水利部水利水电规划设计总院、水电水利规划设计总院和中国水利水电出版社三家单位共同筹措。

（1）第 2 项费用三方平均分摊，盈亏三方共同承担。

（2）三方签订协议，明确各方的权利和义务。

六、修编组织形式和工作机制

（一）组织形式

1. 编委会

主 任：陈 雷

副主任：索丽生 胡四一 刘 宁 汪 洪 晏志勇 汤鑫华

委　员：

王仁坤	王国仪	王柏乐	王　斌	冯树荣	白俊光	刘　宁	刘志明	吕明治
朱尔明	汤鑫华	余锡平	张为民	张长宽	张宗亮	张俊华	杜雷功	杨文俊
汪　洪	苏加林	陆忠民	陈生水	陈　雷	周建平	宗志坚	范福平	郑守仁
胡四一	胡兆球	钮新强	晏志勇	高安泽	索丽生	贾金生	黄介生	游赞培
潘家铮								

说明：编委会由水利部领导，两规划总院及出版社有关领导，《手册》正、副主编，技术委员会正、副主任，以及参加修编单位的负责人组成。

2.《手册》正、副主编

主　编：索丽生　刘　宁

副主编：高安泽　王柏乐　刘志明　周建平

3. 技术委员会

主　任：潘家铮

副主任：胡四一　郑守仁　朱尔明

委　员：

马洪琪	王文修	左东启	石瑞芳	刘克远	朱尔明	朱伯芳	吴中如	张超然
张楚汉	杨志雄	汪易森	陈明致	陈祖煜	陈德基	林可冀	林　昭	茆　智
郑守仁	胡四一	徐瑞春	徐麟祥	曹克明	曹楚生	富曾慈	曾肇京	董哲仁
蒋国澄	韩其为	雷志栋	潘家铮					

说明：技术委员会主要由水利部科技委部分人员、水电总院推荐的部分专家和第1版《水工设计手册》主编人组成；参与《手册》各章编写的专家，原则上不进入技术委员会。

4. 编委会办公室

主　任：刘志明　周建平　王国仪

副主任：何定恩　翁新雄　王志媛

成　员：任冬勤　张喜华　王照瑜

（二）主要职责

编委会主任主持编委会会议，通过《手册》修编工作大纲。编委会聘任《手册》正、副主编以及技术委员会委员和各卷的主编，决定重大修编问题，批准《手册》的出版。

《手册》主编主持《手册》的修编。负责《手册》的总体设计，组织稿件的审定工作，掌握书稿的质量和编审进度，负责组织统稿工作。

卷的主编确定章的主编，由编委会颁发聘书。提出卷的编写大纲，组织对各章的重大技术问题进行讨论和协调，负责本卷的撰写、初审、复审和定稿工作，保证书稿质量和编审进度，并接受《手册》主编的领导和技术指导。

章的主编确定参编人员，报卷的主编确认，负责组织本章的撰写、修改和定稿工作；接受卷主编的直接领导和技术指导。

技术委员会参与咨询和审查，每卷确定2～3位委员进行跟踪。

编委会办公室负责《手册》编写过程中的组织协调和日常事务工作。主编单位确定的修编工作联系人，负责《手册》编写过程中的事务性工作。

（三）工作流程

1. 编委会办公室组织编写《水工设计手册》修编工作大纲──→编委会原则审定。

2. 根据原则审定的修编工作大纲──→（章主编制订）章编写大纲──→（卷主编审定并汇总成）卷编写大纲──→（《手册》主编审定并汇总成）最终的《手册》修编大纲──→编委会备案。

3. 由各章主编按审定的编写大纲主持书稿的编写──→卷的主编单位组织审查──→卷主编主持定稿──→《手册》主编审定──→报编委会批准出版。

附件1 第1版、第2版《水工设计手册》各卷章对比表

第2版卷章	名　称		第1版卷章	名　称
第1卷	基础理论		第1卷	基础理论
第1章	工程数学		第1章	数学
第2章	工程力学		第2章	工程力学
第3章	水力学		第3章	水力学
第4章	土力学		第4章	土力学
第5章	岩石力学		第5章	岩石力学
第6章	计算机应用			
第2卷	水文、地质、规划		第2卷	地质、水文、建筑材料
第1章	流域综合规划			
第2章	水工建筑物的分类、分级和程序设计			
第3章	工程地质与水文地质		第6章	工程地质
第4章	水文分析与计算		第7章	水文计算
第5章	水利计算		第9章	水利计算
第6章	泥沙		第8章	泥沙
第7章	技术经济论证			
第3卷	征地移民、环境保护与水土保持			
第1章	征地移民			
第2章	环境保护			
第3章	水土保持			

第2版卷章	名　称		第1版卷章	名　称
第4卷	材料、结构		第3卷	结构计算
第1章	建筑材料		第2卷第10章	建筑材料
第2章	水工结构可靠度			
第3章	水工建筑物设计标准及荷载			
第4章	水工混凝土结构		第11章	钢筋混凝土结构
第5章	砌体结构		第12章	砖石结构
第6章	水工钢结构		第13章	钢木结构
			第14章	沉降计算
			第15章	渗流计算
第7章	水工结构抗震		第16章	抗震设计
第5卷	混凝土坝		第5卷	混凝土坝
第1章	重力坝		第21章	重力坝
第2章	拱坝		第22章	拱坝
第3章	支墩坝		第23章	支墩坝
第4章	碾压混凝土坝			
第5章	混凝土坝温度场、温度应力及温度控制		第24章	混凝土结构的温度应力与温度控制
第6卷	土石坝		第4卷	土石坝
			第17章	主要计算标准和荷载计算
第1章	碾压式土石坝		第18章	土坝
第2章	面板堆石坝		第19章	堆石坝
第3章	非碾压式堆石坝			
第4章	砌石坝		第20章	砌石坝
第5章	尾矿坝与灰坝			
第6章	堤防、河道整治			
第7卷	泄水、通航		第6卷	泄水与过坝建筑物
第1章	泄水建筑物		第27章	泄水建筑物
第2章	通航建筑物		第29章	过坝建筑物
第3章	闸门、阀门和启闭设备		第26章	门、阀门和启闭设备
第4章	水闸		第25章	水闸

第2版卷章	名　称		第1版卷章	名　称
			第28章	消能与防冲
			第30章	观测设备与观测设计
第8卷	**水力发电**		**第7卷**	**水电站建筑物**
第1章	深式进水口		第31章	深式进水口
第2章	水工隧洞		第32章	隧洞
第3章	调压设施		第33章	调压设施
第4章	压力管道		第34章	压力管道
第5章	水电站厂房		第35章	水电站厂房
第6章	抽水蓄能电站			
第7章	潮汐电站			
第9卷	**灌排、供水**		**第8卷**	**灌区建筑物**
第1章	灌溉与排水		第37章	灌溉
第2章	引水枢纽		第38章	引水枢纽
第3章	渠道及地下管网		第39章	渠道
第4章	渠系建筑物		第40章	渠系建筑物
第5章	排灌站		第42章	排灌站
第6章	给排水工程		第41章	排水
第10卷	**边坡工程**			
第1章	岩质边坡			
第2章	土质边坡			
第3章	挡土墙		第7卷第36章	挡土墙
第11卷	**水工安全监测**			
第1章	安全监测设计原理			
第2章	监测方法及仪器设备			
第3章	监测布置和监测项目			
第4章	建筑物安全监测			
第5章	仪器安装施工技术要求			
第6章	监测技术及资料整理分析			
第7章	安全监测自动化系统			

附件 2　《水工设计手册》（第 2 版）各卷主编单位和主编人员表

卷序号	名　称	主 编 单 位	主　编
第 1 卷	基础理论	水规总院、河海大学	刘志明　王德信　汪德爟
第 2 卷	水文、地质、规划	水规总院	梅锦山　侯传河　司富安
第 3 卷	征地移民、环境保护与水土保持	水规总院	陈　伟　朱党生
第 4 卷	材料、结构	水电总院	白俊光　张宗亮
第 5 卷	混凝土坝	水电总院	周建平　党林才
第 6 卷	土石坝	水规总院	关志诚
第 7 卷	泄水、通航	水规总院	刘志明　温续余
第 8 卷	水力发电	水电总院	王仁坤　张春生
第 9 卷	灌排、供水	水规总院	董安建　李现社
第 10 卷	边坡工程	水电总院	冯树荣　彭土标
第 11 卷	水工安全监测	水电总院	张秀丽　杨泽艳

注　《手册》（第 2 版）共 11 卷 61 章，其中水规总院主编 6 卷 32 章，水电总院主编 5 卷 29 章。

附件 3　《水工设计手册》（第 2 版）各章主编、参编单位和主要编写人员表

卷章序号	名　称	主编单位	参 编 单 位 和 主 要 编 写 人 员
第 1 卷	基础理论	水规总院 河海大学	主编：刘志明　王德信　汪德爟 责任编辑：王国仪
第 1 章	工程数学	河海大学	一、主编 　河海大学　王如云 二、参编 　1. 河海大学　宋志尧　郁大刚　董祖引 　2. 长江科学院　苏海东　肖汉江　崔建华　徐跃之
第 2 章	工程力学	河海大学	一、主编 　河海大学　朱为玄　张旭明　王润富 二、参编 　1. 河海大学　陈国荣 　2. 长江科学院（人员待定） 　3. 黄科院（人员待定）
第 3 章	水力学	清华大学	一、主编 　清华大学水利系　李玉柱　余锡平 二、参编 　1. 清华大学水利系　张永良 　2. 河海大学　赵振兴 　3. 中国水科院　王晓松　陈文学 　4. 南科院　李　云

卷章序号	名　称	主编单位	参 编 单 位 和 主 要 编 写 人 员
第4章	土力学	中国水科院	一、主编 　水科院　刘小生　崔亦昊 二、参编 　河海大学　朱俊高
第5章	岩石力学	长江科学院	一、主编 　长江科学院　邬爱清 二、参编 　1. 长江科学院　周火明　尹健民　丁秀丽　边智华 　　　　　　　朱杰兵　韩　军　肖国强　陈　昊 　2. 中国水科院　汪小刚　杨　健　贾志欣 　3. 河海大学　阮怀宁　王　媛　速宝玉 　4. 武汉大学　陈胜宏
第6章	计算机应用	河海大学	许卓明　陈金水
第2卷	水文、地质、规划	水规总院	主编：梅锦山　侯传河　司富安 责任编辑：王志媛
第1章	流域综合规划	长江设计院	一、主编 　长江设计院　仲志余　陈肃利 二、参编 　1. 长江设计院　黄建和　陈炳金　邱忠恩　蒋光明 　　　　　　　刘子慧 　2. 清华大学　翁文斌　王忠静 　3. 河海大学　顾圣平　唐德善　方国华
第2章	水工建筑物的分类、分级和程序设计	河海大学	一、主编 　河海大学　沈长松 二、参编 　1. 河海大学　刘永强　王润英 　2. 长江设计院（人员待定）
第3章	工程地质与水文地质	长江设计院	一、主编 　长江设计院　蔡耀军　吴永锋 二、参编 　1. 长江设计院　颜慧明 　2. 河海大学　束龙仓　周志芳 　3. 中水北方公司　贾国臣 　4. 成都院　李文纲　邵宗平 　5. 昆明院　王文远　何　伟 　6. 贵阳院　杨益才　肖万春
第4章	水文分析与计算	长委水文局	一、主编 　长委水文局　张明波 二、参编 　1. 水电总院　杨百银 　2. 南京水科院　刘九夫

续表

卷章序号	名　称	主编单位	参编单位和主要编写人员
第5章	水利计算	中水北方公司	一、主编 　中水北方公司　吴晋青 二、参编 　1. 中水北方公司 　　吴晋青　袁学安　梅立庚　王以圣 　2. 长江设计院　蒋光明 　3. 武汉大学　万　俊 　4. 河海大学　钟平安
第6章	泥　沙	黄河设计公司	一、主编 　黄河设计公司　涂启华　安催花 二、参编 　1. 中国水科院　姜乃森 　2. 西北院　杨忠敏
第7章	技术经济论证	中国水科院	一、主编 　中国水科院　尹明万　汪党献 二、参编 　1. 清华大学　施熙灿 　2. 河海大学　陈守伦　顾圣平　方国华 　3. 长江设计院　邱忠恩 　4. 中水东北公司　郭东浦 　5. 贵阳院　庞　峰 　6. 中南院　李明英　方　芳 　7. 西北院　张乐平
第3卷	征地移民、环境保护与水土保持	水规总院	主编：陈　伟　朱党生 责任编辑：黄会明
第1章	征地移民	黄河设计公司	一、主编 　黄河设计公司 　冯久成　李世印　李宝山 二、参编 　1. 长江设计院　尹忠武 　2. 中水珠江公司　董献明　吴家敏 　3. 水规总院　潘尚兴　姚玉琴 　4. 河海大学　施国庆
第2章	环境保护	水规总院	一、主编 　水规总院　朱党生　周奕梅 二、参编 　1. 水规总院　张建永 　2. 黄河设计公司　姚同山　解新芳 　3. 成都院　李亚农 　4. 长江水资源所　李迎喜　雷少平 　5. 新疆院　张　芃　谢海旗 　6. 贵阳院　陈国柱 　7. 河海大学　逄　勇

卷章序号	名 称	主编单位	参编单位和主要编写人员
第3章	水土保持	黄河设计公司	一、主编 　黄河设计公司　史志平 二、参编 　1. 黄河设计公司　杨伟超　喻　斌 　2. 水科院　曹文洪 　3. 黄科院　姚文艺　史学建 　4. 成都院　卢红伟 　5. 长江设计院　尹忠武 　6. 水规总院　王治国　纪　强　孟繁斌
第4卷	材料、结构	水电总院	主编：白俊光　张宗亮 责任编辑：马爱梅
第1章	建筑材料	昆明院	一、主编 　昆明院　唐　云 二、参编 　1. 昆明院 　2. 河海大学 　3. 南科院 　4. 武汉大学 　5. 中南院
第2章	水工结构可靠度	河海大学	一、主编 　河海大学水利水电工程学院　李同春 二、参编 　1. 河海大学　刘晓青　赵兰浩 　2. 中南院　冯树荣　肖　峰 　3. 成都院　王仁坤
第3章	水工建筑物设计标准及荷载	南京水科院	一、主编 　南科院　范明桥 二、参编 　1. 河海大学　沈振中　汪基伟　陈礼和 　2. 上海院　李启雄 　3. 中水东北公司　苏家林　胡志刚 　4. 中南院　梁文浩
第4章	水工混凝土结构	西北院	一、主编 　西北院　魏坚政 二、参编 　1. 西北院　石广斌　张尚信 　2. 武汉大学　侯建国 　3. 河海大学　吴胜兴 　4. 长江设计院　杨一峰

续表

卷章序号	名　称	主编单位	参编单位和主要编写人员
第5章	砌体结构	中水东北公司	一、主编 中水东北公司　郭志东 二、参编 中水东北公司　金永华　郭志东　李　媛　鞠宏楠 　　　　　　　陈立秋
第6章	水工钢结构	成都院	一、主编 成都院　杨怀德　张清琼 二、参编 1. 河海大学　朱召全 2. 南科院　范卫国　朱锡昶 3. 中水东北公司　崔元山　李大伟　李一馥　马惠全 　　　　　　　　　周　兵
第7章	水工结构抗震	中国水科院	一、主编 中国水科院　陈厚群 二、参编 1. 水科院　李德玉　欧阳金惠　王海波　赵剑明 　　　　　王钟宁　刘启旺 2. 河海大学　李同春　张燎军 3. 成都院　王仁坤　赵文光
第5卷	混凝土坝	水电总院	主编：周建平　党林才 责任编辑：邓　群
第1章	重力坝	中南院	一、主编 中南院　孙恭尧　杨柱华 二、参编 1. 中南院　冯树荣　肖　峰 2. 华东院　徐建强 3. 长江设计院　王小毛　汪庆元 4. 河海大学　李同春
第2章	拱坝	成都院	一、主编 成都院　王仁坤　赵文光 二、参编 1. 成都院　饶宏玲　计家荣　陈丽萍　赵永刚 2. 清华大学　杨　强　周维垣 3. 中国水科院　张国新　朱伯芳 4. 河海大学　任青文　钱向东 5. 长江设计院 6. 四川大学　张建海
第3章	支墩坝	中南院	一、主编 中南院　肖　峰　涂传林 二、参编 河海大学　张燎军

卷章序号	名　称	主编单位	参编单位和主要编写人员
第4章	碾压 混凝土坝	中南院	一、主编 　中南院　冯树荣　肖　峰　孙恭尧 二、参编 　1. 贵阳院　范福平　杨家修 　2. 成都院　陈秋华 　3. 昆明院　刘金堂 　4. 上海院　董勤俭 　5. 水科院　陈改新 　6. 南科院　陆采荣
第5章	混凝土坝的 温度场、 温度应力 及温度 控制	武汉大学	一、主编 　陈胜宏　张国新　朱岳明 二、参编 　1. 武汉大学　傅少君　汪卫明　陈敏林　徐　青（秘书） 　2. 河海大学水利水电工程学院　强　晟　王润英 　3. 贵阳院　范福平　卢昆华　葛小博 　4. 昆明院　解　敏
第6卷	土石坝	水规总院	主编：关志诚 责任编辑：孙春亮
第1章	碾压式 土石坝	黄河 设计公司	一、主编 　黄河设计公司　高广淳　孙胜利 二、参编 　1. 西北院 　2. 水科院
第2章	面板 堆石坝	长江 设计院	一、主编 　长江设计院　杨启贵　熊泽斌 二、参编 　1. 长江设计院　张运建　曹艳辉 　2. 长科院　程展林 　3. 水电总院　杨泽艳 　4. 中南院　蔡昌光 　5. 南科院　郦能惠 　6. 昆明院　张宗亮
第3章	非碾压式 堆石坝	中国 水科院	一、主编 　水科院　崔亦昊　魏迎奇 二、参编 　黄河设计公司　孙胜利

卷章序号	名　称	主编单位	参 编 单 位 和 主 要 编 写 人 员
第4章	砌石坝	黄河设计公司	一、主编 　黄河设计公司　高广淳　孙胜利 二、参编 　1. 贵州省水利厅 　2. 贵州省水利水电勘测设计研究院 　3. 湖南省水利水电勘测设计研究院 　4. 河海大学
第5章	尾矿坝与灰坝	南科院	一、主编 　南科院　郏能惠 二、参编 　1. 水科院　温彦峰　侯瑜京　蔡　红 　2. 华东电力设计院　高　林　张剑峰　蔡　红 　3. 中国五环化学工业公司（化学工业部第四设计院） 　　黄建中　张庆安
第6章	堤防、河道整治	中水珠江公司	一、主编 　中水珠江公司　林少明 二、参编 　1. 中水珠江公司 　　余伟桥　沈汉堃　朱云江 　　刘小曼（项目负责人） 　　刘　慧　黄宏力　何力劲　朱春生 　2. 黄科院 　　江恩惠　常向前　张翠萍　赵连军　曹永涛 　　张林忠　刘　燕 　3. 上海院 　　陆忠民　何国忠　刘汉中　王冬珍　林顺才 　　刘汉中　熊江平　黄少丞　顾赛英　林玉叶 　4. 中水淮河公司　何华松　孙业文　张学军 　5. 长江设计院　黄建和
第7卷	泄水、通航	水规总院	主编：刘志明　温续余 责任编辑：李丽艳
第1章	泄水建筑物	长江科学院	一、主编 　长江科学院 　金　峰 二、参编 　1. 长江设计院　钮新强　廖仁强　向光红　石教豪 　2. 成勘院　周鸿汉　黄　庆 　3. 水科院　孙双科　张　东 　4. 长江科学院　黄国兵　王才欢　郭均立　陈　瑞 　　　　　　　　韩继斌　周　赤　史德亮　江耀祖 　5. 中南院　苏祥林　李延农

卷章序号	名　称	主编单位	参编单位和主要编写人员
第2章	通航 建筑物	长江 设计院	一、主编 　长江设计院　钮新强　宋维邦 二、参编 　1. 长江设计院 　　覃利明　生晓高　任继礼　童　迪　于庆奎 　2. 南科院　张瑞凯 　3. 长科院　周　赤 　4. 华东院　汪云祥　扈晓雯 　5. 中南院　殷鹏威
第3章	闸门、阀门和 启闭设备	中水 东北公司	一、主编 　中水东北公司　崔元山 二、参编 　1. 中水东北公司 　　刁彦斌　陆　阳　胡艳玲　葛光录　陈立秋 　2. 河海大学　郑圣义　黄细彬　朱召泉　夏仕锋 　3. 长江设计院　石运深　田连治 　4. 华东院　金晓华　沈德胜　姚国华　胡葆文 　5. 中水珠江公司　吴　淳　卜建欣
第4章	水闸	中水 淮河公司	一、主编 　中水淮河公司　马东亮 二、参编 　1. 中水淮河公司　赵永刚　江瑞勇　段春平 　2. 上海院　陆忠民　顾赛英 　3. 河海大学　朱岳明　任旭华 　4. 水科院　陈文学　王晓松 　5. 南科院　段祥宝　陈灿明 　6. 中水珠江公司　林少明　李　静　陈　良
第8卷	水力发电	水电总院	主编：王仁坤　张春生 责任编辑：王春学
第1章	深式 进水口	北京院	一、主编 　北京院　吕明治　邓毅国　韩　立 二、参编 　1. 水科院　黄春花　蔡金宝 　2. 北京院　高永辉　严旭东　吴　奎　王毅鸣 　　　　　　王敬武　王建华　李振中
第2章	水工隧洞	成都院	一、主编 　成都院　郝元麟　陈子海 二、参编 　1. 河海大学　胡　明 　2. 中水东北公司　宋守平 　3. 中水北方公司　章跃林 　4. 贵阳院　姚元成

卷章序号	名　称	主编单位	参编单位和主要编写人员
第3章	调压设施	成都院	一、主编 　成都院　周鸿汉　刘朝清 二、参编 　1. 武汉大学　杨建东 　2. 河海大学　蔡付林　刘德友 　3. 中南院　熊春耕　李建平 　4. 长江设计院　谢红兵　王　煌
第4章	压力管道	武汉大学	一、主编 　武汉大学　伍鹤皋 二、参编 　1. 河海大学　周建旭 　2. 北京院　王建华　王志国 　3. 昆明院　刘兴宁　古瑞昌 　4. 中南院　熊春耕　陆文中　李佛炎 　5. 武汉大学　苏　凯
第5章	水电站 厂房	中水 北方公司	一、主编 　中水北方公司　陆宗磐 二、参编 　1. 长江设计院　刘晓刚 　2. 成都院　肖平西 　3. 中水东北公司　王　琛　陈　雷 　4. 中水珠江公司　路学思 　5. 上海院　成卫忠
第6章	抽水 蓄能电站	华东院	一、主编 　华东院　张春生 二、参编 　1. 华东院　姜忠见　江亚丽　徐建军　冯仕能 　2. 武汉大学　杨建东 　3. 河海大学　张　健 　4. 上海院　肖贡元 　5. 北京院　邱彬如 　6. 中南院　胡育林
第7章	潮汐电站	华东院	一、主编 　华东院　张春生 二、参编 　1. 上海院 　　肖贡元　董勤俭　陆德超　毛影秋　李茂学　刘汉中 　2. 河海大学　沈祖诒 　3. 华东院　陈国海　周鹏飞　郑永明　李振荣

卷章序号	名 称	主编单位	参编单位和主要编写人员
第9卷	灌排、供水（含调水工程）	水规总院	主编：董安建　李现社 责任编辑：王　勤
第1章	灌溉与排水	武汉大学	一、主编 　武汉大学　黄介生 二、参编 　1. 河海大学　张展羽 　2. 武汉大学　王修贵　黄　爽
第2章	引水枢纽	武汉大学	一、主编 　武汉大学 　石自堂 二、参编 　1. 武汉大学　方朝阳　张劲松 　2. 湖北省水科所　陈晓群　陈运梅 　3. 新疆农业大学水利水电设计研究所　周　著
第3章	渠道及地下管网	武汉大学	一、主编 　武汉大学　罗金耀　石自堂 二、参编 　1. 西北农林科技大学　蔡焕杰　娄宗科 　2. 武汉大学　王　博　方朝阳　薛英文　邱元锋　李小平
第4章	渠系建筑物	武汉大学	一、主编 　武汉大学　方朝阳 二、参编 　1. 长江设计院　汪小茂　尤　岭 　2. 浙江水利河口研究院　吴文华
第5章	排灌站	上海院	一、主编 　上海院　胡德义 二、参编 　1. 上海院　孙卫岳　刘效成　王凌宇 　2. 武汉大学　陈　坚　刘德祥 　3. 中水淮河公司　孙　勇　伍　杰
第6章	给排水工程	水科院	一、主编 　水科院　刘文朝 二、参编 　1. 水科院　刘学功　崔招女 　2. 河海大学　曹家顺 　3. 清华大学　刘文君 　4. 北京市水科院　廖日红

卷章序号	名　称	主编单位	参编单位和主要编写人员
第10卷	边坡工程	水电总院	主编：冯树荣　彭土标 责任编辑：王照瑜
第1章	岩质边坡	中南院	一、主编 　中南院　赵红敏　李学政　夏宏良 二、参编 　1. 昆明院　邹丽春　杨光亮　王国进 　2. 长江设计院　徐年丰　李洪斌 　3. 中科院地质所　刘大安 　4. 武汉大学　陈胜宏
第2章	土质边坡	西北院	一、主编 　西北院　王志硕　胡向阳 二、参编 　成都理工大学　聂德新
第3章	挡土墙	西北院	一、主编 　西北院　尉军耀　党振虎 二、参编 　清华大学　张建民　张　嘎
第11卷	水工 安全监测	水电总院	主编：张秀丽　杨泽艳 责任编辑：穆励生
第1章	安全监测 设计原理	华东院	一、主编 　华东院　王玉洁 二、参编 　昆明院　赵志勇
第2章	监测方法 及仪器设备	长科院	一、主编 　长科院　李端有 二、参编 　中南院　黄太平 　水科院　吴一红 　南科院　熊国文
第3章	监测布置 和监测 项目	华东院	一、主编 　华东院　王玉洁 二、参编 　昆明院　赵志勇
第4章	建筑物 安全监测	中南院	一、主编 　中南院　黄太平　赵志勇　吴一红 二、参编 　成都院　舒　勇 　长江设计院　郝长江

卷章序号	名　称	主编单位	参编单位和主要编写人员
第5章	仪器安装施工技术要求	华东院	一、主编 长江科学院　李端有 大坝安全监察中心　赵花城 二、参编 人员待定
第6章	监测技术及资料整理分析	河海大学	一、主编 河海大学　顾冲时 二、参编 武汉大学　李　民
第7章	安全监测自动化系统	上海院	一、主编 上海院　施济中 二、参编 中水北方公司　朱化广

附件4　《水工设计手册》（第2版）各主编单位联系人员表

单　位　名　称	姓　名
清华大学水利系	周　杉
河海大学	王德信
	金建新
武汉大学水利水电学院	舒卫平
中国水电顾问集团北京勘测设计研究院	高永辉
	王春江
中国水电顾问集团西北勘测设计研究院	魏坚政
	石广斌
	尉军耀
	党振虎
中国水电顾问集团成勘勘测设计研究院	杨怀德
	范祥伦
中国水电顾问集团贵阳勘测设计研究院	王　芳
中国水电顾问集团昆明勘测设计研究院	唐　芸
	杨建敏
中国水电顾问集团中南勘测设计研究院	李长江
中国水电顾问集团华东勘测设计研究院	程　平
长江水利委员会长江勘测规划设计研究院	杨　薇

单　位　名　称	姓　名
长江水利委员会长委水文局	张明波
黄河勘测规划设计有限公司	张　平
	仝　亮
中水东北勘测设计研究有限责任公司	陈立秋
中水北方勘测设计研究有限责任公司	任晓枫
	邵月顺
中水淮河工程有限责任公司	马东亮
	段春平
中水珠江规划勘测设计有限公司	刘小曼
上海勘测设计研究院	毛影秋
	许惠婷
中国水利水电科学研究院	王　鹏
南京水利科学研究院	贾宁一
黄河水利委员会黄河水利科学研究院	荆新爱
长江水利委员会长江科学院	高鸣安
	邬爱清
水利部水利水电规划设计总院	任冬勤
水电水利规划设计总院	张喜华
中国水利水电出版社	王志媛
	黄会明

附件5　《水工设计手册》（第2版）编写体例格式要求

一、体例要求

《手册》标题采用章节式体系。

示例：

第□章□□□□（居中）
第□节□□□□（居中）

一、□□□□（不串文）
（一）□□□□（不串文）
1.□□□□（不串文）
（1）□□□□（可串文）
1）□□□□（可串文）

二、格式

(1) 标点符号的句号、问号、逗号、顿号、分号、冒号、间隔号、波浪线（～）、连接号（一字线），各占一格；前、后引号，前、后括号，前、后书名号，各占一格；破折号、省略号，各占两格。表中重复的文字，要完整地写出，不用"〃"或"々"等代用符号，不写成"同上"、"同左"。

(2) 公式、图、表均以章为单位编序，采用二级编码。如图 1-1；表 2-2；式 (3-3)。每卷各自按章单独统一编序。

(3) 公式的排列应注意以下几点：

1) 公式一般应专行居中排列。如有几个并列的公式，前空四格齐头排列。公式后均不用标点符号。

2) 较长的公式需转行时，一般宜在等号处（化学式在箭号处）转行，也可酌情在运算符号连接的两项之间处转行，运算符号写在上行等号之下的右边。

3) 公式序号用圆括号括起，放在公式右边同一行的行末。几个公式共用一个序号时，在式后用一个大括号的后半部分"}"括起，公式序号写在大括号的中部行末。正文中引用公式序号时，要准确无误，用式 (1-1)、式 (1-2) 的写法，不用 (1-1) 式、(1-2) 式或其他方法。

4) 公式中计量单位的书写，对简短的公式，计量单位符号写在最后运算结果或物理量符号的后边，用逗号隔开。如：$P = m/V$，kg/m^3。公式下如有符号说明，则在符号说明后加一逗号，再写计量单位符号。

5) 公式下边符号说明的"式中"两字顶格写，后面用冒号，然后接写符号说明。本《手册》统一采用接排式，而不用并列式。

示例：

$$Q_y = (n_0 + 1)Q_h \qquad (2-1)$$

式中：Q_y 为初雨径流量，L/s；n_0 为截流倍数；Q_h 为旱季污水量，L/s。

6) 如公式符号说明中又有公式，而该公式又有符号需要说明的，可以将有关的公式先全部列出，再对所有公式中的符号按出现的先后次序统一逐个说明。

示例：

$$N = PL \qquad (2-2)$$

其中
$$P = 2H^2 TC_g/C_0 \qquad (2-3)$$

式中：P 为流能密度，系单位时间内通过单位波峰宽度的能量，kW/m；L 为沿海岸线的计算长度，m；H 为波高，m；T 为周期，s；C_g/C_0 为波浪群速与波速之比，从专用表中查取。

7) 公式中的分数线要写得明确，繁分数要注意分数线的长短。主分数线稍长些，要与等号对齐。指数为分数时，一定要书写清楚。

(4) 插图应注意以下规定：

1) 图字（图中文字）力求简明扼要，并与释文中叙述文字相呼应。文字较多时，应用序号代替，并在图注中说明。外文字母、数字、符号等，要求与文稿一致。

2）同一图有几个分图的，按（*a*）、（*b*）、（*c*）、……编分图号。

3）一般应先见文，后见图，要求图文合一，形式见示例。

示例：

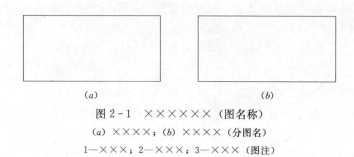

（*a*）　　　　　　　　　　　　（*b*）

图 2-1　××××××（图名称）

（*a*）××××；（*b*）××××（分图名）

1—×××；2—×××；3—×××（图注）

（5）表格应注意以下规定：

1）表中内容应与叙述文字内容相呼应。表中不要列无关的项目。

2）表格应给出表名。表的序号写在表格的左上方，表名在表的上方居中书写。

3）表格较长，一页稿纸写不完的，则在下页稿纸上续写。续表要重新写出同一表头，并在续表的右上方写"续表×-×"，不必再写表名。

4）表名所表示的内容的数据为同一计量单位时，单位注在表名之后的圆括号内。如表内各栏计量单位不同，则将单位分别列入表头的各栏中，写在量的名称之后的圆括号内。

5）表格中的叙述文字可以空一格起行，转行时顶格。表内各栏的行、列，相应的数据对应位置要对齐。表中无数字或文字的，一律空白，不应打横道。表内数字或文字有重复时，应照写文字或数字，勿用"同上"、"同左"或"〃"等表示，以便于对表格进行查用。

6）表内一段文字结束，一律不加标点。表号、表名后及表头内项目名称后，不使用标点。多采用卡线表，不用三线表。

7）表的名词短语、数据需作注释时，用"呼应注"。呼应注用圈码表示，写在所需注释出的右上角，在表的下方空两格写上相应的圈码，后边接着写注文，转行时与注文开始处对齐。

如对整个表加注说明，应在表的下方空两格写"**注**"，紧接着写序码及注文。序码自1开始，顺次为2，3，…每条注均应另起行。注文转行时与注文开始处对齐。

示例：

表 1-1　　　　　　　　中国华北平原地区地下水临界深度表（cm）

地下水矿化度[①] （g/L）	砂壤、轻壤	中　壤	黏质土（包括土层上部夹有厚黏土层的情况）
<2	160～190	140～170	100～120
2～5	190～220	170～200	120～140
…	—	—	—

注　1.……。

　　2.……。

①……。

三、名词、术语

名词、术语要求全书统一，并力求标准化。当同一内容的名词、术语有几种表达方式时，应由编委会研究解决，原则上以关系最为密切的学科所使用者为准，并尽量符合现有的规程、规范。应严格使用全国科学技术名词审定委员会最新公布的、由科学出版社出版的各类学科的"名词"。相关情况可登录全国科学技术名词审定委员会网站，网址为：www. term. gov. cn。

外国专有名称在释文中首次出现时，应附原文和简称。例如："美国垦务局（United States Bureau of Reclamation，USBR）"。"美国大坝委员会（United States Committee on Large Dams，USCOLD)"。在同一条目中再次出现时应用中文。有外文简称的，可以使用外文简称。

四、人名、地名

（1）英美等英语系国家人名的译法，以辛华编、商务印书馆出版的《英语姓名译名手册》为准。

（2）中国地名以中国地图出版社最新出版的《中华人民共和国分省地图册》（集中反映在书后所附的《地名索引》）为准，并应符合相应的中华人民共和国行政区划资料。其他国家地名以中国大百科全书出版社出版的《世界地名录》和中国地图出版社最新出版的《最新世界地图集》为准。不常见的外国地名应附原文。古今地名不同的，如有必要，应注今或古地名。

五、统计数字

释文中引用的统计数字应采用最新的（如以 2007 年年底以前）国家统计局或国务院有关部委正式公布的数字。

六、参考文献

2005 年 3 月 23 日，国家质量监督检验检疫总局和中国标准化管理委员会发布了 GB/T 7714 —2005《文后参考文献著录规则》。这一标准规定了各个学科、各种类型出版物的文后参考文献的著录项目、著录顺序、著录用的符号、各个著录项目的著录方法以及参考文献在正文中的标注法。具体格式参照示例。

示例：

[1] 董哲仁. 生态水工学探索 [M]. 北京：中国水利水电出版社，2007.

[2] 霍斯尼. 谷物科学与工艺学原理 [M]. 李庆龙，译. 2 版. 北京：中国食品出版社，1989：15 - 20.

[3] 孙玉文. 汉语变调构词研究 [D]. 北京：北京大学出版社，2000.

[4] 白书农. 植物开花研究 [M] // 李承森. 植物科学进展. 北京：高等教育出版社，1998：146 - 163.

[5] 张旭，张通和，易钟珍，等. 采用磁过滤 MEVVA 源制类金刚石膜的研究 [J]. 北京师范大学学报：自然科学版，2002，38 (4)：478 - 481.

[6] 周桂莲，许育彬，杨智全，等. 认清市场形势 化解"学报情结"：我国农业学报的现状与发展趋势分析 [J]. 编辑学报，2005，17 (3)：209 - 211.

[7] 萧钰. 出版业信息化迈入快车道 [EB/OL]. (2001 - 12 - 19)[2002 - 04 - 15]. http：//www.creader.com/news/ 200112190019. htm.

文献类型标志如下：普通图书 M，会议录 C，汇编 G，报纸 N，期刊 J，学位论文 D，报告 R，标准 S，专利 P，数据库 DB，计算机程序 CP，电子公告 EB。

会议录包括座谈会、研讨会、学术年会等会议的文集；汇编包括多著者或个人著者的论文集，也可标注为 M。

电子文献载体类型标志如下：磁带 MT，磁盘 DK，光盘 CD，联机网络 OL。

七、外文字母的用法

（1）外文斜体字母的用法见表 1。

表 1　　　　　　　　　　　　　斜体字母的适用场合及示例

分　类	适 用 场 合	示　　例
物理量符号	物理量符号和非物理量	m（质量）　F（力）　A（面积）　α（角度）　U（电压）　W（功） N（绕组的匝数）　p（极对数）
	特征数（无量纲参数）	Re（雷诺数）　Fo（傅里叶数）　Eu（欧拉数）　We（韦伯数）
某些数学符号	点、线、面、弧及图形的字母	点 A　$\overline{AB}$　A（面）　$\overset{\frown}{AB}$　$\angle A$　$\triangle ABC$
	变量和标量	变量：x　y　z　ρ　θ　φ　原点 O　坐标轴 X、Y、Z 标量：a　b　c　i　j　k　l　m　n　集合 A、B
	函数、排列组合、阶乘	$f(x)$（函数）　C_n^k（组合）　$n!$（阶乘）
	直径、半径、球面尺寸数字前的代号	$\phi 20$　$R5$　$S\phi 30$
	矢量、张量、矩阵	a（矢量）　T（张量）　单位矢量 i、j、k、A（矩阵）　E（单位矩阵）
	剖面、向视图	A—A　B 向
下角标	表示物理量和连续数的下角标字母	C_p（p：压力）　$\sum_n a_n Q_n$（n：连续数）　g_{ik}（i，k：连续数）　I_λ（λ：波长）

（2）外文正体字母的用法见表 2。

表 2　　　　　　　　　　　　　正体字母的适用场合及示例

分　类	适 用 场 合	示　　例
计量单位、词头和量纲符号	计量单位 词头 量纲	m（米）　s（秒）　t（吨）　L（升） k（千）　c（厘）　μ（微）　M（兆） L（长度）　M（质量）　T（时间）
某些数字符号	运算符号 已定义的算子符号	$\sum$（连加）　$\prod$（连乘） d、D（微分）　∂（偏微分）　δ（变分） Δ（有限增量）　lim（极限）
	指数函数和对数函数	exp（指数函数）　ln　lg　log（对数函数）
	三角函数、双曲函数和特殊函数	sin（正弦）　arcsin（反正弦）　sinh（双曲正弦） arsinh（反双曲正弦）　Γ（伽马函数）　B（贝塔函数）
	复数	Re（实部）　Im（虚部）

续表

分　类	适　用　场　合	示　　例
某些数字符号	方位、磁极	E（东）　　W（西）　　S（南） N（北）　　SE（东南）
	特殊常数	π　e（自然对数的底）　i（虚数，$\sqrt{-1}$）
	缩写符号	max　min　const　det（行列式）　　def（定义）　　div（散度）　　grad（梯度）　　rct，curl（旋度）
化学符号	化学元素 酸碱度	O　H　S　Fe　Si pH
物理符号	粒子	e（电子）　p（质子）　n（中子）　γ（光子）　α（粒子） N（核子）
	射线 光谱线	X 射线　β 射线　γ 射线 i、h、H、K（光谱线）
各类符号（代）号	液压系统图中的代号	溢流阀 A　节流孔 L　吸油口 Z_1　原动机 M
	电工特性曲线上的点	A 点　P 点
	计算机流程图、程序语句和数字信息代码	IF　GOTO　END　D_0、D_1（数字代码） A_0、A_1（地址代码）
	设备、仪器、元件代号和产品型号	IBM—PC 机　JR20—10 热继电器 JD 型深井泵
	电气设备文字代号及电气图中的辅助文字代号	A（放大器）　　FU（熔断器）　K（继电器）　　S（开关） V（电压表）　D（二极管）　　DC（直流）　L1、L2（电源线）
	标准与规程	GB（国家标准）　　SL（水利行业标准） SI（国际单位制）
	型号、形状、牌号	A 型　Ⅱ 型　U 形管　Haier（海尔）
	文字缩写代号	BASIC（一种编程语言）　C 语言　I/O 接口　ISO（国际标准化组织）　　CAD（计算机辅助设计）　　COD（化学需氧量） DNA（脱氧核糖核酸）　　PN（公称压力）　　UN（联合国） CCTV（中央电视台）
	标题号、公式号、分图号	(a)　(b)　(c)　附录 A　附录 B　式（2-1a）　式（8-3b） (a)　(b)　(c)
	人名、地名、单位名	C. R. Darwin（达尔文）　　London（伦墩）　　Intel 公司
	用罗马字母表示的数字	Ⅰ（1）　Ⅳ（4）　Ⅹ（10）　L（50）　C（100）
	中文词后的对照外文	上海（Shanghai）　南京（Nanjing）
	参考文献和索引中的外文和汉语拼音字母	（略）
地质时代和地层符号	地质时代符号	第四纪全新世 Qh 侏罗纪中侏罗世 J2
	地层符号	白垩系 K　三叠系 T　泥盆系 D
下角标	除表示物理量和连续数的一切下角标字母	C_g（g：气体）　　g_n（n：标准）　　μ_r（r：相对）

八、符号、单位、数字的使用

1. 标点符号及其他符号

标点符号的使用，应符合国家标准《标点符号用法》（GB/T 15834—1995）。其他符号的使用，参见中国水利水电出版社出版的《作译审编校须知》。

2. 计量单位

（1）书稿中的计量单位应采用法定计量单位（简称法定单位）。应符合国家标准《量和单位》（GB 3100～3102—93）和行业标准《水利水电量和单位》（SL 2.1～2.3—98）。可参见《作译审编校须知》。

（2）涉及历史事实的计量单位，仍可保留沿用的市制。如：长度单位的丈、尺、寸，土地面积单位的亩、分，质量单位的斤、担、石。

（3）表格及插图中，使用单位符号，不使用单位名称和单位中文符号。叙述性文字中，优先使用单位符号。必要时，可使用单位名称，但不可使用单位中文符号。如：流量为 $11400 m^3/s$，不可写作流量 11400 米^3/秒。

（4）两个物理量（量值加单位）在表示范围时，两个量值用波浪线"～"连接后使用一个计量单位，如：应写作 $800\sim1500 m^3/s$，而不可写作 $800 m^3/s\sim1500 m^3/s$。

（5）重量与力是同类量，符号为 W（或 P，G），单位为牛［顿］（N），按照习惯在必要时可用于表示质量，但是，最好不这样用。

（6）土地面积单位使用公顷，单位符号为 hm^2，不用 ha。亩为废除单位，一般情况下不使用。

3. 数字

（1）数字的使用应符合国家标准《出版物上数字用法的规定》（GB/T 15835—1995），应符合行业标准《水利水电量、单位及符号的一般原则》（SL 2.1—98）第 20～21 页中的有关规定。

（2）以下情况应使用阿拉伯数字：

1）统计表中的数值，如：正负整数、小数、百分数、分数、比例。

2）物理量量值，如 $150 m^3/s$，$200 kg$。

3）公元世纪、年代，年、月、日和时、分、秒。如：20 世纪 90 年代，1999 年 10 月 1 日，9 时 3 分 40 秒。

4）引文标注中版次、卷次、页码。古籍可例外，应与所据版本一致。

5）非物理量量值。如 21.35 元，480 人。

6）插图号、表序号、公式序号。

7）当阿拉伯数字与汉字数字混用时，要顾及上下行文的协调一致。

（3）以下情况应使用汉字数字：

1）定型的词、词组、成语、惯用语或具有修辞色彩的词语中作为词素的数字，如星期六、四氧化三铁、五省一市、"八五"计划、第三季度等。

2）相邻两个数字并列连用表示概数，连用的两个数字间不得用顿号"、"隔开。如：二三米、十三四吨、一千七八百元。

3）不是出现在具有统计意义的一组数字中的整数一至十。如一个人、三本书、五个百分点等。

4）带有"几"、"多"字的数字，表示约数。如十几天、几千年、二十多等。

5）中国干支纪年和夏历月日，中国清代和清代以前的历史纪年，各民族的非公历纪年。如：丙寅年十月十五日，正月初三，秦文公四十四年（公元前722年），藏历阳木龙年八月二十六日（1964年10月1日）。

（4）阿拉伯数字书写的数值，在表示数值的范围时，使用波浪线"～"。如：$150\sim200km$，$-15\sim30℃$，$2500\sim3000$元。

（5）两个百分数表示范围时，要使用两个百分号，如 $15\%\sim20\%$，不可写成 $15\sim20\%$。

（6）专业性科技出版物上的多位数字，应从小数点算起，每三位留空半个数码位置，不采用传统的以千位撇","分节的办法，如3800000应写成3 800 000，而不要写成3,800,000。亦或写成380万。

九、插图

插图分彩色图与黑白图两种。彩色图包括彩色照片和彩色绘制图；黑白图包括黑白照片和墨线绘制图。所有插图均由撰稿人提供初稿。为使其符合出版要求，特作如下规定：

（1）彩色照片图均作彩色插页，最好提供精美、清晰、有观赏价值和学科知识的彩色照片或数码照片，若提供数码照片，须符合出版印刷要求，清晰度应不低于300dpi。

（2）黑白照片的主要部分和主题轮廓应清晰、明显、突出、反差大，不应有杂乱的背景或与主题无关的人物活动场面。不易辨明上下位置的照片，应在照片的背面标明上下方向。

（3）彩色绘制图除应绘制精确的底图外（分单色绘图），还应附有着色的图样。

（4）墨线绘制图，分立体图和工程图。撰稿人须提供清晰、准确无误的铅笔或墨线底图。

1）立体图（透视图）应按投光原理用线条画出物体轮廓。物体的受光面与阴影面用线条或点的稀密表示，不要画成写生画或水彩画。注意彩图线条的区别标志。

2）工程图（平面、剖面图）的线条必须清晰、主次分明，图中结构复杂的次要部分，可用简化画法或用符号代替的方法。工程施工图和机械安装图一般不作为插图选用。

（5）制图要符合有关标准和规范要求。没有规定的，应以习惯画法为准。示意性的插图，只要不会引起读者误解的，允许采用省略画法。

（6）全国地图或涉及国界的区域图，应尽可能采用其他方式说明，避免用地图。必须采用时，应按照国家测绘局网站上公布的地图下载绘制，并且在图书出版前，必须经国家测绘局审查批复方能使用。

十、交定稿要求

（1）各分卷复审修改定稿后，向出版社统一交打印稿一份（并附光盘）。建议采用A4规格白纸，正文用小4号宋体字，每页排32行，每行排33字，以利于编辑加工和校对修改。

(2) 各卷从正文第一章开始顺序编码，正文前的序、前言、目录等内容要单独编码；从每章另起面打印，要求交稿时单面打印。

(3) 打印原稿上如有修改，作者用黑色或蓝色笔修改，而不要用铅笔改动，铅笔只限于在文中作标注说明时用。

(4) 定稿要求。"齐、清、定"，即稿件齐全，完整无缺；文稿、图稿清楚并准确无误；防止有大量修改。其中，定稿的基本要求是五个"连续"、六个"统一"、七个"对应"：

1) 五个连续：章（节）序号、表号、图号、公式号、页码要连续；

2) 六个统一：格式、层次、名词术语、符号、代号、计量单位要统一；

3) 七个对应：目录与正文标题、标题与内容、文与图、文与表、呼应注与注释内容、图中标号与图注、书中前后内容要对应，避免不必要的重复和前后矛盾。

十一、常见差错示例

水利水电科技书稿中的常见差错见表 3，常见异形词见表 4。

表 3　　　　　　　　　　水利水电科技书稿中的常见差错示例

类	项目	不规范	正确用法	注　释
数字与符号	百分号	$25.2\sim60.5\%$ 百分之二十五 千分之四至千分之六 千分之三	$25.2\%\sim60.5\%$ 25% $4\%\!_0\sim6\%\!_0$ $3\%\!_0$	～前应加% 百分比用数字及百分号表示 千分比用数字及千分号表示
	分数	五分之三 三分之一 二十分之一	3/5 1/3 1/20	分数不用汉字表示，改用数字分式表示
	多位数	111,222,333.444 500,000KB	111 222 333.444 500 000KB	不用千位撇。从小数点起向左每三位留一个字节空
	大数	四亿五千六百万元 4 亿 5 千 6 百万元 3 千 5 百元	456 000 000 元 或 45 600 万元 或 4.56 亿元 或 4.56×10^8 元或 456×10^6 元 3 500 元或 0.35 万元 或 3500 元	数字一般用阿码表示（注意：千和百不能做单位，只有万、亿和万亿可以做单位） 也可用 $\times10^n$ 的形式表示（四位数以内可不留千位空）
	省年号	99'信息研讨会 '99 年信息研讨会	'99 信息研讨会 '99 信息研讨会	' 应放在 99 的左上角 "年"字多余，删
	年代	二十世纪八十年代 七、八十年代 70、80 年代	20 世纪 80 年代 七八十年代 70～80 年代	世纪、年代改用数字表示
	大概数	十多年来 五百余人 六十左右	10 多年来 500 余人 60 左右	改用阿码表示

续表

类	项目	不规范	正确用法	注　释
数字与符号	用汉字表示大概数	七、八十人 或 7、80 人，或 70、80 人 五十五、六元，四、五种	七八十人 五十五六元，四五种	大概数一般用汉字表示，中间不加顿号 这里用汉字表示，不用阿码
	特定数	95 计划 "一二九"运动 "八六三"工程	"九五"计划 "一二·九"运动 "863"工程	用汉字表示，加引号 加中圆点 用阿码，加引号
	表示数值范围 ～	三万四千～五万二千 20 000～50 000 写成 2～5 万	34 000～52 000 或 3.4 万～5.2 万 或 $3.4 \times 10^4 \sim 5.2 \times 10^4$ 或 $(3.4\sim5.2) \times 10^4$ 或 $(34\sim52) \times 10^3$ 应写成 2 万～5 万	正文中不用汉字表示数值范围而改用阿码表示 表示起止范围一般用"～"，也可用"—"表示，但全书应前后一致（在全外文稿中外文文献中用一字线"—"不用"～"） 2～5 万会被误解为 2～50 000
	小写 k	10Km　2KHz 30KW　6000Pa	10km　2kHz 30kW　6kPa	这里的 $k=10^3=1000$，用小写，不能用大写（注意：k 表示 1000 时用小写）
	大写 K	16kB　32kB　64kB	16KB　32KB　64KB	这里 $K=2^{10}=1024$，特别是计算机书稿中 $K \neq k$（注意：表示 1024 者用大写 K） B 的前面一定用大写 K
	赫兹 Hz	1000HZ　$1000H_z$	1000Hz　1kHz	Hz（H 大写，z 小写，平排） z 不是下脚，k 为小写 正文中多用 Hz，不用赫
	比特 bit	10KBit	10kbit	bit 在计算机中表示比特（位），这里 k 为小写 kbit 表示 1000 比特（位）
	节 Byte	10kB	10KB	在计算机中 Byte 表示字节，缩写为 B B 前一定是大写 K（或 M 或 G）
	kbps	100Kbps	100kbit/s	表示每秒传送 100 000 比特
	rpm	转/分	r/min	rpm＝r/min（转每分）
	各级标题序号	一. 二. 三. 1、2、3、 A、B、C、a、b、c、 (1)、(2)、(3)、 ①、②、③、	一、二、三、 1. 2. 3. A. B. C. a. b. c. (1) (2) (3) ①②③	汉字序号后用顿号不用句点 阿码序号用脚点不用顿号 英文字母序号用脚点 顿号多余，有括号或有圈，就不再加标点
	顿号与逗号	第一、第二、第三、 首先、其次、第三、 Windows、Word、Excel… 1、2、3、…、m 〈TA〉、〈TR〉、〈TH〉和〈TG〉 20%、40%、60%和80%	第一，第二，第三， 首先，其次，第三， Windows，Word，Excel… 1，2，3，…，m 〈TA〉，〈TR〉，〈TH〉和〈TG〉 20%，40%，60%和80%	顿号应改为逗号 并列的汉字间用顿号，但并列的外文、符号、数字等之间不用顿号，改用逗号
	破折号 ——		北京——中国的政治中心	"——"后面的文字解释前面的文字
	一字线 —		螺山—监利区间	"—"表示连接符号

续表

类	项目	不规范	正确用法	注　释
标点符号书号的用法	半字线 全角— 半角-		式（5-1），表3-1， IBM 347-S $MgO-Al_2O_3-SiO_2$ Self-Illumination	全角状态下的半字线一般表示并列的关系，如图表序号、牌号、型号等 半角状态下的半字线用于英文转行或复合词间的连字符
	中圆点 ·	比尔.盖茨	比尔·盖茨	译成汉文名，中间应是中圆点，不能用脚点
	脚点.	B·盖茨	B. 盖茨 www.com.net.exe	B. 是英文缩写。凡缩写字母后面均用缩写点（即脚点），不能用中圆点 注意扩展名前加脚点
	省略号 ……	微软是世界最著名的 公司之一，……。 包括主机、显示器、鼠标、 打印机……等等。 A，B，C，D，E，F，…… i，j=1，2，3，……，n	微软是世界最著名的 公司之一…… 包括主机、显示器、 鼠标、打印机…… A，B，C，D，E，F，… i，j=1，2，3，…，n	……前、后的标点均多余。应删去 ……后面的"等等。"应删去 纯外文、数字后面的省略号只用三点省略号"…"
	书名号 《》	《家用电脑世界杂志》 《人民邮电报》 《2000年计算机信息研讨会》 《计算机平面设计丛书》	《Corel Draw 9.0实用大全》 《家用电脑世界》杂志 《人民邮电》报 "2000年计算机信息研讨会" 《计算机平面设计》丛书	书名号《》只用于书名、报纸名、期刊名、文化精神作品名等（英文和法文不用《》作书名号） 其他产品不能用书名号（如：活动名、奖项名、展览名、组织名、单位名、课程名、商品名等） 丛书名一般使用引号，亦可使用书名号，但"丛书"二字在《》外面

表4　　　　　　　　　常见异形词用法表

不规范	正确	不规范	正确	不规范	正确	不规范	正确
座落	坐落	存贮	存储	好象	好像	耽心	担心
帐单	账单	前题	前提	泥砂	泥沙	既使	即使
帐户	账户	题纲	提纲	部份	部分	融汇贯通	融会贯通
帐号	账号	参于	参与	手屈一指	首屈一指	机率	几率
砼	混凝土	沉砂池	沉沙池	园形	圆形	留芳百世	流芳百世
给与	给予	客户服务器	客户/服务器	渡汛	度汛	合盘托出	和盘托出
磨擦	摩擦	合拢	合龙	坐阵	坐镇	拌合	拌和
粘土	黏土	图象	图像	峻工	竣工	掺和	掺合
三迭纪	三叠纪	象素	像素	渲泄	宣泄	重迭	重叠
分辩率	分辨率	显象管	显像管	兰色	蓝色	幅射	辐射
辩析	辨析	录象	录像	年分	年份	追朔	追溯

注　另可参见中国水利水电出版社编写出版的《作译审编校须知》。

十二、编写样式综合示例

第二章　循环水蒸发冷却基本理论

第一节　水蒸发冷却原理

一、规划设计的原则方法

（一）布置的原则

1. 设计方法

（1）水与空气的接触散热。即靠导热和对流来传热，该热量只能从温度高的一端向温度低的一端传递。可表示为

$$dQ_a = \alpha(t-\theta)dF \tag{2-1}$$

式中：α 为接触传热系数，$kJ/(m^2 \cdot h \cdot \text{℃})$；$t$ 为水体的温度，℃；θ 为空气的温度，℃；dF 为水与空气的接触面积，m^2。

（2）水的表面蒸发。即部分水变为水蒸气进入空气中，带走水中的热量。可表示为

$$dQ_\beta = \gamma dg_w \tag{2-2}$$

式中：γ 为水的汽化热，kJ/kg；dg_w 为水的蒸发量，kg/h。

……

不同湿度计的 A 取值见表 2-1。

表 2-1　　　　　　　　　　　不同湿度计的 A 取值

序号	湿度计类型	通风方式	通过感温元件风速（m/s）	A（1000/℃）
1	标准百叶箱通风干湿表	机械	3.5	0.667
2	阿斯曼通风干湿表	机械	2.5	0.662
3	百叶箱球状干湿表	自然	0.4	0.857
4	百叶箱柱状干湿表	自然	0.4	0.815
5	百叶箱球状干湿表 阿费古斯特湿度计	自然	0.8	0.797

对表 2-1 中其他湿度计修正计算结果见图 2-4。

第三节所述情况是一种理想状况，在冷却塔中，是一定量的水和一定量的空气流量之间进行热质交换，空气不能完全看成是无限多，即空气的状态是改变的。假定干空气量为 G_d，温度为 θ，含湿量为 x，相应的空气焓为 i，水量为 Q，温度为 t，经过足够的面积与时间，空气将达到饱和，此时气温与水温相等，温度为 t_e，相应的含湿量为 x''_{te}，焓为 i''_{te}，在这个过程中，水失去的热量等于空气所获得的热量，则有：

$$[Qt-(Q-dg_u)t_e]C_w = G_d(i''_{te}-i) \tag{2-36}$$

式（2-36）可写为

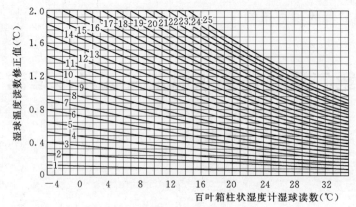

图 2-4　百叶箱柱状湿度计的修正值

注　图中曲线自下而上分别代表实测的干湿球温度差 1～25℃。

$$t_e = \frac{i''_{te} - i - \dfrac{t}{\lambda}}{\left(x''_{te} - x - \dfrac{1}{\lambda}\right)C_w} \qquad (2-37)$$

式中：λ 为气水比，即：$\lambda = \dfrac{G_d}{Q}$。

　　由式（2-37）可看出，冷却塔的极限冷却水温不仅与空气的初始状态有关，还与水量、气量及水温有关。最终出塔水温 t_e 不可能达到空气的湿球温度，因为空气量不可能为无限；另外当水温接近湿球温度时，水的蒸气压力与空气中水蒸气分压力差很小，散热很慢。所以，塔体必须非常大，空气量也很大时，出塔水温才逼近湿球温度。一般称出塔水温与空气湿球温度之差为塔的逼近度，从经济的角度出发，冷却塔的设计逼近度一般取 3～5℃。

大 事 记

1999 年

1999 年 3 月，中国水利水电出版社致函《水工设计手册》❶ 原主编单位河海大学（原名华东水利学院），请河海大学牵头提出修订《水工设计手册》的方案。河海大学随即组织讨论，成立了《水工设计手册》修订工作筹备组；同年 6 月提出了《水工设计手册》修订工作意见（讨论稿）；同年 7 月，又提出了《水工设计手册》（第 2 版）编写框架大纲（初稿）。

2002 年

2002 年 7 月，中国水利水电出版社向时任水利部副部长索丽生提出了《关于组织编纂〈水工设计手册〉（第 2 版）的请示》。水利部给予了高度重视，要求中国水利水电出版社认真研究出书机制，提出资金筹措方案。

2003 年

2003 年 9 月 5 日，中国水利水电出版社以河海大学提出的《水工设计手册》（第 2 版）编写框架大纲（初稿）为基础，向全国各有关单位发出了《关于组织修订〈水工设计手册〉征求意见的函》。

2004 年

2004 年 8 月，水利部水利水电规划设计总院、水电水利规划设计总院和中国水利水电出版社三家单位，在北京召开了三方有关人员会议，讨论修订《水工设计手册》事宜，就组织形式、工作机制和修编经费等达成一致意见，即三方共同投资、共担风险、共同拥有著作权，共同组织修编工作。

2006 年

2006 年 6 月，水利部水利水电规划设计总院、水电水利规划设计总院和中国水利水电出版社有关人员再次召开会议，研究推动《水工设计手册》修编工作，并成立了筹备工作组。

2006 年 8 月，水利部水利水电规划设计总院和水电水利规划设计总院联合向有关单位下发了《关于修订〈水工设计手册〉的函》（水总科〔2006〕478 号）。

2006 年 12 月，水利部水利水电规划设计总院和水电水利规划设计总院联合向有关单位下发了《关于〈水工设计手册〉修编工作有关事宜的函》（水总科〔2006〕801 号）。

---

❶ 第 1 版《水工设计手册》（组织单位：水利电力部水利水电规划设计院；主持人：张昌龄、奚景岳、潘家铮；主编单位：华东水利学院；主编人：左东启、顾兆勋、王文修）共 8 卷 42 章，1983 年 10 月第 1 卷《基础理论》正式出版，其他 7 卷之后陆续出版，1989 年 5 月 8 卷全部出齐。

2007 年

2007 年 9 月，水利部水利水电规划设计总院和水电水利规划设计总院联合向有关单位下发了《关于召开〈水工设计手册〉修编工作第一次编委会会议的预通知》（水总科〔2007〕554 号）。

2007 年 9 月 28 日，水利部原副部长索丽生对《手册》编制工作大纲提出了修改意见。此后，经两次审查修改，水利部水利水电规划设计总院、水电水利规划设计总院和中国水利水电出版社三家单位正式提出了《〈水工设计手册〉修编工作大纲（初稿）》。

2008 年

2008 年 2 月 28 日，《水工设计手册》（第 2 版）编委会扩大会议在北京召开。水利部部长、《手册》编委会主任陈雷出席会议并作重要讲话，聘任 37 位同志为编委会委员，聘任潘家铮等 31 位专家为技术委员会委员，聘任索丽生、刘宁为全书主编，聘任刘志明等 22 位专家为各卷主编。会议由水利部副部长、《手册》编委会副主任胡四一主持，《手册》主编索丽生到会讲话，《手册》编委会副主任晏志勇、编委会委员张长宽分别代表第 2 版和第 1 版《手册》主编单位讲话，《手册》副主编刘志明介绍了《手册》修编工作大纲，副主编周建平作为卷主编代表讲话。会议原则通过了《〈水工设计手册〉修编工作大纲》，修编工作正式启动。

2008 年 2 月 29 日，《水工设计手册》（第 2 版）第 11 卷《水工安全监测》组织召开了第一次参编人员工作会议。卷主编张秀丽、杨泽艳分别主持会议，讨论了工作大纲和章节分工，基本完成编制工作大纲。

2008 年 3 月 27 日，全书主编索丽生、刘宁主持召开了卷主编工作会议。会议要求各卷主编尽快确定编写大纲，注意各卷之间的横向内容协调；在反映新技术的同时，要适当保留专利技术，尊重知识产权。

2008 年 4 月 16 日，《水工设计手册》（第 2 版）第 7 卷《泄水与过坝建筑物》主编工作会在武汉召开。会议传达了 2008 年 2 月 28 日召开的编委会扩大会议和 2008 年 3 月 27日召开的全书主编工作会议精神，并根据两个会议纪要的要求，讨论和安排了第 7 卷下一步修编工作有关事宜。卷主编刘志明主持会议。

2008 年 4 月 24 日，《水工设计手册》（第 2 版）第 1 卷《基础理论》主编工作会议在南京河海大学召开。会上传达了 2008 年 2 月 28 日召开的编委会扩大会议和 2008 年 3 月27 日召开的全书主编工作会议精神，讨论确定了各章主编和主要编写人员、编写进度，以及各章内容安排和编写要求。会议还提出，要又好又快地完成第 1 卷的修编工作，使第 1 卷在全书的修编工作中起到表率和带头作用。卷主编刘志明主持会议，河海大学副校长朱跃龙、卷主编王德信、汪德爟，卷责任编辑王国仪出席了会议。

2008 年 4 月 27 日，《水工设计手册》（第 2 版）第 11 卷《水工安全监测》在杭州召开了第二次参编人员工作会议，卷主编张秀丽主持会议。会上进一步细化和商定了编写大纲、工作计划、组织架构，进行了编撰任务的分解。本卷责任编辑出席会议。

2008 年 5 月 16—17 日，《水工设计手册》（第 2 版）第 10 卷《边坡工程与地质灾害防治》编写大纲讨论及编写工作启动会在长沙召开。会议确定了全卷编写目录、各章节字数及全卷总字数，并确定了初稿和定稿的交稿时间。卷主编冯树荣、彭土标分别主持会议。

2008 年 7 月 23 日，《水工设计手册》（第 2 版）第 4 卷《材料、结构》修编工作第一次会议在昆明召开。会议讨论并确定了全卷的章节目录及控制篇幅、工作分工和工作进度要求，安排布置了修编工作的有关事宜。卷主编白俊光、张宗亮分别主持会议，全书总责任编辑王国仪出席会议并讲话。

2008 年 8 月 24—25 日，《水工设计手册》（第 2 版）第 5 卷《混凝土坝》修编工作会议在成都召开。会议讨论了全卷各章节的目录结构、内容及篇幅，确定了各章和全卷的交稿时间，提出了总体编写进度计划，落实了各章节的编写人员，界定了各章节的篇幅。卷主编党林才主持会议，全书副主编周建平、全书总责任编辑王国仪出席会议并讲话。

2008 年 8 月 25—26 日，《水工设计手册》（第 2 版）第 8 卷《水电站建筑物》修编工作第一次会议在成都召开。会议讨论了全卷各章节的目录结构、内容及篇幅，确定了各章节的初稿交稿时间，提出了总体编写进度计划，落实了各章节的编写人员，界定了各章节的篇幅。卷主编王仁坤、张春生分别主持会议，全书副主编周建平、全书总责任编辑王国仪出席会议并讲话。

2008 年 8 月 29 日，《水工设计手册》（第 2 版）第 2 卷《规划、水文、地质》编写工作大纲第一次工作会议在天津召开。会议讨论了编写大纲；确定了各章的编写进度、字数控制和交稿时间。卷主编侯传河主持会议，全书总责任编辑王国仪出席会议并讲话。

2008 年 10 月 19 日，《水工设计手册》（第 2 版）第 6 卷《土石坝》主编工作会议在郑州召开。会议讨论了各章节的目录结构及内容篇幅，明确了各章节标题、各章主编单位及编写人员，确定了各章和全卷的交稿时间。卷主编关志诚主持会议。

2008 年 12 月 9 日，《水工设计手册》（第 2 版）第 9 卷《灌排、供水》主编工作会议在武汉召开。会议讨论了各章节的编写大纲，确定了各章的编写进度、字数控制和交稿时间。卷主编董安建主持会议，全书总责任编辑王国仪出席了会议，并对各章的编写提出了具体意见。

2009 年

2009 年 1 月 8 日，水电水利规划设计总院发布"水电规科〔2009〕1 号"文件——《关于进一步落实〈水工设计手册〉（第 2 版）修编工作的函》。函中明确了水电水利规划设计总院主编的第 4、5、8、10、11 卷的定稿时间，确定第 10 卷作为示范卷，并规定了其各章节初稿、定稿汇总、全卷审稿及最终定稿的时间。

2009 年 3 月，水利部水利水电规划设计总院、水电水利规划设计总院、中国水利水电出版社三方共同签订了《〈水工设计手册〉（第 2 版）投资协议书》，明确了三家共同投资、共担风险、共同享受丛书著作权的责任和义务。

2009 年 7 月 10 日，全书主编索丽生组织召开了《水工设计手册》（第 2 版）工作会议，会议就推进编写进度、提高编写质量、履行主编职责等问题进行了讨论研究，并提出了下一阶段的工作要求。

2009 年 8 月，水利部水利水电规划设计总院、水电水利规划设计总院、中国水利水电出版社三方共同签订了图书出版合同。

2009 年 8 月 15 日，水利部水利水电规划设计总院在北京召开了《水工设计手册》（第 2 版）第 3 卷第 1 章"征地移民"第一次编写工作会议。会上，黄河勘测规划设计有限公司环境院作为章节主编单位汇报了第 1 章各节大纲的编写情况，水利部水利水电规划设计总院陈伟副院长对黄河勘测规划设计有限公司开展和完成的工作给予了充分肯定。会议进一步强调了编制工作的重要性，明确了下一步编制工作的重点和各方责任，并对下一步编制工作进行了统筹安排。黄河勘测规划设计有限公司环境院、长江水利委员会长江勘测规划设计研究院、中水淮河规划设计研究有限公司等单位的领导和专家及本章主要参编人员参加了会议。

2009 年 8 月 30—31 日，水利部水利水电规划设计总院在北京主持召开会议，对《水工设计手册》（第 2 版）第 1 卷《基础理论》第 1～5 章修编初稿进行了审查。全书主编索丽生到会并讲话，对《手册》的审稿和修编工作提出了要求。全书副主编高安泽，编委会技术委员陈祖煜院士，第 1 卷主编和责任编辑，第 1～5 章主编以及来自长江科学院、清华大学、河海大学、武汉大学、北京工业大学、大连理工大学等单位的审稿专家参加了会议。

2009 年 11 月 18 日，水利部水利水电规划设计总院在武汉了召开《水工设计手册》（第 2 版）第 7 卷《泄水与过坝建筑物》第二次主编工作会议。会议传达了全书主编索丽生在第 1 卷卷主编审稿会上的讲话精神，讨论了各章主要编写内容、存在问题及工作进展，进一步明确了修编工作要求，安排部署了下一步工作。卷章主编、部分参编人员和责任编辑参加了会议。

2010 年

2010 年 1 月 28 日，《水工设计手册》（第 2 版）全书主编及各卷主编工作会议在北京召开。各卷主编分别汇报了本卷的编写进度、书稿中存在的问题及下一步的工作安排。会议要求《手册》要按照工具书的要求编写，内容要严格按照《手册》修编工作大纲的要求来控制；各卷主编要做好协调和统稿工作，控制篇幅，统一写作风格，注意知识产权问题；《手册》技术委员会的专家要尽早介入；各卷应将需要协调的问题及本卷工作计划上报编委会办公室。全书副主编刘志明主持会议，全书主编索丽生、刘宁，全书副主编高安泽、周建平及全书总责任编辑王国仪出席会议。

2010 年 3 月 9—11 日，水利部水利水电规划设计总院主持召开了《水工设计手册》（第 2 版）第 3 卷第 3 章"水土保持"专题工作会议。会议对水利部水利水电规划设计总院提出的工作提纲进行了详细讨论，完善了各节的编写内容，提出了编写提纲，明确了工作分工和工作进度安排，并就编写体例、格式进行了规范和要求。会议要求各参编单位按编写提纲要求于 2010 年 6 月 30 日前提交初稿。卷主编朱党生主持会议，黄河勘测规划设计有限公司、长江水利委员会长江勘测规划设计研究院、中国水电顾问集团华东勘测设计研究院等单位主要编写人员参加了会议。

2010 年 4 月 7 日，水利部水利水电规格设计总院在北京主持召开《水工设计手册》

（第 2 版）第 3 卷第 2 章"环境保护"专题工作会议。会议对水利部水利水电规划设计总院提出的工作提纲进行了详细讨论，完善了各节的编写内容，提出了编写提纲，明确了工作分工和工作进度安排，并就编写体例格式进行了规范和要求。卷主编朱党生主持会议，中国水电顾问集团中南勘测设计研究院、中国水电顾问集团成都勘测设计研究院、中科院水利部水生态研究所等单位主要编写人员参加了会议。

2010 年 9 月 9—11 日，《水工设计手册》（第 2 版）第 1 卷《基础理论》、第 5 卷《混凝土坝》审稿定稿会在北京召开。全书主编索丽生、刘宁，全书副主编刘志明、周建平，技术委员会主任潘家铮，副主任郑守仁、朱尔明，审稿专家、特邀专家，两卷（章）主编，第 1、第 5 卷责任编辑和编委会办公室成员等 60 余人参加了会议。

2010 年 11 月 23—24 日，《水工设计手册》（第 2 版）第 8 卷《水电站建筑物》、第 10 卷《边坡工程与地质灾害防治》审稿定稿会在北京召开。全书主编索丽生、刘宁，全书副主编高安泽、刘志明、周建平，技术委员会主任潘家铮，副主任郑守仁、朱尔明，审稿专家、特邀专家，两卷（章）主编，全书总责任编辑王国仪，第 8、第 10 卷责任编辑和编委会办公室成员等近 50 人参加了会议。

2010 年 12 月 24—25 日，水利部水利水电规划设计总院在北京召开会议，对《水工设计手册》（第 2 版）第 7 卷《泄水与过坝建筑物》送审稿进行了审查。全书副主编刘志明主持会议，技术委员会委员徐麟祥、林可冀，卷主编、审稿专家、章主编、部分编写人员以及责任编辑和编委会办公室有关人员参加了会议。

2011 年

2011 年 3 月 22—23 日，《水工设计手册》（第 2 版）第 4 卷《材料、结构》、第 11 卷《水工安全监测》审稿定稿会在北京召开。全书主编索丽生、刘宁，副主编高安泽、王柏乐、刘志明，技术委员会副主任朱尔明，审稿专家、特邀专家，两卷（章）主编，第 4、第 11 卷责任编辑和编委会办公室成员等近 50 人参加了会议。

2011 年 8 月，《水工设计手册》（第 2 版）第 1 卷《基础理论》、第 5 卷《混凝土坝》正式出版。

2011 年 9 月 18 日，《水工设计手册》（第 2 版）编委会第二次会议暨首发仪式在北京举行。会议由全书主编刘宁主持，编委会主任、水利部部长陈雷出席会议并作重要讲话；全书副主编胡四一宣读了技术委员会主任潘家铮院士的书面讲话；全书主编索丽生作《水工设计手册》（第 2 版）修编工作报告；新闻出版总署出版管理司陈亚明副司长代表邬书林副署长致辞；陈雷、索丽生、胡四一、陈亚明为首发式揭彩；会议向《水工设计手册》（第 2 版）三家组织单位、第 1 版主编单位及各卷主编代表和总责任编辑赠送了首发的第 1、第 5 卷样书。《手册》编委会委员，技术委员会委员，《手册》各卷主编，水利部各司局及在京直属机关、部分设计院等单位的领导与专家，各卷责任编辑及媒体记者约 120 人出席了会议。

2011 年 9 月 16—17 日，《水工设计手册》（第 2 版）第 7 卷《泄水与过坝建筑物》审稿定稿会在北京召开。全书主编索丽生、刘宁，全书副主编刘志明，技术委员会副主任、卷主审郑守仁，技术委员会委员、卷主审林可冀、徐麟祥，审稿专家、特邀专家，卷

（章）主编，全书总责任编辑王国仪，第 7 卷责任编辑和编委会办公室成员等 50 余人参加了会议。

　　2011 年 10 月 23—24 日，《水工设计手册》（第 2 版）第 2 卷《规划、水文、地质》、第 3 卷《征地移民、环境保护与水土保持》审稿定稿会在北京召开。全书主编索丽生、刘宁，全书副主编高安泽、刘志明，技术委员会副主任郑守仁、朱尔明，技术委员会委员、审稿专家、卷（章）主编（参编）、第 2、第 3 卷责任编辑和编委会办公室成员等 60 余人参加了会议。

　　2011 年 12 月 3—4 日，《水工设计手册》（第 2 版）第 6 卷《土石坝》、第 9 卷《灌排、供水》审稿定稿会在北京召开。作为对《手册》修编出版工作的延续和重要组成部分，编委会提出需着手对全书的修编工作进行全面总结，单独编写《〈水工设计手册〉（第 2 版）述评·纪事卷》，作为《手册》的重要组成部分，与《手册》同时出版。会议决定由刘伟平、晏志勇、汤鑫华任该卷主编。全书主编索丽生、刘宁，全书副主编高安泽、王柏乐、刘志明、周建平，全书编委会副主任汤鑫华，技术委员会副主任郑守仁、朱尔明，委员林昭、徐麟祥、汪易森，有关卷（章）主编、审稿专家，水利部水利水电规划设计总院院长刘伟平，全书总责任编辑王国仪以及第 6、第 9 卷责任编辑和编委会办公室成员等 60 余人参加了会议。

2012 年

　　2012 年 1 月 11 日，《〈水工设计手册〉（第 2 版）述评·纪事卷》编写工作大纲审查会在北京召开。会议强调，编写本书旨在对全套《手册》进行解读、点评、推介和纪念。全书主编索丽生、刘宁分别主持会议，《手册》总责任编辑王国仪，参与《手册》撰稿和审稿的部分专家、院士，编委会办公室成员等近 30 人参加会议。

　　2012 年 7 月 13 日，中国科学院和中国工程院两院院士、中国工程院原副院长、《水工设计手册》（第 2 版）技术委员会主任潘家铮去世。

2013 年

　　2013 年 1 月，《水工设计手册》（第 2 版）第 4 卷《材料、结构》、第 8 卷《水电站建筑物》、第 10 卷《边坡工程与地震灾害防治》正式出版。

　　2013 年 5 月，《水工设计手册》（第 2 版）第 11 卷《水工安全监测》正式出版。

　　2013 年 6 月，《水工设计手册》（第 2 版）第 3 卷《征地移民、环境保护与水土保持》正式出版。

2014 年

　　2014 年 2 月，《水工设计手册》（第 2 版）第 7 卷《泄水与过坝建筑物》正式出版。

　　2014 年 3 月 28 日，河海大学原校长、第 1 版《水工设计手册》主编左东启去世。

　　2014 年 3 月 31 日，《〈水工设计手册〉（第 2 版）述评·纪事卷》工作会议在北京召开。会议由《水工设计手册》（第 2 版）主编刘宁主持。会议强调，要抓紧各环节进度，把握全书总体字数，可以在适当章节中向读者交待水利和水电领域目前设计中存在的两套设计标准；出版社要拿出全书的编撰方案，水利部水利水电规划设计总院要拿出审稿方案；适时请相关专家对全书的内容进行审稿。本卷主编刘伟平、汤鑫华，《手册》副主编刘志明及相关人员出席了会议。

2014 年 4 月，《水工设计手册》（第 2 版）第 9 卷《灌排、供水》正式出版。

2014 年 5 月 29 日，《〈水工设计手册〉（第 2 版）述评·纪事卷》审稿方案讨论会在北京召开。会议讨论了审稿人员安排、审稿要求和书中尚待补充的内容，并规定了审稿和最终出版的时间表。会议由《水工设计手册》（第 2 版）主编索丽生主持，主编刘宁，本卷主编刘伟平、晏志勇、汤鑫华，《手册》副主编刘志明，《手册》总责任编辑王国仪及三家主编单位的相关人员参加了会议。

2014 年 6 月，《水工设计手册》（第 2 版）第 2 卷《规划、水文、地质》正式出版。

2014 年 9 月，《水工设计手册》（第 2 版）第 6 卷《土石坝》正式出版。

2014 年 10 月 13 日，《〈水工设计手册〉（第 2 版）述评·纪事卷》审稿会在北京召开。审稿专家对各篇述评文章提出了书面修改意见和建议，参会人员就审稿意见进行了热烈讨论。会议决定，将本卷名称定为《〈水工设计手册〉（第 2 版）述评纪事》，并通过了三家组织单位联合发文征订发行《水工设计手册》（第 2 版）的函及适时组织开展《手册》出版发行活动的提议。会议由全书主编索丽生主持，全书主编刘宁作总结讲话，副主编王柏乐、刘志明，本卷主编刘伟平、汤鑫华，全书总责任编辑王国仪等出席会议。

2014 年 12 月 5 日，《水工设计手册》（第 2 版）出版座谈会在北京召开。水利部部长、《手册》编委会主任陈雷出席会议并发表重要讲话（全文已收入本卷）。水利部原副部长、《手册》编委会副主任、全书主编索丽生介绍《手册》修编总体情况，国家新闻出版广电总局规划发展司副司长李建臣代表吴尚之副局长致辞，中国电力建设股份有限公司党委书记、副董事长、《手册》编委会副主任晏志勇，水利部原总工程师、《手册》技术委员会副主任朱尔明出席会议并讲话，水利部副部长、《手册》编委会副主任、全书主编刘宁主持会议并作总结讲话。

水利部办公厅主任刘建明，水利部建管司司长孙继昌，《手册》组织单位水利部水利水电规划设计总院院长、《〈水工设计手册〉述评纪事》卷主编刘伟平，《手册》组织单位中国水利水电出版社社长、《〈水工设计手册〉述评纪事》卷主编汤鑫华，《手册》组织单位水电水利规划设计总院副院长李昇，水利部水利水电规划设计总院副院长、全书副主编兼编委会办公室主任刘志明，作者代表、水电水利规划设计总院副总工程师党林才，国际大坝委员会名誉主席、中国水利水电科学研究院副院长贾金生，中水北方勘测设计研究有限责任公司副总经理兼总工程师杜雷功，责任编辑代表、中国水利水电出版社副总编辑兼水利水电出版分社社长黄会明在座谈会上发言。

参加座谈会的还有水利部规划计划司副巡视员陈群香、水资源司司长陈明忠、国际合作与科技司司长高波、水土保持司司长刘震、农村水利司司长王爱国、安全监督司司长武国堂、国家防汛抗旱总指挥部办公室主任张志彤、水文局局长邓坚、水库移民开发局局长唐传利，中国水利水电出版社副社长陈东明、周金辉、李中锋、纪委书记王厚军，《手册》卷主编代表、中国电建集团中南勘测设计研究院有限公司总经理冯树荣，部分作者、读者代表，《手册》编委会办公室成员、各卷责任编辑和有关媒体记者等 60 余人。

结　　语

结　　语

本卷主编

　　在新中国成立 65 周年之际，原定的《水工设计手册》（第 2 版）前 11 卷全部出版，新增的《〈水工设计手册〉（第 2 版）述评纪事》卷也即将付梓。我国水利水电行业盼望已久的《手册》将很快成套面市，成为新时期水利水电工程的设计指南。

　　这本《述评纪事》卷的编纂出版，在当代出版史上堪称为数不多的特例。与《手册》的前 11 卷相比，它在内容上不是逻辑顺延的组成部分，而是对前 11 卷内容生成过程的记载和读者对书中内容的评价；它在编纂方式上不是出现在制订方案的当初，而是基本完成原定 11 卷修编任务的后期；它在出版方式上不是与前 11 卷同步推进的，而是适当推迟的。但与最后印刷的第 6 卷相比，真正推迟的时间不过两三个月而已，说基本同步出版也不为过。假如前 11 卷是全书的"正卷"，则本卷当称"别卷"。

　　我们为什么要这么做？修编出版《手册》的目的只有一个，就是为当代水利水电工程设计服务。设计实践是丰富多彩的，而《手册》出版是受篇幅限制、具有阶段性特征的；设计实践是不断发展的，而《手册》内容是相对稳定、无法包罗万象的。在修编出版过程中，我们发现，与水利水电工程设计相关的科技一直在进步，有些理论无法全部纳入书本，有些方法在《手册》上市后又有所发展，有些技术尚未成熟、不能急于写进书本……此外，从第 1 版面世到第 2 版完稿的时间间隔很长，斗转星移，物是人非。考虑到今后还有机会修订，我们与其届时匆忙地组织人力、搜集信息，而可能仍然处处感觉不如意；不如从现在就开始从容地跟踪读者、征集见解、积累素材，而力求未来做得更好。即便将来没有修订的机会，我们也觉得编纂出版《述评纪事》卷有益。因为《手册》的修编出版工作者几乎都是《手册》的使用者、内容的实践者，修编出版过程本身就在引导使用者和实践者，希望他们既要真读此书，又不死读此书；既要领略书本的精练，又要看到实践的丰饶；既要遵循传承，又要推陈出新。如何既积极又稳妥地解决上述问题，实现这些愿望？全书编委会集思广益，作出了编纂出版本卷的决定。

　　我们为什么能这么做？《手册》从酝酿到出齐，我们用了十五六年的时间；从首批卷册付梓，到全书成套出齐，我们也用了三年半的时间。各卷出版后，我们要求主编和作者们尽快通读书本，写出读后感悟，提出改进意见，发表前瞻见解；同时，及时邀请一些没有参与修编工作的业内专家审读样书甚至清样，以把他们的意见收入本卷。可以说，上述过程本身就体现了一种创新精神。俗话说，出版是一种遗憾的艺术，因为人们往往在见到书籍成品后才发现它有遗漏或错误。或许，本卷体现的创新能在一定程度上弥补这种缺憾。

　　这本《述评纪事》卷不但收录了主编、主审和特邀专家的评论，还收录了各卷责任编辑的编辑心得。这与"正卷"相比，似乎更有点儿"格格不入"。但我们认为这样做也是正确的选择，因为这些文章有其不可替代的作用。诚然，如以经典出版物的标准衡量，有些文章的文字显得青涩而缺乏文采；有的甚至不大流畅、杂乱啰唆；有的像在开中药铺（或许，这也是科技著作和科技编辑的基本特性使然）；有的像某些水利工程一样略显粗笨，远不像一些文艺作品那样活色生香……但它们都是实践经验体会的质朴总结，洋溢着作者带着感情从事《手册》编辑出版工作而收获的某种使命感、自豪感。作为本卷的主编，我们没有要求这些文章的作者们重新撰稿，也没有直接大加修改，为的就是保存它们的原貌，也保留作者的风格。

责任编辑们的经历、感悟与成果明白无误地告诉世人：一件合格的出版物融合了职业编辑人员的创造性劳动；没有这种劳动，所谓作品可能只是粗糙物、原材料，个别的甚至是残次品、假冒伪劣品。在心灵趋于浮躁、平庸作品频现、移动互联成风的当下，这种劳动更有实用价值，更加不可或缺。对于《手册》这样的大型文化精品，出版人所起作用通常更大。未来将用事实证明：《手册》编委会决定编纂出版新增的这一卷，并要求责任编辑们撰写编辑心得，不仅有利于肯定编辑出版人员的这种作用，也有利于引导著作者们在未来的创作活动中提高创作质量。

在本卷付梓之际，我们谨代表《手册》编委会、全书主编和三家组织单位，向全国各地的相关撰稿人、章主编、卷主编、审稿人，向审读、评介、使用《手册》的相关专家和所有读者，向编辑审稿、插图制作、排版校对、出版印制、推广发行等出版环节的所有相关从业人员，向在整个修编出版过程中参与组织协调等日常事务的全体工作人员，表示诚挚的谢意，致以崇高的敬意！

理论是灰色的，而生活之树是常青的；书本是呆板的，而实践之花是灿烂的。《手册》的修编出版现在告一段落，而国内外水利水电建设事业如火如荼。我们希望并且相信，由数百位专家学者为之付出数年心血的《手册》在相关工程设计实践中得到良好的应用，真正"成为广大水利水电工作者的良师益友，成为水利水电建设的盛世宝典"。

附　录

附录1 《水工设计手册》（第2版）编委会文件

附录1.1 《水工设计手册》（第2版）编委会扩大会议纪要

2008年2月28—29日，《水工设计手册》（第2版）编委会扩大会议在北京召开。本次会议得到了水利部领导的高度重视，陈雷部长亲自到会并作了重要讲话，肯定了修编的必要性，并提出了要求。民盟中央副主席索丽生出席会议并作了讲话。会议由水利部副部长胡四一主持，水利部总工程师刘宁、中国水利学会理事长、水利部原总工程师高安泽、水利部原总工程师朱尔明等出席了会议。参加会议的还有编委会委员、技术委员会委员、承担编写任务单位的领导、各卷章主编、出版社编辑及有关人员共150余人。

这次会议，标志着《水工设计手册》修编工作正式启动，成立了编委会，聘任了全书主编和副主编，聘请了技术委员会。会议以卷分组，学习了陈部长的讲话，讨论了修编工作大纲和各卷章编写大纲，对今后的工作提出了意见和建议。会议经过讨论，原则通过了修编工作大纲，达到了预期效果。现将会议主要精神纪要如下。

一、陈雷部长讲话精神

陈雷部长亲自到会并作重要讲话，表示很高兴担任《水工设计手册》（第2版）编委会主任，这是对《手册》修编工作的极大支持和充分肯定。

陈部长在讲话中肯定了第1版《水工设计手册》在我国水利水电建设中所发挥的重要作用。他从我国水利水电工程建设中水工设计能力和水平的提高、水利水电科技成就、治水思路的深刻变化和实现全面建设小康社会对水利工作的新要求四个方面论述了修编工作的重要意义和必要性。同时，为了做好修编工作，陈雷部长提出了四个要求：一要高度重视；二要科学修编；三要集思广益；四要确保质量。

最后，陈部长希望各有关方面通力合作，共同努力，把《水工设计手册》修编工作抓紧抓实抓好，使第2版《水工设计手册》真正成为广大水利工作者的良师益友，水利水电工程建设的盛世宝典，传承水文明的时代精品。

二、分组讨论的主要意见和建议

（1）第1版《水工设计手册》整体框架基本合适，应基本沿用原来的编写思路；以规范为主要依据，对近期的新理论、新进展、新技术进行必要的补充，对一些过时的技术应修改或删除。

（2）鉴于目前存在水利、水电两套设计规范，编写过程中应妥善处理，多考虑使用的方便。

（3）应尊重专利技术等知识产权，编写时应注明所引用的相关专利技术的出处。

（4）建议增加"建筑物安全评价"、"过鱼设施"、"橡胶坝"和"土工合成材料"等内容，并对有关章节作适当调整。

（5）由于各建筑物中涉及到安全监测、基础处理、抗震设计等共性问题，为了避免重复，建议编委会明确编写原则。

（6）请各卷主编负责将讨论意见形成各卷的会议纪要。为了避免重复，需要进一步加强卷章之间的协调，建议在各卷的基础上整理出全手册的总目录，并要求到节。

（7）各卷的主要意见和建议如下：

第1卷

（1）建议在第1卷增加与"征地移民、环境保护与水土保持"相关的基础理论，如"社会学"、"环境力学"和"水土保持学"等内容。

（2）建议在第6章"计算机应用"中增加"计算机数值模拟"、"GIS地理信息系统"、"AUTOCAD"等内容。

（3）第2章的主编调整为陈国荣教授，王润富教授作为参编；由于第6章是新增的，而且编制有一定的难度，建议将河海大学计算机学院副院长徐立中（计算机应用技术专业教授、博士生导师）增补为该章第三主编。

第2卷

（1）第1章"流域综合规划"的题目过大、过宽泛，宜改为"流域工程规划"。

（2）建议第2章的名称改为"水工建筑物的分类、等级划分及洪水标准"。

（3）建议将"河道整治"纳入到本卷编写。

（4）应处理好岩质边坡工程地质与第10卷边坡工程、天然建筑材料与第4卷有关内容的关系。

第3卷

（1）建议将第2章改为"生态与环境保护"。

（2）因为本卷的内容与其他卷的内容联系密切，如"规划"所确定的原则、指导思想，"库区回水计算"，"工程总体布置、施工组织设计"等，需要进行协调。

第4卷

（1）将第2卷"水工建筑物的分类、分级和程序设计"与本卷"水工建筑物设计标准与荷载"的内容放在一卷内编写。

（2）建议增加"土工合成材料"内容。

（3）建议将抗冲耐磨材料的内容纳入本卷编写。

（4）建议将防腐材料的内容纳入本卷编写。

第5卷（无）

第6卷

（1）砌石坝与土石坝差异较大，更接近于混凝土坝，建议调整到第5卷"重力坝"中；原承担单位建议更换主编单位，推荐河海大学作为主编单位。

(2) 非碾压式堆石坝基本不用，故可以不写。淤地坝、定向爆破筑坝等目前仍在应用的部分可以保留。

(3) 建议将"河道整治"调整到第 2 卷。

(4) 建议本卷各章按如下调整：

第 1 章 土质防渗土石坝

第 2 章 混凝土面板堆石坝

第 3 章 沥青混凝土和土工膜防渗土石坝

第 4 章 其他类型土石坝

第 5 章 尾矿坝与灰坝

第 6 章 堤坝

第 7 卷

(1) 建议增加"过鱼设施"，单独成章。

(2) "橡胶坝设计"是写在"水闸"中还是写在第 9 卷"灌排、供水"中。

第 8 卷

(1) 第 1 章"深式进水口"中应增加出水口内容，章名应改为"深式进出水口"。

(2) 第 6 章"抽水蓄能电站"与前面各章有不同程度的重复，建议写特色，写不同，避免重复。

第 9 卷

(1) 第 3 章"渠道及地下管网"中的"地下管网"易与城市自来水管道设计相混淆，同时涉及灌水技术，建议此章名改为"渠系工程及灌水方法"。

(2) 建议将第 4 章"渠系建筑物"改为"输水工程"。

(3) 建议将第 5 章"排灌站"改为"泵站"。

(4) 建议将第 6 章"给排水工程"改为"供水工程"或"村镇给排水工程"。

(5) 建议增加一章"调水工程建筑物"。

(6) 第 2 章"引水枢纽"与第 7 卷的"泄水建筑物"和"水闸"可能会有重复。

第 10 卷

(1) 建议将"预应力锚固"列入第 10 卷"边坡工程"中编写。

(2) 建议将第 3 章"挡土墙"改为"支挡工程"。

(3) 建议增加第 4 章"边坡监测"。

第 11 卷

(1) 增加章主编赵花城同志。

(2) 经过讨论，建议将本卷的分章安排调整为：

第 1 章 安全监测设计原理

第 2 章 安全监测方法与监测仪器

第 3 章 安全监测布置与监测方法（分：混凝土坝、土石坝、地下工程、输泄水建筑物、通航工程、边坡工程、其他工程 7 类）

第 4 章 监测仪器安装埋设技术

第 5 章 安全监测自动化系统

第 6 章　监测资料分析与评价

第 7 章　监测管理与维护

其他

（1）《水工设计手册》（第 2 版）是延续第 1 版以"水工建筑物"为对象，还是以"水利水电工程"为对象。鉴于《手册》（第 2 版）内容扩充较多，建议《手册》名称改为《水利水电工程设计手册》。

（2）全书缺"防洪工程"的内容，尤其缺有关"蓄滞洪区"的内容。

（3）建议增加"建筑物安全评价"。

《水工设计手册》（第 2 版）编委会

2008 年 4 月 8 日

附录1.2 《水工设计手册》（第2版）主编工作会议纪要

2008年3月27日，《水工设计手册》（第2版）主编工作会议在北京召开。会议由全书主编索丽生主持，全书主编刘宁，全书副主编高安泽、王柏乐、刘志明、周建平和各卷主编及有关人员出席了会议（参会人员名单附后）。会议主要讨论了编委会扩大会议上各组提出的意见和建议，协调了全书各卷章之间的关系和编写目录，并提出下一步工作要求。经讨论协调，全书调整为11卷62章。现将会议主要精神纪要如下。

一、总体意见

（1）经研究，手册名称仍定为《水工设计手册》（第2版）。

（2）第1版《水工设计手册》整体框架基本合适，应基本沿用其整体框架和编写思路；以规程规范为主要依据，对近20年来水工设计的新理论、新方法、新技术进行必要的补充，对一些陈旧过时的内容做必要的修改或删除。

（3）鉴于目前存在水利、水电两套设计规范，应力求包容和协调，进行妥善处理，便于设计使用。

（4）对技术专利、专著和软件，要在尊重知识产权和著作权的前提下，加以适当反映，体现新技术发展，并作相应标注，但一般不推介具体专利，以避推销之嫌。

（5）全书涉及的水工设计的共性问题，如安全监测、基础处理、抗震设防等，编写原则是在专门卷章中详细论述，其他卷章涉及时只写特点和特殊要求，在同卷中不要重复。

（6）因内容变动而涉及编写人员变动的，由卷主编确定，并提交编委会备案。

（7）应尽快召开各卷的编写工作会议，提出各章的编写子目录，目录要求到节。编委会办公室在此基础上整理出全书总目录，报全书主编审定。

二、各卷修改意见

第1卷

（1）同意在第6章"计算机应用"中增加"计算机数值模拟"、"GIS地理信息系统"、"AUTOCAD"等内容，但因篇幅限制，内容宜点到为止。

（2）原则同意第2章的主编调整为陈国荣教授，王润富教授作为参编；第6章增加河海大学计算机学院副院长徐立中教授为第三主编。

第2卷

（1）卷名改为"规划、水文、地质"。

（2）第1章"流域综合规划"改为"流域规划"。内容可宏观一些，目的是使水工设计人员建立起系统思维的概念，能够在具体设计时通盘考虑。

（3）第2章名称修改为"水工建筑物分类、等级划分和设计阶段"。

（4）原则同意第5章"水利计算"增加主编1人，由卷主编确定。

第 3 卷

（1）本卷可概述和征地移民、环境保护与水土保持紧密相关的"社会学"、"环境力学"和"水土保持学"等内容，不在第 1 卷中论述。

（2）第 2 章名称改为"生态与环境保护"。

第 4 卷

（1）第 3 章名称改为"建筑物安全标准及荷载"，将建筑物等级划分及洪水标准纳入到第 2 卷中编写。

（2）同意在第 1 章中增加"土工合成材料"、"抗冲耐磨材料"和"防腐材料"等内容。

第 5 卷

（1）原则同意增加贵阳勘测设计研究院总工程师范福平为第 4 章主编。

（2）同意将第 6 卷第 4 章"砌石坝"调整到本卷，请卷主编落实章编制单位和章主编。

第 6 卷

（1）同意不写已基本不用的非碾压式堆石坝，可保留淤地坝、定向爆破筑坝等内容。

（2）"河道整治"内容仍留在本卷编写，第 6 章名称改为"河道整治与堤防工程"。

（3）基本同意本卷所作的调整。

第 7 卷

（1）卷名改为"泄水与过坝建筑物"。

（2）增加一章作为第 3 章，章名为"其他过坝建筑物"，内容包括"过鱼建筑物"、"过木建筑物"和"排漂建筑物"等。请卷主编落实章编制单位和章主编。以后章序顺延。

（3）"橡胶坝"在第 4 章"水闸"中编写。

第 8 卷

（1）卷名改为"水电站建筑物"。

（2）第 1 章仍为"深式进水口"，出水口内容可在"抽水蓄能电站"中编写。

（3）第 2 章名称改为"隧洞"。

（4）第 6 章"抽水蓄能电站"内容可写特色，避免与其他章重复。

第 9 卷

（1）第 3 章改为"渠道与管道"。

（2）第 5 章改为"泵站"。

（3）第 6 章改为"雨水集蓄利用"。

第 10 卷

（1）卷名改为"边坡工程与地质灾害防治"。

（2）第 3 章改为"支挡结构"。

（3）增加一章为第 4 章，主要写边坡监测资料反馈分析、指导设计的内容，暂定名为"边坡动态设计"。

第 11 卷

各章调整为：

第 1 章　安全监测设计原理和方法

第 2 章　安全监测仪器及设备

第 3 章　建筑物安全监测

第 4 章　监测仪器安装与维护

第 5 章　安全监测自动化系统

第 6 章　监测资料分析与评价

附：参会人员名单

全书主编：索丽生　刘　宁

全书副主编：高安泽　王柏乐　刘志明　周建平

第 1 卷　王如云

第 2 卷　梅锦山

第 3 卷　朱党生

第 4 卷　魏坚政　杨建敏

第 5 卷　周建平

第 7 卷　刘志明

第 8 卷　王仁坤

第 9 卷　李现社

第 10 卷　冯树荣　彭土标

第 11 卷　杨泽艳

编委会办公室：王国仪　何定恩　翁新雄　王志媛　任冬勤

《水工设计手册》（第 2 版）编委会

2008 年 4 月 8 日

附录1.3　《水工设计手册》（第2版）修编
工作情况通报

为落实陈雷部长和索丽生主编在《水工设计手册》（第2版）编委会扩大会议上的讲话精神，把修编工作抓紧抓实抓好，2008年8月初，编委会办公室印发了"关于开展《水工设计手册》（第2版）编写情况检查的通知"（编〔2008〕07号文），通知要求各卷主编对《手册》编写情况进行检查，及时发现问题，采取有效措施，保证修编工作顺利进行。通知下发后，各卷各章反馈了检查情况。10月23日，编委会办公室召开会议，汇总各卷检查情况，并就有关问题进行了讨论，明确了需进一步加大督办力度。现将《手册》编写情况通报如下：

一、概述

《水工设计手册》（第2版）修编工作在2月28日编委会扩大会议后全面启动。半年多来，在各主编单位的大力支持下，在各卷、各章主编的积极组织协调下，在修编人员的努力工作下，11卷65章修编工作基本上按计划、有步骤、顺利地进行。

这次修编，集中了许多专家、学者和一大批一线技术骨干，他们工作十分繁忙，但广大修编人员以高度的责任心和使命感，迎难而上，任劳任怨，牺牲了许多个人休息时间，广泛收集资料，认真分析研究，科学严谨修编，他们为第2版《手册》真正成为广大水利工作者的良师益友付出了辛勤劳动。

从这次检查的情况看，由于各单位重视程度不同，各卷章的涉及内容不同，各卷章的复杂程度不同，目前各卷修编进度还很不均衡，特别是卷中的各章进度很不一致。

有些卷章还处于资料收集和大纲目录调整阶段；少部分卷章进展较快，基本完成了初稿；也有个别卷的章节编写工作刚刚启动，进展较慢。

11卷中有10卷召开了主编工作会，推动了编写工作的进度。此次检查也是对《手册》修编工作的一次促进。在这次检查中，我们了解到制约修编工作开展的一些因素，主要体现在有些单位领导重视还不够，修编人员时间得不到保证，个人收入受到影响，资料收集难度大，协调工作量大，卷章主编协调不及时等方面。

二、下阶段工作建议

为保证《手册》修编工作顺利进行，按照水利部陈雷部长提出的"高度重视、科学修编、集思广益、确保质量"的总体要求，下阶段我们要认真做好以下几方面工作。

（1）各有关单位、各卷主编和各章主编要高度重视《手册》的修编工作，着眼于保障经济社会又好又快发展和推动水利水电建设长远发展，将《手册》的修编作为一项重要而紧迫的工作来抓，认真落实质量和进度要求。

（2）各单位要为本单位的所有修编人员提供支持和帮助，包括编写时间、必要的技术资料和必备的经费。同时尽可能为其他单位和人员的调研等提供支持和帮助。

（3）各卷主编、各章主编要按照《手册》修编工作大纲赋予的职责，积极主动地开展工作。卷主编要负责组织对各章的重大技术问题进行讨论和协调，负责本卷的撰写、初审、复审和定稿工作，保证书稿质量和编审进度，接受《手册》总主编的领导和技术指导，可以根据工作需要对章主编进行调整，报编委会备案。章主编要负责组织本章的编写、修改、定稿工作，接受卷主编的直接领导和技术指导，可以根据工作需要对参编人员进行调整，报卷主编确认。各章的编写工作是全书的保障，请章主编加强组织协调，大力推进工作进度。

（4）各卷主编、各章主编要经常与修编人员进行沟通和交流，给予技术上的指导，修编人员在编写过程中遇到问题，也可及时与卷、章主编沟通。卷、章主编应尽可能通过召开工作会议的形式加强交流、协调工作。

（5）为解决编写过程中的重大技术问题，技术委员会专家将分别（各专业分工名单见附件1）参与有关章节的咨询和审查。在编写过程中，各卷章要充分发挥技术委员会的作用，邀请有关专家参与重大问题和编写的讨论。

（6）为掌握修编工作动态，各卷责任编辑将跟踪了解编写进度。编委会办公室将根据编写进展情况，对进度滞后的卷章进行检查和督促。水电知识网（www. waterpub. com. cn）《水工设计手册》（第2版）编纂动态栏目将及时报道。

（7）为便于修编人员之间的交流和沟通，编委会办公室将利用水电知识网《水工设计手册》（第2版）编纂动态栏目建立一个交流平台，修编人员可就编写过程中遇到的问题进行交流，编委会办公室也可通过交流平台发布有关专家对相关问题的解答。

（8）为尽可能避免编写内容的重复，减少成稿后的协调工作量，编委会办公室根据各卷提交的目录汇总了全书的总目录，寄发至卷主编和技术委员会专家，请各卷主编根据总目录做好协调工作。

附件1：技术委员会专家咨询审查分工名单
附件2：关于开通《水工设计手册》（第2版）编撰交流平台的通知

《水工设计手册》（第2版）编委会
2008年12月25日

附件 1 技术委员会专家咨询审查分工名单

第 1 卷《基础理论》：陈祖煜　张楚汉　陈德基

第 2 卷《规划、水文、地质》：刘克远　陈德基　富曾慈　曾肇京

　　　　　　　　　　　　　韩其为　雷志栋

第 3 卷《征地移民、环境保护与水土保持》：朱尔明　董哲仁

第 4 卷《材料、结构》：郑守仁　张楚汉

第 5 卷《混凝土坝》：石瑞芳　朱伯芳　杨志雄

第 6 卷《土石坝》：陈明致　林　昭　曹克明　蒋国澄

第 7 卷《泄水与过坝建筑物》：郑守仁　徐麟祥　林可冀

第 8 卷《水电站建筑物》：曹楚生　张超然　马洪琪

第 9 卷《灌排、供水》：茆　智　汪易森

第 10 卷《边坡工程与地质灾害防治》：陈祖煜　徐瑞春

第 11 卷《水工安全监测》：吴中如　徐麟祥

附件 2 关于开通《水工设计手册》（第 2 版）编撰交流平台的通知

《水工设计手册》（第 2 版）修编人员：

根据《水工设计手册》（第 2 版）编委会办公室的工作安排，为便于《手册》修编人员之间的沟通和交流，拟在水电知识网《手册》（第 2 版）编纂动态栏目建立一个交流平台，供修编人员就编写过程中遇到的问题进行交流，编委会办公室也可通过交流平台发布有关专家对于相关问题的解答。

交流平台采用论坛的形式，按卷分为 11 个版块。修编人员、各卷责任编辑及相关人员通过注册后可进行交流。各卷责任编辑担任相关版块的版主，负责维护相关版块，将修编人员提出的问题反馈给编委会办公室，并对广告、灌水帖等与《手册》无关的内容进行删除和屏蔽处理。

附录 1.4　《水工设计手册》（第 2 版）审稿要求

一、各章节审稿要求

各章节的审稿由各章节的主编组织进行，这是最基层的审稿，对全书的质量起基本控制性作用。重点审查各章节的编写内容与大纲要求的内容是否一致，是否全面、真实反映了该章节内容在学科、技术、成果、经验等方面的最新发展成就和方向等关键问题。各章节内容上是否完整实用，资料是否翔实准确，表达是否简明扼要，读者使用是否方便，是否经得起实践和历史的检验。此外，还要审查有无著作权问题，有无技术专利保护和技术泄密的问题。如有问题，应将问题提出，供卷主编审查。

二、各卷审稿要求

在各章节已审定工作的基础上，由卷主编组织进行，这一环节将对各卷内容的成败起到决定性作用。该环节可聘请各卷技术委员会的专家一同开展审稿工作，要求在通读全部章节并进行审定的同时，还要重点解决在章节编写工作中的一些遗留问题，统一认识和表达尺度。按《手册》编制标准对照检查：协调本卷各章节内容安排，避免重复、遗漏或矛盾；是否在新理念、新技术、新材料、新方法方面符合国内外水工设计领域的重要科技成果，是否能够协调统一水利工程与水电工程的设计标准，是否妥善处理了修编与创新的关系，是否真正注重了科学性、体现了时代性、增强了针对性、突出了实用性的要求。审稿人还必须熟悉《手册》编纂方案、《手册》框架设计和《手册》编写规则，使审稿工作有的放矢，快捷高效。

审稿的重点是审查内容和体例。审查的内容主要侧重科学技术内容：行文是否切合题意，有无跨疆越界；知识覆盖是否全面，有无重大遗漏；概念是否准确清楚，叙述有无歧义；事实资料是否精确，有无可靠根据；名词是否规范，数据是否权威、前后一致；图、表、公式是否正确，具有权威性和指导性，是否能够代表当今设计的最高水平和发展方向；著作权问题在此环节也要作为重点，特别审查，避免产生著作权纠纷；对技术专利的保护和技术泄密的问题也要引起特别的注意，等等。体例方面则可由出版社侧重审查。

三、全书主编的审稿要求

由各分卷主编定稿后的书稿，要送全书主编审阅。送审时应注明该分卷在定稿时是否还存在需要全书主编统一定案的遗留问题，如各卷内容的协调、专利和著作权等问题。

四、总体审稿要求

各审稿环节都要求审稿人提出书面审稿意见书。具体包括：在各审稿中重点解决了哪些问题，还存在哪些没有解决的问题有待下一环节处理。提出的问题要具体，避免过于原则或笼统。如在审稿过程中遇有不同意见时，章主编负责所属章内容的统一；卷主编负责所属卷内容的统一。如遇卷主编还不能解决的科学技术问题，可请技术委员会解决；如遇跨卷内容的协调问题，可提请全书主编解决。

五、审稿归档要求

审稿工作应保留审稿意见书和初稿、修改稿等档案材料，并按每一分卷建档。审稿档案材料，应随各次修改稿一并送交《手册》编委会办公室。

全书主编审阅签署定稿通过意见后，书稿方可进入出版社的编审发稿程序。

《水工设计手册》（第 2 版）编委会

2009 年 6 月 2 日

附录1.5 《水工设计手册》（第2版）编委会 办公室工作会议纪要

2009年7月10日，索丽生主编组织召开了《水工设计手册》（第2版）工作会议，编委会办公室全体人员参加了会议。

索丽生主编听取了各卷章进度检查情况的汇报，会议就推进编写进度、提高编写质量、履行主编（卷章）职责等问题进行了讨论，对下一阶段工作作出了安排并明确了要求。现将会议主要精神纪要如下。

一、进度情况

《手册》（第2版）的修编工作，在各主编单位的大力支持下，在各卷、各章主编的积极组织协调下，在修编人员的努力工作下，有了较大进展。许多专家、学者和一大批一线技术骨干在做好繁忙业务工作的同时，牺牲了许多个人休息时间，开展《手册》的编写工作，付出了辛勤劳动。为进一步推动《手册》修编工作，编委会办公室于7月对各卷章的编写进度进行了检查，第1卷、第8卷的编写进度基本正常，其余各卷有不同程度的滞后，个别章严重滞后。目前，总体进度比较滞后。具体进度情况见附件。

二、下一步工作要求和建议

（1）请各有关单位高度重视手册的修编工作，从保障经济社会又好又快发展和推动水利水电建设长远发展的高度，将《手册》（第2版）的修编作为一项重要而紧迫的工作来抓，积极为本单位参加修编的人员提供支持和帮助。

（2）各卷主编要认真落实进度和质量要求，抓紧完成各卷的编写任务。对已基本完成编写任务的第1卷、第8卷要重点抓好审稿工作，向全书主编交稿。其余各卷要采取措施，加快进度，按工作大纲要求，推进编写工作。

（3）各章主编是全书编写工作的中坚力量，要积极发挥组织作用，推进工作进度，按编委会办公室印发的《审稿要求》，把好编写质量第一关。

（4）发挥资深专家和技术委员会委员的作用，邀请他们参与卷、章的咨询和审查，帮助解决编写过程中的重大技术问题。

（5）经专家研究讨论，《手册》（第2版）的总体框架不变，建议在第6卷第6章中增加海堤工程设计的有关内容。

（6）《手册》（第2版）的修编工作涉及的方面较多，工作量较大，再加之有些卷、章主编作为单位的一线骨干，工作繁忙以及其他因素的影响，致使编写工作严重滞后。请做好生产和编写时间安排，抓紧完成编写任务。

为保证全书、各卷的进度和质量，本次会议研究决定，卷、章主编确因某些原因不能保证编写进度的，可以提出变更申请，并请于9月15日前，将变更申请提交编委会办公室。逾期未提交的，视为继续承担编写任务，办公室有关人员将按进度计划督促编写工作。

三、编委会办公室联系方式

水利部水利水电规划设计总院：任冬勤，电话：010 - 62033377 - 8016，电子信箱：rendongqin@giwp.org.cn

水电水利规划设计总院：张喜华，电话：010 - 51973198，电子信箱：zxh@checc.cn

附件：卷章进度检查情况

《水工设计手册》（第 2 版）编委会

2009 年 7 月 20 日

附件　卷章进度检查情况

卷章序号	名　称	主编单位、主编	截至 2009 年 7 月进展情况
第 1 卷	基础理论	刘志明、王德信、汪德爟	
第 1 章	工程数学	河海大学	章主编正在统稿，基本完成
第 2 章	工程力学	河海大学	已提交卷主编，有关专家正在审稿
第 3 章	水力学	清华大学	已提交卷主编，有关专家审稿完成
第 4 章	土力学	中国水科院	章主编正在统稿，基本完成
第 5 章	岩石力学	长科院	已提交卷主编，有关专家正在审稿
第 6 章	计算机应用	河海大学	已提交卷主编
第 2 卷	规划、水文、地质	梅锦山、侯传河、司富安	
第 1 章	流域规划	长江设计院	章主编还未统稿
第 2 章	水工建筑物分类、等级划分和设计阶段	河海大学	完成，已提交卷主编审阅
第 3 章	工程地质与水文地质	长江设计院	章主编还未统稿
第 4 章	水文分析与计算	长委水文局	章主编还未统稿
第 5 章	水利计算	中水北方公司	章主编还未统稿
第 6 章	泥沙	黄河设计公司	完成，已提交卷主编审阅
第 7 章	技术经济论证	中国水科院	完成，已提交卷主编审阅
第 3 卷	征地移民、环境保护与水土保持	陈伟、朱党生	
第 1 章	征地移民	黄河设计公司	正在编写
第 2 章	生态与环境保护	水规总院	正在编写
第 3 章	水土保持	黄河设计公司	正在编写
第 4 卷	材料、结构	白俊光、张宗亮	
第 1 章	建筑材料	昆明院	7 月底完成初稿
第 2 章	水工结构可靠度	河海大学	完成初稿，并召开了审稿会
第 3 章	水工建筑物设计标准及荷载	南京水科院	基本完成初稿
第 4 章	水工混凝土结构	西北院	7 月底完成初稿
第 5 章	砌体结构	东北院	已完成初稿

卷章序号	名　称	主编单位、主编	截至 2009 年 7 月进展情况
第 6 章	水工钢结构	成都院	初稿篇幅超过 5 万字，正在缩减
第 7 章	水工结构抗震	水科院	7 月底完成初稿
第 5 卷	混凝土坝	周建平、党林才	
第 1 章	重力坝	中南院	已完成初稿
第 2 章	拱坝	成都院	7 月底完成初稿
第 3 章	支墩坝	中南院、河海大学	7 月底完成初稿
第 4 章	砌石坝	河海大学	正在校审初稿
第 5 章	碾压混凝土坝	中南院	正在汇总初稿
第 6 章	混凝土结构的温度应力	武汉大学	7 月底完成初稿
第 6 卷	土石坝	关志诚	
第 1 章	土质防渗土石坝	黄河设计公司	章主编还未统稿
第 2 章	混凝土面板堆石坝	长江设计院	进展较慢
第 3 章	沥青混凝土渗体土石坝	中国水科院	章主编还未统稿
第 4 章	其他类型土石坝	中国水科院	章主编还未统稿
第 5 章	尾矿坝与灰坝	南科院	章主编还未统稿
第 6 章	河道整治与堤防工程	中水珠江公司	章主编还未统稿
第 7 卷	泄水与过坝建筑物	刘志明、温续余	
第 1 章	泄水建筑物	长科院	章主编还未统稿
第 2 章	通航建筑物	长江设计院	章主编正在统稿，计划 8 月底交卷主编
第 3 章	其他过坝建筑物	广西电力院	章主编还未统稿
第 4 章	闸门、阀门和启闭设备	中水东北公司	章主编正在统稿，7 月底或 8 月初交卷主编
第 5 章	水闸	中水淮河公司	章主编还未统稿
第 8 卷	水电站建筑物	王仁坤、张春生	
2009 年 5 月已召开卷统稿工作会议，7 月完成各章审核稿，提交卷主编			
第 9 卷	灌排、供水	董安建、李现社	
第 1 章	灌溉与排水	武汉大学	章主编还未统稿
第 2 章	渠首工程	武汉大学	已提交卷主编审阅
第 3 章	渠道设计	武汉大学	章主编还未统稿

卷章序号	名　称	主编单位、主编	截至 2009 年 7 月进展情况
第 4 章	渠系建筑物	武汉大学	章主编正在统稿
第 5 章	节水灌溉工程设计	武汉大学	章主编还未统稿
第 6 章	泵站	上海院	章主编正在统稿
第 7 章	农村集中式供水工程和雨水集蓄工程（或"村镇供水工程"）	中国水科院	章主编正在统稿
第 10 卷	边坡工程	冯树荣、彭土标	
正在汇总初稿，计划 8 月召开卷、章统稿工作会			
第 11 卷	安全监测	张秀丽、杨泽艳	
计划 8 月召开卷、章统稿工作会（华东院已完成初稿）			

附录 1.6 《水工设计手册》（第 2 版）全书及各卷主编 （第三次）工作会议纪要

2010 年 1 月 28 日，《水工设计手册》（第 2 版）全书及各卷主编会议在北京召开。全书主编索丽生、刘宁，副主编高安泽、刘志明、周建平，以及各卷主编、责任编辑和编委会办公室有关人员参加了会议（参会人员名单附后）。

会上，全书主编索丽生、刘宁作了重要讲话，对修编工作提出了要求，希望在大家的共同努力下，按照陈雷部长"使第 2 版《水工设计手册》真正成为广大水利工作者的良师益友，水利水电工程建设的盛世宝典，传承水文明的时代精品"的要求，高质量地完成《手册》的修编任务。

会议听取了各卷主编的修编进度和存在问题的工作汇报，讨论了下一步修编和审稿工作的有关事宜，提出了下阶段的工作目标和要求。现将会议主要精神纪要如下。

一、修编进度和存在问题

在全书及各卷主编的领导和推动下，广大修编人员积极努力、辛勤工作，《手册》的修编工作取得了阶段性成果。全书 11 卷中有少部分卷已进入卷内审稿阶段，大部分卷已完成卷内各章统稿，个别卷还没有完成卷内部分章的统稿。目前总体进度比原计划滞后。

影响进度的原因和存在的问题主要体现在以下方面：

（1）有些单位领导重视不够，修编人员的编写时间和精力等得不到保证，积极性受到影响。

（2）参加修编的单位和人员多，协调工作量大。

（3）卷内各章质量参差不齐，编写风格不一，进度不均衡。

（4）章与章之间、卷与卷之间编写内容存在交叉、重复或遗漏，文字篇幅超标。

（5）编写体例不太符合手册要求，描述性内容和公式推导过多，语言表达欠精练等。

二、下一步修编和审稿工作建议

（1）《手册》修编以卷为相对独立单位开展工作，卷的主编要履行责任和权力，进一步加强组织和协调，做好卷内、卷外协调和统稿工作，保证书稿质量与编写进度。

（2）卷内各章的编写工作是全卷进度和质量的保障，章的主编要积极组织和推动修编工作，对存在的问题要及时协调解决，做好章内严格审稿，保证内容、公式正确，符号、名词术语规范，文字叙述准确。

（3）各卷、各章应按照编委会 2009 年 1 号文件"关于进一步做好《水工设计手册》（第 2 版）审稿工作的通知"要求做好各自环节的审稿把关工作。

（4）各卷、各章应发挥技术委员会委员和其他专家的作用，请专家提前介入，有针对性地进行技术咨询与指导；责任编辑也要提前介入，提供编辑出版方面的指导。

（5）建议各章聘任审稿专家，为各章内容总体把关。主要负责：①内容取舍的把握；

②内容的科学性；③表达方式方法的合理性。审稿专家可从技术委员会委员和其他专家中选择，但不宜超过 3 人。

（6）建议各章前增加编写说明，说明与第 1 版相比，主要内容的增删和变动情况，简介本章相关新理论和新技术等在水工设计中的应用和现状，以及其他需说明的有关问题。最后说明中列入各节编写人和章审稿专家的名单。

（7）建议以卷为单位集中时间、集中人力编写和审查，以加快进度，提高质量。

（8）注意避免引起知识产权纠纷，应注明所引用的相关专利技术的出处。对于特别重要的、可能引起争议的、需引导读者查阅的参考文献、图表，需以章为单位注明出处。

（9）注意符合手册的编写体例，不推导，不叙述，重结论，供查阅。

（10）注意处理好内容的全面性和表达尺度上的精练性之间的关系，控制字数和篇幅，对内容进一步精简和提炼。

三、下阶段工作目标和要求

1. 下阶段工作目标

（1）将这次会议精神传达到主编单位和各章主编。认真贯彻全书主编的讲话精神，把握定位，精心组织，团结协作，认真审稿，积极推进。

（2）加快进度，严格要求，控制质量，2010 年上半年完成所有初稿，并争取上半年完成 3～4 卷的出版工作，年内完成全部出版任务。

2. 近期工作要求

（1）各卷以书面形式提交需协调的问题，由编委会办公室汇总，提交书主编或卷主编统一安排协调，以避免和减少编写内容的交叉、重复或遗漏。

（2）各卷提交今年编写工作的详细计划，由编委会办公室汇总，以利全书主编和有关专家参与工作。

（3）编委会办公室要积极开展工作，加强督促和检查，严格管理和要求，做好服务和协调，抓好进度和质量，保障手册的编写和出版顺利完成。

附：参会人员名单

全书主编：索丽生　刘　宁

副 主 编：高安泽　刘志明　周建平

各卷主编：王德信　汪德爧　侯传河　朱党生　白俊光　周建平　关志诚　王仁坤
　　　　　冯树荣　李现社　彭土标　杨泽艳

各卷责编：王国仪　王志媛　黄会明　马爱梅　李忠胜　孙春亮　李丽艳　王春学
　　　　　王　勤　王照瑜　穆励生

编委会办公室：何定恩　翁新雄　任冬勤　张喜华

《水工设计手册》（第 2 版）编委会

2010 年 2 月 8 日

附录1.7 《水工设计手册》（第2版）第1卷、第5卷审稿定稿会纪要

2010年9月9—11日，《水工设计手册》（第2版）编委会在北京召开了第1卷《基础理论》和第5卷《混凝土坝》的审稿定稿会。参加会议的有全书主编索丽生、刘宁，副主编刘志明、周建平，技术委员会主任潘家铮，副主任郑守仁、朱尔明，审稿专家、特邀专家，卷（章）主编，责任编辑和编委会办公室成员等60余人（参会人员名单附后）。

全书主编索丽生主持了大会，要求与会专家严格把关，畅所欲言，遵循"科学、实用、一致、延续"的原则，使手册做到"准确定位、反映特色、精选内容"，着重对书稿的内容进行认真审查；出版社的同志则侧重审查书稿的体例格式。通过大家共同努力，确保书稿质量，使修编后的《手册》达到陈雷部长所要求的"内容完整实用，资料翔实准确，体例规范合理，表达简明扼要，查阅方便快捷，经得起实践和历史的检验"。

全书主编刘宁作了会议总结，对下一步工作提出了明确要求，希望按陈雷部长的要求，高度重视、科学修编、集思广益、确保质量，出色完成修改定稿工作，确保《手册》先进、实用、无误导、无差错。

第1卷主编刘志明和第5卷主编周建平分别向大会汇报了本卷编写和审稿工作情况。会议对第1卷和第5卷各章分组进行了讨论，与会专家根据审稿要求，对上述两卷书稿进行了认真审查，讨论和解决了定稿工作中需要协调的重大问题及具体修改事宜。会议形成如下意见：

（1）第1卷和第5卷在第1版《手册》应用的基础上，做了全面修改、调整和补充，总结和吸收了近30年来我国水利水电工程建设的实践经验和科技进步成果，反映了当前水利水电勘测设计的技术水平，妥善处理了修编工作中继承与创新的关系，兼顾并适应了水利工程和水电工程两套设计标准，基本达到了出版要求。

（2）各卷尚需协调的内容。

1）有关水工设计软件的内容编写，第1卷着重介绍软件的功能与适用范围，第5卷及其他相关卷选列软件的具体应用案例。

2）第1卷第5章中关于岩体力学参数取值和岩体稳定性分析方法的内容与有关卷章的水工设计内容应相互协调；第7节中软弱夹层的成因、分类、结构构造、黏土矿物成分、化学成分等内容纳入第2卷第3章工程地质部分。

（3）未经工程应用和检验的研究成果，不宜编入《手册》。对并列的多种计算方法或判断标准等，请主编单位和编写人员进一步分析评价，着重介绍规范上采用或经工程实践检验的方法。

（4）参考文献以章为单位编号列出，正文中引用处应标注其编号。引用的重要公式、图、表等，若出自参考文献，应注明参考文献编号，若不在参考文献中，需在相应的图、表或当前页下注明出处。

请出版社协同编写人员进一步核实技术保密和知识产权问题。

（5）应按《手册》的编写要求，做到表述准确，文字精练，所列公式要正确无误，符号、名词术语要规范。

（6）各卷章具体审稿定稿意见见附件 1 和附件 2。

请各主编单位组织有关人员按本纪要要求，精心修改，保证质量，于 10 月底前提交审定稿。

附件 1：第 1 卷《基础理论》审稿定稿意见
附件 2：第 5 卷《混凝土坝》审稿定稿意见

《水工设计手册》（第 2 版）编委会

2010 年 9 月 15 日

附件1 第1卷《基础理论》审稿定稿意见

第1章 工程数学

(1) 张敦穆教授变更为本章主编和编写人，决定退出审稿人资格，建议编委会邀请河海大学刘景麟教授担任本章审稿人。

(2) 第1～8节编写人只写张敦穆，但另加注：参加第1～8节部分编写工作的还有：郁大刚，徐小明，苏海东，董祖引，刘向阳，顾华，徐跃之，肖汉江，崔建华，陕亮，李水艳。

(3) 增加"离散型变量回归"，"回归的检验"，"马氏链"，"常微分方程的稳定性"。

(4) 增加"矩阵特征值的计算"。

(5) 第11节前移为第7节。

(6) 删除第191页的三个分布。

(7) 删除特殊函数部分的"椭圆函数"，把格林函数放到常微分方程部分。

(8) 常微分方程解的初边值条件改为特殊情况。

(9) 第336页等处的算法给出优缺点，删除具体算法过程，给出相应参考文献。

(10) 删除有关极限，连续，导数等的定义。

(11) 第160～162页要删减。

(12) 第250页和第258页的有关叙述要简练。

(13) 第170～171页的三个变换要处理，放在线性变换下不合适。

(14) 第286页、第288页的第一边值问题的控制方程是否合适，是否需要处理。

(15) 第306页的例子能否改成与水工结合紧密的例子。

(16) 第321页有关常用寿命分布及其可靠性指标能否列表给出。

(17) 第335页要给出添加松弛变量或人工变量的具体方法。

第2章 工程力学

(1) 现有文本的动力分析部分过于简略。建议增加考虑阻尼的分析。一是通常的数值方法中常常采用的比例阻尼法；二是考虑一般阻尼的方法。这些分析方法是通用有限元法程序中采用的方法，应当予以介绍。

(2) 结构优化设计一节，属于设计理论。最好移去，放在设计方法中比较好。

(3) 用计算程序代替图表的问题。

(4) 大量表格是扫描进去的，不够清晰不规范，出版社要保证录入的正确性。

(5) 动力计算频率计算方法的叙述在简练一些。

(6) 数学符号与数学章有个别地方不同，建议统一。

(7) 压杆稳定的基本图形最好放上去。

注：第（1）、（2）、（3）条已经解决。

第3章 水力学

(1) 本章内容经过两次修改后，已经基本符合修编定稿要求。

(2) 个别地方文字需要进行修改，使之更加准确、通顺。如层流、紊流一般称为流动型态。急流、缓流一般称为流态，空穴建议改为空泡等。

（3）有些附图是扫描的，不是很清楚，需要重新进行加工，如图 3-9-10，图 3-14-12。

（4）个别内容已经过时，可以考虑删除，如木管的弹性模量 E_s，木管的当量粗糙度 K_s，建议补充一些新型材料的相关数据。

（5）一些试验成果要给出应用条件，最好给出引用的文献，如点面脉动动水荷载系数。

（6）急流冲击波中有关工程设计的内容如"（三）急流收缩段的设计"；"（四）急流扩散段的设计"，建议放在泄水建筑物一章中。

（7）有些表格的数值需要进一步的查对，核实。如冰的温度膨胀系数，水的热膨胀系数等。

第 4 章　土力学

经过编者两年多的辛勤劳动，和两次审查修改，提交的文稿内容丰富、科学实用，已基本满足手册要求，但尚需进一步补充修改，使之完善，方可付印。

书稿已经两次修改，基本可行。尤其是"第 6 节　土的压缩性"，文字简练，概念清楚，可供其他各节修改参考。建议进行如下修改：

（1）篇幅偏大，还应精简。

（2）对来自一些学术论文但尚未经工程应用和考验的内容，可不列入。对许多并列的计算方法或判断标准等，要作分析研究、推敲、比较；着重介绍规范上采用，或经工程实践考验的方法，而删去未经工程应用的部分。

（3）部分内容须与土石坝及工程地质等有关章节沟通，避免重复，如土的压实标准、反滤层的选择、特殊土的选择等。

（4）某些部分的文字表达不准确，计算不当等须改正。如第 224 页回弹后地基的沉降量估算等。

（5）第 2 节、第 3 节涉及土的渗流计算和渗透稳定性，其内容可大力精简。一些众所周知的内容和定义，如渗透力、流网原理等可以简化。第 23～29 页谈到无黏性土和黏性土的渗流破坏判别方法和临界水力坡降计算公式，有一些不尽合理，请进一步分析校正，并参考《水利水电工程地质勘察规范》（GB 50487—2008）附录 G 中相关内容进行删改。

（6）在土的工程分类中（第 5～9 页），可否加入常用的三角分类法。凡文中涉及土的具体试验方法可尽量精简，可参考《土工试验操作规程》。

（7）本章应侧重于理论，少涉及具体设计步骤、方法及工程措施等。如第 9 节沉降计算谈到具体计算点位置和一般计算步骤；又如第 261～265 页表 4-10-11，列了大量地基处理方法及适用范围等，均应精简。所有这些都应在本《手册》相关建筑物章节中详述。

（8）对文字、公式、符号及图表等审查时均发现错误，建议详校。单位应规范统一。如容重应以 γ 表示为妥，而不用 ρg（其中 ρ 为密度，g 为重力加速度）。

第 5 章　岩石力学

（1）本章已经两次修改。会前提交的送审稿，内容基本涵盖了水工岩石力学的主要内容，章节安排合适。在本次会议所提意见补充修改后，即可完稿。其中，"第 13 节　岩体结构统计理论与方法",内容过于单薄,建议增加岩体结构类型及成果应用内容,可以仍保留在本章,也可移至第 2 卷第 3 章"工程地质"中。第 8 节名称建议改为"岩体弹性波特性"。

(2) 需处理好和第 2 卷第 3 章"工程地质"的内容协调,有关岩体力学参数取值和岩体稳定性方法部分也要协调好与有关水工建筑物设计部分的关系。

(3) 全章文字部分建议认真精练压缩。每一部分都有意义、作用、目的、重要性和必要性的论述,均建议删除,力求简练。全章加强统稿整合。建议全章由目前的约 25 万字压缩到 15 万~20 万字左右。

(4) "第 15 节 岩体稳定性分析方法"建议补充刚体极限平衡部分,如不在本章中详细论述,宜应作为一重要方法提及。损伤断裂力学、PFC 等方法的概念也可作适当介绍。

(5) "第 7 节 岩体软弱夹层的基本特性"需作较大调整,包括表格太多,实用性不强,罗列的各种参数应用条件不明确,典型工程实例的夹层试验成果缺乏归纳等,建议软弱夹层的成因、分类、结构构造、黏土矿物成分、化学成分等研究内容均纳入第 2 卷第 3 章"工程地质"部分,本节重点论述软弱夹层的物理力学性质。重点是构造型和次生型的软弱夹层的有关内容,建议分类型分别归纳论述其物理力学等性质,指明其代表性工程。葛洲坝及小浪底的软弱夹层研究不要罗列大量试验成果,宜分类型归纳介绍其成果。

(6) 岩石(体)的主要力学试验成果表,建议:①适当扩大典型工程范围,如万家寨、百色、恰布其海等;②代表性水利水电工程的岩石、岩体物理力学性质的选择宜统一,并用 1~2 个表列出所有项目,取代各分散单项的典型工程力学参数。

(7) 表 5-2-7、表 5-8-7 文字、第 111 页关于"主要结构面"的论述,第 94 页关于初始应力的分布特征的描述均有明显错误,应改正。其他还有一些小错误均需仔细校正修改。对概念、定义、公式等方面的正确性建议加强校核。

(8) 其他意见

1) 第 10 节中"岩体渗流在水工设计中的应用"包括扬压力、渗流力、渗流量计算等内容,建议与有关水工建筑物设计重复的部分,协调后可删去。

2) 表 5-8-1 岩石试件几何尺寸与声测频率有关规定一览表中,8 个判别公式如何选用,动静弹模换算关系的多个经验公式如何使用,相似问题其他节也有,建议统一加以处理。

3) 岩体力学参数、软弱夹层分类、岩体结构分类等建议首先选用《水利水电工程地质勘察规范》(GB 50487—2008) 中的相关内容。

第 6 章 计算机应用技术

(1) 本章编写符合"科学、实用"的总原则,章节结构合理,层次清晰,选材适宜,内容先进,内容已包涵了水工设计所涉及的主要计算机应用技术。

(2) 篇幅太多,需要精练,力争做到言简意赅。特别是说明、介绍性的文字可以大幅度地删减。第 1~7 节内容应做进一步精简,并以"手册化"要求来行文。第 8 节"水工设计常用软件"现有篇幅太大,由于在第 5 卷《混凝土坝》中已有相关设计案例,因此,本节须删除所有软件的应用案例部分,同时适当补充常用大坝设计软件的简介。

(3) 计算机软件的介绍,要与第 5 卷有关计算机软件的内容协调。第 1 卷写总体和概要的内容，第 5 卷写具体应用的案例。

（4）节与节之间还要从行文风格和内容匹配等方面继续协调。

（5）参考文献按统一要求列出和标注。

（6）请主编单位加强组织协调，编写人员再接再厉，浓缩出精品。

附件 2　第 5 卷《混凝土坝》审稿定稿意见

一、总体评价

第 5 卷《混凝土坝》以第 1 版《水工设计手册》框架为基础，系统总结了近 20 年来国内外混凝土坝设计和建设的新观念、新理论、新技术和新方法。充分体现了我国现行法律法规和技术标准的要求，反映了当前的设计理论、设计方法和设计理念，对高混凝土坝或重要的混凝土坝在承载能力等方面较前沿的研究成果进行了介绍，章节的编排科学合理，体现了时代特色，内容全面，理念准确，重点突出，成果内容具有先进性和代表性。

二、各章审稿意见

第 1 章　重力坝

（1）第 2 节（第 15 页）中，第一段文字关于设计深度的阐述，不够准确，应结合水利工程和水电工程各设计阶段的设计深度和要求，准确地反映编制规程的要求和不同设计深度。第 16 页图 1-2-2 三门峡枢纽工程图宜换成其他工程图。

（2）第 3 节（第 33 页）扬压力简图中，考虑在坝基下布置排水洞的工程需要，结合三峡工程，增加坝基有排水洞时的渗透压力图形简图，更全面准确地反映不同坝基处理、渗透压力的计算要求。

（3）第 6 节　承载能力分析中，宜对需要进行极限承载能力评价的重力坝以坝高、库容、重要性等指标进行界定。结合重力坝的工作特点，宜采用强度储备安全系数对重力坝极限承载能力进行分析评价，其余方法如超载安全系数、极限抗震能力和综合安全系数等由于尚处于研究状态或大坝工作特点不同，尚不具代表性、普遍性和可对比性，可介绍这些方法的原理、准则和计算实例。

（4）第 9 节　坝基处理设计的坝基开挖中，宜根据规范要求，补充有侧向稳定问题的岸坡坝段设置台阶的要求。对第 144 页，固结灌浆采用一级浓浆的工程补充实例。

（5）鉴于安全系数设计方法、分项系数极限状态设计方法和混凝土施工规范所采用的强度等级表示方法有差异，本手册宜反映目前的设计方法、施工实际状况，对第 161 页"（二）混凝土强度等级及混凝土强度标准值"改为"（二）分项系数极限状态设计方法的混凝土强度等级及混凝土强度标准值"。

（6）其他建议。

1）第 158 页混凝土骨料：宜补充"首选采用无碱活性的骨料"的内容。

2）第 2 节第 23 页泄水孔口布置，宜增加对环保生态流量泄放的要求。

3）《手册》作为工具书，宜对技术标准进行必要的使用说明和建议。

第 2 章　拱坝

（1）第 3 节　拱坝枢纽布置，二、枢纽布置基本原则之（8）"兼顾水库放空的要求"改为"重视水库放空的要求"，相关内容的说明还可适当简化。重点表明具体到一个枢纽工程，是否设置放空建筑物还要结合工程的重要性、潜在危害、水库特性等方面统筹考虑。

（2）第 5 节　拱坝应力分析与强度设计之（二）弹性有限元—等效应力法中，所列参考文献增加"水力发电，1988 年第 8 期，国际拱坝学术讨论会综述"一文。

（3）第 5 节 拱坝应力分析与强度设计之（三）在叙述混凝土抗渗和耐久性要求一节中，建议补充"重视上游坝面劈头裂缝的处理以及冻融地区拱坝消落区的坝面保护"的内容。

（4）第 7 节 拱坝整体稳定分析，一、三维非线性有限元法之（七）"变形稳定及加固分析"主要阐述了其理论基础及有关论证推导，需作如下修改：说明变形加固理论及分析方法属拱坝稳定研究新近发展的一种方法，可介绍其原理、方法，说明尚在探索中。附图 2-7-6 可删去；附图 2-7-7 的算例成果图，需注释工程资料背景。

第 3 章　支墩坝

（1）"第 6 节 支墩坝的加固处理"为第 2 版新增内容，体现了 20 多年来我国支墩坝发展的新动向，但关于加固措施的阐述篇幅偏少，建议适当充实，并增加典型加固工程实例。

（2）"第 4 节 支墩坝的应力计算"中的节、段编排建议做适当调整：将"有限元分析"等小节并入"坝体应力计算"小节；"地震应力"小节改成"抗震计算"小节；"大头坝的头部应力计算"小节中的段落作适当调整。

（3）第 4 节中的"平板坝的应力计算"中适当增加材料力学计算的有关内容。

第 4 章　砌石坝

（1）补充近期完建、在建的砌石坝资料。

（2）"第 3 节 砌石重力坝"编写体例参考"第 4 节 砌石拱坝"修改。

（3）补充砌石坝级别划分和高、中、低坝划分标准的内容，说明 1 级坝应进行专题研究。

（4）补充砌石重力坝应力控制标准的内容。

（5）增加混凝土防渗面板或混凝土心墙、坝体自防渗与坝基防渗体系连接的内容。关于坝体自防渗和坝体排水设计，增加"用一、二级配混凝土作胶凝材料，使用机械振捣的砌石坝，宜采用坝体自防渗"和"坝体内宜设一排竖向排水管"的表述，以增加导向性。

（6）建议。

1）补充堆石混凝土坝的介绍。

2）防渗面板和防渗心墙横缝间距 15～25m 建议改为 10～15m。

第 5 章　碾压混凝土坝

（1）碾压混凝土坝的突出特点体现在材料和施工工艺两方面，应将碾压混凝土材料及坝体分区设计单列一节，并增加碾压混凝土材料分类的有关内容。

（2）第 2 节（第 20 页）碾压混凝土重力坝设计安全准则，除了遵循《混凝土重力坝设计规范》（SL 319—2005、DL 5108—1999）两个重力坝设计规范和《水工碾压混凝土施工规范》（DL/T 5122—2008）外，还应包括《碾压混凝土坝设计规范》（SL 314—2004）。

（3）第 2 节（第 21 页）第 7 行"重力坝的设计断面应由基本荷载组合控制，并以特殊荷载组合复核"，基本荷载组合尚包含持久状况和短暂状况，因此"应由持久状况基本组合控制，并以偶然状况偶然组合复核"。

（4）第 85 页表 5－2－56 龙首碾压混凝土坝体迎水面二级配碾压混凝土配合比，抗冻等级 F100 偏低。第 96 页典型工程碾压混凝土主要性能试验结果应增加北方工程实例。建议《手册》强调规范规定"有抗冻要求部位的碾压混凝土应经过论证"。

（5）贫胶砂砾石坝在国内外虽有所兴起，但目前用在永久建筑物的不是很多。建议在《手册》中说明尚需进一步完善该种坝型的设计方法。

第 6 章　混凝土温度应力与温控防裂

（1）本章目前篇幅太大，与本卷其他章节不相称，建议适当删减和精练。如第 3 节"库水温"可大幅度删减，删除部分计算图表；第 4 节的计算公式应进一步简化；第 5 节应结合第 1 卷的内容调整和精练。

（2）应根据实用的原则补充部分内容，以利于设计人员参考。如第 4 节补充所涉及工程的混凝土热力学参数，以及骨料特点等指标；第 15 节增加隧洞与孔口温控防裂措施等内容；补充水利、电力行业规范的部分内容，以反映其差异。

（3）第 18 节，温控防裂措施应予补充提炼，增加近年来建成的大型工程的成功经验；在裂缝成因中增加安全系数偏低等内容；在防裂措施中增加加强混凝土施工质量控制等内容；按照温控措施的重要性调整撰写顺序和措辞。

《水工设计手册》（第2版）第1卷、第5卷审稿定稿会参会人员名单

序号	姓 名	单 位	卷内职务
一、主编、副主编、技术委员会专家			
1	索丽生	民盟中央	《手册》主编
2	刘 宁	水利部	《手册》主编
3	潘家铮	中国科学院、中国工程院	技术委员会主任
4	郑守仁	长江水利委员会	技术委员会副主任
5	朱尔明	水利部	技术委员会副主任
6	刘志明	水利水电规划设计总院	副主编、第1卷主编
7	周建平	水电水利规划设计总院	副主编、第5卷主编
二、第1卷人员			
8	张楚汉	清华大学	技委委员
9	陈德基	长江规划勘测设计研究院	技委委员
10	王德信	河海大学	卷主编
11	王国仪	中国水利水电出版社	责任编辑
12	阳 淼	中国水利水电出版社	责任编辑
13	林 昭	中水北方勘测设计研究公司	特邀专家
14	司富安	水利水电规划设计总院	特邀专家
15	金 峰	长江科学院	特邀专家
16	李万琼	清华大学	特邀专家
17	刘 辉	水利水电规划设计总院	特邀专家
18	姜启源	清华大学	第1章审稿专家
19	刘鹤年	哈尔滨工业大学	第3章审稿专家
20	崔 莉	大连理工大学土木水利学院	第3章审稿专家
21	王正宏	北京工业大学	第4章审稿专家
22	殷宗泽	河海大学	第4章审稿专家
23	董学晟	长江科学院	第5章审稿专家
24	孙正兴	南京大学计算机科学与技术系	第6章审稿专家
25	章 敏	中水淮河规划设计公司	第6章审稿专家
26	张德文	长江勘测规划设计研究院	第6章审稿专家
27	张敦穆	武汉大学	第1章主编
28	王如云	河海大学	第1章主编
29	陈国荣	河海大学	第2章主编
30	李玉柱	清华大学水利系	第3章主编

续表

序号	姓　名	单　　位	卷内职务
31	刘小生	中国水利水电科学研究院	第4章主编
32	邬爱清	长江科学院	第5章主编
33	许卓明	河海大学	第6章主编
34	陆忠民	上海勘测设计研究院	第6章主编
三、第5卷人员			
35	石瑞芳	西北勘测设计院	技术委员会委员
36	朱伯芳	中国水科院	技术委员会委员
37	杨志雄	贵阳院	技术委员会委员
38	张燎军	河海大学	审稿专家
39	赵文光	成都勘测设计院	审稿专家
40	蒋效忠	华东勘测设计院	审稿专家
41	孙恭尧	中南勘测设计院	审稿专家
42	陆采荣	南科院	审稿专家
43	王红斌	中南勘测设计院	审稿专家
44	党林才	水电水利规划设计总院	卷主编
45	李忠胜	中国水利水电出版社	责任编辑
46	李　亮	中国水利水电出版社	责任编辑
47	肖　峰	中南勘测设计院	第1章主编
48	王仁坤	成都勘测设计院	第2章主编
49	束一鸣	河海大学	第4章主编
50	冯树荣	中南勘测设计院	第5章主编
51	范福平	贵阳勘测设计院	第5章主编
52	陈胜宏	武汉大学	第6章主编
53	张国新	中国水科院	第6章主编
54	刘　毅	中国水科院	第6章参编
四、编委会办公室人员			
55	何定恩	水利水电规划设计总院	副主任
56	翁新雄	水电水利规划设计总院	副主任
57	王志媛	中国水利水电出版社	副主任
58	任冬勤	水利水电规划设计总院	成员
59	张喜华	水电水利规划设计总院	成员
60	王照瑜	中国水利水电出版社	成员

附录1.8　《水工设计手册》(第2版)第8卷、第10卷审稿定稿会纪要

2010年11月23—24日，《水工设计手册》(第2版)编委会在北京召开了第8卷《水电站建筑物》和第10卷《边坡工程与地质灾害防治》审稿定稿会。会议由编委会副主任、全书主编索丽生、刘宁主持，参加会议的有部分编委会委员和技术委员会委员、特邀专家、审稿专家、卷主编、章主编、部分编写人员、责任编辑和编委会办公室人员等40余人(参会人员名单附后)。技术委员会主任潘家铮，副主任郑守仁、朱尔明、高安泽到会指导。

第8卷《水电站建筑物》和第10卷《边坡工程与地质灾害防治》分别由王仁坤和张春生、冯树荣和彭土标主编，10多家设计单位和高等院校的专家学者参与了章节的编写。在卷主编组织的统稿和审稿的基础上，参编人员对照《手册》编写工作大纲要求进一步对文稿进行了补充和修订，在卷章多次审稿基础上，提出了第8卷和第10卷送审稿。

会上，全书主编索丽生通报了《手册》全书的工作进展情况，对第8卷和第10卷的审稿修改提出了明确要求。要求与会专家着重对书稿的内容严格把关、认真修改，遵循"科学、实用、一致、延续"的原则，力求做到"准确定位、反映特色、精选内容、确保质量"。全书主编刘宁强调了编写好《手册》的重要意义，要求各主编精益求精，精心编纂，做到尽善尽美。总责任编辑王国仪强调了书稿的体例格式、专业术语和语言文字规范化等问题。

第8卷主编王仁坤和第10卷主编冯树荣分别向大会汇报了本卷编写和审稿工作情况。会议分组对第8卷和第10卷各章进行了认真讨论、审议，提出了书面意见，研究协调了卷与卷之间、章与章之间的内容安排。

最后，全书主编刘宁作了会议总结，对下一步工作提出了明确要求，希望按编委会主任陈雷部长的要求，高度重视、科学修编、集思广益、确保质量，出色完成修改定稿工作，确保手册先进、实用，无误导、无差错。

会议形成如下意见：

(1) 第8卷《水电站建筑物》是在第1版《手册》基础上所作的全面修订，各章增减的相关内容总体是合适的；第10卷是根据水利水电工程设计需要新增设的一卷。两卷均总结和吸收了近30年我国水利水电工程建设的实践经验和科技进步成果，充分反映了当前水利水电勘测设计的技术水平，兼顾了水利行业和水电行业两套设计标准，章节编排科学合理，体现了时代特色，内容全面，重点突出，具有先进性和代表性。

(2) 卷章之间需要协调的有关内容。

1) 第8卷第1章，补充分层取水口布置设计内容，增加国内工程实例。第2章，增加隧洞钢板衬砌的内容和TBM隧洞设计有关要求。第4章，增加钢筋混凝土管、PCCP有关内容。第5章，增加动力法抗震验算、非岩石地基处理设计等内容，补充室内式开关站设计原则和工程实例。第7章，内容适当简化，精选工程实例。

2）第 10 卷中第 1 章和第 2 章，适当增加水利行业边坡规范中相关的内容；第 2 章，增加水位快速升降区的边坡坡面保护内容。第 3 章，补充抗滑桩地基系数法计算相应表格。第 5 章，增加"堰塞湖"一节，适当补充水库诱发地震的有关内容。

（3）未经工程应用和检验的研究成果，不宜编入《手册》。对并列的多种计算方法或判断标准等，请主编单位和编写人员进一步分析评价，着重介绍规范上采用或经工程实践检验的方法。

（4）参考文献以章为单位编号列出，正文中引用处应标注其编号。引用的重要公式、图、表等，若出自参考文献，应注明参考文献编号，若不在参考文献中，需在相应的图、表或当前页下注明出处。

请出版社协同编写人员进一步核实技术保密和知识产权问题。

（5）应按照《手册》的编写要求，对有些章节存在内容陈述、解释仍过多的现象，请各卷、章主编严格把关，做到表述准确，文字精练，所列公式要正确无误，符号、名词术语要规范准确。

（6）第 8 卷、第 10 卷各章具体审稿意见见附件 1 和附件 2，技术委员会主任潘家铮院士在会议上的发言见附件 3。

请卷主编按照本次审稿定稿会议的精神和会议纪要（包括附件）的具体要求，抓紧组织章主编及有关人员进行书稿的补充和修正，力求精益求精，确保质量，于 2011 年 1 月底前提交审定稿。

附件 1：第 8 卷《水电站建筑物》审稿定稿意见

附件 2：第 10 卷《边坡工程与地质灾害防治》审稿定稿意见

附件 3：潘家铮院士在《水工设计手册》（第 2 版）第 8 卷、第 10 卷审稿定稿会上的发言

《水工设计手册》（第 2 版）编委会

2010 年 12 月 17 日

附件1　第8卷《水电站建筑物》审稿定稿意见

一、总体评价

第8卷《水电站建筑物》以第1版《水工设计手册》框架为基础，系统总结了近20年来国内外水电站建筑物设计和建设的新观念、新理论、新技术和新方法。充分体现了我国现行法律法规和技术标准的要求，反映了当前的设计理论、设计方法和设计理念，对高压混凝土隧洞、气垫式调压室、岩壁吊车梁、充水保压蜗壳、变顶高尾水洞等方面较前沿的研究成果进行了介绍，章节的编排科学合理，体现了时代特色，内容全面，重点突出，具有先进性和代表性。

二、各章审稿意见

各章审稿过程中的共性问题包括：

（1）各章篇幅较多、叙述性和解释性文字较多，可适当精简。

（2）水工隧洞、压力管道、抽水蓄能三章中，有关隧洞埋深应协调一致。

（3）各章均存在重复现象或文字表述不明确处，且部分数据、公式、资料等有错误，请核实修改。

（4）各章中插图过繁，宜简化。

（5）注意生态环境对工程建设的要求，在文字描述中尽量从生态环境角度入手，如分层取水口等完全是生态环境需要而发展的技术。

（6）新技术、新结构、新布置可重点阐述。

（7）抽水蓄能一章与前五章均有重叠重复内容，注意表达方式和重点，尽量减少重复内容。

第1章　深式进水口

（1）分层取水口实例应增加国内工程，如大伙房、光照、锦屏一级等。文中分层取水口布置与国内目前采用的布置方式不符，要修改。

（2）进水口淹没深度应明确计算点，文中公式与附图符号不对应。

（3）宜兴、天荒坪工程数据有误。图1-2-11可取消。

（4）《手册》中结构设计仅需指出设计计算方法即可，列出规范无必要。

第2章　水工隧洞

（1）衬砌型式应增加钢板衬砌型式，并提出设置条件。

（2）增加高压隧洞防渗处理等内容。

（3）支护和衬砌的关系，可否在《手册》中进行区分。

（4）隧洞经济断面解释较多且不清楚，建议删除解释性表述，直接列出公式即可。

（5）表2-2-3建议加一列弯曲半径与洞径的比值。

（6）作用及其组合可采用表格方式表述。

（7）第45页支护型式与几种具体支护方式不能并列，支护方式应为下级目录，并增加钢衬内容。

（8）第114页封堵体接触面有效系数是否太小。

（9）洞室稳定块体计算内容太多，可简化。

（10）增加充水放水设计要求。

（11）增加 TBM 隧洞的相关布置、要求等内容。

第 3 章 调压设施

（1）解释文字偏多，教科书痕迹太浓，不需要推求公式。

（2）术语使用不规范，如参数和变量未区分清楚。

（3）表述准确性差，慎用"代替、取代"等，如减压阀不能代替调压设施。

（4）第 52 页说明调压室水头损失不是常数很有意义，但文中给出的均为具体工程的数值，有局限性，可简化。

（5）第 95 页工程实例目的不明确，应选择有代表性的工程。

（6）第 104 页气垫式调压室优点多，但缺点也应写清楚（如稳定断面大、水锤波反射不充分、压力波穿越等）。

（7）第 130 页变顶高尾水洞最大真空度小和调节动态品质优的结论有误，请核实。

（8）第 133 页工程实例应补充其调节保证计算结果。

（9）第 140 页减压阀工作原理中结构原理太多，无必要。

第 4 章 压力管道

（1）压力钢管名称改为压力管道。

（2）概述与设计内容分开编写，不要列为一节。

（3）增加钢筋混凝土管设计内容。

（4）增加 PCCP 设计内容。

第 5 章 水电站厂房

（1）第 44 页抽排水渗透压力系数 α_2，在《手册》中可不给出具体数值。

（2）第 47 页地震分析仅采用拟静力法，应增加地震动力法分析内容。

（3）第 193 页表中不要采用代号。

（4）厂房整体稳定计算分析，可参见重力坝相关计算内容进行简化。

（5）地基处理设计增加非岩基部分内容。

（6）屋盖设计增加钢网架结构布置要求，具体设计可不纳入。

（7）开关站部分增加户内与户外开关站比较选择方面内容，增加户内开关站布置要求、注意事项等内容。

（8）建筑设计可简化，应主要结合与结构相关内容写，装饰方面内容可简化。

第 6 章 抽水蓄能电站

（1）该章与前面各章的内容有重复，请核实简化。

（2）第 113 页水力学过渡过程应改为水力—机械过渡过程。

（3）第 120 页小波动应着重于稳定分析。

第 7 章 潮汐电站

（1）解释偏多，宜简化。

（2）生态环境、泥沙淤积等方面问题应提出。

附件2　第10卷《边坡工程与地质灾害防治》审稿定稿意见

一、总体评价

第10卷《边坡工程与地质灾害防治》系统总结了近20年来水利水电工程边坡工程与地质灾害防治设计和建设的新观念、新理论、新技术和新方法。充分体现了我国现行法律法规和技术标准的要求，反映了当前的设计理论、设计方法和设计理念，对边坡工程与地质灾害防治工程等方面较前沿的研究成果进行了介绍，章节的编排科学合理，体现了时代特色，内容全面，重点突出，具有先进性和代表性。

二、各章审稿意见

第1章　岩质边坡

（1）若水利行业规范中有水利水电工程边坡分类及破坏类型相关内容，则在第2节中相应增加。

（2）文中名词概念应与国家标准和行业规范保持一致。

（3）在开挖设计中，增加近年来已建工程边坡相关资料。

（4）有关"绿色设计"的叙述应适当简化。

第2章　土质边坡

（1）在土质边坡中适当增加水利行业规范中相关内容。

（2）部分文字与第1章重复，应适当处理，如"降雨形成的暂态水作用"、"边坡工程设计需要的基础资料"、"边坡排水设计"等。

（3）注意图表格式的编排，多数图应补充图名。

（4）在"边坡坡面保护"中增加水位快速升降区的边坡坡面保护内容。

第3章　支挡结构

（1）在"挡土墙"一节中增加常用的土压力计算图（表）。

（2）在"抗滑桩"一节中补充抗滑桩地基系数法计算相应表格。

（3）第3节"预应力锚索"宜适当简化。

第4章　边坡动态设计

（1）总体上内容应进一步简化，删减一些与其他章节重复的内容，对一些措辞再行斟酌。

（2）进一步明确边坡动态设计的定义，突出水利水电工程招标设计及施工图设计阶段，根据收集的相关信息对治理措施进行调整、完善。

（3）实例部分内容进一步归纳、精简。

（4）补充地质、监测信息收集范围，要考虑开挖边坡以外一定范围内自然边坡日常巡查和资料收集。

第5章　地质灾害防治

（1）地质灾害类型、性质及危害的描述中，要增强水利水电工程的针对性。

（2）适当扩展水库诱发地震的相关描述。

（3）增加堰塞湖内容作为本章第5节。

（4）挡土墙、预应力锚索和抗滑桩等内容调整到第3章相关章节。

附件 3 潘家铮院士在《水工设计手册》(第 2 版) 第 8 卷、第 10 卷审稿定稿会上的发言

我能参加《水工设计手册》(第 2 版)第 8 卷、第 10 卷的审稿定稿会议,向专家们学习到很多东西,非常高兴。在索丽生、刘宁副部长的关心下,各主编单位和编写同志以第 1 版《水工设计手册》为基础,收集了大量资料,做了大量工作,剔除了陈旧的部分,补充了新的内容,其中第 8 卷第 6、7 两章和第 10 卷的绝大部分完全是新写的,赶上了时代需要,符合与时俱进精神,质量总体良好。这次会议中专家们又提出许多补充和修改的建议,方才通过了会议纪要,我相信,通过修改完善,一定可以进一步提高《手册》的质量,成为一部一流的设计手册和里程碑式的出版物。

对于进一步修改完善问题,我谨提出以下几点建议供参考。

(1)《手册》主要的作用是为设计同志提供各种先进的、适用的理论、方法、公式、图表和经验,但除此之外,我希望《手册》还能起以下两层作用:

1)在介绍各种水工结构的设计时,能使设计的同志明确他所面对的设计任务是个什么性质的问题?要抓什么关键点?难点又是什么?哪些是确定性的?哪些是不确定的?等等。使设计的同志对这些能有个基本概念,能掌握全局,不要陷入一大堆公式数据中去,而能有所抉择。

2)能指出设计技术发展的趋势与方向,激发设计同志的思考和创新精神,使工程技术不断有所进步。这对创新是很有好处的。

(2)尽可能补充和推广已证明是适用的新技术、新布置、新结构、新材料、新工艺,尤其是我国已经具体采用的工程实例,使这些创新成果,能得到更快、更好的应用和发展。

(3)生态和环境保护对水工建筑物提出愈来愈高的要求。在水工设计中,如有涉及到这方面问题的内容,要多写、详写,浓墨重彩地写,表示我们水利水电人对生态环境保护的极端重视。

(4)各章节是由不同专家撰写的,所以要尽量协调好,主要是防止出现矛盾和不一致的情况。其次是避免不必要的重复,适当的重复是容许的。体例上要力求一致。

(5)交出终稿前,希望能精心校对,避免出现错别字、不妥的句子。保证公式、图表、数据正确,提高插图、照片质量,使其真正达到一流出版物的标准。

古语说:行百里者半九十。现在,我们正要完成这最后十里旅程。希望有关同志继续努力,精益求精,让一部全新的、高质量的《水工设计手册》早日摆上我们的案头,为祖国的建设作出更大贡献!

《水工设计手册》（第2版）第8卷、第10卷审稿定稿会
参会人员名单

序号	姓　名	单　位	职务/职称
1	索丽生	水利部	原副部长
2	刘　宁	水利部	副部长
3	潘家铮	国家电网公司	院　士
4	高安泽	水利部	原总工
5	朱尔明	水利部	原总工
6	郑守仁	长江勘测规划设计研究院	院　士
7	曹楚生	天津大学	院　士
8	刘志明	水利部水利水电规划设计总院	副院长
9	何定恩	水利部水利水电规划设计总院	处　长
10	周建平	水电水利规划设计总院	总　工
11	彭土标	水电水利规划设计总院	副总工
12	朱建业	水电水利规划设计总院	教　高
13	翁新雄	水电水利规划设计总院	副主任
14	张喜华	水电水利规划设计总院	教　高
15	王国仪	中国水利水电出版社	原总编
16	王志媛	中国水利水电出版社	主　任
17	王照瑜	中国水利水电出版社	编　审
18	王春学	中国水利水电出版社	副总编
19	单　芳	中国水利水电出版社	副编审
20	殷海军	中国水利水电出版社	编　辑
21	伍鹤皋	武汉大学	教　授
22	蔡付林	河海大学	教　授
23	许　强	成都理工大学	院　长
24	陆宗磐	中水北方勘测设计研究有限责任公司	副总工
25	肖贡元	上海勘测设计研究院	原总工
26	吕明治	中国水电顾问集团北京勘测设计研究院	总　工
27	邓毅国	中国水电顾问集团北京勘测设计研究院	副总工
28	张春生	中国水电顾问集团华东勘测设计研究院	院　长
29	姜忠见	中国水电顾问集团华东勘测设计研究院	副总工

序号	姓 名	单 位	职务/职称
30	周才全	中国水电顾问集团华东勘测设计研究院	处 长
31	陈国海	中国水电顾问集团华东勘测设计研究院	教 高
32	万宗礼	中国水电顾问集团西北勘测设计研究院	副总工
33	王志硕	中国水电顾问集团西北勘测设计研究院	副总工
34	尉军耀	中国水电顾问集团西北勘测设计研究院	处 长
35	陈 旸	中国水电顾问集团西北勘测设计研究院	教 高
36	冯树荣	中国水电顾问集团中南勘测设计研究院	副院长/总工
37	李佛炎	中国水电顾问集团中南勘测设计研究院	教 高
38	赵海斌	中国水电顾问集团中南勘测设计研究院	所 长
39	赵红敏	中国水电顾问集团中南勘测设计研究院	副处长
40	许长红	中国水电顾问集团中南勘测设计研究院	工程师
41	王仁坤	中国水电顾问集团成都勘测设计研究院	总 工
42	郝元麟	中国水电顾问集团成都勘测设计研究院	书 记
43	杨 建	中国水电顾问集团成都勘测设计研究院	副总工
44	肖平西	中国水电顾问集团成都勘测设计研究院	副总工
45	周鸿汉	中国水电顾问集团成都勘测设计研究院	副总工
46	陈子海	中国水电顾问集团成都勘测设计研究院	设 总
47	刘朝清	中国水电顾问集团成都勘测设计研究院	副处长
48	朴 苓	中国水电顾问集团成都勘测设计研究院	高 工

附录 1.9　《水工设计手册》（第 2 版）第 4 卷、第 11 卷审稿定稿会纪要

2011 年 3 月 22 日—23 日，《水工设计手册》（第 2 版）编委会在北京召开了第 4 卷《材料、结构》、第 11 卷《水工安全监测》审稿定稿会。参加会议的有编委会副主任、全书主编索丽生、刘宁，全书副主编高安泽、王柏乐、刘志明，以及技术委员会副主任朱尔明，张楚汉院士、陈厚群院士，部分编委会和技术委员会委员、特邀专家、审稿专家、卷主编、章主编、编写人员、责任编辑和编委会办公室成员等 50 多人（参会人员名单附后）。

第 4 卷《材料、结构》由白俊光和张宗亮主编，第 11 卷《水工安全监测》由张秀丽和杨泽艳主编。10 多家设计单位、科研院所和高等院校的专家学者参与了两卷的编写。在卷主编组织的统稿和审稿基础上，参编人员按照《手册》编制工作大纲要求，进一步对文稿进行了修改、补充和完善，在卷章审稿的基础上，提出了第 4 卷和第 11 卷的送审稿。

会议由刘志明主持，索丽生通报了《水工设计手册》（第 2 版）全书工作进展情况以及已审卷存在的主要问题，对第 4 卷、第 11 卷的审稿、修改提出了明确要求。要求与会专家着重对书稿的内容和体例严格把关，遵循"科学、实用、一致、延续"的原则，力求"准确定位、反映特色、精选内容、确保质量"，达到"内容完整实用、资料翔实准确、体例规范合理、表达简明扼要、使用方便快捷，经得起实践和历史的检验"，真正成为广大水利水电工作者的"良师益友，水利水电工程建设的盛世宝典，传承水文明的时代精品"。要求编写人员虚心听取意见，不厌其烦修改，认真完成修订。

第 4 卷主编张宗亮和第 11 卷主编张秀丽分别向大会汇报了本卷编写和审稿工作情况。

会议分组对第 4 卷和第 11 卷各章进行了认真讨论、审议，提出了书面意见，研究协调了卷与卷之间、章与章之间的内容安排。

最后，全书主编刘宁作了会议总结，对下一步工作提出了明确要求，希望按编委会主任陈雷部长的要求，高度重视、科学修编、集思广益、确保质量，出色完成修改定稿工作，确保《手册》先进、实用、无误导、无差错。

会议形成如下意见：

（1）第 4 卷《材料、结构》是在第 1 版《水工设计手册》基础上所作的全面修订，各章增减的相关内容总体是合适的；第 11 卷《水工安全监测》是根据水利水电工程设计需要，新增设的一卷，章节编排合理。两卷均总结和吸收了近 30 年我国水利水电工程建设的实践经验和科技进步成果，充分反映了当前水利水电勘测设计的技术水平，兼顾水利和水电行业的设计标准，内容全面，重点突出，科学合理，体现了时代特色，具有先进性和代表性。

（2）各卷章需进一步补充、协调的主要内容。

1）第 4 卷：第 1 章，补充全级配混凝土内容。第 2 章，编写要与《水利水电工程结构可靠度设计统一标准》（GB 50199）的写法相一致。第 3 章，地震作用和温度作用内容

作适当精简。第 4 章，案例内容要适当精简。第 5 章，校对浆砌石坝等构造要求与现行规范的一致性。第 6 章，增加网架结构设计基本内容。第 7 章，框架结构抗震按分项系数法进行编写。

2）第 11 卷：第 2 章与第 5 章中监测仪器设备和自动化系统的内容不涉及生产厂商名称及其产品型号。各章所涉及的水工建筑物分类表述，要与有关规程规范一致，与其余各卷相协调。针对有关"GPS"监测内容的描述，应根据具体内容分别表述为"GPS 测量方法"、"GPS 测量系统"、"GPS 测量设备"，卷内各章节应统一。

（3）未经工程应用和检验的研究成果，不宜编入《手册》。对并列的多种计算方法或判断标准等，请主编单位和编写人员进一步分析评价，着重介绍规范上采用或经工程实践检验的方法。

（4）引用规范具体内容时需写出规范名称和年号，否则只列规范名称，不列年号。参考文献以章为单位编号列出，正文中引用处应标注其编号。引用的重要公式、图、表等，若出自参考文献，应注明参考文献编号，若不在参考文献中，需在相应的图、表或当前页下注明出处。

请出版社协同编写人员进一步核实技术保密和知识产权问题。

（5）有些章节仍存在内容陈述、解释过多的现象，需要进一步精简。请各卷、章主编按照《手册》的编写要求，严格把关，做到表述准确，文字精练，公式、数据正确无误，符号、名词术语规范准确。

（6）第 4 卷、第 11 卷各章具体审稿定稿意见分别见附件 1 和附件 2。

请卷主编按照本次审稿定稿会议的精神和会议纪要（包括附件）的具体要求，抓紧组织章主编及有关人员进行文稿修改，力求精益求精，确保质量，于 2011 年 6 月底前提交审定稿。

附件 1：第 4 卷《材料、结构》审稿定稿意见
附件 2：第 11 卷《水工安全监测》审稿定稿意见

《水工设计手册》（第 2 版）编委会

2011 年 3 月 29 日

附件1　第4卷《材料、结构》审稿定稿意见

一、总体评价

第四卷"材料、结构"以第一版框架为基础，系统总结了近30年来国内外水利水电工程设计和建设的新观念、新理论、新技术和新方法。充分体现了我国现行技术标准的要求，反映了当前的设计理论、设计方法和设计理念，将特种水工混凝土、土工合成材料、防腐蚀材料、可靠度应用、非杆件结构体系裂缝控制、弧形闸门预应力混凝土闸墩、水工建筑物抗震设计等方面较前沿的研究成果纳入手册，章节的编排科学合理，体现了时代特色，内容全面，重点突出，具有先进性和实用性。

二、各章审稿意见

各章审稿过程中的共性问题包括：

（1）对存在篇幅较多、叙述性和解释性文字较多的部分章节，宜适当精简。

（2）对各章的符号、单位、数据、名词、公式、图表、参考文献等进行复核。

（3）引用规范的具体内容要写年号，否则只写编号。

（4）核实编写及审稿人员名单。

第1章　建筑材料

（1）在第1节"建筑材料的基本性质"前增加引言，以便导入本节相关表格编序的出版要求。

（2）第4页表1-1-4中"普通混凝土"导热、比热系数与水工常态混凝土性能部分应尽量匹配。

（3）第114页标题"贫胶砂砾料混凝土"改为"胶凝砂砾石混凝土"，并补充工程实例内容。

（4）第6节中全级配混凝土涉及较少，建议补充如小湾、溪洛渡水电站工程实例资料。

（5）筑坝材料中，对垫层料与反滤料的内容适当增加或说明。补充特种土料的判别依据。给出复合土工膜当量渗透系数。

第2章　水工结构可靠度

（1）增加"分项系数设计法"一节，说明标准值、分项系数如何取值，可靠度与分项系数、分项系数与安全系数之间的关系，特别是的确定方法，要与《水利水电工程结构可靠度设计统一标准》（GB 50199）的写法相统一。

（2）在总篇幅不增加的前提下，适当减少理论论述的篇幅。

（3）增加分项系数法和单一安全系数法的国内外应用情况。

第3章　建筑物安全标准及荷载

（1）对第1节补充主要水工建筑物安全标准，只列防洪标准。

（2）对第2节作如下修改：

1）地震作用作简化处理，对抗震、具体建筑物的动力计算可参考第7章。

2）温度作用简化处理，注意与第5卷内容的对应协调。如冷却水管内容可由具体建

筑物篇章编写列入。

第4章 水工混凝土结构

（1）"第1节 概述"删除标题，保留内容。

（2）案例文字内容要适当精简。

第5章 砌体结构

（1）复核第33页中例［5-2-11］中的部分荷载未用上，可直接给出弯矩。

（2）校对第42页浆砌石坝构造措施中部分与现行《浆砌石坝规范》（SL 25—2006）及第5卷第4章有关内容的一致性。

（3）第43页坝体防渗部分增加土工膜防渗内容。

（4）第46页复核土石坝、砌石护坡构造与新版的土石坝规范和面板堆石坝规范的一致性。增加抗震构造措施。

（5）删除空腹坝有关内容。

第6章 水工钢结构

（1）增加网架结构设计的基本内容。

（2）补充有关钢结构的抗震要求。

第7章 水工结构抗震

（1）第1节"概述"改为"基本规定和要求"。

（2）框架结构部分以《水工混凝土结构设计规范》（DL/T 5057—2009）为主、《水工混凝土结构设计规范》（SL 191—2008）为辅编写。

（3）简要补充汶川地震中宝珠寺重力坝、沙牌拱坝的震害调查及初步分析内容。

（4）对重力坝、拱坝、土石坝抗震设计实例的相关内容进行适当精简。碧口工程震害单列一小节。

（5）对第8节动力模型试验部分作适当简化。

（6）渡槽减隔震装置叙述再详细一点。

附件 2　第 11 卷《水工安全监测》审稿定稿意见

一、总体评价

第 11 卷《水工安全监测》，是根据水利水电工程安全监测的技术发展需要新增单列的一卷，全卷共有 6 章，首次概括了安全监测的原理，归纳了安全监测方法，介绍了常用监测仪器设备的性能参数、国内外成熟且先进的安全监测技术、监测仪器设备安装与维护要求，论述了安全监测自动化系统和监测资料分析与评价内容。文稿内容全面，重点突出，编排合理，具有先进性和代表性，基本达到了定稿要求，按照本次会议提出的意见修改完善后，可以出版发行。

二、各章审稿意见

第 1 章　安全监测原理与方法

（1）"水工建筑物安全监测的原理"内容改为"通过仪器监测和现场巡视检查，全面捕捉水工建筑物施工期和运行期的性态反映，分析评判建筑物的安全性状及其发展趋势"。

（2）第 1 节中"承受水的各种作用"，建议改为"承受多种荷载组合作用"，补充有关地震、渗漏与渗透水压力等表述。

（3）"监测设计依据"中，将水工模型试验、结构力学模型试验、地质力学模型试验统一归并为"模型试验"叙述。

第 2 章　监测仪器设备

（1）不单列"概述"节，将"概述"中部分有关内容写入导言或第 1 节中，该节名称改为"监测仪器设备基本要求及分类"。

（2）有关附图、附表，应进一步完善。

第 3 章　建筑物安全监测设计

（1）补充对 4 级、5 级小型工程重点监测项目，如监测变形、渗流、环境量和巡视检查等内容。

（2）补充高拱坝基础回弹变形、面板坝高趾墙和贴坡面板、堤防、吹填工程以及针对抽水蓄能电站水位变幅大等特殊情况下的监测项目。

（3）监测实例（如泵站）监测数据可简化或取消。

第 4 章　监测仪器设备安装与维护

（1）不单列"概述"节，该节内容保留。

（2）量水堰等仪器设备名称宜按现行国家和行业标准统一，相应的检验、安装方法及公式应参考现行国家和行业标准。

第 5 章　安全监测自动化系统

（1）不单列"概述"节，该节按"设计依据和原则"改写。

（2）第 4 节"网络及通信"中建议增加"海事卫星、VSAT 卫星、全球通卫星、北斗卫星、公用通讯网（GSM、GPRS、CDMA）等的介绍。

（3）"第 7 节 工程实例"以工程名称为实例标题。

第6章 监测资料分析与评价

（1）导言中阐述说明本章内容以大坝安全监测资料分析为例，其他水工建筑物根据工程特点参照运用。

（2）删除第1节，相关内容作适当调整后并入第2节；第3节中的"资料分析的方法"调整到"第2节"。

（3）第10节名称改为"安全性态综合分析评价"。

《水工设计手册》（第2版）第4卷、第11卷
审稿定稿会参会人员名单

序号	姓　名	工作单位	职务/职称
1	索丽生	水利部	原副部长
2	刘　宁	水利部	副部长
3	高安泽	水利部	原总工
4	朱尔明	水利部	原总工
5	陈厚群	中国水利科学研究院	院士
6	张楚汉	清华大学	院士
7	王柏乐	中电建水电水利规划设计总院	设计大师
8	徐麟祥	长江勘测规划设计研究院	设计大师
9	刘志明	水利部水利水电规划设计总院	副院长
10	翁新雄	水利部水电水利规划设计总院	副主任
11	黄晓辉	水利部水电水利规划设计总院	处长
12	杨泽艳	水利部水电水利规划设计总院	处长
13	张喜华	水利部水电水利规划设计总院	教高
14	王志媛	中国水利水电出版社	主任
15	王照瑜	中国水利水电出版社	编审
16	马爱梅	中国水利水电出版社	副编审
17	陈　昊	中国水利水电出版社	副编审
18	穆励生	中国水利水电出版社	编审
19	李　莉	中国水利水电出版社	副编审
20	李　民	武汉大学	教授
21	顾冲时	河海大学	水电院院长
22	李同春	河海大学	副院长/教授
23	周　氐	河海大学	教授
24	蒋国澄	中国水利科学研究院	教授
25	李德玉	中国水利科学研究院	教高
26	赵剑明	中国水利科学研究院	教高
27	陆采荣	南京水利科学研究院	副所长/教高
28	范明桥	南京水利科学研究院	教高
29	郭志东	中水东北勘测设计研究有限责任公司	教高

序号	姓　名	工作单位	职务/职称
30	李　媛	中水东北勘测设计研究有限责任公司	教高
31	施济中	上海勘测设计研究院	原副院长
32	陈　钢	上海勘测设计研究院	高工
33	李端有	长江水利委员会长江科学院	所长
34	甘孝清	长江水利委员会长江科学院	高工
35	张秀丽	大坝安全监察中心	总工/教高
36	王玉洁	大坝安全监察中心	处长、教高
37	赵花城	大坝安全监察中心	教高
38	魏德荣	中国水电顾问集团华东勘测设计研究院	教高
39	程　平	中国水电顾问集团华东勘测设计研究院	高工
40	白俊光	中国水电顾问集团西北勘测设计研究院	副院长/教高
41	魏坚政	中国水电顾问集团西北勘测设计研究院	教高
42	石广斌	中国水电顾问集团西北勘测设计研究院	教高
43	杨　新	中国水电顾问集团西北勘测设计研究院	高工
44	张宗亮	中国水电顾问集团昆明勘测设计研究院	设计大师
45	王亦锥	中国水电顾问集团昆明勘测设计研究院	教高
46	古瑞昌	中国水电顾问集团昆明勘测设计研究院	教高
47	唐　芸	中国水电顾问集团昆明勘测设计研究院	教高
48	赵志勇	中国水电顾问集团昆明勘测设计研究院	高工
49	杨建敏	中国水电顾问集团昆明勘测设计研究院	高工
50	杨怀德	中国水电顾问集团成都勘测设计研究院	专总/教高
51	赵进平	中国水电顾问集团成都勘测设计研究院	专总/教高

附录 1.10 《水工设计手册》(第 2 版)第 7 卷 审稿定稿会纪要

2011 年 9 月 16—17 日,《水工设计手册》(第 2 版)编委会在北京召开了第 7 卷《泄水与过坝建筑物》的审稿定稿会。参加会议的有全书主编索丽生、刘宁,副主编刘志明,技术委员会副主任、卷主审人郑守仁院士,技术委员会委员、卷主审人林可冀、徐麟祥大师,以及特邀专家、审稿专家,卷、章主编,责任编辑和编委会办公室成员等 50 余人(参会人员名单附后)。

全书主编索丽生、刘宁主持了审稿会。会议要求与会专家严格把关、畅所欲言,遵循"科学、实用、一致、延续"的原则,使《手册》做到"准确定位、反映特色、精选内容",着重对书稿的内容进行认真审查;出版社的同志则侧重审查书稿的体例格式。通过大家共同努力,确保书稿质量,使修编后的《手册》达到陈雷部长所要求的"内容完整实用、资料翔实准确、体例规范合理、表达简明扼要、使用方便快捷,经得起实践和历史的检验"。

会议对下一步工作提出了明确要求,希望按陈雷部长的要求,高度重视、科学修编、集思广益、确保质量,出色地完成修改定稿工作,确保《手册》先进、实用,无误导、无差错。

第 7 卷主编刘志明汇报了本卷编写和审稿工作情况。与会专家根据本卷特点和审稿要求,分组对书稿进行了认真讨论、审查,形成了修改意见,纪要如下。

(1) 在总结了近 30 年我国水利水电工程建设的实践经验和科技进步成果的基础上,并借鉴国际上的经验和教训,第 7 卷对第 1 版《水工设计手册》相关内容做了全面修改、调整和补充,反映了当前水利水电勘测设计的技术水平,妥善处理了修编工作中继承与创新的关系,兼顾并适应了水利工程和水电工程两套设计标准,基本达到了出版要求。

(2) 与各卷章尚需协调的内容

1) 水闸渗流计算与第 1 卷第 4 章土力学中有关内容进一步协调;

2) 水闸水力学计算与本卷第 1 章和第 4 章有关内容进一步协调;

3) 第 1 章有关闸门的部分资料和表格,精练后并入第 4 章。

(3) 未经工程应用和检验的研究成果,不宜编入《手册》。对并列的多种计算方法或判断标准等,请主编单位和编写人员进一步分析评价,着重介绍规范上采用或经工程实践检验的内容。

(4) 参考文献以章为单位编号列出,正文中引用处应标注其编号。引用的重要公式、图、表等,若出自参考文献,应注明参考文献编号,若不在参考文献中,需在相应的图、表或当前页下注明出处。

请出版社协同编写人员进一步核实技术保密和知识产权问题。

(5) 应按《手册》的编写要求进一步复核有关内容,做到表述准确,文字精练,所列公式正确无误,符号、名词术语规范。

（6）各章具休审稿定稿意见见附件 1～附件 5。

请各主编单位组织有关人员按纪要要求，精心修改，保证质量，于 11 月 15 日前提交审定稿。

附件 1：第 1 章　泄水建筑物　审稿定稿意见
附件 2：第 2 章　通航建筑物　审稿定稿意见
附件 3：第 3 章　其他过坝建筑物　审稿定稿意见
附件 4：第 4 章　闸门、阀门和启闭设备　审稿定稿意见
附件 5：第 5 章　水闸　审稿定稿意见

《水工设计手册》（第 2 版）编委会

2011 年 9 月 19 日

附件1　第1章　泄水建筑物　审稿定稿意见

一、总体意见

（1）本章涵盖了泄水建筑物主要的水力设计内容问题，对保留了第1版《手册》中部分相关内容进行了修改和，并作了合适的调整，补充了反映了第1版《手册》出版至今水力设计的许多新成果。编写内容较完整、实用，资料翔实，结构合理，表达较简明。

（2）本章部分小节内容尚需进一步补充完整；需适当补充新的工程实例；少量与本章主题无关的内容应该删除；部分文字有待进一步精练。

（3）部分数据表格内容表述不规范或有误，须修改；部分示图重点不突出、线条和数据标注不明、表达不规范，需重新绘制；个别公式有误或编号不对，须进一步复核。

（4）文中引用的参考文献，除规程、规范标准外，均需在相应位置注明对应序号，以便查询。

（5）为避免重复，少量内容应删除或纳入本卷其他相关章节。

（6）删除有关产品的厂家名称、型号等内容，核实有关专利技术、著作权。

二、主要修改意见

1. 第2节"溢流坝"

（1）在"二、开敞式溢流坝"中，增加关于闸墩形式的简单描述。

（2）将图1-2-1三峡水利枢纽泄洪坝段上游立视图改为平面布置图。

（3）复核图1-2-18中的文字描述、数据及其单位，并重新绘制。

（4）删除"（十二）溢流坝与非溢流坝的连接"的内容。

（5）补充台阶溢流坝的适用条件和国内外台阶溢流坝工程实例。

（6）将表1-2-15～表1-2-18纳入本卷"闸门、阀门与启闭设备"相关章节。

2. 第3节"坝身泄水孔"

（1）在概述中补充阐述短有压泄水孔和长有压管的设计原则。

（2）补充已有工程拱坝长有压管剖面图。

（3）补充说明多层泄水孔与坝面溢流联合泄洪布置在大古力坝首先应用，但在国内尚无应用经验。

（4）统一图1-3-8～图1-3-11中关于水头H的定义。

（5）补充说明排沙孔与冲沙孔的不同作用。

3. 第4节"泄洪洞"

（1）将"竖井式泄洪洞"作为一种独立的泄流型式，与"常规泄洪洞"和"内消能泄洪洞"并列阐述。

（2）将图1-4-11改为国内已建的"龙抬头"式泄洪洞（如刘家峡和乌江渡）剖面图。

（3）将图1-4-19和图1-4-21等图重新清晰绘制。

（4）分类列出泄洪洞工程案例。

4. 第5节"岸边溢洪道"

（1）增加非常溢洪道工程实例图。

（2）复核公式（1-5-16）和公式（1-5-23）。

（3）简化"泄槽衬砌与耐磨镶面"内容。

5. 第6节"底流消能"

（1）补充水跃计算相关内容（如圆管断面临界水深等）。

（2）归纳"底流消能水力设计中其他值得关注的问题"。

（3）在"宽尾墩与底流消力池联合效能工"中增加安康和五强溪的相关布置图。

（4）将"宽尾墩与阶梯坝面联合消能工"纳入"溢流坝"一节。

6. 第7节"挑流消能"

建议适当调整关于"水垫塘冲击动水压力控制指标"的说明。

7. 第8节"面流消能"

建议简化"护岸措施"的阐述。

8. 第9节"特殊消能工"

建议将内容适当简化。

9. 第10节"空化与空蚀"

（1）建议在图1-10-1中补充泄洪洞反弧下游空蚀图。

（2）建议修改"抗蚀材料"不够规范的用语。

10. 第11节"水流掺气"

建议将节名"水流掺气"改为"水流掺气与掺气减蚀"

11. 第12节"急流冲击波"

需要更正图1-12-3中的标识错误，删除文中重复的内容。

12. 第13节"泄洪雾化"

建议在"泄洪雾化影响防护措施"中补充运行方案的相关内容，删除"相关设计阶段的预测方法建议"。

13. 第14节"水力学安全监测"

建议将结构调整为：一、监测目的；二、监测内容；三、监测方法；四、测点布置；五、资料分析。文字进一步压缩简化，说明性和解释性的内容可以删除。

附件 2　第 2 章　通航建筑物　审稿定稿意见

一、总体意见

（1）《水工设计手册》（第 2 版）第 7 卷第 2 章"通航建筑物"送审稿内容较全面，结构合理，体现了我国近 30 年来通航建筑物工程设计和建设的技术发展。提供审查的稿件已根据审稿专家的意见、2010 年 12 月卷审会议纪要进行了修改。

（2）本章中的金属结构设计内容侧重于通航建筑物特有或有特殊要求的内容，并已与第 4 章进行了协调；安全监测内容侧重于提出通航建筑物的监测要求，其余部分已做删减，与相关卷内容不重复。

二、主要修改意见

（1）调整、简化部分小节的名称；第 3、4 节中"土建结构设计"建议改为"建筑物结构设计"；第 3 节"船闸设计"中"五、金属结构启闭机械电气及消防设备设计"小节建议拆分为"五、金属结构及启闭机械"、"六、电气与消防设计"。

（2）补充完善第 2 节中引航道布置内容，增加曲线进闸、直线出闸布置内容。

（3）修改图 2-3-1、2-3-2；表 2-3-1 代表性大中型船闸技术参数指标一览表建议按照国外、国内拆分为表 2-3-1、表 2-3-2，并适当增加已建国内代表性工程。

（4）补充完善分散式输水系统分类及表 2-3-7。

（5）独立分节并进一步扩充高水头船闸输水系统防空化空蚀措施相关内容。

（6）输水系统水力设计小节中"（五）水力指标分析方法"修改为"（五）水力计算"，并复核相关公式，参数符号应前后一致；适当补充水利计算所需的阻力系数等参数建议值，完善本小节内容。

（7）复核闸首结构典型布置图 2-3-30～图 2-3-33。

（8）"五、金属结构及启闭机械"建议增加船闸人字门、反向弧形阀门的典型布置示意图；研究增加平面阀门设计的相关内容；删减事故检修门桥式启闭机相关内容。

（9）表 2-4-1 代表性大中型垂直升船机主要技术指标一览表中增加高坝洲、思林、沙坨等项目。

（10）进一步简化船闸安全监测设计；研究适当补充升船机安全监测设计内容。

（11）"基础处理"建议改为"地基处理的特点及要求"，船闸、升船机分别编写。

（12）补充完善"承船厢允许误载水深"，"下水式垂直升船机船厢结构"的内容。

（13）按出版编辑要求复核本章附图。部分示图细部不明、表达不规范，需重新绘制。

附件 3　第 3 章　其他过坝建筑物　审稿定稿意见

一、总体意见

（1）本章涉及的过鱼、过木及排漂三种水工建筑物，相关内容总体反映了国内外的科研成果和工程实践经验，编写内容比较完整、实用，编写结构合理。提供审查的稿件已根据专家的审稿意见、2010 年 12 月卷审会议纪要进行了修改。

（2）目前国内外对这三种建筑物设计、建设经验尚无系统总结资料，设计工作尚无规程、规范可循。《手册》及所引用的国内外工程实例对设计有指导意义。

二、主要修改意见

1. 第 1 节"过鱼建筑物"

（1）修改概述中过鱼对象的表述；修改完善基本资料，其中拦河坝对鱼类生态及渔业资源影响的内容修改列在概述中。

（2）修改按枢纽布置进行鱼道分类的相关内容。

（3）对手册中引用的鱼道池室最小尺寸等国外资料进行必要的分析说明。

（4）适当补充河道内鱼类保护措施的内容。

2. 第 2 节"过木建筑物"

（1）在概述中适当补充已建过木建筑物运用情况；说明近年来过木建筑物设计及应用情况。

（2）表 3-2-1、表 3-2-2 注明各工程建成时间及实际运用情况。

（3）"利用船闸过木"小节改为"利用通航建筑物过木"，适当补充相关内容。

（4）施工期木材水力过坝设计应注意的问题中补充对工程安全、人员安全的影响。

3. 第 3 节"排漂建筑物"

（1）适当补充坝身排漂孔的工程布置实例。

（2）复核"进水口型式选择"部分的表述。

（3）修改参考资料的标示方式。

4. 插图

对本章的图及图名进行修改完善，按出版编辑要求复核本章附图及照片；完善并适当删减部分照片；部分示图细部不明、表达不规范，需重新绘制。

附件4　第4章　闸门、阀门和启闭设备　审稿定稿意见

（1）建议增加第8节"拦污栅及清污机"，将第7节"启闭力计算与启闭机"中的清污机内容并入本节，并增加回转式清污机、拦污浮排内容。

（2）建议增加第9节"防腐蚀设计"。

（3）建议在第6节"机械零部件设计与埋设件设计"的"其他"条目中增加闸门防冰冻装置设计的内容。

（4）建议第1节"闸门、阀门和启闭设备"中取消筒形阀门内容，将"反钩闸门"内容精简后并入"平面闸门"条目。

（5）建议"翻板闸门"条目中补充界定水力自动翻板闸门使用范围。

（6）建议第4节"水力设计"中简化"闸门流激振动试验研究"内容，增加细化"防止和减轻闸门有害振动的方法"内容。

（7）建议充实"自动挂脱梁"条目内容。

（8）建议对第7节"启闭力计算与启闭机"中系列参数表进行调整、充实。

（9）建议对引用的公式和数据进一步复核。

附件 5　第 5 章　水闸　审稿定稿意见

（1）第 1 节 概述：将水闸的结构形式以及图 5-1-2～图 5-1-8 改到"二、闸的常用形式"部分展开来写，增加双扉门图例、有压涵闸和无压涵闸要调整水位标识，重新归类合并；立交地涵改称立交涵闸，拖板试验改称原位抗剪试验。

（2）第 2 节 总体布置：增加"穿越堤防的水闸布置，尤其是退堤或新建堤防处建闸，应充分考虑到堤防边荷载变化而引起的水闸不同部位的不均匀沉降。"。

（3）第 3 节 过流能力与闸室轮廓尺寸：自由出流和淹没出流要结合图 5-3-1 说明；图 5-3-2 表达不明显，结合图 5-4-5 修正；表 5-3-13 边墩列改为缝墩，增加一列边墩，中小跨度墩厚适当加大。

（4）第 4 节 消能与防冲：设计条件增加闸下河道渠化时分级泄水条件；去掉挑流消能计算内容；消力池抗浮稳定计算增加地下水位高于下游水位的条件；公式（5-4-14）增加河床土质不冲速度的取值表；图 5-4-8 铅丝石笼改为镀塑铅丝石笼并补充砌块海漫形式；图 5-4-9 去掉流速表示线；图 5-4-13 排水孔向下游移动；公式（5-4-7）要说明一下来处，和其他章节协调一下。

（5）第 5 节：表 5-5-1 和表 5-5-2 指标和表 5-5-5 内容重复，取消表 5-5-5，文字相应调整；改进阻力系数法参考规范进一步完善；调整或取消图 5-5-7，文字相应调整；理论扬压力往往与实际扬压力值有差别，可参考文献［12］求解或通过已建成工程测压管等观测数据进行修正；图 5-5-19 如果采用，需作进一步说明；增加"对于双向挡水闸，根据计算情况，必要时在排水孔出口增加逆止阀"内容。

（6）第 6 节 稳定分析：上下游连接段的边坡稳定计算参见第 6 卷第 6 章；进一步完善闸底板有较深齿墙时的抗滑稳定计算的条件。

（7）第 7 节 闸室结构设计应力分析：底板、闸墩构造配筋按照新规范修改；闸墩应力分析中的有限元分析部分调整到闸室结构的有限元方法段落中；胸墙部分内容合并到第 10 节。

（8）第 9 节 闸室混凝土施工期裂缝控制：进一步强调养护和保温措施；裂缝控制中补充纤维混凝土。

（9）第 10 节 附属结构和两岸连接建筑物设计：简化图 5-10-4；调整图 5-10-11；取消图 5-10-13，文字作相应修改。

（10）第 11 节 橡胶坝：取消表 5-11-3，增加文字说明。

（11）在相关的节中补充典型工程实例特性表。

《水工设计手册》(第2版)第7卷审稿定稿会参会人员名单

序号	姓名	单位	卷内职务
1	索丽生	民盟中央	全书主编
2	刘　宁	水利部	全书主编
3	郑守仁	长江水利委员会	技委会副主任、卷主审
4	徐麟祥	长江勘测规划设计研究院	技委委员、卷主审
5	林可冀	北京勘测设计研究院	技委委员、卷主审
6	王国仪	中国水利水电出版社	总责任编辑
7	刘志明	水利部水利水电规划设计总院	全书副主编、卷主编
8	温续余	水利部水利水电规划设计总院	卷主编
9	何定恩	水利部水利水电规划设计总院	编委会办公室
10	李丽艳	中国水利水电出版社	卷责任编辑
11	韩月平	中国水利水电出版社	卷责任编辑
12	徐建强	华东勘测设计研究院	特邀专家
13	胡亚安	南京水利科学研究院	特邀专家
14	田连治	长江勘测设计研究院	特邀专家
15	姚宇坚	水利水电规划设计总院	特邀专家
16	吴全本	北京勘测设计研究院	特邀专家
17	陈　霞	黄河勘测规划设计研究院	特邀专家
18	屠　本	河北省水利水电勘测设计院	特邀专家
19	苏加林	中水东北勘测设计研究有限公司	特邀专家
20	谢省宗	中国水利水电科学研究院	第1章审稿专家
21	朱光粹	长江科学院	第1章审稿专家
22	曲振甫	中南勘测设计研究院	第2章审稿专家
23	宗慕伟	南京水利科学研究院	第3章审稿专家
24	杨　清	长江勘测规划设计研究院	第3章审稿专家
25	宋维邦	长江勘测规划设计研究院	第3章审稿专家第2章主编
26	金树训	黄河勘测规划设计研究院	第4章审稿专家
27	沈德民	水利部水利水电规划设计总院	第4章审稿专家
28	张平易	江苏省水利勘测设计研究	第5章审稿专家
29	王力理	安徽省水利水电勘测设计院	第5章审稿专家
30	金　峰	长江科学院	第1章主编

序号	姓　名	单　　位	卷内职务
31	周鸿汉	成都勘测设计研究院	第1章参编
32	李延农	中南勘测设计研究院	第1章参编
33	孙双科	中国水利水电科学研究院	第1章参编
34	童　迪	长江勘测规划设计研究院	第2章参编
35	黄玉乾	广西电力工业勘察设计研究院	第3章主编
36	潘赞文	广西电力工业勘察设计研究院	第3章主编
37	莫伟弘	广西电力工业勘察设计研究院	第3章参编
38	李雪凤	广西电力工业勘察设计研究院	第3章参编
39	吴效红	长江勘测规划设计研究院	第3章参编
40	李中华	南京水利科学研究院	第3章参编
41	崔元山	中水东北勘测设计研究有限公司	第4章主编
42	卜建欣	中水珠江勘测设计研究公司	第4章参编
43	马东亮	中水淮河规划设计研究有限公司	第5章主编
44	段春平	中水淮河规划设计研究有限公司	第5章参编
45	任冬勤	水利部水利水电规划设计总院	编委会办公室

附录1.11　《水工设计手册》（第2版）第2卷、第3卷审稿定稿会纪要

2011年10月23—24日，《水工设计手册》（第2版）编委会在北京召开了第2卷《规划、水文、地质》和第3卷《征地移民、环境保护与水土保持》审稿定稿会。参加会议的有全书主编、副主编，技术委员会副主任、委员，以及审稿专家、卷（章）主编，责任编辑及编委会办公室成员等60余人（参会人员名单附后）。

全书主编索丽生、刘宁主持了会议，要求与会专家严格把关、畅所欲言，遵循"科学、实用、一致、延续"的原则，使《手册》做到"准确定位、反映特色、精选内容"，着重对书稿的内容进行认真审查；出版社的同志则侧重审查书稿的体例格式。通过大家的共同努力，确保书稿质量，使修编后的新版《手册》达到水利部部长、编委会主任陈雷所要求的"内容完整实用、资料翔实准确、体例规范合理、表达简明扼要、使用方便快捷，经得起实践和历史的检验"。

全书主编刘宁在总结发言中强调，第2卷、第3卷是水工设计的基础和前提，很重要，其内容应有很好的包容性与指导性。《手册》的内容要与现行的政策、法规相衔接，对于时效性太强、容易有变化的内容要考虑其取舍。各卷之间的内容要有搭接，但不要重复，本着后卷对前卷负责的原则进行编写，尤其对涉及知识产权的内容要特别关注。希望出版社能给出出版工作计划，但不能因为时间紧而放松图书质量。希望第6卷、第9卷能在今年11月开完全书的审稿会，并于2012年上半年完成全套《手册》的出版。

第2卷主编梅锦山和第3卷主编朱党生分别向会议汇报了本卷编写和审稿工作情况。会议对第2卷和第3卷各章分组进行了讨论，与会专家根据审稿要求，对上述两卷书稿进行了认真审查，讨论和解决定稿工作中需要协调的重大问题及具体修改事宜。

会议主要意见纪要如下：

（1）第2卷在第1版《水工设计手册》应用的基础上，作了全面修改、调整和补充，反映了当前我国水利水电工程规划、水文、地质方面的技术水平。第3卷是新增卷，在总结、归纳国内水利水电工程建设实践经验基础上，反映了水利水电工程建设征地移民、环境保护和水土保持技术特点和发展趋势。这两卷总结了实践经验和科技进步成果，妥善处理了修编工作中继承与创新的关系，兼顾并适应了水利工程和水电工程两套设计标准，基本达到了出版要求。

（2）第2卷中需注意协调的内容。

1）第1章中水土保持规划、水资源保护规划的内容与相关在编标准相协调。

2）第2章中的橡胶坝分类与第七卷中水闸的内容相协调。

3）第3章"工程地质与水文地质"与水力发电工程地质勘察规范相协调。

（3）第3卷中需注意协调的内容。

第2章环境保护宜与以下各卷（章）协调：

1）2.4.6　环境地质预测与评价一节与第10卷《边坡工程与地质灾害防治》相关内

容相协调。

2）2.4.2.1 水温分层预测与评价方法与第 5 卷《混凝土坝》中关于水库水温计算内容相协调。

3）2.6.4.2 水库分层取水设施设计侧重提出分层取水技术要求。建筑物结构设计并入第 8 卷《水电站建筑物》。

4）2.8.2 鱼道布置与设计需与第 7 卷泄水与过坝建筑物相关内容相协调。

5）2.9.1 土壤次生盐渍化防治与第 9 卷《灌排、供水》相关内容相协调。

6）将 2.5.2.1 "生态需水配置"该部分内容并入第 2 卷第 1 章 "流域规划"中。

7）水资源的开发利用程度等内容并入第 2 卷第 1 章 "流域规划"中。

（4）增加以下专项设计报告的编写要求。

1）节能减排、消防、劳动安全与工业卫生、水利水电工程运行管理放入第 2 卷第 2 章中。

2）灌区更新改造放入第 9 卷《灌排、供水》中。

（5）各卷（章）具体审稿定稿意见见附件 1 和附件 2。

（6）未经工程应用和检验的研究成果，不宜编入《手册》。对并列的多种计算方法或判断标准等，请主编单位和编写人员进一步分析评价，着重介绍规范上采用或经工程实践检验的方法。

（7）应按《手册》的编写要求，做到表述准确，文字精练，所列公式要正确无误，符号、名词术语要规范。具体要求见附件 3。

请出版社协同编写人员进一步核实技术保密和知识产权问题。

会议强调要按照陈雷部长的要求，高度重视、科学修编、集思广益、确保质量，出色完成修改定稿工作，确保《手册》先进、实用，无误导、无差错。

请各主编单位组织有关人员按纪要求和具体修改意见，精心修改，保证质量，于 2011 年 12 月底前提交审定稿。

附件 1：第 2 卷《规划、水文、地质》审稿定稿意见
附件 2：第 3 卷《征地移民、环境保护与水土保持》审稿定稿意见
附件 3：编辑出版主要要求

《水工设计手册》（第 2 版）编委会办公室

2011 年 10 月 24 日

附件1　第2卷《规划、水文、地质》审稿定稿意见

第1章　流　域　规　划

1．流域规划的主要内容与总体要求

（1）控制指标中明确三条红线的控制指标。

（2）将"5．梯级开发方案"调整为"干流及主要支流与湖泊规划"，其具体内容相应进行调整。

2．流域总体规划

修改完善"河流功能分区体系"的内容。

3．水资源供需平衡分析与配置

适当增加水资源配置方案的内容。

4．防洪规划

补充防凌的内容。

5．河道整治规划

简化"治导线规划"的内容。

6．灌溉规划

简化灌区布局原则，其他内容根据流域规划深度调整。

7．城乡生活及工业供水规划

加强需水预测内容，补充应急供水的要求。

8．航运规划

取消"建设重点和航运效益"，将航运效益的内容简化，并调整至第18节"规划实施效果评价"中。

9．跨流域调水规划

简化"调水工程总体布局"及"调水工程水利计算"的内容。

10．水土保持规划

参照《水土保持规划编制规程修订工作大纲》适当修改。

11．水资源保护规划

本节名调整为"水资源保护和水生态保护与修复规划"。将"六、水生态保护措施规划"调整为"水生态保护与修复规划"，并参照《全国主要河湖生态保护与修复规划》进行修改。

12．流域管理规划

适当简化本节内容。

13．梯级开发方案

第13节"梯级开发方案"调整至第16节"流域管理规划"前。

第 2 章 工程等级划分、设计阶段和枢纽布置

一、修改内容

第 2 章章名改成"工程等级划分、枢纽布置和设计阶段"。

第 1 节 水 工 建 筑 物 分 类

(1) 在图 2-1-1 整治建筑物的护岸工程中增加"水生态护岸(坡)"的内容。

(2) 在图 2-1-2 中:

1) 按建筑材料分,增加橡胶坝,以与第 7 卷中水闸的内容相呼应。

2) 水中倒土坝、抛投式筑坝现已基本不用了,建议删除。

3) 人工防渗材料坝,建议改成土工合成材料防渗坝。

(3) 坝型介绍时,文字要精练,对国际国内采用的坝型可用列表方式列出,如糯扎渡工程等。

(4) 正面描述面板坝的发展史;胶凝砂砾石坝和堆石混凝土坝列工程实例。

(5) 胶凝砂砾石坝及堆石混凝土坝,先介绍断面形式,再描述原理。

(6) 核实"三峡三期围堰高 121m,且在围堰期挡水发电,洪水标准 100 年一遇,按 1 级建筑物设计"有关内容。

(7) 海塘改为海堤。

(8) 介绍碾压混凝土坝时列工程实例;拱坝最高工程实例引用小湾工程。

(9) 删去预应力坝和装配式坝。

(10) 删除图 2-1-11 土基上水闸立体示意图。

(11) 增加宽尾墩不对称消能的型式、内消能(竖井旋流泄洪洞)的型式、空中对撞消能、水垫塘等型式。

(12) 补充防冲的内容(可只列名称)。

(14) 增加长距离输水需考虑非恒定流平压设施。

(15) 增加尾水建筑物内容,如变顶高尾水洞等。

(16) 鱼道增加仿生态要求。

(17) 增加潜坝的内容。

第 2 节 工程等级划分及洪水标准

(1) 水利水电工程、水电水利工程分别阐述,装机容量单位统一为兆瓦。

(2) 在水利工程中,增加调水工程导则内容。

(3) 随着国民经济的发展,说明工程采用标准的时效性。

第 3 节 枢 纽 布 置

(1) 影响枢纽布置的因素增加河道的形态和河势的影响内容。

(2) 地质的有关因素与第 3 章协调。

(3) 增加抽水蓄能电站内容,如天荒坪工程实例的内容等。

（4）当地材料坝增加糯扎渡电站内容。

第4节　水利水电工程设计阶段划分及报告编制要求

（1）增加水电的立项报告编制要求。

（2）增加水利水电招标文件编制要求。

（3）简化施工图设计要求。

二、建议

原计划 11 卷出版时间不变，对节能减排、消防、水库群的调度、水资源的综合利用和管理、水库除险加固和灌区的更新改造需增加的内容提出两条建议：

（1）增加一卷，明年再出。

（2）在本章中增加一节其他专项设计报告编写要求，包括节能、消防、劳动安全与工业卫生和运行管理等的主要编写内容。

第3章　工程地质与水文地质

（1）本章 11 节保留不变。

（2）节下的条、款建议作如下调整。

1）第 5、6 节中有关岩溶的部分，不单独列条，将相关内容拆散分别纳入有关条款中。

2）第 7 节地下洞室增加一条"地下洞室主要工程地质问题"，重点论述：涌水突泥、岩爆、外水压力和岩体抗力四个问题。

3）将第 5 节"五、深厚覆盖层坝基工程地质问题"移到第 10 节中，删去第 10 节"一、松散地基问题及评价"。

4）将原第 10 节"一、松散地基问题及评价"的有关内容纳入第 5 节"七、水闸、泵站"中，并适当丰富其内容。

5）第 1、2、5、6 几节，条的顺序做适当调整。

6）有些节和条的名称建议作适当修改，如第 7 节"地下建筑工程地质"改为"地下洞室工程地质"，第 10 节"五、含易溶盐石膏、铁明矾地层问题"改为"含易容盐地层问题"，并增加黄铁矿问题等。

（3）几个重点增加和改写的部分。

1）第 5 节二、中"（四）岩体（石）物理力学参数选择"部分增加水力发电工程地质勘察规范的相关内容。

2）第 4 节六、中"（五）易于产生水库诱发地震的地质条件"部分论述欠准确，需重写。

3）第 2 节"六、岩溶水文地质"需重新安排其下的条款，重写。

4）第 7 节"二、影响地下洞室稳定的地质因素"需简化重新组织改写。

5）第 5 节三、中"（三）变形参数的确定"的（3）改写为变形参数的取值。

（4）各节中都有许多重复或相近的论述，建议进行归并精简（详见本章讨论的修改建议纪要）。

(5) 建议本章文字再适当精练,说明性的、说理性的及一般原理性的文字均可删去。欠准确的文字,尤其是一些表中的说明文字请详细校对,斟酌修改。

(6) 其他具体修改意见,请参考本章讨论中提出的修改建议纪要

第4章 水 文 分 析 与 计 算

(1) 第9节"冰情分析"中适当补充工程施工和运行期冰情分析内容。

(2) 关于参考文献的引出,建议有统一格式,重要的公式、图、表引用应注明出处。

(3) 关于对全书的意见:重要的名词,建议能全书统一。

第5章 水 利 计 算

1. 水利计算的主要内容

补充水库特征值示意图。

2. 防洪工程

(1) 在水库调洪计算中,补充说明动库容调洪方法的适用条件及注意事项。

(2) 对水库蓄洪量的放大系数进行论证。

(3) 在防洪库容确定后,按照防洪库容与兴利库容的不同结合形式,修改完善拟定防洪限制水位的相应内容。

(4) 堤防设计水位计算的内容与第4章相应内容进行协调。

3. 供水工程

(1) 完善"供水工程组成"。

(2) 对八、中"(二)调出区可调水量计算"进行复核。

(3) 完善七、中"(五)水资源系统模拟模型"。

4. 灌溉工程

(1) 补充完善抗旱天数的具体规定。

(2) 增加蓄水灌溉工程调节计算的复蓄法内容。

(3) 补充水稻灌溉制度计算表。

5. 水电站工程

(1) 简化电力电量平衡内容。

(2) 修改电力系统容量组成相应内容。

(3) 复核有关抽水蓄能电站的有关内容。

6. 综合利用水库

(1) 增加防洪库容与兴利库容结合形式的附图,并统一结合库容的提法。

(2) 修改完善调度图。

7. 水库水力学

进一步完善不同淹没对象的淹没标准。

8. 河道水力学

进一步修改文字内容。

第6章　泥　沙

（1）建议适当简化南京水科院坝区泥沙模型实验资料分析内容。

（2）建议删去"水工建筑物模型的设计"，必要的内容纳入"河工模型的设计"。

（3）"三峡工程河工模型技术研究简介"标题太大，建议适当修改。

第7章　技术经济论证

（1）参照正在报审中的《水利建设项目经济评价规范》（SL 72）修订稿，对有关内容进行完善。

（2）简化和规范有关名词的解释。

（3）理顺国民经济评价中的效益计算内容。

（4）完善财务评价中公益性项目、准公益性项目和经营性项目的评价要求。

（5）按照财务评价需要，简化水价设计方法和测算要求。

（6）加强方案经济比较内容。

附件 2　第 3 卷《征地移民、环境保护与水土保持》审稿定稿意见

第 1 章　征　地　移　民

本组负责第 3 卷第 1 章 "征地移民" 的审稿工作。经过认真讨论，一致认为通过编写组的辛勤劳动，以及多次审查修改，提交的征地移民篇章内容全面、实用，编写结构总体上较为合理，已基本满足手册要求，但尚需对本章内容进行适当调整和修改。主要修改意见纪要如下：

（1）在保持章节内容完整、突出重点内容的基础上，适当简化涉及其他行业的设计内容，如第 7 节 "城（集）镇迁建规划" 中的具体布置图。

（2）各节中关于不同设计阶段的深度要求统一修改为 "各设计阶段的设计要求"。

（3）某些部分内容有重复，表格与文字说明应一致。

（4）对本章引用的公式和各个参数的单位应进一步校核。

（5）应统一本章中公式符号的定义。

（6）第 10 节 "防护工程" 名称调整为 "库区防护工程"，复核本节中关于浅水淹没区的含义、山洪防护标准与排涝标准的关系，在防护工程设计标准中进一步明确防护工程的防护对象。

（7）建议第 11 节 "水库水域开发利用" 与第 12 节 "库底清理" 顺序调换。

（8）第 12 节 "库底清理" 名称调整为 "水库库底清理"。

（9）第 13 节 "补偿投资概（估）算编制" 取消编制原则中的第五条，复核第六条的表述。其他节中相关补偿投资的内容宜调整在本节中说明。

（10）第 13 节中 "征收耕地的补偿倍数和安置补助倍数之和，应执行《移民条例》规定的 16 倍。" 建议修改为 "征收耕地的补偿倍数和安置补助倍数之和，应按国家和各省（自治区、直辖市）的有关规定执行。"

（11）第 14 节水库移民后期扶持中 "对纳入扶持范围的移民每人每年补助 600 元。" 建议修改为 "按现行政策规定，对纳入扶持范围的移民每人每年补助 600 元。"

（12）主编人员应根据上述审稿意见对本章进行统稿。

第 2 章　环　境　保　护

本次审查认为，本章在总结、整理、归纳和提炼国内水利水电工程环境保护科学研究、设计和工程实践经验基础上，明确了水利水电工程环境影响评价和环境保护设计的主要内容，全面反映了水利水电工程环境保护设计的技术特点和发展趋势。

第 3 卷第 2 章 "环境保护" 2011 年 9 月 28 日卷审后，编写人员与审稿专家按要求进行了修改。本次审查认为，本章框架结构合理，内容基本可行。

建议进行如下修改：

1. 与各卷、各章之间内容的协调

（1）2.4.6　环境地质预测与评价一节与第 10 卷《边坡工程与地质灾害防治》相关内容相协调。

（2）2.4.2.1　水温分层预测与评价方法需与第 5 卷《混凝土坝》中关于水库水温计算内容相协调。

（3）2.6.4.2　水库分层取水设施设计侧重提出分层取水技术要求。建筑物结构设计并入第 8 卷《水电站建筑物》。

（4）2.8.2　鱼道布置与设计需与第 7 卷中"泄水通航"相关内容相协调。

（5）2.9.1　土壤次生盐渍化防治与第 9 卷《灌排、供水》相关内容相协调。

（6）2.13.3　工程景观规划与绿化设计并入本卷第 3 章"水土保持"3.11.5 园林式绿化设计。

（7）节能减排、发展水电清洁能源设计内容放入流域规划。

（8）将 2.5.2.1"生态需水配置"该部分内容调整至第 2 卷第 1 章"流域规划"中。

2. 本章各节修改意见

（1）在 2.1　综述中补充水利水电工程建设对环境有利影响内容，体现水利水电建设趋利避害的原则。

（2）2.2 节 2.2.3 的中增加河湖连通性调查内容，同时 2.2.5 中增加河湖连通性评价内容。

（3）2.4 节水环境预测评价内容应按水质、水温、地下水预测评价编写。水温和富营养化预测评价采用最新规范推荐的方法和有关部委新的规定方法。地下水影响评价内容按最新规范修改后调整到水环境影响预测与评价中。

（4）简化 2.4.3.2 水生生态系统完整性的评价内容，使其具可操作性。

（5）按《风景名胜区条例》等现行国家法规修改 2.4.3.3 有关自然保护区和风景名胜区的内容。

（6）2.8 节水生生态保护增加鱼类以外的濒危、珍稀和特有水生生物保护，补充重要湿地保护设计内容。适当简化过鱼设施及鱼类增殖站细部结构设计。

（7）2.9.2　底泥处理措施中补充受污染底泥处置实用技术。

第3章　水　土　保　持

（1）本章术语、文字应进一步推敲和规范，可适当简化相关政策、法规方面的介绍，注意章节内的相互联系及照应，建议安排专人统稿。

（2）建议进一步完善弃渣场设计和拦渣工程设计。

（3）进一步商榷"防洪排导工程"的提法。

（4）土地整治工程设计章节中，应规范"植物措施"、"农业措施"的内容。

（5）干旱区防风固沙工程设计应注意植物种类的选择。

（6）建议在水土保持监测章节中补充"重力侵蚀监测"内容。

附件3 编辑出版主要要求

（1）名词、术语、量和单位力求统一。

（2）注意区分字母的大、小写，正、斜体，上、下角标。

（3）精选插图，图中和文字没有紧密关系的元素一律删除。

（4）公式准确、完整。统稿时应将图、表、公式号仔细核对，确保图文对应、表文对应。

（5）参考文献完整、标准。参考文献以章为单位编号列出，正文中引用处应标注其编号。引用的重要公式、图、表等，若出自参考文献，应注明参考文献编号，若不在参考文献中，需在相应的图、表或当前页下注明出处。

（6）语言精练，通达流畅。

（7）同一内容在不同节内以不同角度出现时，不能原样复制，内容应有所侧重。

（8）每章前的导言后应明确章主编和章主审、各节的编写人和审稿人。

（9）定稿后应向出版社提供文字书稿和插图图稿，图稿应保证图中的文字、符号、线条清晰可辨。

《水工设计手册》（第2版）第2卷、第3卷
审稿定稿会参会人员名单

序号	姓名	单　位	卷内职务
一、主编、副主编、技术委员会专家			
1	索丽生	民盟中央	全书主编
2	刘　宁	水利部	全书主编
3	郑守仁	长江水利委员会	技术委员会副主任
4	朱尔明	水利部	技术委员会副主任
5	高安泽	水利部	全书副主编
6	刘志明	水利水电规划设计总院	全书副主编
二、第2卷（章）主编、审稿专家及责任编辑名单			
7	陈德基	长江勘测规划设计研究院	技术委员会委员
8	富曾慈	国家防汛抗旱总指挥部办公室	技术委员会委员
9	曾肇京	水利部水利水电规划设计总院	技术委员会委员、第5章审稿专家
10	韩其为	中国水利水电科学研究院	技术委员会委员、第6章审稿专家
11	梅锦山	水利部水利水电规划设计总院	卷主编
12	侯传河	水利部水利水电规划设计总院	卷主编
13	司富安	水利部水利水电规划设计总院	卷主编
14	王志媛	中国水利水电出版社	责任编辑
15	王若明	中国水利水电出版社	责任编辑
16	陈炳金	长江勘测规划设计研究院	第1章审稿专家
17	谭培伦	长江勘测规划设计研究院	第1、5章审稿专家
18	徐麟祥	长江勘测规划设计研究院	第2章审稿专家
19	王行本	中水东北勘测设计研究有限公司	第3章审稿专家
20	徐福兴	长江勘测规划设计研究院	第3章审稿专家
21	宋子玺	中水北方勘测设计研究有限责任公司	第3章审稿专家
22	宋德敦	南京水科院水文所	第4章审稿专家
23	何孝俅	水利部水利水电规划设计总院	第5章审稿专家
24	李小燕	水利部水利水电规划设计总院	第5章审稿专家
25	潘庆燊	长江水利委员会长江科学院	第6章审稿专家
26	朱鉴远	成都勘测设计研究院	第6章审稿专家
27	林德才	水利部水利水电规划设计总院	第7章审稿专家

序号	姓名	单　位	卷　内　职　务
28	季　云	天津大学	第7章审稿专家
29	陈肃利	长江勘测规划设计研究院	第1章主编
30	黄建和	长江勘测规划设计研究院	第1章主编
31	李书飞	长江勘测规划设计研究院	第1章参编
32	沈长松	河海大学	第2章主编
33	吴永锋	长江勘测规划设计研究院	第3章主编
34	张明波	长江水利委员会水文局	第4章主编
35	吕孙云	长江水利委员会水文局	第4章参编
36	袁学安	中水北方勘测设计研究有限责任公司	第5章参编
37	吴晋青	中水北方勘测设计研究有限责任公司	第5章主编
38	安有贵	长江勘测规划设计研究院	第5章主编
39	王以圣	中水北方勘测设计研究有限责任公司	第5章参编
40	安催花	黄河勘测设计有限公司	第6章主编
41	张　建	黄河勘测设计有限公司	第6章参编
42	尹明万	中国水利水电科学研究院	第7章主编

三、第3卷（章）主编、审稿专家及责任编辑名单

序号	姓名	单　位	卷　内　职　务
43	董哲仁	中国水利水电科学研究院	技术委员会委员
44	陈　伟	水利水电规划设计总院	卷主编
45	朱党生	中水北方勘测设计研究有限责任公司	卷主编
46	黄会明	中国水利水电出版社	责任编辑
47	王晓峰	黄河勘测设计有限公司	第1章审稿专家
48	杨松德	中水北方勘测设计研究有限责任公司	第1章审稿专家
49	田一德	长江勘测规划设计研究有限公司	第1章审稿专家
50	金　弈	中国水电顾问集团北京勘测设计研究院	第2章审稿专家
51	焦居仁	水利部水土保持司	第3章审稿专家
52	刘世煌	水利部水利水电规划设计总院	第3章审稿专家
53	王礼先	北京林业大学	第3章审稿专家
54	潘尚兴	水利部水利水电规划设计总院	第1章主编
55	冯久成	黄河勘测设计有限公司	第1章主编
56	李世印	黄河勘测设计有限公司	第1章主编
57	姚玉琴	水利部水利水电规划设计总院	第1章参编

序号	姓名	单　位	卷 内 职 务
58	周奕梅	水利部水利水电规划设计总院	第2章主编
59	闫俊平	水利部水利水电规划设计总院	第2章参编
60	王治国	水利部水利水电规划设计总院	第3章主编
61	史志平	黄河勘测设计有限公司	第3章主编
62	李宝山	黄河勘测设计有限公司	第3章参编
63	孟繁斌	水利部水利水电规划设计总院	第3章参编
64	刘　飞	黄河勘测设计有限公司	第3章参编
四、其他人员			
65	何定恩	水利部水利水电规划设计总院	编委会办公室副主任
66	任冬勤	水利部水利水电规划设计总院	编委会办公室成员
67	管　蕾	水利部水利水电规划设计总院	编委会办公室成员
68	王照瑜	中国水利水电出版社	编委会办公室成员

附录1.12 《水工设计手册》（第2版）第6卷、第9卷审稿定稿会纪要

2011年12月3—4日，《水工设计手册》（第2版）编委会在北京召开了第6卷《土石坝》和第9卷《灌排、供水》审稿定稿会。参加会议的有全书主编、副主编，技术委员会副主任、委员，审稿专家，以及有关卷（章）主编，责任编辑和编委会办公室成员共62人（参会人员名单附后）。

全书主编刘宁主持了会议。索丽生主编作了讲话，要求与会专家严格把关、畅所欲言，遵循"科学、实用、一致、延续"的原则，使《手册》做到"准确定位、反映特色、精选内容"，对书稿进行认真审查。通过大家的共同努力，确保书稿质量，使修编后的新版《手册》达到水利部部长、编委会主任陈雷所要求的"内容完整实用、资料翔实准确、体例规范合理、表达简明扼要、使用方便快捷，经得起实践和历史的检验"。索丽生主编对全书的编写工作及进度提出了要求，希望加快工作进度，严格把关，确保质量，并以"后出卷服从前出卷"的原则，协调卷与卷之间的内容，努力实现明年上半年完成全书的出版目标。

会议听取了第6卷和第9卷主编关于两卷编写工作的汇报，分组对书稿进行了认真审查，讨论和解决了定稿工作中需要协调的重大问题及具体修改事宜。

会议主要意见纪要如下。

（1）第6卷和第9卷在第1版《手册》的基础上，总结、归纳了国内水利水电工程建设实践经验，作了全面修改、调整和增补，反映了当前我国水利水电工程土石坝和灌排、供水方面的技术水平，注重了科学性和实用性，妥善处理了修编工作中继承与创新的关系，兼顾并适应了水利工程和水电工程两套设计标准，基本达到了出版要求。

（2）各卷需协调的内容。

1）第6卷中需协调的内容。第5章第1节中"三、河道水力计算"与第1卷第3章相关内容、第3节中"三、潮汐河口泥沙运动"与第2卷相关内容需进行协调。

2）第9卷中需协调的内容。第1章第3节"灌区需水量"与第2卷第5章"水利计算"相关内容、第1章第4节"水源及水利计算"中"地表取水工程水利计算"与第2卷第5章"水利计算"相关内容，以及第1章第5节中"承泄区设计水位和库容的计算"，及第6节中"渠道设计流量"、"排涝设计流量的计算"等内容与第2卷第5章"水利计算"的相关内容需进行协调。

（3）第6卷、第9卷具体审稿定稿意见分别见附件1和附件2。

（4）未经工程应用和检验的研究成果，不宜编入《手册》。对并列的多种计算方法或判断标准等，请主编单位和编写人员进一步分析评价，着重介绍规范上采用或经工程实践检验的方法。

（5）书稿要做到表述准确，文字精练，所列公式要正确无误，符号、名词术语要规范。具体编写要求见附件3。

请出版社协同编写人员进一步核实技术保密和知识产权问题。

（6）请各卷主编单位组织有关人员按纪要要求和具体修改意见，精心修改，保证质量，第6卷于2011年12月底、第9卷于2012年2月15日前提交审定稿。

附件1：第6卷《土石坝》审稿定稿意见
附件2：第9卷《灌排、供水》审稿定稿意见
附件3：编辑出版主要要求

《水工设计手册》（第2版）编委会

2011年12月20日

附件1 第6卷《土石坝》审稿定稿意见

第1章 土质防渗体土石坝

一、总体意见

经过几轮编审，本章基本满足出版要求。

二、各节主要修改意见

1. **第4节 筑坝材料的工程特性**

（1）"第4节 筑坝材料的工程特性"节名与第5节中的小标题重复，改为"第4节 筑坝材料的基本性质"。

（2）特殊土的分类，图1-4-2，图名改为"特殊土在塑性图中的位置"。

（3）"筑坝材料的抗剪强度"中摩尔-库伦公式改为库伦公式；"（二）"和"（三）"改为"（二）非线性抗剪强度公式"，分别列出非线性抗剪强度的对数函数表达式和指数函数表达式。

（4）分散性土判别不能仅以"针孔试验"为主，应以"针孔试验"和"双比重计试验"为主。

2. **第5节 筑坝材料选择与填筑设计**

（1）"图1-5-31典型黄土类土的抗剪强度试验成果"不能说明问题，应予以调整；"表1-5-22表征膨胀性指标的膨胀土分类法"不能作为膨胀土的分类方法；"表1-5-40小于5mm颗粒含量与建议孔隙率关系表"，小于5mm颗粒含量只是影响孔隙率的因素之一，建议删除。

（2）将各种填筑材料的工程性质和填筑要求放在一起编写。

3. **第7节 砂砾石坝基处理**

（1）土截水槽不限于坝基小于20m的深度。地质条件和施工条件允许时可加深；国内防渗墙的施工技术水平已超过100m，透水坝基采用防渗墙时可不仅限于100m。

（2）帷幕的厚度中，一般水泥黏土浆，允许水力坡降值可采用3～4，必要时可适当放宽。

（3）删除表1-7-1中泥浆槽防渗墙有关内容。

4. **第8节 岩石坝基处理**

帷幕厚度的确定采用水工建筑物水泥灌浆施工技术规范规定的方法。

5. **第11节 渗流计算**

（1）目前多用有限元进行渗流计算，列出的渗流计算公式太多，实际应用的不多，应进行简化。

（2）归纳整理渗透稳定计算，应与《水利水电工程地质勘察规范》（GB 50487—2008）一致。

（3）"（四）无黏性土接触性冲刷的临界渗透坡降"和"（五）黏性土的渗透变形型式及临界渗透坡降"工程上用得不多，应删除。

6. 第 12 节 稳定分析

删除"基于稳定安全系数的可靠度分析方法"。

第2章 混凝土面板堆石坝

一、总体意见

本章内容根据我国 20 多年来面板坝技术进步与发展成果，作了较全面总结和增补，明确了混凝土面板堆石坝设计的主要内容，列举了大量国内外具有代表性的面板堆石坝工程实例，基本反映了我国当前水利水电工程中面板坝应用技术水平。本章框架结构合理，内容全面，基本达到了出版要求。

二、各节主要修改意见

（1）2.1.1 中，坝体分区的代号应与已颁布的面板坝规范一致。

（2）2.1.2 中，增加说明我国研发的堆石坝体内部变形监测仪器是具有"长距离、大量程"的特点。

（3）2.2.1 中，删除土质心墙坝与面板堆石坝坝型比较的相关内容。

（4）2.2.2 中，增加引水建筑物及发电厂房等的布置。

（5）2.2.2.2 中，简述坝身溢洪道水力学计算相关内容。

（6）在 2.2.2.4 导流建筑物布置中，需要强调截流枯季围堰挡水，第一个汛期抢临时断面拦洪，是最经济、高效的导流方案，宜优先考虑。

（7）在 2.2.2.4 导流建筑物布置中，增加天生桥一级汛期坝面过水的实际情况和三板溪面板坝临时度汛挡水断面的规模等内容。

（8）删除 2.3.3.4 节内容。

（9）2.3.6 中，按照当前堆石坝下游堆石区的设计与填筑情况，修改堆石坝下游堆石区的特性。

（10）2.3.8.2 中，增加部分国内面板砂砾石坝的相关实例。

（11）2.3.8.3 中，增加沟后面板堆石坝复建的情况。

（12）2.3.9.3 中，增加部分国内软岩筑坝的相关实例。

（13）2.5.3.1 止水结构形式中，说明澳大利亚早期建成的面板坝不设表层止水的经验已不是目前推广的趋势。

（14）2.8.4.2 中，增加说明紫坪铺面板堆石坝地震超高的相关设计数据。

（15）统一文中"流变"和"蠕变"的提法，建议统一为"流变"。

（16）2.8.3.2 中，适当修改紫坪铺面板坝在汶川地震后震损震害的描述。

（17）2.8.4.2 中，进一步明确坝顶超高的确定依据。

（18）2.9.1.2 中，增加说明坝体预沉降控制指标。

（19）2.9.2.2 中，增加公伯峡面板堆石坝的挤压边墙设计技术参数。

（20）建议在 2.1 节增加超高面板堆石坝建设经验的总结和建议。

（21）更换面板坝应力应变分析计算实例，增补算例要简化内容，并有观测成果对比。

（22）对文字和表格进一步认真校核。

第3章 沥青混凝土防渗土石坝

一、总体意见

本章系统地总结了20多年来国内外沥青混凝土防渗技术的先进科研、设计与工程应用成果,明确了沥青混凝土防渗土石坝设计的主要内容与工作重点,较全面地反映了水利水电工程沥青混凝土防渗的技术特点和发展趋势。本章框架结构合理,内容较全面,基本达到了出版要求。

二、各章节相协调的部分

第5节"碾压式沥青混凝土心墙坝设计"中水力劈裂问题的表述应与第1节"心墙技术特点"中的表述协调一致。

三、各节主要修改意见

(1)应注意本章章节之间内容的协调与呼应。

第1节"概述"中增加土石坝坝型选择时如何考虑沥青混凝土防渗土石坝技术的表述,集中归纳其优点和适用性等。

(2)浇筑式心墙应补充设计者应关注的关键问题,如变形过大的问题等。

(3)第1节"概述"中增加土石坝坝型选择时,如何考虑沥青混凝土防渗土石坝技术的表述,集中归纳其优点和适用性,给《手册》使用者提供一个清晰的概念。

第1节"一、水工沥青混凝土的发展与现状"中,第1页第4段增加天荒坪沥青混凝土防渗的工程的内容。

第1节"二、沥青混凝土防渗结构布置与技术特点"中增加反映国内技术特点的内容,如面板部分西龙池的低温抗裂水平、心墙部分的坝高水平。

(4)第5节"碾压式沥青混凝土心墙坝设计"中涉及的重点问题表述不清晰,文字欠精练,如心墙结构分析研究、本构模型、参数敏感分析、水平位移、反演分析等。K值问题的表述应精练,以能准确给出设计者应注意的问题。有一些探讨性的问题与概念可简化或略去。

(5)浇筑式心墙应补充设计关注的关键问题,如变形过大的问题等。

第4章 其他类型土石坝

一、总体意见

本章在总结、归纳和整理分析国内外其他类型土石坝研究、设计和工程实践经验的基础上,编写完成了土工膜防渗土石坝、水力冲填坝、淤地坝和定向爆破坝等4种不同坝型的设计内容,其内容框架结构合理,内容全面,表述准确,可操作性强,全面反映了这几种坝型设计的技术特点和发展趋势,基本达到了出版要求。

二、各节主要修改意见

(1)第1节"概述"与其他各节中的概述注意内容的衔接,应避免重复,做到协调完善,反映各种坝型的特点、适用性以及应注意的问题。

(2)第2节"土工膜防渗土石坝"土工膜种类和指标内容中整合相关表述,规范相应技术标准的编写要求;对于土工膜厚度设计方法部分,校核不同设计方法的来源和出处;

补充表 4-2-9 中近期国内工程案例，完善图 4-2-7；完善土工膜防渗土石坝的排水、排气设施部分内容；完善西霞院工程设计背景，突出其坝型优势。

（3）完善第 3 节"水力冲填坝工程案例"内容，增加相应典型案例，以反映其最新成果。

（4）第 4 节"淤地坝"编写宜参照本章其他各节内容和体例格式编写，尽可能增加相应图表等，使其具有可操作性。同时完善工程案例内容，增加相应典型案例。

（5）第 5 节"定向爆破坝"，在概述中增加其优缺点、防渗形式和对环境影响等内容，完善爆破设计、爆破对环境影响和防渗设计等内容。

（6）完善各节图表标注和体例格式。

第 5 章　河道整治与堤防工程

一、总体意见

审稿专家逐节对本章进行了梳理，认为本章在总结我国河道整治和堤防工程的多年工程实践基础上，归纳了河道整治和堤防工程规划设计的主要内容，阐述了河道整治和堤防工程设计的要点。本章框架结构合理，思路明晰，内容翔实，基本达到了出版要求。

二、与各卷（章）之间内容的协调

（1）第 1 节中"三、河道水利计算"与第 1 卷第 3 章中相关内容相协调。

（2）第 3 节中"三、潮汐河口泥沙运动"与第 2 卷中相关内容相协调。

（3）已经按照上次的审稿意见，对涉及堤防稳定计算、渗流计算、沉降计算等进行了删减，是否与前面章节协调请审定。

（4）《堤防工程设计规范》（GB 50286—1998）目前已修订完成但未公布，本章仍引用该规范。海堤规范类推。

三、各节主要修改意见

1. 第 1 节

（1）河势控制的描述从第 12 页移至第 10 页，与河道整治任务相一致。

（2）中水河床应界定岸线，从岸线控制的角度来阐述。

（3）修改标题：如"二、河道整治规划原则"下的 6 个小标题，四、（一）"河床演变资料分析"修改为"历史演变及实测资料分析"等。

（4）在"五、河道整治设计标准"中加入"充分考虑大江大河上修建工程后清水下泄的影响。"

（5）在"六、整治工程总体布置"中加入"加强监测大江大河上修建工程后清水下泄的影响，发现问题及时处理调整，以达到整治工程的目的。"

2. 第 2 节

（1）修改目录；如"河段"改为"河道"；"浅滩演变及整治"改为"平原河道浅滩演变及整治"等。

（2）用较新工程成果修改部分分汊型河道和弯曲型河道的演变和整治。

3. 第 3 节

（1）修改题目：如"五、整治方案效果分析及评价"改为"5)整治方案比选"，并纳入"四、潮汐河口整治规划设计"中。

（2）河口的界定涉及水利部与其他部门关于海洋的划分。将第57页中"河口"的定义重新说明一下。

（3）加强滩涂利用的成分，将"5）滩涂利用规划"单独列出，改为"五、滩涂保护和利用"。

（4）将第81页中的"筛选"改为"比选"。取消"方针"、"存在问题"等用词。定义第82页的"径潮比"。

4. 第4节

（1）海堤工程基础处理用爆破法比较多，建议增加工程案例，引用相关规范。

（2）对沉降量计算公式中的 m 值，取消堤高对其取值的影响，增加在海堤设计中对其取值的范围。

（3）插图绘制没有统一标准，应规范。

（4）桩基处理内容不够全面，什么条件选用哪种类型，没有界定。

（5）穿堤建筑物部分增加堤基过流建筑物防冲要求和监测内容。

（6）围海堵口工程设计中堵口材料的块石粒径计算引用第298页的计算公式。

5. 第5节

（1）小部分内容进一步修改补充。

（2）进一步完善平顺护岸的内容。

（3）第298页与第299页中的公式重复，进一步核实参数的取值。

（4）建议取消确定造床流量中的输沙能力法。

6. 第6节

（1）增加疏浚软土的处理。

（2）推敲表5-6-11中"适宜性"的有关用词。

（3）主要施工设备的选用应考虑设备换代的因素，并加以说明。

第6章 灰 坝

一、总体意见

编写内容总结了我国灰坝工程技术的新观念和新方法，反映了我国灰坝工程设计水平，注重了科学性和实用性。根据数次审查意见进行了认真的修改，做到了文字精练，图文并茂。

二、各节主要修改意见

（1）进一步精练概述中关于燃煤电厂、灰渣等情况的阐述。

（2）第1页倒8行改为"灰渣是燃煤电厂排除的粉煤灰和炉底渣的总称"。

（3）第2页倒1行改为"4）与厂内干式除灰系统协调，并利于灰渣资源化。"

（4）将全章中的"建（构）筑物"改为"建筑物"。

（5）第8页第9行"挡水坝"改为"挡灰坝"

（6）第36页6-4-26式应改正。

（7）第41页6-4-36式排列宜改正。

（8）第98页倒2行的"不透水的"加在均质黏性土坝之前，考虑是否删去前一句话。

（9）第191～192页3个小标题中"干贮灰场"改为"干灰场"。

（10）第212～213页第4、5节合并精练，写成"贮灰场设计的环境保护要求。"

（11）进一步精练图与图中说明，使之符合出版社制图要求。

（12）进一步协调各节内容，同一贮灰场的内容进一步调整在一小节中。

附件 2 第 9 卷《灌排、供水》审稿定稿意见

第 1 章 灌溉、排水与供水规划

一、总体意见

本章已按上次审查意见对其体例进行了调整，在上一稿基础上作了大量修改补充。吸纳了近年来国内有关灌溉排水规划方面的新思想、新方法，更新和补充了有关的资料和数据，对第 1 版《手册》中有关灌溉排水工程规划的部分进行了合理取舍，适当补充了与灌区规划有关的供水方面的基本内容，并对其相应章节作了修改和补充。章节清晰、合理，文字通顺，数据合理，内容比较全面，基本达到了出版要求。

二、主要修改意见

1. 与其他卷章相协调的部分

（1）第 5 节"工程总体规划"中"五、田间工程"部分的"地面灌水技术"移至第 5 章"节水灌溉"，"地下渠道"移至第 4 章的相关部分。

（2）第 6 节"灌排渠沟设计流量及水位推算"与第 3 章"灌排渠道与管道"的相关内容相协调。

（3）第 7 节"排水工程设计"整体移到第 3 章"灌排渠道与管道"中。

2. 各节主要修改意见

（1）作为设计者的工具书，编写内容应着重放在规划设计方法和参考资料，注意与教科书的区别。

（2）本章中所引用的计算公式均应编号，在文字表述中用"可按"或"采用"某公式的方式表达。

（3）建议将田间排水工程设计等相关内容并入到第 3 章中，同时对本章中属于一般常识性和教科书式的论述内容予以删节。

（4）在第 2 节的"灌溉设计标准"中补充灌溉设计保证率应采用的经验频率法的计算公式和喷微灌工程的设计标准。

（5）第 4 节建议删除有关"拦河坝高度的确定"、"拦河坝的防洪校核及上游防洪设施的确定"等内容。

（6）第 5 节中承泄区设计水位需简化。

（7）第 6 节中各级渠道设计流量推算和排水设计流量需简化。

（8）补充 3、4、5、6 节中供水相关内容。基本资料中增加供水水源现状资料，补充生态供水标准；考虑供水方面的内容，修改关于设计流量和加大流量等内容的表述。

（9）灌区需水量分析中取消"灌区"；补充完善生态供水内容，有坝取水按闸坝取水和水库取水分列。

（10）相关建筑物的高程和尺寸等并入相应渠系及建筑物章节。

（11）建议具体修改

1）第 5 页水源选择放到水源工程规划中。

2）第31页充实"工业用水"和"生态用水"内容，补充灌溉制度算例。

3）第40页、第42页表3-34，表3-35针对生态供水保证率的写法，纠正规划引用中不一致的地方。

4）第48页设计代表年法中不合适部分。

5）第51页设计引水流量确定标准需核实。

6）第10页表2-4水稻的耐渍深度标准是否合适，建议略去。

7）第20页表3-3～表3-10应将单位统一为 mm 或 m³/亩。

8）第28页表3-19数据应核实（时段初～时段末计划湿润层深度部分数据有误）。

9）第35页表3-30土坝类别与工程分类。

10）第56页公式（4-13）应删除 h。

11）第74页附注有错，应改正。

12）第107页调整地下渠道断面形式及举例。

13）第115页图5-21，应改为"沟一渠一路一田块"。

14）第124页航运水深见表7-10有误，应修正。

15）第126页井距计算公式变量符号未解释完整。

16）关于灰土暗渠，资料应更新。

17）补充内容：①"工业用水补充成果合理性分析"中补充趋势分析法、弹性系数等综合分析法。②补充生态用水定义和内容。

第2章　引水枢纽工程

一、总体意见

本章总体上满足出版要求。

二、各节主要修改意见

1. 第1节　引水枢纽工程概况

将引水枢纽类型改为三种，无坝引水、有坝引水、水泵引水，其中有坝引水又分为闸堰引水和水库引水两类；补充每种类型的工程实例。

2. 第2节　无坝引水枢纽布置

（1）公式（2-2-1）到公式（2-2-2）补齐中间过程变换，或简单地给出公式结果。

（2）第7页补 U_y（横向流速计算）的方向标示。

（3）供设计使用的参数关系曲线图2-2-4，应标出处。

（4）针对典型的无坝引水工程，补充工程实例，可供设计人员参考。

3. 第3节　有坝引水枢纽工程布置

（1）按第1节的修改，将有坝引水分为闸堰引水和水库引水两类。本节主要讲堰闸引水，水库引水移入其他相关章节（分层引水在水库引水中）。

（2）补充有坝工程引水防沙工程实例。

（3）增补相应枢纽布置的工程实例；增加闸、堰引水布置。

（4）纠正图2-3-1沉沙槽式引水枢纽布置中的错误。

（5）公式中符号说明、新符号说明外，老符号应说明"符号定义见……"。

（6）增加国内经典工程范例。

4．第4节 沉沙池

（1）第1版《手册》中的常用部分仍应纳入本版《手册》；

（2）补充沉沙池工程实例。

5．其他修改意见

（1）目录按四级编写，图中（*a*）、（*b*）、（*c*）分图均应赋名，$V_{平均}$ 应统一。

（2）将第1版《水工设计手册》中工程布置内容摘录过来。

（3）对少数不规范或不准确的语句进行修改。

（4）在各节出现的公式中补充式中的单位。

（5）按出版要求规范图、表。

第3章 灌排渠道与管道

一、总体意见

本章总体上满足出版要求。章名不变，在章节说明文字中应说明本章包括灌渠、排沟和管道三部分；与第1章"灌溉、排水与供水规划"协调，流量放到第1章，选线设计及渠系建筑物设计放在本章。

二、各节主要修改意见

（1）第1节"渠道工程设计"与第3节"渠道衬砌及防冻胀工程设计"合并为一节，内容包括布置、断面、防渗、防冻胀、防扬压排水内容。

（2）第74页中国气候区划图等应附来源。

（3）第17页表3-1-21不清。

（4）第18页公式（3-1-30）、公式（3-1-31）、公式（3-1-33）不清。

（5）第40页 Z 的下标有误。

（6）第83页"稳定处理"部分排版有误。

（7）第90页"因结度"改为"固结度"。

（8）第127页公式（3-4-6）不清。

（9）第129页公式不清。

（10）第148页公式（3-4-20）不清。

第4章 渠系建筑物

一、总体意见

本章总体上满足出版要求。各建筑物主要依据中国水利水电出版社已出版的《灌区建筑物》丛书各相应分册编写的，建议注意技术书籍用语和手册用语的区别，注意引用时不发生版权纠纷。

二、各节主要修改意见

（1）适当调整与第3章的分工，研究第3章中管道与第4章的分工，建议管道内容纳入第4章。

（2）补充最新的已施工的大跨度大流量建筑物范例。

（3）补充渡槽与倒虹吸方案比选的原则和要求。

（4）对渡槽等设计所需基本资料放到合适位置；渡槽分类中按施工方案 5 中"预应力渡槽"研究其位置。

（5）渡槽等建筑物的水力计算部分宜前移。

（6）跌水部分增加应用范例。

（7）倒虹吸分类中缺少地埋式（过河）倒虹吸的布置内容。

（8）各建筑物的结构计算提示应加强。

（9）改错：图 4-1-1"连接段"位置不对，文字图表中有误。

第 5 章　节 水 灌 溉

一、总体意见

本章总体上满足出版要求。

二、各节主要修改意见

（1）建议将本章章名下的两个自然段文字修改后并入第 1 节"概述"中。

（2）本章已按上次审查意见要求增加了地面灌溉的相关内容，但其中漫灌属常规技术应删节，并应增加大棚灌等相关内容。

（3）建议对本章采用的计算公式及其符号和计量单位应进行核对和补充。同时应核减计算公式中的推导过程。

（4）对本章所引用的公式及其参数表格均应说明引自何处、何文。

（5）建议增加喷微灌的典型案例。

（6）第 7 页、第 27 页、第 34 页、第 36 页、第 43 页、第 51 页中有错误，应收正。

（7）增加波涌灌内容，取消公园、高尔夫球场灌溉等内容。

第 6 章　泵　　站

一、总体意见

本章按上次审查要求进行了插图修改、公式和编写内容的调整等，增加了泵站水锤及防护的章节，增加了泵站整体式底板少缝或无缝设计与施工的内容，使本章内容更加完整，补充反映了设计和施工的新技术。修改后的泵站部分总结、整理、归纳了国内近年来水利工程中泵站建设成果，体现了泵站设计的新理念和发展趋势，泵站部分的编写有必要的理论、公式和图例说明，基本做到了图文并茂，对设计人员具有指导作用。总体上满足出版要求。

二、各节主要修改意见

（1）将泵站水锤及防护改为第 8 节，断流装置改为第 9 节，其他型式泵站改为第 10 节。

（2）本章节中所引用的规范宜增加年号。

（3）整理 6.1.1 节内规范的顺序，"水利水电工程可行性研究报告编制规范"、"水利水电工程初步设计报告编制规范"可删除。

（4）在 6.2 节中增加选用高效模型水泵的要求。

（5）6.2 节中大中型水泵和电机的表格宜考虑排列顺序。

（6）宜进一步完善 6.2 节中的蓄能式油压系统图 6.3 - 3。

（7）宜对 6.4 节各插图的名称作进一步整理，注意枢纽和泵站名称的正确表示，注意枢纽图、平面图、剖面图的差别及其表示。

（8）宜进一步核对 6.5 节中的部分公式。建议参考水电站厂房部分的编写方式，简单的结构计算公式、示图可以简化，在不同型式泵房中平衡表示。

（9）整理 6.5 节插图中的尺寸，表达尽可能精练，体现主要控制尺寸。图中的尺寸宜有单位。

（10）完善第 6.6 节表示图，增加 6.6 - 8 立面图。

（11）增加第 6.6 节中图 6.6 - 5 中进水池不合适形状的说明，完善原因分析和解释。

（12）完善第 6.6 节的淹没水深公式的表述，提出重要和特殊工程，针对这两种情况，在费用影响不大时，可考虑选取系数大值。

（13）核对第 6.7 节的肘型进水流道的计算公式。

（14）核对第 6.7.3 节流道图的称号，修改效率表示。

（15）修改原第 6.8 节中自由侧翻式拍门撞击力的计算，简化表示，可参考泵站设计规范及文献"自由侧翻式拍门撞击力计算"。

（16）在飞轮水锤防护措施中，宜增加电机功率选取的要求。

第 7 章 村 镇 供 水 工 程

一、总体意见

本章吸纳了近年来国内有关村镇供水工程方面的新思想、新方法，提出的设计思路、章节布置合理可行。内容清晰，文字通顺，数据合理，内容比较全面，基本达到了出版要求。

二、主要修改意见

（1）建议与本章第 1 节中水质内容进行协调。

（2）建议与本章泵站内容进行协调，各有其侧重。

（3）建议结合最近工程实例对原有工程实例进行适当更新。

（4）由于书稿完成后尚未进行章审，本次完成修改后对其进行单独章审后再定稿。

附件3　编辑出版主要要求

（1）名词、术语，量和单位力求统一。

（2）注意区分字母的大、小写，正、斜体，上、下角标。

（3）精选插图，图中和文字没有紧密关系的元素一律删除。

（4）公式准确、完整。统稿时应将图、表、公式号仔细核对，确保图文对应、表文对应。

（5）参考文献完整、标准。参考文献以章为单位编号列出，正文中引用处应标注其编号。引用的重要公式、图、表等，若出自参考文献，应注明参考文献编号，若不在参考文献中，需在相应的图、表或当前页下注明出处。

（6）语言精练，通达流畅。

（7）同一内容在不同节内以不同角度出现时，不能原样复制，内容应有所侧重。

（8）每章前的导言后应明确章主编和章主审、各节的编写人和审稿人。

（9）定稿后应向出版社提供文字书稿和插图图稿，图稿应保证图中的文字、符号、线条清晰可辨。

《水工设计手册》（第2版）第6卷、第9卷审稿定稿会
参会人员名单

序号	姓 名	单 位	卷内职务
一、领导名单			
1	索丽生	民盟中央	全书主编
2	刘 宁	水利部	全书主编
3	郑守仁	长江水利委员会	技术委员会副主任
4	朱尔明	水利部	技术委员会副主任
5	高安泽	水利部	全书副主编
6	王柏乐	水利部水电水利规划设计总院	全书副主编
7	刘伟平	水利部水利水电规划设计总院	院长
8	汤鑫华	中国水利水电出版社	社长
9	刘志明	水利部水利水电规划设计总院	全书副主编
10	周建平	水利部水电水利规划设计总院	全书副主编
11	王国仪	中国水利水电出版社	总责任编辑
二、第6卷（章）主编、审稿专家及责任编辑名单			
12	林 昭	中水北方勘测设计研究有限责任公司	技术委员会委员、第1章审稿专家
13	殷宗泽	河海大学	第1章审稿专家
14	徐麟祥	长江勘测规划设计研究院	技术委员会委员、第2章审稿专家
15	蒋国澄	中国水利水电科学研究院	技术委员会委员、第2、4章审稿专家
16	赵增凯	水利部水利水电规划设计总院	第2章审稿专家
17	肖贡元	上海勘测设计研究院	第3章审稿专家
18	郝巨涛	中国水利水电科学研究院	第3章审稿专家
19	张永哲	中国水利水电科学研究院	第4章审稿专家
20	余文畴	长江水利委员长江科学院	第5章审稿专家
21	袁文喜	浙江省水利水电勘测设计院	第5章审稿专家
22	季超俦	长江勘测规划设计研究院	第6章审稿专家
23	关志诚	水利部水利水电规划设计总院	卷主编
24	孙春亮	中国水利水电出版社	责任编辑
25	高广淳	黄河勘测设计有限公司	第1章主编
26	孙胜利	黄河勘测设计有限公司	第1章主编

序号	姓　名	单　　位	卷内职务
27	王新奇	黄河勘测设计有限公司	第1章主编
28	熊泽斌	长江勘测规划设计研究院	第2章主编
29	花俊杰	长江勘测规划设计研究院	第2章参编
30	鲁一晖	中国水利水电科学研究院	第3章主编
31	魏迎奇	中国水利水电科学研究院	第4章主编
32	林少明	中水珠江规划勘测设计有限公司	第5章主编
33	刘小曼	中水珠江规划勘测设计有限公司	第5章参编
34	郦能惠	南京水利科学研究院	第6章主编
三、第9卷（章）主编、审稿专家及责任编辑名单			
35	汪易森	国务院南水北调工程建设委员会办公室	技术委员会委员
36	司志明	水利部水利水电规划设计总院	第1～5章审稿专家
37	张展羽	河海大学	第1章审稿专家
38	徐云修	武汉大学	第2章审稿专家
39	陈大雕	武汉大学	第3章审稿专家
40	严登丰	扬州大学	第6章审稿专家
41	陈登毅	江苏省水利水电勘测设计研究院	第6章审稿专家
42	董安建	水利水电规划设计总院	卷主编
43	李现社	水利水电规划设计总院	卷主编
44	王　勤	中国水利水电出版社	责任编辑
45	黄介生	武汉大学水利水电学院	第1章主编
46	石自堂	武汉大学水利水电学院	第2章主编
47	罗金耀	武汉大学水利水电学院	第3、5章主编
48	方朝阳	武汉大学水利水电学院	第4章主编
49	吴文华	浙江水利河口研究院	第4章参编
50	胡德义	上海勘测设计研究院	第6章主编
51	刘文朝	中国水利水电科学研究院	第7章主编
52	林德才	水利部水利水电规划设计总院	特邀
53	李　林	水利部水利水电规划设计总院	特邀
四、编委会办公室及其他人员名单			
54	何定恩	水利部水利水电规划设计总院	编委会办公室
55	雷兴顺	水利部水利水电规划设计总院	

续表

序号	姓名	单位	卷内职务
56	王志媛	中国水利水电出版社	编委会办公室
57	任冬勤	水利部水利水电规划设计总院	编委会办公室
58	王照瑜	中国水利水电出版社	编委会办公室
59	宋晓	中国水利水电出版社	责任编辑
60	管蕾	水利部水利水电规划设计总院	
61	吕洁	水利部水利水电规划设计总院	
62	王小平	黄河勘测设计有限公司	

附录 1.13 《〈水工设计手册〉(第 2 版) 述评·纪事卷》编写工作大纲

一、编写目的

记载《水工设计手册》(第 2 版)编写者的所为和所感、专家评论,阐述《手册》使用说明和导语,让读者了解编辑意图,掌握阅读重点,提高阅读兴趣;记述《手册》编制过程和重大事件。

二、编写组织

本卷作为《手册》后续卷,但不编卷号。仍在《手册》编委会的领导下开展工作,原组织体系不变。责任单位为水规总院、水电总院和出版社,主编为刘伟平、晏志勇和汤鑫华。

三、编写内容及要求

(一)主要内容

编写的主要内容包括全书的组织策划、编辑意图、《手册》使用说明、技术发展方向、专家审稿意见、读者看法和大事记。

(二)编写要求

1. 总框架

本卷由前言、述评、纪事和结语组成,其中述评包括全书主编述评、卷主编编写说明、责任编辑述评、卷主审专家评述、知名专家点评和读者评价。标题由作者自拟。

2. 总篇幅

本卷共约 40 万字,其中,前言约 1000 字左右;述评约 30 万字,各篇章内容在 1 万字以内,由作者根据具体情况定;纪事约 10 万字;结语约 1000 字左右。

3. 各章编写要求

(1)前言。主要概述编写的目的和意义,本卷主要内容等。

(2)述评。

1)全书主编述评:分成组织策划和技术述评两个部分,第一部分侧重对全书编写的策划和组织进行总结,包括修订缘由、编委会的组建、卷章内容安排,编写过程中内容的调整和补充,以及审稿要求;第二部分侧重对全书的技术进行述评,包括与第 1 版相比内容的增减、技术特点、技术进步,编写过程中各卷内容的协调。

2)卷主编编写说明:撰写导读性文章,包括与第 1 版相比内容的增减、编辑意图、内容取舍、技术发展方向、与其他卷章关联内容及处理、使用应注意的有关问题,以及编写过程中的感想。

3)责任编辑述评:主要内容包括著作权的处理,文字、图表、公式编辑,插图布局、线条、色彩要求等,还可包括编辑校样稿(节选)。

4)主审专家评述:包括章节安排的合理性、内容的全面性、选材的代表性、技术的先进性和具体的建议意见。还可将专家审稿意见手稿或意见(节选)列入文章中。

5）知名专家点评：针对手册相应章节内容进行点评，可点评某卷或某章，也可点评某项技术成果，如技术先进性、技术地位，存在的不足与改进建议。

6）读者评价：主要从《手册》的适用性、实用性、案例的代表性等方面加以评价。

（3）纪事。由领导讲话、手册编写工作大纲和大事记组成，领导讲话包括启动会、首发式、审稿定稿等会上的讲话；手册编写工作大纲应按最终确定的卷章节名称修改；大事记包括手册编写过程中重大活动和事件，可将会议纪要摘录并入大事记。

（4）结语。主要简述编写历程，寄语，鸣谢。

（三）编写目录及分工

《水工设计手册》（第2版）述评·纪事卷
主编　刘伟平　晏志勇　汤鑫华
评审　高安泽　王柏乐

前言（由水规总院负责初稿）

1　主编述评

1.1　全书主编述评之一组织与策划——全书主编索丽生（由出版社负责草拟要点，两总院协助）

1.2　全书主编述评之二技术述评——全书主编刘宁（由水规总院负责草拟要点，水电总院协助）

1.3　第1卷《基础理论》编写说明——刘志明、王德信、汪德爟

1.4　第2卷《规划、水文、地质》编写说明——梅锦山、侯传河、司富安

1.5　第3卷《征地移民、环境保护与水土保持》编写说明——陈伟、朱党生

1.6　第4卷《材料、结构》编写说明——白俊光

1.7　第5卷《混凝土坝》编写说明——党林才

1.8　第6卷《土石坝》编写说明——关志诚

1.9　第7卷《泄水与过坝建筑物》编写说明——温续余

1.10　第8卷《水电站建筑物》编写说明——王仁坤

1.11　第9卷《灌排、供水》编写说明——董安建、李现社

1.12　第10卷《边坡工程与地质灾害防治》编写说明——彭土标

1.13　第11卷《水工安全监测》编写说明——杨泽艳

1.14　责任编辑述评——王国仪、王志媛

2　主审专家述评

2.1　第1卷《基础理论》主审述评——张楚汉

2.2　第2卷《规划、水文、地质》主审述评——曾肇京

2.3　第3卷《征地移民、环境保护与水土保持》主审述评——董哲仁

2.4　第4卷《材料、结构》主审述评——石瑞芳

2.5　第5卷《混凝土坝》主审述评——朱伯芳

2.6　第6卷《土石坝》主审述评——林昭

2.7 第7卷《泄水与过坝建筑物》主审述评——郑守仁

2.8 第8卷《水电站建筑物》主审述评——曹楚生

2.9 第9卷《灌排、供水》主审述评——汪易森

2.10 第10卷《边坡工程与地质灾害防治》主审述评——朱建业

2.11 第11卷《水工安全监测》主审述评——徐麟祥

3 知名专家点评

3.1 技术委员会主任潘家铮院士总评之一（由水电总院负责草拟要点，水规总院协助）

3.2 技术委员会副主任胡四一副部长总评之二（由水规总院负责草拟要点，水电总院协助）

3.3 国际水资源协会（IWRA）主席夏军点评水资源开发利用

3.4 陆佑楣院士点评水电站（含抽水蓄能电站）

3.5 陈德基大师点评工程地质

3.6 傅秀堂教高点评征地移民

3.7 世界水土保持学会（WASWC）主席李锐点评水土保持

3.8 韩其为院士点评泥沙

3.9 陈厚群院士点评工程抗震

3.10 国际大坝委员会（ICOLD）主席贾金生点评坝工

3.11 国际灌排委员会（ICID）主席高占义点评灌排

4 读者评价

4.1 水规总院廖文根副总工评价第3卷中的环境保护

4.2 上海院陆忠民总工评价第4卷《材料、结构》

4.3 华东院吴关叶总工评价第5卷《混凝土坝》

4.4 东北院王常义副总工评价第6卷《土石坝》

4.5 西北院姚栓喜总工评价第10卷《边坡工程与地质灾害防治》

4.6 南科院蔡跃波副院长评价第11卷《水工安全监测》

5 纪事（由出版社负责，两总院协助）

5.1 领导讲话

5.2 手册编写工作大纲

5.3 大事记

6 结语（出版社负责初稿）

四、技术路线

各篇作者撰写—卷主编审查—编委会审稿定稿—按审稿意见修改—出版社编辑—出版。

五、编写进度

总进度要求是在全书出齐后4个月内出版，即拟于2012年10月出版（如果全书因故推迟出版，本卷出版时间相应顺延）。主要进度节点如下：

2012年3月中旬确定编写工作大纲。

2012 年 6 月底作者提出初稿。

2012 年 7 月上旬完成卷审，7 月中旬编委会审稿定稿。

2012 年 8 月初向出版社交稿件。

2012 年 10 月前出版。

《水工设计手册》（第 2 版）编委会

2012 年 1 月 16 日

附录 1.14　《〈水工设计手册〉(第 2 版) 述评·纪事卷》审稿会纪要

2014 年 10 月 13 日,《水工设计手册》(第 2 版)编委会在京召开会议,对《〈水工设计手册〉(第 2 版)述评·纪事卷》进行定稿。参加会议的有全书主编索丽生、刘宁,全书副主编王柏乐、刘志明,本卷主编刘伟平、汤鑫华,审稿专家以及《水工设计手册》(第 2 版)各卷责任编辑和编委会办公室成员(参会人员名单附后)。

会议由索丽生主编主持,对审稿提出了要求,即述评文章要有针对性、准确性、可读性和规范性。会议听取了审稿专家的有关审稿意见,并就审稿意见进行了讨论。会议还讨论了其他相关事宜。

刘宁主编最后作总结讲话,认为本卷内容基本成熟,具有新颖的编撰方式,是《手册》的重要组成部分,专家审稿意见针对性强,并要求三家主编单位抓紧组织审稿专家集中修改,出版社要把控编辑质量按时出版。

会议主要内容纪要如下。

(1) 本卷名称定为《〈水工设计手册〉(第 2 版)述评纪事》,作为单独一卷,装帧设计与《手册》前 11 卷相同。

(2) 本卷内容基本成熟,根据审稿意见对文稿进一步修改后定稿。

(3) 鉴于《手册》各卷出版后,陆续有新的技术标准颁布,如新出版了有关工程可靠性、合理使用年限和混凝土重力坝等技术标准。在本卷前言和《手册》有关卷的主编编写说明中补充说明《手册》中相关内容与新颁标准的关系,列出具体技术内容的变化。述评文章作相应表述。

(4) 第 1 卷主审专家述评中增加综合评价内容;精简第 9 卷主审专家述评中的有关补充意见,并修改为设计应用建议;土石坝、移民部分的专家点评加强针对性论述;将述评中的"不足之处"改为"问题与建议";删除述评内容中有关审稿过程的问题描述,必要时,可将有关内容改写为建议或技术展望。

(5) 图片和有关领导讲话应突出代表性,并作适当精简;大事记原则上写到卷审的有关活动;精简附录中会议通知等内容。

(6) 专家点评文稿应尽量提出标题,并规范署名。

(7) 编辑心得应主要谈技术内容的把握和编辑出版质量的控制。

(8) 可适时组织手册出版发行活动,具体形式由出版社初拟,报批。

请本卷主编抓紧组织修改文稿,审稿专家提出建议修改稿,由编辑征求作者意见。于 2014 年 10 月底以前提出最终稿,争取于 2014 年 11 月底出版。

《〈水工设计手册（第2版）〉述评·纪事卷》审稿会
参 会 人 员 名 单

索丽生	刘 宁	王柏乐	刘伟平	汤鑫华	郑声安
刘志明	王国仪	关志诚	侯传河	温续余	党林才
黄晓辉	何定恩	李仕胜	王志媛	任冬勤	冷 辉
王照瑜	阳 淼	陈 昊	李忠良	李 亮	李丽艳
王 勤	李 莉				

《水工设计手册》（第2版）编委会

2014 年 10 月 13 日

附录 2 中国已建典型水利水电工程参数表

序号	工程名称	所在位置	所在河流	最大坝高（m）	总库容（亿 m³）	总装机容量（MW）	坝型	投产年份	备注
1	糯扎渡	云南省普洱市	澜沧江下游	261.50	237.03	5850.00	心墙堆石坝	2014	
2	锦屏一级	四川省凉山州	雅砻江	305.00	77.60	3600.00	混凝土双曲拱坝	2014	
3	观音岩	云南省与四川省交界	金沙江中游	159.00	22.50	3000.00	碾压混凝土重力坝	2014	
4	梨园	云南省丽江市与迪庆藏族自治州交界	金沙江中游	155.00	8.05	2400.00	混凝土面板堆石坝	2014	
5	鲁地拉	云南省大理市与丽江市交界	金沙江中游	140.00	17.18	2100.00	碾压混凝土重力坝	2014	
6	阿海	云南省丽江市	金沙江中游	130.00	8.80	2000.00	碾压混凝土重力坝	2014	
7	肯斯瓦特	新疆维吾尔自治区玛纳斯县与沙湾县交界	玛纳斯河	129.40	1.90	100.00	混凝土面板砂砾石坝	2014	
8	青山	辽宁省绥中县	六股河	41.60	6.63	0	黏土心墙坝	2014	
9	溪洛渡	云南省与四川省交界	金沙江下游	285.50	126.70	13860.00	混凝土双曲拱坝	2013	
10	官地	四川省凉山州	雅砻江	168.00	7.60	2400.00	碾压混凝土重力坝	2013	
11	龙开口	云南省鹤庆县	金沙江中游	116.00	5.58	1800.00	碾压混凝土重力坝	2013	
12	沙沱	贵州省沿河县	乌江下游	106.00	9.10	1120.00	碾压混凝土重力坝	2013	
13	亭子口	四川省苍溪县	嘉陵江中游	116.00	40.67	1100.00	碾压混凝土重力坝	2013	

续表

序号	工程名称	所在位置	所在河流	最大坝高（m）	总库容（亿 m³）	总装机容量（MW）	坝　型	投产年份	备注
14	峡江	江西省峡江县	赣江中游	44.90	11.87	360.00	混凝土闸坝	2013	
15	旁多	西藏自治区拉萨市林周县	拉萨河	72.30	12.30	160.00	沥青混凝土心墙坝	2013	
16	向家坝	四川省宜宾县与云南省水富县交界	金沙江下游	180.00	51.63	6400.00	混凝土重力坝	2012	
17	狮子坪	四川省阿坝州理县	岷江	136.00	1.33	195.00	砾质土心墙堆石坝	2012	
18	青草沙	上海市崇明市	长江口南支	18.50	5.24	0	非常规均质土坝	2012	管袋砂、吹填砂筑坝
19	金安桥	云南省丽江市	金沙江中游	160.00	9.13	2400.00	碾压混凝土重力坝	2011	
20	功果桥	云南省云龙县	澜沧江	105.00	3.16	900.00	混凝土重力坝	2011	
21	天花板	云南省昭通市巧家县	牛栏江	107.00	0.79	180.00	碾压混凝土双曲拱坝	2011	
22	三里坪	湖北省房县	南河	133.00	4.72	80.00	碾压混凝土拱坝	2011	
23	小湾	云南省南涧县与凤庆县交界	澜沧江	294.50	150.43	4200.00	混凝土双曲拱坝	2010	
24	拉西瓦	青海省贵德县与贵南县交界	黄河	250.00	10.79	4200.00	混凝土双曲拱坝	2010	
25	瀑布沟	四川省汉源县与甘洛县交界	大渡河	186.00	53.90	3600.00	砾质土心墙堆石坝	2010	
26	思林	贵州省思南县	乌江下游	117.00	16.54	1050.00	碾压混凝土重力坝	2010	
27	董箐	贵州省贞丰县与镇宁县交界	北盘江	150.00	9.55	880.00	混凝土面板堆石坝	2010	

续表

序号	工程名称	所在位置	所在河流	最大坝高（m）	总库容（亿 m³）	总装机容量（MW）	坝　型	投产年份	备注
28	马鹿塘	云南省麻栗坡县	盘龙河	154.00	5.46	400.00	混凝土面板堆石坝	2010	
29	双沟	吉林省抚松县	松江河	110.50	3.88	280.00	混凝土面板堆石坝	2010	
30	武都	四川省绵阳市江油市	涪江	119.14	5.72	150.00	碾压混凝土重力坝	2010	
31	那兰	云南省金平县	藤条江	108.70	2.86	135.00	混凝土面板砂砾石坝	2010	
32	中梁一级	重庆市巫溪县	西溪	118.50	0.99	72.00	混凝土面板堆石坝	2010	
33	丹江口	湖北省丹江口市	汉江	111.60	339.10	900.00	混凝土宽缝重力坝	2010	加高 14.6m
34	构皮滩	贵州省遵义市余庆县	乌江	232.50	64.50	3000.00	混凝土双曲拱坝	2009	
35	景洪	云南省景洪市	澜沧江	110.00	11.39	1750.00	碾压混凝土重力坝	2009	
36	光照	贵州省关岭县与晴隆县交界	北盘江	200.50	32.45	1040.00	碾压混凝土重力坝	2009	
37	滩坑	浙江省丽水市青田县	瓯江	162.00	41.90	600.00	混凝土面板堆石坝	2009	
38	龙口	黄河万家寨下游	黄河	51.00	1.96	420.00	混凝土重力坝	2009	
39	巴山	重庆市城口县	任河	155.00	3.15	140.00	混凝土面板堆石坝	2009	
40	白莲崖	安徽省霍山县	东淠河	104.60	4.60	50.00	混凝土双曲拱坝	2009	
41	云龙河三级	湖北省恩施市	云龙河	135.00	0.44	40.00	碾压混凝土双曲拱坝	2009	
42	罗坡坝	湖北省恩施市	冷沦水河	112.00	0.87	30.00	碾压混凝土双曲拱坝	2009	
43	下坂地	新疆维吾尔自治区塔什库尔干塔吉克自治县	塔什库尔干河	78.00	8.67	150.00	沥青混凝土心墙砂砾石坝	2009	
44	彭水	重庆市彭水县	乌江	116.50	14.65	1750.00	碾压混凝土重力坝	2008	
45	戈兰滩	云南省普洱市江城县与红河州绿春县交界	李仙江	113.00	4.09	450.00	碾压混凝土重力坝	2008	

续表

序号	工程名称	所在位置	所在河流	最大坝高 (m)	总库容 (亿 m³)	总装机容量 (MW)	坝　型	投产年份	备注
46	黎汗乌苏	新疆维吾尔自治区和静县	开都河	110.00	1.25	309.00	混凝土面板砂砾石坝	2008	
47	九甸峡	甘肃省卓尼县与临潭县交界	洮河	133.00	9.43	300.00	混凝土面板堆石坝	2008	
48	泗南江	云南省墨江哈尼族自治县	泗南江	115.00	2.71	201.00	混凝土面板堆石坝	2008	
49	洪口	福建省宁德市	霍童溪	130.00	4.50	200.00	碾压混凝土重力坝	2008	
50	黄花寨	贵州省长顺县	格凸河	110.00	1.75	60.00	碾压混凝土双曲拱坝	2008	
51	燕山	河南省叶县	干江河	34.70	9.25	1.89	黏土斜墙坝和均质坝	2008	
52	水布垭	湖北省巴东县	清江	233.00	45.80	1840.00	混凝土面板堆石坝	2007	
53	三板溪	贵州省锦屏县	沅水	185.50	40.95	1000.00	混凝土面板堆石坝	2007	
54	长洲	广西壮族自治区梧州市	珠江	49.80	56.00	630.00	泄洪闸与土石坝	2007	
55	街面	福建省尤溪县	均溪	126.00	18.24	300.00	混凝土面板堆石坝	2007	
56	瓦屋山	四川省眉山市洪雅县	周公河	138.76	5.84	260.00	混凝土面板堆石坝	2007	
57	龙马	云南省普洱市	把边江	135.00	5.90	240.00	混凝土面板堆石坝	2007	
58	晓碛	四川省雅安市宝兴县	宝兴河	125.50	2.12	240.00	砾质土直心墙堆石坝	2007	
59	大花水	贵州省贵阳市开阳县与黔南州福泉市交界	独木河	134.50	2.77	200.00	碾压混凝土双曲拱坝	2007	
60	皂市	湖南省石门县	渫水	88.00	14.39	120.00	碾压混凝土重力坝	2007	
61	藤子沟	重庆市石柱县	龙河	127.00	1.93	70.00	混凝土双曲拱坝	2007	
62	锦潭	广东省清远市英德市	黄洞河	123.30	2.49	27.00	混凝土双曲拱坝	2007	

续表

序号	工程名称	所在位置	所在河流	最大坝高 (m)	总库容 (亿 m³)	总装机容量 (MW)	坝 型	投产年份	备注
63	鲤鱼塘	重庆市开县	桃溪河	103.80	1.02	15.00	混凝土面板堆石坝	2007	
64	龙滩（一期）	广西壮族自治区天峨县	红水河	192.00	162.10	4900.00	碾压混凝土重力坝	2006	
65	公伯峡	青海省循化县与化隆县交界	黄河	132.20	6.30	1500.00	混凝土面板堆石坝	2006	
66	紫坪铺	四川省成都市	岷江	156.00	11.12	760.00	混凝土面板堆石坝	2006	
67	索风营	贵州省黔西县与修文县交界	六广河	115.80	2.01	600.00	碾压混凝土重力坝	2006	
68	百色	广西壮族自治区百色市	郁江上游右江	130.00	56.60	540.00	碾压混凝土重力坝	2006	
69	吉林台一级	新疆维吾尔自治区尼勒克县	喀什河	157.00	25.30	460.00	面板砂砾堆石坝	2006	
70	冶勒	四川省石棉县与冕宁县交界	南桠河	124.50	2.98	240.00	沥青混凝土心墙堆石坝	2006	
71	鄂坪	湖北省十堰市竹溪县	汇湾	124.30	2.96	114.00	混凝土面板堆石坝	2006	
72	水牛家	四川省绵阳市平武县	火溪河	108.00	1.44	70.00	碎石土心墙堆石坝	2006	
73	金造桥	福建省宁德市屏南县	金造溪	111.30	0.95	66.00	混凝土面板堆石坝	2006	
74	周公宅	浙江省宁波市	皎溪	125.50	1.12	12.60	混凝土双曲拱坝	2006	
75	恰甫其海	新疆维吾尔自治区巩留县	特克斯河	108.00	17.70	320.00	黏土心墙堆石坝	2005	
76	洞坪	湖北省宣恩县	忠建河	135.00	3.43	110.00	混凝土双曲拱坝	2005	
77	牛头山	福建省宁德市寿宁县	长溪河	108.00	0.97	90.00	混凝土双曲拱坝	2005	

续表

序号	工程名称	所在位置	所在河流	最大坝高（m）	总库容（亿 m³）	总装机容量（MW）	坝型	投产年份	备注
78	招徕河	湖北省宜昌市长阳土家族自治县	招徕河	107.00	0.70	36.00	碾压混凝土双曲拱坝	2005	
79	芭蕉河一级	湖北省鹤峰县	芭蕉河	115.30	0.96	34.00	混凝土面板堆石坝	2005	
80	洪家渡	贵州省黔西县与织金县交界	乌江	179.50	49.47	600.00	混凝土面板堆石坝	2004	
81	引子渡	贵州省平坝县与织金县交界	三岔河	129.50	5.31	360.00	混凝土面板堆石坝	2004	
82	龙首二级	甘肃省张掖市肃南县	黑河	146.50	0.86	157.00	混凝土面板堆石坝	2004	
83	古洞口一级	湖北省宜昌市兴山县	香溪河	117.60	1.48	45.00	混凝土面板堆石坝	2004	
84	三峡	湖北省宜昌市	长江	181.00	450.00	22500.00	混凝土重力坝	2003	
85	大朝山	云南省临沧市	澜沧江	111.00	9.40	1350.00	碾压混凝土重力坝	2003	
86	江口	重庆市武隆县	芙蓉江	140.00	5.02	300.00	混凝土双曲拱坝	2003	
87	石门子	新疆维吾尔自治区玛纳斯县	塔西河	109.00	0.50	7.65	碾压混凝土拱坝	2003	
88	棉花滩	福建省龙岩市永定县	汀江	113.00	20.35	600.00	碾压混凝土重力坝	2002	
89	乌鲁瓦提	新疆维吾尔自治区和田县	喀拉喀什河	133.00	3.47	60.00	面板砂砾石堆石坝	2002	
90	金盆	陕西省周至县	黑河	130.00	2.00	20.00	黏土心墙砂砾石坝	2002	
91	尼尔基	内蒙古自治区	嫩江干流	41.50	86.11	250.00	沥青心墙堆石坝	2001	
92	黑泉	青海省大通回族土族自治县	宝库河	123.50	1.82	12.00	混凝土面板砂砾石坝	2001	

449

续表

序号	工程名称	所在位置	所在河流	最大坝高 (m)	总库容 (亿 m³)	总装机容量 (MW)	坝 型	投产年份	备注
93	二滩	四川省盐边县与米易县交界	雅砻江	240.00	58.00	3300.00	混凝土双曲拱坝	2000	
94	小浪底	河南省洛阳市孟津县	黄河	160.00	126.50	1800.00	壤土斜心墙堆石坝	2000	
95	宝珠寺	四川省广元市	白龙江	132.00	25.50	700.00	混凝土重力坝	2000	
96	珊溪	浙江省温州市	飞云江	132.50	18.24	200.00	混凝土面板堆石坝	2000	
97	芹山	福建省宁德市周宁县	穆阳溪	120.00	2.65	70.00	混凝土面板堆石坝	2000	
98	白云	湖南省洪江市城步县	巫水	120.00	3.60	54.00	混凝土面板堆石坝	2000	
99	白溪	浙江省宁海县	白溪	124.40	1.68	18.00	混凝土面板堆石坝	2000	
100	白石	辽宁省北票市	大凌河	50.30	16.45	9.60	碾压混凝土重力坝	2000	
101	李家峡	青海省尖扎县与化隆县交界	黄河	155.00	17.50	2000.00	混凝土双曲拱坝	1999	
102	天生桥一级	广西壮族自治区与贵州省交界	南盘江	178.00	102.57	1200.00	混凝土面板堆石坝	1999	
103	江垭	湖南省张家界市慈利县	娄水	131.00	17.41	300.00	碾压混凝土重力坝	1999	
104	飞来峡	广东省清远市	北江	52.30	19.04	140.00	混凝土重力式闸坝	1999	
105	大桥	四川省冕宁县	安宁河	93.00	6.58	90.00	混凝土面板堆石坝	1999	
106	漫湾	云南省云县	澜沧江	132.00	9.20	1550.00	混凝土重力坝	1998	扩机 300MW (2007 年)
107	万家寨	山西省偏关县与内蒙古自治区准格尔旗交界	黄河中游	105.00	8.96	1080.00	半整体式重力坝	1998	

续表

序号	工程名称	所在位置	所在河流	最大坝高（m）	总库容（亿 m³）	总装机容量（MW）	坝　型	投产年份	备注
108	沙牌	四川省阿坝州汶川县	草坡河	132.00	0.18	36.00	碾压混凝土拱坝	1997	
109	岩滩	广西壮族自治区大化县	红水河	110.00	34.30	1210.00	混凝土实体重力坝	1995	扩机 600MW（2013 年）
110	安康	陕西省安康市	汉江	128.00	32.03	852.50	混凝土重力坝	1995	
111	东风	贵州省清镇市与黔西县交界	鸭池河	162.30	10.20	695.00	混凝土双曲拱坝	1995	
112	五强溪	湖南省沅陵县	沅江	85.83	42.00	1200.00	混凝土重力坝	1994	
113	故县	河南省洛宁县	洛河	125.00	11.75	60.00	混凝土重力坝	1994	
114	观音阁	辽宁省本溪满族自治县	太子河	82.00	21.68	20.75	碾压混凝土坝	1994	
115	水口	福建省闽清县	闽江	101.00	26.00	1400.00	混凝土重力坝	1993	
116	隔河岩	湖北省宜昌市长阳县	清江	151.00	34.40	1212.00	混凝土重力拱坝	1993	
117	天生桥二级	贵州省安龙县和广西壮族自治区隆林县交界	南盘江下游	60.70	0.88	1320.00	混凝土面板堆石坝	1992	
118	东江	湖南省资兴县	耒水	157.00	91.50	500.00	混凝土双曲拱坝	1992	
119	龙羊峡	青海省海南藏族自治州	黄河	178.00	276.30	1280.00	混凝土重力拱坝	1990	
120	万安	江西省万安县	赣江	68.00	22.16	500.00	混凝土重力坝	1990	

注　1. 表中数据来源于水利部水利水电规划设计总院和水利水电规划设计总院。
　　2. 表中收集了坝高大于 100m，或库容大于 5 亿 m³，或装机容量大于 300MW 的已建水利水电工程参数，并按投产年份排序。
　　3. 资料统计时间：1990—2014 年。
　　4. 投产年份：指水库开始蓄水或第一台机组开始发电的年份。
　　5. 总库容：指校核洪水位以下的库容。

451

《水工设计手册》（第2版）编辑出版人员名单

总责任编辑　王国仪

副总责任编辑　穆励生　王春学　黄会明　孙春亮

　　　　　　　阳　淼　王志媛　王照瑜

《〈水工设计手册〉（第2版）述评纪事》

责任编辑　王志媛　李丽艳　刘向杰

封面设计　芦　博

版式设计　王国华　黄云燕

描图设计　樊啟玲

责任校对　张　莉　梁晓静

出版印刷　崔志强　帅　丹　孙长福　王　凌

排　　版　中国水利水电出版社微机排版中心